W0262474

LEHRBUCH DER DRAHTLOSEN
NACHRICHTENTECHNIK

HERAUSGEGEBEN VON

NICOLAI v. KORSHENEWSKY UND WILHELM T. RUNGE
STOCKHOLM   BERLIN

ERSTER BAND
DIE PHYSIKALISCHEN GRUNDLAGEN
DER HOCHFREQUENZTECHNIK

DRITTE VOLLKOMMEN UMGEARBEITETE AUFLAGE

SPRINGER-VERLAG
BERLIN/GÖTTINGEN/HEIDELBERG
1955

DIE PHYSIKALISCHEN GRUNDLAGEN DER HOCHFREQUENZTECHNIK

BEARBEITET VON

DR. HANS GEORG MÖLLER

PROFESSOR AN DER UNIVERSITAT HAMBURG

DRITTE VOLLKOMMEN UMGEARBEITETE AUFLAGE

MIT 288 ABBILDUNGEN

SPRINGER-VERLAG

BERLIN/GÖTTINGEN/HEIDELBERG

1955

ISBN 978-3-642-94656-1   ISBN 978-3-642-94655-4 (eBook)
DOI 10.1007/978-3-642-94655-4

Vorwort zur dritten Auflage.

Für die Abfassung des einleitenden Bandes waren folgende Gesichtspunkte maßgebend:

1. Es sollen von allen Kapiteln der Spezialbände die Grundlagen und die Grundbegriffe zu finden sein. Wenn in den Originalarbeiten Grundkenntnisse physikalischer oder mathematischer Natur vorausgesetzt werden, soll der Leser diese in dem ersten Bande finden.

Er soll zugleich einen Überblick über das Gesamtgebiet erhalten. Auf Vollstandigkeit kommt es dabei nicht an.

2. Bücher, die ihrer Natur nach Literaturreferate sind, gibt es genug. Sie enthalten die Hauptresultate, die Endformeln ohne Ableitung und vollständige Literaturverzeichnisse. Sie sind notwendig zur Orientierung über den Stand der Technik. Will man verstehen, wie die Resultate oder Endformeln herauskommen, muß man meist auf die Originalliteratur zurückgreifen.

Im Gegensatz zu diesen Literaturbüchern sollen in dem einleitenden Bande die Probleme von Grund aus aufgebaut werden. Der Stoff soll in ,,Aufgaben" zerlegt werden, die wie in der Werkstatt des Forschers eine nach der anderen gelöst werden.

Das Ganze soll ohne Zuhilfenahme der Originalliteratur oder physikalischer und mathematischer Lehrbücher verständlich sein. Es wird vorausgesetzt, daß der Leser früher einmal Mathematik und Physik studiert hat. Was er inzwischen vergessen haben könnte, ist in kurzen Repetitorien enthalten. Das Buch soll auf seinem Schreibtisch liegen und ihm zum Nachschlagen jederzeit zur Hand sein.

3. An mathematischen Hilfsmitteln wurden daher kurze Abschnitte über das Rechnen mit komplexen Amplituden, über Zeigerdiagramme, Laplace-Transformation, Matrizen (Vierpole) und funktionentheoretische Abbildungen aufgenommen. Vorausgesetzt werden nur Differential- und Integralrechnung und aus der Funktionentheorie etwa die Riemannschen Gleichungen.

Aus der Physik sind Repetitorien über Vektorrechnung (Vektoralgebra und Vektoranalysis, Vektorfelder) und Elektrizitätslehre vorhanden.

4. In neuerer Zeit haben die Detektoren und Transistoren erhöhte Bedeutung gewonnen. Sie bestehen aus Kombinationen von Halbleitern und Metallen. Der Hochfrequenzingenieur darf also nicht länger nur Schwingungstechniker bleiben, er muß seine physikalischen Kenntnisse ergänzen. Die Begriffe: Energiebänder, Störstellen, Defekt- und Überschußleitung, p- und n-Material werden in den Originalarbeiten vorausgesetzt. Sie gehen auf die Wellenmechanik zurück. Auch von diesen Gebieten müssen die Grundlagen zu finden sein.

5. Ein Prüfstein dafür, ob man eine Sache physikalisch wirklich verstanden hat, besteht in der Feststellung, daß man das Problem mathematisch richtig formulieren kann. Die Ingenieure klagen oft darüber, daß sie nicht rechnen können, und meinen, es läge das an mangelnden mathematischen Kenntnissen. Es liegt aber in Wirklichkeit daran, daß sie den Weg von der physikalischen Anschauung zur

mathematischen Formulierung, zum „Ansatz", nicht finden. Die Fähigkeit hierzu kann man nur durch Übung erwerben. Ich habe daher alle Probleme bis zur mathematischen Formulierung durchgeführt, um dem Leser diese Übung zu bieten.

Es wäre hier eine breitere Darstellung wünschenswert. Man sollte immer erst die physikalische Anschauung beschreiben, die Vernachlässigungen überlegen, die man zur Vereinfachung der Rechnung von vornherein einführen kann, den Ansatz formulieren, die Rechnung mit allen Zwischenrechnungen vorführen, an einem Zahlenbeispiel die Zulässigkeit der Vernachlässigungen prüfen. Der Leser würde dann das „Rechnen", d.h. „das Ansatzfinden", lernen.

6. Leider war diese breite Darstellung nicht möglich. Das Buch wäre zu dick und für die Studenten und jungen Ingenieure, die es kaufen sollen, unerschwinglich geworden. Ich habe die ausführliche Darstellung daher nur an einigen Stellen, gewissermaßen als Musterbeispiele, durchführen können. An anderen steht lediglich: „Wir lesen aus der Figur ab, ..., Zwischenrechnungen sind durch kurze Rechenanleitungen ersetzt, Angabe der Buchstabenbedeutung und der Zahlen durch Abbildungen". Der Leser wird aber gebeten, sich immer die physikalische Anschauung, die Vernachlässigungen und den Ansatz klarzumachen. Er wird Papier und Bleistift beim Lesen zu Hilfe nehmen müssen. Das Buch ist nicht „bequem" zu lesen. Die Bequemlichkeit war aber der Kürze und dem niederen Preis zu opfern.

7. Hätte man nicht mit weniger Formeln und weniger Bildern auskommen können? Es wäre dann der Hauptwert des Buches, Rechentechnik zu vermitteln, verlorengegangen. Die Abbildungen, Schaltschemen und Diagramme sollen den Leser immer wieder darauf hinweisen, daß er mit der Formel eine Anschauung verbinden soll, daß „die tote Formel zum Leben erweckt werden muß".

Die Neuauflage stellt eine völlige Umarbeitung dar. Denn das Buch sollte billig und daher kurz sein; es sollte alles Nötige enthalten; es sollte dabei trotzdem verständlich bleiben. Zwischen diesen 3 Forderungen einen brauchbaren Kompromiß zu finden, hat viele Kopfzerbrechen bereitet

Abgekürzte Schreibweisen siehe S. XIII.

Den Herren cand. phys. Koch und Horstmann bin ich für das Lesen der Korrektur und zahlreiche kurze, das Verständnis erleichternde Zusätze dankbar.

Ich würde mich freuen, wenn der Leser nach dem Durcharbeiten des Buches sagen würde: „Mühsam war die Arbeit ja, aber Ansätze finden habe ich gelernt und auch noch einige Kenntnisse auf dem Hochfrequenzgebiete erworben."

Hamburg, im Januar 1955.   **H. G. Möller.**

Inhaltsverzeichnis.

Bezeichnungen.

$a, b, c =$ Teilchen-Koordinaten
$a =$ Abstand
$b =$ Bandbreite
$c =$ Lichtgeschwindigkeit
$d = \dfrac{R}{\omega L} =$ Dämpfungsmaß
$e = 2{,}718$
$e_1 = 1{,}591 \cdot 10^{-19}\,\text{Coul} =$ Elektronenladung
$e^{\mathfrak{c} t} = e^{(\mathfrak{a}+j\omega)t}$ bzw. $e^{(-\mathfrak{d}+j\omega)t}$
$e^{-\gamma x} = e^{-(\beta+j\alpha)x} = e^{(b+ja)}$
$f =$ Funktion; $f(x)$
$g =$ Zahl der Eigenschwingungen (Wirkungskästchen)
$h =$ Antennenhöhe, $\quad h_{\text{eff}} =$ effektive $\mathfrak{a}$
$h =$ Wirkungsquantum $\hbar = \dfrac{h}{2\pi}$
$i =$ Stromdichte
$j = \sqrt{-1}$
$k =$ Kopplungsfaktor $k^2 = \dfrac{L_{12}^2}{L_1 \cdot L_2}$
$k_{kr} =$ kritische Kopplung $2\mathfrak{d}/\omega$
$k =$ Boltzmannkonstante
$\quad = 1{,}32 \cdot 10^{-16}\,\dfrac{\text{erg}}{^\circ\text{C}}$
$k = \lambda/\mu =$ Schutzwirkung des Schirmgitters
$k_x, k_y, k_z =$ Wellenzahlen $\left(\dfrac{2\pi}{\lambda}\right)$, Komponenten von $\mathfrak{k}$
$\|k\| =$ Kettenmatrix
$k =$ Klirrfaktor
$l =$ Länge
$m =$ Elektronenmasse
$\quad = 0{,}9033 \cdot 10^{-27}\,\text{g}$
$m =$ Modulationsfaktor
$n =$ Zahl, z. B. Windungen je cm
$p =$ Federkonstante, Druck, Impuls $p = |\mathfrak{p}|$
$q =$ Ladungsflächendichte
$r =$ Radius
$s =$ Stoßzahl/sec $= \dfrac{v}{\lambda}$
$\quad = \dfrac{\text{Temp.-Geschwindigkeit}}{\text{freie Weglänge}}$
$t =$ Zeit
$u, v, w =$ Geschwindigkeitskomponenten
$x, y, z =$ Koordinaten
$z =$ Zeiger, komplexe Zahl $z = x + jy$

$A =$ Arbeit, Ableitung
$\boldsymbol{A} =$ Ableitung pro cm Kabellänge
$B =$ Induktion
$C =$ Kapazität
$\boldsymbol{C} =$ Kapazität pro cm Kabellänge
$D =$ Durchgriff; wellenmechanischer Durchlaßkoeffizient
$E =$ Energie
$F =$ Fläche
$G =$ Leitwert, Spulen-, Kreis-, Röhrengüte
$H =$ Magnetfeld
$I =$ Strom
$J =$ Flächenstrom pro cm Streifenbreite
$K =$ Kennlinienkrümmung
$L =$ Induktivität, $L_{12}, L_{19} =$ Gegeninduktivität
$\boldsymbol{L} =$ Induktivität pro cm Kabellänge
$M =$ Mittelpunkt
$MMK =$ magneto-motorische Kraft $\oint = H\,ds.$
$N =$ Anzahl
$P =$ Aufpunkt
$Q =$ Ladung, Wärmemenge
$R =$ Widerstand
$\boldsymbol{R} =$ Widerstand pro cm Kabellänge
$S =$ Steilheit; Streuinduktivität, Entropie, Eikonal, Selektivität
$T =$ Temperatur
$U =$ Spannung
$V =$ Volumen: $V_{(x,y,z)} =$ Potential
$W =$ Fermigrenze
$X, Y, Z =$ Kraftkomponenten
$Z =$ Wellenwiderstand

𝔞 = Anfachung
𝔟 = Beschleunigung
$𝔠 = 𝔡 + j\,\omega$ = komplexe Frequenz
𝔡 = zeitliche Dämpfung
𝔢 = Formfaktor für elektr. Feld
𝔤 = Gleichrichterkonstante
$$\delta\,\overline{i} = 𝔤\,|𝔲|^2$$
𝔥 = Formfaktor für magnetisches Feld
𝔦 = Stromdichte (Amplitude, Vektor), Strommaßstab
𝔨 = Wellenzahl (k_x, k_y, k_z)
𝔩, 𝔪, 𝔫 = Zahlen
𝔫 = Brechungsindex
𝔬 $(d\,𝔬)$ = Oberfläche
𝔭 = Impuls
$𝔮 = \int i\,dt$ beim Hertzschen Vektor
𝔯 = Radius neben r und ϱ
𝔰 = Strecke als Vektor
𝔱 = Eindringtiefe
𝔲, 𝔳, 𝔴 = Geschwindigkeiten
𝔲 = Spannungsmaßstab
𝔵, 𝔶, 𝔷 = Koordinaten neben $x, y, z, \xi, \eta, \zeta$

α, β, γ = Winkel
α = Wellenzahl
β = räumliche Dämpfung
$\gamma = j\,\alpha + \beta$ $(\alpha = 2\,\pi/\lambda)$
δ = Verlustwinkel
δ = Diminutiv, z. B. $\delta\varkappa$
ε = Dielektrizitätskonstante
$$\varepsilon = \varepsilon_r\,\varepsilon_0$$
$$\varepsilon_r = \varepsilon_{rr} + j\,\varepsilon_{ri}$$
ζ = Koordinate
$$\eta = \frac{e_1}{m} = 1{,}768\cdot 10^8\,\frac{\text{Coul}}{\text{g}};$$
η = Wirkungsgrad
ϑ = Dekrement
$$\varkappa = \frac{k\,r}{2\sqrt{2}}; \quad k = \sqrt{\frac{\omega\,\mu}{\sigma}}; \quad \varkappa = \text{Wellenzahl neben } k$$
λ = Wellenlänge; Steuerschärfe, freie Weglänge, Leitfähigkeit
μ = Permeabilität, Anodeneinfluß
ν = Frequenz; Schutznetzeinfluß
ξ, η, ζ = Koordinaten neben x, y, z
$\pi = 3{,}14\ldots$
ϱ = Reibungscoeffizient; Energiedichte, Raumladungsdichte, evtl. Radius neben r und 𝔯
σ = Spez. Widerstand
τ = Laufzeit, Relaxationszeit
φ = Phase, Laufwinkel (evtl. elektr. Potential)
χ = Phase
ψ = Lösung der Schrödinger-Gleichung
$\psi\,\psi^*$ = Teilchendichte (* = conjug. complex)
$\omega = 2\,\pi\,\nu$ - Frequenz

𝔄 = Vektorpotential
𝔅 = Induktion
ℭ = Richardsonkonstante
$$ℭ_0 = 120{,}4\,\frac{\text{A}}{(\text{cm grad})^2}$$
$𝔇$ = Verschiebung; $= \varepsilon\,𝔈 = \varepsilon_0\,𝔈 + q$
𝔈 = elektrische Feldstärke
𝔉 = Fläche als Vektor
𝔊 = komplexer Leitwert
ℌ = Magnetfeld
𝔍 = Stromamplitude
𝔍 = Amplitude der Flächenstromdichte pro cm Streifenbreite
𝔎 = Kraft
𝔏 = komplexe Induktivität
$$𝔐 = \frac{k}{k_{kr}} = \frac{\omega\,k}{𝔡}, \quad k_{kr} = 2\,𝔡/\omega$$
$$𝔐^2 = \frac{L_2^{12}}{4\,L_1\,L_2}\,\frac{\omega^2}{𝔡^2}$$
𝔑 = Leistung; $𝔑_\sim, 𝔑_=, 𝔑_v$ (Verlustleistung)
𝔓 = Thermodynamische Wahrscheinlichkeit
𝔔 = Ladungsdichte, Amplitude
ℜ = komplexer Widerstand
$$ℜ_k = \frac{𝔲_{st}}{𝔍_a} = \text{Rückkopplung}$$
$$ℜ_r = \frac{\omega^2\,𝔏_{12}^2}{ℜ_2}\ \text{Rückwirkungswiderstand}$$
𝔖 = Poyntingscher Vektor
𝔘 = Spannungsamplitude
$$𝔙 = \frac{1-V}{1+V}; \quad V\,e^{j\alpha_0} = \frac{𝔍_r}{𝔍_h}$$
𝔚 = Wahrscheinlichkeit
𝔷 = Hertzscher Vektor (evtl. komplexer Wellenwiderstand)

Γ = Wellenzahl, in Abschnitt travelling wave tube
$$\varDelta = \frac{\partial^2}{\partial x^2} + \frac{\partial^2}{\partial y^2} + \frac{\partial^2}{\partial z^2}$$
$\varDelta$ = Diminutiv, z. B. $\varDelta\,𝔲_a$
$\varTheta$ = Trägheitsmoment
$\varXi$ = Bandfiltergüte = Selektivität × Bandbreite, $\varXi = S\cdot b$
$$\varPi = \text{Produkt, z.B. } \prod_i \left(\frac{g_n^{n_i}}{n_i!}\right)$$
$\sum_i$ = Summe
$\varPhi$ = magnetischer Kraftfluß
$\varPhi_a$ = Austritts-Arbeit
$\varPsi$ = magnetisches Potential
$\varOmega$ = Tonfrequenz; raumlicher Winkel

Schreibweisen für $I\,i\,J\,E\,H\,U\,B$
$$𝔘 = U + |𝔲|\cos(\omega\,t - \omega\,r/c + \varphi)$$
$$= U + |𝔲|\,e^{j\varphi} = U + |𝔲|$$
ℌ = Vektor, Komplexe Amplitude, evtl.
$$𝔥 = |ℌ|\cos(\omega\,t + \varphi)$$
𝔚 = Vektor
$𝔚_0$ = Einheitsvektor
J = Besselfunktion

Einleitung.

1. Warum müssen wir für die drahtlose Telegraphie elektromagnetische Wellen verwenden?

Für die drahtlose Telegraphie müssen wir uns elektrischer und magnetischer Felder bedienen, die von Ladungen oder Strömen ausgehen, die wir am Sendeort herstellen, und die bis zum fernen Empfangsort laufen. Statische Felder nehmen mit der Entfernung r wie $1/r^3$ ab. Das gilt sowohl für elektrische wie auch für magnetische Dipole. Die übertragene Leistungsdichte $\mathfrak{S}$ berechnet sich nach POYNTING zu

$$\mathfrak{S} = [\mathfrak{E} \cdot \mathfrak{H}].$$

Sie nimmt bei Benutzung statischer Felder wie $1/r^6$ mit der Entfernung ab.

Die von H. HERTZ entdeckten elektromagnetischen Wellen sind ihrer Natur nach Lichtwellen. Sie unterscheiden sich von letzteren nur durch die größere Wellenlange. Die übertragene Leistung nimmt, wie wir aus der Photometrie wissen, mit $1/r^2$ ab. Um die Überlegenheit der Hertzschen Wellen zu zeigen, wollen wir 2 Stationen vergleichen, die in 1 km Entfernung die gleiche Leistung haben und von denen die eine mit statischen Feldern, die andere mit Wellen arbeitet. In 10 km Entfernung ist die Leistung der Wellenstation auf 1/100, die der „stationären" auf 1/1000000 abgesunken. Die Wellen sind den stationären Feldern um das 10000fache überlegen.

2. Warum müssen wir hochfrequente Wechselfelder verwenden?

Wir werden in dem Kapitel über die Abstrahlung elektrischer Wellen von einer Antenne die Formel kennenlernen:

$$\mathfrak{E} = 120\,\pi\,\Omega\,\frac{\mathfrak{J}\,h_{\text{eff}}}{\lambda\,r}.$$

Hierbei bedeutet:

$\mathfrak{E}$ = Feldstärke am Empfangsort
λ = Wellenlänge
r = Entfernung
h_{eff} = effektive Antennenhöhe
$\mathfrak{J}$ = Stromstärke am Fußpunkt der Antenne.

Wir werden für eine auf dem Erdboden stehende lineare Antenne ableiten:
a) Wir haben günstigste Ausstrahlung, wenn die geometrische Antennenhöhe $h = \lambda/4$. h_{eff} ist dann

$$h_{\text{eff}} = h\,\frac{2}{\pi}.^*$$

b) Wenn h klein gegen λ, gilt:

$$h_{\text{eff}} = h/2.$$

Diese Formel besagt:
1. Wenn man z.B. eine Welle von $\lambda = 1000$ m ausstrahlen will, so wird man am günstigsten arbeiten, wenn man einen Turm von 250 m Höhe baut.

---

* Ein im Raum freier Dipol hat als günstigste Länge $\lambda/2$.

2. Wenn man aber z.B. auf einem Schiff mit 20 m hohen Masten nur eine Antenne von 20 m Höhe aufbauen kann, wird bei einer Ausstrahlung der 1000-m-Welle bei gleichem Antennenstrom die Feldstärke auf den Bruchteil

$$\frac{h_{\text{eff}2}}{h_{\text{eff}1}} = \frac{20/2}{250\,2/\pi} = \frac{\pi}{4}\,\frac{20}{250} = \frac{\pi}{50} = \text{etwa } \frac{1}{17}.$$

sinken. Arbeiten wir aber mit der kleinen Schiffsantenne mit $\lambda = 80$ m, so erhalten wir bei gleichem Antennenstrom und in gleicher Entfernung dieselbe Feldstärke wie mit $\lambda = 1000$ m und mit der großen Antenne von 250 m geometrische Höhe.

Eine Wellenlänge von 80 m entspricht aber nach der Beziehung $f = c/\lambda$ ($c = $ Lichtgeschwindigkeit $= 3 \cdot 10^{10}$ cm/sec) einer Frequenz von

$$f = \frac{3 \cdot 10^8\,\text{m/sec}}{80\,\text{m}} = \text{etwa } 4\,\text{MHz}.$$

3. Aufbau einer Nachrichtenverbindung.

Die Sendeseite. 1. Der Hochfrequenzgenerator. — 2. Die Antenne zum Erregen der Wellen. — 3. Die Modulatoren, um die Hochfrequenzströme mit der Nachricht zu beladen; Betrieb der Modulatoren durch die Mittel der Drahtnachrichtentechnik (Morsetaste usw., Mikrophon).

Die Empfangsseite. 1. Die Antenne, um die Wellen aufzunehmen und wieder in hochfrequente Wechselströme zu verwandeln. — 2. Demodulatoren (meist Gleichrichter), um die Nachricht in niederfrequente Wechselströme zu verwandeln; dann wieder Anschluß an die Drahtnachrichtentechnik (Morseschreiber, Schnellschreiber, Kopfhörer, Lautsprecher).

Mittel zur Trennung gleichzeitig von verschiedenen Sendern ausgestrahlter Wellen: Resonanzkreise, Bandfilter.

I. Der Schwingungskreis.

A. Der ungedämpfte Schwingungskreis.

1. Bevor wir anfangen zu rechnen, sei das Pendeln der elektrischen Ladung in einem Schwingungskreise anschaulich überlegt (Abb. 1). Der Kondensator sei geladen: Spannung U, Ladung Q.

$$Q = U \cdot C.$$

Der Schalter S werde zur Zeit $t = 0$ geschlossen. Der Strom steigt nach dem Induktionsgesetz:

$$dI/dt = U/L$$

zunächst rasch an (Zeitspanne 1 der Abb. 2). Spannung und Ladung nehmen zunächst nach der Gleichung: $I = -dQ/dt$ nur wenig ab. Der Strom steigt in der Zeitspanne 2 wegen der abgenommenen Ladung und geringeren Spannung langsamer, aber er steigt noch. U und Q sinken wegen des größer gewordenen Stromes rascher. Am Ende der Zeitspanne 4 wird die Spannung $= 0$. Nach dem Induktionsgesetz ändert sich der Strom nicht mehr (Strommaximum!). Nun wird der Kondensator negativ geladen. Die zunächst noch kleine negative Spannung bremst den Strom zuerst noch wenig. Dann wächst die negative Spannung und die Ladung. Der Strom wird stärker gebremst. Am Ende der Zeitspanne 8 wird der Strom $= 0$. Die negative Ladung hat ihren höchsten Wert erreicht. Da im Schwingungskreise keine Dämpfung vorhanden sein soll, ist jetzt nach dem

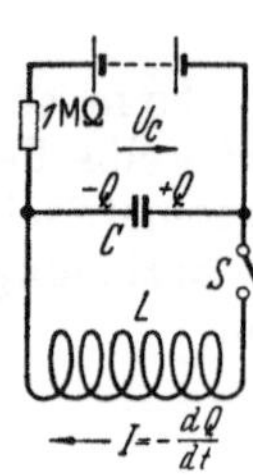
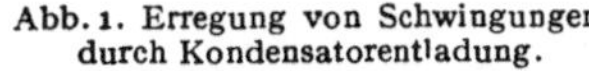
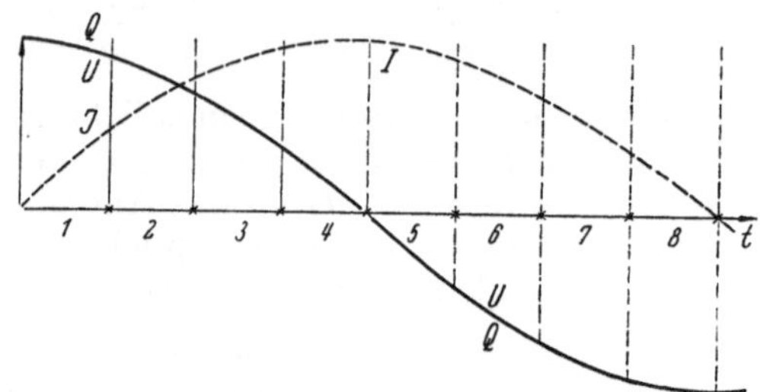

Abb. 1. Erregung von Schwingungen durch Kondensatorentladung.

Abb. 2. Ladung-, Spannung-, Strom-Zeitdiagramm.

Energiegesetz die Energie des elektrischen Feldes im Kondensator wieder dieselbe wie zu Anfang. Ladung und Spannung sind wieder dieselben, nur von entgegengesetzten Vorzeichen.

Diese Überlegung läßt ferner erkennen, daß die in Abb. 2 dargestellte Schwingung rascher verläuft, wenn man den Kondensator oder die Spule oder beides verkleinert.

Es sieht aus, als wenn die Schwingung eine Kosinuskurve sein könnte.

2. Nachdem wir qualitativ wissen, was geschieht, können wir mit Rechnen anfangen. Als Ausgangsgleichungen haben wir die Kondensatorformel, das Induktionsgesetz, den Zusammenhang zwischen Strom und Ladung, und das Kirchhoffsche Gesetz: $\sum U = 0$ oder $U_C = U_L$ kennengelernt. Durch Elimination von U und I erhalten wir für Q die Differentialgleichung:

$$L \frac{d^2 Q}{dt^2} + \frac{Q}{C} = 0 \,.$$

Den Ansatz zu ihrer Lösung haben wir bereits bei unserer qualitativen Vorüberlegung erraten:

$$Q = |\mathfrak{Q}| \cos (\omega t + \varphi) \quad (Q = |\mathfrak{Q}| e^{j\varphi} e^{j\omega t} = \mathfrak{Q} e^{j\omega t})$$

(s. Abschnitt über komplexes Rechnen).

Setzen wir den Ansatz ein, verifizieren wir:

$$\left(-\omega^2 L + \frac{1}{C}\right) |\mathfrak{Q}| \cos (\omega t + \varphi) = 0 \,; \quad \left(-\omega^2 L + \frac{1}{C}\right) \mathfrak{Q} e^{j\omega t} = 0$$

und finden dabei $\omega^2 = \frac{1}{LC}$. Auch das stimmt mit der qualitativen Überlegung, daß der Schwingungsvorgang rascher verlaufen muß, wenn man L oder C kleiner wählt, überein.

Bemerkung. Eigentlich sollte man jeder Rechnung eine solche qualitative Überlegung voranstellen. Man weiß dann, worauf man bei einer Rechnung hinauswill, wie man ihren Gang zu lenken hat, und kann auch das Resultat der Rechnung kontrollieren. Leider kann in einem kurzen Lehrbuch die Vorüberlegung nur durch einen kurzen physikalischen Hinweis, die Rechnung selbst oft nur durch eine kurze Rechenanleitung ersetzt werden. Der Leser sollte aber immer versuchen, aus dem kurzen physikalischen Hinweis sich die ausführliche Vorüberlegung und aus der kurzen Rechenanleitung die Rechnung selbst herzustellen.

Von Vergleichen der Schwingung eines Schwingungskreises mit einem Pendel, des Kondensators mit einer Feder und der Selbstinduktion mit einer Masse und der Ladung mit dem Pendelausschlag (in cm) halte ich nichts, zumal der Leser auch die Pendelschwingung nur vom Ansehen her kennt und sich nicht klargemacht hat, wie sie durch das Zusammenspiel der Gesetze $K = m \cdot d^2x/dt^2$, und beim Federpendel der elastischen Gleichung $K = -p \cdot x$ (p = Federkonstante) zustande kommt.

B. Der gedämpfte Schwingungskreis.

Liegt im Kreis noch ein Widerstand R, so ist im Kirchhoffschen Gesetz noch der Spannungsabfall $R \cdot Q^{\cdot}$ zuzufügen. Wir erhalten:

$$L Q^{\cdot\cdot} + R Q^{\cdot} + \frac{Q}{C} = 0.$$

Die Amplitude wird jetzt mit der Zeit abnehmen. Da die bremsende Spannung $R \cdot I$ selbst auch abnimmt, ist zu erwarten, daß nicht die Abnahme selbst, sondern die *prozentische* Abnahme konstant sein wird. Wir erwarten für die Amplitude den zeitlichen Verlauf $Q \cdot p^t$ mit $p < 1$. Um den Anschluß an die komplexe Schreibweise[1] zu erhalten, ersetzen wir p durch $e^{-\delta}$ und erhalten den Ansatz

$$Q = |\mathfrak{Q}| \, e^{-\delta t} \cos(\omega t + \varphi) = \mathfrak{Q} \, e^{(-\delta + j\omega)t} = \mathfrak{Q} e^{+ct} \text{ mit } c = \delta + j\omega; \ \mathfrak{Q} = |\mathfrak{Q}| e^{j\varphi}.$$

Mit diesem Ansatz erhalten wir für c die algebraische Gleichung:

$$c^2 L + c R + \frac{1}{C} = 0; \ c = -\frac{R}{2L} \pm j \sqrt{\frac{1}{LC} - \left(\frac{R}{2L}\right)^2} = -\delta \pm j \sqrt{\omega_r^2 - \delta^2} = \delta \pm j\omega.$$

Wir wählen das $+$-Zeichen (s. S. 213 Mitte).

Die Lösung lautet dann in komplexer und reeller Schreibweise

$$Q = |\mathfrak{Q}| \, e^{-\delta t} \cos(\omega t + \varphi); \quad Q = \mathfrak{Q} \, e^{(\delta + j\omega)t}.$$

Bezeichnungen:

$c \ = -\delta + j\omega = $ komplexe Frequenz;
$\omega_r = $ Resonanzfrequenz = Eigenfrequenz des ungedämpften Kreises;
$\omega \ = $ Eigenfrequenz des gedämpften Kreises;
Dämpfung $\delta = $ ln des Amplitudenverhältnisses nach 1 sec;
Dekrement $\vartheta = $ ln des Verhältnisses der Amplituden nach einer Schwingungsdauer.
Dämpfungsmaß $d = R/\omega L$;
Spulen- bzw. Kreisgüte $G = \dfrac{1}{d} = \omega L/R$.

1. Handhabung der Grenzbedingungen.

Amplitude und Phase bzw. reeller und imaginarer Teil der komplexen Amplitude sind aus den Anfangsbedingungen zu berechnen. Anordnung 1 (Abb. 1). Für $t = 0$ ist $Q = Q_1$ und $I = dQ/dt = 0$. Wir schreiben die komplexe Amplitude $\mathfrak{Q} = Q_r + jQ_i$ und erhalten:

$$Q_r = Q_1; \text{ aus } 0 = \text{Reell} \, (-\delta + j\omega)(Q_r + jQ_i): Q_i = -\frac{\delta}{\omega} Q_1.$$

$|\mathfrak{A}| = \sqrt{A_1^2 + A_2^2}$; $\varphi = \operatorname{arctg} \frac{A_2}{A_1}$; $A_2 = |\mathfrak{A}| \sin \varphi$; $A_1 = |\mathfrak{A}| \cos \varphi$

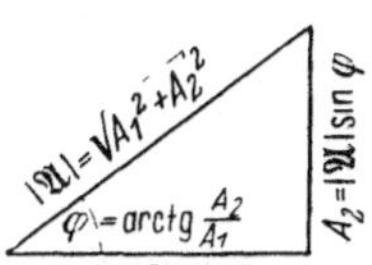

Abb. 3. Amplitude, Phase, reeller und imaginärer Teil der komplexen Amplitude.

---

[1] Man schreibt nach der Eulerschen Formel $e^{j\alpha} = \cos\alpha + j\sin\alpha$ für $\cos\alpha = \text{Reell } e^{j\alpha}$ für $\sin\alpha = \text{Reell} - j e^{j\alpha}$. Fur $|\mathfrak{A}| \cos(\omega t + \varphi)$ Reell $|\mathfrak{A}| e^{j\varphi} e^{j\omega t} = \mathfrak{A} e^{j\omega t}$; $\mathfrak{A} = A_r + jA_i = |\mathfrak{A}| e^{j\varphi}$; $|\mathfrak{A}| = \sqrt{A_r^2 + A_i^2}$; tg $\varphi = \dfrac{A_i}{A_r}$ (Abb. 3) ($A_r = A_1$; $A_i = A_2$). $\mathfrak{A}$ nennt man die komplexe Amplitude (s.: Bemerkungen uber das komplexe Rechnen S. 210).

Anordnung 2 (Abb. 4). Die Schwingungen treten jetzt bei Schalteröffnung auf. Für $t = 0$ ist $Q = 0$ und $I = I_1$. Wir erhalten:

$$Q_r = 0\,; \quad Q_i = -\frac{I_1}{\omega}\,.$$

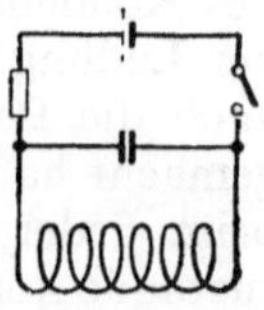

Abb. 4. Erregung von Schwingungen durch Spulenentladung.

2. Zahlenbeispiel.

Es soll ein Schwingungskreis für 40-m-Wellenlange berechnet werden. Der Kondensator bestehe aus 6 Platten von 10 cm² Fläche, Plattenabstand 1 mm. Es sind $n = 5$ Zwischenraume da.

Die Kapazität C ist

$$C = \frac{n\,\varepsilon_0 F}{a} = 5 \cdot 8{,}85 \cdot 10^{-14}\,\frac{\text{Coul}\;10\;\text{cm}^2}{V \cdot \text{cm}\;1\;\text{mm}} = 44\;\text{pF}\,.$$

Die Frequenz ist

$$\omega = \frac{2\pi c}{\lambda} = \frac{2\pi \cdot 3 \cdot 10^{10}\;\text{cm/sec}}{40\;\text{m}} = 4{,}71 \cdot 10^7/\text{sec}.$$

Die Induktivität L ist

$$L = \frac{1}{\omega^2 C} = \frac{1}{(4{,}71)^2\,10^{14}/\text{sec}^2\,44\;\text{pF}} = 1{,}02 \cdot 10^{-5}\;\text{H}.$$

Berechnen wir die Induktivität nach der einfachen Formel

$$L = \mu_0 n^2 F/l$$

und wahlen wir $F = 20$ cm² und $l = 5$ cm, erhalten wir $n \cong 14$ ($n^2 = 203$). Eine genauere Näherungsformel (s. S. 10) ergibt etwa 20 Windungen.

3. Zusammenfassung.

1. Jeder Schwingungskreis enthält Kapazität und Induktivität.
2. Wenn kein Widerstand vorhanden ist, entstehen ungedämpfte Schwingungen

$$Q = |\mathfrak{Q}|\cos(\omega t + \varphi) = \mathfrak{Q}\,e^{j\omega t} \qquad \mathfrak{Q} = |\mathfrak{Q}|\,e^{j\varphi}.$$

Das Wort: Reell pflegt man vor dem komplexen Ausdruck nicht mitzuschreiben. *Man muß es sich immer hinzudenken*, sonst ist obige Gleichung mathematisch falsch.

3. Wenn Widerstand vorhanden ist, entstehen gedämpfte Schwingungen

$$Q = |\mathfrak{Q}|\,e^{-\mathfrak{d}t}\cos(\omega t + \varphi) = \mathfrak{Q}\,e^{(-\mathfrak{d} + j\omega)t} \qquad \mathfrak{Q} = |\mathfrak{Q}|\,e^{j\varphi},$$

Dämpfung $\mathfrak{d} = \ln \frac{|\mathfrak{Q}|_{1\,\text{sec}}}{|\mathfrak{Q}|_0} \Big/ 1\,\text{sec} = \frac{R}{2L}$, Logarithmisches Dekrement $\vartheta = \ln \frac{|\mathfrak{Q}|_T}{|\mathfrak{Q}|_0} = \mathfrak{d}T$,

Dämpfungsmaß $d = \frac{R}{\omega L} = \frac{2\mathfrak{d}}{\omega} = \frac{\vartheta}{\pi}$, Kreis- bzw. Spulengüte $G = \frac{1}{d} = \frac{\omega L}{R}$.

Es bedeuten: $|\mathfrak{Q}|_0$ = Ladungsamplitude zur Zeit $t = 0$
$|\mathfrak{Q}|_{1\,\text{sec}}$ = Ladungsamplitude zur Zeit $t = 1$ sec
$|\mathfrak{Q}|_T$ = Ladungsamplitude zur Zeit $t = T$
T = Schwingungsdauer.

4. Zwei in älteren Wellenmessern übliche Erregungsarten für gedämpfte Schwingungen werden beschrieben.
5. Ein Zahlenbeispiel: Berechnung eines Schwingungskreises für $\lambda = 40$ m wird durchgeführt.

C. Resonanzerscheinungen.

1. Die Serien- oder Spannungsresonanz.

In einen aus L, C und R bestehenden Schwingungskreis sei eine Wechselstrommaschine eingeschaltet, die eine feste E.M.K. von der Größe U liefert. Induktivität und Widerstand der Maschine sind in den gegebenen L und R mit enthalten. Berechne den Strom I. Aus dem Kirchhoffschen Gesetz $\sum U = 0$ folgt:

$$\mathfrak{U} = j\left(\omega L + R + \frac{1}{j\,\omega C}\right)\mathfrak{J}.$$

Wir formen den Ausdruck $j\,\omega L + \frac{1}{j\,\omega C} = j\,\omega L\left(\frac{\omega^2 - \omega_0^2}{\omega^2}\right)$ unter Einführung der Verstimmung $\delta\omega = \frac{\omega^2 - \omega_0^2}{2\,\omega} = (\omega - \omega_0)\left(\frac{\omega + \omega_0}{2\,\omega}\right)$ für kleine Differenzen in $\delta\omega \cong \omega - \omega_0$ übergehend, und der Dämpfung $\mathfrak{d} = R/2L$ und der Resonanzfrequenz $\omega_0^2 = \frac{1}{LC}$ um:

$$\mathfrak{U} = \mathfrak{J}(\mathfrak{d} + j\,\delta\omega)\,2L; \quad \mathfrak{J} = \frac{\mathfrak{U}}{2L(j\,\delta\omega + \mathfrak{d})}; \quad |\mathfrak{J}| = \frac{\mathfrak{U}}{2L\sqrt{\mathfrak{d}^2 + \delta\omega^2}}; \quad tg\,\varphi = \frac{\delta\omega}{\mathfrak{d}}$$

$$\mathfrak{J}_{\max} = \mathfrak{J}_{\mathrm{res}} = \frac{\mathfrak{U}}{2L\mathfrak{d}} = \frac{\mathfrak{U}}{R} \text{ für } \delta\omega = 0.$$

Konstruktion der Resonanzkurve mit Hilfe des Zeigerdiagrammes.

(Über Inversion s. Abschnitt: Komplexes Rechnen S. 214!)

Verstimmt man den Kreis (Veränderung von $\delta\omega$), so wandert die Spitze des Zeigers $\mathfrak{z} = \mathfrak{d} + j\,\delta\omega$ auf einer senkrechten Geraden (Abb. 5), die Spitze des Zeigers $\mathfrak{z}' = \dfrac{\mathfrak{U}}{2L\,(\mathfrak{d} + j\,\delta\omega)}$ auf dem gezeichneten Kreis mit dem Durchmesser $U/R \cdot 1\ 1', 2\ 2'$ usw. sind einander zugeordnete Punkte (Abb. 6). Der Leser zeichne zu seiner Übung für $U = 150$ V, $R = 15\ \Omega$ und $L = 1{,}2 \cdot 10^{-5}$ H die Resonanzkurven ($|\mathfrak{J}|$-$\delta\omega$-Kurve und φ-$\delta\omega$-Kurve) auf. Als Maßstab wird 1 A $\rightarrow 1$ cm und 1 MHz $\rightarrow 1$ cm empfohlen. *Übungsaufgabe:* Zeichne $\delta\omega$ als $f(\omega)$ für ein gegebenes ω_0 (z. B. $\omega_0 = 10$ MHz).

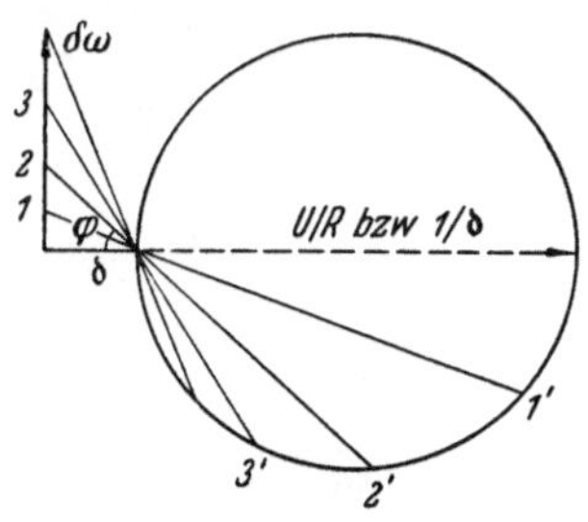

Abb. 6. Weg des Zeigers $z = \dfrac{U/2\,L}{\mathfrak{d} + j\,\delta\,\omega}$.

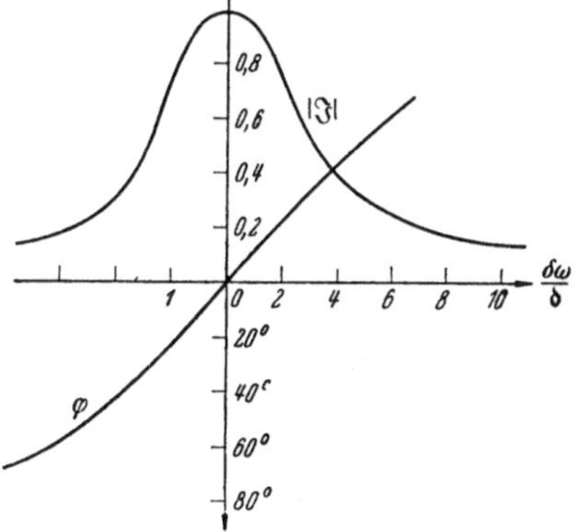

Abb. 7. Strom- und Phasen-Resonanzkurve.

Für $\omega = 0$ wird $\delta\omega = -\infty$, für $\omega = \Omega$ (sehr groß) wird $\delta\omega = \Omega/2$. Die Resonanzkurven sind als $f(\delta\omega)$ symmetrisch, als $f(\omega)$ unsymmetrisch (s. Abb. 7).

Die Spannungen U_L an der Spule und U_c am Kondensator sind höher als die Betriebsspannung. Die Spannungsüberhöhung ist

$$\frac{|\mathfrak{U}_L|}{|\mathfrak{U}|} \cong \frac{|\mathfrak{U}_c|}{\mathfrak{U}} = \frac{\omega L}{R} = \frac{1}{\omega C R} = \mathfrak{G} \, .$$

Wegen dieser Spannungsüberhöhung spricht man von „Spannungsresonanz".

Durch einen Primärstrom konstanter Amplitude, aber variabler Frequenz werde ein Strom in einem festen Schwingungskreis induziert (Anordnung Abb. 8). Bei welcher Frequenz ist der Sekundärstrom am größten?

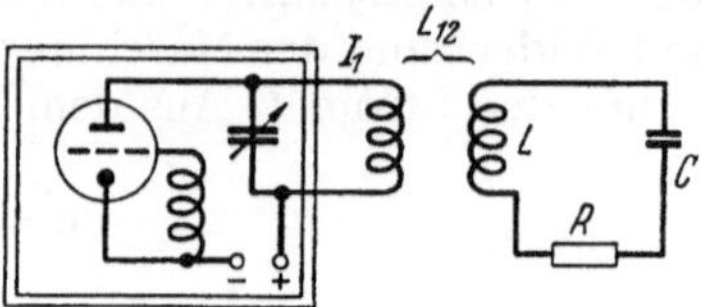

Abb. 8. Stromresonanz mit Seriendampfungswiderstand.

Lösung: $\omega_{\text{opt}}^2 = \dfrac{\omega_0^2}{1 - \dfrac{C_2}{L_2}\dfrac{R_2^2}{2}} \, .$

Anleitung: $|\mathfrak{J}_2|^2 = \dfrac{\mathfrak{J}^2 \omega^2 L_{12}^2}{\left(\omega L - \dfrac{1}{\omega C}\right)^2 + R^2} \, .$

Bilde: $\dfrac{d}{d\omega}\left(\dfrac{\left(\omega L - \dfrac{1}{\omega C}\right)^2 + R^2}{\omega^2}\right) = 0 \, .$

2. Die Parallel- oder Stromresonanz. Sperrkreis, Schwungradkreis.

Als Beispiel nehmen wir einen fremderregten Röhrensender. Die Röhre werde von einer am Gitter liegenden Wechselstromquelle (Abb. 9) gesteuert und liefere einen Anodenstrom mit der Amplitude $\mathfrak{J}_a$. Wie groß sind die Ströme und Spannungen im Schwingungskreis? Unter Benutzung der Formel für 2 Parallelwiderstände $\mathfrak{R} = \dfrac{\mathfrak{R}_1 \mathfrak{R}_2}{\mathfrak{R}_1 + \mathfrak{R}_2}$ erhalten wir

$$\frac{\mathfrak{U}}{\mathfrak{J}_a} = \frac{(j\omega L + R_L)\left(\dfrac{1}{j\omega C} + R_C\right)}{j\omega L + R_L + R_C + \dfrac{1}{j\omega C}} \cong \frac{1}{2C(j\,\delta\omega + \mathfrak{d})} \quad \text{für } \omega L \gg R_L; \quad \frac{1}{\omega C} \gg R_c \, .$$

$$\mathfrak{d} = \frac{R_L + R_C}{2L}; \quad \mathfrak{U}_{\text{max}} = \mathfrak{U}_{\text{res}} \cong \frac{\mathfrak{J}}{2C\mathfrak{d}} = \frac{\mathfrak{J}L}{C(R_L + R_C)} \, .$$

Für die Anordnung des Dämpfungswiderstandes nach Abb. 10 (Parallelschaltung von 3 Leitwerten) erhält man

$$\mathfrak{U}\left(\frac{1}{j\omega L} + G + j\omega C\right) = \mathfrak{J}; \quad \mathfrak{U}_{\text{res}} = \mathfrak{J}/G \, .$$

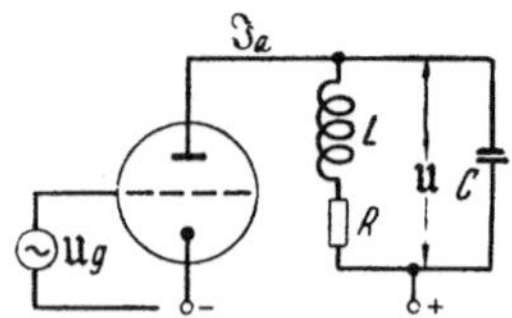

Abb. 9. Elektronenrohr mit Stromresonanzkreis.

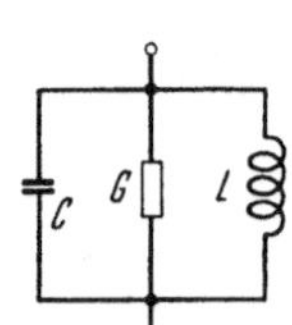

Abb. 10. Stromresonanzkreis mit Parallel-Dampfungswiderstand

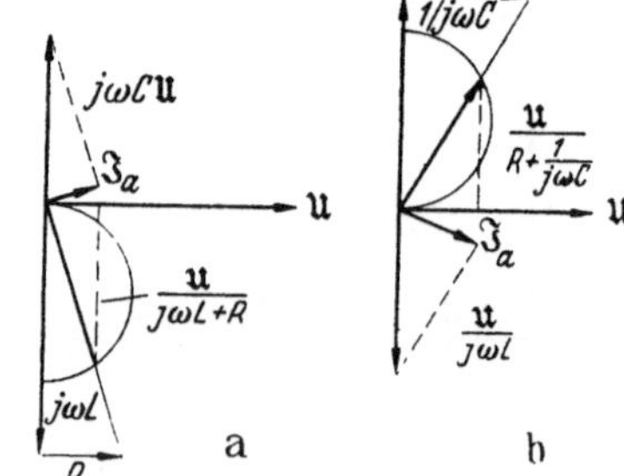

Abb. 11. Diagramme fur Stromresonanzkreise.

Im Hinblick auf die Verwendung des Parallelkreises im Röhrengenerator seien einige Einzelfalle noch kurz erwähnt:

a) Widerstand im Spulenkreis, $\omega L = 1/\omega C$, ergibt Diagramm 11a.

b) Widerstand im Kondensatorzweig, $\omega L = 1/\omega C$, ergibt Diagramm 11b.

c) Gleiche Widerstände in beiden Kreisen, $\omega L = 1/\omega C$, ergibt Diagramm 12.

d) In beiden Zweigen liegen jetzt verschiedene Widerstände R_L und R_c. Der Anodenstrom ist gegeben, ebenfalls die Frequenz (Fall des fremderregten Generators). Das Amperemeter liegt im Spulenzweig. Es wird durch Drehen am Kondensator auf maximalen Spulenstrom abgestimmt. Konstruiere das Diagramm. Wir formulieren die gleiche Frage etwas geschickter: Der Spulenstrom ist gegeben Der Anodenstrom soll ein Minimum werden. Wir können dann die Zeiger für $\Im_L$ und $\Im_C$ hinzeichnen (Abb. 13). Der Zeiger $\dfrac{1}{j\omega C}$

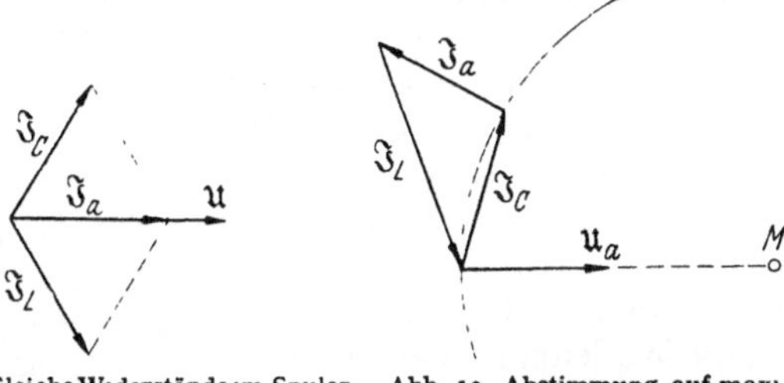

Abb. 12. Gleiche Widerstände im Spulen- und Kondensatorzweig.

Abb. 13. Abstimmung auf maximalen Spulenstrom bei gegebenem Anodenstrom.

$+ R_C$ läuft auf einer senkrechten Geraden, der Zeiger $\Im_C = \mathfrak{U}\Big/\Big(\dfrac{1}{j\omega C} + R_C\Big)$ auf dem durch Inversion dieser Geraden zu erhaltenden Kreis mit dem Durchmesser U/R_C. Die Feder des Zeigers für $\Im_a$ muß auf diesem Kreis liegen, und zwar an der Stelle, die der Feder des $\Im_L$-Pfeiles am nächsten liegt. (Linie Feder-Kreismittelpunkt M.)

e) Das Amperemeter liegt im Kondensatorzweig. Wir formen die Frage wieder etwas um: Wann ist bei

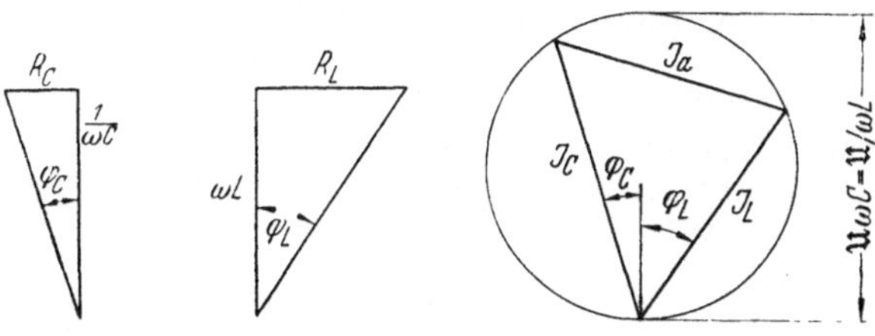

Abb. 14—16. Abstimmung auf maximalen Kondensatorstrom

festem Spulenstrom das Verhältnis Kondensatorstrom/Anodenstrom am größten?

Man berechne mit $-jx = 1/j\omega C$ die Ströme

$$\Im_C = \frac{\mathfrak{U}}{R_c - jx} \;;\quad \Im_L = \frac{\mathfrak{U}}{R_L + j\omega L}$$

und bilde

$$\frac{|\Im_a|}{|\Im_C|} = \frac{|\Im_C - \Im_L|}{|\Im_C|} = \frac{|-jx + R_C - j\omega L - R_L|}{|j\omega L + R_L|} = \frac{\sqrt{(x+\omega L)^2 + (R_C - R_L)^2}}{\sqrt{\omega^2 L^2 + R_L^2}} = \min$$

Das Minimum von $\dfrac{|\Im_a|}{|\Im_C|}$ liegt dann bei $x = -\omega L$. Die Phasenwinkel φ_C und φ_L und die Ströme $\Im_L$, $\Im_C$ und ihre Differenz $\Im_a$ werden dann normal wie im Diagramm 14 bis 16 gezeichnet.

Anleitung:

$$\Im_C = \frac{\mathfrak{U}}{\dfrac{1}{j\omega C} + R_C} = \frac{j\mathfrak{U}\omega C}{1 + jR_C\omega C} = \frac{j\mathfrak{U}\omega C}{1 + j\,\mathrm{tg}\,\varphi_C} \;;\quad |\Im_c| = \frac{\mathfrak{U}\omega C}{\sqrt{1 + \mathrm{tg}^2\,\varphi_C}} = \mathfrak{U}\,\omega\,C\cos\varphi_C$$

Analog $|\Im_L| = \mathfrak{U}\,\omega\,C\cos\varphi_L$.

D. Meßtechnik.

1. Das Prinzip des Absorptionswellenmessers (Abb. 17).

Der Absorptionswellenmesser besteht aus einem Schwingungskreis L, C. Zur Anzeige des Hochfrequenzstromes ist an einigen Windungen der Spule ein Detektor mit einem Gleichstrom-Mikroamperemeter angeschlossen. Der Gleichstrom berechnet sich (s. Abschnitt über die Detektoren) zu $\delta\vec{i} = \mathfrak{g}\,|\mathfrak{u}|^2$.

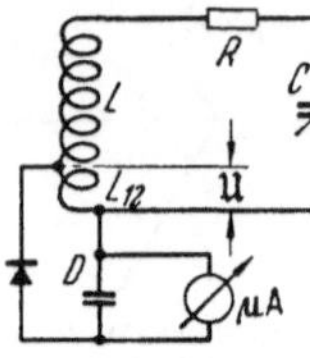

Handhabung: Die Spule des Wellenmessers ist in das hochfrequente Magnetfeld der zu messenden Welle zu bringen und der Kondensator so einzustellen, daß das Instrument maximalen Strom anzeigt. Aus dem abgelesenen Kondensatorwert und dem bekannten L ist die Frequenz bzw. die Wellenlänge nach den Beziehungen

$$\omega = \frac{1}{\sqrt{LC}}; \qquad \lambda = \frac{2\pi c}{\omega} = 2\pi c\sqrt{LC}$$

Abb. 17.
Absorptionswellen-
messer.

zu ermitteln. Meist wird man die Wellenlangen direkt an der Kondensatorskala anschreiben.

2. Genauere Berechnung der Kapazitäten und Induktivitäten.

a) Kapazität.

Am Rande der Kapazitat schneidet das elektrische Feld nicht wie Abb. 18a ab, sondern es tritt ein Streufeld Abb. 18b auf. (Berechnung in MAXWELL: Elektrizität und Magnetismus Band 1, Tafel XIII.) Wir berücksichtigen es durch die genauere Formel:

$$C = \frac{\varepsilon_0\,\pi\,r^2}{d} + r\,\varepsilon_0\left[\ln\frac{16\,\pi\,r\,(d+b)}{d^2} + \frac{b}{d}\ln\left(1 + \frac{d}{b}\right) + 1\right]$$

$r =$ Radius, $\quad d =$ Plattenabstand, $\quad b =$ Plattendicke.

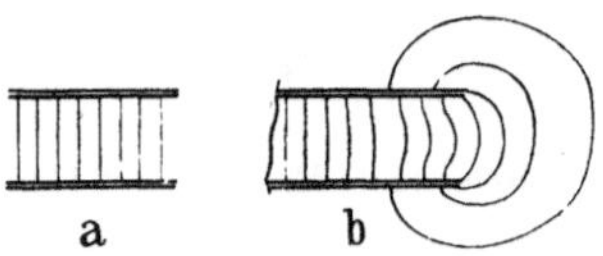

Abb. 18 Streukraftlinien am Kondensator.

b) Die Induktivität.

Für kurze Spulen wird die einfache Formel für die Induktivitat L

$$L = \frac{\mu_0\,n^2\,F}{l}$$

$n =$ Windungszahl, $F =$ Spulenfläche, $l =$ Spulenlänge

zu ungenau. Um zu einer genaueren Formel zu gelangen, denke man sich das Magnetfeld in 2 Teile zerlegt: das Feld $\mathfrak{H}_1 = \frac{n}{l}\cdot I$ (Abb. 19a), das in den Stirnflächen der Spule endet und in der bewickelten Zylinderfläche die Grenzbedingung: $\mathfrak{H}_i - \mathfrak{H}_a = \frac{nI}{l}$ erfüllt, und ein von den Stirnflächen ausgehendes, die dort endigenden Kraftlinien fortsetzendes Magnetfeld $\mathfrak{H}_2$, das die Spulenzylinderfläche stetig durchsetzt (Abb. 19b). Die Differentialgleichungen für beide Felder lauten:

$$\operatorname{div}\mathfrak{H} = 0\,; \qquad \operatorname{rot}\mathfrak{H} = 0$$

Das 2. Teilfeld ist durch ein Potential Ψ darzustellen (Abb. 20):

$$\Psi = \int_0^r\int_0^{2\pi}\frac{r\,dr\,d\varphi\,\mathfrak{H}_1}{4\,\pi\,\varrho_1(r,\varphi)} - \int_0^r\int_0^{2\pi}\frac{r\,dr\,d\varphi\,\mathfrak{H}_1}{4\,\pi\,\varrho_2(r,\varphi)}\,.$$

Die Grenzbedingung: $\mathfrak{H}_2(r = \infty) = 0$ wird von beiden Feldern erfüllt. Soweit ist die Überlegung streng.

Das Feld $\mathfrak{H}_2$ ist das Feld von 2 Flächenladungen auf den Stirnflächen des Solenoides mit der scheinbaren Ladung $\mathfrak{H}_1$. Wir wollen dieses Feld nur in der Mitte der Querschnitte berechnen (P liege in Querschnittmitte) und annehmen, daß es über den Querschnitt konstant sei. Diese Annahme gilt nur angenähert. In Wirklichkeit ist es am Rande etwas schwacher. Unsere Korrektur wird daher etwas zu stark und die Induktivitäten etwas zu niedrig ausfallen.

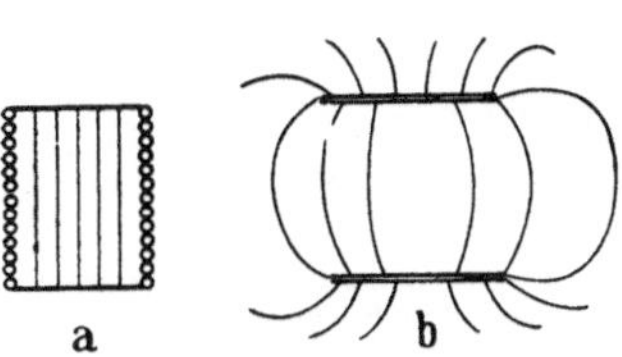

Abb. 19. Magnetfeld kurzer Spulen:
a) Hauptbestandteil,
b) Streumagnetfeld kurzer Spulen.

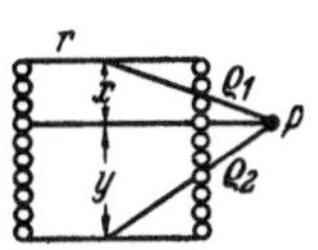

Abb. 20.
Bezeichnungen für die Berechnung der Induktivität kurzer Spulen

Die von *einer* Stirnflächenladung herrührende senkrechte Feldkomponente (Index 21) ist

$$\mathfrak{H}_{21} = \int_0^r \frac{\mathfrak{H}_1}{4\pi} \cdot 2\pi x \, \frac{r\,dr}{\sqrt{x^2 + r^2}^3} = - \frac{\mathfrak{H}_1 \cdot x}{2} \left[\frac{1}{\sqrt{x^2 + r^2}}\right]_{r=0}^{v=r} = \frac{\mathfrak{H}_1}{2}\left(1 - \frac{x}{\sqrt{x^2 + r^2}}\right)$$

Kontrolle: $\mathfrak{H}_{21}$ für $(x = 0) = \dfrac{\mathfrak{H}_1}{2}$, wie zu erwarten.

Für das mittlere Korrekturfeld ergibt sich

$$\overline{\mathfrak{H}}_{21} = \frac{1}{l}\int_0^l \mathfrak{H}_{21}(x)\,dx = \frac{1}{l}\int_0^l \frac{\mathfrak{H}_1}{2}\left(1 - \frac{x}{\sqrt{x^2 + r^2}}\right) dx = \frac{\mathfrak{H}_1}{2}\left(1 + \frac{r}{l} - \sqrt{1 - \frac{r^2}{l^2}}\right)$$

$$\cong \frac{\mathfrak{H}_1}{2}\left(\frac{r}{l} - \frac{r^2}{2\,l^2}\right) \quad \text{für} \quad r/l \ll 1; \quad \left(\sqrt{1+\varepsilon} = 1 + \varepsilon/2\right).$$

Die ganze Korrektur, auch von der unteren Stirnflächenladung herrührend, ist doppelt so groß. Sie ist von $\mathfrak{H}_1$ abzuziehen, so daß sich ergibt

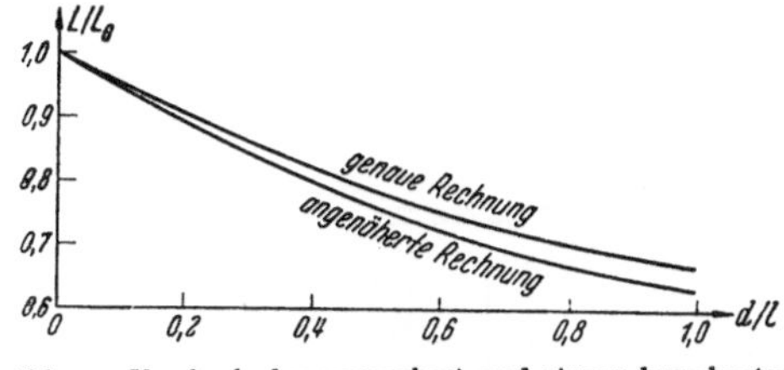

Abb. 21. Vergleich der angenahert und streng berechneten Induktivitaten.

Mittleres Feld

$$\overline{\mathfrak{H}} = \mathfrak{H}_1\left(1 - r/l + \frac{r^2}{2\,l^2}\right).$$

Korrigierte Induktivität:

$$L = L_1\left(1 - r/l + \frac{r^2}{2\,l^2}\right).$$

Der Vergleich mit der strengen Kurve (KAMMERLOHER, Bd. 1, S. 7) zeigt, daß die angenäherte Formel bis zu $d/l = 1$ nur 5,3% von der strengen Formel abweicht. (Vgl. Abb. 21.)

3. Der Bau von Normalkondensatoren[1].

Die Kondensatorflächen kann man sehr genau ausrechnen, die Abstände durch auf Lichtwellenlängen genau geschliffene Glaszylinder auch sehr genau herstellen. Die Schwierigkeit besteht in der Herstellung genau planer und durchbiegungsfreier Platten. Abb. 22 zeigt einen vom Außenraum praktisch unabhängigen Kondensator. Für Präzisionsmessungen benutze man 2 Sätze von je 3 Glaszylindern

---

[1] MAXWELL: S. 313, Tafel XII.

von den Höhen h_1 und h_2, die beide Male an dieselbe Stelle zu bringen sind. Bei nicht völlig ebenen Platten sind dann die mittleren Abstände $h_1 + \delta h$ und $h_2 + \delta h$. Man vergleiche nun z.B. in einer Brücke den zu messenden Kondensator C_x mit den beiden Normalkondensatoren. Man erhält

$$\frac{1}{C_1} = \frac{h_1 + \delta h}{\varepsilon_0 F} = \frac{1}{C_x}\frac{a}{b};$$

$$\frac{1}{C_2} = \frac{h_2 + \delta h}{\varepsilon_0 F} = \frac{1}{C_x}\frac{a'}{b'};$$

$$\frac{h_1 - h_2}{\varepsilon_0 F} = \frac{1}{C_x}\left(\frac{a}{b} - \frac{a'}{b'}\right).$$

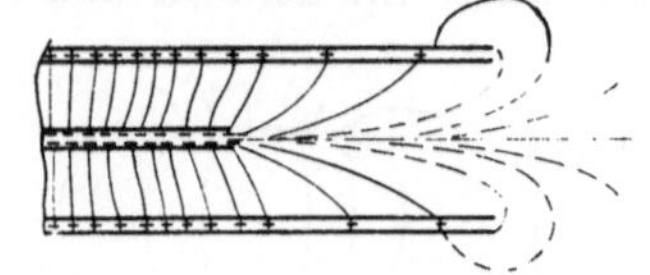

Abb. 22. Gegen äußere elektrische Felder geschützte Normalkapazität.

Der unbekannte Fehler δh wegen der Unebenheiten der Platten fällt heraus.

4. Brückenmessungen.

a) Die Eichung von Drehkondensatoren erfolgt in der üblichen Brückenschaltung.

b) Die Eichung von Spulen kann in der Schaltung Abb. 23 durchgeführt werden. Die Brückengleichung

$$\frac{j\omega L}{R_1} = \frac{R_2}{1/j\omega C} \quad \text{liefert} \quad L = C \cdot R_1 R_2.$$

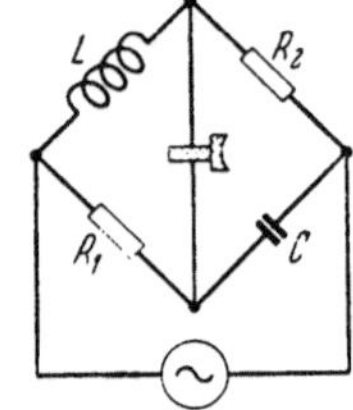

Abb. 23. Vergleich von L und C in der Brücke.

Die Frequenz kommt nicht vor. Der benutzte Wechselstrom braucht nicht oberwellenfrei zu sein.

Bei Präzisionsmessungen muß der Widerstand der Spule durch eine regelbare Ableitung des Kondensators mit ausgeglichen werden. Die Brückengleichung

$$\frac{j\omega L + R}{R_1} = \frac{R_2}{1/j\omega C + G} \quad \text{oder} \quad \frac{j\omega L + R}{j\omega C + G} = R_1 R_2; \quad \frac{L}{C} = \frac{R}{G} = R_1 \cdot R_2$$

ist dann durch den Doppelabgleich $\dfrac{L}{C} = \dfrac{R}{G} = R_1 R_2$ zu befriedigen. Da der Spulenwiderstand frequenzabhängig ist (Wirbelströme, Hysteresis), muß mit einem reinen Sinusstrom oder mit einem Resonanzanzeige-Instrument gearbeitet werden.

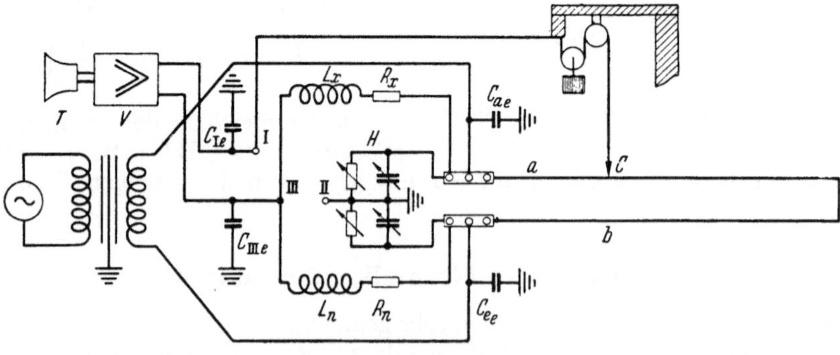

Abb. 24. Die Wagnersche Doppelbrücke.

c) Die Wagnersche Doppelbrücke. Die Wirkungsweise der Doppelbrücke sei am Beispiel des Abgleiches einer Spule gegen eine Siemenssche Normalspule beschrieben (Abb. 24).

Es sei berücksichtigt:

α) Der Widerstand der Spulen. — β) Die Induktivitat des Brückendrahtes. — γ) Die Erdkapazitáten. — δ) Die Oberwellen des Wechselstromes.

Zu α) Man führt eine Doppeleinstellung aus, indem man den Brückenkontakt C und R_n so lange verandert, bis das Telefon schweigt.

Zu β) Man bildet den Brückendraht als Lechersystem aus, so daß zwischen seinen Enden und dem Kontakt C Widerstände und Induktivitäten liegen, die sich beide wie $a:b$ verhalten.

Zu γ) Erdkapazitaten haben im wesentlichen der Verstarker mit Telefon und die Wechselstrommaschine. Sie sind in der Abb. 24 mit C_{ae}, C_{ee}, C_{Ie}, C_{IIIe} bezeichnet. Um sie unschadlich zu machen, bringt man den Schleifkontakt C durch Einstellen der Hilfsbrücke H auf Erdpotential[1]. Einstellungsverfahren: 1. Man gleicht in der Schaltung Abb. 24 die Brücke roh ab. — 2. Man schaltet die Verstarkerleitung von III auf II und stimmt die Hilfsbrücke ab. — Doppeleinstellung der Widerstánde und Kondensatoren. Damit ist C auf Erdpotential gelegt. — 3. Man schaltet den Verstarker auf Buchse III zurück und stimmt fein ab. — 4. Man kontrolliert dann noch einmal mit der neuen Einstellung von C die Hilfsbrücke und wiederholt die Feineinstellung.

Zu δ) Man benutze einen auf die Grundfrequenz abgestimmten Resonanzverstärker (s. Abschnitt: Gegenkopplung).

5. Der Schwebungswellenmesser.

a) Vorbemerkung über die Gleichrichtung mit Röhren.

Die Röhre hat eine krumme Kennlinie. Wird einer Gleichspannung eine Wechselspannung überlagert, so liefert die Röhre nicht nur einen Wechselstrom, sondern es verändert sich auch der Mittelwert des Gleichstromes. δi heißt: Gleichrichtereffekt (Abb. 25).

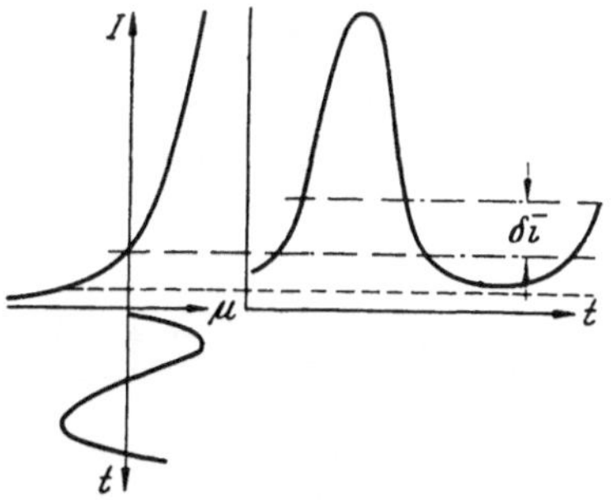

Ist die Kennlinie einer Röhre oder eines Detektors durch

$$I = I_0 \quad S U + K U^2 \quad \text{mit} \quad U = |\mathfrak{u}| \cos \omega t$$

gegeben, so ist der Gleichrichtereffekt

$$\delta \bar{\imath} = \frac{1}{T} \int_0^1 I(t)\, dt - I_0 = \frac{K |\mathfrak{u}|^2}{2} = \mathfrak{g} |\mathfrak{u}|^2 \quad \mathfrak{g} = \frac{K}{2}.$$

$\mathfrak{g}$ nennt man die Gleichrichterkonstante.

Abb. 25. Gleichrichtung mit einer Röhre.

b) Entstehung eines Stromes mit der Schwebungsfrequenz.

Liegen gleichzeitig zwei Wechselspannungen am Gitter — sie seien von den Schwingspulen von 2 Röhrengeneratoren in die Gitterspule induziert — (Abb. 26)

$$U_g = |\mathfrak{u}_{g1}| \cos \omega_1 t + |\mathfrak{u}_{g2}| \cos \omega_3 t,$$

so erhalt man für I_a

$$I_a = I_{ao} + S\left(|\mathfrak{u}_{g1}| \cos \omega_1 t + |\mathfrak{u}_{g2}| \cos \omega_2 t\right)$$
$$+ K\left\{|\mathfrak{u}_{g1}|^2 \cos^2 \omega_1 t + |\mathfrak{u}_{g2}|^2 \cos^2 \omega_2 t + 2|\mathfrak{u}_{g1}| \cdot |\mathfrak{u}_{g2}| \cos \omega_1 t \cos \omega_2 t\right\}.$$

$$\underset{(3)}{} \qquad\qquad \underset{(4)}{} \qquad\qquad \underset{(5)}{}$$

---

[1] Großes Blech unter der gesamten Apparatur! Draht nach Wasserleitungen nutzt nichts.

Das 3. und 4. Glied ergibt eine Erhöhung des Anodengleichstromes um

$$K\frac{|U_{g1}|^2}{2} \quad \text{bzw.} \quad \frac{K|U_{g2}|^2}{2}\left(\cos 2\alpha = \frac{1+\cos^2\alpha}{2}\right).$$

Das 5. Glied ist umzuformen zu

$$I_{a5} = K\,|U_{g1}|\cdot|U_{g2}|\,\{\cos(\omega_1+\omega_2)t + \cos(\omega_1-\omega_2)t\}.$$
(2)

Term 2 ist die niederfrequente Anodenstromschwebung, wenn sich ω_1 und ω_2 nur um den geringen Betrag $\delta\omega = \omega_2 - \omega_1$ unterscheiden.

Setzen wir die Entwicklung der Röhrenkennlinie fort:

$$I_a = I_{ao} = S\,U_g + K\,U_g^2 + W\,U_g^3 + \cdots$$

so erhält man auch niederfrequente Anodenstromschwebungen, wenn sich

$$\omega_1 - 2\,\omega_2\;;\quad 2\,\omega_1 - 3\,\omega_2\;;$$
$$\omega_1 - 4\,\omega_2\;;\quad 3\,\omega_1 - 4\,\omega_2\;;\quad \omega_1 - 5\,\omega_2 \text{ usw.}$$

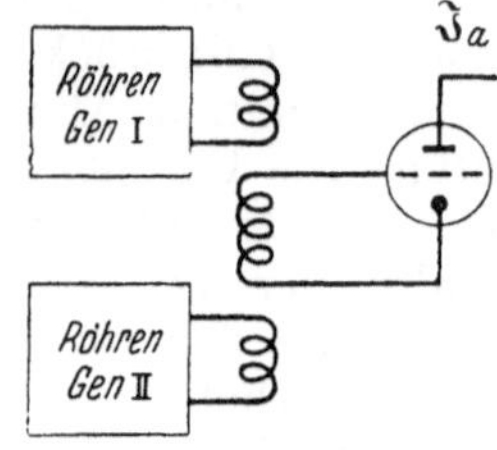

Abb. 26.
Schwebungston-Generator.

um geringe, niederfrequente Werte unterscheiden. Diese „höheren" Schwebungen sind meist leiser als die Schwebung zwischen 2 benachbarten Frequenzen.

Die Höhe dieser Schwebungstöne kann man leicht auf einige Hertz genau durch Vergleich mit einer Stimmgabel bestimmen und so Frequenzen von der Größe z.B. eines Megahertz auf 0,01% genau vergleichen.

c) Aufbau und Handhabung des Schwebungswellenmessers.

Die Schwebungswellenmesser enthalten meist einen geeichten Hochfrequenzgenerator, einen Gleichrichterkreis mit Verstärker und Telefon und einen quarzgesteuerten Eichkreis (Abb. 27).

Handhabung.

Messung einer Schwingung. Man koppelt den Gleichrichterkreis mit der Schwingung, deren Frequenz man messen will, und

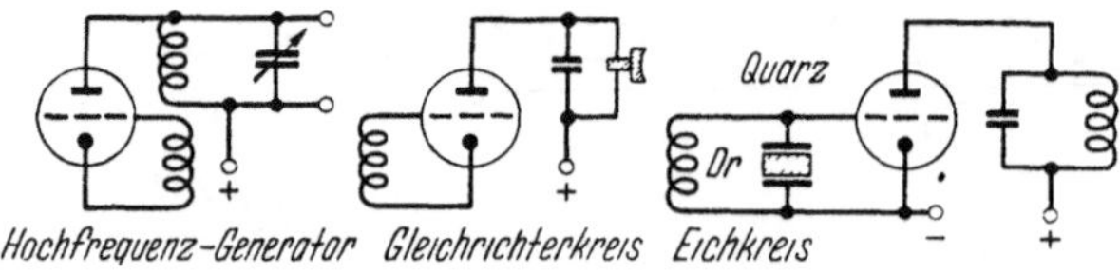

Abb. 27. Schwebungs-Wellenmesser.

mit dem geeichten Hochfrequenzgenerator, stellt dann auf einen bestimmten Schwebungston Ω (Stimmgabel) ober- und unterhalb des Tones Null ein. Die Frequenz ist dann

$$\omega = \omega_0 - \Omega = \omega_u + \Omega.$$

ω_0 und ω_u sind die beiden abgelesenen Frequenzen (s. Pkt. 8).

Messung der Resonanzfrequenz eines Kreises. Man koppelt den zu messenden Kreis mit einem Detektor und Mikroamperemeter (s. Absorptionswellenmesser), stellt die gewünschte Wellenlänge am Wellenmesser ein und dreht den Kondensator des zu messenden Kreises auf maximalen Ausschlag des Mikroamperemeter. Etwas genauer ist die Einstellung auf halben Ausschlag rechts und links der Resonanzstelle!

6. Der Rückwirkungswiderstand $\mathfrak{R}_r$.

Bei der Resonanzfrequenzmessung stört die Rückwirkung des Indikatorkreises. Wir ermitteln diese Rückwirkung, indem wir den „Widerstand" $\mathfrak{R} = \dfrac{\mathfrak{u}}{\mathfrak{J}_1}$ einer Spule L_1 mit angekoppeltem Kreis betrachten. Dabei gehen wir von den beiden Gleichungen

$$\mathfrak{u} = \mathfrak{J}_1\, j\, \omega\, L_1 + \mathfrak{J}_2 j\, \omega\, L_{12} \quad \text{Primärkreis}$$

$$0 = \mathfrak{J}_1\, j\, \omega\, L_{12} + \mathfrak{J}_2 \mathfrak{R}_2 \quad \text{Indikatorkreis}$$

aus. Die Elimination von $\mathfrak{J}_2$ ergibt:

$$\frac{\mathfrak{u}}{\mathfrak{J}_1} = \mathfrak{R} = j\,\omega\,L_1 + \omega^2\,L_{12}^2/\mathfrak{R}_2 \,.$$

Das Glied $\mathfrak{R}_r = \omega^2 L_{12}^2/\mathfrak{R}_2$ nennt man „Rückwirkungswiderstand".

Für unsern Indikatorkreis ist $\mathfrak{R}_2 = j\omega L_2 + R_D$ (Induktivität der Koppelspule und Detektor- + Instrumentwiderstand, Abb. 28). L verändert sich um

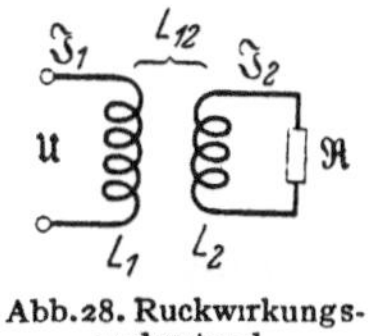

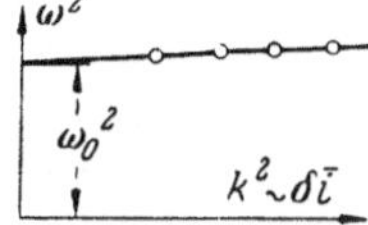

$$j\,\omega\,\delta L = \text{Imag} \cdot \frac{\omega^2 L_{12}^2}{R_D + j\,\omega\,L_2} = -\frac{j\,\omega\,L_2\,\omega^2\,L_{12}^2}{R_D^2 + \omega^2\,L_2^2}$$

und das Frequenzquadrat um

$$\omega^2/\omega_0^2 = \frac{L_1}{L_1 + \delta L} \cong 1 - \frac{\delta L}{L_1} = \frac{L_2 L_{12}^2/L_1}{L_2^2\left(1 + \dfrac{R_D^2}{\omega^2 L_2^2}\right)} + 1$$

Abb. 28. Rückwirkungswiderstand.

Führen wir noch $L_{12}^2/L_1 \cdot L_2 = k^2$ und $d_2 = R_D/\omega L_2$ ein, erhalten wir

$$\omega^2 = \omega_0^2\left(1 + \frac{k^2}{1 + d^2}\right); \quad \omega_0 = \omega_{(k=0}\,.$$

Abb 29.
Elimination der Frequenzverwerfung durch den Indikatorkreis.

Mißt man ω mit verschiedenen Kopplungen und trägt man ω^2 über k^2 auf, erhält man eine Gerade (Abb. 29), welche die Ordinatenachse in ω_0^2 schneidet. Da der Sekundärstrom k, der Gleichrichtereffekt k^2 proportional ist, kann man als Abszisse mit guter Annäherung bequemer den Gleichrichtereffekt $\delta \bar{i}$ wählen, der sich bei den verschieden festen Kopplungen des Indikatorkreises mit dem Meßkreis einstellt.

7. Messung der Spulenkapazität.

Die Windungen bzw. Lagen einer Spule haben gegeneinander eine Kapazität C_1 (Abb. 30a). Man kann sie angenähert (ohne Berücksichtigung der ungleichmäßigen Stromverteilung auf der Spule) zu einer Kapazität C_{sp} (Abb. 30b) zusammenfassen. Diese Spulenkapazität tritt zur Kreiskapazität hinzu. Die Frequenzformel lautet dann

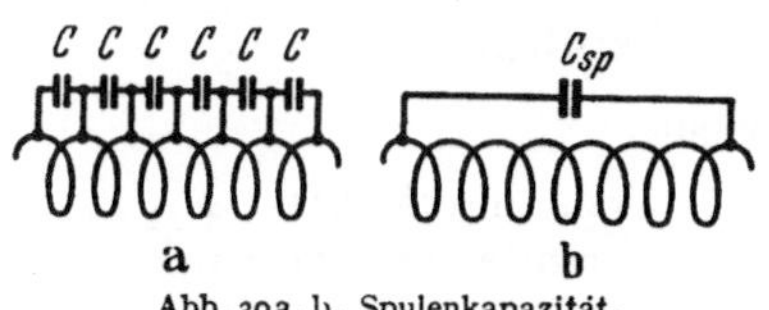

a   b
Abb. 30a, b. Spulenkapazität.

$$\frac{1}{\omega^2} = L(C + C_{sp})\,.$$

Mißt man für die verschiedenen C-Werte ω^2 und trägt man ω^{-2} über C auf, so erhält man eine Gerade, welche die Abszisse links vom Nullpunkt bei C_{sp} schneidet.

8. Eichung eines Kreises mit der Stimmgabel nach Weller.

Wir wollen annehmen, daß ein mit dem zu untersuchenden Kreis aufgebauter Röhrengenerator in der Resonanzfrequenz schwingt.

Stelle mit dem Schwebungswellenmesser und mit Stimmgabelvergleich den unterhalb der Resonanz liegenden Schwebungston Ω ein. Verdrehe dann den Kondensator des zu messenden Kreises um ΔC, bis derselbe Schwebungston oberhalb der Resonanz erscheint. Es ist dann nach der Formel $\omega^2 = \dfrac{1}{LC}$, wenn die Stimmgabelfrequenz Ω ist:

$$2\,\Omega = \frac{1}{\sqrt{L}}\left(\sqrt{\frac{1}{C + \delta C - \dfrac{\Delta C}{2}}} - \sqrt{\frac{1}{C + \delta C + \dfrac{\Delta C}{2}}}\right) \qquad \omega_0^2 = \frac{1}{L\,(C + \delta C)}.$$

Berücksichtigen wir, daß $\Delta C \ll C$, erhalten wir

$$\Omega = \omega_0 \frac{\Delta C}{C + \delta C} \;;\quad \omega_0 = \Omega \frac{C + \delta C}{\Delta C}.$$

Damit haben wir ω_0 durch Ω ausgedrückt.

9. Eichung des Wellenmessers mit Hilfe des Leuchtquarzes.

Ein Quarzstäbchen ist in der Mitte zwischen 2 Elektroden gefaßt und in ein Rohr mit verdünntem Neongas eingeschmolzen (Abb. 31). Hat die elektrische Schwingung die Resonanzfrequenz des Quarzstäbchens erreicht, wird dieses infolge des Piezoeffektes zu starken mechanischen Schwingungen erregt und lädt sich infolge des inversen Piezoeffektes so stark auf, daß das Neon zum Leuchten kommt. Da die Dämpfung des Quarzes sehr gering ist, ist die Spitze der Resonanzkurve sehr scharf. Man kann den Generator sehr genau auf die Frequenz des Quarznormals abstimmen. (Naheres über den Piezoeffekt siehe im Senderband.)

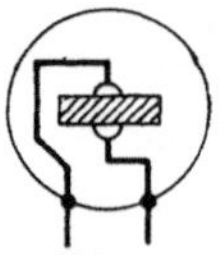

Abb. 31. Leuchtquarz-Frequenznormale.

10. Messung von Kapazitäten mit dem Schwebungswellenmesser.

Man schaltet Schwingkreis und Eichkreis ein und stellt eine Schwebung her, deren Tonhöhe man mit der Stimmgabel einstellt. Dann schaltet man die zu messende Kapazität an die im Meßkreiskondensator parallel liegenden Buchsen und dreht den Meßkondensator zurück, bis wieder der gleiche Schwebungston auf der gleichen Seite von der Resonanz auftritt. Die Differenz der Meßkreiskondensatorwerte gleicht der zu messenden Kapazität.

11. Die Messung von Gegeninduktivitäten.

a) Mit dem Wellenmesser.

Man schaltet in einen Kreis die 2 Spulen, deren Gegeninduktivitat L_{12} man messen will, einmal hintereinander und einmal gegeneinander und bestimmt die beiden Induktivitäten L_a und L_b

$$L_a = L_1 + L_2 + 2\,L_{12}; \quad L_b = L_1 + L_2 - 2\,L_{12}.$$

Aus den beiden Gleichungen ist dann L_{12} zu $L_{12} = \dfrac{L_a - L_b}{4}$ zu berechnen.

b) Die Messung kleiner Gegeninduktivitäten mit dem Potentiometer.

Die Methode 10 wird ungenau, wenn die Gegeninduktivitäten klein sind, da sie als die kleine Differenz zweier großer Werte berechnet wird. Man bedient sich dann der Potentiometerordnung Abb. 32. Man verschiebt den Kontakt C, bis das Telefon schweigt. Es gilt dann

$$\mathfrak{J}_2 = \frac{\mathfrak{U}}{j\,\omega\,L_1}\;;\quad \mathfrak{U}_{12} = \mathfrak{J}_2\,j\,\omega\,L_{12} = \mathfrak{U}\,\frac{L_{12}}{L_1};\quad \mathfrak{U}_C = \mathfrak{U}\,\frac{a}{l}\;.$$

Aus $\mathfrak{U}_{12} = \mathfrak{U}_C$ (Bedingung für Schweigen des Telefons) $\dfrac{L_{12}}{L_1} = \dfrac{a}{l}$.

Das Potentiometer mit Phasenausgleich.

Mit der einfachen Schaltung Abb. 32 ist kein vollständiges Auslöschen des Tones im Telefon zu erreichen, denn die in der Spule L_2 induzierte Spannung $\mathfrak{U}_2 = \dfrac{j\,\omega\,L_{12}\,\mathfrak{U}_1}{j\,\omega\,L_2 + R}$ und die Spannung am Kontakt $C : \mathfrak{U}_C = \mathfrak{U}_1 a/l$ haben nicht die gleiche Phase. Man kann diesen Fehler durch Einschalten eines kleinen regulierbaren Widerstandes (Abb. 33) R_1 beseitigen. Die Spannung am Ende der Sekundärspule ist dann

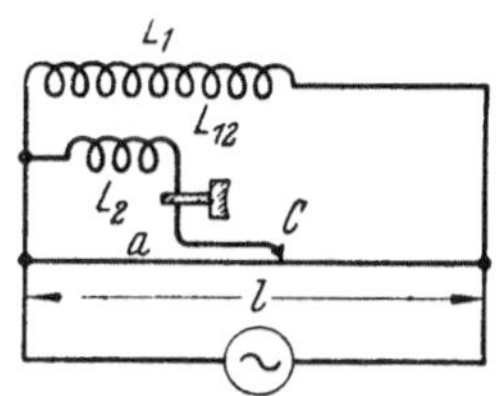

Abb. 32.
Messung von Gegeninduktivitäten mit dem Potentiometer.

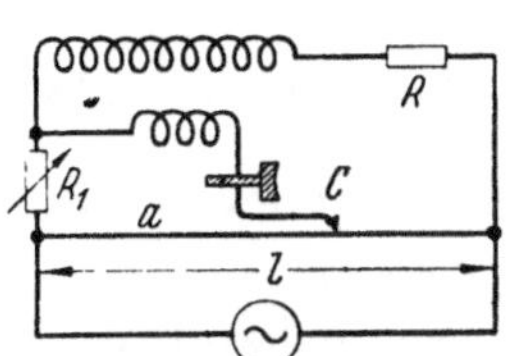

Abb. 33. Potentiometer mit Phasenausgleich.

$$\mathfrak{U}_2 = \frac{(j\,\omega\,L_{12} + R_1)\,\mathfrak{U}_1}{j\,\omega\,L_1 + R + R_1}\,.$$

Wenn man nun R_1 so abgleicht, daß $\alpha = \dfrac{R_1}{j\,\omega\,L_{12}} = \dfrac{R_1 + R}{j\,\omega\,L_1}$, erhält man

$$\mathfrak{U}_2 = \frac{\mathfrak{U}_1\,j\,\omega\,L_{12}\,(1 + \alpha)}{j\,\omega\,L_1\,(1 + \alpha)} = \mathfrak{U}_1\,\frac{L_{12}}{L_1}\,.$$

$\mathfrak{U}_2$ ist dann mit $\mathfrak{U}_C$ in Phase und das Schweigen des Telefons vollständig. L_{12} ist wieder in der einfachen Weise aus $L_{12} = L_1\,\dfrac{a}{l}$ zu berechnen.

c) Messung von L_{12} durch Kurzschluß und Leerlaufversuch.

Wir messen den komplexen Widerstand z.B. in einer Brücke einmal bei geöffnetem und einmal bei kurzgeschlossenem Sekundarkreis. Im ersten Falle erhalten wir $j\omega L$, im zweiten Falle $j\omega L + \mathfrak{R}_r$ mit

$$\mathfrak{R}_r = \frac{\omega^2 L_{12}^2}{j\,\omega\,L_2 + R_2} = \frac{-j\,\omega^3\,L_{12}^2\,L_2}{\omega^2 L_2^2 + R_2^2} + \frac{R_2\,\omega^2\,L_{12}^2}{\omega^2 L_2^2 + R_2^2}\,.$$

Ist R_2 klein gegen ωL_2, so können wir R_2^2 streichen und erhalten

$$\mathfrak{R}_{\text{kurz}} = j\,\omega\,L\,(1 - L_{12}^2/L_1 L_2) = j\,\omega\,L\,(1 - k^2);\quad k^2 = L_{12}^2/L_1 L_2.$$

Wollen wir das kleine R_2 der Sekundärspule berücksichtigen, berechnen wir es aus der angenäherten Beziehung

$$\text{Reell } \mathfrak{R}_{\text{kurz}} = R_2\,L_{12}^2/L_2^2$$

und erhalten für k genauer

$$\text{Imag } \mathfrak{R}_{\text{kurz}} = j\,\omega\,L\left(1 - \frac{k^2}{1 + d^2}\right);\quad d = \frac{R}{\omega L}\,.$$

Diese Methode ist insofern praktisch, als man in einer fertigen Schaltung den Sekundärkreis leicht ablöten und kurzschließen kann.

d) Der Bau von Variometern.

Will man eine meßbar von o an veränderliche Spannung erzeugen, bedient man sich eines Variometers (Abb. 34). Dieses besteht aus einer langen Zylinderspule, in deren Mitte eine drehbare Flachspule angeordnet ist. Das Feld der Zylinderspule ist in guter Annäherung

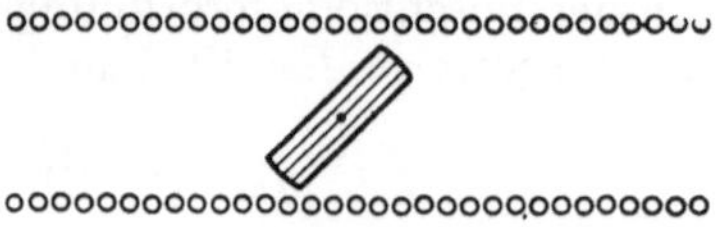

$$H = \frac{NI}{l} \quad \text{genauer} \quad H = \frac{NI}{l}\left(1 - \frac{2F}{\pi l^2}\right)$$

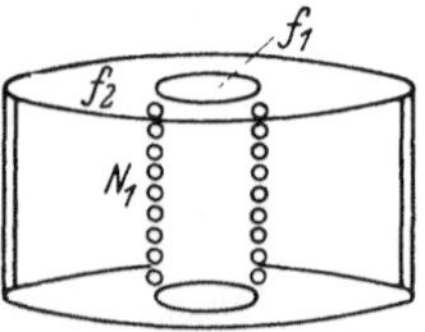

Abb. 34. Berechenbares Variometer.

(Ableitung der Korrektionsformel ergibt sich aus dem bei der Berechnung der Induktivität kurzer Spulen Gesagten, s. Seite 10). Die Spannung in der Sekundärspule ist dann (Fläche F_2, Windungszahl N_2)

$$\mathfrak{U}_2 = \frac{N_1 \mathfrak{J}_1}{l} F_2 \sin \alpha \cdot N_2 \mu_0 \left(1 - \frac{2F_1}{\pi l^2}\right)$$

und die Gegeninduktivität:

$$L_{12} = \frac{\mathfrak{U}_2}{\mathfrak{J}_1} = \frac{N_1 N_2}{l} \mu_0 F_2 \left(1 - \frac{2F_1}{\pi l^2}\right) \sin \alpha .$$

e) Die Kapselung der Spulen.

Um Störungen durch die Streufelder von Spulen zu vermeiden, werden diese meist gekapselt. Hierbei sind 3 Fragen zu beantworten.

1. Wie weit werden die Induktionswirkungen der Spule, z. B. auf eine die gekapselte Spule umgebende Drahtschleife, herabgesetzt?

2. Wie wird die Induktivität der Spule durch die Kapsel verändert?

3. Welcher Verlustwiderstand wird durch die Kapsel in die Spule hereingebracht?

Um möglichst einfach rechnen zu können, nehmen wir an, daß die Spule sehr lang im Vergleich zu ihrem Durchmesser ist und auch die Kapsel ein langer Zylinder ist. Es gelten dann die einfachen Beziehungen

$$\mathfrak{H}_{sp} = \frac{N I_1}{l} = \mathfrak{H}_1; \quad \mathfrak{H}_{Kaps} = \frac{I_2}{l} = \mathfrak{H}_2 .$$

Die Induktivitaten und die Gegeninduktivität berechnen sich zu

$$L_{sp} = L_1 = \mu_0 \frac{N^2 f_1}{l}; \quad L_{Kaps} = L_2 = \frac{\mu_0 f_2}{l}; \quad L_{12} = \frac{\mu_0 f_1 \cdot N}{l} \quad (\text{Abb. 35}).$$

Wenn in der Spule der Strom $\mathfrak{J}_1$ fließt, fließt in der Kapsel

$$\mathfrak{J}_2 = - \mathfrak{J}_1 \frac{j \omega L_{12}}{j \omega L_2 + R} .$$

Wir betrachten zunächst den Fall, daß $\omega L_2 \gg R$ ($R =$ Widerstand der Kapsel). Wir erhalten dann $\mathfrak{J}_2 = \mathfrak{J}_1 \frac{L_{12}}{L_2}$. Der gesamte Kraftfluß, der einen die Kapsel umgebenden Leiter durchsetzt, ist dann

Abb. 35.
Kapselung von Spulen.

$$\Phi_a = \mu_0 f_1 \mathfrak{H}_1 + \mu_0 f_2 \mathfrak{H}_2 = \mu_0 f_1 \frac{N}{l} \mathfrak{J}_1 + \mu_0 \frac{f_2}{l} \mathfrak{J}_2 = \mu_0 f_1 \frac{N}{l} \mathfrak{J}_1 - \mu_0 \frac{f_2}{l} \mathfrak{J}_1 \frac{L_{12}}{L_2}$$

$$= \mu_0 \frac{\mathfrak{J}_1}{l} \left\{ f_1 N - f_2 \frac{\frac{\mu_0 f_1 N}{l}}{\mu_0 f_2 / l} \right\} = 0 .$$

Eine widerstandslose Kapsel bildet einen vollkommenen Schirm. Berücksichtigen wir den Widerstand, so erhalten wir

$$\Phi_a = \mu_0 \frac{f_1 N \mathfrak{J}_1}{l}\left(1 - \frac{f_2}{N f_1}\frac{j\omega L_{12}}{j\omega L_2 + R}\right) = \mu_0 \frac{f_1 N \mathfrak{J}_1}{l}\left(1 - \frac{1}{1 + R/j\omega L_2}\right)$$

$$\cong \mu_0 \frac{f_1 N \mathfrak{J}_1}{l}\frac{R}{j\omega L_2} = -\mu_0 \frac{f_1 N \mathfrak{J}_1}{l}\, j\, d \quad d = \frac{R}{\omega L_2}$$

(R neben ωL vernachlässigt). Der Restkraftfluß ist gegen den der abzuschirmenden Spule nur noch der $R/\omega L_2$-te Teil. Je höher die Frequenz, um so besser die Abschirmung. Gleichstrommagnetfelder lassen sich durch Kupferhüllen überhaupt nicht abschirmen.

2. und 3. Frage: Wie verändert die Hülle Induktivität und Wirkwiderstand der Spule? Diese Fragen beantwortet der Rückwirkungswiderstand, den wir bereits berechnet haben und hinschreiben können.

$$\mathfrak{R}_r = \frac{\omega^2 L_{12}}{j\omega L_2 + R} = \frac{-j\omega^3 L_{12} L_2}{\omega^2 L_2^2 + R_2^0} + \frac{\omega^2 L_{12}^2 R}{\omega^2 L_{12}^2 + R_2^2} \cong \frac{-j\omega L_{12}^2}{L_2} + R\frac{L_{12}^2}{L_2^2}\,.$$

Die Induktivität wird erniedrigt. Die prozentische Erniedrigung ist

$$\frac{\delta L}{L_1} = -\frac{L_{12}^2}{L_1 L_2} = -k^2 = -\frac{\mu_0^2 N^2 f_1^2/l^2}{\dfrac{\mu_0 N^2 f_1}{l}\cdot \mu_0 \dfrac{f_2}{l}} = -\frac{f_1}{f_2} \quad (L = L_1 - \delta L).$$

Der Wirkwiderstand wird um

$$\text{Reeller Teil } \mathfrak{R}_r = R_2 \frac{\mu_0^2 N^2 \dfrac{f_1^2}{l^2}}{\mu_0^2 f_2^2/l^2} = R_2 \left(\frac{f_1}{f_2}\right)^2 N^2$$

erhöht.

Zahlenbeispiel: $f_1/f_2 = 1:4$; $L/L_1 = 3/4$; Zusatzwiderstand $R_z = N^2 \cdot R/16$.
Für die Abschirmung ist ein geringer Widerstand der Hülle wesentlich. Daher Stoßfuge des zusammengebogenen Bleches verlöten.

f) Störung der L_{12}-Messung durch Kapazitäten.

L_{12} sei z. B. in der Anordnung Abb. 36 durch Beobachtung des Primärstromes und der Sekundärspannung mit einem Röhrenvoltmeter gemessen. Die Spulen mögen ziemlich nahe beieinander stehen oder etwas ineinander eingeschoben sein.

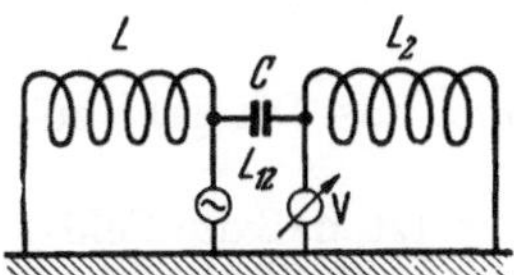

Abb. 36. Einfluß der Kapazität zwischen 2 Spulen auf ihre Gegeninduktivität.

Dann fließt über die punktiert gezeichnete Kapazität C zwischen den Spulen ein Strom. Wir erhalten für

$$\mathfrak{U}_2 = \mathfrak{J}_1 j\omega L_{12} + \mathfrak{J}_c j\omega L_2 \cong \mathfrak{J}_1 j\omega L_{12} + \mathfrak{U}_1 j\omega C j\omega L_2$$

$$= \mathfrak{J}_1 (j\omega L_{12} - j\omega L_1 \omega^2 C L_2) = \mathfrak{J}_1 j\omega L_{12}\left(1 - \frac{\omega^2 C L_1 L_2}{L_{12}}\right)$$

$$= \mathfrak{J}_1 j\omega L_{12}\left(1 - \frac{\omega^2 L_{12} C}{k^2}\right) \quad \text{mit} \quad k^2 = \frac{L_2^2}{L_1 L_2}\,.$$

Zahlenbeispiel:

$$L_{12} = 10^{-6}\,\text{H}; \quad k = \frac{1}{10}; \quad \omega = 2\cdot 10^7/\text{sec}\,(\lambda \cong 100\,\text{m}); \quad C = 3\,\text{pF}$$

$$\omega^2 L_{12} C/k^2 = \frac{4\cdot 10^{14}/\text{sec}^2\, 10^{-6}\,\text{H}\cdot 3\cdot 10^{-12}\,\text{F}}{1/100} = 12\%\,.$$

g) Berechnung kleiner L_{12}.

Als Beispiel seien die Flachspulen Abb. 37 und 38 betrachtet, deren Abstand a groß gegen die Spulenradien und die Spulenlängen sein soll.

Das magnetische Potential Ψ eines Stromkreises ist (s. Vektorrechnung, S. 239)

$$\Psi = \frac{N_1 I_1}{4\pi}\,\Omega \quad \text{und mit} \quad \Omega = \frac{F_1}{a_1^2}\,; \qquad \Psi = \frac{N_1 I_1}{4\pi}\,F_1\,\frac{1}{a^2} \quad \text{bzw.} \quad \frac{N_1 I_1 F_1}{4\pi}\cdot\frac{z}{(a^2+z^2)^{3/2}}.$$

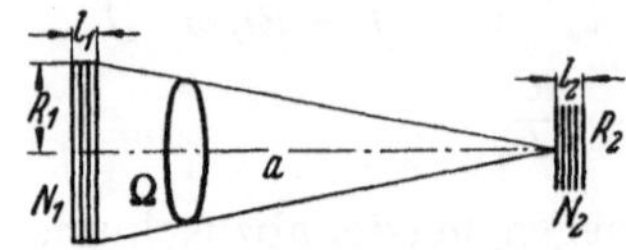

Abb. 37. Gegeninduktivität zweier entfernter coaxialer Flachspulen.

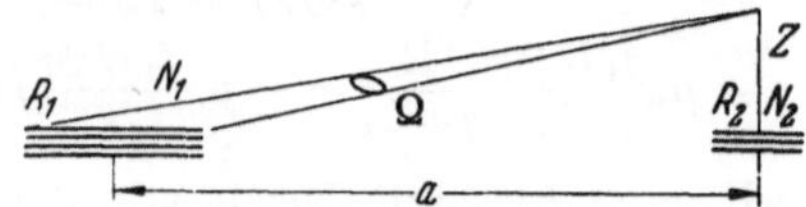

Abb. 38. Gegeninduktivität von 2 Flachspulen in derselben Ebene.

Das Magnetfeld der linken Spule im Punkt 2 (Mitte der rechten Spule) ist

(Abb. 37)

$$\mathfrak{H} = \frac{\partial\Psi}{\partial a} = -\frac{2 F_1 N_1 \mathfrak{I}_1}{4\pi a^3}$$

(Abb. 38)

$$\mathfrak{H} = \frac{\partial\Psi}{\partial z} = \frac{N_1 \mathfrak{I}_1 F_1}{4\pi}\left(\frac{1}{a^3} - \frac{3 z^2}{a^4}\right) = \frac{N_1 \mathfrak{I}_1 F_1}{4\pi a^3}$$

für $z = 0$

$$\Phi = \mathfrak{H} F_2; \quad \mathfrak{U}_2 = \mu_0 F_2 N_2 \mathfrak{H}^{\cdot}$$

$$\mathfrak{U}_2 = \frac{2 F_1 F_2 N_1 N_2 \mathfrak{I}_1^{\cdot} \mu_0}{4\pi a^3}$$

$$L_{12} = \frac{\mathfrak{U}_2}{\mathfrak{I}_1^{\cdot}} = \frac{F_1 F_2 N_1 N_2 \mu_0}{2\pi a^3}$$

$$\Phi = \mathfrak{H} F_2; \quad \mathfrak{U}_2 = \mu_0 F_2 N_2 \mathfrak{H}^{\cdot}$$

$$\mathfrak{U}_2 = \frac{\mu_0 F_1 F_2 N_1 N_2 \mathfrak{I}_1^{\cdot}}{4\pi a^3}$$

$$L_{12} = \frac{\mathfrak{U}_2}{\mathfrak{I}_1^{\cdot}} = \frac{\mu_0 F_1 F_2 N_1 N_2}{4\pi a^3}$$

Zahlenbeispiel:

$F_1 = 30\ \text{cm}^2$, $F_2 = 35\ \text{cm}^2$, $N_1 = 100$, $N_2 = 80$, $a = 20\ \text{cm}$, $L_{12} = 2{,}10 \cdot 10^{-6}\,\text{H}$ (Abb. 37).

h) Beweise für die Gleichheit von L_{12} und L_{21}.

Unter Benutzung der Formeln (s. Elektrizitätslehre S. 249)

$$\mathfrak{E} = -\mu_0\,d\mathfrak{A}/dt; \quad \mathfrak{A} = \frac{I}{4\pi}\oint_2 \frac{ds}{r}\,; \quad \mathfrak{U} = -\oint_1 \mathfrak{E}\,ds'$$

erhalten wir

$$L_{12} = \frac{\mu_0}{4\pi}\oint_1\oint_2 \frac{ds\,ds'}{r}.$$

Da die Integrationsreihenfolge vertauscht werden kann, ohne das Integral zu ändern, sind beide Gegeninduktivitäten gleich.

Allgemeinerer Emdescher Beweis: Es wird nur vorausgesetzt, daß die Feldenergie A in den Strömen holonom ist, d.h.: daß

$$\frac{\partial^2 A}{\partial I_1\,\partial I_2} = \frac{\partial^2 A}{\partial I_2\,\partial I_1}.$$

Die Ableitung gilt also für beliebige Fälle, auch für mit Eisen gefüllte Spulen, aber nicht für Hysteresis und Wirbelströme.

Es ist die Leistung

$$\frac{dA}{dt} = U_1 I_1 + U_2 I_2 = I_1 L_1 I_1^{\cdot} + I_1 L_{12} I_2^{\cdot} + I_2 L_{21} I_1^{\cdot} + I_2 L_2 I_2^{\cdot}$$

mit $\quad U_1 = L_1 I_1^{\cdot} + L_{12} I_2^{\cdot} \quad$ und $\quad U_2 = L_2 I_2^{\cdot} + L_{21} I_1^{\cdot}$

und $\quad dA = L_1 I_1\,dI_1 + L_{12} I_1\,dI_2 + L_{21} I_2\,dI_1 + L_2 I_2\,dI_2.$

$$\textcircled{1} \qquad\qquad \textcircled{2} \qquad\qquad \textcircled{3} \qquad\qquad \textcircled{4}$$

2*

dA soll ein vollständiges Differential sein. Da Glied 1 und 4 vollständige Differentiale sind, muß auch die Summe von Glied 2 und 3 — wir bezeichnen sie mit dB — ein vollständiges Differential sein, oder es muß

$$\partial^2 B/\partial I_1\, \partial I_2 = \partial^2 B/\partial I_2\, \partial I_1 .$$

Es ist aber

$$\partial B/\partial I_1 = I_2 L_{21}; \quad \partial B/\partial I_2 = I_1 L_{12}; \quad \partial^2 B/\partial I_1\, \partial I_2 = L_{21}; \quad \partial^2 B/\partial I_2\, \partial I_1 = L_{12}.$$

Aus den vorhergehenden Gleichungen folgt: $L_{12} = L_{21}$ q.e.d.

Übungsaufgabe: Der Leser berechne L_{12} nach der Formel

$$L_{12} = \frac{\mu_0}{4\,\pi} \oint_1 \oint_2 \frac{ds\, ds'}{r}$$

für die Anordnung der Abb. 27.

Anleitung: Bedenke, daß die R klein gegen a sind, so daß die Näherung gilt:

$$\frac{1}{\sqrt{a^2 + R_1^2 + R_2^2 - 2\,R_1 R_2 \cos\alpha}} \cong \frac{1}{a}\left(1 + \frac{R_1^2 + R_2^2}{2\,a^2} - \frac{R_1 R_2 \cos\alpha}{a^2}\right) \text{ und daß } ds\, ds'$$
$$= R_1 R_2 \cos\alpha\, d\alpha\, d\alpha' .$$

12. Messung der Dämpfung eines Resonanzkreises.

a) Nach Kiebitz-Pauli.

Der zu untersuchende Resonanzkreis sei nach Frequenzen geeicht, so daß man die Resonanzfrequenz und die Verstimmung $\delta\omega$ am Kondensator ablesen kann. Die Amplitude des Primärkreises wird am Amperemeter ($\mathfrak{J}_1$) abgelesen, die Frequenz, die sich durch Rückwirkung des Sekundärkreises ändert (s. Theorie des Ziehens S. 80), mit einem Überlagerer und Stimmgabel kontrolliert und auf einen konstanten Wert nachreguliert (Abb. 39). Der Strom im Mikroamperemeter ist proportional dem Quadrat des Sekundärstromes ($\mathfrak{J}_3^2 = \alpha\,\delta\bar{\imath}$ Indikatorkreis, $\mathfrak{J}_2^2 = \beta\,\delta\bar{\imath}$ Sekundärkreis). Wir erhalten so die Resonanzkurve

$$\frac{\mathfrak{J}_2}{\mathfrak{J}_1} = f(\delta\omega) \quad \delta\omega = \frac{\omega^2 - \omega_r^2}{2\,\omega} .$$

Wir formen die Normalform der Resonanzkurve

$$\frac{\mathfrak{J}_2}{\mathfrak{J}_1} = \frac{j\,\omega L_{12}}{2\,L_2\,(j\,\delta\omega + \mathfrak{d})}; \quad \frac{|\mathfrak{J}_2|^2}{|\mathfrak{J}_1|^2} = \frac{\omega^2 L_{12}^2}{4\,L_2^2\,(\delta\omega^2 + \mathfrak{d}^2)}$$

um zu

$$\delta\omega^2 + \mathfrak{d}^2 = \frac{\omega^2 L_{12}^2}{4\,L_2^2}\left(\frac{|\mathfrak{J}_1|}{|\mathfrak{J}_2|}\right)^2 = C \cdot \frac{|\mathfrak{J}_1|^2}{|\mathfrak{J}_2|^2}; \quad x + \mathfrak{d}^2 = Cy \quad \text{mit} \quad x = \delta\omega^2; \quad y = \frac{|\mathfrak{J}_1|^2}{|\mathfrak{J}_2|^2} .$$

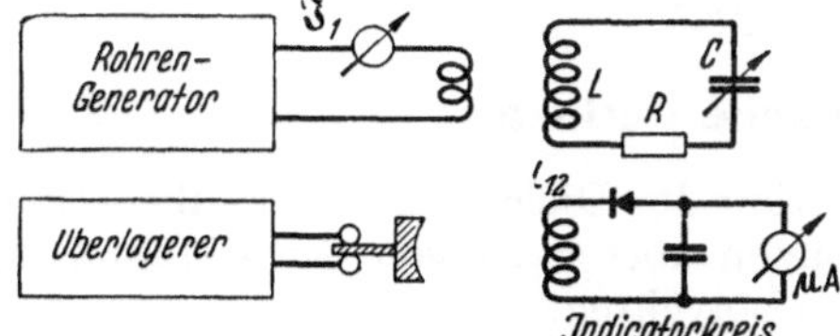

Abb. 39. Dämpfungsmessung nach Kiebitz-Pauli.

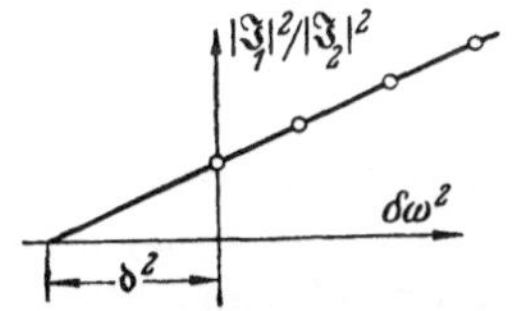

Abb. 40. Elimination des Dampfungsanteils des Indikatorkreises.

$\mathfrak{d}^2$ ist dann aus dem Diagramm Abb. 40 abzulesen. Kontrolle der Zuverlässigkeit der Messungen: Die Meßpunkte müssen auf einer Geraden liegen.

b) Elimination der Rückwirkung des Indikatorkreises.

Bei schwachgedämpften Kreisen spielt die Dämpfung durch den Indikatorkreis neben der Kreisdämpfung eine merkliche Rolle, so daß sie eliminiert werden muß. Die gemessene Gesamtdämpfung ist

$$R = R_2 + \frac{\omega^2 L_{23}^2 R_3}{\omega^2 L_3^2 + R_3^2}.$$

Das 2. Glied ist der reelle Teil des Rückwirkungswiderstandes. Wir bedenken, daß

$$\frac{|\Im_3|^2}{|\Im_2|} = \frac{\omega^2 L_{23}^2}{\omega^2 L_3^2 + R_3^2} \quad \text{und} \quad \frac{|\Im_2|^2}{|\Im_1|^2} = \frac{\omega^2 L_{12}^2}{R^2} \rightarrow \frac{|\Im_3|^2}{|\Im_2|} = \frac{|\Im_3|^2}{|\Im_1|^2} \cdot \frac{|\Im_1|^2}{|\Im_2|} = \frac{R^2 |\Im_3|^2}{|\Im_1|^2 \omega^2 L_{12}^2}.$$

Durch Einsetzen erhalten wir

$$R = R_2 + R_3 \frac{|\Im_3|^2}{|\Im_2|^2} = R_2 + \frac{R_3}{\omega^2 L_{12}^2} \frac{R^2 |\Im_3|^2}{|\Im_1|^2} \quad \text{da} \quad |\Im_3|^2 = \varkappa \delta \bar\imath$$

$$R = R_2 + \frac{R_3 \, \alpha}{\omega^2 L_{12}^2} \frac{R^2 \, \delta \bar\imath}{\Im_1^2}.$$

Man messe also R bei fester Kopplung L_{12} und verschiedenen Kopplungen L_{23}, notiere immer $\delta\bar\imath$. Tragt man R über $\dfrac{R^2 \delta \bar\imath}{\Im_1^2}$ (Abb. 41) auf, erhält man eine Gerade, welche die

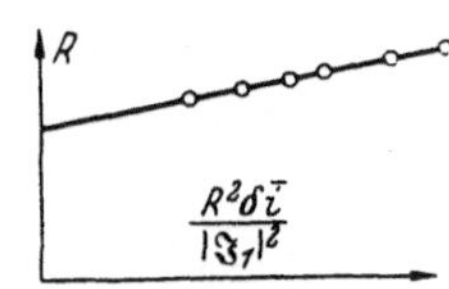

Abb. 41. Diagramm zur Dampfungsmessung.

Ordinatenachse in R_2 schneidet, da $R_2 = R\,(\delta\bar\imath = 0)$. Die Zuverlässigkeit der Meßpunkte ist wieder durch die Geradenbedingung zu prüfen.

E. Verluste.

1. Der „Verlustwinkel" δ.

Reine Blindwiderstände — man nennt sie auch „Energiespeicher" — sind rein imaginär. Strom und Spannung haben genau 90° Phasenverschiebung. Treten in den Widerständen Energieverluste auf, weicht die Phasenverschiebung von 90° ab Diese Abweichung heißt „Verlustwinkel" δ. Man kann ihn auch durch tg $\delta = \dfrac{\text{Verlustleistung}}{\text{Blindleistung}}$ definieren.

Beispiele:

Spule mit Widerstand: $\Re = j\,\omega L + R$; tg $\delta = R/\omega L$.

Kondensator mit Ableitung: $\dfrac{1}{\Re} = j\,\omega C + G$; tg $\delta = \dfrac{G}{\omega C}$.

Bei beiden fällt der Verlustwinkel mit wachsender Frequenz.

Kondensator mit Serienwiderstand: $\Re = \dfrac{1}{j\,\omega C} + R$; tg $\delta = R\,\omega C$.

2. Dielektrische Verluste.

Sie können auf ungenügender Isolation des Dielektrikums beruhen (Fall des Kondensators mit Ableitung). Sie können aber auch von der Reibung der im Dielektrikum schwingenden Elektronen herrühren.

Die dielektrische Verschiebung ϑ setzt sich aus der Vakuumverschiebung $\varepsilon_0 \mathfrak{E}$ und der Ladungsdichte q zusammen, die durch Verschiebung der Elektronen um ein Stückchen x entsteht. Sie beträgt

$$q = N \cdot x \cdot e_1.$$

wenn N die Anzahl der Elektronen im cm^3 ist (Abb. 42). x berechnet sich aus der Bewegungsgleichung $m\,x^{\cdot\cdot} + \varrho\,x^{\cdot} + p\,x = e_1\,\mathfrak{E}$ zu

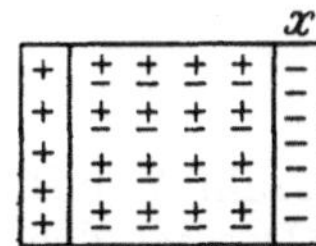

$$x = \frac{e_1\,\mathfrak{E}}{-\,m\,\omega^2 + j\,\varrho\,\omega + p}$$

$m =$ Elektronenmasse; $\varrho =$ Reibungskoeffizient; $p =$ Federkonstante.

Abb. 42. Modellvor-
stellung über Di-
elektrika.

Wir vernachlässigen $-m\,\omega^2$ (dieses Glied würde zur anormalen Dispersion führen, die aber meist erst bei optischen Frequenzen auftritt, vgl. auch Abschnitt über die Ionosphäre) und nehmen an, daß $\varrho\,\omega \ll p$. Wir können dann angenähert schreiben

$$x \cong \frac{e_1\,\mathfrak{E}}{p}\left(1 - j\,\frac{\omega\,\varrho}{p}\right)$$

und

$$\vartheta = \varepsilon\,\mathfrak{E} = \mathfrak{E}\left(\varepsilon_0 + \frac{N\,e_1^2}{p} - j\,\frac{N\,e_1^2}{p^2}\,\omega\,\varrho\right)\,; \quad \varepsilon = \varepsilon_r + j\,\varepsilon_i \text{ mit } \varepsilon_r = \varepsilon_0 + \frac{N\,e_1^2}{p}\,; \quad \varepsilon_i = -\,\frac{N\,e_1^2\,\omega\,\varrho}{p^2}\,.$$

Der komplexe Leitwert eines Kondensators mit einem solchen Dielektrikum ist dann (F Fläche, d Abstand)

$$\frac{1}{\mathfrak{R}} = \frac{F}{d}\,(j\,\omega\,\varepsilon_r + \omega\,\varepsilon_i)$$

und der Verlustwinkel $\delta = \dfrac{\varepsilon_i}{\varepsilon_r} = \dfrac{N\,e_1^2\,\varrho}{\varepsilon_r\,p}\cdot\omega\,.$

Der Verlustwinkel *steigt* hier mit der Frequenz. Eine analoge Überlegung ist bei Materialien anzustellen, deren elektrisches Verhalten auf einer Bewegung von Dipolen beruht.

Es kann also ein Material, das nicht sonderlich gut isoliert, für Hochfrequenzkondensatoren gut verwendbar sein, während ein anderes ausgezeichnet isolierendes Material für Hochfrequenz unbrauchbar sein kann.

3. Hysteresisverluste.

Messung komplexer Widerstände mit der Braunschen Röhre. Nehmen wir in der Anordnung der Abb. 43 die Stromspannungskurve an einem komplexen Widerstand $\mathfrak{R}$ mit einer Braunschen Röhre auf, so erhalten wir eine schräge Ellipse, die bei einem rein Ohmschen Widerstand zu einer schrägen Geraden degeneriert, bei einem reinen Blindwiderstand zu einer Ellipse mit senkrecht und waagerecht stehenden Achsen. Sind x und y die Koordinaten des Kathodenstrahlbildes, so gilt mit dem Maßstabsfaktor p

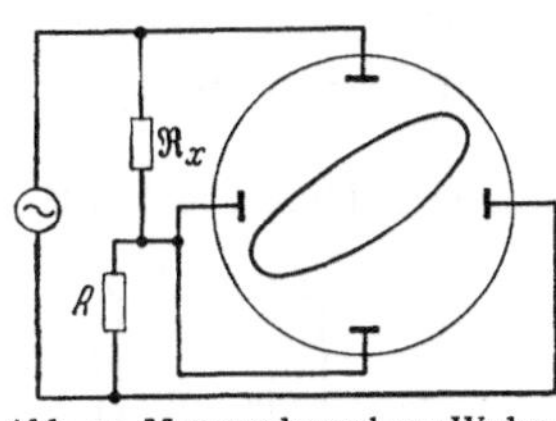

Abb. 43. Messung komplexer Widerstände mit der Braunschen Röhre

$$x = p\,I\,R\,\cos\omega t\,;$$
$$y = p\,I\,(R_r\cos\omega t - R_i\sin\omega t)\,; \quad \mathfrak{R} = R_r + j\,R_i.$$

Zur Zeit $\omega t = 0$ ist Kathodenstrahl im Punkt 1 (Abb. 44). Es ist dann

$$\frac{y}{a} = \frac{I\,R_r\,\cos 0}{I\,R} = \mathrm{tg}\,\alpha_1 = R_r/R\,.$$

Zur Zeit $\omega t = \dfrac{\pi}{2}$ ist der Kathodenstrahl im Punkt 2. Es ist dann

$$\frac{y}{a} = \frac{I\,R_2\,\sin\pi/2}{I\,R} = \mathrm{tg}\,\alpha_2 = R_i/R\,.$$

Der komplexe Widerstand ist dann $\mathfrak{R} = R\,(\mathrm{tg}\,\alpha_1 + j\,\mathrm{tg}\,\alpha_2)$.

Wir nähern **die Hysteresiskurve** durch eine schräge Ellipse an (Abb. 45 a, b) und übertragen die Überlegung von den I und U proportionalen Koordinaten auf die $\mathfrak{B}$ und $\mathfrak{H}$ proportionalen Koordinaten. Wir erhalten analog:

$$\mu = \mathfrak{B}/\mathfrak{H} = \mu_r - j\,\mu_i.$$

Füllt man ein Toroid (Querschnitt F, mittlerer Umfang u, Windungszahl N) mit einem solchen magnetischen Material, so hat die so entstandene Drossel den komplexen Widerstand

$$\mathfrak{R} = \frac{j\omega N^2 F}{u}(\mu_r - j\,\mu_i) = j\omega L + R_h \quad \text{mit} \quad L = \frac{N^2 F\,\mu_r}{u}\;; \quad R_h = \frac{\omega\,\mu_2\,N^2 F}{u}.$$

R_h nennt man ,,Hysteresisverlustwiderstand``. Man kann auch eine komplexe Induktivität

$$\mathfrak{L} = L\,(1 - j\,\mu_i/\mu_r)$$

einführen.

Bemerkung: Das $--$ Zeichen folgt aus dem Umlaufsinn der Hysteresisschleife.

Bei magnetischen Materialien gibt man oft **die Hysteresisverlustleistung je cm³**

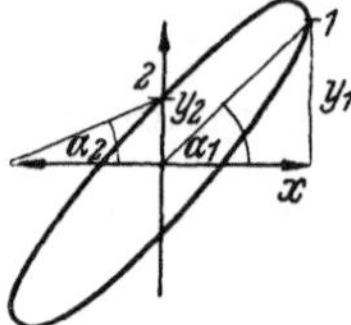

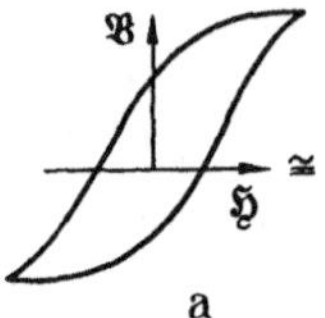

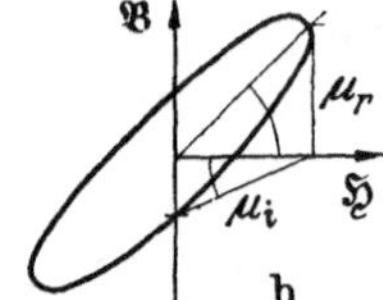

Abb. 44. Ermittlung des komplexen Widerstandes aus der Lissajous-Figur.

Abb. 45.
Hysteresis und komplexe Permeabilität.

bei 50 Hz als Funktion von $\mathfrak{H}$ oder $\mathfrak{B}$ an. Deshalb sei diese technische Aufgabe mit unserem μ_i in Verbindung gebracht. Der Wattverbrauch eines Transformators infolge der Hysteresis ist

$$\mathfrak{N} = R\,|\mathfrak{I}|^2 = \frac{\omega\,\mu_i\,F\,N^2|\mathfrak{I}|^2}{u}.$$

Ersetzen wir $N\mathfrak{I}$ durch $\mathfrak{H}u$, erhalten wir

$$\mathfrak{N} = \omega\,\mu_i\,\mathfrak{H}^2\,\frac{u^2 F}{u} = \omega\,\mu_i\,\mathfrak{H}^2\ \text{Volumen}.$$

μ_i ist eine Funktion von $\mathfrak{H}$. Wenn es unabhängig von $\mathfrak{H}$ wäre, würde der angegebene Verlust mit $\mathfrak{H}^2$ wachsen. Auf alle Fälle wächst er aber mit ω bzw. der Frequenz ν. Letzteres folgt auch aus der einfachen Überlegung: Beim Durchlaufen einer Hysteresisschleife wird die Arbeit $\oint \mathfrak{H}\,d\mathfrak{B}$ verbraucht, bei ν-maligem Durchlaufen in der sec die Leistung $\mathfrak{N} = \nu \oint \mathfrak{H}\,d\mathfrak{B}$.

Verringerung der Hysteresisverluste durch einen Luftspalt. Der Kraftfluß ist nach dem magnetischen Ohmschen Gesetz (S. 252):

$$\Phi = \frac{M\,M\,K}{\mathfrak{R}_m} = \frac{N\,I}{\dfrac{s}{\mu_0 F} + \dfrac{l}{\mu F}} = \frac{N\,I\,F\,\mu}{l}\ \frac{1}{1 + \dfrac{s}{l}\dfrac{\mu}{\mu_0}}$$

$$= \frac{N\,I\,F\,\mu_r}{l}\ \frac{1 - j\,x}{1 + A\,(1 - j\,x)}\;; \quad \text{mit}\ x = \mu_i/\mu_r\;; \quad A = \frac{s}{l}\,\mu_r/\mu_0$$

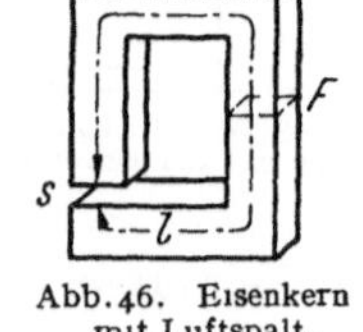

Abb. 46. Eisenkern mit Luftspalt.

und die Induktivität der Drossel mit Luftspalt Abb. 46

$$\mathfrak{L} = \frac{N^2 F\,\mu_r}{l}\ \frac{1 - j\,x}{1 + A - A\,j\,x} = \frac{L}{1 + A}\ \frac{1 - j\,x}{1 - \dfrac{A}{A + 1}\,j\,x} \quad \text{mit}\ L = \frac{N^2 F\,\mu_r}{l} = \text{Reell}\ \mathfrak{L}_{(A = 0)}.$$

Wenn wir die Dämpfungsmasse der Drosseln mit und ohne Luftspalt vergleichen wollen, haben wir die Verhältnisse der imaginären zu den reellen Teilen für die Drossel mit und ohne Luftspalt zu vergleichen.

Da bei guten Materialien das Verhältnis $x = \mu_i/\mu_r$ klein gegen 1 ist, können wir angenähert schreiben

$$\mathfrak{L} = \frac{L}{1+A}(1-jx)\left(1+\frac{A}{A+1}jx\right) = \frac{L}{1+A}\left[1-\left(1-\frac{A}{A+1}\right)jx\right]$$

$$= \frac{L}{1+A}\left(1-\frac{1}{A+1}jx\right).$$

Das Dämpfungsmaß d ist $\dfrac{R}{\omega L} = \dfrac{\text{Reell }\mathfrak{R}}{\text{Imag }\mathfrak{R}}$. Es ist also für die Drossel ohne Luftspalt $d = x$, mit Luftspalt $d = \dfrac{1}{A+1}x$.

Zahlenbeispiel: $s = 1$ mm, $l = 20$ cm, $\dfrac{\mu_r}{\mu_0} = 1000$. $A = \dfrac{1000}{200} = 5$. Die Verbesserung der Spulengüte und damit der erzielbaren Resonanzüberhöhung ist dann $A + 1 = 6$.

Allerdings geht auch die Induktivität auf $^1/_6$ herunter, so daß man zur Erzielung der gleichen Induktivität $\sqrt{6} = $ etwa 2,5 mal so viele Windungen braucht wie bei der Spule ohne Luftspalt. Durch den erhöhten Ohmschen Widerstand wird ein Teil des Vorteils wieder aufgehoben.

4. Wirbelströme.

a) Im Transformatorblech.

α) Vorbemerkungen.

Wir wollen uns eines Korrektionsverfahrens bedienen. Wir gehen davon aus, daß die Induktion über den Blechquerschnitt gleichmäßig verteilt ist. Diesen Zustand nennen wir „Nullte Näherung" (Abb. 48a). Wir überlegen dann, welche elektrische Feldstärke in dem strichpunktierten Integrationsweg (Abb. 47) induziert wird, und ermitteln den Wirbelstrom 1. Näherung nach dem Ohmschen Gesetz. Dann berechnen wir das Zusatzmagnetfeld, das der Wirbelstrom erzeugt, und erhalten die 1. Näherung für $\mathfrak{H}$ und $\mathfrak{B}$. Mit dieser 1. Näherung für $\mathfrak{B}$ berechnen wir nach dem gleichen Verfahren die 2. Näherung für den Wirbelstrom und so fort. Wir erhalten auf diese Weise eine Reihenentwicklung für $\mathfrak{B}$ und i.

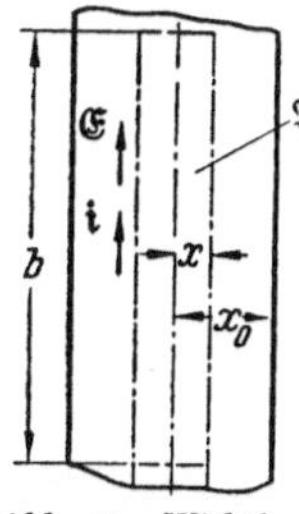

Abb. 47. Wirbelstrom im Transformatorblech (Bezeichnungen).

β) Ausführung der „Reihenentwicklung".

Der den Integrationsweg durchsetzende Kraftfluß ist $\Phi = 2xb\mathfrak{B}_0$. Die induzierte Spannung $\mathfrak{U} = j\omega\mathfrak{B}_0 2xb$ und die Feldstärke $\mathfrak{E} = \dfrac{\mathfrak{U}}{b} = 2j\omega x\mathfrak{B}_0$ (Länge 1 des Bleches sei groß gegen die Blechdicke!). Die Wirbelstromdichte i_1 (1. Näherung) ist dann $-j\omega\mathfrak{B}_0 x/\sigma$. Die 1. Näherung des Magnetfeldes berechnet sich dann nach dem Durchflutungsgesetz zu

$$\mathfrak{H}_1 = \int -\frac{j\omega}{\sigma}\mathfrak{B}_0 x\,dx = -\frac{j\omega}{\sigma}\mathfrak{B}_0\frac{x^2}{2} + C$$

und die 1. Näherung oder Korrektur von $\mathfrak{B}$

$$\mathfrak{B}_1 = \mu\,\mathfrak{H}_1.$$

Die Grenzbedingungen: Das Magnetfeld an der Blechoberfläche ist nicht von Wirbelströmen umflossen, sondern nur vom Spulenstrom. Es ist also

$$\mathfrak{B}_{(x=+x_0)} = \mathfrak{B}_{(x=-x_0)} = \mathfrak{B}_0 = \mu\mathfrak{H}_0 = \mu\frac{NI}{l}.$$

Wir benutzen diese Grenzbedingungen zur Bestimmung der Integrationskonstante und erhalten

$$\mathfrak{B}_1 = \frac{j\,\omega\,\mu}{\sigma}\,\mathfrak{B}_0\,\frac{x_0^2 - x^2}{2}\,.$$

Dieses $\mathfrak{B}_1$ induziert wieder einen Strom von der Dichte i_2 (2. Naherung des Wirbelstromes). Dieser erregt eine Induktion und so fort. Formeln und Verlauf sind in Abb. 48 verzeichnet. Das gesamte Feld ist dann $\mathfrak{B} = \mathfrak{B}_0 + \mathfrak{B}_1 + \mathfrak{B}_2 + \cdots$ und der Gesamtwirbelstrom $i = i_1 + i_2 + \cdots$

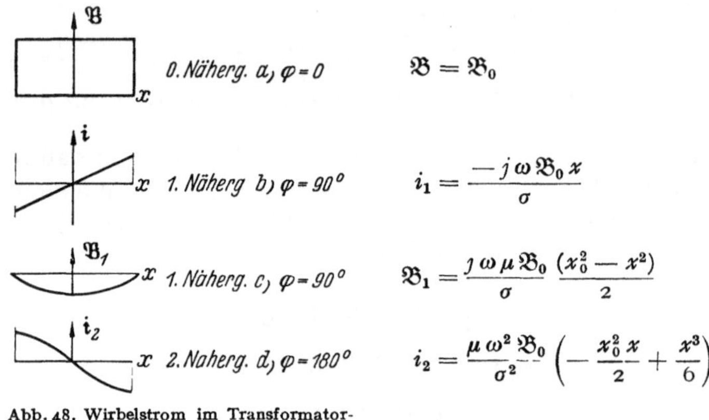

Abb. 48. Wirbelstrom im Transformatorblech (Diagramme).

Wir sehen, daß der Wirbelstrom das Magnetfeld vom Blechinneren abschirmt. $\mathfrak{B}_1$ induziert eine mit dem äußeren Magnetisierungsstrom in Phase liegende Spannung und ist für den Wirbelstromwiderstand R_W verantwortlich, $\mathfrak{B}_2$ führt zu einer Verringerung der Induktivitat.

Für den Kraftfluß Φ erhalten wir

$$\Phi = 2b\int_0^{x_0} \mathfrak{B}\,dx = 2b\,\mathfrak{B}_0\int_0^{x_0}\left[1 - \frac{j\,\omega\,\mu}{\sigma}\left(\frac{x_0^2 - x^2}{2}\right)\right]dx = 2b\,\mathfrak{B}_0\left(x_0 - \frac{j\,\omega\,\mu}{\sigma}\,\frac{x_0^3}{3}\right)$$

und für den komplexen Widerstand $\mathfrak{R}$

$$\mathfrak{R} = j\,\omega\,L + R_w = \frac{j\,\omega\,N\,\Phi}{\mathfrak{I}} = \frac{j\,\omega\,N^2\,\mu\,b\,2\,x_0}{l} + \omega^2\,\mu^2\,N^2\,\frac{b\,2\,x_0}{l}\,\frac{x_0^2}{3\,\sigma}$$

$$L = \frac{2\,N^2\,\mu\,b\,x_0}{l}\,;\quad R_w = \frac{2\,N^2\,b\,x_0\,\mu}{l}\cdot\frac{\omega^2\,\mu\,x_0^2}{3\,\sigma} = L\,\frac{\omega^2\,\mu\,x_0^2}{3\,\sigma}$$

Der Wirbelstromwiderstand steigt quadratisch mit ω und mit der Blechstärke. Der Anteil der Wirbelströme am Dämpfungsmaß ist

$$d_w = \frac{R_w}{\omega\,L} = \frac{\omega\,\mu\,x_0^2}{3\,\sigma}\,,$$

Der Wirbelstromverlust im Watt ist

$$\mathfrak{N}_w = |\mathfrak{I}|^2\,R_w = \frac{\omega^2\,\mu^2\,x_0^2}{3\,\sigma}\,N^2\,|\mathfrak{I}|^2\,\frac{2\,b\,x_0}{l}$$

und wenn man $\mathfrak{H}$ für $N\mathfrak{I}/l$ einsetzt: $\mathfrak{N}_w = \dfrac{\omega^2\,\mu^2\,x_0^2}{3\,\sigma}\,\mathfrak{H}^2\,\text{Volumen.}$ Der Wattverbrauch je cm³ als Funktion von $\mathfrak{H}$ oder $\mathfrak{B}$ wird oft in technischen Prospekten angegeben.

Zahlenbeispiel: Es sei $\omega = 2\pi \cdot 10^4/\text{sec}$; $\quad \mu = 1000\,\mu_0 \cong 10^{-5}\,\dfrac{\Omega\,\text{sec}}{\text{cm}}$

$$\sigma = 10^{-5}\,\Omega\,\text{cm}; \quad x_0 = \frac{1}{200}\,\text{cm} \quad (\text{Blechstarke} = {}^1/_{10}\,\text{mm}!)$$

$$d_w = \frac{\omega\mu\,x_0^2}{3\,\sigma} = 0{,}52 \quad \text{mit}\quad L = \frac{1}{100}\,\text{H}; \quad \omega L = 6{,}28 \cdot 10^2\,\Omega.$$

Die Wirbelstromverluste sind recht hoch. Sie entsprechen dem Vorschalten eines Dämpfungswiderstandes von 320 Ω zu einer verlustfreien Drossel von nur ${}^1/_{100}$ H.

Über die Widerstandserhöhung durch Wirbelströme an runden geraden Drähten für hohe und niedrige Frequenzen siehe JAHNKE und EMDE, Funktionstafeln. EMDE gibt an

$$R/R_0 = 1 + \frac{\varkappa^4}{3} \quad \text{für niedrige Frequenzen}\quad \varkappa = \frac{k\,r}{2\sqrt{2}}\,,$$

$$R/R_0 = \varkappa + \frac{1}{4} \quad \text{für hohe Frequenzen}\qquad k = \sqrt{\frac{\omega\mu}{\sigma}}\,.$$

γ) Zahlenbeispiele.

Für Konstantandraht

$$^1/_{20}\,\text{mm}\ \varnothing\ ;\quad \sigma = 5\cdot 10^{-5}\,\Omega\,\text{cm}\ ;\quad \lambda = 1\,\text{m gilt}\ \frac{R}{R_0} = 1{,}0513\,.$$

Für Kupferdraht

$$1\,\text{mm}\ \varnothing\ ;\quad \sigma = 2\cdot 10^{-6}\,\Omega\,\text{cm}\ ;\quad \lambda = 100\,\text{m gilt}\ R/R_0 = 6{,}51\,.$$

b) Der Skineffekt (Hauteffekt) und die Eindringtiefe.

Bei sehr hohen Frequenzen nimmt die Stromstärke mit zunehmender Tiefe unter der Metalloberfläche sehr rasch ab. Der Strom fließt merklich nur in einer sehr dünnen „Haut". Wir wollen berechnen, wie dick diese Haut sein müßte, wenn sie bei gleichmäßiger Stromverteilung denselben Widerstand wie das dicke Metall haben soll. Für diese Ersatzdicke hat sich der Name „Eindringtiefe" eingebürgert. Der Name ist irreführend, denn der Strom dringt unendlich tief ein, nur nimmt seine Amplitude sehr rasch ab. Da die Eindringtiefe meist sehr klein gegen den Drahtradius ist, können wir auch bei runden Drahten so rechnen, als ob wir eine ebene Metallflache vor uns hätten. Wir erhalten aus Durchflutungs- und Induktionsgesetz die Differentialgleichungen

$$i = \frac{\partial \mathfrak{H}}{\partial x}; \quad \mu\mathfrak{H}^{\boldsymbol{\cdot}} = \frac{\partial \mathfrak{E}}{\partial x} = \sigma\,\frac{\partial i}{\partial x}\,, \quad \frac{\partial^2 i}{\partial x^2} = \frac{j\,\omega\mu}{\sigma}\cdot i \quad \text{mit der Lösung}\quad i = i_0\,e^{-(1+j)\sqrt{\frac{\omega\mu}{2\sigma}}\,x}\,.$$

Wir berechnen den Wirkwiderstand eines Blechstreifens von 1 cm Länge und 1 cm Breite zu

$$\mathfrak{R}_{11} = \frac{\mathfrak{E}}{\mathfrak{I}} = \frac{\sigma\,i_0}{\displaystyle\int_0^\infty i\,e^{-(1+j)\sqrt{\frac{\omega\mu}{\sigma}}\,x}\,dx} = \frac{\sigma\,i_0(1+j)\sqrt{\frac{\omega\mu}{2\sigma}}}{i_0}\,;$$

Reell $\mathfrak{R}_{11} = R_{11} = \sigma/t$, wobei $t = \sqrt{2\sigma/\omega\mu} =$ gesuchte Ersatzdicke.

Das Integral kann bis ∞ erstreckt werden, da die schwachen Ströme in größerer Tiefe nichts Wesentliches zum Integral beitragen. Führt man t in die Formel für die Stromdichte ein, erhält man

$$i = i_0\,e^{(1+j)\frac{x}{t}}\,.$$

t ist zugleich diejenige Tiefe, in der der Strom auf den e-ten Teil abgesunken und die Phase um den Winkel 1 ($= 57°$) gedreht ist.

Für das praktische Rechnen führen wir die Wellenlänge ein:

$$t = \sqrt{\frac{\sigma \lambda}{\mu_0 \pi c}} \quad \text{Dimension} \quad \sqrt{\frac{\Omega \, \text{cm} \cdot \text{cm}}{V \sec/A \, \text{cm} \cdot \text{cm/sec}}} = \text{cm} \, .$$

Setzt man die Werte für μ_0 und σ für Kupfer ein, erhält man

$$t = 3{,}90 \cdot 10^{-3} \, \text{cm} \, \sqrt{\lambda/1 \, \text{m}} \, .$$

Berechnet man den Widerstand eines runden Drahtes mit dieser Eindringtiefe, erhält man $R = R_0 \varkappa$ ohne den neben $\varkappa$ kleinen Summanden $1/4$ bei EMDE.

Anwendung der „Eindringtiefe" zur Berechnung eines Topfkreises für $\lambda = 1$ m (Fernsehen).

Die Induktivität ist (Abb. 49)

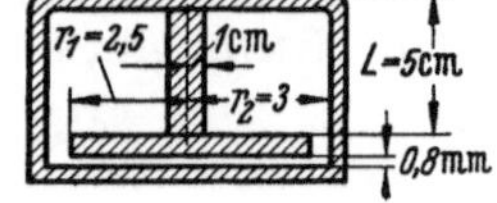

Abb. 49. Topfkreisquerschnitt.

$$L = \frac{\mu_0}{2 \, \pi} \, l \cdot \ln \frac{r_a}{r_i} = 2 \cdot 10^{-9} \frac{Vs}{A \, \text{cm}} \, 5 \, \text{cm} \cdot 2{,}30 \cdot 0{,}477 = 1{,}1 \cdot 10^{-8} \, \text{H} \, .$$

Die Kapazität $C = \dfrac{1}{\omega^2 L} = \dfrac{1}{(2 \, \pi \cdot 3 \cdot 10^8)^2 \cdot 1{,}1 \cdot 10^{-8}} = 25 \, \text{pF} \, .$

Der Widerstand R berechnet sich zu

$$R = \frac{\sigma}{2 \, \pi \, t} \left(\frac{l}{r_i} + \frac{l}{r_a} + 2 \ln \frac{r_a}{r_i} \right) = \frac{2 \cdot 10^{-6} \, \Omega \, \text{cm}}{2 \, \pi \cdot 3{,}90 \cdot 10^{-3} \, \text{cm}} \left(\frac{5}{3} + 5 + 2 \cdot 2{,}30 \cdot 0{,}477 \right)$$

Stempel, Mantel, 2 Deckel $\hspace{4cm} = 0{,}73 \cdot 10^{-3} \Omega$

Die Kreisgüte ist dann

$$\mathfrak{G} = \frac{\omega L}{R} = \frac{2 \, \pi \cdot 3 \cdot 10^8/\sec \, 1{,}1 \cdot 10^{-8} \, H}{0{,}73 \cdot 10^{-3} \, \Omega} = 28{,}2 \cdot 10^3$$

und der Resonanzwiderstand

$$L/C \, R = 6{,}5 \cdot 10^5 \, \Omega \, .$$

Kreisgüte und Resonanzwiderstand sind erstaunlich hoch. Daher sollte der Topfkreis trotz der etwas teueren Mechanikerarbeit in UKW-Empfängern öfter angewendet werden.

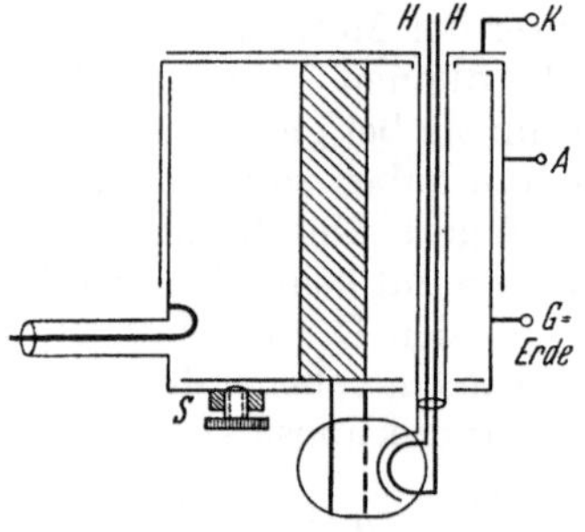

Abb. 50. Topfkreissender.

Abb. 50 stellt einen gutarbeitenden UKW-Generator dar. Die Zuleitungen brauchen nicht verdrosselt zu sein. Die Schraube S dient zur Feinabstimmung.

F. Der Resonanzkreis als Siebmittel.

Zum Übertragen einer Nachricht braucht man, wie im Abschnitt Modulation erläutert wird, ein Frequenzband. Bei Einseitenbandübertragung von Sprache z.B. ein Band von der Breite von 10000 Hz. Um die gewünschte Nachricht aus dem Gewirr der Wellen herauszusieben, benutzt man ein Bandfilter. Ein ideales Bandfilter würde die Durchlaßkurve Abb. 51 haben. Abszisse ist die Frequenz, Ordinate das Verhältnis V der durchgelassenen Amplitude zur einfallenden Amplitude, b die Bandbreite. Die „Selektivität" dieses Idealfilters würde unendlich sein, da die Wellen außerhalb der Bandbreite völlig unterdrückt werden.

Realisierbare Siebe haben meist die Durchlaßkurve der Abb. 52. Wir können bei diesen Sieben z.B. die Bandbreite durch den Frequenzbereich definieren, in dem die Amplitude größer als 90% der Maximalamplitude ist. Die Selektivität kann man auf verschiedene Weise definieren, z. B. als das Reziproke des Frequenzabstandes von der Mittenfrequenz des Bandes, bei der die Amplitude auf 1% abgesunken ist. Wenn man auf dieser Frequenz einen 2. gleichstarken Sender neben dem zu empfangenden einsetzt, wird dieser „Störsender" nicht mehr merklich stören. Man würde dann für die „Selektivität S" die Definitionsgleichung

$$S = 1/\delta\,\omega_s$$

erhalten.

Man könnte auch

$$S = 1/(\delta\,\omega_s - b)$$

schreiben. Man hat auch die maximale Steilheit der Flanken der Durchlaßkurve als Selektivität definiert. Wir wollen bei der 1. einfachsten Definition bleiben.

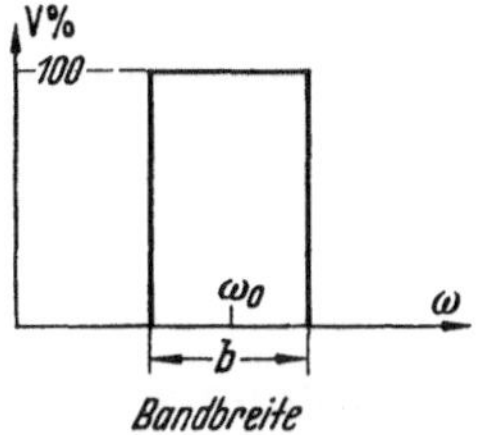

Abb. 51. Ideale Durchlaßkurve, Bandbreite.

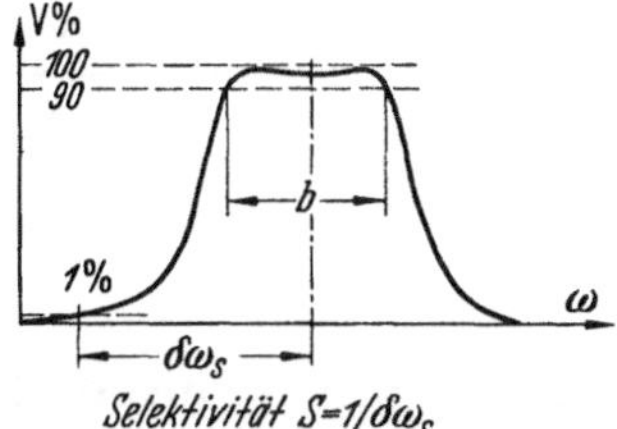

Abb. 52. Bandfilter-Durchlaßkurve, Bandbreite, Selektivität.

Da wir von einem Siebe beides wünschen: Selektivität und Bandbreite, wollen wir als Maß für die Güte eines Siebes $\Xi = b \cdot S$ einführen.

1. Bandbreite, Selektivität und Güte eines einzelnen Kreises.

Nach unserer Definition der Bandbreite ist $b = 2\,\delta\omega_1$, wenn $\delta\omega_1$ die Frequenzdifferenz an der Stelle: $|\Im|/|\Im|_{\text{res}} = 0{,}9$ ist. Nach der Resonanzkurvenformel ist dann

$$\frac{|\Im|^2}{|\Im|^2_{\text{res}}} = \frac{1}{1+\left(\dfrac{\delta\omega_1}{\mathfrak{d}}\right)^2} = 0{,}9^2 \cong 0{,}8; \quad 1+\left(\frac{\delta\omega_1}{\mathfrak{d}}\right)^2 = 1{,}25; \quad \delta\omega_1 = 0{,}5\,\mathfrak{d}; \quad b = 2\,\delta\omega_1 = \mathfrak{d}\,.$$

Wir erhalten die einfache Beziehung: $b = \mathfrak{d}$.

Für die Selektivität S erhalten wir $S = 1/\delta\omega_s$, wobei sich $\delta\omega_s$ ebenfalls aus der Resonanzkurvenformel berechnet. Da jetzt $\dfrac{\delta\omega_s}{\mathfrak{d}} \gg 1$, können wir vereinfacht schreiben

$$\delta\omega_s = 100\,\mathfrak{d}; \quad S = \frac{1}{\delta\omega_s} = \frac{1}{100\,\mathfrak{d}}\,.$$

Wir erhalten somit für den einfachen Kreis

$$b = \mathfrak{d}; \quad S = \frac{1}{100\,\mathfrak{d}}; \quad \Xi = bS = \frac{1}{100}\,.$$

Die „Güte" Ξ, die nicht mit der Güte $\mathfrak{G} = \omega L/R$ zu verwechseln ist, ist unabhängig von der Dämpfung $\mathfrak{d}$.

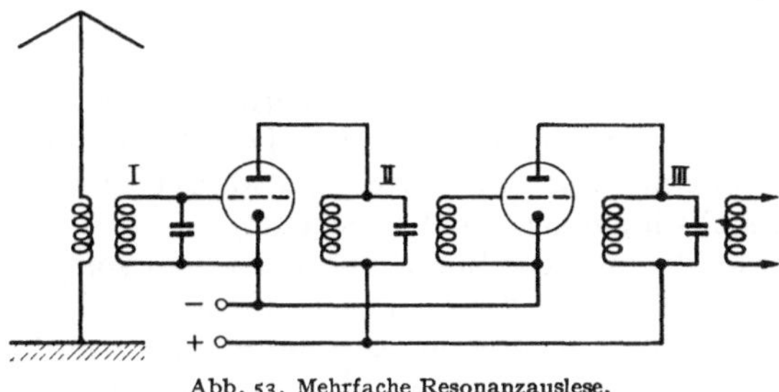

Abb. 53. Mehrfache Resonanzauslese.

2. Mehrfache Resonanzauslese.

Es sollen jetzt mehrere Resonanzkreise z. B. als Koppelglieder zwischen den Stufen eines Hochfrequenzverstärkers (Abb. 53) angewendet werden. Wir erhalten dann nach wiederholter Anwendung der Resonanzformel

$$\frac{|\Im|^2}{|\Im|^2_{\text{res}}} = \frac{1}{\left[1+\left(\dfrac{\delta\omega_1}{\mathfrak{d}}\right)^2\right]^n}; \quad 1+\left(\frac{\delta\omega_1}{\mathfrak{d}}\right)^2 = \sqrt[n]{1{,}25} \cong 1+\frac{0{,}25}{n}; \quad \frac{\delta\omega_1}{\mathfrak{d}} = \frac{0{,}5}{\sqrt{n}}; \quad b = \frac{\mathfrak{d}}{\sqrt{n}}\,.$$

Für die Selektivität errechnen wir

$$\frac{\delta\omega_s}{b} = \sqrt[n]{100}; \quad S = \frac{1}{\sqrt[n]{100}\,b} \quad \text{und} \quad \varXi = b\,S = \frac{1}{\sqrt{n}\,\sqrt[n]{100}}.$$

	Bandbreite b	Selektivität S	Kreisgüte $\varXi = b \cdot S$
einfacher Kreis	1 b	0,01 1/b	0,01
2 Kreise	0,707 b	0,10 1/b	0,07
3 Kreise	0,58 b	0,215 1/b	0,125
4 Kreise	0,5 b	0,316 1/b	0,158

3. Der Stromresonanzkreis zum Abstimmen kleiner Antennen.

Eine Antenne kann man angenähert als einen Schwingungskreis auffassen, der eine Kapazität C_A (im wesentlichen die Kapazität zwischen Antennenschirm und Erde), eine Induktivität L_A und einen Widerstand R_A (Strahlungs- und Erdungswiderstand) hat. Da L_A und C_A klein sind, ist die Resonanzfrequenz hoch. Um die Antenne auf eine lange Welle abzustimmen, muß man eine Verlängerungsspule einschalten. Diese Verlängerungsspulen sind meist groß und unhandlich.

Für $\lambda = 1000$ m und $C_A = 10$ pF würde man eine Spule mit $L_A = 1/36$ H brauchen, sie würde einen Durchmesser von 10 cm, eine Höhe von 10 cm und etwa 750 Windungen haben müssen. (Rechne zur Übung die Spulendimensionen nach!)

Der Blindwiderstand eines Stromresonanzkreises ist, wenn wir die Dämpfung unberücksichtigt lassen

$$j\,\mathfrak{R} = \frac{j\omega L\,/\,j\omega C}{j\omega L + \dfrac{1}{j\omega C}} = \frac{j\omega L}{1 - \omega^2 L\,C}.$$

Wenn wir z.B. $\omega^2 L\,C = 0{,}98$ wählen, stellt der Kreis eine Induktivität von $50\,L$ dar. Die Spule wird klein und handlich. Man hat den Vorteil, daß man diese „Induktivität" durch Drehen am Kondensator leicht ändern kann. Man gibt daher dem Schwingungskreis als Abstimmittel den Vorzug vor den Verlängerungsspulen.

4. Der Stromresonanzkreis als Sperrkreis.

Will man die Störung durch einen starken Ortssender bei Fernempfang ausschließen, so schalte man einen möglichst schwach gedämpften, auf den Ortssender abgestimmten Sperrkreis in die Antennenleitung. (Sperrkreis gut kapseln, damit das starke Magnetfeld der Sperrkreisschwingungen nicht einstreut!)

Für den zu empfangenden Sender stellt dann der Sperrkreis nach dem vorigen Abschnitt eine Induktivität bzw. Kapazität dar, die man beim Einbau und bei der Abstimmung der weiteren Antennenabstimmittel in Rechnung setzen muß.

Zahlenbeispiel: Ein Sperrkreis für 300 m Wellenlänge soll 5000 pF Kapazität und 0,1 Ω Widerstand haben. L ist dann $5 \cdot 10^{-6}$ H. Die Spule ist dann etwa 8 cm lang, hat einen Durchmesser von 4 cm und ist mit 80 Windungen bewickelt. Der Resonanzwiderstand ist 1 MΩ.

5. Die Resonanzen von Niederfrequenztransformatoren.

Wir ersetzen uns der Einfachheit halber den Transformator Abb. 54 durch Abb. 55. Die beiden Kapazitäten C_1 und C_2 sind Spulenkapazitäten + den Kapazitäten der angeschalteten Röhren. Wir erhalten dann unter Vernachlässigung der kleinen Streuinduktivität S eine Stromresonanz mit der niedrigen Frequenz

$$\omega_N^2 = \frac{1}{L\,(C_1 + C_2)}\,.$$

Bei hohen Frequenzen tritt dann noch eine 2-Strom-Resonanz auf. Man erkennt den Schwingungskreis, wenn man sich die Spule L wegdenkt. Ihre Eigenschwingung ist

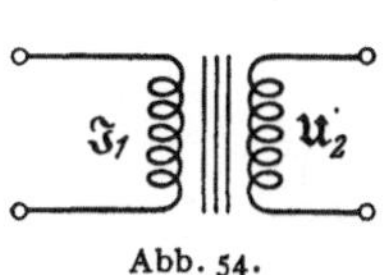

Abb. 54.
Niederfrequenztrafo.

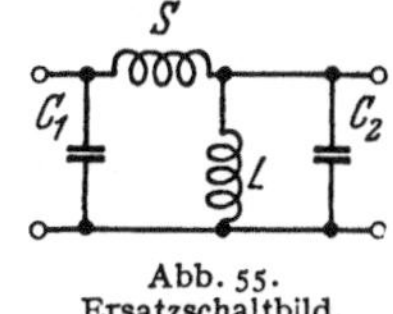

Abb. 55.
Ersatzschaltbild.

$$\omega_h^2 = \frac{1}{S\,\dfrac{C_1 C_2}{C_1 + C_2}} \quad \text{mit}\quad S = L\,(1 - k^2)\,.$$

Die Kapazität C_1 (zwischen Anode und Kathode einer Schirmgitterröhre) ist meist wesentlich kleiner als die Kapazität zwischen Kathode und Gitter der folgenden Röhre C_2. Wir wollen annehmen $C_2/C_1 = 20$. Außerdem habe der Trafo geringe Streuung. $1 - k^2 = 1/50$. Dann ist das Verhältnis der beiden Frequenzquadrate

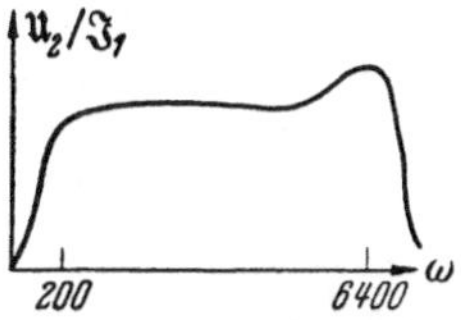

Abb. 56. Frequenzkurve des Niederfrequenztrafos.

$$\frac{\omega_h^2}{\omega_N^2} = \frac{\left(1 + \dfrac{C_2}{C_1}\right)^2}{(1 - k^2)\,\dfrac{C_2}{C_1}} = \frac{50 \cdot 21^2}{20} = 1100 \quad \text{und} \quad \frac{\omega_h}{\omega_N} = \text{etwa } 33\,.$$

Ein Frequenzverlauf nach Abb. 56 ist also verständlich. Wesentlich ist die Berücksichtigung von C_1. Wenn der Transformator zur Spannungserhöhung gebraucht wird, wird auf den Sekundärkreis bezogen, C_1 verkleinert. Es kann dann das Verhaltnis C_2/C_1 entsprechend größer sein.

6. Das Bandfilter.

Als Koppelglied für die Zwischenfrequenzverstärkerstufen braucht man eine Leiterkombination, die eine hohe Bandbreite mit einer hohen Selektivitat verbindet. Man benutzt dazu das sogenannte „Bandfilter" Abb. 57. Wir wollen vom Anodenstrom der Vorröhre ausgehen und die Gitterspannung der folgenden Röhre berechnen und den Frequenzgang des Verhaltnisses $\mathfrak{U}_g/\mathfrak{J}_a$ studieren.

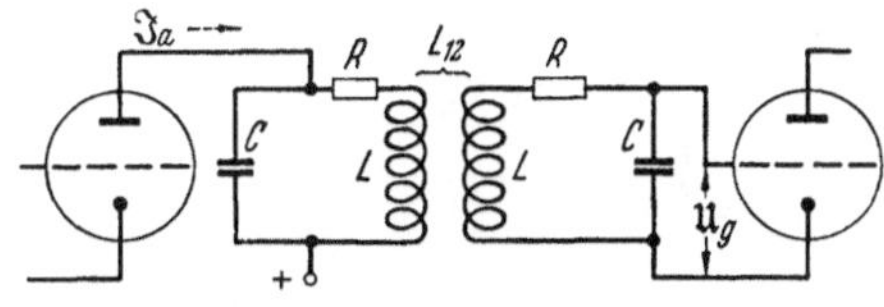

Abb. 57. Schaltbild zum Bandfilter.

Aus Abb. 57 lesen wir ab

$$g = \mathfrak{J}_a \frac{\dfrac{j\omega L_1 + R_1 + \mathfrak{R}_r}{j\omega C_1}}{\underbrace{j\omega L_1 + \dfrac{1}{j\omega C_1} + R_1 + \underbrace{\dfrac{\omega^2 L_{12}^2}{j\omega L_2 + R_2 + \dfrac{1}{j\omega C_2}}}_{\mathfrak{R}_r}}_{\mathfrak{R}_a}} \cdot \frac{1}{j\omega L_2 + R_2} \cdot j\omega L_{12}\, \frac{1}{j\omega L_2 + R_2 + \dfrac{1}{j\omega C_2}} \cdot$$

Wir nehmen der Einfachheit halber an, daß $\delta\omega_1 = \delta\omega_2 = \delta\omega$; $\mathfrak{d}_1 = \mathfrak{d}_2 = \mathfrak{d}$, $C_1 = C_2 = C$; $L_1 = L_2 = L$ und erhalten

$$\frac{\mathfrak{U}_g}{\mathfrak{I}_a} = \frac{L_{12}}{4j\omega C^2 L_1 L_2} \cdot \frac{1}{N}; \quad N = (j\delta\omega + \mathfrak{d})^2 + \left(\frac{\omega k}{2}\right)^2 = -\delta\omega^2 + \mathfrak{d}^2 + \left(\frac{\omega k}{2}\right)^2 + 2j\delta\omega\mathfrak{d}$$

$$|N|^2 = \delta\omega^4 + \mathfrak{d}^4 + \left(\frac{\omega k}{2}\right)^4 + 2\delta\omega^2\left[\mathfrak{d}^2 - \left(\frac{\omega k}{2}\right)^2\right] + 2\mathfrak{d}^2\left(\frac{\omega k^2}{2}\right). \tag{1}$$

$|N|^2$ hat Extrema bei $\delta\omega = 0$ und $\delta\omega = \delta\omega_{sp}$

$$\delta\omega_{sp} = \pm\sqrt{\left(\frac{\omega k}{2}\right)^2 - \mathfrak{d}^2} = \mathfrak{d}\sqrt{\left(\frac{\omega k}{2\mathfrak{d}}\right)^2 - 1} = \frac{\omega k}{2}\sqrt{1 - \left(\frac{2\mathfrak{d}}{k\omega}\right)^2}.$$

Die Gitterspannung hat dementsprechend in der Mitte ein Minimum (Abb. 58), bei $\pm\delta\omega_{sp}$ Maxima.

Für $k = \dfrac{2\mathfrak{d}}{\omega}$ wird auch $\delta\omega_{sp} = 0$. Die 3 Extrema fallen in der Mitte zusammen, für $k < \dfrac{2\mathfrak{d}}{\omega}$ tritt nur noch ein Maximum auf.

$k = \dfrac{2\mathfrak{d}}{\omega}$ nennt man ,,Kritische Kopplung k_k''.

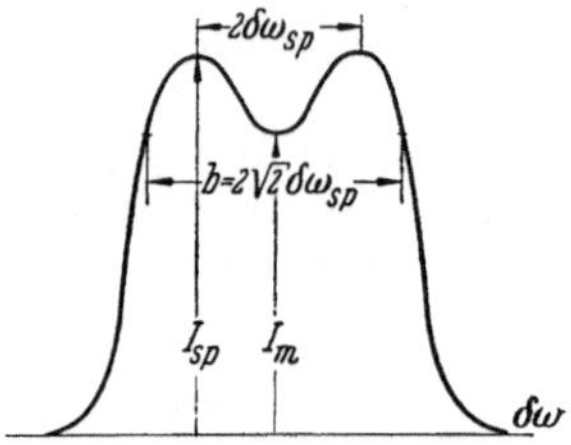

Wir führen k_k in den Ausdruck für $|N|^2$ ein:

Abb. 58.
Durchlaßkurve des Bandfilters.

$$|N|^2 = \delta\omega^4 - 2\delta\omega^2\left(\frac{\omega k}{2}\right)^2\left[1 - \left(\frac{k_k}{k}\right)^2\right] + \left(\frac{\omega k}{2}\right)^4\left[1 + \left(\frac{k_k}{k}\right)^2\right]^2.$$

Am liebsten ware es uns, wenn der breite Kopf der ,,Resonanzkurve'' nicht wellig, sondern waagerecht verliefe. Wenn wir ein Bandfilter bauen, werden wir wünschen, daß $\mathfrak{I}_m$ und $\mathfrak{I}_{sp}$ nicht sehr verschieden sind und für $\mathfrak{I}_{sp}/\mathfrak{I}_m$ einen bestimmten Wert, z.B. 1,1 vorschreiben (vgl. S. 28, Abb. 52). Wie müssen wir die Kopplung einrichten, um diese Bedingung zu erfüllen? Zur Lösung dieser Frage müssen wir zunächst einmal $|N|^2_{\delta\omega=0}$ und $|N|^2_{\delta\omega_{sp}}$ ausrechnen.

$$|N|^2_0 = \left(\frac{\omega k}{2}\right)^4\left[1 + \left(\frac{k_k}{k}\right)^2\right]^2.$$

Um $|N|^2_{sp}$ zu finden, ist in Formel (1) der Wert für $\delta\omega_{sp}$

$$\delta\omega_{sp} = \frac{\omega k}{2}\sqrt{1 - \left(\frac{2\mathfrak{d}}{k\omega}\right)^2} = \frac{\omega k}{2}\sqrt{1 - \left(\frac{k_k}{k}\right)^2}$$

einzusetzen. Wir erhalten

$$|N|^2_{sp} = \left(\frac{\omega k}{2}\right)^4\left[\left(1 - \left(\frac{k_k}{k}\right)^2\right)^2 - 2\left(1 - \left(\frac{k_k}{k}\right)^2\right)^2 + \left(1 + \left(\frac{k_k}{k}\right)^2\right)^2\right] = \left(\frac{\omega k}{2}\right)^4 4\left(\frac{k_k}{k}\right)^2$$

$$\frac{|N|^2_0}{|N|^2_{sp}} = \frac{\left(1 + \left(\frac{k_k}{k}\right)^2\right)^2}{4\left(\frac{k_k}{k}\right)^2}; \quad \frac{\mathfrak{I}_{sp}}{\mathfrak{I}_m} = \frac{1 + \left(\frac{k_k}{k}\right)^2}{2\frac{k_k}{k}} = \frac{1}{2}\left(\frac{k}{k_k} + \frac{k_k}{k}\right). \tag{2}$$

Die Bandbreite b. Den Wert $\mathfrak{I}_m$ erreicht die abfallende Filterkurve wieder bei $b/2 = \delta\omega_{sp}\sqrt{2}$. Wir berechnen zunächst aus Formel (2) und der Bedingung $\mathfrak{I}_{sp}/\mathfrak{I}_0 = 1{,}1$ den Wert von k/k_k zu 1,56 und erhalten damit für b

$$b = 2\sqrt{2}\sqrt{1{,}56^2 - 1}\,\mathfrak{d} = \mathfrak{d} \cdot 3{,}4.$$

Der nächste Sender kann bei $\delta\omega_2 = \sqrt{100}\,\mathfrak{d} = 10\,\mathfrak{d}$ eingesetzt werden. $S = \dfrac{1}{10\mathfrak{d}}$. Der Wert $b \cdot S$, der uns die Güte einer Abstimmung für Telephonie kennzeichnete, ist jetzt 0,34. Mit 4 Kreisen wurde nur 0,156 erreicht.

7. Die Anwendung der Phasenresonanzkurve beim Diskriminator.

Ein frequenzmodulierter Sender soll empfangen werden. Der Demodulator soll also nicht auf Amplitudenänderungen, sondern auf Frequenzänderungen ansprechen. In der Schaltung der Abb. 59 wird hierzu die Änderung der Phase des Stromes in einem Resonanzkreis benutzt. Die Diagramme Abb. 60 kann der Leser leicht selbst ableiten, wenn er bedenkt, daß $\mathfrak{U}_1{}^*$

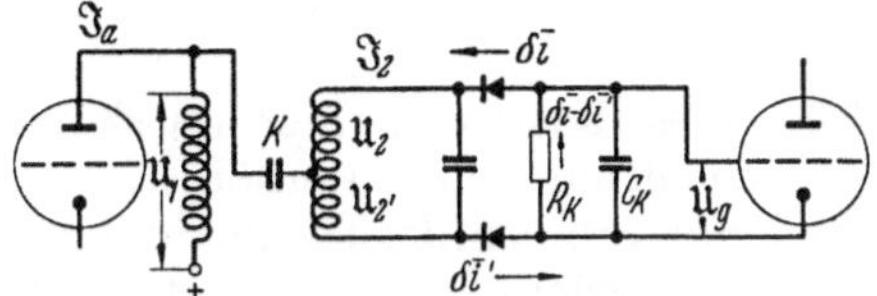

Abb. 59. Diskriminatorschaltung.

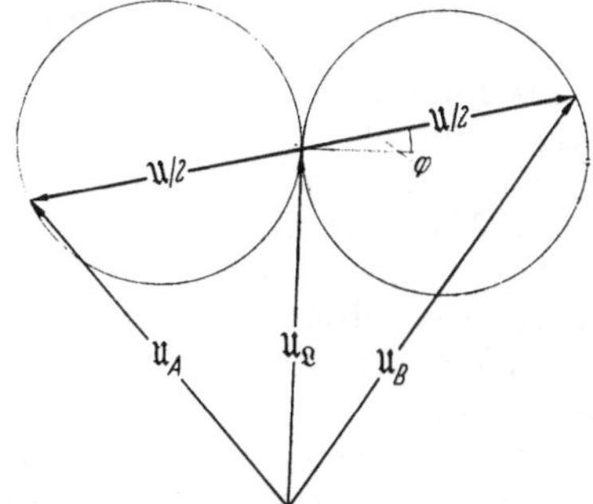

Abb. 60. Zeigerdiagramme zum Diskriminator.

und die in den Kreis induzierte Spannung gleiche Phase haben. Wenn die Gleichrichter quadratisch arbeiten, berechnen sich die beiden Gleichrichterströme zu

$$|\mathfrak{U}_A|^2 = |\mathfrak{U}/2|^2 + |\mathfrak{U}_\mathfrak{L}|^2 - |\mathfrak{U}|\,|\mathfrak{U}_\mathfrak{L}|\sin\varphi$$

$$|\mathfrak{U}_B|^2 = |\mathfrak{U}/2|^2 + |\mathfrak{U}_\mathfrak{L}|^2 + |\mathfrak{U}|\,|\mathfrak{U}_\mathfrak{L}|\sin\varphi$$

$$\overline{\delta_i} = \mathfrak{g}\,(|\mathfrak{U}_B|^2 - |\mathfrak{U}_A|^2) = 2\,\mathfrak{g}\,|\mathfrak{U}|\,|\mathfrak{U}_\mathfrak{L}|\sin\varphi$$

Ihre Differenz durchfließt den Kopplungswiderstand R_k und erregt an der folgenden NF-Röhre die Gitterspannung $2\,\mathfrak{g}\,R_k\,|\mathfrak{U}|\,|\mathfrak{U}_\mathfrak{L}|\sin\varphi$

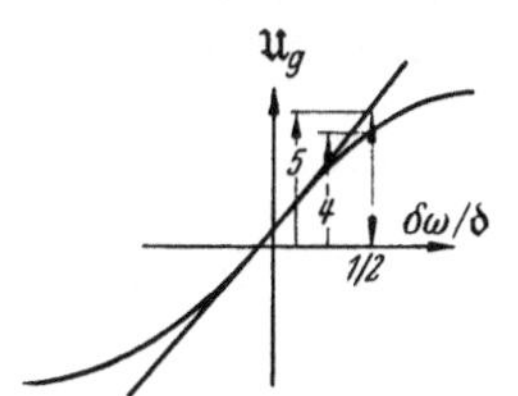

Abb. 61. Nichtlineare Verzerrung durch den Diskriminator.

Da $\operatorname{tg}\varphi = \dfrac{\delta\omega}{\mathfrak{d}}$ und $\sin\varphi = \dfrac{\delta\omega}{\sqrt{\delta\omega^2 + \mathfrak{d}^2}}$, erhalten wir für

$$\mathfrak{U}_g = 2\,\mathfrak{g}\,R_k\,|\mathfrak{U}|\cdot|\mathfrak{U}_L|\,\frac{\delta\omega}{\sqrt{\mathfrak{d}^2 + \delta\omega^2}}$$

Abb. 61. Die Kurve ist bis etwa $\dfrac{\delta\omega}{\mathfrak{d}} = 1/2$ brauchbar. Dann wird der Klirrfaktor zu groß ($> 5\%$).

Bei einem Frequenzhub von 75 kHz müßte $\mathfrak{d} = 150$ kHz sein und bei einer Kreisgüte $G = 10$ die Zwischenfrequenz $\omega_Z = 3\cdot 10^6/\text{sec}$.

(Zwischenrechnung: $G = \dfrac{\omega_z L}{R} = \dfrac{\omega_Z}{2\,\mathfrak{d}}$; $\omega_Z = 2\,\mathfrak{d}\,G = 2\cdot 150\text{ kHz}\cdot 10$).

II. Die Elektronenröhre.

Einleitung.

Diesem Kapitel wird eine etwas längere Einleitung vorausgeschickt. Es sollen in dieser Einleitung die Fragen aufgeworfen werden, die in diesem Kapitel behandelt werden. Außerdem sollen die physikalischen Anschauungen qualitativ

---

* Im Diagramm der Abb. 60 sind $\mathfrak{U}_2$ und $\mathfrak{U}_2'$ mit $\mathfrak{U}/2$, $\mathfrak{U}_1$ mit $\mathfrak{U}_\mathfrak{L}$ bezeichnet.

erläutert werden, die der Theorie der Elektronenemission, der Bewegung der Elektronen im Vakuum durch die Röhre hindurch und der Theorie der Detektoren und Transistoren zugrunde liegen.

1. Die Bedeutung der Elektronenröhre.

Als man die Telegraphie über größere Entfernungen ausbaute, wurde der Widerstand der Leitungen so hoch, daß der Strom nicht mehr ausreichte, um den Morseschreiber zu betätigen. Die Betriebsspannung auf allen Telegraphenämtern über 50 V heraufzusetzen, wurde zu teuer. Da erfand man das Relais, das — selbst durch einen sehr schwachen Strom gesteuert — den starken Betriebsstrom für die Schreiber schaltete.

Der Wunsch, schwache Fernströme mit Hilfe eines Relais und einer am Empfangsort oder auch in Zwischenstationen stehenden Stromquelle zu erhöhen, trat selbstverständlich auch sehr bald bei der Telephonie auf. Problem des Telephonrelais.

Diese Aufgabe war in einer doppelten Hinsicht schwieriger. Man mußte sehr viel rascher schalten, im Takte der Sprechwechselströme. Man mußte nicht nur „schalten", sondern man mußte die schwachen Empfangsströme in vergrößertem Maße „formgetreu abbilden". Mechanische Relais waren unbrauchbar. Man mußte versuchen, die praktisch trägheitslose Elektrizität direkt zu beeinflussen. Der elektrische Strom im Leiter bietet keine Angriffspunkte. Man versuchte es mit Gasentladungen und reinen Elektronenströmen im Vakuum. Letztere brachten die Lösung.

Reine Elektronenströme im Vakuum erhält man zwischen 2 Elektroden, wenn man die negative Elektrode — die Kathode — erhitzt. Sie vermag dann Elektronen auszusenden. Dieser Elektronenstrom wächst mit wachsender Anodenspannung. Ordnet man zwischen Anode und Kathode ein „Gitter" an, so werden die Elektronen durch dieses Gitter hindurchfliegen. Die Stromstärke wird aber geringer, wenn man dem Gitter eine zunehmend negative Spannung gibt. Dabei kommen auf das Gitter keine Elektronen, da diese durch die gleichnamige negative Ladung des Gitters abgestoßen werden.

Mit der geschilderten Röhre war ein außerordentlich wertvolles Gerät geschaffen:

Da auf das steuernde Gitter keine Elektronen kommen, arbeitet die Röhre völlig leistungslos. Es wird nur der kleine Blindstrom zum Aufladen des Gitters gebraucht. — Reine Relaiswirkung.

Das Relais arbeitet trägheitslos (bis zu λ = etwa 1 m herunter).

Da im Hochvakuum gearbeitet wird, treten keine Funken auf. Man kann mit hohen Spannungen und damit auch mit hohen Leistungen arbeiten.

Diese 3 Eigenschaften bedingen den großen Erfolg der Elektronenröhre in der gesamten Elektrotechnik.

2. Fragestellung.

Aus der geschilderten Arbeitsweise ergeben sich nun eine Reihe Fragen, die untersucht werden müssen.

a) Wie hat man sich die Elektronenemission vorzustellen?

Die Elektronen im Metall haben ähnlich wie die Moleküle eines Gases eine Geschwindigkeitsverteilung:

$$d n = N e^{\frac{m}{2kT}(v_x^2 + v_y^2 + v_z^2)} d v_x d v_y d v_z$$

Hierbei ist dn die Zahl der Elektronen pro cm³, deren Geschwindigkeit zwischen v_x und $v_x + d v_x$, v_y und $v_y + d v_y$, v_z und $v_z + d v_z$ liegen.

b) Wie kommt diese Geschwindigkeitsverteilung zustande (Fermistatistik)?

Wenn ein Elektron aus dem Metall herauskommen soll, muß es von dem niedrigen Potential im Metall auf das hohe Potential im Vakuum gelangen können, es muß die Austrittsarbeit $A = e_1 \Phi$ (Abb. 62) überwinden. Liegt die Normale der Metalloberfläche in der X-Richtung, muß die kinetische Energie $m v_x^2/2 =$ dieser Austrittsarbeit sein.

c) Nebenfragen.

Für den Hersteller von Elektronenröhren ist folgendes wichtig:

Sauerstoff verschlechtert die Emission, erhöht die Austrittsarbeit. SCHOTTKY erklärte diese Erscheinung durch folgende Vorstellung. Der Sauerstoff bildet eine monomolekulare Schicht von MO-Molekülen (M = Unterlagemetall), diese Moleküle sind polarisiert und wie in Abb. 62 angeordnet. Sie bilden eine Doppelschicht mit einem Potentialsprung $\Delta\Phi$, der zur Austrittsarbeit hinzukommt.

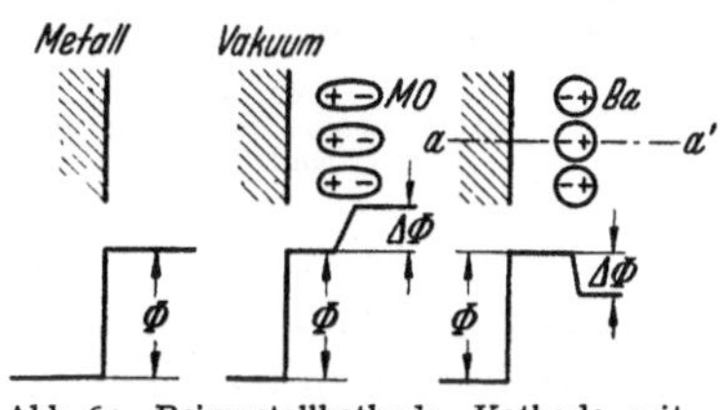

Abb. 62. Reinmetallkathode, Kathode mit Sauerstoffbelag, Filmkathode.

Monomolekulare Schichten von Erdalkalien bilden Doppelschichten mit umgekehrtem Vorzeichen (ESPE, MÖLLER). Sie erniedrigen die Austrittsarbeit. Zunächst blieb trotz dieser Überlegung die beobachtete erhöhte Elektronenemission unverständlich, denn klassisch gesehen müssen die Elektronen immer erst den hohen Potentialberg überwinden, bevor sie in den Potentialsprung in der Ba-Dipolschicht kommen. Aufklärung brachte erst der wellenmechanische Tunneleffekt. Wollen wir die Vorgänge in den Filmkathoden verstehen, müssen wir uns mit Wellenmechanik befassen.

Bei den **Oxydkathoden** wirkt die Oxydschicht vorwiegend als Halbleiter. Es ist aber auch eine geringe Elektrolyse vorhanden. Durch sie wird immer etwas Ba-Metall gebildet, das auf dem Oxyd die monatomare Bariumschicht bildet, welche die Austrittsarbeit herabsetzt. Für den Kathodenhersteller ergibt sich die Aufgabe, elektronische und elektrolytische Leitung richtig aufeinander abzustimmen. Ist die Elektrolyse zu stark, wird die Kathode zu rasch zersetzt, ist sie zu schwach, ist die Regeneration der Ba-Schicht ungenügend. Dies führt uns auf die Frage nach dem Funktionieren der Halbleiter.

In neuerer Zeit setzt man viel Hoffnung auf die Transistoren. Diese sind ebenso wie die Detektoren und Gleichrichter Kombinationen aus Halbleitern mit Halbleitern oder mit Metallen. Auch von dieser Seite werden wir wieder auf die Halbleiterfragen geführt. In den Arbeiten über die Halbleiter kommen eine Reihe von Begriffen vor, wie Energiebänder, Überschuß- und Defektleitung, Verunreinigungsbänder, Sperrschichten, p- und n-Material. Diese Begriffe gehen wieder auf die Wellenmechanik zurück. Sie werden in den Originalarbeiten meist als bekannt vorausgesetzt. Da sie dem Hochfrequenztechniker vielfach nicht bekannt sind, sollen sie im Zusammenhang kurz und qualitativ erläutert werden.

3. Die Elektronenbewegung im Vakuum. Die Raumladung.

Man sollte annehmen, daß der Strom der negativen Elektronen wohl abgebremst wird, wenn die Anodenspannung negativ ist, daß aber der Sättigungsstrom erreicht wird, wenn die Anodenspannung o ist. Das Experiment zeigt, daß der Sättigungsstrom erst bei verhältnismäßig hohen Anodenspannungen erreicht wird. Dieses experimentelle Resultat ist folgendermaßen zu deuten: Auf dem Wege zur Anode bilden die Elektronen eine negative Raumladung — positive Gasionen sind im Hochvakuum zur Neutralisation dieser Raumladung nicht da —. Die von den positiven Ladungen ausgehenden Kraftlinien endigen *alle* auf dieser Raumladung, es gehen sogar von ihr noch Kraftlinien zur Kathode zurück, die ebenfalls *positiv* geladen ist. Dies ergibt den Feld- und Potentialverlauf der Abb. 63 b und c. Es tritt ein Potentialminimum $\varphi_{\min}$ auf. Über dieses $\varphi_{\min}$ kommen nur die Elektronen, deren Temperaturgeschwindigkeit groß genug ist:

$$\frac{m \, v_{\min}^2}{2} = e_1 \varphi_{\min}.$$

Das Potentialminimum regelt also die Stärke des Anodenstromes. Wir werden den Potentialverlauf zwischen $\varphi_{\min}$ und Kathode und zwischen $\varphi_{\min}$ und Anode zu studieren und die Abhängigkeit des Elektronenstromes von $\varphi_{\min}$ und U_a zu berechnen haben.

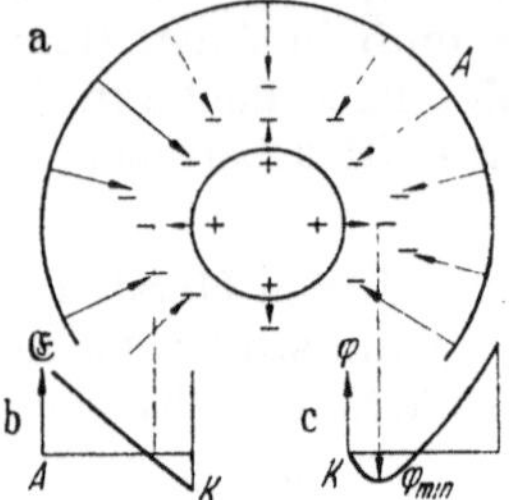

Abb. 63.
a) Raumladungs-, b) Feld- und c) Potential-Verlauf.

a) Das Steuergitter.

Wir hatten bereits überlegt, daß wir durch ein „Steuergitter" den Potentialverlauf in den Röhren beeinflussen wollen und so den Elektronenstrom leistungslos steuern. Bei der Berechnung der Raumladung wird gezeigt werden, daß die Raumladung im wesentlichen nur in der Nähe der Kathode sitzt und daß man die übrige Röhre in guter Annäherung als raumladungsfrei ansehen kann. Die Berechnung des Potentialverlaufes für Röhren mit Gittern läßt sich also mit der einfachen Gleichung $\Delta \varphi = 0$ durchführen.

Um von vornherein einen Überblick über diese Rechnungen zu bekommen, wollen wir der phänomenologischen Methode BARKHAUSENS folgen. BARKHAUSEN begann zunächst einmal mit Messungen (Meßapparatur Abb. 64) und erhielt die Kurvenscharen Abb. 64 b und c. Er stellte fest, daß die Steigung der Kurven nur vom

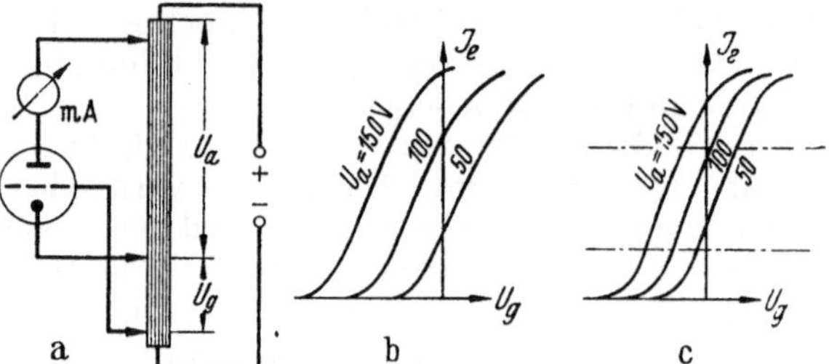

Abb. 64. a) Apparat zur Kennlinienaufnahme; b) Kennlinien für weites Gitter; c) Kennlinien für enges Gitter.

Gitterradius und der Länge der Röhren abhängt. Die Anodenspannung verschiebt nur die Kurven nach links. Er faßte die Meßresultate in der Formel

$$I_a = S \, (U_g + D \, U_a)$$

zusammen. S nannte er „Steilheit" und den Faktor D „Durchgriff". Letztere Bezeichnung ist sehr anschaulich. Die Anode schickt durch die Gitterwindungen Kraftlinien in den Kathodenraum, diese Kraftlinien greifen zwischen den Gitterstäben hindurch nach den Elektronen der Raumladung und ziehen sie nach der Anode. Je enger und je negativer das Gitter, um so weniger Kraftlinien können „durchgreifen". Die Summe $U_g + D \cdot U_a$ nannte BARKHAUSEN „Steuerspannung" U_{st}.

Zwischen den strichpunktierten Linien bilden die „Kennlinien" im I_a-, U_g-, U_a-Raum eine schräge Ebene. In Abb. 65 ist ein Stück dieser schrägen Ebene herausgezeichnet. Wir lesen aus Abb. 65 die „Barkhausenschen Röhrenformeln" ab.

$$S = \frac{\Delta I_a}{\Delta U_g} = \left(\frac{\partial I_a}{\partial U_g}\right)_{U_a}; \quad D = \left(\frac{\Delta U_g}{\Delta U_a}\right) = \left(\frac{\partial U_g}{\partial U_a}\right)_{I_a}; \quad R_i = \frac{\Delta U_a}{\Delta I_a} = \left(\frac{\partial U_a}{\partial I_a}\right)_{U_g}; \quad S D R_i = 1.$$

3*

Arbeitet man mit Wechselströmen kleiner Amplitude, kann man für ΔU_g, ΔU_a, ΔI_a auch die Amplituden $\mathfrak{U}_g$, $\mathfrak{U}_a$, $\mathfrak{J}_a$ einsetzen:

$$\mathfrak{J}_a = S\,\mathfrak{U}_{st} = S\,(\mathfrak{U}_g + D\,\mathfrak{U}_a).$$

Arbeitet die Röhre auf einen Ohmschen Widerstand als Verbraucher, so ist

$$\mathfrak{U}_a = -\,\mathfrak{J}_a \cdot R_a \quad (\text{--Zeichen, da Spannungsabfall!}):$$

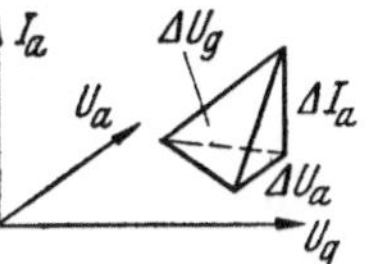

Abb. 65.
Zur 2. Barkhausenschen
Röhrenformel.

$$\mathfrak{J}_a = \frac{S\,\mathfrak{U}_g}{1 + R_a\,S\,D} = \frac{S\,\mathfrak{U}_g}{1 + R_a/R_i}; \quad S_A = \frac{S}{1 + R_a/R_i}.$$

S_A ist die Steilheit der Arbeitskurve

$$\mathfrak{J}_a = \frac{S\,\mathfrak{U}_g R_i}{R_a + R_i} = \frac{\mathfrak{U}_g}{D} \cdot \frac{1}{R_a + R_i}.$$

Die Röhre verhält sich wie ein Generator mit der E.M.K. $\dfrac{\mathfrak{U}_g}{D}$ und dem inneren Widerstand R_i*.

Die von der Röhre abgegebene Leistung ist

$$\mathfrak{N} = R_a\,|\mathfrak{J}_a|^2 = \frac{|\mathfrak{U}_g|^2\,S^2\,R_a}{[1 + (R_a/R_i)]^2}.$$

Man erhält maximale Leistung, wenn man den Verbraucher anpaßt, das heißt wenn man $R_a = R_i$ wählt. Die Leistung ist dann

$$\mathfrak{N} = \frac{(\mathfrak{U}_g)^2}{4}\,S \cdot S R_i = \frac{(\mathfrak{U}_g)^2}{4}\,\frac{S}{D}; \quad \frac{S}{D} = \mathfrak{G} = \text{Röhrengüte nach Barkhausen.}$$

Die Leistungsverstärkung einer Verstärkerstufe ist

$$\frac{\mathfrak{N}_a}{\mathfrak{N}_e} = \frac{S}{4D}\,\mathfrak{R}_e \cdot \eta_a,$$

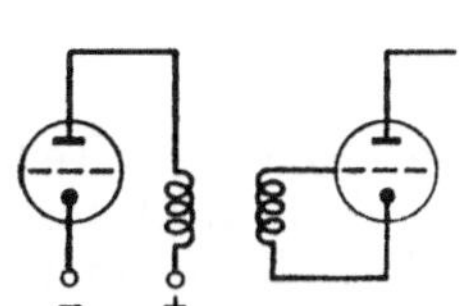

Abb. 66. Mehrstufiger Verstärker, Trafo-Kopplung.

wobei $\mathfrak{R}_e = |\mathfrak{U}_g|^2/\mathfrak{N}_e$ und η_a der Wirkungsgrad des Ausgangstrafos.

b) Der mehrstufige Verstärker.

Zur Erhöhung der Verstärkung kann man mehrere Röhren hintereinander schalten und durch Transformatoren, $R\text{-}C$-Glieder oder Schwingungskreise koppeln. S. Abb. 66 bis 68.

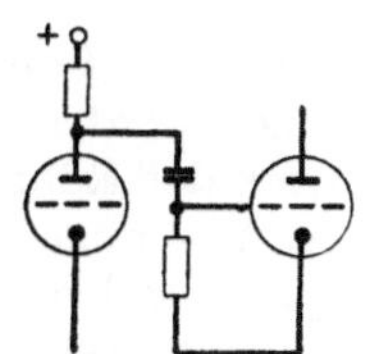

Abb. 67. Mehrstufiger Verstärker, Widerstandskopplung.

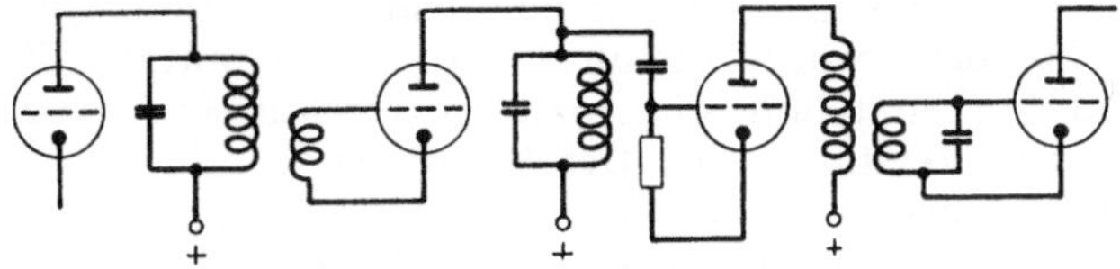

Abb. 68. Mehrstufiger Verstärker, Sperrkreiskopplung.

c) Der Röhrensender.

Wir können mit den Röhren Schwingungen beliebiger Frequenz bis in den Dezimeterwellenbereich herunter verstärken. Besteht die Möglichkeit, mit den Röhren auch einen sich selbst erregenden Schwingungsgenerator zu bauen?

---

* Bezeichnet man $S\,\mathfrak{U}_g$ als Kurzschlußstrom $\mathfrak{J}_k$ und führt man die Leitwerte: $G_i = \dfrac{1}{R_i}$ und $G_a = \dfrac{1}{R_a}$ ein, erhält man $\mathfrak{J}_a = \mathfrak{J}_k\,\dfrac{G_a}{G_a + G_i}$. Die Röhre verhält sich wie eine Stromquelle mit dem Kurzschlußstrom $\mathfrak{J}_k = S\mathfrak{U}_g$ und dem inneren Parallelleitwert G

Wir sehen uns in der Technik um, ob es Apparate gibt, die einen Teil der erzeugten Schwingungsenergie wieder zur Steuerung der Schwingungen benutzen. Wir finden eine ganze Reihe von Beispielen, den Mikrophonverstärker, die Dampfmaschine, den Wagnerschen Hammer. Wie arbeitet z. B. der Wagnersche Hammer. Er besitzt ein schwingendes System, bestehend aus dem Anker mit dem Hammer als Masse und einer Feder, die diese Masse trägt. Die Erregung der Schwingungen geschieht durch einen Strom, der im Takte der Schwingungen ein- und ausgeschaltet wird. Der Schalter aber wird wieder durch den schwingenden Hammer betätigt. (Prinzip der Rückkopplung.)

Die entsprechende Verbindung soll an das Gitter der Röhre eine Wechselspannung legen, die den Anodenstrom im Takte der Schwingung des im Anodenstromkreise liegenden Schwingungskreises schwächt und verstärkt. ALEXANDER MEISSNER schuf diese Verbindung in einfachster Weise durch die Rückkopplungsspule (Abb. 69).

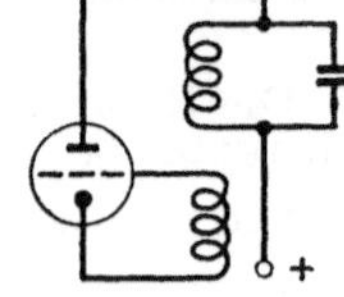

Abb. 69. Meißner-Generator mit induktiver Kopplung.

Wieder erheben sich zahlreiche Fragen:

Wie stark muß die „Rückkopplung", die Gegeninduktivität zwischen Schwingkreisspule und Rückkopplungsspule sein? Welches ist die günstigste Phase zwischen Anodenwechselspannung und Gitterwechselspannung und wie stellt man sie her? Gibt es noch andere Ausführungen des Rückkopplungsgedankens? Welche Amplitude und Frequenz stellt sich ein? — Uns interessiert die Frage der Tastung eines Telegraphiesenders. Soll sie im Anoden- oder im Gitterkreis liegen? — und die Frage der Modulation für die drahtlose Telephonie. Soll man die Amplitude oder die Phase oder die Frequenz modulieren? Man kann auch kurze Impulse in rascher Folge senden und das Verhältnis der Impulsdauer zur Pausendauer oder die Einsatzzeit der Impulse modulieren. Impulsbreiten und Impulslagemodulation.

d) Die Gleichrichtung.

Für die formgetreue Verstärkung interessierte uns der mittlere gradlinige Teil der Kennlinie, für die Gleichrichtung die Krümmung im unteren Teil. Legt man den Schwingungsmittelpunkt einer Wechselgitterspannung in diese Krümmung, steigt der Anodenstrom auf der positiven Seite stärker an, als er auf der negativen Seite fällt (Abb. 25, S. 12). Der mittlere Anodenstrom ist höher als der Ruhestrom. Die Differenz nennen wir „Gleichrichter-Effekt". Auch die Gitterkennlinie ist gekrümmt und somit eine „Gittergleichrichtung" möglich.

Nachdem in dieser ausführlichen Einleitung eine große Anzahl der Fragen aufgeworfen wurde, die uns beim Arbeiten mit den Röhren begegnen werden, sei mit der Darstellung der einzelnen Abschnitte: A. und B. Die Physik der Röhren, C. Der Verstärker, D. Der Röhrensender, E. Der Gleichrichter, begonnen. In diesem ersten Band mit dem Titel „Physikalische Grundlagen" sollen die physikalischen Fragen des Teiles A und B etwas ausführlicher, die weiteren Teile wesentlich kürzer, nur als Einführung in die folgenden Bände, behandelt werden.

A. Die Physik der Röhre.

1. Zahlenwerte.

Elementarladung eines Elektrons $= e_1 = 1{,}602 \cdot 10^{-19}$ Coulomb.
Masse des Elektrons: $m = 9{,}107 \cdot 10^{-28}$ g.
$e_1/m = 1{,}759 \cdot 10^8$ Coulomb/g.

Mittlere Temperaturgeschwindigkeit eines Elektrons: $v_T = 6{,}72\sqrt{T/1^0} \cdot 10^5\,\dfrac{\mathrm{cm}}{\mathrm{sec}}$.

Temperaturgeschwindigkeit in Volt umgerechnet: $U_T = 1{,}289 \cdot 10^{-4}\,T$

U_T für $T = 2000°$ (Wo-Faden) $= 0{,}258$ V.

Geschwindigkeit nach Durchlaufen von U V, mit $v = 0$ beginnend:

$$v = \sqrt{\frac{2\,e_1}{m}}\,\sqrt{U} = 5{,}936 \cdot 10^7\,\sqrt{U/1\ \mathrm{V}}\ \mathrm{cm/sec}.$$

Loschmidtsche Zahl $=$ Zahl der Moleküle im g-mol $= N = 6{,}025 \cdot 10^{23}$.

Die Gaskonstante $R = 8{,}314 \cdot 10^7$ erg/grad mol.

Die molekulare Gaskonstante $k = R/N = 1{,}380 \cdot 10^{-16}$ erg/grad.

$k/e_1 = 8{,}60 \cdot 10^{-5}$ V/grad.

Ladung eines Elektronenmols $= 9{,}6494 \cdot 10^4$ Coulomb.

Plancksches Wirkungsquantum $h = 6{,}625 \cdot 10^{-27}$ erg · sec.

$$\hbar = \frac{h}{2\,\pi} = 1{,}04 \cdot 10^{-27}\ \text{erg} \cdot \text{sec}.$$

2. Ableitung der Richardsonschen Gleichung.

$$I = \mathfrak{C}\,F\,T^2\,e^{-\frac{\Phi}{KT}}; \qquad \mathfrak{C} = \frac{120{,}4\,A}{\mathrm{cm^2\,grad^2}}.$$

Um die Verdampfungsgeschwindigkeit der Elektronen oder den Sättigungsstrom zu berechnen, müssen wir zunächst die Geschwindigkeitsverteilung ermitteln. Kennen wir diese Verteilung

$$d\,n = C\,f(v_x)\,d\,v_x$$

(die X-Achse liege senkrecht zur emittierenden Fläche) können wir die Sättigungsstromdichte i_s nach der Formel

$$i_s = \int\limits_{v_0}^{\infty} e_1\,v_x\,C\,f(v_x)\,d\,v_x \tag{1}$$

ausrechnen. $d\,n$ ist dann die Anzahl der Elektronen im cm³, deren Geschwindigkeit zwischen v_x und $v_x + d\,v_x$ liegt, und v_0 die Geschwindigkeit, die nötig ist, um die Austrittsarbeit Φ zu überwinden.

Zur Berechnung solcher „Verteilungen" von Teilchen (Gasmoleküle, Elektronen) auf Geschwindigkeits-, Impuls- oder Energieintervalle oder auf Eigenfunktionen steht uns die physikalische Statistik zur Verfügung. Wir müssen uns daher zunächst mit den Grundbegriffen dieser Statistik befassen.

a) Vorbemerkungen über Statistik.

α) Die Grundfragen der Statistik.

Die Bewegung eines Teilchens, z.B. eines Elektrons, beschreibt man in der Wellenmechanik durch die Schrödinger-Gleichung

$$\frac{\hbar^2}{2\,m}\,\Delta\,\psi + E\,\psi = 0 \;*$$

$h =$ Plancksches Wirkungsquantum, $\hbar = h/2\pi$, $p =$ Impuls,
$E =$ Energie eines Teilchens.

---

* Grundgedanke der Wellenmechanik: Für Licht-Elektronen-Atomströmungen kann man 2 Beschreibungsformen anwenden. Man kann sich vorstellen, es handle sich um eine Bewegung von Korpuskeln (Photonen, Elektronen, Atome) oder um eine Wellenbewegung (Lichtwelle, Materiewelle usw.). Wellenbewegungen beschreibt man durch eine Wellenfunktion

$$\psi = C\,e^{j\omega t}\,e^{i\mathfrak{k}s}.$$

Wir werden später viele Elektronen betrachten, die sich untereinander stoßen können, die also miteinander in Wechselwirkung stehen. Wir müßten dann eigentlich die Schrödinger-Gleichung eines Vielelektronenproblemes untersuchen. Es soll aber angenommen werden, daß die Wechselwirkung so klein ist, daß für das Einzelelektron die Ergebnisse dieser einfachen Betrachtung angewandt werden können.

Die Lösung der Gleichung lautet:

$$\psi = A\, e^{j(k_x x + k_y y + k_z z)} = A\, e^{j(\mathfrak{k}\cdot\mathfrak{s})} \quad \text{mit} \quad k^2 = k_x^2 + k_y^2 + k_z^2 = |\mathfrak{k}|^2 = \frac{2\,m\,E}{\hbar^2}.$$

Unter diesen Funktionen sind durch Randbedingungen einige als Lösung des Problems ausgezeichnet. Man nennt diese Funktionen „Eigenfunktionen" und die zugehörigen Energiewerte „Eigenwerte". Diese Eigenfunktionen und die zugehörigen Eigenwerte sind für den einfachen Fall, daß sich das Elektron in einem rechteckigen Kasten mit den Kantenlängen a, b, c (Volumen $V = a \cdot b \cdot c$) aufhalten kann, dadurch festgelegt, daß $\psi\,(a, b, c) = \psi\,(o, o, o)$ sein muß. Das ergibt für k_x, k_y, k_z die Werte $\dfrac{2\pi l}{a}$, $\dfrac{2\pi m}{b}$, $\dfrac{2\pi n}{c}$, wobei l, m, n ganze Zahlen sind. Damit sind dann die Energieeigenwerte E ebenfalls festgelegt und durch Einsetzen der Lösungen in die Schrödinger-Gleichung zu finden.

Auf die Bedeutung von ψ kommt es hier nicht an.

Wir wollen nur nach der Zahl der Eigenwerte in einem gewissen Bereich (Wellenzahlraum, Energiebereich) fragen (1. Frage) und dann nach der Verteilung von vielen Teilchen auf diese Eigenwerte. (2. Grundfrage der Statistik.)

Die 1. Frage kann auf 3 verschiedene Arten formuliert werden:

α. *Wie viele Eigenwerte (Anzahl g) liegen im Volumen V und im Volumen* $\varDelta\tau_k = \varDelta k_x \cdot \varDelta k_y \cdot \varDelta k_z$ *des Wellenzahlraumes (6-dimensionaler Raum)?*

Für die k_x, k_y, k_z hatten wir die Werte $\dfrac{2\pi l}{a}$, $\dfrac{2\pi n}{b}$, $\dfrac{2\pi m}{c}$ erhalten, wobei l, m, n ganze Zahlen waren. Wir erhalten nun $\lambda \cdot \mu \cdot v$ Eigenfunktionen, wenn k_x die Werte $\dfrac{2\pi l}{a}$ bis $\dfrac{2\pi(l+\lambda)}{a}$, k_y die Werte $\dfrac{2\pi n}{b}$ bis $\dfrac{2\pi}{b}(n+v)$ usw. umfaßt. Das Volumen im k-Raum ist dann

$$\varDelta\tau_k = \frac{2\pi\lambda}{a} \cdot \frac{2\pi\mu}{b} \cdot \frac{2\pi v}{c}.$$

Oder: Die Zahl g der Eigenwerte des 6-dimensionalen Volumens ist dann

$$g = \lambda\cdot\mu\cdot v = \frac{a}{2\pi}\varDelta k_x \cdot \frac{b}{2\pi}\varDelta k_y \cdot \frac{c}{2\pi}\varDelta k_z = \frac{a\cdot b\cdot c}{(2\pi)^3}\varDelta\tau_n = \frac{V\cdot\varDelta\tau_k}{(2\pi)^3}. \tag{2}$$

β) *Wie viele Eigenwerte des Raumes V liegen in einem Energiebereich* $\varDelta E$*?*

Zur Beantwortung dieser Frage müssen wir die Beziehungen zwischen k und E herstellen. Nach der oben für freie Teilchen abgeleiteten Gleichung:

$$k^2 = k_x^2 + k_y^2 + k_z^2 = \frac{2\,m\,E}{\hbar^2}$$

sind die Flächen $E = $ const im k-Raum Kugeln. Wir werden als Raumelement $\varDelta\tau_k$

Beim Licht deutet man ψ als elektrische und magnetische Feldstärken. Die Energie ist

$$E = \frac{1}{2}\,\varepsilon_0\,\mathfrak{E}\,\mathfrak{E}^* \sim \psi\,\psi^* \qquad \psi^* = \text{conj. komplex zu } \psi.$$

Sie ist in der Korpuskelvorstellung der Dichte der Photonen proportional. Aus dieser Überlegung heraus deutet man $\psi\psi^*$ ganz allgemein als Teilchendichte.

Die Ausführung dieser Ideen, die wohl heute jeder Student im Kolleg über theoretische Physik kennenlernt, lese man am besten im SOMMERFELD nach.

die Kugelschale $4\pi k^2 \Delta k$ benutzen, da innerhalb dieser Kugelschale alle Teilchen dieselbe Energie haben. Aus

$$k^2 = \frac{2mE}{\hbar^2}; \quad k\,\Delta k = \frac{m}{\hbar^2}\,\Delta E; \quad k = \frac{\sqrt{2m}}{\hbar}\,\sqrt{E}$$

erhalten wir

$$\Delta\tau = 4\pi\,\frac{2m}{\hbar^2}\,E\,\frac{m\,\Delta E}{\hbar^2}\cdot\frac{\hbar}{\sqrt{2m}\,\sqrt{E}} = \frac{2\pi\,(2m)^{2/3}}{\hbar^3}\,\sqrt{E}\,\Delta E$$

$$g_i = \frac{V}{(2\pi)^3\hbar^3}\,2\pi\,(2m)^{3/2}\,\sqrt{E}\cdot\Delta E = \frac{2\pi\,V}{\hbar^3}\,(2m)^{3/2}\,\sqrt{E}\,\Delta E; \quad (2\pi\hbar = h)\,. \tag{3}$$

γ) *Wie viele Eigenwerte liegen in dem 6-dimensionalen Volumen*
$\Delta x \cdot \Delta y \cdot \Delta z \cdot \Delta p_x \cdot \Delta p_y \cdot \Delta p_z$ bzw. bei räumlicher gleichmäßiger Verteilung
im Volumen $V \cdot \Delta p_x \Delta p_y \Delta p_z$?

Zur Beantwortung dieser Frage drücken wir den Energiebereich durch den Impuls aus und erhalten unter der Benutzung der Beziehungen

$$E = \frac{p_x^2 + p_y^2 + p_z^2}{2m} = \frac{p^2}{2m}; \quad \sqrt{E} = \frac{p}{\sqrt{2m}}; \quad \Delta E = \frac{p\,\Delta p}{m}$$

$$g_i = \frac{2\pi\,V}{\hbar^3}\,(2m)^{3/2}\,\frac{p}{\sqrt{2m}}\,\frac{p\,\Delta p}{m} = \frac{V}{\hbar^3}\,4\pi p^2\Delta p; \quad g_i = \frac{V}{\hbar^3}\,\Delta p_x\cdot\Delta p_y\cdot\Delta p_z,$$

wenn wir die Kugelschale wieder in einzelne Δp_x, Δp_y, Δp_z aufspalten.

Die letzte Frage findet eine besonders anschauliche Deutung: Man teile den 6-dimensionalen Wirkungsraum $\Delta x\,\Delta y\,\Delta z \cdot \Delta p_x \cdot \Delta p_y \cdot \Delta p_z$ in Wirkungskästchen von der Größe h^3 ein. Zu jedem Kästchen gehört ein Eigenwert.

Das hier Abgeleitete gilt nur für freie Teilchen. Laufen die Elektronen im Potentialfeld der Atome eines Kristalles, erhält die Schrödinger-Gleichung noch dieses Potential V:

$$\frac{\hbar^2}{2m}\,\Delta\psi + (E - V)\,\psi = 0\,.$$

Die Flächen $E =$ const sind im Wellenzahlraum keine Kugeln mehr. Die Anzahl der Eigenwerte im Energieintervall wird somit anders, und als Folge davon ändert sich auch die Zahl der Eigenwerte im Wirkungselement.

δ) *Verteilung der Teilchen auf die Eigenwerte.*

Statt zu fragen: Wie verteile ich die Teilchen auf die Eigenwerte der Schrödinger-Gleichung? können wir bei *freien* Teilchen auch fragen: Wie verteile ich die Teilchen auf die Wirkungskästchen, auf die Impulse oder noch einfacher, auf die Geschwindigkeiten? Damit sind wir zu der alten Maxwellschen Frage der Geschwindigkeitsverteilung zurückgekommen. Diese wurde durch BOLTZMANN durch die Betrachtung der Stoßvorgänge zwischen den Gasmolekülen eingehend behandelt. Das Studium der Boltzmannschen Gastheorie sei als Einführung in die Statistik dringend empfohlen.

BOLTZMANN stellt die Frage: Wie muß die Verteilung

$$dn = F(u, v, w)\,du \cdot dv \cdot dw; \quad u, v, w = \text{Geschwindigkeitskomponenten}$$

aussehen, damit sich die Verteilung durch die Stöße der Gasmoleküle nicht ändert? Diese spezielle Verteilung würde dann den stationären Zustand darstellen. Wie ändert sich die Verteilung, wenn der geforderte stationäre Zustand noch nicht eingespielt war? Gibt es eine mit der Entropie im Zusammenhang stehende Funktion der Verteilung, die sich wie die Entropie nur in einer Richtung ändert?

BOLTZMANN führt ein:

a) Die Stöße seien elastisch, so daß sich die Gesamtenergie bei den Stößen nicht ändert. Die Rotation der Moleküle spiele keine Rolle.

b) Die räumliche Verteilung der Moleküle sei gleichmäßig. Es bestehe kein Kraftfeld (z.B. Schwerefeld), das die Moleküle nach einer Seite zieht.

c) Die Verteilung der Teilchen auf die verschiedenen Richtungen der Geschwindigkeit sei gleichmäßig.

Wenn die räumliche Verteilung gleichmäßig ist (b) und wenn es auf die Geschwindigkeits*richtung* (und damit Geschwindigkeitsvorzeichen) nicht ankommt (c), kann die Verteilung nur von v^2, also von E abhängen. Wir können die g_i Eigenfunktionen einer Energieschale zwischen E_i und $E_i + \Delta E$ zusammenfassen und fragen: Wie viele Teilchen n_i kommen im stationären Zustand auf die g_i Kästchen der Energieschale?

Da benachbarte gleichdicke Schalen ungefähr dieselbe Anzahl enthalten werden (Stetigkeit), muß n_i der Schalendicke ΔE proportional sein. Wir werden also ansetzen:

$$n_i = F(E_i)\, \Delta E,$$

wo dann die Verteilungsfunktion $F(E_i)$ von der jeweils gewählten Schalendicke unabhängig ist.

Wenn nun für jede Energieschale mit ihren g_i Kästchen die Zahl n_i festgelegt ist, wenn die sogenannte „Makroverteilung" festliegt, so sind im einzelnen noch viele „Mikroverteilungen" möglich. Die n_i Moleküle können die ersten oder die mittleren oder die letzten der g_i Kästchen besetzen oder auch einige Kästchen zwischen sich freilassen. Diese Mikroverteilungen oder Komplexionen werden sich durch die Stöße andern. Im stationären Zustand darf sich dabei die Makroverteilung, das heißt der meßtechnisch erfaßbare Zustand nicht ändern, oder genauer gesagt: Große Änderungen des Makrozustandes dürfen statistisch nur äußerst selten sein. Das ist um so eher zu erwarten, je mehr von allen überhaupt möglichen Mikrozuständen zu dem Makrozustand gehören. Wenn fast alle Mikrozustände zu diesem Makrozustand gehören, so ist nicht zu erwarten, daß häufig einer dieser „unwahrscheinlichen" Mikrozustände und damit ein vom Gleichgewicht abweichender Makrozustand auftreten wird.

Wir erhalten somit den plausiblen Ansatz:

Suche diejenige Grobverteilung auf, welche die maximale Anzahl von Mikroverteilungen enthält. Man hat dann die größte Wahrscheinlichkeit, daß sich bei der Herstellung neuer Mikroverteilungen durch Stöße die Grobverteilung nicht ändert, die Grobverteilung also die gesuchte stationare Verteilung ist.

Leider hat man der Mikroverteilungszahl den irreführenden Namen: „Thermodynamische Wahrscheinlichkeit" gegeben, obwohl sie ihrer Natur nach mit einer Wahrscheinlichkeit nichts zu tun hat, nicht wie eine Wahrscheinlichkeit ein Bruch, sondern eine große Zahl ist. Man bezeichnet sie mit $\mathfrak{P}$.

Bei der Berechnung der Mikroverteilungszahl $\mathfrak{P}$ sind als Nebenbedingungen zu berücksichtigen, daß die Gesamtenergie einen festen Wert hat und ebenso die Gesamtteilchenzahl. Daß sich die Stöße in einem festen Raum abspielen bzw. daß man die Zahl der Eigenfunktionen und Eigenwerte für einen festen Raum $V = a \cdot b \cdot c$ berechnet, ist dabei stillschweigend vorausgesetzt. Man kann als Nebenbedingung auch $E =$ const und Raum $V =$ const wählen und dann stillschweigend voraussetzen, daß die Teilchenzahl dieselbe ist. Beide Betrachtungsweisen kommen auf dasselbe hinaus. Es ist in beiden $N =$ const *und* $V =$ const.

ε) Die Berechnung von $\mathfrak{P}$.

Einem Atom kann ich in g_i Kästchen g_i Plätze anweisen, einem 2. Atom wieder g_i Plätze, so daß mit 2 Atomen g_i^2 Anordnungen möglich sind. Für die n_i Atome der i-ten Energieschale sind dann $g_i^{n_i}$ Anordnungen oder Mikroverteilungen möglich. Bei dieser Abzählung sind noch die einzelnen Atome unterschieden. Wollen wir uns von dieser Unterscheidung frei machen, haben wir noch mit $n_i!$ zu dividieren. Diese Überlegung gilt für jede Kastchensorte (Energieschale), so daß man für $\mathfrak{P}$ schließlich erhält:

$$\mathfrak{P} = \Pi_i \frac{g_i^{n_i}}{n_i!} \; ; \quad \ln \mathfrak{P} = \sum_i n_i \left(\ln g_i - \ln \frac{n_i}{e} \right) \quad \text{nach der Stirlingschen Formel.}$$

ζ) Zusammenhang zwischen $\mathfrak{P}$ und der Entropie S.

Da S ebenso wie $\mathfrak{P}$ einem Maximum zustrebt, wenn man das Gas sich selbst überläßt, ist ein Zusammenhang zwischen S und $\mathfrak{P}$ zu vermuten. Wir sahen, daß $\mathfrak{P}$ das Produkt der einzelnen Mikroanordnungszahlen ist, während S die Summe der Einzelentropien ist. Die S und $\mathfrak{P}$ verbindende Funktion wird also der Logarithmus sein

$$S = k \ln \mathfrak{P}.$$

Der Faktor k hat die Dimension eines Wasserwertes (erg/grad), da die Entropie ein Wasserwert, $\mathfrak{P}$ aber eine reine Zahl ist.

Wir erinnern uns noch an die Beziehung aus der Thermodynamik:

$$dS = \frac{dQ}{T} = \frac{dE + p\,dV}{T} \; ; \quad \left(\frac{\partial S}{\partial E} \right)_V = \frac{1}{T} \quad \text{oder genauer} \quad \left(\frac{\partial S}{\partial E} \right)_{V,N} = + \frac{1}{T},$$

da man in der Thermodynamik mit einer festen Molekülzahl, dem Mol, rechnet.

b) Berechnung der Verteilungen

aus dem Variationsproblem: S soll ein Maximum werden bei festgehaltener Energie und Teilchenzahl in einem festen Volumen.

α) Berechnung der Maxwell-Verteilung.

Unter Anwendung der Stirlingschen Formel erhalten wir

$$S = k \ln \mathfrak{P} = k \sum_i n_i \left(\ln g_i - \ln \frac{n_i}{e} \right); \quad E = \sum_i n_i E_i; \quad N = \sum_i n_i$$

$$\delta S = k \sum_i \delta n_i (\ln g_i - \ln n_i) = k \sum_i \delta n_i \ln \frac{g_i}{n_i}; \quad \delta E = \sum_i E_i \delta n_i; \quad \delta N = \sum_i \delta n_i.$$

Die Zusammenfassung der Maximumbedingung und der beiden Nebenbedingungen mit den Lagrangeschen Faktoren ergibt:

$$\delta S + \beta \delta E + \alpha \delta N = 0; \quad \sum_i \delta n_i \left(k \ln \frac{g_i}{n_i} + \beta E_i + \alpha \right) = 0;$$

$$\left(k \ln \frac{g_i}{n_i} + \beta E_i + \alpha \right) = 0.$$

Bedenken wir noch, daß

$$-\beta = \left(\frac{\partial S}{\partial E} \right)_{N,V} = \frac{1}{T}$$

erhalten wir:

$$n_i = g_i \, e^{+\alpha/k} \, e^{+\beta E_i/k} = g_i \, e^{+\alpha/k} \, e^{-E_i/kT}.$$

Führt man für g_i den früher berechneten Wert $g_i = \dfrac{V}{h^3}\, \Delta p_x\, \Delta p_y\, \Delta p_z$ ein, und bestimmt man $e^{+\alpha/k}$ schließlich aus $N = \sum_i n_i$, erhält man die bekannte Maxwell-Verteilung:

$$n_i = N \left(\frac{1}{2\pi m k T}\right)^{3/2} e^{-\frac{1}{2mkT}\left(p_x^2 + p_y^2 + p_z^2\right)} \Delta p_x\, \Delta p_y\, \Delta p_z$$

Die Formel enthält h nicht.

β) Das Pauli-Verbot und die Fermiverteilung.

PAULI stellte das Gesetz auf: In einem h^3-Kästchen kann nur 1 Teilchen der gleichen Art aufgenommen werden (2 Elektronen, und zwar eins mit positivem und eins mit negativem Spin). Infolge dieses Verbotes ergibt sich folgende Mikrozustandszahl:

Das 1. Teilchen findet g_i Plätze, das 2. nur noch $g_i - 1$ Plätze usf. Die Anordnungszahl in den g_i Kästchen einer Energieschale ist dann

$$\binom{g_i}{n_i} = \frac{g_i!}{(g_i - n_i)!}$$

Um von der Teilchenindividualität frei zu kommen, haben wir wieder mit $n_i!$ zu dividieren. Somit erhalten wir für P

$$\mathfrak{P} = \Pi_i \frac{g_i!}{(g_i - n_i)!\, n_i!}\,; \quad S = k \sum_i \left(g_i \ln \frac{g_i}{e} - (g_i - n_i)\ln \frac{g_i - n_i}{e} - n_i \ln \frac{n_i}{e}\right).$$

Das Variationsproblem, genau wie oben angesetzt, ergibt:

$$k\left(\ln (g_i - n_i) - \ln n_i + \beta E_i + \alpha\right) = 0 \quad \beta = -\frac{1}{T}.$$

Falls man noch für $\alpha = W/T$ einführt, erhält man für die Verteilung auf die Energiebereiche durch Einsetzen des Wertes für g_i:

$$n_i = \frac{g_i}{e^{\frac{E_i - W}{kT}} + 1} = \frac{2\pi V}{h^3}(2m)^{3/2} \frac{\sqrt{E}\, \Delta E}{e^{\frac{E - W}{kT}} + 1}\,.$$

Die Verteilung ist in Abb. 70 dargestellt. Sie geht für sehr niedrige Temperaturen in die eckige Verteilung über, da dann $e^{\frac{E - W}{kT}}$ für $W > E$ zu Null, für $W < E$ zu ∞ wird.

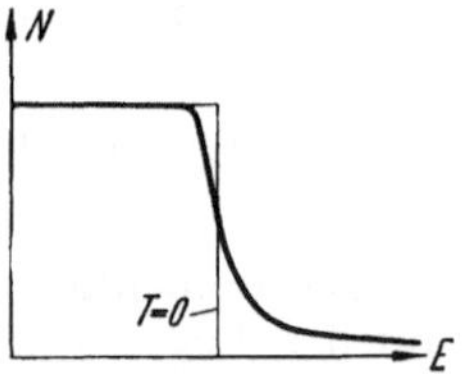

Den Wert W haben wir wieder aus der Beziehung: $N = \sum n_i$ zu berechnen. Für sehr niedrige Temperaturen — niedrig heißt hier: $kT \ll W$ — erhalten wir für das Integral:

$$\int_0^\infty \frac{\sqrt{E}\, dE}{e^{(E-W)/kT} + 1} \cong \int_0^W \sqrt{E}\, dE = \frac{2}{3}\, W^{3/2}$$

Abb 70. Fermiverteilung

und aus $\qquad N = \dfrac{2\pi V}{h^3}(2m)^{3/2}\, W^{3/2} \qquad$ für W: $W = \dfrac{h^2}{2m}\left(\dfrac{3N}{4\pi V}\right)^{2/3}.$

Als Näherungswert für hohe Energien erhalten wir einen der Maxwell-Verteilung ähnlichen Ausdruck:

$$n_i = g_i\, e^{-(E - W)/kT} = \frac{2\pi V}{h^3}(2m)^{3/2}\, e^{W/kT}\, e^{-E/kT}\, \sqrt{E}\, \Delta E. \tag{5}$$

γ) Abschätzung der kritischen Temperatur, für die $W = kT$ wird.

Wir legen Kupfer zugrunde, mit dem spezifischen Gewicht 8 g/cm³, dem Molekulargewicht 63 und der Annahme, daß je Atom ein Leitungselektron vorhanden ist.

$$N = 6{,}025 \cdot 10^{23}; \quad V = \text{Vol. v. } 63\,\text{g Cu} \cong 8\,\text{cm}^3; \quad h = 6{,}6 \cdot 10^{-27}\,\text{erg/sec},$$

$$m = 0{,}9 \cdot 10^{-27}\,\text{g}; \quad k = 1{,}38 \cdot 10^{-16}\,\text{erg/}^\circ\text{C}.$$

Kritische Temperatur $T_k = \dfrac{W}{k} = \dfrac{h^2}{2\,k\,m}\left(\dfrac{3\,N}{8\,\pi\,V}\right)^{2/3}$ (8 statt 4 wegen des Elektronenspins!)

$$T_k = \frac{6{,}6^2\ 10^{-54}\ \text{erg}^2\,\text{sec}^2}{2 \cdot 1{,}38 \cdot 10^{-16}\frac{\text{erg}}{^\circ\text{C}}\ 0{,}9 \cdot 10^{-27}\,\text{g}} \cdot \left(\frac{3}{8\pi}\ \frac{6{,}03 \cdot 10^{23}}{8\,\text{cm}^3}\right)^{2/3} = 76\,000^\circ\,\text{C}.$$

δ) Die Richardsonsche Gleichung.

Setzt man die Verteilungsfunktion in die Formel für den Sättigungsstrom ein, erhält man mit $E = (p_x^2 + p_y^2 + p_z^2)/2\,m$ und $v_x = p_x/m$

$$i_s = \frac{2\,e_1}{h^3}\,e^{W/kT}\int_\Phi^\infty \frac{p_x}{m}\,e^{-p_x^2/2mkT}\,dp_x \int_0^\infty\int_0^\infty e^{-p^2/2mkT}\,2\,\pi\,p\,dp = \frac{4\,\pi\,m\,k^2\,e_1\,T^2}{h^3}\,e^{-\frac{(\Phi-W)}{kT}}$$

$$= \mathfrak{C}\,T^2 e^{-(\Phi-W)/kT}$$

mit $\mathfrak{C} = \dfrac{4\,\pi\,m\,k^2\,e_1}{h^3} = 120{,}4\,\dfrac{A}{\text{cm}^2\,\text{grad}^2}$ (Faktor 2 wegen des Elektronenspins!)

3. Die Anlaufstromkurve.

Wenn wir an die Anode eine negative Spannung U legen, so müssen die Elektronen nicht nur gegen die Austrittsarbeit, sondern auch gegen $e_1 U$ anlaufen. Wir erhalten

$$i = \mathfrak{C}\,T^2\,e^{-(\Phi-W+e_1 U)/kT} = i_s\,e^{-e_1 U/kT}. \tag{7}$$

Trägt man $\ln\dfrac{i}{i_s}$ über U auf, erhält man Abb. 71. Bei Äquipotentialkathoden (fremdgeheizten Kathoden) kann man aus der Neigung des geraden Teils dieser Anlaufkurve ungefähr die Temperatur bestimmen[1]. Bei dickem Oxydbelag

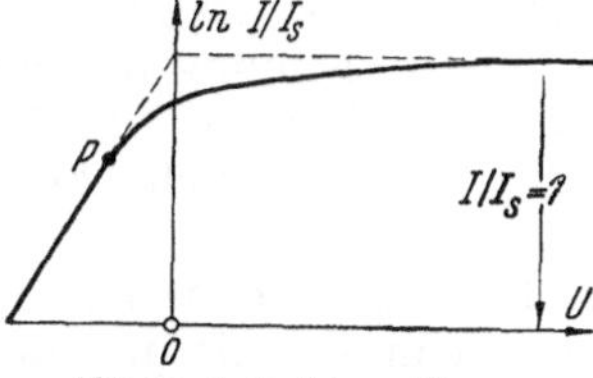

Abb. 71. Anlaufstrom-Kurve.

muß man allerdings den Spannungsabfall des Anodenstromes in der Oxydschicht in Rechnung setzen, sonst werden die Temperaturen zu hoch.

Rechts vom Punkt P biegt die Kurve von der Geraden ab. Infolge der Raumladung bildet sich dann zwischen Kathode und Anode ein Potentialminimum aus, so daß die Anode nicht mehr die negativste Spannung hat. Die Fortsetzung der Geraden erreicht den Sättigungsstrom bei $U = 0$, wenn Anode und Kathode aus demselben Material bestehen. Sind sie aus verschiedenem Material, ist die Anodenspannung in diesem Punkte = der Differenz der Kontaktpotentiale.

Im geraden Teil ist die Geschwindigkeitsverteilung maxwellisch. Rechts von Punkt P läßt sich aus den Messungen nichts über die Geschwindigkeitsverteilung entnehmen.

---

[1] Nach den Versuchen von DEMSKI ist die Temperatur immer etwas zu hoch (50°–100°). Siehe später: Wellenmechanischer Reflexionskoeffizient.

Die Steilheit der Anlaufkurve berechnet sich zu

$$S = \frac{1}{R_g} = \frac{e_1}{kT} I_s e^{-e_1 U/kT} = \frac{e_1}{kT} I \,. \qquad (8)$$

Zahlenbeispiel: $I_s = 30\,\text{mA}$. $T = 1100°$. $e_1/k = \dfrac{10^5\,\text{grad}}{8{,}60\,\text{V}}$

$-U$	$-0{,}5$	-1	$-1{,}5$	-2	$-2{,}5$	V
S	$1{,}5$	$7{,}4\cdot10^{-3}$	$3{,}6\cdot10^{-5}$	$1{,}4\cdot10^{-7}$	$0{,}88\cdot10^{-9}$	Millisiemens

Damit der Gitterwiderstand der Röhre 1 MΩ nicht unterschreitet, muß man dafür sorgen, daß die Gitterspannung nicht positiver als etwa $-1{,}5$ V wird.

4. Das Kontaktpotential.

Die Energieniveaus von zwei sich berührenden Metallen stellen sich so ein, daß die Nullpunktsenergien (Fermigrenzen) gleich hoch liegen (Abb. 72). Im Vakuum zwischen den beiden Metallen herrscht dann ein dynamisches Gleichgewicht. Das linke Metall sendet seinen verhältnismäßig kleinen Sättigungsstrom zum rechten Metall und letzteres den gleich großen Anlaufstrom zurück. $\varDelta$ ist die Kontaktpotentialdifferenz.

5. Verschiedene Kathodenarten.

Über das Verhalten der Wolfram-Kathoden gibt die Piranische Tabelle[1] Auskunft (Abb. 73). PHILIPS gibt in seiner Technischen Rundschau, Bd. 11, 1950, S. 349 an:

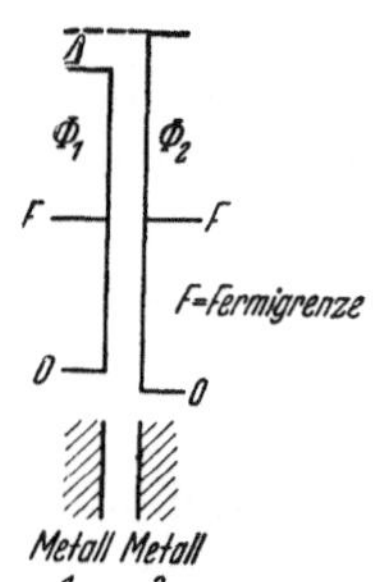

Abb. 72. Fermigrenze, Austrittsarbeit, Kontaktpotential.

	Emission in A/cm²	Temperatur
Wolfram	1	$2300°$
Wo Thor	2	$1750°$
Oxydkathoden	0,5	$900°$ Dauerbetrieb
	50	Impulsbetrieb
L-Kathode	100	$1350°$ (Ba-Film-Kathode)

LANGMUIR fand, daß bei besonders gutem Vakuum thorhaltige Wolframfáden wesentlich besser emittieren als reines Wo. Er erklärte die Erscheinung durch Bedeckung des Wo mit einem monomolekularen Film von Th-Dipolen. Durch Bombardement mit Gasionen wird dieser Film zerstört, regeneriert sich aber durch Th-Atome, die aus dem thoroxydhaltigen Draht nachdiffundieren.

MÖLLER übertrug diese Vorstellung auf die bei Oxydkathoden beobachtete Formierung. Auf seine Veranlassung pumpte DETELS die beim Formierprozeß entstehenden Gase in ein Geißler-Rohr ab und wies nach, daß Sauerstoff entstanden war. Auch wurde im Elektronenrohr metallisches Ba (Fluoreszenz der Anode) erkannt (1923). Beim Formieren sank die Austrittsarbeit um etwa 2 V. Ließ man in die Röhre wieder Sauerstoff ein, stieg $\varPhi$ wieder um 2 V. HINSCH schlug auf sauber entgasten Pt-Fäden Ba (aus Ba-Azid entwickelt) nieder und wies nach, daß dann ebenfalls die Austrittsarbeit um reichlich 2 V sank. Bei diesen Fäden war kein Oxyd vorhanden. Die Alkalimetallatome bilden dann auf dem Unterlagemetall eine Dipoldoppelschicht, die den beobachteten Potentialsprung bedingt.

---

[1] Aus BARKHAUSEN: Elektronenröhren Bd. 1 S. 15.

Zu ähnlichen Resultaten kam auch ESPE in seinen bekannten Arbeiten. Die Meßergebnisse sind in der Tabelle zusammengestellt.

Stoff der Kathode	Austrittsarbeit	Richardson-Konstante
Wo	4,3 bis 4,57	60 A/cm² grad²
Mo	4,38 V	60 bis 65
Tantal	4,2	50
Niob	3,5	57
Thor	3,39	70
Wo mit Th-Film	2,6—2,7	3—7
Wo mit Ba-Film	1,56	1,5
Wo mit Cs-Film	1,36	3,2
BaO	3,1	
BaO mit Ba-Film	0,9	0,02

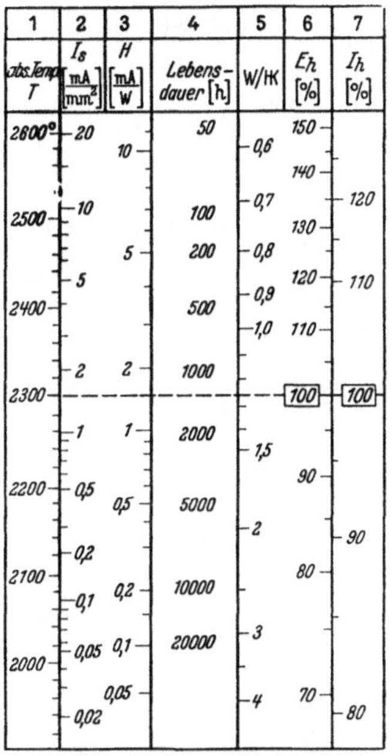

Am Mechanismus der Filmkathoden blieb zunächst noch zweierlei unklar: 1. Die aus dem Unterlagemetall kommenden Elektronen müssen zunächst die Austrittsarbeit des Unterlagemetalls überwinden. Die Potentialdifferenz in der Filmschicht kann sie nachträglich höchstens beschleunigen, nicht aber die Stromstärke erhöhen.

2. Die Richardson-Konstanten müßten nach der Fermistatistik für alle Kathoden 120,4 A/cm²grad² sein. Sie sind aber viel kleiner, bei Oxydkathoden sogar um viele Zehnerpotenzen.

Die Aufklärung dieser Fragen brachte erst die Wellenmechanik.

Abb. 73. Piranisches Nomogramm.

6. Wellenmechanische Theorie der Reinmetall-, Film- und Oxydkathoden.

Die niedrigen Werte der Richardson-Konstanten kommen dadurch zustande, daß die De-Broglie-Wellen, welche die Elektronen repräsentieren, beim Austritt aus dem Wolfram zum Teil reflektiert werden, bei den Filmkathoden beim Durchschreiten des Potentialwalles außerdem noch gedämpft werden.

Wir gehen davon aus, daß sich im Wo die Energiebänder überdecken und daß wir daher in guter Näherung mit einem „Elektronengas" rechnen können. Wir nehmen ferner an, daß das Potential nicht kontinuierlich verläuft, sondern springt, um einfacher rechnen zu können.

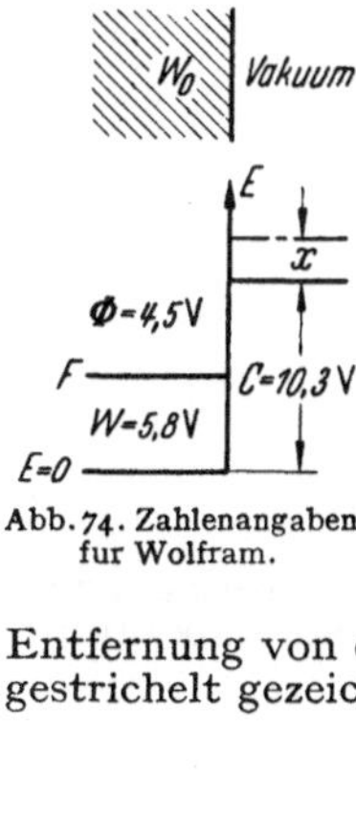

Gegen die letztere vereinfachende Annahme hat man Bedenken erhoben. Es sei kein Potentialsprung, sondern ein Verlauf nach der Bildkraftformel (Ersatz der von einem im Vakuum wegfliegenden Elektron auf den als völlig glatt gedachten Metalloberfläche influenzierten Ladungen durch eine positive Ladung im Spiegelbild)

$$\varphi_{\text{Bild}} = \frac{\varepsilon_1}{4 \cdot 4\pi e_0 x}$$

anzunehmen, der mit flacher Rundung (Krümmungsradius groß gegen die Wellenlänge) in das Potential im Metallinneren einmündet. Es sei dann das W.B.K.-Verfahren anzuwenden, man erhalte einen Durchlaßkoeffizienten 1. In Wirklichkeit ist der Potentialverlauf wohl etwa der der Abb. 75. 75a zeigt die Wo-Atome. Die in größerer Entfernung von der Oberfläche (etwa 10^{-5} cm) geltende Bildkraft ist in ihrem Verlauf gestrichelt gezeichnet. Die Koordinate x zählt bei absolut glatter Oberfläche von der

Abb. 74. Zahlenangaben für Wolfram.

Oberfläche an, auf der die Influenzladungen sitzen, in unserem Falle von dem mittleren Sitz der Influenzladungen etwa auf den beiden ersten Molekülschichten. Die Krümmungen im unteren Teil der Potentialkurve sind so scharf und der Anstieg in der Oberflächennähe so steil, daß das W.B.K.-Verfahren kaum noch anwendbar sein dürfte.

Ferner sei die Geschwindigkeitsverteilung als streng maxwellisch von Davisson und Germer gemessen, der energieabhängige Reflexionskoeffizient ändere aber die Geschwindigkeitsverteilung, sie gehe erst bei größeren Gegenspannungen in die Maxwellsche über.

Wenn man die Messungen von Davisson und Germer ansieht, findet man, daß die Maxwell-Verteilung auch nur für größere Gegenspannungen nachgewiesen ist. Also auch dieser Haupteinwand ist hinfällig[1]. Die einfache Rechnung mit dem unstetigen Potential ist sicher nicht streng, läßt aber eine gute Näherung erwarten. Sie gibt auch die von Demski gefundenen Temperaturabweichungen recht gut wieder. Da sie Resultate gibt, die auch mit den Messungen gut übereinstimmen, wollen wir sie beibehalten, zumal es uns ja nur darauf ankommt, die Grundidee anzugeben.

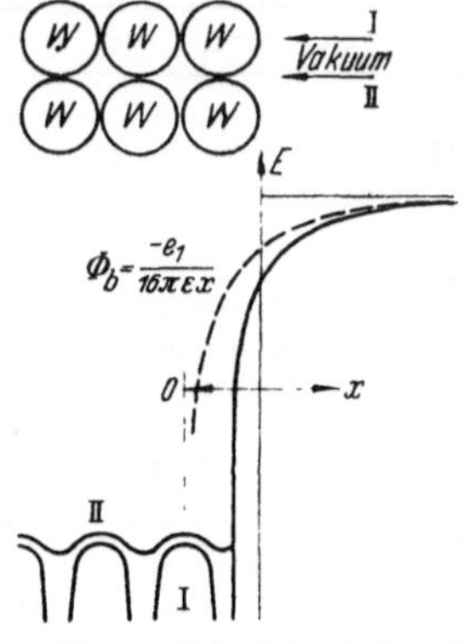

Abb 75. Potentialverlauf auf der Wo-Oberfläche

a) Die Konstante $\mathfrak{C}$ für Wolfram.

Es ist die Elektronendichte im Außenraum $|c|^2 = \psi_2\psi_2^*$, die waagerechte Geschwindigkeit (senkrecht zur Oberfläche der Kathode) u_2. $\Big($Nach dem Energiesatz $\dfrac{u_2}{u} = \sqrt{\dfrac{X}{C+X}}\Big)$. Dann erhalten wir für den Sättigungsstrom

$$i_s = \frac{m^3}{h^3}\, e^{W/kT}\int\limits_c^\infty |c|^2\frac{u_2}{u}\, e^{-\frac{m}{2kT}u^2}\, u\, d u \int\limits_0^\infty\int\limits_0^\infty e^{-\frac{m}{2kT}(v^2+w^2)}\, d v\, d w\,. \tag{9}$$

Die Formel unterscheidet sich von Gl. (1) nur durch den Faktor $|c|^2\dfrac{u_2}{u}$. c ist wellenmechanisch zu berechnen. Es wird eine Funktion der Gesamtenergie $C+X$ werden (Abb. 74).

Wir schreiben die Schrödinger-Gleichungen für Wo und für den Außenraum und die Grenzbedingungen an.

$$\left.\begin{aligned}\frac{\hbar^2}{2m}\frac{d^2\psi_1}{dx^2} + (C+X)\,\psi_1 &= 0 \ \text{im Wolfram}\\[2mm]\frac{\hbar^2}{2m}\frac{d^2\psi_2}{dx_2} + X\,\psi_2 &= 0 \ \text{im Außenraum}\end{aligned}\right\}$$

Grenzbedingungen:

$$\psi_1 = \psi_2;\quad \frac{d\psi_1}{dx} = \frac{d\psi_2}{dx} \ \text{für}\ x = 0$$

$$\hbar = h/2\pi.$$

Da es nur auf das Verhältnis der Amplituden ankommt, normieren wir die im Wolfram zur Oberfläche hinlaufende Welle mit 1, die reflektierte hat die Amplitude b, die durchgehende c. Setzt man die Lösungen

$$\psi_1 = 1\cdot e^{jk_1x} + b\, e^{-jk_1x};\quad k_1 = \sqrt{\frac{2m}{\hbar^2}}\sqrt{C+X}$$

$$\psi_2 = c\, e^{jk_2x};\quad k_2 = \sqrt{\frac{2m}{\hbar^2}}\sqrt{X}$$

in die Grenzbedingungen ein, erhält man für $|c|^2$ und $|c|^2\dfrac{u_2}{u}$

$$|c|^2 = \frac{4k_1^2}{(k_1+k_2)^2};\quad |c|^2\frac{u_2}{u} = \frac{4k_1k_2}{(k_1+k_2)^2} = \frac{\sqrt{X}\,\sqrt{C+X}}{(\sqrt{X}+\sqrt{C+X})^2}\,. \tag{10}$$

---

[1] Anmerkung bei der Korrektur: Außerdem wurden die erwarteten Abweichungen von der Maxwellverteilung kürzlich gemessen von A. R. Hutson, Research Laboratory of Elektronics Massachusetts Institute of Technology 1954.

Für die Sattigungsstromdichte erhält man dann

$$i_s = \frac{2\,e_1\,m^2}{h^3}\,e^{W/kT}\int\limits_c^\infty \frac{u_2}{u}\,|c|^2\,e^{-m u^2/2kT}\,u\,du\int\limits_0^\infty\int\limits_0^\infty e^{-\frac{m}{2kT}(v^2+w^2)}\,dv\,dw \\[2mm] = \frac{4\pi e_1 m k T}{h^3}\,e^{\frac{W}{kT}}\int\limits^\infty \frac{4\sqrt{X(C+X)}}{(\sqrt{X}+\sqrt{C+X})^2}\,e^{-\frac{X}{kT}}\,dX \qquad (11)$$

mit $C + X = \dfrac{m\,u^2}{2}$. Da wegen des Faktors $e^{-X/kT}$ nur kleine Werte von X einen merklichen Anteil zum Integral geben, kann man den Ausdruck für $u_2/u \cdot |c|^2$ in Potenzen von X entwickeln und erhält nach Ausführung des Integrals mit der Abkürzung $C' = C/kT$

$$i_s = \mathfrak{C} T^2\,e^{-\Phi/kT}\,\frac{4}{\sqrt{C'}}\left\{\frac{\sqrt{\pi}}{2} - \frac{2}{\sqrt{C'}} + \frac{15}{8C'}\sqrt{\pi} - \cdots\right\} \qquad (12)$$

Zahlenbeispiel für Wo.

$$C' = \frac{C}{kT} = \frac{10{,}3\,\text{V}\cdot 1{,}6\cdot 10^{-19}\,\text{Coul}}{1{,}38\cdot 10^{-16}\,\text{erg}/{}^\circ\text{C}\cdot 2400\,{}^\circ\text{C}} = 50{,}4 \quad \sqrt{50{,}4} = 7{,}1$$

$$i_s = \mathfrak{C} T^2\,e^{-\Phi/kT}\,\frac{4}{7{,}1}\{0{,}86 - 0{,}28 + 0{,}07 - \cdots\} = 120{,}4\cdot 0{,}39\,T\,e^{-\frac{\Phi}{kT}}$$

$$= \text{ca. }49\,T^2\,e^{-\frac{\Phi}{kT}}\,\frac{\text{A}}{\text{cm}^2\,{}^\circ\text{C}^2}.$$

Gemessen wird etwa 60 A/cm²grad². Die Übereinstimmung ist befriedigend.

b) Die Filmkathoden.

α) Die Vorstellung über die Potentialschwelle.

Man wird zunächst daran denken, daß die Thoratome bzw. Ba-Cs-Sr-Atome ionisiert sind und so eine Doppelschicht bilden. Der Potentialsprung einer solchen

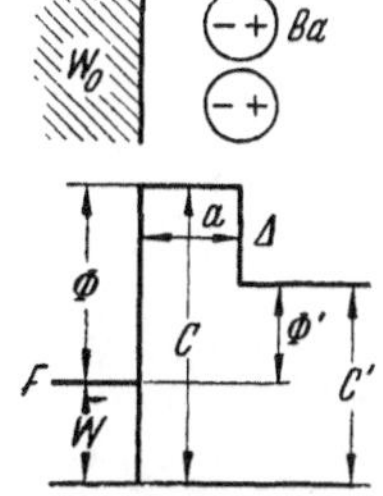

Abb. 76. Angenaherte Potentialverteilung bei Filmkathoden.

Schicht würde aber etwa 50mal größer sein als der beobachtete. Wir müssen daher mit Schottky annehmen, daß die Atome der Schicht nicht ionisiert sind, sondern nur Dipole bilden, und der Potentialsprung von der Größenordnung von 2 V auf dem engen Raum von nur 0,1 Å stattfindet. Wir können also den Potentialwall durch Abb. 76 darstellen. Um einfach rechnen zu können, wählen wir den Potentialverlauf wieder unstetig.

β) Berechnung von $D = |c|^2\,u_2/u$.

Wir haben D wieder wellenmechanisch zu berechnen und können dann die Sättigungsstromdichte nach dem obigen Muster [Gl. (1)] ausrechnen. Wir lösen die Schrödinger-Gleichung für die Energie $C + X$ für das Wo, den Potentialwall und den Außenraum

$$\psi_1 = 1\cdot e^{jk_1 x} + b\,e^{-jk_1 x} \quad \text{mit} \quad k_1 = \frac{\sqrt{2m}}{\hbar}\sqrt{C'+X} \quad \text{im Wolfram}$$

$$\psi_2 = c'\,e^{jk_2 x} + b'\,e^{-jk_2 x} \quad \text{mit} \quad k_2 = \frac{\sqrt{2m}}{\hbar}\sqrt{-\Delta+X} \quad \text{im Potentialwall}$$

$$\psi_3 = c\,e^{jk_3(x-a)} \qquad\qquad \text{mit} \quad k_3 = \frac{\sqrt{2m}}{\hbar}\sqrt{X} \quad \text{im Außenraum.}$$

Die Konstanten $b, b'\,c', c$ findet man durch Einsetzen in die 4 Grenzbedingungen: Für $x = 0$ und $x = a$, ψ und $\dfrac{d\psi}{dx}$ stetig und erhält schließlich für c

$$c = \frac{4k_1 k_2}{e^{-jk_2 a}(k_1 k_3 - k_2(k_1+k_3) + k_2^2) - e^{+jk_2 a}(k_1 k_3 + k_2(k_1+k_3) + k_2^2)}. \qquad (14)$$

γ) Vereinfachte Formel für D.

Da wegen des Faktors $e^{-X/kT}$ wieder nur kleine Werte von X Wesentliches zum Integral beitragen, wollen wir $\sqrt{C'}$ statt $\sqrt{C'+X}$ und $\sqrt{\Delta}$ statt $\sqrt{\Delta+X}$ schreiben und k_3 neben k_1 und k_2 vernachlässigen. Für $k_2 = \frac{\sqrt{2m}}{\hbar}\sqrt{-\Delta}$ führen wir jk_2' ein. Wir erhalten dann

$$|c|^2 = \frac{16\,k_1^2\,k_2'^2}{e^{2k_2'a}\,|k_2'^2 + j\,k_2'\,k_1|^2} = \frac{16\,k_1^2\,k_2'^2}{e^{2k_2'a}\,k_2'^2\,(k_1+j\,k_2')^2};\quad |c|^2\frac{u_l}{u} = \frac{16\,k_2\,k_3}{(k_1^2+k_l'^2)}\,e^{-2k_2'a}. \quad (15)$$

Setzen wir die Werte für die k ein, $k_1 \sim \sqrt{C'}$; $k_2 \sim \sqrt{\Delta}$; $k_3 \sim \sqrt{X}$, erhalten wir

$$D = 16\,\frac{\sqrt{C'}\sqrt{X}}{C'+\Delta}\,e^{-2k_2'a}.$$

Da $\displaystyle\int_0^\infty \sqrt{X}\,e^{-X}\,dX = \frac{\sqrt{\pi}}{2}$, resultiert für den Sättigungsstrom

$$i_s = \frac{4\pi e_1 mkT}{h^3}\,e^{\frac{W}{kT}}\int_0^\infty D\,e^{-\frac{X}{kT}}\,dX$$

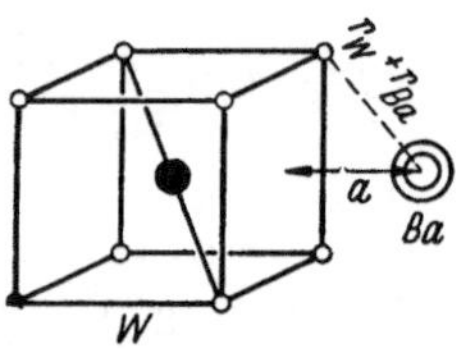

Abb. 77.
Bild der Filmkathode.

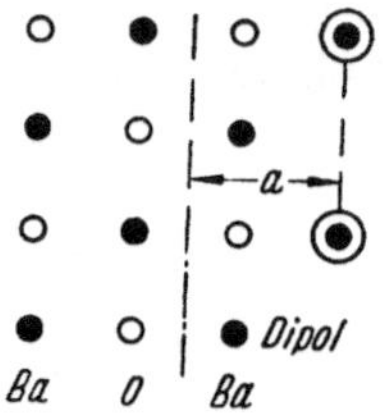

Abb. 78. Bild der BaO-Ba-Kathode.

$$i_s = \mathfrak{C}\,T^2\,e^{-\Phi/kT}\,\frac{e^{-2k_2'a}}{2}\,\sqrt{\pi}\cdot 16\,\frac{\sqrt{C'kT}}{C'+\Delta};\quad \mathfrak{C}' = \mathfrak{C}\cdot 8\sqrt{\pi}\,e^{-2k_2'a}\,\frac{\sqrt{C'kT}}{C'+\Delta};\quad k_2' = \frac{\sqrt{2m}}{\hbar}\sqrt{\Delta}.$$

Die Breiten der Potentialwälle ermitteln wir aus den bekannten Atomradien und Kristallstrukturen nach den Abb. 77 und 78.

Die Zahlenrechnung ist schließlich in der Tabelle zusammengestellt.

Tabelle.

	W	Ba	Th	Cs	BaO	BaO—Ba
Gitterkonstante g	2,66 Å	5,01 Å	5,04 Å	5,01 Å	5,50 Å	
Kristallform	k. r	k. r	k. f	k. f	k. f	
Atomradius r	1,20 Å	2,17 Å	1,80 Å	1,79 Å		
Abstand a		2,08 Å	2,35 Å	2,35 Å		6,3 Å
Austrittsarbeit Φ	4,5 V	1,56 V	2,63 V	1,36 V	3,1 V	0,9 V
Ihre Erniedrigung Δ		2,98 V	1,91 V	3,08 V		2,2 V
Potentialsprung c'	10,3 V	7,3 V	8,4 V	7,1 V	3,69 V	1,67 V
$C' + \Delta$		10,3 V	10,3 V	10,3 V		3,69 V
Temperatur T	2400°	1800°	1800°	1800°	900°	900°
$\sqrt{kT/e_1}$	0,45$\sqrt{V}$	0,41$\sqrt{V}$	0,41$\sqrt{V}$	0,41$\sqrt{V}$	0,27$\sqrt{V}$	0,27$\sqrt{V}$
$\sqrt{C'}$		2,70$\sqrt{V}$	2,83$\sqrt{V}$	2,68$\sqrt{V}$		1,3$\sqrt{V}$
$\sqrt{\Delta}$		1,71$\sqrt{V}$	1,39$\sqrt{V}$	1,79$\sqrt{V}$		1,49$\sqrt{V}$
$\dfrac{C_1\sqrt{C'}}{C'+\Delta}$		460	480	460		665
$2\,k_2'$ in 1/Å		1,71	1,39	1,79		1,49
$2\,k_2'\,a$		4,80	3,28	4,2		9,4
$e^{2k_2'a}$		120	26,2	65		12 090
$\mathfrak{C}'$ berechnet		1,56	7,5	2,92		$1,53\cdot 10^{-2}$
$\mathfrak{C}'$ gemessen		1,5	7	3,2		$2\cdot 10^{-2}$

und kleiner.

$$C_1 = 1/2\,\sqrt{\pi}\,16\cdot 120,4\,\frac{A}{\mathrm{cm^3\,grad^2}} = 1720\,\frac{A}{\mathrm{cm^2\,grad^2}}$$

k. r = kubisch-raumzentriert   k. f = kubisch-flächenzentriert

Benutzte Formel: $\mathfrak{C}' = 16\,\dfrac{\sqrt{C'\cdot kT/e_1}}{C'+\Delta}\,\dfrac{1}{2}\,\sqrt{\pi}\,e^{-2k_2'a}\,120,4\,\dfrac{A}{\mathrm{cm^2\,grad^2}}.$

7. Mit Sauerstoff belegte Kathoden.

Man beobachtet eine Zunahme der Austrittsarbeit und eine starke Zunahme der Konstanten $\mathfrak{C}$. Schottky erklärt dies durch die Annahme, daß der Sauerstoff mit dem Kathodenmetall M Oxyde MO bildet, die Dipole bilden und wie in Abb. 62 gezeichnet auf der Kathodenoberfläche sitzen. Sie bilden eine elektrische Doppelschicht, deren Potentialsprung die Austrittsarbeit erhöht. Unter dem Einfluß der Wärmebewegung schwingt die Achse $a\,a'$ der Dipole, wodurch das Moment und damit der Potentialsprung mit wachsender Temperatur verringert wird. Wir können ansetzen

$$\Phi = \Phi_0 - \alpha T$$

und die Konstanten durch Übertragung der Langevinschen Paramagnetismustheorie berechnen. Diese temperaturabhängige Austrittsarbeit ergibt

$$i = \mathfrak{C}T^2 e^{+\alpha/k} e^{-\Phi_0/kT} = \mathfrak{C}_0 T^2 e^{-\Phi_0/kT} .$$

$\mathfrak{C}_0$ ist also um den Faktor $e^{\alpha/k}$ größer als $\mathfrak{C} = 120{,}4 \dfrac{A}{\text{cm}^2 \, \text{grad}^2}$.

B. Die Elektronenbewegung im Vakuum. Die Raumladung. Das Potentialminimum.

1. Der Potentialverlauf zwischen Kathode und Potentialminimum.

Aus der Kathode treten Elektronen mit maxwellisch verteilter Temperaturgeschwindigkeit aus. Diese Verteilung lautet für ein ebenes Glühblech senkrecht zur X-Richtung

$$dn = N e^{-mv^2/2kT} .$$

Die Y- und Z-Komponenten der Geschwindigkeit interessieren nicht. Wenn die Anfangsgeschwindigkeit (Austrittsgeschwindigkeit) v durch das elektrische Feld auf v' abgebremst ist, so ist nach der Kontinuitätsgleichung die Dichte auf

$$dn' = dn \cdot v/v'$$

angestiegen. Die hin- (in x-Richtung) laufenden Elektronen ergeben einen Beitrag i_h zur Stromdichte

$$i_h = e_1 \int_{v_0}^{\infty} v'\, dn' = e_1 \int_{v_0}^{\infty} v'\, dn \, \frac{v}{v'} = e_1 \int_{v_0}^{\infty} v\, dn .$$

Hierbei ist die untere Grenze des Integrales v_0 diejenige Austrittsgeschwindigkeit, die zur Überwindung des Gegenpotentials an der betrachteten Stelle x nötig ist.

$$v_0 = \sqrt{\frac{2 e_1 \varphi}{m}} .$$

Ferner fluten Elektronen, die zwischen der betrachteten Stelle und dem Potentialminimum umkehren, zurück und bilden den Rückstrom i_r

$$i_r = e_1 \int_{v_0}^{v_{\text{min}}} v'\, dn' = e_1 \int_{v_0}^{v_{\text{min}}} v\, dn .$$

Die gesamte Stromdichte wird dann

$$i = i_h - i_r = e_1 \int_{v_0}^{\infty} v\, dn - e_1 \int_{v_0}^{v_{\text{min}}} v\, dn = e_1 \int_{v_{\text{min}}}^{\infty} v\, dn .$$

Sie ist, wie nach Verwendung der Kontinuitätsgleichung zu erwarten ist, konstant.

a) Berechnung der Raumladungsdichte.

Die Raumladungsdichte setzt sich wiederum aus den Anteilen ϱ_h und ϱ_r zusammen, die sich aus den hin- und rücklaufenden Elektronen ergeben: $\varrho = \varrho_h + \varrho_r$ (Pluszeichen im Gegensatz zu $i_h - i_r$)

$$\varrho_h = e_1 \int_{v_0}^{\infty} d\,n \, \frac{v}{v'}; \qquad \varrho_r = e_1 \int_{v_0}^{v_{\mathrm{min}}} d\,n \, \frac{v}{v'}.$$

v_{min} ist hier die Austrittsgeschwindigkeit, die nötig ist, damit das Elektron das Minimumpotential φ_{min} erreicht. Elektronen, deren Geschwindigkeit größer ist, gelangen über das Potentialminimum hinaus zur Anode und geben keinen Anteil zu ϱ_r.

Wenn wir für die Austrittsgeschwindigkeit v die Geschwindigkeit v' an der betrachteten Stelle einführen nach der Beziehung:

$$v'^2 = v^2 - \frac{2\,e_1\,\varphi}{m}; \quad v^2 = v'^2 + \frac{2\,e_1\,\varphi}{m}; \quad v\,dv = v'\,dv'; \quad dv = \frac{v'\,dv'}{v}$$

erhalten wir

$$\varrho = e_1 N \left\{ \int_0^{\infty} e^{-\frac{e_1\varphi}{kT}} e^{-\frac{mv'^2}{2kT}} \, dv' + \int_0^{v'_{\mathrm{min}}} e^{-\frac{e_1\varphi}{kT}} e^{\frac{-mv'^2}{2kT}} \, dv'. \right\}$$

Hierbei ist v'_{min} die Geschwindigkeit, die ein Elektron an der betrachteten Stelle haben muß, um das Potentialminimum zu erreichen.

Annäherung für sehr hohe Werte des Potentialminimums. Wenn wir v'_{min} angenähert $= \infty$ setzen können, erhalten wir

$$\varrho_1 = 2\,e_1 N\,e^{-e_1\varphi/kT} \int_0^{\infty} e^{-\frac{mv'^2}{2kT}} \, dv'.$$

Alle Elektronen kommen zurück. Daher der Faktor 2.

Annäherung in der Nähe des Potentialminimums

$$\varrho_2 = e_1 N\,e^{-e_1\varphi/kT} \int_0^{\infty} e^{-\frac{mv'^2}{2kT}} \, dv.$$

Es kehren im Grenzfall gar keine Elektronen zurück.

b) Angenäherte Berechnung des Potentialverlaufes.

Wir wollen für den ganzen Bereich zwischen Glühblech und Potentialminimum den Wert ϱ_1 wählen und erhalten dann eine obere Grenze für das Potentialminimum und seinen Abstand von der Kathode.

Es ist bequemer, als Nullpunkt für die Potentiale und die räumliche Koordinate das Potentialminimum zu wahlen. Wir bezeichnen das so gezählte Potential mit ψ und die Koordinate mit ξ und erhalten die Differentialgleichung

$$\varepsilon_0 \frac{d^2\psi}{d\xi^2} = B\,e^{\pm e_1\psi/kT}; \quad B = i_a \sqrt{\frac{\pi m}{k\,T}} \left\{ \begin{array}{l} \text{aus } B = N e_1 \int_0^{\infty} e^{-mv^2/2kT}\,dv \\[2mm] \text{und } i_a = e_1 N \int_0^{\infty} v\,e^{-mv^2/2kT}\,dv \end{array} \right.$$

mit den Grenzbedingungen:

$$\text{Für } \xi = 0; \quad \psi = 0; \quad \frac{d\psi}{d\xi} = 0.$$

4*

Nach Multiplikation mit $d\psi/d\xi$ (Energiesatzmethode!) und Integration erhalten wir

$$\frac{\varepsilon_0}{2}\left(\frac{d\psi}{d\xi}\right)^2 = \frac{kTB}{e_1}\left(e^{+\frac{e_1\psi}{kT}} - 1\right).$$

Die Integrationskonstante -1 ist bereits der Grenzbedingung entsprechend gewählt.

Zur Ausführung der 2. Integration benutze man die Substitution

$$\frac{e_1\,\psi}{k\,T} = -\,2\ln y\,.$$

Man erhält unter Benutzung der Grenzbedingung: $\psi = 0$ für $\xi = 0$

$$\frac{e_1\psi}{2\,kT} = -\,\ln\cos\left(\xi\,\sqrt{\frac{e_1\,i_a}{2\,kT\,\varepsilon_0}}\,\sqrt{\frac{\pi\,m}{2\,kT}}\right).$$

c) Zahlenbeispiel.

Wir wollen annehmen, daß wir etwa auf der Mitte der Kennlinie arbeiten. Wir können für $\frac{e_1\psi}{2\,kT}$ z.B. den Wert $^1/_4$ wählen. Die Anodenstromdichte ist dann

$$i_a = i_s\,e^{-e_1\psi/kT} = i_s\,e^{-1/_2} \cong 0{,}6\,i_s\,.$$

Wir erhalten

$$\cos\left(\xi\,\sqrt{\frac{e_1\,i_a}{2\,kT\,\varepsilon_0}}\,\sqrt{\frac{\pi\,m}{2\,kT}}\right) = e^{-1/4} = 0{,}78$$

und

$$\xi\,\sqrt{\ldots} = 0{,}68 \qquad \xi = 0{,}68\,\sqrt{\frac{2\,kT\,\varepsilon_0}{e_1\,i_a}}\,\sqrt{\frac{2\,kT}{\pi\,m}}\,.$$

Wir setzen für $k\,T/e_1$ den Wert $0{,}2$ V ein (s. S. 38) und wählen für i_a den Wert 40 mA/cm². Man erhält dann

$$\xi \cong 0{,}03\ \text{mm}.$$

Das Potentialminimum liegt also im allgemeinen recht dicht an der Kathode und hat nur einen geringen Wert.

Will man das Potentialminimum weiter wegrücken, z.B. bis auf die Anode, so daß man in die Formel für die Anlaufkurve die Anodenspannung einsetzen kann, muß man i_a stark verkleinern.

2. Der Potentialverlauf zwischen Potentialminimum und Anode.

a) Ebene Anordnungen.

Wir zählen x und φ vom Potentialminimum aus. Daher die Grenzbedingungen.

$$\text{Für}\quad x = 0;\quad \varphi = 0;\quad \frac{d\varphi}{d\,x} = 0\,.$$

Die Beziehung $\varepsilon_0\dfrac{d^2\varphi}{d\,x^2} = \varrho$ zwischen φ und ϱ werden wir wieder benutzen. Als Geschwindigkeit für $\varphi = 0$ und $x = 0$ müßten wir strenggenommen die Maxwell-Verteilung einsetzen. Eine einfachere Annäherung erhalten wir, wenn wir annehmen, die Elektronen hätten einheitlich eine Anfangsgeschwindigkeit v_0. Da v_0 klein ist, können wir die Rechnung noch wesentlich vereinfachen, wenn wir $v_0 = 0$ setzen. Vorstellungsmäßig erhalten wir dann auf der Kathode eine unendlich große Raumladungsdichte. Der Strom, dessen Größe durch das Potentialminimum nach wie vor nach der Anlaufstromformel geregelt wird, erhält dann den Wert

$$i = \varrho v.$$

Zur Berechnung von v erhält man dann die einfache Beziehung $v = \sqrt{\dfrac{2\,e_1\,\varphi}{m}}$ statt der komplizierteren:

$$v = \sqrt{\frac{2\,e_1\,\varphi}{m} + v_0^2}$$

und für ϱ wieder aus der Kontinuitätsgleichung:

$$\varrho = \frac{i}{v} = \frac{i}{\sqrt{2\,e_1/m}\,\sqrt{\varphi}}\,.$$

Die Elimination von ϱ und v ergibt für den Potentialverlauf im ebenen Falle die Differentialgleichung

$$\frac{d^2\varphi}{dx^2} = \frac{i/\varepsilon_0}{\sqrt{2\,e_1/m}\,\sqrt{\varphi}}$$

mit den Anfangsbedingungen: $\varphi = 0$; $\dfrac{d\varphi}{dx} = 0$ für $x = 0$.

Wir stellen jetzt die Frage: Gegeben die Dimensionen der Röhre und der Anodenstrom. Gesucht die Anodenspannung.

Wir lösen die Gleichung durch den Potentialansatz $\varphi = C\,x^{4/3}$. Durch Einsetzen des Ansatzes finden wir C als Funktion von i

$$C\,\frac{4}{3}\cdot\frac{1}{3}\,x^{-2/3} = \frac{i}{e_0}\,\frac{1}{\sqrt{2\,e_1/m}\,x^{2/3}\,C^{1/2}}\,;\quad C^{3/2} = \frac{9\,i}{4\,\varepsilon_0\,\sqrt{2\,e_1/m}}$$

und da $C = \dfrac{U_a}{a^{4/3}}$ schließlich die Langmuirsche Raumladungsformel (a = Anodenabstand)

$$i_a = \frac{4\,\varepsilon_0\,U_a^{3/2}}{9\,a^2\,\sqrt{m/2\,e_1}} = 2{,}34\cdot10^{-6}\,\frac{A}{V^{3/2}}\,\frac{U_a^{3/2}}{a^2}\,.$$

b) Zylindrische Röhren.

Für zylindrische Röhren erhalten wir auf die gleiche Weise die Differentialgleichung

$$\frac{d^2\varphi}{dr^2} + \frac{1}{r}\,\frac{d\varphi}{dr} = \frac{I_a}{2\,\pi\,\varepsilon_0\,r\,\sqrt{2\,e_1/m}\,\sqrt{\varphi}}\,.$$

Grenzbedingungen: Für $r = r_0$ (r_0 = Glühdrahtradius) $\varphi = 0$; $d\varphi/dr = 0$.

Wir lösen sie durch den Potenzansatz: $\varphi = C\,r^{2/3}$ und finden

$$I_a = \frac{8\,\pi\,e_0}{9}\sqrt{\frac{2\,e_1}{m}}\,\frac{l}{r_a}\,U_a^{3/2} = 1{,}465\cdot10^{-5}\,\frac{A}{V^{3/2}}\,\frac{l}{r_a}\,U_a^{3/2}\,.$$

Die Lösung ist noch durch einen Faktor g zu korrigieren, da die Grenzbedingung $(d\varphi/dr)_{(r=r_0)} = 0$ durch den Ansatz nicht erfüllt ist. g ist für sehr dünne Heizdrähte $= 1$. Die etwas kompliziertere Berechnung von g sei dem Röhrenbande überlassen.

α) *Abrundung des oberen Knickes der Kennlinie.*

Theoretisch müßte die Kennlinie mit einem scharfen Knick in die Sättigungskurve übergehen. Man findet experimentell eine Abrundung, die auf die ungleichmäßige Temperaturverteilung über die Kathode zurückzuführen ist, oder, wenn die Kathode über die Anode herausragt, auf die elektrischen Streufelder an den Anodenrändern.

β) Schräger Verlauf des Sättigungsstromes.

Bei sehr hohen Anodenspannungen steigt der Sättigungsstrom wieder etwas an. Das ist nach Schottky auf eine Erniedrigung der Austrittsarbeit zurückzuführen. Bei sehr hohen Spannungen tritt kalte Entladung auf, deren Theorie Nordheim auf wellenmechanischer Grundlage (Tunneleffekt) gegeben hat. Die Behandlung dieser Fragen sei ebenfalls dem Röhrenbande vorbehalten.

c) Eine Ähnlichkeitsbetrachtung.

Vergrößert man die Längen im Verhältnis Λ, die Potentiale im Verhältnis Π und die Ströme im Verhältnis i, so erhält die Differentialgleichung links den Faktor Π/Λ^2 und rechts den Faktor $i/\Lambda^2\sqrt{\Pi}$. Sie bleibt erhalten, wenn $i = \Pi^{3/2}$ und wenn die Röhre geometrisch ähnlich vergrößert wird. Das gleiche gilt von den Lösungen. Sind I und U, I_1 und U_1 zwei durch die Differentialgleichung und die Grenzbedingungen einander zugeordnete Wertepaare, so gilt

$$\frac{I}{U^{3/2}} = \frac{i}{\Pi^{3/2}} = \frac{I_1}{U_1^{3/2}} = C\,; \quad I = C\,U^{3/2}\,.$$

C hängt nur von den Proportionen, nicht von den Lineardimensionen der Röhre ab, da Λ im Ähnlichkeitsgesetz nicht vorkommt.

Es gilt also für beliebige Elektrodenanordnungen die Gleichung

$$I = C\,U^{3}/_{2}\,,$$

nur sind die C-Werte verschieden. Wenn man eine Röhre geometrisch ähnlich vergrößert, liefert sie bei denselben Spannungen denselben Strom.

3. Das Steuergitter, der Durchgriff und die Steuerspannung.

a) Ersatz der Röhre mit Steuergitter und Anode (Originalröhre) durch eine Diode.

α) Wir wollen die Originalröhre durch eine Diode ersetzen, deren Anode in der Gitterfläche der Originalröhre liegt, und die Spannung ermitteln, die wir an die Anode der Ersatzdiode legen müssen, damit in der Ersatzdiode der gleiche Strom fließt wie in der Originalröhre. Diese Spannung wollen wir mit Barkhausen ,,Steuerspannung U_{st}'' nennen. Wir können dann den Strom in der Originalröhre nach unserer Raumladungsformel $I_a = C \cdot U_{st}^{3/2}$ berechnen.

β) Vereinfachungen. 1. Die Raumladung $\varrho = i/v$ hat nur in der Nähe der Kathode, wo die Elektronengeschwindigkeit v noch kleine Werte hat, eine merkliche Größe. Wir wollen daher als Vereinfachung annehmen, Raumladung befände sich nur zwischen der Kathode und einer vor dem Gitter liegenden Grenzfläche (Abb. 79). Das elektrische Feld außerhalb dieses Bereiches können wir in guter Annäherung durch $\Delta\varphi = 0$ (statt durch $\Delta\varphi = \varrho/\varepsilon_0$) berechnen.

2. Die gesamte Ladung innerhalb der Grenzfläche (Raumladung + Kathodenladung) ist durch $Q = F\varepsilon_0\,\mathfrak{E}$ gegeben.

3. Wir denken uns das mit $\Delta\varphi = 0$ außerhalb der Grenzfläche berechnete Feld analytisch in das Gebiet der Raumladung fortgesetzt. Wir finden eine die Kathode umschließende Fläche, auf der $\varphi = 0$ ist. Diese Fläche trägt die gesamte Ladung innerhalb der Grenzfläche. Bei ebener Anordnung läßt sich zeigen, daß diese Fläche die Schwerpunktfläche der Raumladung ist. (Der Leser weise das zu seiner Übung selbst nach!) Wir wollen daher diese Fläche ,,Schwerpunktsfläche'' nennen (Index s).

Abb. 79. Grenzfläche und Schwerpunktsfläche der Raumladung.

γ) **Die Bedingung dafür, daß in der Ersatzdiode derselbe Strom fließt** wie in der Originalröhre, ist, daß die Felder innerhalb der Grenzfläche übereinstimmen. Diese Bedingung ist erfüllt, wenn die Ladungen auf der Schwerpunktsfläche der Ersatzdiode mit den Ladungen auf der Schwerpunktsfläche der Originalröhre übereinstimmen. Wir haben also die ,,Steuerspannung" so einzurichten, daß die Ladungen Q und Q' in der Originalröhre und der Ersatzdiode gleich sind.

δ) **Diese Ladungen ·berechnen sich,** wenn man die Spannung auf der Schwerpunktsfläche ($=$ Kathodenspannung) $=$ o wählt zu

$$Q = C_{gs}U_g + C_{as}U_a \; ; \quad Q' = C_{sst}U_{st} .$$

Wir erhalten also aus $Q = Q'$:

$$U_{st} = \frac{C_{gs}}{C_{st \cdot s}}\left(U_g + \frac{C_{as}}{C_{gs}}U_a\right) = \frac{C_{gs}}{C_{sts}}(U + DU_a) \quad \text{mit} \quad D = \frac{C_{as}}{C_{gs}}.$$

Wenn man in die Röhre die Schwerpunktsfläche einbauen würde, so könnte man den Durchgriff als Quotienten der Teilkapazitäten C_{sa} (zwischen Schwerpunktsfläche und Anode) und C_{gs} (zwischen Schwerpunktsfläche und Gitter) messen. Die Beziehung $D = C_{ka}/C_{kg}$ ist falsch.

b) Eine 2. Berechnung der Steuerspannung.

Wir lösen $\Delta\varphi =$ o zwischen Schwerpunktsfläche, Gitter und Anode durch

$$\varphi(x,y,z) = f_s(x,y,z)U_s + f_g(x,y,z)U_g + f_a(x,y,z)U_a; \quad U_s = U_K = \text{o}.$$

Wobei

f_s die Grenzbedingungen $U_s = 1, \; U_g =$ o, $U_a =$ o
f_g die Grenzbedingungen $U_s =$ o, $U_g = 1, \; U_a =$ o und
f_a die Grenzbedingungen $U_s =$ o, $U_g =$ o, $U_a = 1$ erfüllt.

Das mittlere Potential in der Ersatzanodenfläche ist dann

$$U_{st} = \bar{f}_s U_s + \bar{f}_g U_g + \bar{f}_a U_a ,$$

wobei $\bar{f}_s, \bar{f}_g, \bar{f}_a$ die entsprechenden Mittelwerte der Funktionen sind.

Wenn U_g, U_s und U_a je um 1 V steigen, muß auch U_{st} um 1 V steigen. Wir erhalten

$$\bar{f}_s + \bar{f}_g + \bar{f}_a = 1 \quad \text{und mit} \quad D = \frac{\bar{f}_a}{\bar{f}_g}, \; D_s = \frac{\bar{f}_s}{\bar{f}_g} :$$

$$\bar{f}_g(1 + D + D_s) = 1 \quad \text{oder} \quad \bar{f}_g = 1/(1 + D + D_s) .$$

D ist der Durchgriff der Anode durch das Gitter, D_s der der Schwerpunktsfläche um die Kathode durch das Gitter. Wir erhalten schließlich für die Steuerspannung

$$U_{st} = \frac{U_g + D \cdot U_a + D_s \cdot U_s}{1 + D + D_s}.$$

Damit ist das Verhältnis C_{gs}/C_{sts} zu $1/(1 + D + D_s)$ gefunden. Wenn die Durchgriffe sehr klein sind, das Gitter also sehr eng ist, wird das Verhältnis dieser Kapazitäten $= 1$, wie zu erwarten.

c) Die Schottkysche Form der Steuerspannungsgleichung.

Wir können Gl. (3) auch in der Form

$$U_{st} - U_g = D(U_a - U_{st}) + D_k(U_k - U_{st})$$

schreiben. Beide Gleichungen sind identisch. Die letztere Form läßt folgende

Deutung zu: Die Abweichung der Steuerspannung oder, wie SCHOTTKY sagt: Die Gittereffektivspannung von der Gitterspannung setzt sich aus den beiden Einflüssen, die von der Kathode $D_k (U_k - U_{st})$ und von der Anode $D(U_a - U_{st})$ kommen, zusammen.

d) Schottkys Theorie der Mehrgitterröhren.

α) Der Zweck des Schirmgitters.

Der Durchgriff erfüllt eine doppelte Aufgabe: Er liefert die Verschiebungsgleichspannung $D \cdot U_a$, welche die Kennlinie in das Gebiet negativer Gitterspannungen verschiebt, so daß die Röhre ohne Gitterstrom und damit leistungslos arbeiten kann. Aus diesem Grunde soll der Durchgriff groß sein. Andererseits verringert der Durchgriff die Steilheit der Arbeitskurve

$$S_A = \frac{S}{1 + R_A \cdot S \cdot D} \, .$$

Aus diesem Grunde sollte er klein sein. Nach dem Grundsatz: Divide et impera! trennte daher SCHOTTKY die beiden Funktionen, indem er vor die Anode ein Schirmgitter mit großem Durchgriff und konstanter Spannung setzte, das die Verschiebungsspannung liefert, und hinter dieses eine Anode mit sehr kleinem Durchgriff.

β) Schottkys Theorie der Mehrgitterröhren.

Wir übertragen die Berechnung der Steuerspannung auf die Berechnung der Schirmgittereffektivspannung, indem wir bedenken, daß dieses zwischen der auf konstanter Spannung liegenden Anode und der ebenfalls auf konstanter Spannung U_{st} liegenden Ersatzanode liegt. Wir erhalten die beiden Gleichungen

$$U_{st} - U_g = D_{sg} (U_{st} - U_{s\,\text{eff}}) \quad \text{und} \quad (U_{s\,\text{eff}} - U_s) = D_{as} (U_a - U_{s\,\text{eff}}) + D_{gs} (U_{st} - U_{s\,\text{eff}}).$$

(An die Stelle der Anodenspannung tritt in der 1. Gleichung die Schirmgittereffektivspannung.)

Die Elimination von $U_{s\,\text{eff}}$ ergibt

$$U_{st} = \frac{1 + D_{as} + D_{gs}}{N} U_g + \frac{D_{sg} \cdot D_{as}}{N} U_a + \frac{D_{sg}}{N} U_s \, ,$$

$$N = 1 + D_{as} + D_{gs} + D_{sg} (1 + D_{as}) \, .$$

Schreibt man $\qquad U_{st} = \lambda U_g + v U_s + \mu U_a$, so erhält man für die

Steuerschärfe $\qquad \lambda = (1 + D_{as} + D_{gs})/N$,

Anodeneinfluß $\qquad \mu = D_{sg} \cdot D_{ag}/N \cong D_{sg} D_{as}$,

Schutznetzeinfluß $v = D_{sg}/N \cong D_{sg}$,

Schutzwirkung $\qquad k = \lambda/\mu = \dfrac{1 + D_{as} + D_{sg}}{D_{as} D_{sg}} \cong \dfrac{1}{D_{as} D_{sg}} \, .$

Da meist $1 \gg D_{as}$ und D_{gs}. Indizesfolge: D_{sg} heißt: Durchgriff des Schirmgitters durch das Steuergitter.

e) Die Berechnung des Durchgriffes.

Zur Berechnung des Durchgriffes brauchen wir die Kenntnis der Potentialflächen in den Röhren. Bevor wir rechnen, wollen wir sie messen. Hierzu kann man sich des elektrolytischen Troges bedienen. Die elektrischen Felder sind im Vakuum (in dem div $\mathfrak{E}$ = o gilt) und im elektrolytischen Trog (in dem div i = div $G\mathfrak{E}$ = o gilt) identisch. Anordnung Abb. 80a (s. S. 58) zeigt eine Anordnung für Stabgitterröhren und Abb. 80 b für Spiralgitter. Im letzteren Falle bildet der Elektrolyt, der Zylindersymmetrie der Wendelgitterröhre entsprechend einen Keil. Auf den Grund der Röhre legt man eine Mattglasscheibe und führt den Bleistift, den man als Potentialsonde benutzt, so, daß das Telephon schweigt. Auf der Mattscheibe werden dann die Linien konstanten Potentials aufgeschrieben.

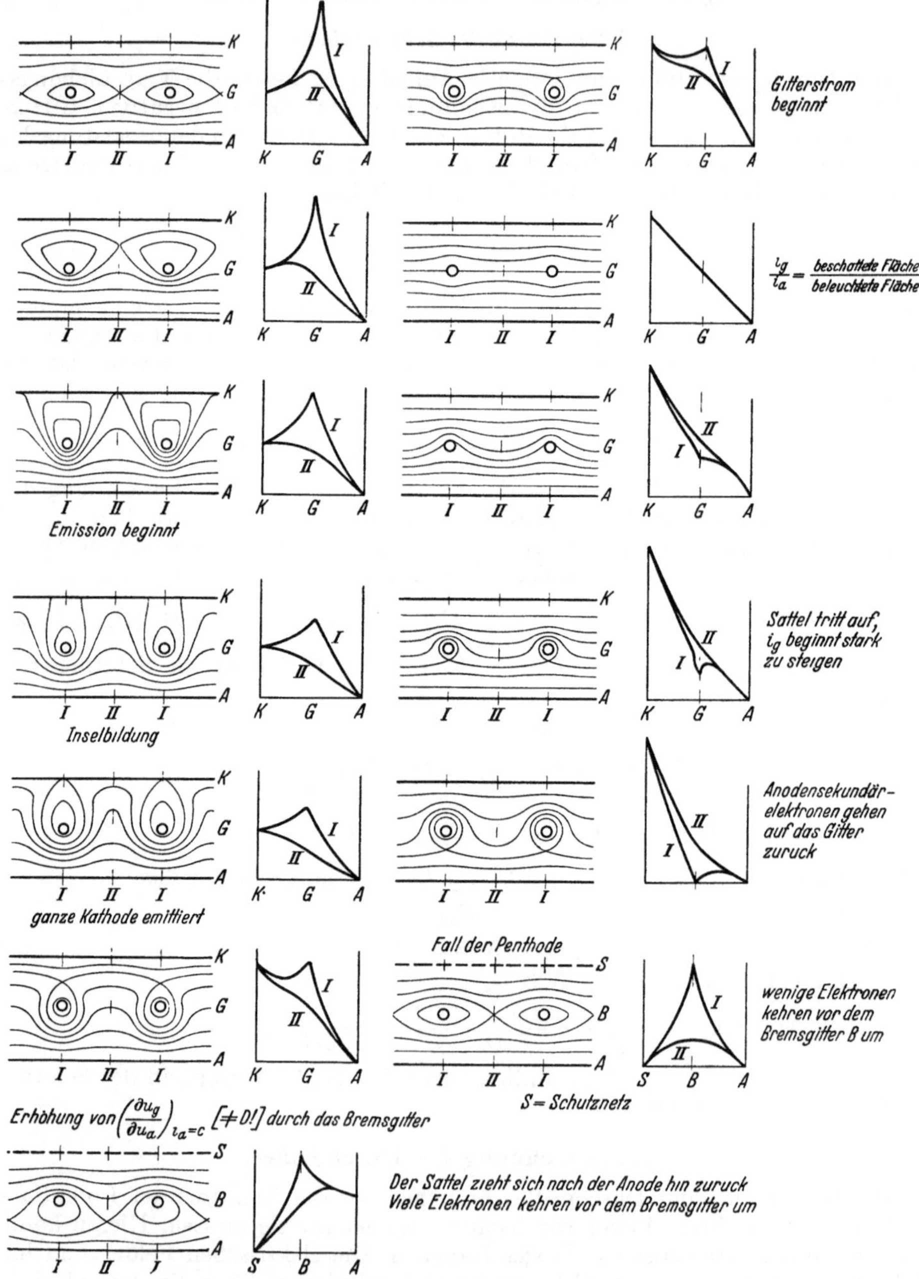

Abb. 81. Potentiallinien für verschiedene Gitterspannungen.

In der Abb. 81 ist eine Serie solcher Aufnahmen für Spiralgitter und einige
für Stabgitter mitgeteilt. Es sind die Potentiallinien, die Höhenlinien durch das
Potentialgebirge und die Schnitte durch das Gebirge an den Stellen I und II

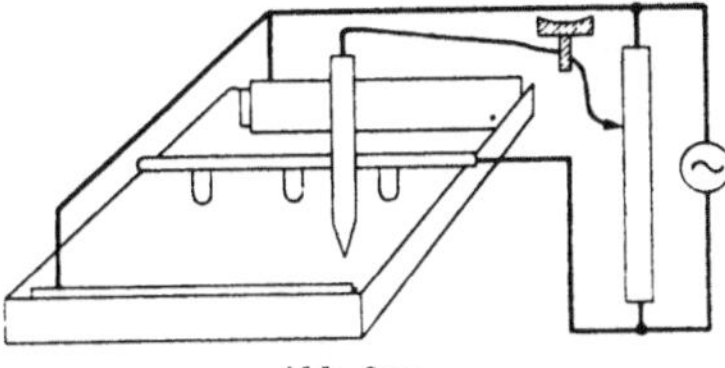

Abb. 80 a.
Meßanordnung für Stabgitterrohren.

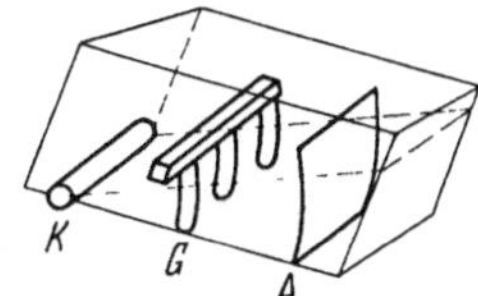

Abb 80 b
Meßanordnung für Wendelgitterrohren

durch die Steuergittergipfel und die Sattel gezeichnet. Es bedeuten: K Kathode,
A Anode, S Schutznetz, B Bremsgitter.

Abb. 81 c, d, e zeigen die Erscheinung der „Inselbildung". Zu einigen Teilen
des Glühdrahtes führen noch Kraftlinien von der Anode, die Elektronen weg-
führen, und zu anderen Teilen Kraftlinien entgegengesetzten Vorzeichens, die
von negativem Gitter kommen und die Emission dieser Kathodenteile sperren.

Wir haben damit die sogenannte „Inselsteuerung" kennengelernt, deren Verwendung wir spater bei der Besprechung der Scheibenröhren finden werden.

f) Die Berechnung des Durchgriffes.

α) Für Stabgitterröhren.

Abb. 82 zeigt den Schnitt durch eine Stabgitterröhre. Da ein 2-dimensionales
Problem vorliegt, das auf die Differentialgleichung $\dfrac{\partial^2 \varphi}{\partial x^2} + \dfrac{\partial^2 \varphi}{\partial y^2} = 0$ führt, können
wir die komplexen Potentiale anwenden. Das Potential eines die Ladung q je cm
tragenden Stabes ist

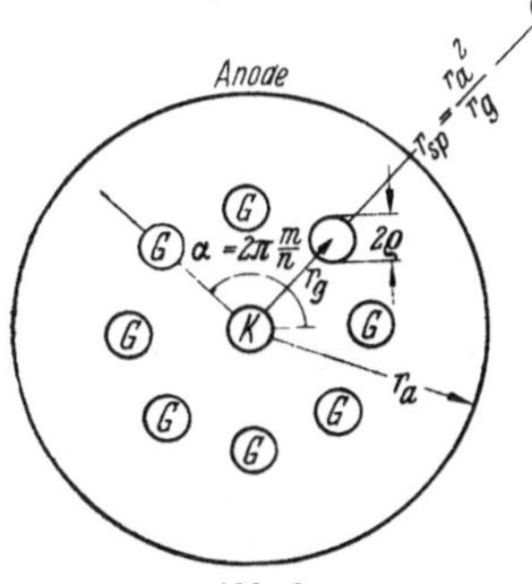

Abb. 82.
Schnitt durch eine Stabgitterröhre.

$$\varphi = A \ln r = \text{Reell } A \ln (z - a) ; \quad A = \frac{q}{2\pi\varepsilon_0} ;$$

s. Abschnitt über komplexe Potentiale S. 236 u. 251.
r = Entfernung Stabmitte–Aufpunkt. z ist die den
Aufpunkt darstellende komplexe Zahl und a die Stab-
mitte. Liegen n Stäbe auf einem Kreise mit dem
Radius r_g um den Nullpunkt, so ist

$$a_m = r_g e^{2\pi j \frac{m}{n}}.$$

Der Glühdraht sei so dünn, daß seine Ladung nichts
zum Potential beiträgt. Dann ist das Potential:

$$\varphi = C + \sum_m \text{Reell } A \left\{ \ln (z - r_g e^{2\pi j m/n}) - \ln \left(z - \frac{r_a^2}{r_g} e^{2\pi j m/n} \right) \right\}$$

$$= \text{Reell } A \ln \frac{z^n - r_g^n}{z^n - \left(\frac{r_a^2}{r_g}\right)^n} + C .$$

(In der Entfernung r_a^2/r_g liegen die Spiegelpollinien.) Durch Einsetzen von
$z \cong r_g \pm \varrho$ oder $r_g \pm j\varrho$ erhält man U_g. Durch Einsetzen von $z = r_a e^{j\psi}$ erhält
man U_a unabhängig von ψ, und aus den Werten für U_g und U_a schließlich C. U_{st}
erhält man aus

$$U_a - U_{st} = \overline{\mathfrak{E}}_{(r=r_a)} r_a \ln \frac{r_a}{r_g} ;$$

$\overline{\mathfrak{E}}$ = Mittelwert von $\mathfrak{E}$ und $\mathfrak{E} = \dfrac{\partial \varphi}{\partial r} \, (r = r_a)$ durch Differentiation der Potentialfunktion. Nun können wir D ausrechnen:

$$D = \frac{U_{st} - U_g}{U_a - U_{st}} \equiv \ln\left(\frac{r_a}{n\,\varrho}\right)\Big/ n \ln r_a/r_g .$$

Zahlenbeispiel: $r_a = 4{,}5$ mm, $r_g = 3$ mm Gitterradius $= {}^3/_8$ mm, Gitterstabzahl $n = 8$: $D = 12{,}5\%$.

$\beta)$ *Ebene Anordnungen.*

Eine zylindrische Anordnung mit einem Wendelgitter kann als eben angesehen werden, wenn der Abstand Kathode–Gitter wie bei Oxydkathoden mit dicken Kathodenröhrchen klein gegen den Kathodenradius ist.

Die Potentialfunktion lautet jetzt:

$$\varphi = \text{Reell } A \left\{ \ln \sin \frac{\pi}{d}(z - j\,h) - \ln \sin \frac{\pi}{d}(z + j\,h) \right\} + U_a .$$

U_g und U_a erhält man, wenn man für z: $z = \varrho + j\,h$ bzw. $z = 0$ einsetzt. U_{st} ist wieder durch $U_a - U_{st} = E \cdot h$ zu berechnen, und Resultat:

$$D = \frac{d}{2\,\pi\,h} \ln \frac{1}{2 \sin \pi \varrho/d} .$$

Zahlenbeispiel: $h = 2$ mm, $d = 1$ mm, $\varrho = 0{,}1$ mm: $D = 3{,}8\%$.

g) Messung des Durchgriffes nach Barkhausen.

D war als

$$D = -\left(\frac{\varDelta U_g}{\varDelta U_a}\right)_{I_e} = \text{const}$$

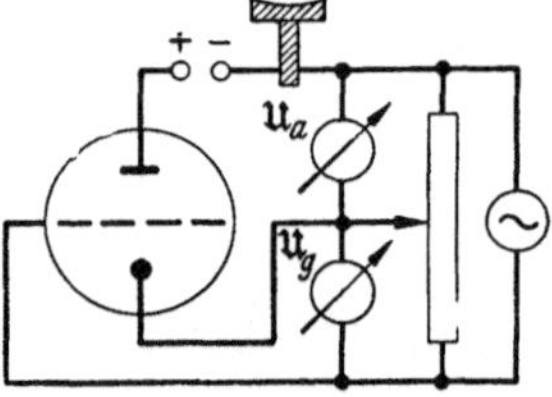

Abb. 83. Messung des Durchgriffes nach Barkhausen.

definiert. Man stelle die Kontakte so ein, daß das Telephon schweigt und lese die beiden Wechselspannungen $\mathfrak{U}_g$ und $\mathfrak{U}_a$ ab. S. Abb. 83.

4. Stromverteilungen.

a) Das Tanksche Verteilungsgesetz.

Fragestellung: Es ist U_g und U_a und der Emissionsstrom I_e gegeben. Wie verteilt sich I_e auf Gitter und Anode?

Die Elektronenbahnen denken wir uns als orthogonale Trajektoren eines Eikonals S berechnet, das durch $\nabla S = \mathfrak{p}$ definiert ist ($\mathfrak{p} = $ Impuls). Wenn man wieder festsetzt, daß das Kathodenpotential $U_k = 0$ ist und die Temperaturgeschwindigkeit der Elektronen vernachlässigt, erhält man nach dem Energiesatz für das Eikonal die Differentialgleichung

$$p_x^2 + p_y^2 + p_z^2 = \left(\frac{\partial S}{\partial x}\right)^2 + \left(\frac{\partial S}{\partial y}\right)^2 + \left(\frac{\partial S}{\partial z}\right)^2 = 2\,m\,e_1 \varphi(x, y, z).$$

Für φ benutzen wir wieder die Formel

$$\varphi = U_g\,\varphi_g(x, y, z) + U_a\,\varphi_a(x, y, z).$$

Wenn man die Spannungen im Verhältnis π vergrößert, steigt ∇S im Verhältnis $\sqrt{\pi}$.

Die Bahnrichtungscosinusse $\cos B_x = \dfrac{\partial S/\partial x}{\sqrt{\left(\dfrac{\partial S}{\partial x}\right)^2 + \left(\dfrac{\partial S}{\partial y}\right)^2 + \left(\dfrac{\partial S}{\partial z}\right)^2}}$ ändern sich nicht;

$\cos B_x$, $\cos B_y$, $\cos B_z$ hangen nur vom Verhältnis der Spannungen ab. Damit ist erwiesen, daß die Bahnen selbst und die prozentische Verteilung der Ströme auch nur vom *Spannungsverhältnis* abhängen.

$$I_g/I_e = f(U_g/U_a) \quad \text{Tanksches Gesetz.}$$

Für die Funktion wurde experimentell $f(U_g/U_a) = C \sqrt{\dfrac{U_g}{U_a}}$ gefunden.

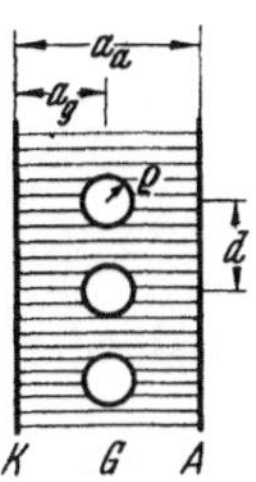
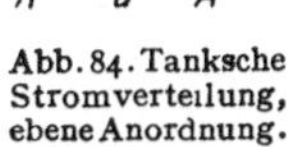

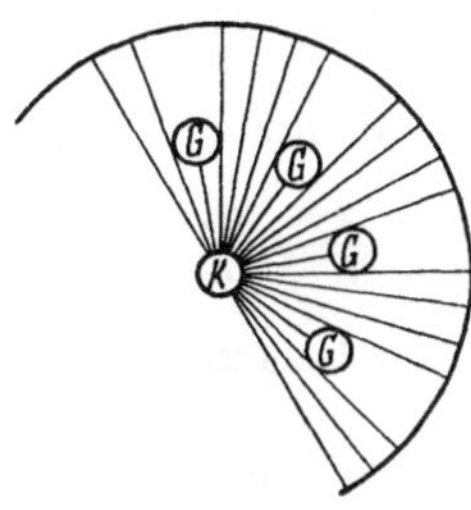

Die Konstante C läßt sich aus der Schattenwirkung des Gitters berechnen. Es würde z. B. für eine ebene Anordnung gelten (Abb. 84).

Für $\dfrac{U_g}{U_a} = \dfrac{a_g}{a_a}$ ist das Verhältnis der Ströme $\dfrac{I_g}{I_e} = 2\varrho/d$. Für diesen Fall würde sich C zu $C = \dfrac{2\varrho}{d} \sqrt{\dfrac{a_a}{a_g}}$ berechnen. Für den Fall des Stabgitters mit dünner Kathode kann man aus Abb. 85 eine entsprechende Berechnung von C ableiten.

Abb. 84. Tanksche Stromverteilung, ebene Anordnung.

Abb. 85. Tanksche Stromverteilung, zylindrische Anordnung.

Das Tanksche Verteilungsgesetz gilt für hohe Anodenspannungen und kleine positive Gitterspannungen.

b) Das Belowsche Verteilungsgesetz.

Wir denken uns eine Schirmgitterröhre. Der das Schirmgitter durchsetzende Strom heiße I_{sd}. Die Schirmgitterspannung sei U_s, die Anodenspannung U_a. Letztere sei wesentlich kleiner als die Schirmgitterspannung. Wahrend bei $U_a > U_s$ der gesamte Strom I_{sd} auf die Anode kommt und der Schirmgitterstrom nach dem Tankschen Gesetz zu berechnen wäre, kann bei $U_s > U_a$ der Fall eintreten, daß ein Teil der Elektronen im Bremsfeld zwischen Schirmgitter und Anode auf das Schirmgitter zurückfliegt (I_s) und nur ein Teil zur Anode kommt (I_a). $I_a + I_s = I_{sd}$. Wie ist jetzt die Stromverteilung?

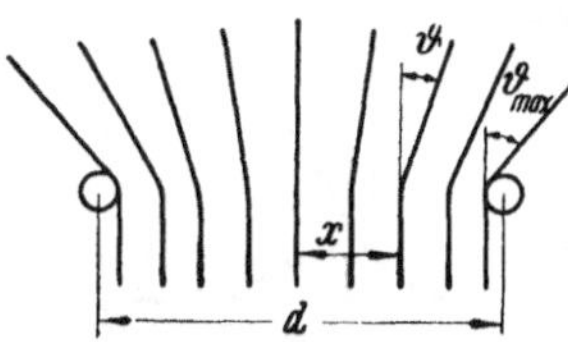

Abb. 86. Belowsche Stromverteilung.

Durch die elektrostatische Wirkung der Schirmgitterdrähte werden die Elektronen aus ihrer Bahn abgelenkt (Abb. 86). Der Ablenkungswinkel ϑ hängt von x ab. Es wird spater berechnet werden, daß

$$f \cdot \operatorname{tg} \vartheta = 2x/d.$$

Nach dem Energiesatz (Wurfbewegung) können nur solche Elektronen zur Anode kommen, deren Normalgeschwindigkeit

$$v_\perp \geqq \sqrt{\frac{2e_1}{m}(U_s - U_a)} \quad \text{mit} \quad v_\perp = v\cos\vartheta = \sqrt{\frac{2e_1}{m}U_s}\cos\vartheta.$$

Hieraus folgt

$$\cos\vartheta = \sqrt{\frac{U_s - U_a}{U_s}} \quad \text{und} \quad \operatorname{tg}\vartheta = \sqrt{\frac{U_a}{U_s - U_a}} \approx \sqrt{\frac{U_a}{U_s}} \quad \text{für} \quad U_a \ll U_s.$$

Der zur Anode gelangende Strom ist (Abb. 87)

$$I_a = I_s\frac{2x}{d} = I_s f\sqrt{\frac{U_a}{U_s - U_a}} \cong I_s f\sqrt{\frac{U_a}{U_s}}.$$

α) Beweis der Formel für den Ablenkungswinkel und Berechnung des Faktors f.

v_x und v_y seien die Komponenten der Elektronengeschwindigkeit

$$\operatorname{tg}\vartheta = \frac{v_x}{v_y}; \quad v_x = \frac{e_1}{m}\int_{-\infty}^{+\infty}\mathfrak{E}_x\,dt \cong \frac{e_1}{m\,v_y}\int_{-\infty}^{+\infty}\mathfrak{E}_x\,dy \quad (dt \cong dy/v_y).$$

Mit

$$\varphi = \frac{q_1}{2\pi\varepsilon_0}\operatorname{Reell}\ln\sin\frac{\pi z}{d}; \quad \mathfrak{E}_x = -\frac{\partial\varphi}{\partial x} = \frac{q}{\varepsilon_0 d}\sin\frac{2\pi x}{d}\Big/\Big\{\mathfrak{Cof}\frac{2\pi y}{d} - \cos\frac{2\pi x}{d}\Big\}$$

und v_y als angenahert konstant angenommen erhält man[1]

$$\operatorname{tg}\vartheta = \frac{v_x}{v_y} = \frac{2\,q\,e_1}{2\pi\varepsilon_0 v_y^2 m}\left(\frac{\pi}{2} - \frac{\pi x}{d}\right) \quad \text{bzw.} \quad \frac{q}{2\pi\varepsilon_0}\frac{2\,e_1}{m\,v_y^2}\frac{\pi x'}{d} = \frac{q}{2\pi\varepsilon_0 U_s}\frac{\pi x'}{d}\,*,$$

je nachdem man x vom Gitterdraht aus, wie in der Formel für das Potential, oder von der Mitte aus, wie in Abb. 86, zählt.

Die Ladung q pro cm Gitterstab berechnen wir angenähert für ein Wendelgitter mit n Windungen je cm Rohrlänge zu

$$q = \frac{1}{n}\,\text{Ladung je cm Rohrlänge} = \frac{U_s\,2\pi\varepsilon_0}{n\ln r_a/r_q}$$

und erhalten damit

$$\operatorname{tg}\vartheta = \frac{\pi}{2\,n\ln r_a/r_q}\frac{2\,x}{d} = \frac{1}{f}\frac{2\,x}{d}; \quad f = \frac{2\,n}{\pi}\ln\frac{r_a}{r_q}; \quad I_a = I_{sd}\frac{2\,n}{\pi}\ln\frac{r_a}{r_g}\sqrt{\frac{U_a}{U_s - U_a}}$$

$$= I_{sd}\sqrt{\frac{U_a}{U_{a\max}}}, \quad \text{wobei } U_{a\max} = U_s\operatorname{tg}\vartheta_{\max} = U_s\left(\frac{\pi}{2\,n\ln(r_a/r_g)}\right)^2.$$

Das Belowsche Gesetz ist gültig für $0 < I_a < I_{sd}$. Dann gilt $I_a = I_{sd}$. $I_{sd} =$ durch das Schirmgitter durchfliegender Elektronenstrom. Abb. 87 zeigt die Abhängigkeit des Anodenstromes von der Anodenspannung (Messung ausgezogen, Theorie gestrichelt). Die Abrundung des unteren Knickes ist durch die Temperaturgeschwindigkeit der Elektronen bedingt. Für die Steilheit S_2 erhalten wir

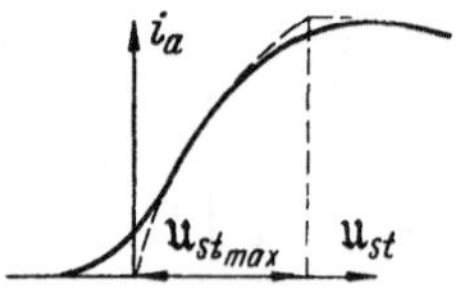

Abb. 87.
Belowsche Stromverteilung unter Berucksichtigung der Maxwellverteilung.

$$S_2 = \frac{\partial I_a}{\partial U_a} = \frac{f}{2}\frac{I_{sd}}{\sqrt{U_a U_s}} = I_{sd}\cdot s_2.$$

β) Anwendung der Belowschen Theorie auf die Mischhexoden.

Für den Schirmgitterstrom schreiben wir, wie üblich

$$I_{sd} = I_0 + S_1 U_{g1}\cos\omega_1 t,$$

für den Anodenstrom: $I_a = I_{sd}(A + s_2\mathfrak{U}_{g2}\cos\omega_2 t)$.

Durch Einsetzen des I_{sd}-Wertes:

$$I_a = (I_0 + S_1\mathfrak{U}_{g1}\cos\omega_1 t)(A + s_2\mathfrak{U}_{g2}\cos\omega_2 t)$$

$$= I_0\,A + A\,S_1\mathfrak{U}_{g1}\cos\omega_1 t + I_0 s_2\mathfrak{U}_{g2}\cos\omega_2 t + S_1 s_2\mathfrak{U}_{g1}\mathfrak{U}_{g2}\cos\omega_1 t\cos\omega_2 t$$

$$\quad\text{①}\qquad\qquad\text{②}\qquad\qquad\qquad\text{③}\qquad\qquad\qquad\qquad\text{④}$$

---

[1] Zwischenrechnung siehe Abschnitt Lechersystem S. 117. Rechenanleitung.

* Rechenanleitung zur Auswertung des $\int_{-\infty}^{+\infty}\mathfrak{E}_x\,dy$ siehe Hütte, 20. Aufl., S. 78, Formel 30 für $\int\dfrac{dx}{a + b\cos x}$.

wenn $\mathfrak{U}_{g1}$ und $\mathfrak{U}_{g2}$ die Frequenzen ω_1 und ω_2 haben. Das 4. Glied enthält einen Stromanteil mit der Frequenz $\omega_1 - \omega_2$ (s. Abschnitt über die Schwebung). Die Mischung ist multiplikativ.

$$I_{a4} = \frac{S_1\, s_2\, U_{g_1}\, |\mathfrak{U}_{g_2}|}{2} \cos(\omega_1 - \omega_2)\,t;$$

$\mathfrak{U}_{g1}$ kann maximal $= \frac{1}{2}\, U_g$ sein, wenn die Gitterspannung nicht positiv werden soll.

γ) Betrieb der Mischhexode im Empfänger.

Man legt meist an das Gitter 1 den Überlagerer mit einer Spannungsamplitude $\mathfrak{U}_{g1}$ (= der negativen Vorspannung $U_g = D_{gs} U_s$, damit Gitter 1 unbelastet läuft) und an das Gitter 2 die Empfangsspannung mit der Amplitude $\mathfrak{U}_{g2}$. Wir wollen nun die Anodenwechselspannung für folgende 2 Fälle betrachten:

a) An das Gitter 1 wird an Stelle des Überlagerers eine Gleichspannung $+ U_{g1}$ gelegt, dann ist der Anodenstrom

$$I_a = S_1\, U_{g1} \cdot s_2\, |\mathfrak{U}_{g2}| \cos \omega_2 t = S_2\, |\mathfrak{U}_{g2}'| \cos \omega_2 t \quad \text{mit} \quad S_2 = S_1\, U_{g1}\, s_2\,.$$

b) Am Gitter 1 wird die Spannung $|\mathfrak{U}_{g1}|\cos \omega t$ angelegt. Die Kennlinie sei der Einfachheit halber als gradlinig angenommen. Der Schwingungsmittelpunkt liege nicht wie im Falle β in der Mitte der Kennlinie, sondern am Fußpunkt. Der Anodenstrom fließt dann nur zwischen $\omega t = + \pi/2$ und $- \pi/2$. $\delta\omega$ sei so klein, daß während einer Hochfrequenzschwingung $\delta\omega t$ als konstant angenommen werden kann. Der Anodenstrom ist dann

$$I_a^{(t)} = s\, S\, |\mathfrak{U}_{g1}| \cos \omega t\, (\underset{1}{A} + \underset{2}{|\mathfrak{U}_{g2}|} [\cos \omega t \cos \delta \omega t - \underset{3}{\sin \omega t \sin \delta \omega t}])$$

und sein Mittelwert während einer Hochfrequenzschwingung

$$\overline{I_a} = \frac{1}{T}\int\limits_{-T/4}^{+T/4} I_a(t)\, dt = \frac{1}{2\pi}\int\limits_{-\pi/2}^{+\pi/2} I_a(\alpha)\, d\alpha \quad \text{mit} \quad \alpha = \omega t\,.$$

Die Integrale des 1. und 3. Gliedes sind 0, die des 2. Gliedes

$$\overline{I_a} = \frac{1}{4}\, s\, S\, |\mathfrak{U}_{g1}| \cdot |\mathfrak{U}_{g2}| \cos \delta \omega t\,.$$

$\frac{1}{4}\, s\, |\mathfrak{U}_{g1}|\, S = S_c$ nennt man Mischsteilheit.
Da $|\mathfrak{U}_{g1}|$ maximal $= U_{g1}$ werden darf, ist die maximal erzielbare Mischsteilheit
$S_c = \frac{1}{4}\, s\, S\, U_{g1}.$

c) *Regel zur Berechnung der Mischsteilheit bei additiver Mischung.* Wir wollen an *dasselbe* Gitter in Serie die Überlagerer- und Empfangswechselspannung legen.

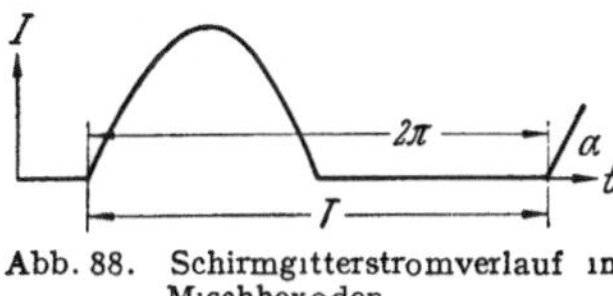

Abb. 88. Schirmgitterstromverlauf in Mischhexoden.

Der Anodenstrom besteht dann aus einem Gemisch eines Gleichstromes mit Wechselströmen verschiedener Frequenz. Es soll die Amplitude des Wechselstromanteils mit Schwebungsfrequenz berechnet werden. Die Kennlinie sei der Einfachheit halber als gradlinig angenommen, der Schwingungsmittelpunkt liege im unteren Knick der Kennlinie. Legt man nur *eine* Wechselspannung an, erhält man einen Gleichstromanteil (Abb. 88).

$$I = \frac{1}{T}\int\limits_{0}^{T/2} S\,|\mathfrak{U}_g|\sin \omega t \cdot dt = \frac{S\,|\mathfrak{U}_g|}{\pi}\,.$$

Wir legen nun 2 Wechselspannungen an:

$$\mathfrak{U}_{g1}\cos\omega_1 t + \mathfrak{U}_{g2}\cos\omega_2 t = \mathfrak{U}_{g1}\cos\omega_1 t + \mathfrak{U}'_{g2}\cos(\omega_1 + \delta\omega)t$$
$$= (\mathfrak{U}_{g1} + \mathfrak{U}_{g2}\cos\delta\omega t)\cos\omega_1 t + \mathfrak{U}_{g2}\sin\delta\omega t \sin\omega_1 t$$

mit $\omega_2 = \omega_1 + \delta\omega$; $\mathfrak{U}_{g1} \gg \mathfrak{U}_{g2}$ $\cong (\mathfrak{U}_{g1} + \mathfrak{U}_{g2}\cos\delta\omega t)\cos\omega_1 t$.

Das Glied $\mathfrak{U}_{g2}\sin\delta\omega t \sin\omega_1 t$ gibt die kleinen Verschiebungen der Fußpunkte der Stromkurven, wie sie in Abb. 89 gezeichnet sind, diese sind in der Naherungsformel vernachlässigt.

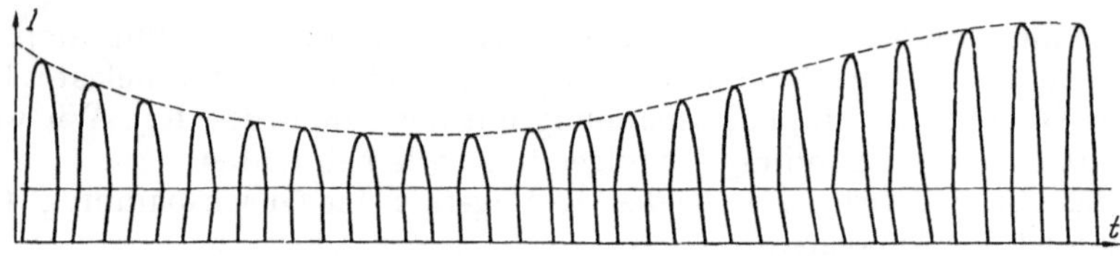

Abb. 89. Anodenstromverlauf bei additiver Mischung.

Wenn die Schwebungsfrequenz $\delta\omega$ klein gegen die Hochfrequenz ω_1 ist, kann man zur Berechnung des langsamen Wechselstromes von Schwebungsfrequenz die obige Gleichrichtungsformel anwenden und erhält

$$I = \frac{S}{\pi}|\mathfrak{U}_{g2}|\cos\delta\omega t = S_c|\mathfrak{U}'_{g2}|\cos\delta\omega t .$$

S_c nennt man die Mischsteilheit. Die angenäherte Regel:

$$S_c = S/\pi$$

ist meist gut erfüllt.

5. Sekundärelektronen.

a) Vorstellungen über die Auslösung von Sekundärelektronen.

Wenn ein in ein Metall eingeschossenes Elektron zwischen dem Kern und der Elektronenhülle eines Metallatoms durchfliegt, erteilt es den Elektronen der Hülle Impulse von der Größe $\mathfrak{p} = \int\mathfrak{K}\,dt$. $\mathfrak{K}$ = abstoßende Kraft zwischen den Elektronen. Hat $p^2/2m$ die Ionisierungsenergie erreicht, wird ein Sekundärelektron ausgelöst. Je rascher das eindringende Elektron fliegt, um so kleiner ist die Zeit zur Impulsübertragung. Die Wahrscheinlichkeit der Ablösung sinkt mit der Geschwindigkeit. Wir können als Wahrscheinlichkeit der Ablösung eines Elektrons $\mathfrak{W}$ als Funktion der Geschwindigkeit in ganz roher Annaherung ansetzen (Abb. 90):

$$\mathfrak{W} = \mathfrak{W}_0(1 - \zeta v).$$

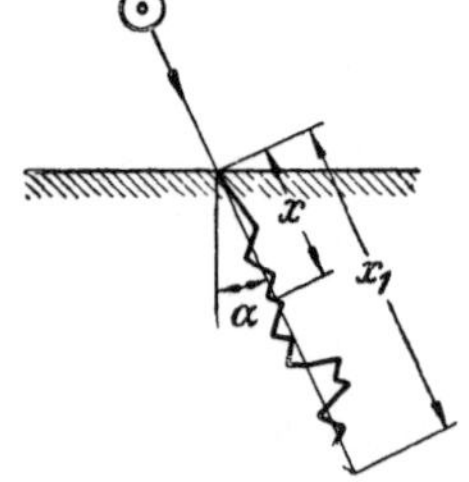

Abb. 90. Sekundarelektronen Emission.

v sinkt mit wachsender Tiefe. Wir setzen wieder ganz einfach an $v = v_0 - \gamma x$. Als Eindringtiefe erhalten wir aus $v = 0$: $x_1 = v_0/\gamma$.

Durch Einsetzen bekommen wir schließlich:

$$\mathfrak{W} = \mathfrak{W}_0(1 - \zeta v_0 + \zeta\gamma x) = \mathfrak{W}_0(1 - \zeta\gamma(x_1 - x)) = \mathfrak{W}_0(1 - a(x_1 - x))$$
$$\text{mit } a = \zeta\gamma \text{ und } x_1 = v_0/\gamma .$$

Die ausgelösten Elektronen kommen nur mit einem Bruchteil zur Oberfläche, der mit der Tieflage des Ablösungsortes abnimmt, etwa wie $e^{-\beta x \cos\alpha}$. (α = Winkel,

um den die Einfallsrichtung von der senkrechten Inzidenz abweicht.) Nach diese
primitiven Vorstellung würde man für die Zahl der Sekundärelektronen/Primär
elektronenzahl erhalten

$$\frac{n_s}{n_{pr}} \sim \int_0^{x_1} (1 - a(x_1 - x)) e^{-\beta x \cos \alpha} \, dx$$
$$= \frac{1 - a x_1}{\beta \cos \alpha} - \frac{1}{\beta \cos \alpha} e^{-\beta x_1 \cos \alpha} + \frac{a}{\beta^2 \cos^2 \alpha} (1 - e^{-\beta x_1 \cos \alpha}).$$

Dieses Integral hat mit zunehmender Eindringtiefe x_1 (zunehmender Primärelek
tronengeschwindigkeit) ein Maximum bei

$$x_{\mathrm{opt}} = \frac{1}{\beta \cos \alpha} \ln \left(1 + \frac{\beta \cos \alpha}{a}\right) \cong \frac{1}{a} \left(1 - \frac{\beta \cos \alpha}{2a} + \frac{\beta^2 \cos^2 \alpha}{3 a^2} - \cdots\right).$$

Dieses Maximum liegt bei schrägem Einfall bei höherem x_1 und damit bei höhere
Spannung in Übereinstimmung mit der Beobachtung. Der Wert des Maximum
ist ebenfalls bei schrägem Einfall größer, da $a\, x_1 \ll 1$.

b) Die Pentode.

Wenn die Anodenspannung niedriger als die Schirmgitterspannung wird
fliegen Sekundärelektronen von der Anode zum Schirmgitter zurück. Um dies
schädliche Erscheinung zu verhindern, baut man ein weit
maschiges Bremsgitter ein, dessen Potential man auf o legt
So lange die Effektivspannung des Bremsgitters kleiner al:
U_a ist, fliegen alle Elektronen, welche das Bremsgitter er
reichen, zur Anode weiter (rechts von Punkt 1) (Abb. 91)
Von da an gilt die Belowsche Verteilungssteuerung, bi:
zum Punkt 2, in dem $\vartheta_{\max}$ erreicht wird. $U_{b\,\mathrm{eff}\,1}$ ist dann
$U_s \left(\pi/2 n \ln \frac{r_1}{r_s}\right)^2 *$. Rechts von Punkt 2 müßte dann theoretiscl
$I_a = I_{se}$ sein. Links von Punkt 1 fällt I_a auf o ab, wiedei

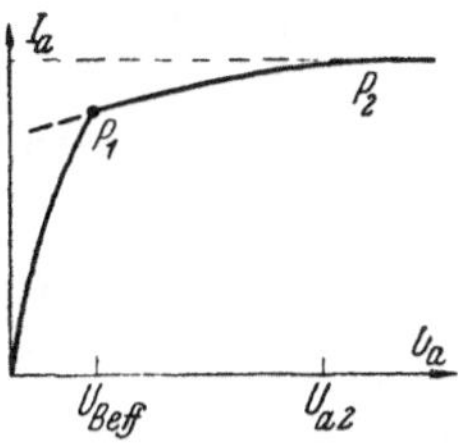

Abb. 91. Pentoden-Kennlinie.

nach BELOW. Die Knicke in der Anodenlinie (Punkt 1) liegen theoretisch füi
verschiedene I_{se}, also für verschiedene U_{g1} senkrecht übereinander. Damit dei
U_a-Wert, bei dem $I_a = I_{se}$ erreicht wird, nicht zu hoch liegt, muß das Brems
gitter weitmaschig sein. [D_{ab} soll groß sein nach Anmerkung Gl. (1)]. Durch ge
eignete Wahl der Durchgriffe D_{ab} und D_{sb} kann man Punkt 1 und 2 zusammenlegen

c) Das Dynatron.

Steigert man in einer Triode bei stark positivem Gitter die Anodenspannung
so nimmt zunächst der Anodenstrom nach dem Belowschen Gesetz zu. Danı
treten zunehmend Sekundärelektronen auf, die zum Gitter zurückfliegen. Dei
Anodenstrom nimmt ab, wechselt wenn $n_{\mathrm{sec}}/n_{\mathrm{prim}} > 1$ sogar sein Vorzeichen
Überschreitet die Anodenspannung die Gitterspannung, so können die Elektroner
gegen das Feld zwischen Anode und Gitter nicht mehr anlaufen. Der Anodenstrom
nimmt wieder zu. Die geschilderte fallende Charakteristik kann zur Schwingungserzeugung benutzt werden.

---

* Aus $U_{b\,\mathrm{eff}_1} = \dfrac{U_s D_{sb} + U_a D_{ab}}{1 + D_{sb} + D_{ab}} \cong U_s D_{sb} + U_a D_{ab} = U_s\,\mathrm{tg}^2\,\vartheta_{\max} = U_s \left(\dfrac{\pi}{2 n \ln \frac{r_b}{r_s}}\right)$

(nach BELOW) folgt

$$U_{a\,2} \cong \frac{U_{b\,\mathrm{eff}_1} - U_s D_{sb}}{D_{ab}}.$$

(1

d) Der Prallgitter- und Prallplattenverstärker.

Stellt man eine Reihe Netze hintereinander oder eine Reihe Platten einander schräge gegenüber und legt man an diese Elektroden Spannungen, die je um z.B. 100 V steigen, so wird der Kathodenstrom durch Sekundärelektronen an jeder Anode um das n_{sec}/n_{prim}-fache steigen.'(Anwendung in Ikonoskopen zur Verstärkung der Photoströme.) Das Rauschen ist gering, da in den ersten Stufen nur der kleine Photostrom und nicht, wie bei normalen Verstärkerröhren, noch der verhältnismäßig hohe Gleichstromanteil fließt, und da keine hohen Widerstände mit ihrem hohen Rauschen zur Kopplung der Stufen angewendet werden müssen.

Man kommt mit 2 Platten aus, wenn man an die Platten eine Wechselspannung legt, deren Amplitude und Frequenz mit dem Plattenabstand so abgestimmt sind, daß die an einer Platte ausgelösten Sekundärelektronen auf ihrem Fluge zur anderen Platte immer ein beschleunigendes Feld vorfinden (Dissertation Beneking).

Gute Sekundärelektronenemitter sind Cu-Be-Legierungen und MgO-Mg-Schichten.

6. Die Röhrenkapazitäten.

a) Die Röhrenkapazitäten sind Teilkapazitaten. Um sie zu messen, sind bei n Elektroden $n \cdot (n-1)/2$ Teilkapazitaten vorhanden. Verbinde Pol p und q und lege diese Verbindung an den einen Pol der Kapazitätsmeßbrücke, und verbinde sämtliche anderen Pole und lege sie an den anderen Pol der Meßbrücke.

$$C_{pq} = \sum_m (C_{pm} + C_{qm}); \quad m \doteq 1, 2 \ldots p - 1, p + 1 \ldots q - 1, q + 1 \ldots n.$$

Aus den $\dfrac{n \cdot (n-1)}{2}$ so erhaltenen C_{pq}-Werten lassen sich die Teilkapazitäten berechnen.

b) Um die einzelnen Teilkapazitäten direkt messen zu können, bediene man sich der Meßapparatur Abb. 92. Man bestimmt den Wert des Normalkondensators bei offenem (C_{v}) und geschlossenem (C_n) Schalter für gleiche Röhrenvoltmeterausschläge. Die Differenz dieser Kapazitätswerte ist in guter Annäherung C_x. Bei geschlossenem Schalter liegen zu C noch die rechten mit Erde verbundenen Teilkapazitaten: in Summe $= C_s$ parallel.

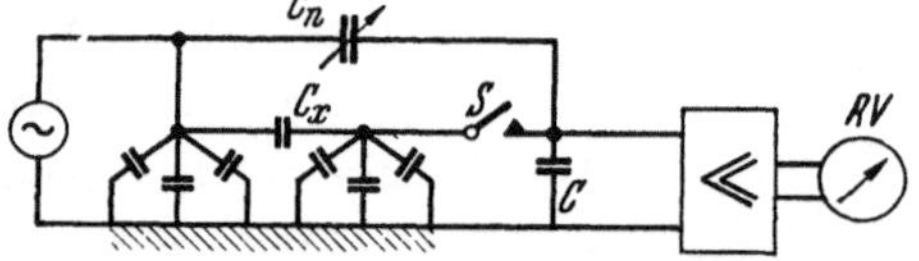

Abb. 92. Messung von Teilkapazitaten.

Dies gibt einen kleinen Fehler, der vernachlässigt werden kann, wenn C groß gegen diese Teilkapazitäten ist. Will man diesen kleinen Fehler eliminieren, so wiederhole man die Messung mit verschiedenen C_n-Werten und trage die gemessenen C_x-Werte über C_n auf. Man erhält eine Gerade, welche auf der Ordinate den genauen C_x-Wert abschneidet

$$\frac{U_{RV}}{U_{\sim}} = \frac{C_n}{C} = \frac{C_n' + C_v}{C + C_s} \quad \text{oder} \quad C_x = C_n - C_n' + C_n\frac{C_s}{C} \quad \text{oder} \quad C_x = C_x \text{ genähert} + C_n\frac{C_s}{C}.$$

c) Die Eingangsröhrenkapazität C_{sch}. Die Ladung Q_g des Gitters berechnet sich zu

$$Q_g = C_{gk} U_g + C_{ga} (U_g - U_a).$$

Nun ist $U_a = -V U_g$, wenn V die Spannungsverstärkung der Stufe ist. Somit ist

$$\frac{Q_g}{U_g} = C_{gk} + C_{ga} (V + 1) = C_{sch}.$$

Bei Pentoden ist $C_{sch} = C_{gk} + C_{gs}$ (Index s = Schirmgitter).

7. Der Gasgehalt der Röhren. Messen mit dem MacLeod und dem Ionisationsmanometer. Pumpen.

Bei der Aufnahme der Gitterstromkurven erhält man die Form der Abb. 93 a, während man die Anlaufkurve Abb. 93 b erwarten sollte. Die Erscheinung beruht auf der Ionisation des Restgases in der Röhre. Diese liefert einen Ionenstrom I_{gj}, der dem Anodenstrom proportional ist und auf das Gitter als den negativsten Pol läuft.

Diese Gaskurve stellt im Gitterkreis eine negative Ableitung dar, welche mit dem Gasgehalt wächst und zu Schwingungserregung Anlaß geben kann. — ,,Gaspfeifen.''

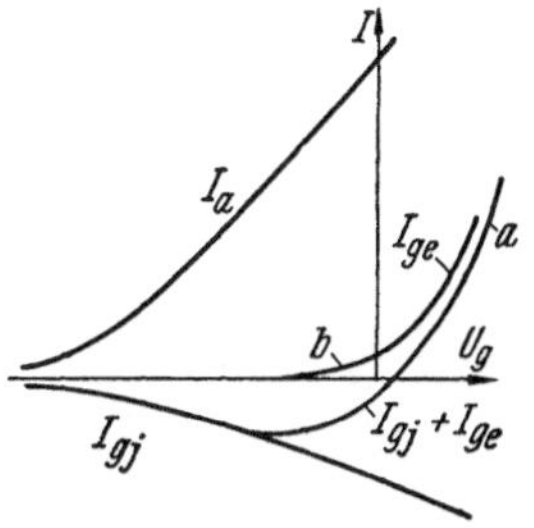

Abb. 93. Gitterstromkurve einer gashaltigen Röhre.

a) Das Ionisationsmanometer.

Das Verhältnis I_{gj}/I_a ist ein Maß für den Gasdruck. Man nennt dieses Verhältnis ,,Vakuumfaktor''. Berechnung des Vakuumfaktors:

Wenn n_1 Elektronen einen Kanal vom Querschnitt F und von der Länge l durchfliegen, ist die Wahrscheinlichkeit, daß sie Gasmoleküle treffen und ionisieren $= \dfrac{\text{von den Gasmolekülen verdeckter Querschnitt}}{\text{Gesamtquerschnitt}}$. Nach den Gasgesetzen ist die Zahl der Gasatome im cm³: $N = p/kT$. Wenn der Wirkungsquerschnitt der Gasmoleküle F_w ist, so ist der verdeckte Querschnitt $F_w \cdot FlN$ und die Ionisationswahrscheinlichkeit

$$W = F_w \cdot lN = F_w \cdot lp/kT.$$

Es ist dann $I_a = n_1 e_1$ und $I_{gj} = n_1 e_1 F_w lp/kT$ und der Gasfaktor

$$C = I_{gj}/I_a = F_w \cdot lp/kT; \quad p = C \cdot kT/F_w l.$$

Zahlenbeispiel:

$$F_w = 5{,}6 \cdot 10^{-16}\,\text{cm}, \quad p = 10^{-6}\,\text{mm Hg}, \quad l = 8\,\text{mm}, \quad k = 1{,}38 \cdot 10^{-16}\,\text{erg/grad}, \quad T = 300°,$$

$$\text{spez. Gew. des Hg } 13{,}6,$$

$$p = 10^{-6}\,\text{mm Hg} = 10^{-6} \cdot 1{,}36\,\text{pd/cm}^2 = 1{,}36 \cdot 10^{-3}\,\text{dyn/cm}^2,$$

$$C = \frac{p F_w l}{kT} = \frac{1{,}36 \cdot 10^{-3} \cdot 5{,}6 \cdot 10^{-16}\,0{,}8}{1{,}38 \cdot 10^{-16} \cdot 300} = 0{,}94\,\frac{5{,}6 \cdot 8 \cdot 10^{-4}}{3 \cdot 10^2} = 1{,}44 \cdot 10^{-5}.$$

Daher die Regel: Der Vakuumfaktor einer Röhre soll 10^{-4} nicht übersteigen.

Mit einem guten Ionisationsmanometer lassen sich Drucke bis zu 10^{-9} mm Hg messen. Für größere Drucke ($p > 10^{-5}$ mm Hg) wird es durch das bequemere Philips-Manometer mit kalter Kathode und Magnetfeld verdrängt.

b) Pumpapparatur.

Abb. 94 zeigt eine Pumpapparatur mit Ölvorpumpe V.P. Vorratsvakuum, Diffusionspumpe, MacLeod-Manometer, Hg-Abschluß, Ausfriergefäß für Hg-Dämpfe. Wenn die Röhre schon fast fertig gepumpt ist, kann man die Ölpumpe abschalten und die Diffusionspumpe auf das Vorratsvakuum arbeiten lassen. Pumpt man das Vorratsvakuum mit der Diffusionspumpe, arbeitet die Diffusionspumpe rascher und zieht auf höheres Vakuum.

c) Messung des Vakuums mit dem MacLeod.

Bei dem gezeichneten Stand des Hg (Abb. 94) ist der Gasinhalt der Kugel mit dem Vol V auf das Volumen $h \cdot q$ (q = Kapillarenquerschnitt) komprimiert. Der Gasdruck in der Kugel war dann $p = \dfrac{h^2 q}{V}$ Hg-Säule.

Zahlenbeispiel:

$V = 500 \, \text{cm}^3,\qquad q = {}^1/_{50} \, \text{mm}^2,$
$h = 3 \, \text{mm},\quad p = {}^9/_{25} \cdot 10^{-6} \, \text{mm Hg}.$

d) Das Pumpen mit Gettern.

Fabrikationsmäßig pumpt man die Röhren nur etwa auf 10^{-4} mm Hg und schmilzt sie dann ab. Um die letzten Gasreste zu binden, verdampft man mit dem „Ausschwingsender" Barium, das in einem kleinen miteingebauten Metallröhrchen enthalten war. Der Ba-Dampf bindet namentlich im ionisierten Zustand nicht nur O_2, sondern auch N_2 und H_2.

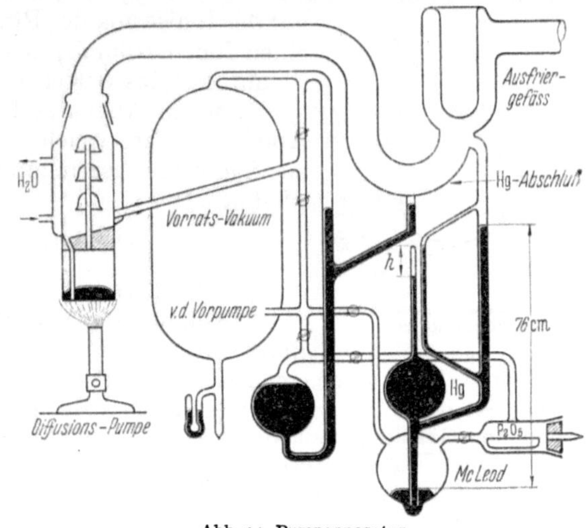

Abb. 94. Pumpapparatur.

C. Der Verstärker.

Wir unterscheiden:

1. Den Vorverstärker für kleine Amplituden. — 2. Den Kraftverstärker für große Amplituden mit der Nebenbedingung, daß die Verzerrungen (der Klirrfaktor) klein sein soll. — 3. Den Sendeverstärker, bei dem es auf Verzerrungen nicht ankommt, der aber neben großer Leistung auch einen guten Wirkungsgrad haben soll.

1. Der Vorverstärker.

Die gesamte Theorie des Vorverstärkers ist in den Barkhausenschen Röhrenformeln enthalten. Schaltungstechnische Einzelheiten, wie z.B. die Ausgestaltung der Koppelglieder bei Breitbandverstärkern, bei Verstarkern für die Wiedergabe von Impulsen sind dem vierten Band dieses Lehrbuches vorbehalten[1].

2. Der Kraftverstärker.

a) Ohne Rücksicht auf den Klirrfaktor.

Wir legen in diesem Abschnitt der Einfachheit halber eine grade Kennlinie zugrunde. Die Gitterwechselspannung liefert der Vorverstarker in jeder gewünschten Höhe. Man muß nur dafür sorgen, daß die negative Gittervorspannung der Gitterwechselspannung gleicht (besser $U_g = \mathfrak{U}_g + 2$ V), damit der Gitterkreis keine Leistung aufnimmt. Die Anodenspannung kann bis zum Knick der Anodenstromkennlinie Abb. 91 Punkt 1 ausgesteuert werden. Der Schirmgitterdurchgriff ist so einzurichten, daß $D_{sg} = U_g/U_s$.

b) Der Klirrfaktor und der Modulationsfaktor.

Wenn man an die Klemmen A B (Abb. 95) eine reine Sinusspannung anlegt, treten im Anodenstrom Verzerrungen, Oberwellen auf. Diese liegen einmal an der

---

[1] Strutt, M. J. O.: Verstärker und Empfänger, 2. Aufl., 1951.

Krümmung der Kennlinien, andererseits an den Gitterströmen, welche auftreten, wenn U_g nicht die genügende Größe hat.

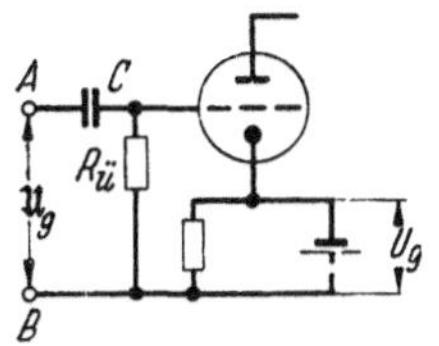

Abb. 95. Klirrfaktor einer Röhre (krumme Kennlinie, Gitterstrome).

Verzerrungen können beim Gebrauch von Transformatoren auch durch die Krümmung der Magnetisierungskurve auftreten. Als Maß für diese Verzerrungen hat man den Klirrfaktor und den Modulationsfaktor eingefuhrt.

Der Klirrfaktor ist definiert durch

$$k_l = \frac{\sqrt{\sum |\Im_n|^2}}{|\Im_1|}. \tag{10}$$

Hierbei ist $|\Im_1|$ die Amplitude der Grundschwingung, $|\Im_n|$ die Amplituden der Oberschwingungen. Seine Messung erfolgt in der Apparatur Abb. 96. L, C wird auf die Grundschwingung abgestimmt und die Brücke abgeglichen $\frac{R_2}{R_3} = \frac{R_1}{R} = 1$. Enthält die Stromquelle $\mathfrak{U}$ *nur* die Grundschwingung, bleibt das an die rechten Klemmen gelegte Hitzdrahtvoltmeter ($|\mathfrak{U}|^2$ anzeigend) stromlos. Sind Oberwellen vorhanden, zeigt es $|\sum | \mathfrak{U}_n |^2$ an, und zwar die $\sum | \mathfrak{U}_n |^2$, die in $\mathfrak{U}/2$ ent-

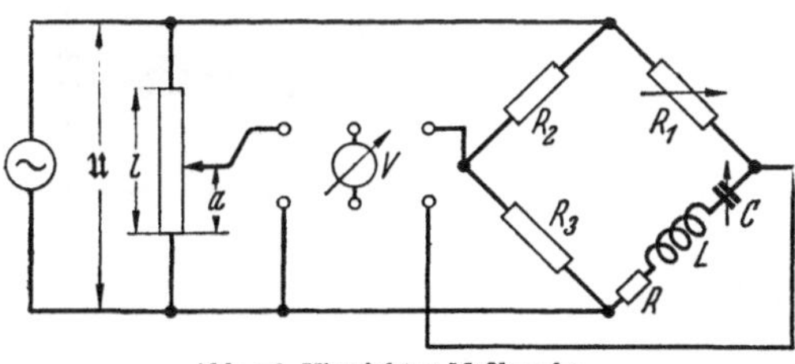

Abb. 96. Klirrfaktor-Meßbrucke.

halten ist. $\sum | U_n |^2$ selbst mißt man durch Umlegen des Voltmeters nach links. Stellt man den Schieber so ein, daß das Voltmeter denselben Ausschlag zeigt wie in der Rechtslage, so ist der Klirrfaktor $2a/l$. (Faktor 2, da die in $\mathfrak{U}/2$ enthaltenen Oberwellen angezeigt wurden.)

Der Modulationsfaktor. Wenn man einer langsamen Schwingung von großer Amplitude — sie möge zwischen den Gitterspannungswerten U_{g1} und U_{g2} verlaufen, eine rasche Schwingung kleiner Amplitude überlagert, so wird diese im Verhältnis der Steilheiten bei U_{g1} und U_{g2} moduliert. BARKHAUSEN schlug $(S_0 - S_u)/(S_0 + S_u)$ als Maß für die Verzerrungen vor und nannte dieses Maß Modulationsfaktor. Seine Messung beruht auf einer einfachen Steilheitsmessung bei den Gitterspannungen U_{g1} und U_{g2}. (Die analoge Messung kann bei Transformatoren durch Messung der Induktivität bei verschiedenen Vormagnetisierungen durchgeführt werden.) Der Begriff des Modulationsfaktors erscheint, wie alle von BARKHAUSEN eingeführten Begriffe, besonders anschaulich und leicht verständlich.

Der Zusammenhang zwischen Modulationsfaktor und Klirrfaktor. Wir beschränken uns der Einfachheit halber auf die Kurzschlußfaktoren, wie sie bei den meist verwendeten Pentoden vorkommen.

Wir schreiben für den Anodenstrom an $I_a = I_0 + S_1 U_g + K U_g^2$ und $S = \frac{dI_a}{dU_g} = S_1 + 2K U_g$. Setzen wir für $U_g = \pm\, U_g$, erhalten die Steilheiten S_0 und S_u die Werte: $S_0 = S_1 + 2K U_g$; $S_u = S_1 - 2K U_g$; $m = \frac{S_0 - S_u}{S_0 + S_u} = \frac{4 K U_g}{2 S_0}$

$= \frac{2 K U_g}{S_0}$. Setzen wir für $U_g = |\mathfrak{U}_g| \cos \omega t$ ein, erhalten wir:

$$I_a = I_0 + S_1 |\mathfrak{U}_g| \cos \omega t + K |\mathfrak{U}_g|^2 \cos^2 \omega t$$

$$= I_0 + S_1 |\mathfrak{U}_g| \cos \omega t + \frac{K |\mathfrak{U}_g|^2}{2} (1 + \cos 2\,\omega t)$$

$$k_l = \frac{\text{Oberschwingung}}{\text{Grundschwingung}} = \frac{K |\mathfrak{U}_g^2|}{2 S |\mathfrak{U}_g|} = \frac{K |\mathfrak{U}_g|}{2 S}.$$

Zwischen Modulationsfaktor und Klirrfaktor besteht die Beziehung $k_l = \dfrac{m}{4}$.

Berechnung des Modulationsfaktors für die $U^{3/2}$-Kurve. Es ist $I = C U^{3/2}$ und $S = \dfrac{3}{2} C U^{1/2}$. Aus beiden Gleichungen folgt

$$S = I^{1/3}\,\text{const}; \quad \ln S = \frac{1}{3}\ln I + \ln\text{const}; \quad \frac{\delta S}{S} = \frac{1}{3}\frac{\delta I}{I}$$

$$m = \frac{\delta S}{S} = \frac{1}{3}\frac{\delta I}{I}.$$

Den Faktor $\mathfrak{S}/\bar{I}$ nennt Barkhausen: ,,Stromaussteuerung j``. Somit:

$$m = \frac{1}{3}\frac{\delta I}{I} = \frac{1}{3}\frac{\mathfrak{S}}{\bar{I}} = \frac{1}{3} j.$$

Da man eine Amplitudenänderung von 20% eben noch hört, soll m den Wert 0,2 und j den Wert 0,6 nicht überschreiten.

Übungsaufgabe: Gegeben die Kennlinie einer Endpentode (Abb. 97) $U_a = 300$ V, $U_1 = U_{\text{Beff}}$ (s. Abb. 91) $= 50$ V. Wie groß sind Leistung $\mathfrak{N}_\sim$, aufgenommene Leistung $\mathfrak{N}_=$ und Wirkungsgrad η für $m = 0,2$ bzw. $k = 0,05$?

Wir lesen aus Abb. 97 ab:

$\mathfrak{S}_a = 60\,\text{mA}$, $\mathfrak{U}_a = U_a - U_1$ $= 250$ V, $\bar{I}_a = 100$ mA,

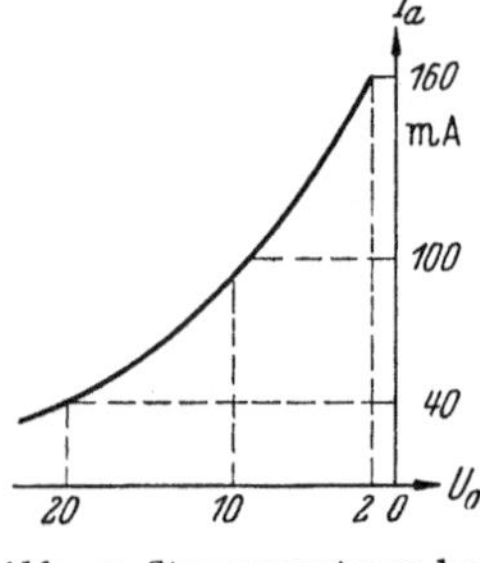

Abb. 97 Stromausnutzung bei 20% Modulationsfaktor.

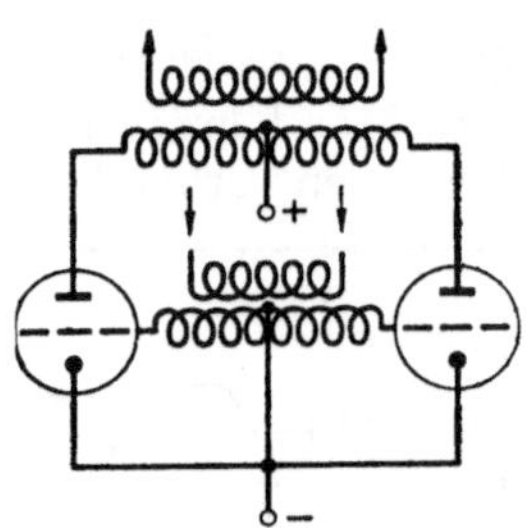

Abb. 98. Gegentaktschaltung.

$\mathfrak{N}_\sim = \dfrac{1}{2}\,60\,\text{mA}\cdot 250\,\text{V} = 7{,}5\,\text{W}$; $\quad \mathfrak{N}_= = 100\,\text{mA}\cdot 300\,\text{V} = 30\,\text{V}$; $\quad \eta = 25\%$.

Um die Krümmung der Kennlinie auszugleichen, wendet man den Gegentaktverstarker (Abb. 98) an. Wenn die Kennlinien der Röhren nach der Gleichung

$$I_a = \frac{S}{2}U_g \pm \sqrt{A^2 - \left(\frac{S U_g}{2}\right)^2} \qquad (\pm \text{ obere bzw. untere Kennlinie;}$$
$$S = \text{Steilheit bei } U_g = 0)$$

verliefen, würde die Summenkennlinie exakt gerade werden (s. Abb. 99).

D. Der Sendeverstärker.

Auf Verzerrungen kommt es nicht mehr an. Es liegt nicht das Problem vor, eine Hochfrequenzschwingung formgetreu zu verstarken, sondern es sollen nur durch die Amplitude die Sprachschwingungen formgetreu abgebildet werden. Wir können auch Gitterströme in mäßigen Grenzen zulassen. Für die Gitterströme bei positiver Gitterspannung gilt das Tanksche Gesetz:

$$\frac{I_g}{I_a} = C\sqrt{\frac{U_g}{U_a}} = \sqrt{\beta}.$$

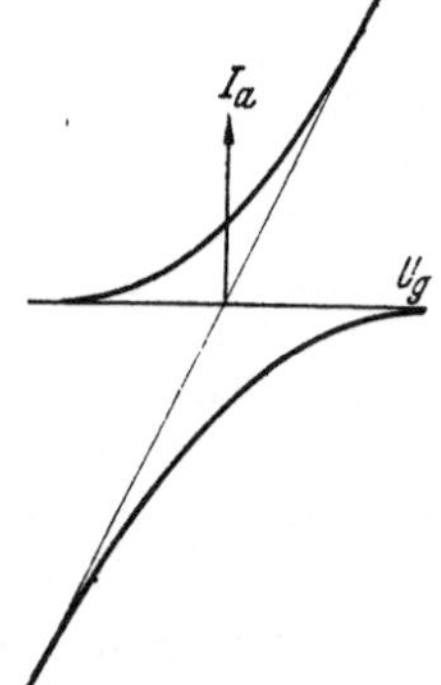

Abb 99. Gegentaktkennlinie.

Wir wollen zulassen, daß im ungünstigsten Moment, wenn U_g sein Maximum hat, wenn also $U_g(t) = \mathfrak{U}_g - U_g$ ist, und wenn $U_a(t)$ zugleich seinen kleinsten Wert hat: $U_a(t) = U_a - \mathfrak{U}_a$; $\dfrac{U_g}{U_a}$ einen festgesetzten Wert $\dfrac{U_{g\,\text{max}}}{U_{a\,\text{min}}} = \beta$ nicht überschreitet. Wir wollen in einem späteren Zahlenbeispiel $\beta = 0,1$ wählen. Der maximale Gitterstrom würde dann, allerdings glücklicherweise nur während einem sehr kleinen Teil der Schwingungsdauer $I_{g\max} = I_{a\max}/\sqrt{10}$ sein. Diese Überlegung liefert die Gleichung:

$$| \mathfrak{U}_g | - U_g = \beta\,(U_a - | \mathfrak{U}_a |).$$

Es interessieren uns in erster Linie die Fragen nach der Leistung, der Belastbarkeit von Anode und Gitter, dem Wirkungsgrad und schließlich dem Maximalstrom, den die Röhre liefern soll, um die Kathode danach zu dimensionieren.

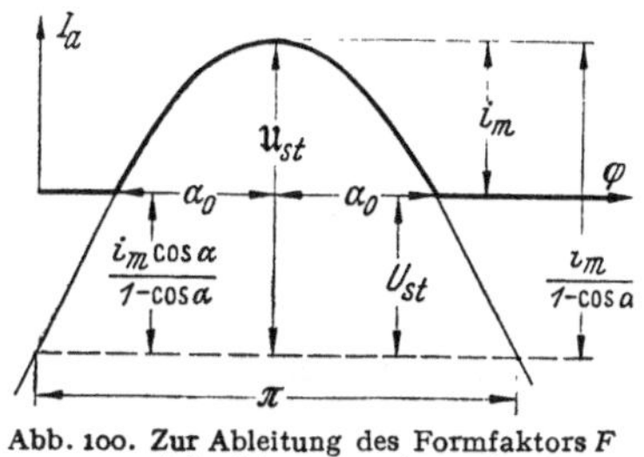

Abb. 100. Zur Ableitung des Formfaktors F und der Stromausnutzung j.

Es wird günstig sein, nur dann den Anodenstrom fließen zu lassen, wenn die Anode auf niedrige Spannungen herunterschwingt, weil dann die Anodenverluste gering werden. Dies ist durch negative Gittervorspannung zu erreichen. Wir führen daher das Verhältnis $v = U_{st}/|\mathfrak{U}_{st}|$ und den Phasenwinkel $2\,\alpha_0$, währenddem der Strom fließt, als Parameter ein. $2\,\alpha_0$ nennt man den Stromflußwinkel (Abb. 101).

Wir führen weiter mit BARKHAUSEN folgende 3 Begriffe ein:

1. Der Formfaktor $F = \bar{I}/I_m \cdot \bar{I} =$ mittlerer Anodenstrom, $I_m =$ maximaler Anodenstrom.

2. Die Stromaussteuerung: $j = \dfrac{|\mathfrak{J}_a|}{\bar{I}}$ und $Fj = \dfrac{|\mathfrak{J}_a|}{I_m}$.

3. Die Spannungsaussteuerung: $\mathfrak{u} = |\mathfrak{U}_a|/U_a$.

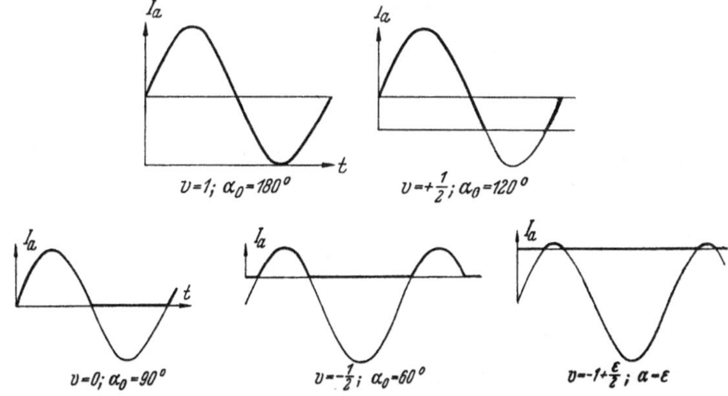

Abb. 101. Zusammenhang zwischen $v = \dfrac{U_{st}}{\mathfrak{U}_{st}}$ und dem Stromflußwinkel α_0

Wir erhalten dann für die Hochfrequenzleistung $\mathfrak{N}_\sim = \dfrac{j\,\mathfrak{u}\,F\,I_m\,U_a}{2}$, die Gleichstromleistung $\mathfrak{N}_= = I\,U_a = I_m\,F\,U_a$.

Den Wirkungsgrad: $\eta = \mathfrak{N}_\sim/\mathfrak{N}_= = j\,\mathfrak{u}/2$.

4. Für die Kennlinie schreiben wir $I_a = f(U_{st})$, z.B. $I_a = \dfrac{c}{1+D}\,U_{st}$. Die Steuerspannung, welche den maximalen Anodenstrom liefert, nennen wir U_s:

$$I_m = \frac{c}{1+D}\,U_s = c\,U_{s0}; \quad U_s = U_{s0}(1+D).$$

Maximaler Anodenstrom fließt, wenn $U_g(t) = | \mathfrak{U}_g | - U_g$ und $U_a(t) = U_a - |\mathfrak{U}_a|$. Wir erhalten somit die Gleichung:

$$U_s = | \mathfrak{U}_g | - U_g + D\,(U_a - |\mathfrak{U}_a|).$$

(Die an sich notwendige Korrektur durch den Gitterstrom wollen wir der Einfachheit halber weglassen.)

Wenn wir aus den beiden Gleichungen $|\mathfrak{U}_g| - U_g$ eliminieren und die Spannungsaussteuerung $\mathfrak{u}$ einführen, erhalten wir

$$\mathfrak{u} = 1 - \frac{U_s}{U_a}\frac{1}{\beta + D} = 1 - \frac{U_{s0}}{U_a}\frac{1+D}{\beta + D}$$

und können schließlich noch U_g und $|\mathfrak{U}_g|$ ausrechnen:

$$U_g = U_s\frac{\nu}{1-\nu} + D\,U_a; \quad |\mathfrak{U}_g| = \frac{U_s}{1-\nu} + D\,|\mathfrak{U}_a| = \frac{U_s}{1-\nu} + D\,U_a\mathfrak{u};$$

$$\nu = -\cos\alpha_0 \equiv \frac{U_{st}}{|\mathfrak{U}_{st}|}.$$

Die Abhängigkeit von F, j und $F \cdot j$ vom Stromflußwinkel $2\,\alpha_0$ ist für die einfache lineare Kennlinie $I_a = c \cdot U_{st}$ nach den Formeln:

$$F = \frac{1}{\pi}\frac{\sin\alpha_0 - \alpha_0\cos\alpha_0}{1-\cos\alpha_0}; \quad j = \frac{\alpha_0 - {}^{1}/_{2}\sin 2\,\alpha_0}{\sin\alpha_0 - \alpha_0\cos\alpha_0}; \quad Fj = \frac{1}{\pi}\frac{\alpha_0 - {}^{1}/_{2}\sin 2\,\alpha_0}{1-\cos\alpha_0}$$

zu berechnen, für gemessene Kennlinien am besten graphisch zu konstruieren. (Der Leser leite sich die Formeln aus Abb. 100 ab.) Der Verlauf der Kurven ist in Abb. 102 aufgezeichnet. Wir lesen ab:

$$Fj_{\max} = 0{,}54; \quad j_{opt} = 1{,}35, \quad \alpha_{opt} = 115°; \quad \nu_{opt} = 0{,}44; \quad F_{opt} = 0{,}40.$$

Zusammenstellung der Formeln und Begriffe:

a) Definitionen.

1. $I_a = f(U_{st})$ z.B. $I_a = \dfrac{c\,U_{st}}{1+D}$;   5. $F = \dfrac{\bar{I}}{I_m}$ $\left.\begin{array}{l}\\ \\ \\\end{array}\right\}$ $\bar{I}$ = mittlerer Anodenstrom

2. $I_m = \dfrac{c\,U_s}{1+D} = c\,U_{s0}$;   6. $j = \dfrac{\Im}{\bar{I}}$ I_m = maximaler Anodenstrom

3. $\dfrac{U_{st}}{\mathfrak{U}_{st}} = \nu = -\cos\alpha_0$;   7. $Fj = \dfrac{\Im}{I_m}$ $\Im$ Anodenstrom „Amplitude"

4. $\mathfrak{u} = \mathfrak{U}_a/U_a$.

b) Maximale und optimale Werte.

1. $Fj_{\max} = 0{,}54$. — 2. $j_{opt} = 1{,}35$. — 3. $\nu_{opt} = 0{,}44$. — 4. $\alpha_{opt} = 115°$.

c) Ausgangsgleichungen.

1. $\mathfrak{U}_g - U_g = \beta\,(U_a - \mathfrak{U}_a)$. — 2. $U_s = \mathfrak{U}_g - U_g + D\,(U_a - \mathfrak{U}_a) = U_{s0}\,(1+D)$.

d) Berechnungsformeln.

1. $\mathfrak{u} = 1 - \dfrac{U_{s0}}{U_a} \cdot \dfrac{1+D}{\beta + D}$; $U_{s0} = (1-\mathfrak{u})U_a\dfrac{\beta + D}{1+D}$;   2. $U_g = \dfrac{U_s\nu}{1-\nu} + D\,U_a$;

$$3.\ \mathfrak{U}_g = \frac{U_s}{1-\nu} + D\,\mathfrak{U}_a.$$

e) Leistungen und Wirkungsgrad.

1. $\mathfrak{N}_{\sim} = \dfrac{j\mathfrak{u}\cdot F\cdot I_m\cdot U_a}{2} = \dfrac{j\mathfrak{u}}{2}\bar{I}U_a$;   2. $\mathfrak{N}_v = U_a\bar{I}\left(1 - \dfrac{j\mathfrak{u}}{2}\right)$;   3. $\mathfrak{N}_= = U_a\bar{I} = U_aI_mF$;

$$4.\ \eta = \frac{j\mathfrak{u}}{2}.$$

Um die Zweckmäßigkeit dieser Begriffe beurteilen und ihre Handhabung kennenzulernen, rechne der Leser zu seiner Übung folgende 2 Aufgaben:

1. Aufgabe: Gegeben die Kennlinie einer Sendetriode.

$$I_a = c\,U_{\mathrm{st}} \quad \text{mit} \quad c = 15\ \mathrm{mA/V}.$$

$D = 10\%$ und $\dfrac{1+D}{\beta+D} = 5$. $U_a = 4000$ V. Es soll maximale Leistung ohne Rücksicht auf den Wirkungsgrad erzielt werden. Berechne U_{s0}, $\mathfrak{U}_a$, $\mathfrak{U}_g$, U_g, $I_{\max}$, $\mathfrak{N}_\sim$, $\mathfrak{N}_=$, $\bar{I}$, $\mathfrak{I}_a$.

Anleitung: Wenn die Leistung $\mathfrak{N}_\sim = \dfrac{j\,\mathfrak{u}\,F\,U_a\,c\,U_{s0}}{2}$ ein Maximum werden soll, benutze die Werte $jF_{\max} = 0{,}54$. Dann ist noch $\mathfrak{u}\,U_{s0}$ zu einem Maximum zu machen $\left(\dfrac{\partial\,(\mathfrak{u}\,U_{s0})}{\partial\,\mathfrak{u}} = 0!\right)$.

Resultat: $U_{s0\,\mathrm{opt}} = \dfrac{1}{2}\,U_a\,\dfrac{\beta+D}{1+D} = \dfrac{1}{10}\,U_a = 400\,V$; $I_m = 6\,\mathrm{A}$, $\bar{I} = 2{,}4\,\mathrm{A}$; $\mathfrak{I}_a = 3{,}24\,\mathrm{A}$; $\mathfrak{U}_a = 2000\,V$; $\mathfrak{U}_g = 915\,V$; $U_g = -715\,V$; $\mathfrak{N}_= = 9{,}6\,\mathrm{kW}$; $\eta = 34\%$, $\mathfrak{N}_\sim = 3{,}26\,\mathrm{kW}$.

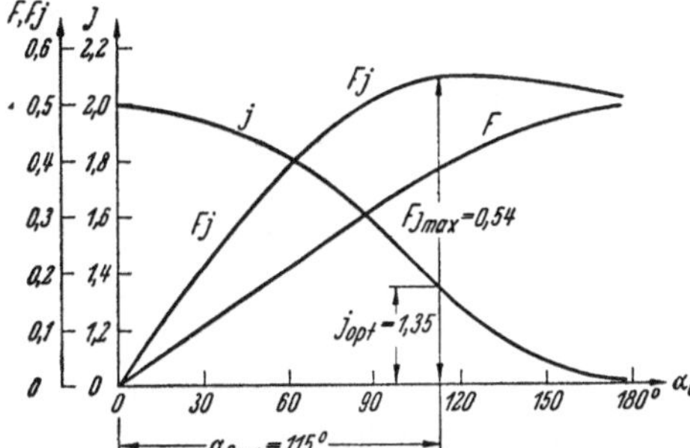

Abb. 102. $F, j, F\cdot j$ in Abhängigkeit vom Stromflußwinkel α_0.

2. Aufgabe: Der Wirkungsgrad wird in der Aufgabe 1 recht klein. Wir wollen daher für dieselbe Röhre und Betriebsspannung noch den Wirkungsgrad vorschreiben, z.B. $\eta = 60\%$.

Anleitung: Es ist dann $j = 2\eta/\mathfrak{u}$ und

$$\mathfrak{N}_\sim = \eta\,\bar{I}\,U_a = \eta\,c\,U_{s0}\,U_a\,F(j) \quad \text{mit} \quad j = \frac{\eta}{\mathfrak{u}}$$

und $U_{s0} = (1-\mathfrak{u})\,U_a\,\dfrac{\beta+D}{1+D}$.

Setzt man den Wert für U_{s0} ein, erhält man

$$\mathfrak{N}_\sim = \eta\,c\,U_a^2(1-\mathfrak{u})\frac{\beta+D}{1+D}F\!\left(\frac{\eta}{\mathfrak{u}}\right); \quad \frac{\partial\,\mathfrak{N}_\sim}{\partial\,\mathfrak{u}} = 0 \rightarrow \frac{\partial}{\partial\,\mathfrak{u}}(1-\mathfrak{u})F\!\left(\frac{\eta}{\mathfrak{u}}\right) = 0.$$

Die Kurve $F(j) = F\!\left(\dfrac{\eta}{\mathfrak{u}}\right)$ ist aus Abb. 102 abzugreifen und das Optimum für $\mathfrak{u}$ graphisch zu ermitteln. Die Leistung steigt mit U_a^2.

Die Berechnung der Gitterverluste sei dem Senderband IV vorbehalten.

E. Die rückgekoppelte Röhre.

Das Prinzip der Rückkopplung war bereits in der Einleitung an Hand der Meißnerschen Schaltung erläutert. Es sind noch eine große Zahl anderer Rückkopplungsschaltungen möglich. Als Beispiele seien genannt:

Die *K*-Punktschaltung Abb. 103. Die Drossel sei als unendlicher Widerstand, C_{kurz} als Kurzschluß betrachtet.

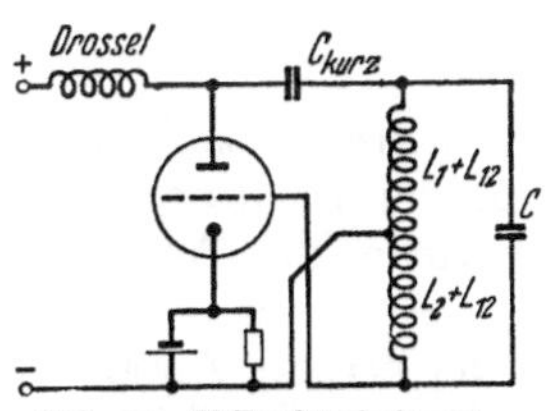

Abb. 103. *K*-Punktschaltung.

Die Huth-Kühn-Schaltung. Die punktiert gezeichnete Gitter-Anoden-Kapazität C_{ga} bildet den Rückkopplungskanal (Abb. 104). Sie wird oft bei quarzgesteuerten Sendern (Abb. 104a) verwendet. Dabei ist das Ersatzschema des Quarzes in Abb. 104c dargestellt. C_{st} ist dabei die statische Kapazität des Quarzes, C, L, R Ersatzwerte, die sich aus den Piezoeffekten und der mechanischen Schwingung des Quarzes ergeben.

Die kapazitive Rückkopplung (Abb. 105) wird oft bei Kurzwellengeneratoren verwandt. Die mit C_{ga}, C_{ak}, C_{gk} bezeichneten Kapazitäten liegen dann in der Röhre. Generatoren mit R-C-Gliedern für niedrige Frequenzen (Abb. 106).

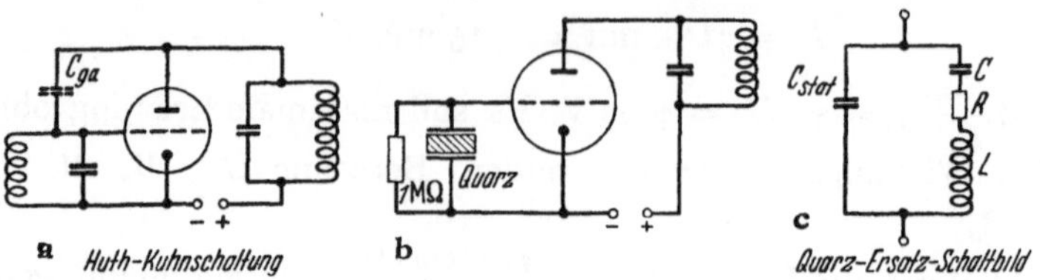

Abb. 104. a) Huth-Kuhn-Schaltung;   b) Quarzgesteuerter Generator;   c) Quarz-Ersatz-Schaltbild.

Wir wollen uns zunächst auf die Meißnersche Schaltung beschränken und die verschiedenen Schaltungen später als Übungsbeispiele bringen.

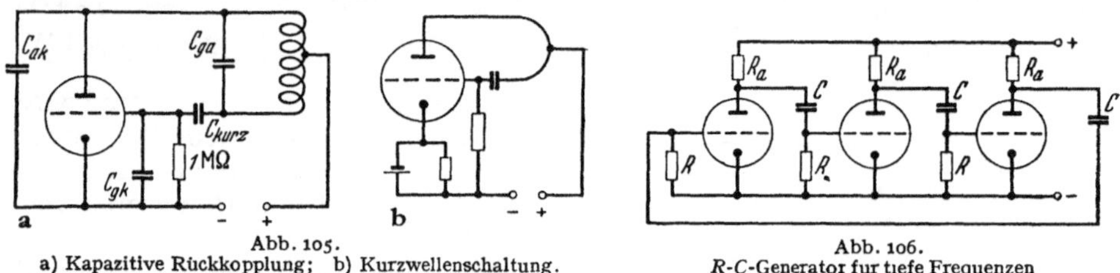

Abb. 105.
a) Kapazitive Rückkopplung;   b) Kurzwellenschaltung.

Abb. 106.
R-C-Generator für tiefe Frequenzen

1. Die Amplituden- und Phasenbilanz.

Um die Wirkungsweise eines rückgekoppelten Generators zu beschreiben, betrachten wir einen Kreisprozeß, den wir an einer beliebigen Stelle, z.B. beim Anodenwechselstrom mit der Amplitude $\mathfrak{J}_a$ beginnen können. Dieser Anodenwechselstrom erregt den Strom im Schwingungskreis und eine Anodenwechselspannung

$$\mathfrak{U}_a = \mathfrak{R}_a \mathfrak{J}_a \; ; \quad \mathfrak{R}_a = \frac{1 + \dfrac{R}{\omega L}}{2\,C\,(j\,\delta\,\omega + \mathfrak{d})} \; ; \quad \mathfrak{R}_{a\,\text{bei Abstimmung}} \cong \frac{1}{2\,C\,\mathfrak{d}} \cong \frac{L}{C\,R} \cdot$$

Der Strom im Schwingungskreis erregt ferner in der Rückkopplungsspule die Gitterspannung

$$\frac{\mathfrak{U}_g}{\mathfrak{U}_a} = \mathfrak{K} = \frac{j\,\omega\,L_{1g}}{j\,\omega\,L + R} \cong L_{1g}/L \; .$$

Die Steuerspannung setzt sich aus $\mathfrak{U}_g$ und $\mathfrak{U}_a$ zusammen: $\mathfrak{U}_{st} = \mathfrak{U}_g + D\,\mathfrak{U}_a$; $\mathfrak{U}_a = -\,\mathfrak{R}_a \mathfrak{J}_a$

$$\mathfrak{R}_k = \mathfrak{U}_{st}/\mathfrak{J}_a = \mathfrak{R}_a\,(\mathfrak{K} - D) = \frac{L_{1g} - D\,L}{2\,L\,C\,(j\,\delta\,\omega + \mathfrak{d})} \cdot$$

$\mathfrak{K}$ ist der Barkhausensche Rückkopplungsfaktor (Dimension: reine Zahl) und $\mathfrak{R}_k$ die „Rückkopplung" (Dimension: Widerstand). $\mathfrak{R}_k$ ist aus den linearen Gleichungen der Wechselstromtechnik zu berechnen. $\mathfrak{U}_{st}$ steuert wieder den Anodenstrom. Damit ist der Kreislauf geschlossen.

Sollen kontinuierliche Schwingungen entstehen, so muß der erregte Anodenstrom dem ursprünglichen gleichen, und zwar in seiner Amplitude (*Amplitudenbilanz*) und in seiner Phase (*Phasenbilanz*). Würde der erregte Anodenstrom größer sein als der ursprüngliche, so würden sich die Schwingungen aufschaukeln. Würde er in der Phase voreilen, so würde die Frequenz steigen.

2. Die Schwinglinie.

Die $\mathfrak{R}_k$ ist mit den linearen Gleichungen der Wechselstromtheorie berechenbar. Der Zusammenhang zwischen $\mathfrak{U}_{st}$ und $\mathfrak{I}_a$ über die Röhre ist nicht linear, wir müssen ihn graphisch ermitteln. Die Kurve, welche $\mathfrak{I}_a$ als Funktion von $\mathfrak{U}_{st}$ angibt, nennen wir „Schwinglinie", im Gegensatz zur Kennlinie, welche den Zusammenhang zwischen dem Momentanwert des Anodenstromes und dem Momentanwert der Steuerspannung darstellt.

$$\textit{Kennlinie } I_a = f(U_{st}) \qquad \textit{Schwinglinie } \mathfrak{I}_a = F(\mathfrak{U}_{st}).$$

a) Die Konstruktion der Schwinglinie (Abb. 107).

Wir bezeichnen im Kennlinienbild (Abb. 107a) den Schwingungsmittelpunkt S, zeichnen darunter den zeitlichen Verlauf der Steuerspannung für verschiedene Amplituden (Abb. 107b), greifen dann aus den beiden Diagrammen den zeitlichen Verlauf des Anodenstromes ab (Abb. 107c), ermitteln durch Fourier-Analyse die

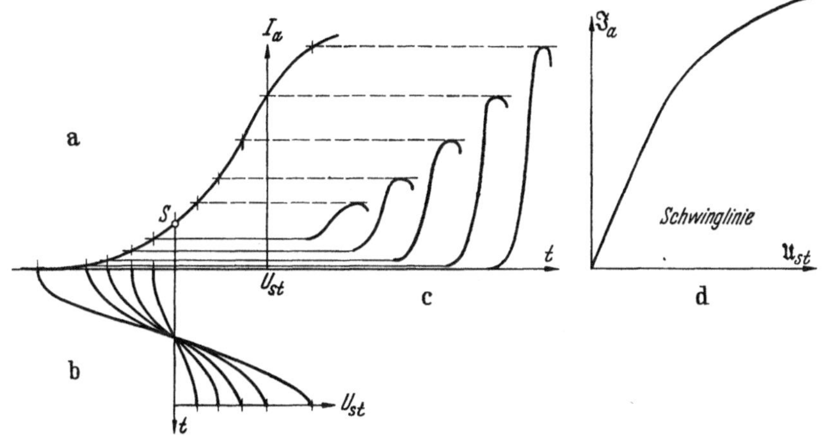

Abb. 107. Konstruktion der Kurzschlußschwinglinie (Pentodenschwinglinie)

Grundschwingungsamplitude und tragen schließlich in Abb. 107d diese über den Steuerspannungsamplituden auf.

Die Anfangssteilheit der Schwinglinie gleicht der Steilheit der Kennlinie im Schwingungsmittelpunkt. Bei großen Amplituden nimmt die Steilheit der Schwinglinie ab. Starke Gitterströme können dazu führen, daß die Schwinglinie sogar wieder sinkt. Liegt der Schwingungsmittelpunkt sehr tief, krümmt sich die Schwinglinie anfangs nach oben. Der Leser zeichne zur Übung das Schwinglinienfeld mit dem Parameter U_g (Gittervorspannung) für einen gegebenen Rückkopplungsfaktor (z. B. $\mathfrak{K} = {}^1/_{10}$) für ein gegebenes Kennlinienfeld Abb. 108a, b).

Anleitung: Man zeichne sich für eine bestimmte Gittervorspannung und für eine gewählte Gitterwechselspannung und die zugehörige Anodenspannung die Kurve im Kennlinienfeld (dick ausgezogen, Abb. 108c) und dann wieder den zeitlichen Verlauf und ermittle die Anodenstrom-Grundschwingungs-Amplitude. Man erhält dann das Diagramm 108e, f. Die Abb. 108a und b bilden den Ausgang. Sie seien z. B. gemessen. 108c ist aus diesen Diagrammen nach der Beziehung: $I_a = I_e - I_g$ zu konstruieren. Nun wählt man die Gitterspannungsamplitude $\mathfrak{U}_g$ und das zugehörige $\mathfrak{U}_a$ (z. B. $\mathfrak{U}_a = 10\,\mathfrak{U}_g$) und zeichnet die Arbeitskurve ein. Diese entspricht dann der Abb. 107a. Das weitere Verfahren gleicht dem oben beschriebenen. Es entsprechen sich 107a und 108c, 107c und 108e, 107d und 108f.

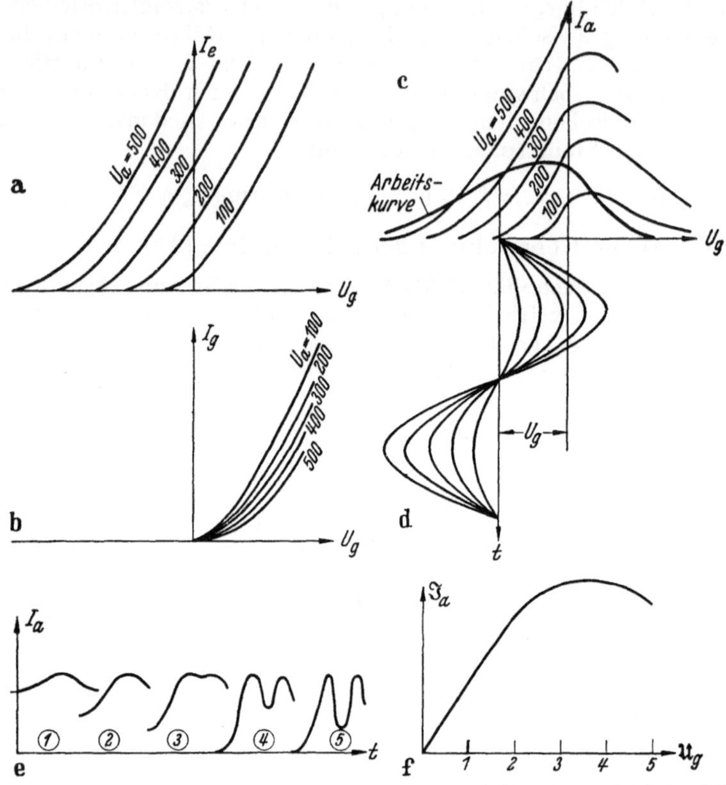

Abb. 108. Konstruktion der Triodenschwinglinie mit Anodenbelastung und Gitterströmen bei festem Rückkopplungsfaktor $\Re = \dfrac{\mathfrak{u}_g}{\mathfrak{u}_a}$.

b) Berechnung der Rückkopplung, der Frequenzverwerfung und Konstruktion der Amplitude im Schwingliniendiagramm.

Die Berechnungen und die Konstruktion sei nur für den Meißner-Generator durchgeführt. Für die Sender (Abb. 104a Huth-Kühn-Sender, Abb. 105 Kurzwellensender, Abb. 106 Generator für langsame Wechselströme) führe der Leser zu seiner Übung die Berechnungen selbst durch. Für diese Fälle soll nur eine kurze Anleitung und das Resultat mitgeteilt werden.

c) Der Meißner-Generator.

Für eine Frequenz $\omega = \omega_0 + \delta\omega$ ist der Widerstand des Anodenkreises

$$\Re_a = \frac{(j\,\omega\,L + R + \Re_r)/j\,\omega\,C}{2\,L(j\,\delta\omega + \mathfrak{d}) + \Re_r} \quad \text{mit} \quad \Re_r = \frac{\omega^2 L_{1g}^2}{j\,\omega\,L_g + R_g} = R_{rr} + j\,R_{rj};$$

$$R_{rr} = \frac{\omega^2 L_{1g}^2 R_g}{\omega^2 L_g^2 + R_g^2}; \quad R_{rj} = \frac{j\,\omega^3 L_{1g}^2 L_g}{\omega^2 L_g^2 + R_g^2}.$$

Hierbei sind

L, C, R Induktivität, Kapazität und Widerstand des Anodenkreises;
$\Re_r$ der Rückwirkungswiderstand des Gitterkreises $\Re_r = R_{rr} + j\,R_{ri}$;
L_g die Induktivität der Gitterspule;
R_g der Widerstand der Elektronenstrecke Glühdraht-Gitter.

$\mathfrak{U}_g^x$ sei die in der Rückkopplungsspule induzierte Spannung, $\mathfrak{U}_g$ die Teilspannung am Gitter

$$\mathfrak{U}_g^x = \frac{\mathfrak{U}_a\, j\omega L_{1g}}{j\omega L + j R_{ri} + R + R_{rr}} \quad ; \quad \mathfrak{U}_g = \frac{\mathfrak{U}_g^x R_g}{R_g + j\omega L_g} = \frac{\mathfrak{U}_g^x}{1 + j\omega L_g/R_g}.$$

Für die $\mathfrak{R}_k$ erhält man dann durch Einsetzen die recht komplizierte Formel

$$\mathfrak{R}_k = \frac{\mathfrak{U}_g - D\,\mathfrak{U}_a}{\mathfrak{J}_a} = \frac{\dfrac{j\omega L_{1g}}{j\omega C}\dfrac{1}{1+j\omega L_g/R_g} - \dfrac{D}{j\omega C}\left(j\omega L + R + \dfrac{\omega^2 L_{1g}^2}{j\omega L_g + R_g}\right)}{2L(\delta\omega + \mathfrak{d}) + \dfrac{\omega^2 L_{1g}^2}{j\omega L_g + R_g}}$$

$$= \frac{\dfrac{L_{1g}R_g}{C} - \dfrac{D}{j\omega C}\left[(j\omega L + R)(j\omega L_g + R_g) + \omega^2 L_{1g}^2\right]}{2L(j\delta\omega + \mathfrak{d})(j\omega L_g + R_g) + \omega^2 L_{1g}^2}.$$

Solange die Elektronenlaufzeit keine Rolle spielt, sind $\mathfrak{J}_a$ und $\mathfrak{U}_{st}$ in Phase. Die $\mathfrak{R}_k$ muß reell sein. Die Bedingung: $\mathfrak{R}_k =$ reell gestattet die Frequenzverwerfung zu berechnen. Im Nenner und Zähler muß Imaginärteil/Realteil gleich sein.

Wir erhalten für $\delta\omega = \omega - \omega_0$; $\omega_0^2 = 1/LC$

$$\frac{2\omega L_g L\mathfrak{d} + 2L R_g \delta\omega}{-2L\delta\omega\cdot\omega L_g + 2\mathfrak{d}L R_g + \omega^2 L_{1g}^2} = \frac{D\left[-\omega^2(LL_q - L_{1g}^2) + R R_g\right]}{R_g \omega L_{1g} - D\omega(L_g R + R_g L)}.$$

Um die Aussagen dieser Formel zu überblicken, betrachten wir folgende Sonderfälle:

1. $R_g = $ sehr groß; $\quad \dfrac{\delta\omega}{\mathfrak{d}} = \dfrac{DR}{\omega(L_{1g} - DL)}.$

Da D und R klein sind, ist diese Frequenzsteigerung nur gering.

2. $D = 0$, $R_g \neq \infty$, $\delta\omega = -\mathfrak{d}\cdot\omega L_g/R_g.$

Man kann diese Frequenzerhöhung leicht experimentell zeigen, wenn man den Sender mit einem Schwebungswellenmesser koppelt, den Schwebungston so einstellt, daß die Wellenmessereigenschwingung niedriger als die Senderschwingung ist, und dann die Rückkopplung anzieht. Man wird beobachten, daß der Schwebungston tiefer wird. Der Leser führe die genannten Vernachlässigungen von vornherein ein und rechne die beiden Frequenzverwerfungen einmal nur durch den Durchgriff und einmal nur durch die Gitterströme einzeln aus. Er wird finden, daß diese Einzelrechnungen sehr rasch und einfach auszuführen sind. Ich möchte den Leser bei dieser Gelegenheit die Erfahrung gewinnen lassen, daß es sehr vorteilhaft ist, sich vor einer Rechnung gründlich zu überlegen, was man von *vornherein* vereinfachen kann. Man muß allerdings eventuell kontrollieren, ob man nicht zuviel oder gar Wesentliches vernachlassigt hat.

d) Anleitung zu den Übungsaufgaben.

α) Der Huth-Kühn-Sender.

Die Eigenfrequenzen von Gitter- und Anodenschwingungskreis seien ω_1 und ω_2 und $\omega_1 - \omega_2$ sei die Verstimmung v. Es stellt sich für beide Kreise eine einheitliche Frequenz ω ein. Wir nennen $\omega - \omega_1 = \delta\omega_1$ und $\omega - \omega_2 = \delta\omega_2$ und erhalten $\delta\omega_2 - \delta\omega_1 = v$. Bei der Berechnung der Rückkopplung bedenke der Leser, daß die Koppelkapazität C_{ga} sehr klein ist, so daß man den Strom, der den Gitterschwingungskreis durchfließt, einfach durch $j\omega C_{ga}\mathfrak{U}_a$ berechnen kann. Er wird nun die $\mathfrak{R}_k$ selbst leicht hinschreiben. Die Bedingung: $\mathfrak{R}_k =$ reell führt auf:

$$\mathfrak{d}_1\mathfrak{d}_2 = \delta\omega_1\,\delta\omega_2; \quad \mathfrak{d}_1\mathfrak{d}_2 = \delta\omega_1^2 + v\,\delta\omega_1 \quad \text{und} \quad \mathfrak{R}_k = \frac{(-\omega C_{ga}(\mathfrak{d}_2\,\delta\omega_1 + \mathfrak{d}_1\,\delta\omega_2)}{4C_1 C_2(\mathfrak{d}_1^2 + \delta\omega_1^2)(\mathfrak{d}_2^2 + \delta\omega_2^2)}.$$

Die Gleichung $\delta\omega_1^2 + v\,\delta\omega_1 = \mathfrak{d}_1\mathfrak{d}_2$ bzw. $\delta\omega_2^2 - v\,\delta\omega_2 = \mathfrak{d}_1\mathfrak{d}_2$ hat die Lösungen:

$$\delta\omega_1 = -\frac{v}{2} \pm \sqrt{\frac{v^2}{4} + \mathfrak{d}_1\mathfrak{d}_2}\,; \qquad \delta\omega_2 = +\frac{v}{2} \pm \sqrt{\frac{v^2}{4} + \mathfrak{d}_1\mathfrak{d}_2}\,.$$

Da die $\mathfrak{R}_k$ positiv sein muß, müssen beide $\delta\omega$ negativ sein. Wir haben das negative Zeichen der Wurzel zu wählen. Den Verlauf von $\delta\omega_1$ und $\delta\omega_2$ zeigt Abb. 109. Die Frequenz ω, die sich einstellt, ist immer kürzer als die kürzere Kreisfrequenz.

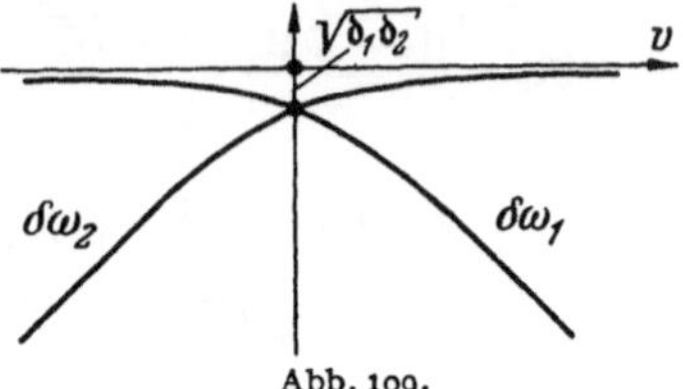

Abb. 109.
Frequenz der Huth-Kuhn-Schaltung.

β) *Die Kurzwellenschaltung* (Abb. 105).

Wir wollen etwas anschaulicher die Schwingkreiskapazität mit C_s, die größere Röhrenkapazität C_{gk} mit C und die kleinere Röhrenkapazität C_{ak} mit c bezeichnen. ω_1^2 sei $1/L\,C_s$ und $\delta\omega = \omega - \omega_1$. Wir wollen spater die Vereinfachung $\delta\omega \gg \mathfrak{d}$ einführen. Der Durchgriff soll wieder $= 0$ sein. (Arbeiten mit einer Pentode.)

Wir erhalten in der üblichen Weise aus $\mathfrak{R}_k = \mathfrak{K}\,\mathfrak{R}_a =$ reell

$$\frac{1}{\mathfrak{R}_k} = \text{Reell}\,\{j\,\omega\,(c + C)\} + \frac{j\,\omega\,C\,j\,\omega\,c\,j\,\delta\omega}{2\,C_s(\mathfrak{d}^2 + \delta\omega^2)} + \frac{\omega^2 c\,C\,\mathfrak{d}}{2\,C_s(\mathfrak{d}^2 + \delta\omega^2)} = +\frac{\omega^2 C\,c\,\mathfrak{d}}{2\,C_s(\mathfrak{d}^2 + \delta\omega^2)}.$$

Aus $\mathfrak{R}_k =$ reell erhalten wir für die Frequenzverwerfung

$$0 = \frac{C_s}{\dfrac{C\,c}{C+c}} + \frac{\omega\,\delta\omega}{2\,\delta\omega^2 + \mathfrak{d}^2}$$

oder mit

$$\mathfrak{d}/\delta\omega \ll 1\,; \qquad -\frac{\omega}{2\,\delta\omega} = \frac{C_s}{\dfrac{C\,c}{C+c}}\,; \qquad \delta\omega = -\frac{\omega}{2}\,\frac{\dfrac{C\,c}{C+c}}{C_s}.$$

Diese Formel sagt sehr anschaulich aus: Setze bei der Berechnung der Frequenz nicht nur C_s in Rechnung, sondern die Kombination aus C_s, C und c. — Für die Rückkopplung selbst erhält man

$$\mathfrak{R}_k = \frac{2\,C_s\,\delta\omega^2}{C\,c\,\mathfrak{d}\,\omega^2} = \frac{2\,C\,c}{\mathfrak{d}\,4\,C_s(C+c)^2}, \quad \text{mit}\quad C+c \cong C \quad \text{und} \quad \mathfrak{d} = \frac{R}{2\,L} : \mathfrak{R}_k = \frac{L}{C_s\,R}\,\frac{c}{C}.$$

γ) *Der R-C-Generator für langsame Schwingungen.*

Die Phasen- und Amplitudenbilanz erfordert

$$-1 = (S_A R_a)^3 \left(\frac{R}{\dfrac{1}{j\,\omega\,C} + R}\right)^3 = e^{j\,180°}\,; \qquad S_A R_a\,\frac{1}{1 + \dfrac{1}{j\,\omega\,C\,R}} = e^{j\,60°}.$$

Dies führt zur Berechnung der Frequenz auf die Formel $\dfrac{1}{\omega\,C\,R} = \text{tg}\,60° = \sqrt{3}$ und für die Berechnung der Arbeitskurvensteilheit $\dfrac{S_A R_a}{\sqrt{1+3}} = \dfrac{S_A R_a}{2} = 1$. Der Sender schwingt mit endlichen Amplituden, wenn $S > S_A = \dfrac{2}{R_a}$. Die Widerstände R_a sind Verbraucherwiderstände.

Zahlenbeispiel: $R = 10^5\,\Omega$; $\omega = 300/\text{sec}$; $C = 0{,}0193\,\mu\text{F}$.

δ) Die Konstruktion im Schwingliniendiagramm.

Wenn die Maßstäbe für die Ströme und Spannungen i und u sind, z.B. $\mathfrak{u} = 0{,}1\,\mathrm{cm/V}$, so ist $\mathrm{tg}\,\alpha = \mathfrak{R}_k\,\mathfrak{u}/\mathfrak{i}$ zu berechnen, und im Diagramm die „Rückkopplungsgerade" mit der Neigung α durch den Nullpunkt zu zeichnen. An ihrem Schnittpunkt mit der Schwinglinie lassen sich $\mathfrak{I}_a$ und $\mathfrak{U}_{st}$ ablesen, $\mathfrak{U}_a$ aus $\mathfrak{U}_a = R_a \mathfrak{I}_a$ und $\mathfrak{U}_g$ aus $\mathfrak{U}_{st} + D\,\mathfrak{U}_a$ berechnen.

3. Konstruktionen im Schwingliniendiagramm.
a) Folgen, Reißen, Springen.

In Abb. 110a sind für eine einfache Schwinglinie die Rückkopplungsgeraden für verschiedene Rückkopplungen eingezeichnet, und in Abb. 110b die Amplituden

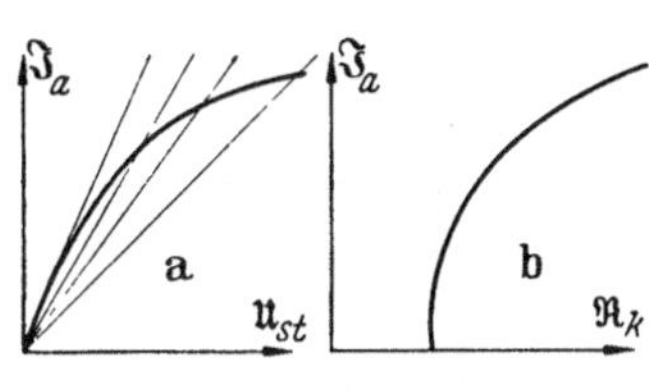

Abb. 110. Folgen.

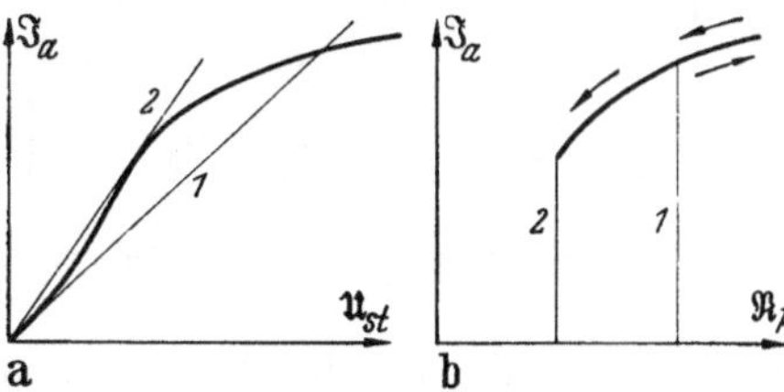

Abb. 111. Reißen und Springen

in Abhängigkeit von der $\mathfrak{R}_k$. Wir haben einen stetigen Verlauf beim Festigen und Lockern der $\mathfrak{R}_k$. Die Amplitude „folgt". Abb. 111 zeigt das Verhalten einer unten gewundenen Schwinglinie. Die Amplitude springt im Punkt 1 auf einen hohen Wert und reißt beim Lockern der Rückkopplung im Punkt 2 ab.

Noch komplizierter sind die Verhältnisse in Abb. 112, bei der infolge des Gitterstromes die Schwinglinie mehrere Windungen aufweist. RUKOP hat in seiner

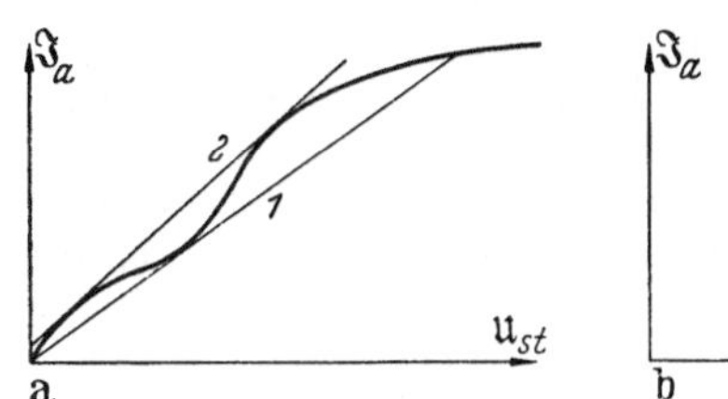

Abb 112. Komplizierter Fall des Reißens und Springens.

Arbeit über die Reißdiagramme diese Verhältnisse eingehend studiert.

b) Die Anfachung der Schwingungen.

Für eine angefachte Schwingung $\mathfrak{I}_a = |\mathfrak{I}_a|\,e^{(\mathfrak{a}+j\omega)t}$ berechnet sich die $\mathfrak{R}_k$ zu

$$\mathfrak{R}_k = \frac{L_1 g/L}{2\,C\,(\mathfrak{d}+\mathfrak{a})}$$

Zwischenrechnung:

$$\mathfrak{R}_a = \frac{(j\omega+\mathfrak{a})\,L/(j\omega+\mathfrak{a})\,C}{(j\omega+\mathfrak{a})\,L + \dfrac{1}{(j\omega+\mathfrak{a})\,C} + R}\;; \qquad \text{da } R = 2L\mathfrak{d};$$

$$\frac{1}{(j\omega+\mathfrak{a})\,C} = \frac{1}{j\omega C}\,\frac{1}{1+\dfrac{\mathfrak{a}}{j\omega}} \cong \frac{1}{j\omega C}\left(1 - \frac{\mathfrak{a}}{j\omega}\right) = \frac{1}{j\omega C} + \frac{\mathfrak{a}}{\omega^2 C}\,.$$

und die Abstimmung:

$$j\omega L + \frac{1}{j\omega C} = 0\,; \quad 1/\omega^2 C = L\,; \quad \mathfrak{R}_k = \frac{L_1 g/L}{2\,C\,(\mathfrak{d}+\mathfrak{a})}\,.$$

Während wir bisher vor der Aufgabe: ,,Für eine gegebene $\mathfrak{R}_k$ ist die Amplitude $\mathfrak{J}_a$ als Schnittpunkt der Schwinglinie und der Rückkopplungsgeraden zu suchen'', standen, liegt jetzt die Aufgabe vor: ,,eine bestimmte Amplitude in die Schwinglinie einzuzeichnen und aus dem gefundenen $\mathfrak{R}_k$ die Anfachung zu berechnen''. Wir entnehmen den beiden Gleichungen:

$$\mathfrak{R}_{k\,\text{Anfachung}} = \frac{L_1 g / L}{2\,C\,(\mathfrak{d} + \mathfrak{a})} \sim \mathrm{tg}\,\alpha; \qquad \mathfrak{R}_{k\,\text{eingeschwungen}} = \frac{L_1 g / L}{2\,C\,\mathfrak{d}} \sim \mathrm{tg}\,\alpha_0;$$

$$\mathfrak{a} = \mathfrak{d}\,\frac{\mathrm{tg}\,\alpha_0 - \mathrm{tg}\,\alpha}{\mathrm{tg}\,\alpha} = \frac{d\mathfrak{J}}{\mathfrak{J}\,dt}$$

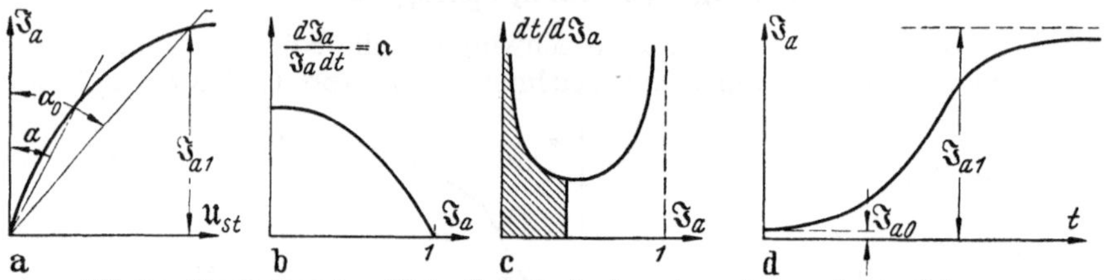

Abb. 113. Konstruktion des zeitlichen Verlaufes des Anwachsens einer angefachten Schwingung

und können den Verlauf des Anschwingvorganges durch Integration finden, die graphisch jederzeit ausführbar ist. Die schraffierte Fläche der Abb. 113c ist gleich t.

c) Der Pendelrückkopplungs-Empfang.

Im unteren gradlinigen Teil der Schwinglinie ist α und damit auch die Anfachung $\mathfrak{a}$ konstant. Wir können nun mit Hilfe der Gittervorspannung α einstellen. Wir wollen die Gittervorspannung der Einfachheit der Rechnung wegen unstetig geändert denken, so daß während einer kleinen Zeit τ_1 eine Anfachung $\mathfrak{a}_0$ und während einer weiteren kleinen Zeit τ_2 die Dämpfung $\mathfrak{d}_0$ eingestellt ist. $|\,\mathfrak{d}_0\,|$ soll größer als $|\,\mathfrak{a}_0\,|$ sein, so daß in der Zeit τ_2 die Schwingung wieder auf Null abklingt. Von einer Empfangsantenne aus werde eine Anfangsamplitude $\mathfrak{J}_0$ erregt. Die Amplitude steigt dann in der Zeit τ_1 bis zu dem Wert $\mathfrak{J} = \mathfrak{J}_0 e^{\mathfrak{a}_0 \tau_1}$ an. Verbindet man den Schwingungskreis mit einem quadratischen Gleichrichter, so ist der mittlere Gleichstrom

$$\delta\bar{i} = \frac{c\displaystyle\int_0^{\tau_1} |\,\mathfrak{J}_0\,|^2 e^{2\,\mathfrak{a}_0\,\tau_1} \cos^2\omega t\,dt}{\tau_1 + \tau_2} = \frac{c\,|\,\mathfrak{J}_0^2\,|}{2\,(\tau_1 + \tau_2)} \int_0^{\tau_1} e^{2\,\mathfrak{a}_0 t}\,dt$$

$$= \frac{c\,|\,\mathfrak{J}_0\,|^2}{2\,(\tau_1 + \tau_2)}\,\frac{e^{2\,\mathfrak{a}_1 \tau_1} - 1}{2\,\mathfrak{a}_0} \cong \frac{c\,|\,\mathfrak{J}_0\,|^2\,e^{2\,\mathfrak{a}_0 \tau}}{8\,\mathfrak{a}_0\,\tau}\,, \qquad \text{wenn} \quad \tau_2 = \tau_2 = \tau\,{}^*.$$

Würde man nicht mit der Pendelrückkopplung arbeiten, sondern eine V-fache Hochfrequenzverstärkung anwenden, würde man den Gleichrichtereffekt

$$\delta\bar{i} = \frac{c}{2}\,|\,\mathfrak{J}_0\,|^2 V^2$$

erhalten. Die Pendelrückkopplung entspricht also einer Verstärkung

$$V = \frac{e^{\mathfrak{a}_0 \tau}}{2\sqrt{\mathfrak{a}_0\,\tau}}\,.$$

---

* Der Stromanteil der *rasch* abklingenden Schwingung ist weggelassen.

Bei einem Empfangsstrom von 10^{-7} mA können wir $a_0\tau = 11$, $e^{a_0\tau} =$ etwa 80 000 wählen, der Endstrom wäre dann 8 mA und die Verstärkung hat den hohen Wert

$$V = \frac{8 \cdot 10^4}{2\sqrt{12}} \cong 1,15 \cdot 10^4 .$$

Da bei Sprachübertragung $\tau = 10^{-5}$ sec nicht wesentlich überschreiten darf, muß man mit sehr hohen Anfachungen und noch höheren Dämpfungen arbeiten. Da dies nur bei kurzen Wellen möglich ist, kommt der Pendelrückkopplungsempfang für billigere U.K.W.-Empfänger in Frage.

4. Theorie des Ziehens.

Wenn man bei verhältnismäßig fester Ankopplung die Antenne eines Zwischenkreistelegraphiesenders abstimmt, kommt man zu hohen Antennenströmen, die sich aber beim Tasten nicht mehr einstellen. Man kann den Antennenstrom „hochziehen". Wenn man die Resonanzkurven bei verschiedenen Kopplungen aufnimmt, findet man bei loser Kopplung die normale Resonanzkurve, bei festerer Kopplung wird sie zu spitz, bei der sogenannten kritischen Kopplung erhält sie eine scharfe Spitze und bei noch festerer Kopplung 2 sich überkreuzende Äste, die in den Punkten P 1 und P 2 abreißen (Abb. 114). Beobachtet man die sich ein-

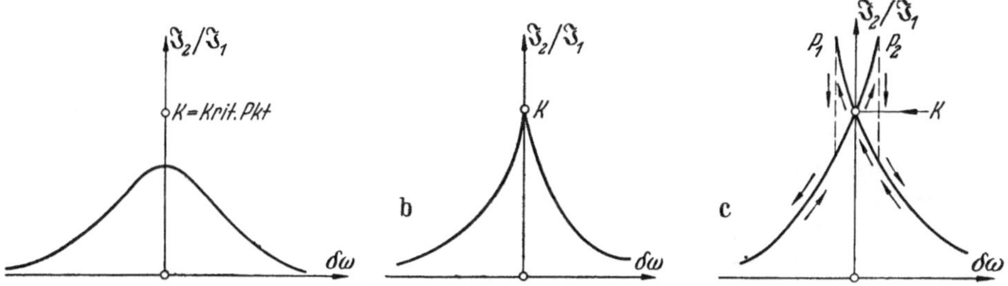

Abb 114. Resonanzkurven bei verschieden fester Kopplung (Ziehtheorie).

stellende Frequenz, so findet man, daß der Sender der Antenne „ausweicht", das heißt: die Senderfrequenz wird kleiner, wenn man, von hohen Frequenzen kommend, sich mit der Antennenabstimmung der Senderfrequenz nähert und umgekehrt.

Diese Erscheinungen sind mit Hilfe des Rückwirkungswiderstandes des Sekundärkreises zu verstehen.

Der Imaginärteil des Rückwirkungswiderstandes entspricht einer Veränderung des induktiven Widerstandes des Schwingungskreises

$$j\,\omega_1\,\delta L = \operatorname{Imag}\,\mathfrak{R}_r = \frac{-j\,\delta\omega_2\,\omega^2\,L_{1}^2 g}{2\,L_2\,(\delta\omega_2^2 + \mathfrak{d}_2^2)} .$$

Dieser bedingt eine Frequenzverwerfung $\delta\omega_1 = \dfrac{-\omega_1}{2}\dfrac{\delta L}{L_1}$

$$\delta\omega_1 = \frac{+j\,\delta\omega_2\,\omega^2\,L_{1\,2}^2}{4\,L_1\,L_2\,(\delta\omega_2^2 + \mathfrak{d}_2^2)} \;;\quad \frac{\delta\omega_1}{\mathfrak{d}_2} = \frac{j\,\delta\omega_2/\mathfrak{d}_2\,(\omega\,k/2\,\mathfrak{d}_2)^2}{1 + (\delta\omega_2/\mathfrak{d}_2)^2} \;;\quad k^2 = \frac{L_{1\,2}^2}{L_1\,L_2} \left.\vphantom{\frac{L_{1\,2}^2}{L_1 L_2}}\right\}$$
$$\left(\omega^2 = \frac{1}{LC} \;;\quad \ln\omega^2 = -\ln L - \ln C \;;\quad \frac{2\,\delta\omega}{\omega} = -\frac{2\,\delta L}{L}\right) . \qquad (1)$$

Bezeichnung der verschiedenen Frequenzen:

ω sich einstellende Frequenz;
ω_1 ungestörte Senderfrequenz[1];
ω_2 Sekundärkreis-Resonanzfrequenz[1];
$v^x = \omega_2 - \omega_1$ Verstimmung;

$$\delta\omega_1 = \omega - \omega_1; \quad \delta\omega_2 = \omega - \omega_2; \quad v^x = \delta\omega_1 - \delta\omega_2 = \omega_2 - \omega_1 \ldots 2.$$

Abkürzungen: $z = \delta\omega_1/\mathfrak{d}_2; \quad x = \delta\omega_2/\mathfrak{d}_2; \quad v = v^x/\mathfrak{d}_2$.

Gl. (1) erhält dann die Form

$$z = \frac{\mathfrak{M}^2\, x}{1 + x^2} \quad \text{mit} \quad \mathfrak{M} = \left(\frac{\omega\, k}{2\,\mathfrak{d}_2}\right) = \frac{k}{k_k} \quad \text{mit} \quad k_k = \frac{2\,\mathfrak{d}_2}{\omega}$$

und Gl. (2) wird zu $x - z = v$ bzw. $z = x - v$.

Wir lösen diese beiden Gleichungen am einfachsten graphisch und lesen aus Abb. 115 für die verschiedenen v-Werte die x- und z-Werte ab. Für $\mathfrak{M}^2 > 1$ (überkritische Kopplung) erhalten wir 3 Schnittpunkte, von denen der mittlere instabil ist. Die beiden anderen entsprechen den beiden übereinanderliegenden Ästen der Abb. 114c.

Die Resonanzkurve mit x als Abszisse ist die normale.

$$\frac{|\mathfrak{J}_2|^2}{|\mathfrak{J}_1|^2} = \frac{\omega^2\, L_{12}^2}{4\, L_1^2\, \mathfrak{d}_2^2 \left[1 + \left(\dfrac{\delta\omega_2}{\mathfrak{d}_2}\right)^2\right]}$$

$$= \frac{L_2}{L_1}\left(\frac{\omega\, k}{2\,\mathfrak{d}_2}\right)^2 \frac{1}{1 + x^2} = \frac{L_2}{L_1}\frac{\mathfrak{M}^2}{1 + x^2}.$$

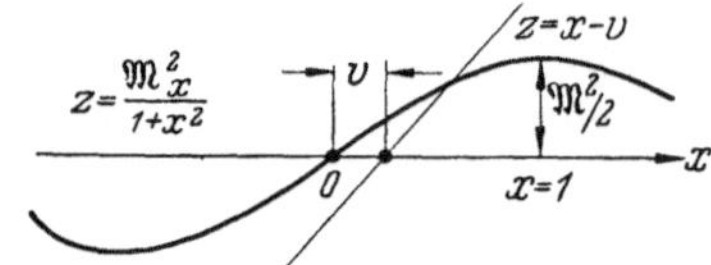

Abb. 115. Frequenzverwerfung z, wirkliche Verstimmung x, abgelesene Verstimmung v.

Den Resonanzwert für $\mathfrak{M} = 1$ nennen wir kritischen Sekundärstrom $\mathfrak{J}_{kr}$ und den Punkt Kr den kritischen Punkt. Unter Einführung des kritischen Stromes erhält die *Normale* Resonanzkurve die Form:

$$\frac{|\mathfrak{J}_2|^2}{|\mathfrak{J}_{kr}|^2} = \frac{\mathfrak{M}^2}{1 + x^2}; \quad \left(\frac{|\mathfrak{J}_{k.r}|^2}{|\mathfrak{J}_1|^2} = \frac{L_2}{L_1}\frac{1}{1 + 0}\right).$$

Nun lesen wir aber nicht x, sondern v an unseren Kondensatorskalen ab. Es interessiert uns daher die Abhängigkeit des $\mathfrak{J}_2$ von v.

Diese können wir aus der normalen Resonanzkurve mit dem Resonanzmaximum $|\mathfrak{J}_2|^2/|\mathfrak{J}_{kr}|^2 = \mathfrak{M}^2$ leicht nach folgender Überlegung konstruieren. Setzen wir in der Gleichung $x - z = v$ den Wert für z ein, erhalten wir

$$x - z = v; \quad x\left(1 - \frac{\mathfrak{M}^2}{1 + x^2}\right) = x\left(1 - \frac{|\mathfrak{J}_2|^2}{|\mathfrak{J}_k|^2}\right) = v; \quad \frac{v}{x} = \frac{|\mathfrak{J}_k|^2 - |\mathfrak{J}_2|^2}{|\mathfrak{J}_k|^2}.$$

Wir können diese Proportionalität in unser Diagramm eintragen und erhalten folgende Konstruktionsvorschrift für die Ziehresonanzkurve. Zeichne die Gerade: Kritischer Punkt-Punkt 1, ziehe eine Waagerechte von Punkt 2 bis Punkt 3. Punkt 3 ist dann ein Punkt der Ziehresonanzkurve. In Abb. 116a und b ist die Konstruktion für unter- und überkritische Kopplung durchgeführt und die entsprechenden Punkte der x- und v-Skalen miteinander verbunden.

Um für eine gegebene Röhre, gekennzeichnet durch ihre Schwinglinie, die Resonanzkurven zu finden, berechne man wieder die $\mathfrak{R}_k$

$$\mathfrak{R}_k = \text{Reell} \, \frac{L_{1q}}{L} \frac{1}{2\,C\,(j\,\delta\omega_1 + \mathfrak{d}_1) + \mathfrak{R}_r/2L}$$

---

[1] Diese beiden Frequenzen könnte man an den Drehkondensatorskalen anschreiben.

und zeichne im Schwingliniendiagramm die ,,Rückkopplungsgeraden'' mit den Neigungen $\alpha = \mathrm{arc\,tg}\left(\Re_k \cdot \dfrac{u}{i}\right)$ ein. u und i sind die Maßstabe.

Das Abreißen erfolgt an den Stellen, an denen die Ziehresonanzkurve senkrecht nach oben läuft, wenn nicht bei zu schwacher Rückkopplung die Senderschwingung vorher erlischt.

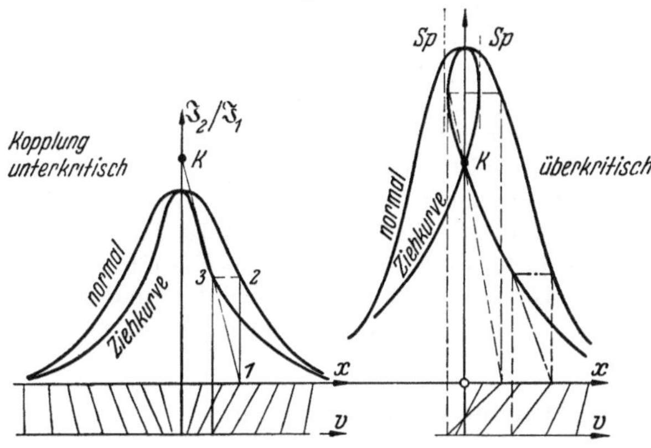

Abb. 116. Konstruktion der Ziehresonanzkurve,.
a) fur unterkritische Kopplung;   b) fur uberkritische Kopplung

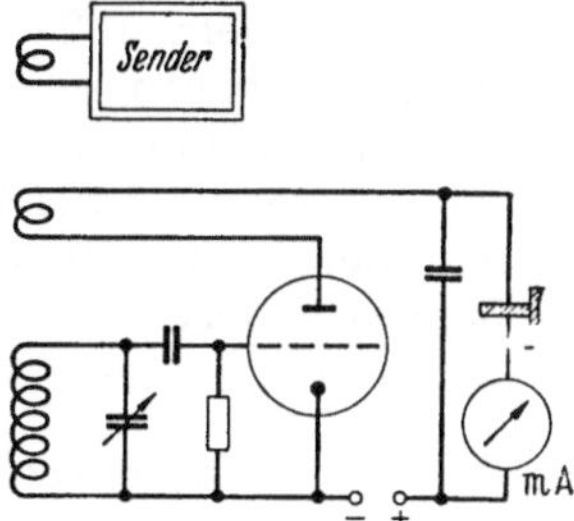

Abb. 117. Schaltung zur Beobachtung der Mitnahmeerscheinungen.

5. Theorie der Mitnahmeerscheinungen.

a) Experimentelles.

Wenn man einen Sender mit einem Schwingaudion empfangt (Abb. 117) (s. Audiongleichrichtung, Audionwellenmesser S. 88/9), so hört man einen Schwebungston, der immer tiefer wird, je näher man der Abstimmung $(\delta\omega = 0)$ kommt, der aber in einem schmalen Bereich ober- und unterhalb der Abstimmung verschwindet. Beobachtet man gleichzeitig das Milliamperemeter im Anodenkreis, so findet man ein starkes Absinken in diesem stummen Bereiche, ein Zeichen dafür, daß dort der Empfänger besonders stark schwingt. Die Verhältnisse sind in Abb. 118 dargestellt.

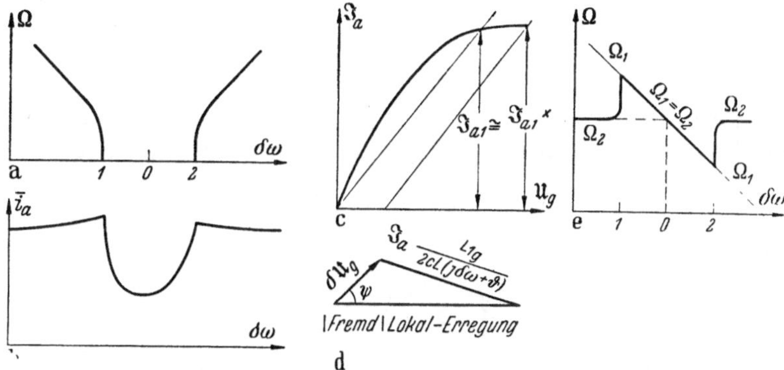

Abb. 118a—e. a) Verlauf des Schwebungstones; b) Verlauf des mittleren Anodenstromes; c, d) Zeigerdiagramme der Gitterspannungen und Schwingliniendiagramme bei Mitnahme; e) Beobachtung der Frequenzen Ω_1 des Senders und Ω_2 des mitgenommenen Generators in einem 3. Schwebungsempfanger.

Die Erscheinung ist dadurch zu erklaren, daß der Empfanger zwischen den Punkten 1 und 2 vom Sender mitgenommen wird, das heißt: die Frequenz des Senders annimmt. Da dann keine Frequenzdifferenz mehr vorhanden ist, ist auch kein Schwebungston zu hören. Seine Schwingungsamplitude, angezeigt durch das

Absinken des Anodenstromes, wird um so größer, je genauer die Abstimmung ist. Wird die Verstimmung nach der anderen Seite wieder zu groß, so fällt der Empfänger wieder außer Tritt und der Schwebungston tritt wieder auf. An den Grenzen des Mitnahmebereiches hört man ein Knurren.

Wir können diese Anschauungen leicht durch einen 2. stärker verstimmten Überlagerungsempfänger bestätigen. Bei stärkerer Verstimmung des Empfängers hört man 2 Töne, einen Ton fester Höhe, der durch die Überlagerung der zunächst festen Empfängerschwingung mit dem frequenzfesten Hilfsüberlagerer zustande kommt, und einen 2. Ton, der sich mit zunehmender Einstimmung des Senders immer mehr dem 1. Ton nähert. Ist Punkt 1 erreicht, so verschwindet der 1. Ton. Die synchronschwingenden Sender und Empfänger geben nur noch den 2. Ton, der sich mit der weiteren Einstimmung des Senders ändert. Ist Punkt 2 erreicht, so treten wieder beide Überlagerungstöne auf. Der eine (Empfänger und Hilfsempfänger) behält wieder seine Tonhöhe, der andere (Sender und Hilfsempfänger) ändert seine Tonhöhe, der weiteren Verstimmung des Senders entsprechend (Abb. 118e).

b) Berechnung der Mitnahmeerscheinungen.

Aus Abb. 118d lesen wir ab:

$$\mathfrak{I}_a = S\,(\delta\mathfrak{U}_g + \mathfrak{U}_{\mathrm{loc}}) = S\left(\delta\mathfrak{U}_g + \frac{\mathfrak{I}\,L_{1g}}{2\,C\,L\,(\jmath\,\delta\omega + \mathfrak{d})}\right).$$

$\mathfrak{I}_a$ sei angenähert als konstant $= \mathfrak{I}_{a\,0}$ angenommen. $\delta\mathfrak{U}_g$ habe gegen $\mathfrak{I}_a$ die Phasenverschiebung ψ. Auf Grund der Phasenbilanz muß $\delta\mathfrak{U}_g + \mathfrak{U}_{\mathrm{loc}}$ mit $\mathfrak{I}_a$ in Phase liegen, oder

$$\mathrm{Imag}\,(\delta\mathfrak{U}_g + \mathfrak{U}_{\mathrm{loc}}) = \delta\mathfrak{U}_g \sin\psi - \frac{\mathfrak{I}_{a\,0}\,L_{1g}\,\delta\omega}{2\,L\,C\,(\delta\omega^2 + \mathfrak{d}^2)} = 0$$

oder mit $\delta\omega \ll \mathfrak{d}$:

$$\delta\omega = A \sin\psi \quad \text{mit} \quad A = \frac{2\,L\,C\,\mathfrak{d}^2\,\delta\mathfrak{U}_g}{L_{1g}\,\mathfrak{I}_{a0}} = \frac{d^2\,\delta\mathfrak{U}_g}{2\,L_{1g}\,\mathfrak{I}_{a\,0}} = \frac{\mathfrak{d}}{\mathfrak{R}_k}\cdot\frac{\delta\mathfrak{U}_g}{\mathfrak{I}_{a\,0}}.$$

Diese Gleichung besagt, daß bei einer Phasenverschiebung ψ der Empfangskreis mit einer Frequenz schwingt, die von seiner Resonanzfrequenz um

$$\delta\omega = A \sin\psi$$

abweicht. Ist nun die Verstimmung des Senders gegen den Empfänger $\delta\Omega$, so ändert sich die Phasenverschiebung mit der Zeit nach der Beziehung

$$\frac{d\psi}{dt} = \delta\Omega - \delta\omega = \delta\Omega - A \sin\psi$$

mit dem Integral:

$$t = \int \frac{d\psi}{\delta\Omega - A \sin\psi}.$$

In Abb. 119 sind für verschiedene Werte von $\dfrac{\delta\Omega}{A}$ Nenner des Integranden, der Integrand und die Zeit als $F(\psi)$ qualitativ aufgezeichnet.

Ist $\delta\Omega < A$, so wird der Empfänger mit einer Phasenverschiebung $\sin\psi_0 = \delta\Omega/A$ mitgenommen.

Zahlenbeispiel: $\quad R = 2\,\Omega,\ \omega = 10^7/\mathrm{sec},\ L = 10^{-5}\,\mathrm{H},\ L_{1g} = \tfrac{1}{2}\,10^{-5}\,\mathrm{H};$

$$\mathfrak{I}_{a\,0} = 2\,\mathrm{mA},\ \delta\mathfrak{U}_g = 10^{-2}\,\mathrm{V}.$$

Man findet: $\quad \mathfrak{d} = \dfrac{R}{2L} = 10^5/\text{sec}; \quad$ Kreisgüte $\quad \dfrac{1}{d} = \dfrac{\omega L}{R} = 50;$

$$R_k = \frac{L_{1q}}{2LC\mathfrak{d}} = 2500\,\Omega, \quad A = \frac{\mathfrak{d}\,\delta\,\mathfrak{U}_g}{\mathfrak{R}_k \mathfrak{J}_{a0}} = \frac{10^5/\text{sec}\cdot 10^{-2}\,\text{V}}{2,5\cdot 10^3\,\Omega\cdot 2\cdot 10^{-3}\,\text{A}} = \frac{10^3}{5}\frac{1}{\text{sec}} = 200/\text{sec}$$

$$\delta\nu_{\max} = \frac{\delta\,\omega_{\max}}{2\,\pi} \cong 32\,\text{Hz}.$$

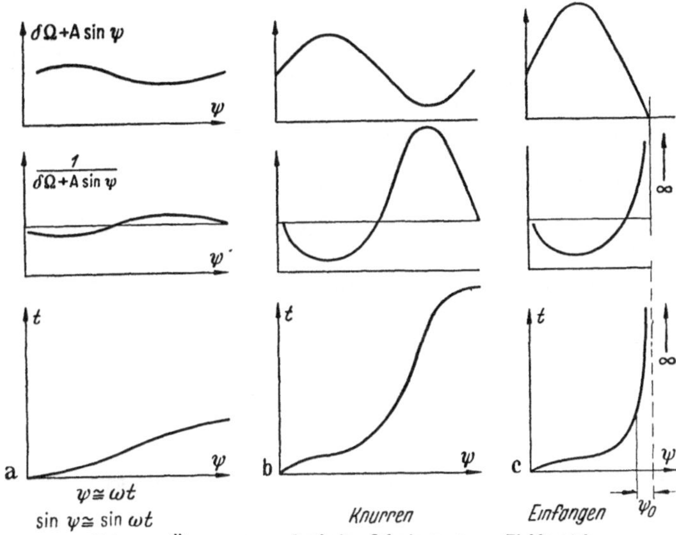

Abb. 119. Übergang von der freien Schwingung zum Ziehbereich.

6. Gegenkopplungen oder negative Rückkopplung.

Neuerdings wird auch das Gegenteil der Rückkopplung, die Gegenkopplung, für viele Zwecke verwendet. Hier sollen nur 3 Beispiele zur Einführung des Lesers besprochen werden.

a) Beispiel: Veränderung des Innenwiderstandes.

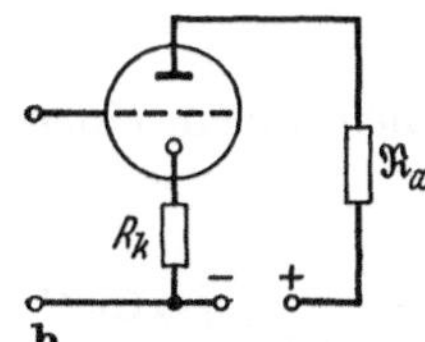

Wenn von einer Stromquelle die E.M.K. $\mathfrak{U}$ oder der Kurzschlußstrom $\mathfrak{J}_k$ gegeben sind, berechnet sich für einen Außenwiderstand R_a der Strom zu

$$\mathfrak{J} = \frac{\mathfrak{U}}{R_a + R_i}; \quad \mathfrak{J} = \frac{\mathfrak{J}_k}{1 + R_a/R_i}; \quad R_i = \text{Innenwiderstand}.$$

Die Spannungsgegenkopplung z.B. mit einem Transformator Abb. 120. Wir erhalten für die Steuerspannung

$$\mathfrak{U}_{st} = \mathfrak{U}_g - \mathfrak{U}\,(D + G_s).$$

Für Abb. 120:
$$G_s = \frac{L_{12}}{L_1}.$$

G_s bezeichnet man als Spannungsgegenkopplungsfaktor. Mit $\mathfrak{U}_a = R_a \mathfrak{J}_a$

Abb. 120.
a) Spannungsgegenkopplung,
b) Stromgegenkopplung.

$$\mathfrak{J}_a = \frac{S\,\mathfrak{U}_g}{1 + S\,(D + G_s)\,R_a} = \frac{\mathfrak{J}_k}{1 + R_a/R_i^x}.$$

Der scheinbare Innenwiderstand R_i^x ist dann $\dfrac{1}{S(D + G_s)} = \dfrac{R_i}{1 + G_s/D}$. Der Durchgriff bedeutet eine Spannungsgegenkopplung.

Die Stromgegenkopplung kann z.B. durch einen Kathodenwiderstand R_k (Abb. 120b) erfolgen. Der Stromgegenkopplungsfaktor G_i wäre dann gleich R_k:

$$\mathfrak{U}_{st} = \mathfrak{U}_g - (R_a D + G_i)\,\mathfrak{J}_a; \quad \mathfrak{J}_a = \frac{S\,\mathfrak{U}_g}{1 + S(G_i + D R_a)} = \frac{\mathfrak{U}_g/D}{R_a + (1 + G_i S)\,R_i} = \frac{\mathfrak{U}_g/D}{R_a + R_i^x}.$$

Der scheinbare Innenwiderstand R_i^x ist dann: $R_i^x = R_i(1 + G_i S)$.

Im Falle a_1 ist der Innenwiderstand um den Faktor $1 + G_s/D$ erniedrigt, im Falle a_2 um den Faktor $1 + G_i S$ erhöht.

Die Schaltung benutzt man oft, um aus einer Stromquelle mit sehr hohem Innenwiderstand, z.B. einer Photozelle, ohne Erhöhung der Spannung eine Spannungsquelle mit dem niedrigen Innenwiderstand R_k herzustellen, die Spannung an R_k ist dann kleiner als $\mathfrak{U}_g$ (Anodenbasisschaltung).

b) Beispiel: Erniedrigung des Klirrfaktors.

Der Klirrfaktor, der durch die Krümmung der Kennlinie bedingt ist, soll mit Hilfe der Gegenkopplung erniedrigt werden.

Um die Verringerung der Kennlinienkrümmung durch die Gegenkopplung einfach zu erkennen, schreiben wir nicht wie üblich $I_a = f(U_q)$, sondern $U_g = g(I_a)$. Bei Stromgegenkopplung ist die Steuerspannung $U_{st} = U_g - G_i I_a$.

Für die Kennlinie erhalten wir dann $U_g = g(I_a) + G_i I_a = g^x(I_a)$. Da $G_i I_a$ ein streng lineares Glied ist, so ist die Kennliniengleichung $U_a = g^x(I_a)$ gräder als die alte Gleichung: $U_g = g(I_a)$.

c) Beispiel: Die Herstellung von selektiven Verstärkern für niedrige Frequenzen.

Die Gegenkopplung wird **durch eine Wiensche Brücke** hergestellt (Abb. 121). Die Brückenspannung ist nur für die Frequenz, für welche die Brücke abgestimmt ist:

$$\omega^2 = \frac{1}{R_1 R_2 C_1 C_2}$$

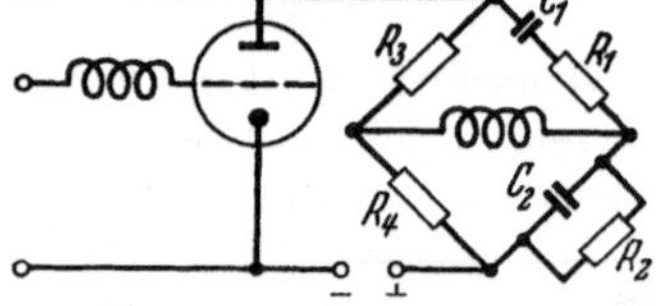

Abb. 121. Selektive Rückkopplung mit der Wienschen Brücke.

Null. Für alle anderen Frequenzen liefert sie eine imaginäre Gegenspannung. Wir erhalten

$$\mathfrak{J}_a = \frac{S\,\mathfrak{U}_g}{1 + j G_i S}; \quad |\mathfrak{J}_a| = \frac{S\,\mathfrak{U}_g}{\sqrt{1 + (G_i S)^2}}$$

und für große Steilheiten (mehrere Verstärkerstufen) angenähert

für die richtige Frequenz $\qquad |\mathfrak{J}_a| = S\,|\mathfrak{U}_g|,$

für falsche Frequenzen: $\qquad |\mathfrak{J}_a| = \dfrac{S \cdot |\mathfrak{U}_q|}{S\,|G_i|}.$

Zwischenrechnung: Die Brückengleichung ist in einen reellen und in einen imaginären Teil aufzuspalten:

$$\frac{R_3}{R_4} = \frac{R_1 + 1/j\omega C_1}{1/R_2 + j\omega C_2} \cdot \frac{1}{1/R_2 + j\omega C_2} = \left(R_1 + \frac{1}{j\omega C_1}\right)\left(\frac{1}{R_2} + j\omega C_2\right) = \frac{R_1}{R_2} + \frac{C_2}{C_1} + \frac{1}{j\omega C_1 R_2} + j\omega C_2 R_1$$

$$\frac{R_3}{R_4} = \frac{R_1}{R_2} + \frac{C_2}{C_1} \tag{1}$$

und

$$\frac{1}{j\omega C_1 R_2} + j\omega C_2 R_1 = 0; \tag{2}$$

aus Gleichung (2) folgt:

$$\omega^2 = \frac{1}{C_1 C_2 R_1 R_2}.$$

Zahlenbeispiel: $R_1 = R_2 = 1000\,\Omega;$ $C_1 = C_2 = 1\,\mu\mathrm{F};$ $\omega^2 = 10^6;$ $\omega = 10^3$

$$\nu = \frac{\omega}{2\pi} = 160\,\mathrm{Hz}.$$

Der Nachteil der Wienschen Brücke ist, daß man die Brücke auf der einen Seite durch einen Transformator anschließen muß, da sonst 2 Brückenpunkte an Erde liegen.

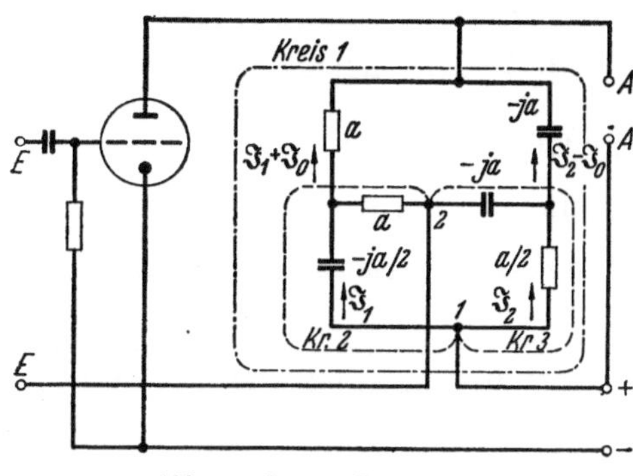

Abb. 122. Parallel-T-Netzwerk.

Das Parallel-T-Netzwerk vermeidet diesen Nachteil. Stimmt man die kapazitiven und Ohmschen Widerstände in der in Abb. 122 angeschriebenen Weise ab, so ist die „Brückenspannung" $\mathfrak{U}_{12} = 0$.

Wir beweisen diese Behauptung am einfachsten, indem wir aus Abb. 122 für $\Im_0, \Im_1, \Im_2$ 3 homogene Gleichungen ablesen und ihre Verträglichkeit dadurch prüfen, daß wir nachweisen, daß die Determinante Null wird. Unter Wegheben des Faktors a erhalten wir für Kreis 1

$$\frac{\mathfrak{U}_a}{a} = -\frac{j}{2}\,\Im_1 + \Im_1 + \Im_0 = \frac{\Im_2}{2} - j\,(\Im_2 - \Im_0).$$

Für den Stromlauf 2 zwischen den Punkten 1—2: $0 = \Im_0 + \frac{j}{2}\,\Im_1,$

für Stromlauf 3 zwischen den Punkten 1—2: $0 = -j\,\Im_0 + \Im_2/2.$
Die Umordnung der 3 Gleichungen ergibt

$$
\begin{aligned}
-\Im_0\,(j-1) + \Im_1\left(1 - j/2\right) + \Im_2\left(j - \tfrac{1}{2}\right) &= 0 \\
-\Im_0\,1 \qquad\quad - \Im_1\,j/2 \qquad\quad + 0 &= 0 \\
-\Im_0\,j \qquad\qquad 0 \qquad\qquad + \tfrac{1}{2}\,\Im_2 &= 0
\end{aligned}
\qquad
\begin{vmatrix}
j - 1 & 1 - \dfrac{j}{2} & j - \dfrac{1}{2} \\[2mm]
1 & -j/2 & 0 \\[2mm]
j & 0 & {}^1\!/\!_2
\end{vmatrix}
= \varDelta = 0.
$$

Ihre Determinante $\varDelta$ ist in der Tat Null. Der Nachteil des Parallel-T-Netzwerkes gegenüber der Wienschen Brücke besteht darin, daß man beim Übergang auf eine andere Frequenz *drei* Kapazitäten oder *drei* Widerstände nachstimmen muß.

F. Die Gleichrichtung.

Einleitung: Jede krumme Kennlinie kann zum Gleichrichten benutzt werden, gleichgültig, ob sie einer Röhre, einer Gasentladung, einem Kupferoxydulgleichrichter, einem Detektor angehört. Setzen wir in der Formel für die Kennlinie

$$I = I_0 + S\,U + K\,U^2$$

für $U = |\,\mathfrak{U}\,|\cos\omega t$ ein, erhalten wir

$$I = I_0 + \frac{K}{2}\,|\mathfrak{U}^2| + S\,|\mathfrak{U}|\cos\omega t + \frac{K}{2}\,|\mathfrak{U}^2|\cos 2\omega t + \cdots$$

Die Veränderung des Gleichstromanteils $\delta\bar{i} = \dfrac{K}{2}\,|\mathfrak{U}|^2$ nennen wir „Gleichrichtereffekt".

Arbeitet der Gleichrichter auf einen Widerstand, wird im allgemeinen die Rechnung kompliziert. Man kann sie weitgehend vereinfachen, wenn man die Gleichrichterkennlinie durch eine Exponentialfunktion annähert, was meist gut gelingt (die Funktion hat 2 wählbare Parameter)

$$I = A\,e^{\alpha U} = A\,e^{\alpha(U_0 - \overline{I}R + |\mathfrak{U}|\cos\omega t)} = B\,e^{+\alpha(-\overline{I}R + \mathfrak{U}\cos\omega t)}\,.$$

Der Faktor $e^{\alpha|\mathfrak{U}|\cos\omega t}$ läßt sich nach Bessel-Funktionen entwickeln:

$$e^{\alpha|\mathfrak{U}|\cos\omega t} = J_0(j\alpha|\mathfrak{U}|) + \frac{1}{2j}J_1(j\alpha|\mathfrak{U}|)\cos\omega t + \frac{1}{2}J_2(j\alpha|\mathfrak{U}|)\cos 2\omega t +$$

$$+ \frac{1}{2j}J_3(j\alpha|\mathfrak{U}|)\cos 3\omega t + \cdots$$

Man erhält also für den Gleichstromanteil 2 Gleichungen:

$$\overline{I} = B\,e^{-\alpha U}J_0(j\alpha|\mathfrak{U}|) \quad \text{und} \quad U = \overline{I}R\,.$$

(Der Wechselstromanteil von I ist durch den Kondensator kurzgeschlossen!) (Abb. 124.)

Diese sind am einfachsten graphisch zu lösen: Wir zeichnen uns die Schar der $I = B\,e^{-\alpha U}J_0(j\alpha|\mathfrak{U}|)$-Kurven mit dem Parameter $\mathfrak{U}$ auf und tragen die Wider-

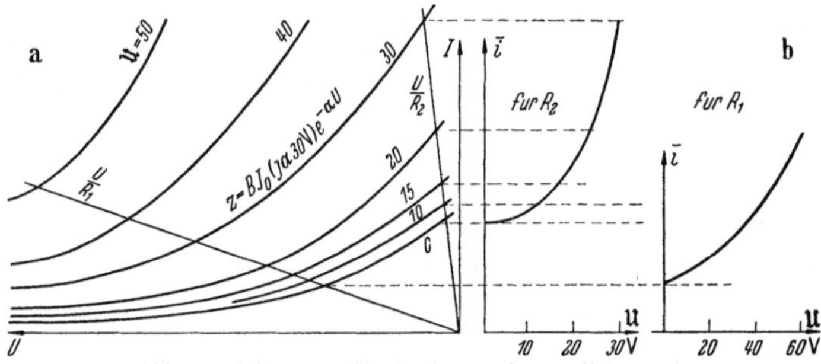

Abb. 123 Arbeit eines Gleichrichters auf einen Widerstand.

standsgerade $U = IR$ ein, lesen die zu den verschiedenen J_0 gehörenden I-Werte ab und stellen sie in der Eichkurve zusammen. Den Meßbereich dieses Detektor- bzw. Röhrenvoltmeters kann man durch Umschalten auf andere Widerstände leicht ändern (Abb. 123).

1. Die Gleichrichtung mit Dioden. Hohages Röhrenvoltmeter.

(Abb. 124.) Die Röhre arbeitet im unteren Knick der Kennlinie ohne Anodenbatterie. Die Energie zum Treiben des Gleichstromes liefert die Wechselstromquelle.

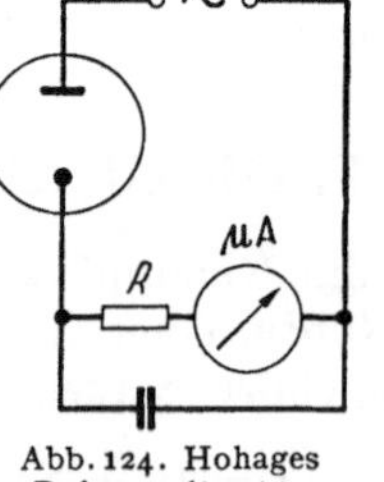

Abb. 124. Hohages Röhrenvoltmeter.

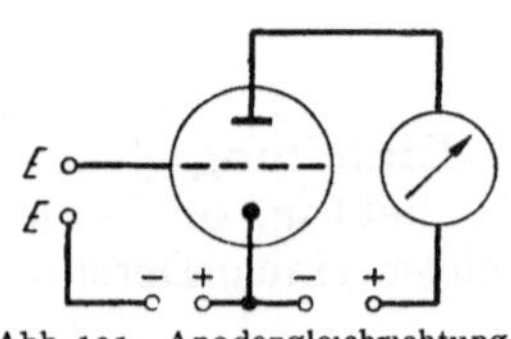

Abb. 125. Anodengleichrichtung = Verstärkung + Gleichrichtung.

2. Die Anodengleichrichtung.

(Abb. 125.) Stellt man sich die 3 Schwingungsmittelpunkte M_1, M_2, M_3 ein, so erhält man, wie Abb. 126 zeigt, im unteren Knick eine positive Gleichrichtung, im geraden Teil keine Gleichrichtung, im oberen Knick eine negative Gleichrichtung. Man arbeitet meist im unteren Knick. Das Gitter ist dann negativ, der Gitterstrom Null. Die Röhre arbeitet als Verstärker mit dahintergeschaltetem Gleichrichter.

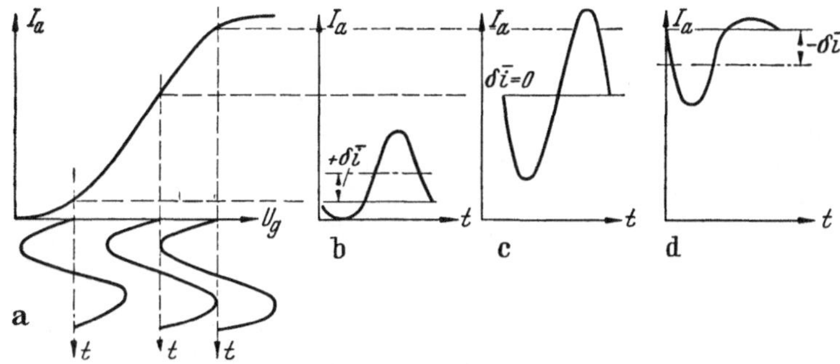

Abb. 126. Gleichrichtung am unteren und oberen Kennlinienknick, im geraden Teil keine Gleichrichtung.

3. Die Gitter- oder Audiongleichrichtung.

(Abb. 127.) Es findet auf Grund der Krümmung der Gitterkennlinie eine Gleichrichtung im Gitterkreis statt. Die dadurch bedingte Verschiebung der Gittervorspannung kann man aus Abb. 123 abgreifen. Die Veränderung des Anodenstromes ist dann $\varDelta I_a = - S U_g$ (Minuszeichen!). Die Audiongleichrichtung stellt eine Gleichrichtung mit dahintergeschalteter Gleichstromverstärkung dar. Mit wachsender Amplitude nimmt der Anodenstrom *ab*.

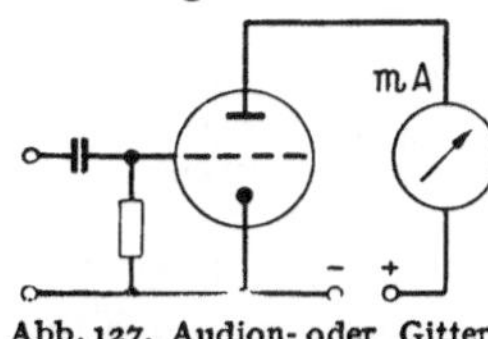

Abb. 127. Audion- oder Gittergleichrichtung = Gleichrichtung + Gleichstromverstärkung.

Bei großen Amplituden überlagert sich der Audiongleichrichtung eine Anodengleichrichtung, welche die Audiongleichrichtung schließlich überdeckt, so daß der Anodenstrom mit wachsender Wechselspannungsamplitude schließlich wieder steigt.

4. Die Döhlersche Gleichrichtung.

Nach unseren bisherigen Anschauungen ist die Gleichrichtung an die Krümmung einer Kennlinie gebunden. Beim Arbeiten mit Dezimeterwellen beobachteten aber DÖHLER und HECKER, daß die Gleichrichtung im unteren und oberen Knick einer Diode sehr gering, auf dem gradlinigen Teil aber beträchtlich war. Es mußte also ein völlig neuer Gleichrichtermechanismus vorliegen.

DÖHLER ging bei seinen Überlegungen von der Potential- und Raumladungsverteilung in Dioden aus. Seine Theorie ist am einfachsten an einer eckig verlaufenden Spannung zu erläutern (Abb. 128a). In der ersten Zeitspanne $T/2$ fließe ein Strom I_a. In der 2. Zeitspanne $T/2$ fließe ungefähr der Sättigungsstrom von der Kathode ab. Würde man längere Zeit warten, so würde sich ein neues, dem erhöhten Strom entsprechendes Potentialminimum einstellen und der anfänglich fließende Sättigungsstrom auf einen kleinen, nur wenig größeren Wert als I_a zurückgehen. Die Frequenz sei aber so hoch, daß diese Einstellung des neuen stationären I_a nicht stattfinden kann. Dieser Sättigungsstrom gelangt nach einer Zeit τ, der Laufzeit der Elektronen zwischen Kathode und Potentialminimum, bis zum Potentialminimum. I_s fließt also nicht die ganze Zeit $T/2$, sondern nur die Zeit $T/2 - \tau$. Die Ladung, die einmal über das Potentialminimum herübergekommen ist, kommt dann weiter bis zur Anode, auch wenn die Anodenspannung wieder absinkt. Die Laufzeit bis zur Anode kann mehrere Schwingungsdauern lang sein. Ist die Frequenz ν, so berechnet sich nach unseren vereinfachten Anschauungen der mittlere Anodenstrom, der Gleichrichtereffekt, zu

$$\delta\,\overline{i} = (I_s - I_a)\left(\frac{T}{2} - \tau\right)\nu.$$

Die Laufzeit τ hängt wieder von der Lage des Potentialminimums und damit von I_a und I_s und außerdem vom Radius des Glühdrahtes ab. DÖHLER und HECKER berechneten diese Laufzeit auf Grund der Arbeiten von EPSTEIN und LANGMUIR. τ als Funktion von I_a ist qualitativ in Abb. 128 b eingetragen (mit τ bezeichnete Kurve). Je größer I_a, um so näher φ_{min} an der Kathode, um so geringer die Laufzeit τ; bei $I_a = I_s$, φ_{min} auf Kathode, $\tau = 0$. Kurve 2 ist dann die Stromflußzeit und δi_a durch Multiplikation der Ordinaten der Kurven 2 und 1 zu finden. Wir erhalten ein Maximum der Gleichrichtung, das von der Schwingungsdauer abhängig ist, und einen günstigsten, ebenfalls von der Schwingungsdauer abhängigen Anodenstrom.

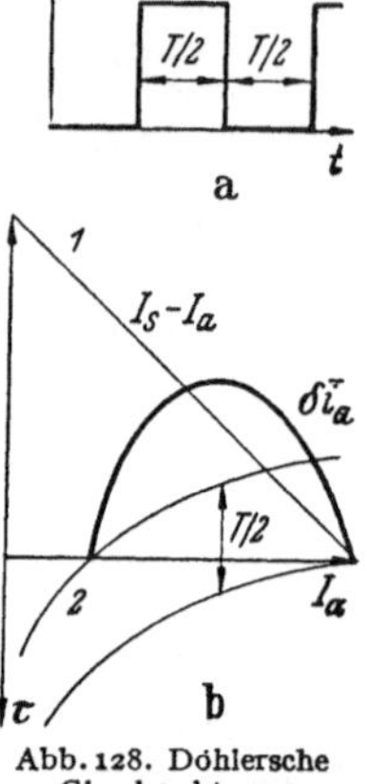
Abb. 128. Döhlersche Gleichrichtung.

Die Theorie wurde auch für zeitlich sinusförmigen Spannungsverlauf und für den Fall, daß der Strom in der positiven Spannungsphase nicht bis zum Sättigungsstrom hochkommt, was wir der Einfachheit halber annahmen, durchgeführt.

DÖHLER und HECKER prüften ihre Anschauungen durch 4 Meßreihen.

1. Die Theorie wurde für die Wellenlängen 13,66 cm, 25 cm, 50 cm und 80 cm durchgeführt. Nach unserer vereinfachten Anschauung braucht man die Kurve 2 nur durch Hochsetzen der τ-Kurve um die verschiedenen $T/2$ zu zeichnen.

2. Die Konstruktion wurde für verschiedene Sättigungsströme,

3. für verschiedene Glühdrahtoberflächen und

4. für verschiedene Anodendurchmesser (6 mm, 9 mm und 12 mm) durchgeführt.

In allen Fällen ergab sich eine ausgezeichnete Übereinstimmung mit den Messungen. Der Anodendurchmesser hat auf die Lage des günstigsten Anodenstromes keinen Einfluß, denn es ist ja gleichgültig, welche Zeit die Elektronen brauchen, um bis zur Anode zu kommen. Wesentlich ist nur die Laufzeit bis zum Potentialminimum. Dieses liegt sehr nahe am Glühdraht. Wollte man eine Kurzwellendiode gleicher Leistung bauen, so müßte man die Anode bis auf die Entfernung des Potentialminimums, also bis etwa auf $^1/_{1000}$ mm an die Kathode heranbringen.

G. Meßtechnik.

1. Der Audionwellenmesser.

Wir haben die Rückwirkung angekoppelter Schwingungskreise auf die Frequenz und Dämpfung eines Kreises, die Konstruktion der Amplitude eines Röhrensenders im Schwingliniendiagramm und damit ihre Abhängigkeit von der Kreisdämpfung und die Audiongleichrichtung kennengelernt und haben damit das Rüstzeug gewonnen, um das Arbeiten des Audionwellenmessers zu studieren.

Der Audionwellenmesser hat folgende Aufgaben:

1. Messung der Resonanzfrequenz eines Kreises, ohne daß man in diesen Kreis ein Instrument einzuschalten oder anzukoppeln braucht.

2. Messung der Dämpfung eines Kreises ohne Eingriff in diesen Kreis.

3. Die Methode ist zum Arbeiten mit Kurzwellen (Barkhausen-Schwingungen usw.) brauchbar.

4. Er ist auch als Schwebungswellenmesser benutzbar.

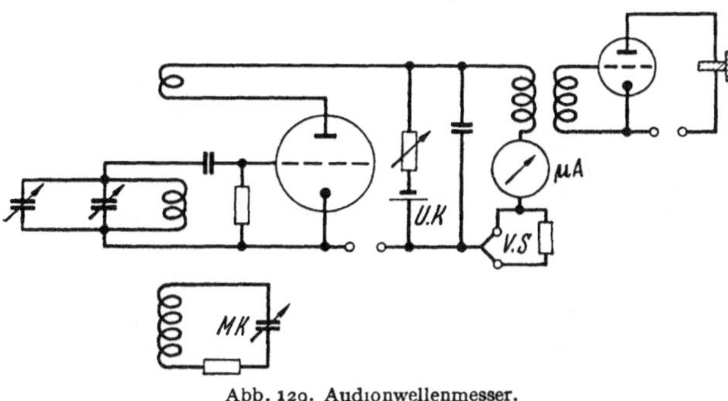

Abb. 129. Audionwellenmesser.

Der Audionwellenmesser (Abb. 129) ist ein rückgekoppelter Sender mit Audiongitterblockierung. Im Anodenkreis liegt eine Verstärkerstufe mit Telephon oder besser Lautsprecher (damit nicht durch Berührung des Telephons mit dem Körper des Beobachters ungewünschte Kopplungen auftreten) und ein Milliamperemeter mit Umgehungskreis (UK) und Vorsichtschalter (VS.). Dem Wellenmesser ist ein geeichter Meßkreis (MK.) beigegeben, dessen Wellenlängen und Dämpfungen bekannt sind. Es sind geeichte Widerstände zum Einschalten in den zu untersuchenden Kreis vorhanden.

a) Die Energieentziehungsmethode.

Wir koppeln den zu untersuchenden Kreis mit dem Gerät (etwa $^1/_2$ m vom Gerät entfernt aufstellen!) und stimmen den Kreis ab. Ist die Resonanz erreicht, entzieht der zu messende Kreis dem Generator Energie, die Schwingungsamplitude wird kleiner, die Gittergleichrichtung geringer und der Anodenstrom steigt. $\delta\bar{\imath}$ über $\delta\omega_2$ aufgetragen ist eine Art Resonanzkurve. Die Abstimmung liegt beim Maximum von $\delta\bar{\imath}$.

Man kann auch den zu messenden Kreis — den X-Kreis — stehenlassen und den Wellenmesser verstimmen.

Um die Empfindlichkeit zu steigern, stelle man die Rückkopplung so ein, daß im Resonanzfalle die Schwingungen fast erlöschen. Die Vorspannung soll so sein, daß die Schwinglinie möglichst gerade ist, also eben noch kein Springen auftritt.

b) Die Verstimmungsmethode.

Im Abschnitt über das Ziehen haben wir gesehen, daß ein Sekundarkreis die Frequenz eines Senders ändert und daß die ursprüngliche Senderfrequenz nur auftritt, wenn der Sekundärkreis abgestimmt ist. Man kontrolliere daher die Frequenz mit einem Überlagerer. Ist die ungestörte Frequenz wieder erreicht, so ist Abstimmung vorhanden.

c) Dämpfungsmessungen.

Der Rückwirkungswiderstand des X-Kreises ist

$$\Re_r = L_1 \frac{\omega^2 k^2}{2\,\upsilon_2}\,\frac{1}{1+x^2} - j L_1 \frac{\omega^2 k^2}{2\,\upsilon_2}\,\frac{x}{1+x^2} = A - jB.$$

Das 2. Glied beeinflußt die Frequenz: $\delta\omega_1 = f(B)$,
das 1. die Amplitude bzw. den Strom $\bar{\imath}_a : \bar{\imath}_a = g(A)$.

Wenn wir dafür sorgen, daß $L_1 \dfrac{\omega^2 k^2}{2\,\upsilon_2}$ immer denselben Wert hat (so koppeln, daß bei Resonanz immer dasselbe $\bar{\imath}_a$ auftritt), erhalten wir für alle Dämpfungen die gleichen $\delta\omega_1$-x- bzw. $\bar{\imath}_a$-x-Kurven. Tragen wir $\delta\omega_2$ (mit einem Überlagerer wird $\delta\omega_1$ gemessen, $\delta\omega_2$ ist dann v — dem kleinen $\delta\omega_1$) an Stelle von x auf, erhalten wir aus den beiden Kurven Abb. 130 die Kurvenscharen 131 durch Dehnung der Abszissen im Verhältnis der b oder der Dampfungswiderstande R. Die Breiten der Resonanzkurven in beliebiger Höhe stehen dann im Verhaltnis der Dampfungswiderstände. Schalten wir in den X-Kreis die Normalwiderstände R_1, R_2, R_3 usw. ein und tragen wir über diesen

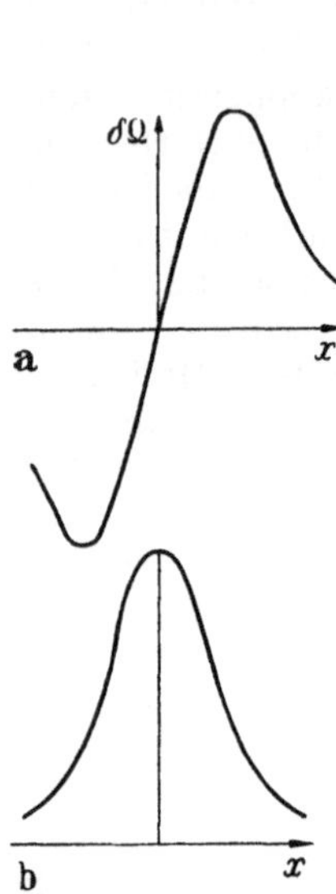

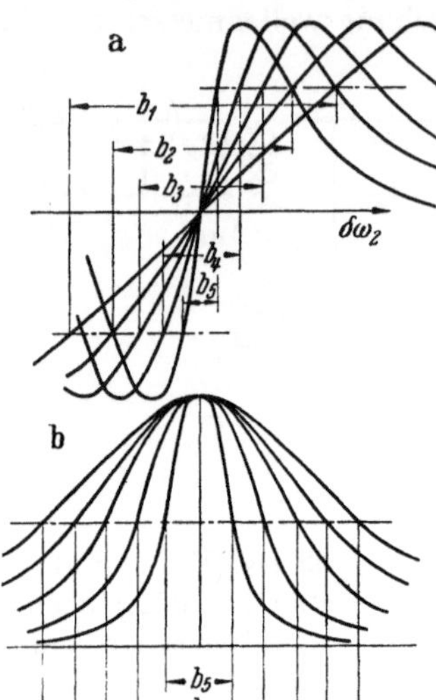

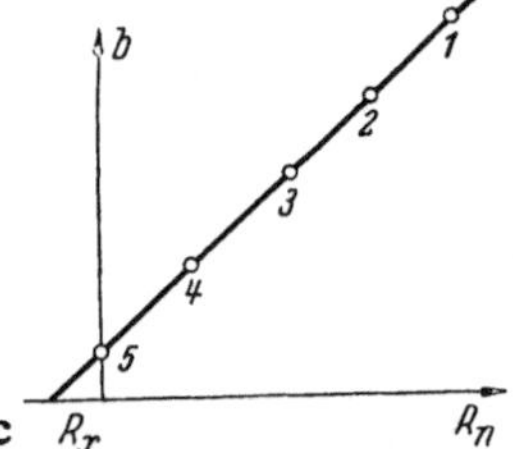

Abb. 130. a) Frequenzver-werfungskurve; b) Reso-nanzkurve.

Abb. 131. a) Frequenzverwerfungskurve bei verschiedenen Dampfungswider-standen; b) Resonanzkurve bei verschiedenen Dampfungswiderstanden; c) Diagramm zur Ermittlung des Kreisdampfungswiderstands.

Widerstanden die Breiten b auf, erhalten wir eine Gerade, welche auf der Abszisse den Wert R_x (Dampfungswiderstand des Kreises X) abschneidet. Die Bedingung, daß die Meßpunkte auf einer Geraden liegen müssen, diene zur Kontrolle der Meßgenauigkeit.

2. Einige gebräuchliche Hochfrequenzmeßinstrumente.

a) Das Hitzdrahtinstrument (Abb. 132) leicht durch Einsetzen eines neuen Hitzdrahtes zu reparieren, ist heute leider etwas außer Gebrauch gekommen.

b) Das Thermoinstrument. Der zu messende Hochfrequenzstrom erhitzt ein Thermoelement, der Thermostrom wird mit einem empfindlichen Gleichstrominstrument gemessen.

c) Die Gleichrichter und Röhrenvoltmeter wurden im Abschnitt Gleichrichtung besprochen.

d) Die Baretter (Abb. 133) sind Wheatstone-Brücken, deren einem Zweige der Hochfrequenzstrom zugeführt wird.

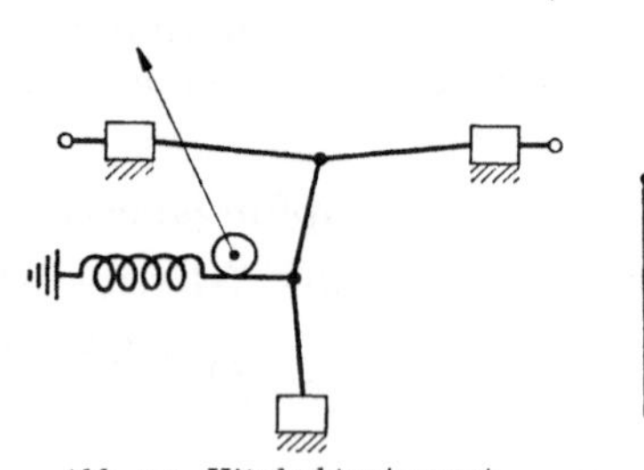

Abb. 132. Hitzdrahtinstrument.

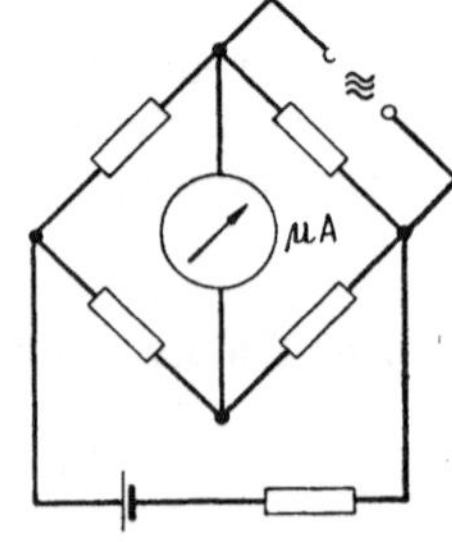

Abb. 133. Baretter.

Durch die Temperaturänderung dieses Zweiges wird der Widerstand erhöht, die Brücke verstimmt und das Gleichstrom-Mikroamperemeter schlagt aus.

e) Das Döhlersche Mikrowattmeter Dem Glühdraht einer Diode wird außer dem normalen Heizstrom der zu messende Hochfrequenzstrom zugeführt, dadurch

seine Temperatur erhöht und der mit der Temperatur stark ansteigende Sättigungsstrom gemessen. Diese Methode ist sehr einfach und enorm empfindlich.

Der Sättigungsstrom war $I_s = \mathfrak{C}\, T^2\, e^{-\frac{e_1 \Phi}{kT}}$ und durch Differenzieren erhält man

$$\delta I_s = \frac{I_s}{T}\left(2 + \frac{e_1 \Phi}{k\,l}\right)\delta T.$$

Bei normaler Wärmeleitung (Leitung der Wärme nach den Glühdrahthalterungen) ist
$\mathfrak{N} = c\,T$ und $\delta T/T = \delta\mathfrak{N}/\mathfrak{N}$ ($\mathfrak{N}$ Leistung der Heizbatterie, $\delta\mathfrak{N}$ zu messende Leistung)

$$\delta I = \frac{I_s}{\mathfrak{N}}\left(2 + \frac{e_1 \Phi}{kT}\right)\delta\mathfrak{N} \quad\text{bzw.}\quad \delta\mathfrak{N} = \delta I\,\frac{\mathfrak{N}}{I_s\left(2 + \dfrac{e_1 \Phi}{kT}\right)}.$$

Zahlenbeispiel:

$$\delta I = 1\,\mu\text{A};\quad \Phi = 4{,}5\,\text{V (Wolfram)};\quad T = 2300^\circ;\quad \frac{e_1 \Phi}{kT} = \frac{1 \cdot 4{,}5}{8{,}55 \cdot 10^{-5} \cdot 2300} = 28,$$

$$\mathfrak{N} = \tfrac{1}{10}\,\text{W};\quad I_s = 1\,\text{mA};\quad \delta\mathfrak{N} = \frac{1/10\,\text{W} \cdot 1\,\mu\text{A}}{1\,\text{mA} \cdot (28 + 2)} = \frac{1}{3} \cdot 10^{-5}\,\text{W} = 3{,}3 \cdot 10^{-6}\,\text{W};\ \text{dieses}$$

$\delta\mathfrak{N}$ entspricht bei 10 Ω Hitzdrahtwiderstand einem Strom von etwa 0,6 mA; zum
Messen der Anodenstromänderung von 1 μA kann ein Instrument mit beliebig
hohem Widerstand benutzt werden.

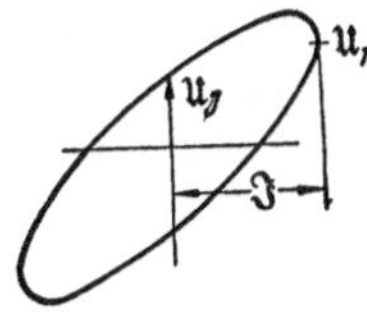

Abb. 134.
Die Braunsche Röhre
als Leistungsmesser.

f) Die Braunsche Röhre (Kathodenstrahl-Oszillograph).

α) Die Messung komplexer Widerstände war auf S. 23 bereits
besprochen.

β) Die Messung von Leistungen. Eicht man sich Abszisse
und Ordinate in Strom und Spannungswerten, kann man aus
$I \cdot U_r$ die Wirkleistung und aus $I \cdot U_i$ die Blindleistung ermitteln (Abb. 134).

g) Der Meßsender (Abb. 135) dient meist zur Erzeugung von
Wechselspannungen bestimmter Größe zur Prüfung von Empfängern. Will man
komplexe Widerstände messen, schalte man $\mathfrak{R}_x$ einmal mit einem reellen Widerstand
R_0 und einmal mit einer Kapazität $\dfrac{1}{j\omega C} = -I_0$ in Serie und bestimme die Spannungen $\mathfrak{U}_r$ und $\mathfrak{U}_i$ mit einem Röhrenvoltmeter. $\mathfrak{U}$ ist
die Meßsenderspannung. Es gelten dann die Beziehun-
gen mit $\mathfrak{R} = R + jI$:

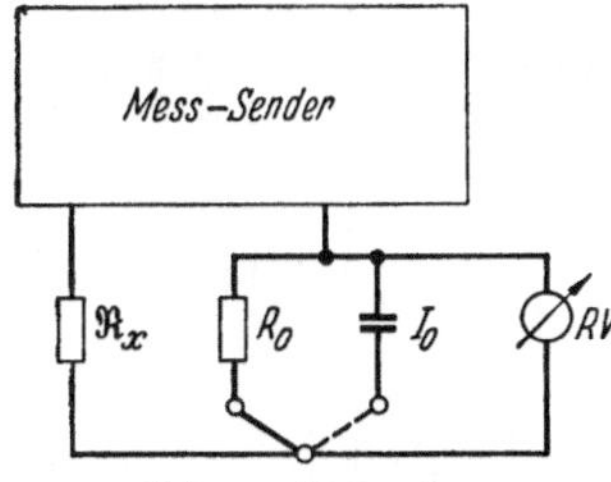

Abb. 135. Meßsender.

$$\frac{|\mathfrak{U}|^2}{|\mathfrak{U}_i|^2} = \frac{R^2 + (I - I_0)^2}{I_0^2};\qquad \frac{R^2 + (I - I_0)^2 = A^2}{\text{mit } A = I_0\,|\mathfrak{U}|/|\mathfrak{U}_i|};$$

und

$$\frac{|\mathfrak{U}|^2}{|\mathfrak{U}_r|^2} = \frac{(R + R_0)^2 + I^2}{R_0^2};\qquad \frac{(R + R_0)^2 + I^2 = B^2}{\text{mit } B = R_0\,|\mathfrak{U}|/|\mathfrak{U}_r|}.$$

Die beiden unterstrichenen Formeln stellen im R-I-
Diagramm 2 nullpunktverschobene Kreise dar. An dem im positiven R-Bereich
liegenden Schnittpunkt kann man R_r und R_i ablesen.

H. Modulation.

1. Übersicht über die Modulationsarten.

Wenn man eine Nachricht übertragen will, muß man der kontinuierlichen
Welle Abb. 136 $M\,1$ die Nachricht „aufmodulieren". Die Nachricht liege z. B. in
Gestalt eines Sprechstromes Abb. $M\,2$ vor. An die Stelle des Sprechstromes können
auch Morsezeichen oder die Bildströme des Fernsehens gesetzt werden.

1. Modulationsart. Die Amplitude wird proportional mit dem Sprechwechselstrom geändert. Die Frequenz bleibt erhalten. Die ausgestrahlte Welle hat dann die Form der Abb. *M 3. Amplitudenmodulation.*

2. Modulationsart. Die Frequenz wird proportional mit dem Sprechwechselstrom geändert, während die Amplitude konstant bleibt. Einem hohen Sprechstrom wird z.B. eine höhere Frequenz zugeordnet. Die ausgestrahlte Welle hat dann die Form der Abb. *M 4. Frequenzmodulation.*

3. Impulsmodulationen. Statt von einer kontinuierlichen Welle auszugehen, kann man auch von einer kontinuierlichen Folge von Impulsen gleicher Amplitude und Breite ausgehen (Abb *M 5*). Hier ergibt sich eine größere Mannigfaltigkeit der Modulationsarten:

a) Die Amplitude der einzelnen Impulse wird proportional mit den Sprechströmen geändert. Die ausgestrahlte Welle hat dann die Form Abb. *M 6.* Impulsfolge und -breite bleiben erhalten.

b) Die Impulsbreite wird geändert, Impulsfolge und Amplitude bleiben erhalten. Die Gestalt der Sendung zeigt Abb. *M 7.*

a) und b) entsprechen der Amplitudenmodulation (1).

c) Die Folge der Impulse wird geändert. Einem hohen Sprechstrom entspricht z.B. eine rasche Impulsfolge. Die Sendung hat die Form Abb. *M 8.* c) entspricht der Frequenzmodulation.

d) Die Einsatzzeit t_0 nach Beginn der Zeitabschnitte T wird geändert. Es wird z.B. einem starken Sprechstrom ein großer Wert von t_0 zugeordnet. Breite und Höhe der Impulse bleibt dabei erhalten. Die Sendung hat dann die Form Abb *M 9.* Diese Modulationsart nennt man *Impulslagemodulation.*

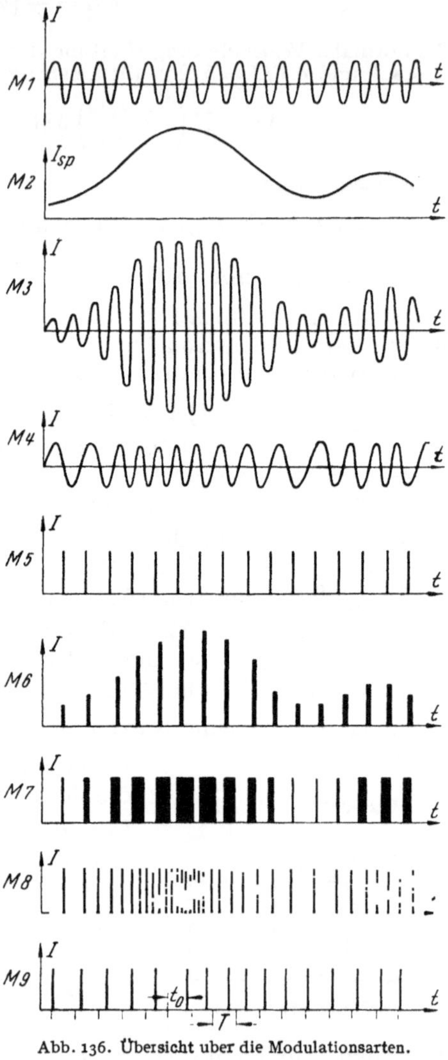

4. Modulation: Impuls-Code-Modulation. Wir wollen uns damit begnügen, die Stärke der Sprechströme nicht kontinuierlich, sondern in Stufen zu übertragen.

Abb. 136. Übersicht über die Modulationsarten.

Unser Sprechstrom (Abb. 137) würde also durch die Zahlen, die in Abb. 137 angeschrieben sind, zu übertragen sein.

Wir benutzen folgenden aus 4 Impulsen bestehenden Code: Ein Impuls an 1. Stelle bedeutet 1, an 2. Stelle 2, an 3. Stelle 4 und an 4. Stelle 8. Ein Zeichen, bestehend aus einen Impuls an 1., 2. und 4. Stelle würde die Zahl $1 + 2 + 8 = 11$ bedeuten.

Bandbreitenbedarf: Da man zur Übertragung eines Impulses $^1/_2$ Schwingung haben muß, braucht man eine Bandbreite $4 \cdot {}^1/_2 \cdot N$ Hz, wenn die höchste

Sprachfrequenz, die man übertragen will, N Hz ist, also dieselbe Bandbreite, wie bei einer 2-Seitenband-Übertragung.

Die Störanfälligkeit ist sehr gering. Man kann z.B. von unten her $^3/_4$ der Amplitude abschneiden und eliminiert damit alle Störungen, die kleiner als $^3/_4$ der Nutzamplitude sind, falls sie in ein Loch des Signales fallen; Störungen, die auf einen Impuls fallen, sind überhaupt wirkungslos.

Da man den Signalstromstärken die Codezahlen in beliebiger Reihenfolge zuordnen kann, besteht bei dem 15-Stufen-Code unseres Beispieles eine $15! = 13,2 \cdot 10^{11}$-fache Verschlüsselungsmöglichkeit. (Wenn man für die Prüfung eines Schlüssels 6 sec ansetzt, müßten 740 000 Entschlüßler 1 Jahr lang arbeiten, um ein Gespräch mit Sicherheit zu entschlüsseln.)

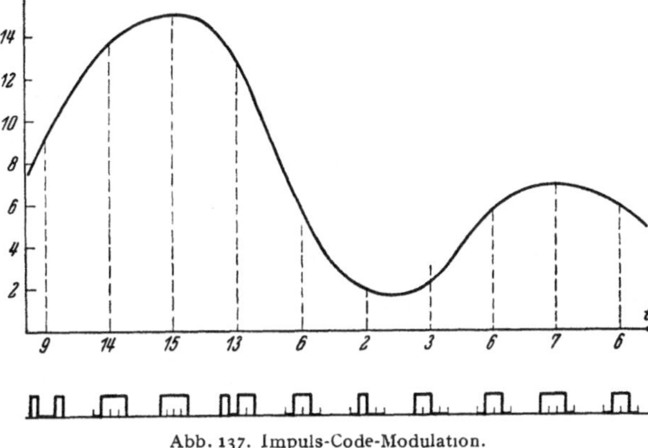

Abb. 137. Impuls-Code-Modulation.

2. Die Begriffe: Modulationsgrad, Trägerfrequenz, Modulationsfrequenz, Frequenzhub und Bandbreite.

Erläutert an einem einfachen cos Ωt proportionalen Signal.

Es sollen weiterhin nur die beiden Modulationsarten 1 und 2 besprochen werden, die im Rundfunk allgemein angewendet werden und weitere Einzelheiten den Spezialbänden überlassen werden.

Die Amplitudenmodulation. Wenn der Sprechwechselstrom durch

$$I_\mathrm{spr} = B \cos \Omega t$$

dargestellt wird, so gilt für die „Sendung"

$$I = I_0 \cos \omega t \,(1 + A \cos \Omega t).$$

Man nennt A den Modulationsgrad (A ist immer kleiner als 1), Ω die Modulationsfrequenz und ω die Trägerfrequenz. Für die Sendung kann man auch schreiben:

$$I = I_0 \cos \omega t + \frac{I_0 A}{2} \{\cos (\omega + \Omega)\, t + \cos (\omega - \Omega)\, t\}.$$

Diese Umformung mit Hilfe der trigonometrischen Formeln zeigt, daß die 3 Wellen ω, $\omega + \Omega$ und $\omega - \Omega$ ausgestrahlt werden müssen. Es muß also ein zwischen $\omega + \Omega$ und $\omega - \Omega$ liegendes „Wellenband" ausgestrahlt werden. $2\,\Omega$ heißt die „Bandbreite".

Für die Frequenzmodulation ist zu schreiben

$$I = I_0 \cos \left(\omega t + \frac{A}{\Omega} \sin \Omega t\right) \quad \text{nicht} \quad I \cos (\omega + A \cos (\Omega t)\, t).$$

$a = \omega t + \frac{A}{\Omega} \sin \Omega t$ nennt man das Argument des Cos. Die veränderliche Frequenz ist dann $\omega' = da/dt = \omega + A \cos \Omega t$. Die Frequenzänderung ist wieder dem Sprechwechselstrom proportional.

Man nennt $\frac{A}{\Omega}$ den Phasenschub und A den Frequenzhub. Letzterer steht an der Stelle des Modulationsgrades.

Um den Bandbreitebedarf beurteilen zu können, müssen wir den Ausdruck für die Sendung nach Bessel-Funktionen entwickeln. Wir erhalten

$$I = I_0 \cos \omega t \left\{ J_0\left(\frac{A}{\Omega}\right) + J_1\left(\frac{A}{\Omega}\right) \cos \Omega t + J_2\left(\frac{A}{\Omega}\right) \cos 2\,\Omega t + J_3\left(\frac{A}{\Omega}\right) \cos 3\,\Omega t + \cdots \right\}.$$

Wie in dem Spezialband abgeleitet werden wird, ergibt sich, daß man noch die Frequenz $3\,\Omega$ mitnehmen muß, wenn man mit einem Klirrfaktor von 20% auskommen soll. Die Bandbreite ist also bei Frequenzmodulation etwa 3 mal so groß wie bei Amplitudenmodulation.

3. Sende- und Empfangsmethoden. Störanfälligkeit.

a) Amplitudenmodulation.

Siehe Abb. 138. Ein Steuersender liefert eine konstante Gitterspannungsamplitude $\mathfrak{U}_g$, die Sprechströme die Gittervorspannung U_g. Die von der Senderröhre gelieferten Hochfrequenzströme sind dann bei stark negativer Vorspannung klein, bei schwach negativer Vorspannung groß. Man kann sie leicht

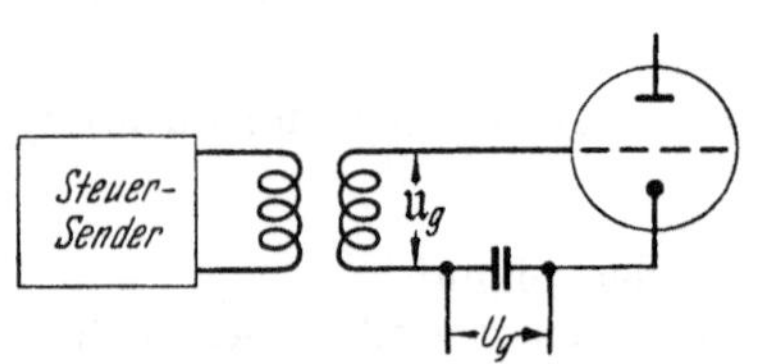

Abb. 138.
Gittervorspannungsmodulation-Schaltung.

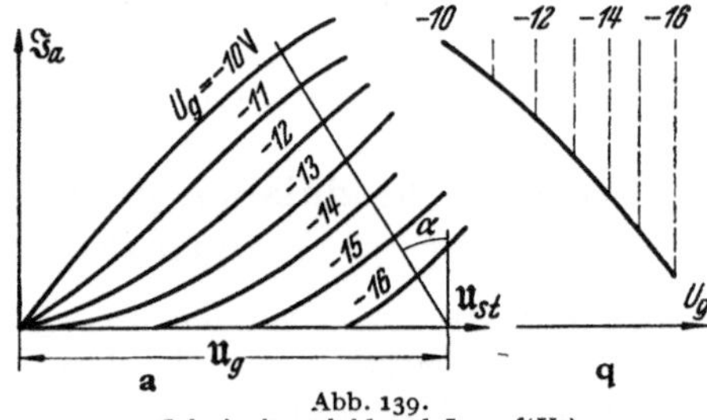

Abb. 139.
Schwinglinienbild und $J_a = f(U_g)$.

konstruieren, wenn man sich für eine gegebene Anodenbetriebsspannung die Schwinglinien mit U_g als Parameter aufzeichnet (Abb. 139a). Da

$$\mathfrak{U}_{st} = \mathfrak{U}_g - D\mathfrak{S}_a R_a,$$

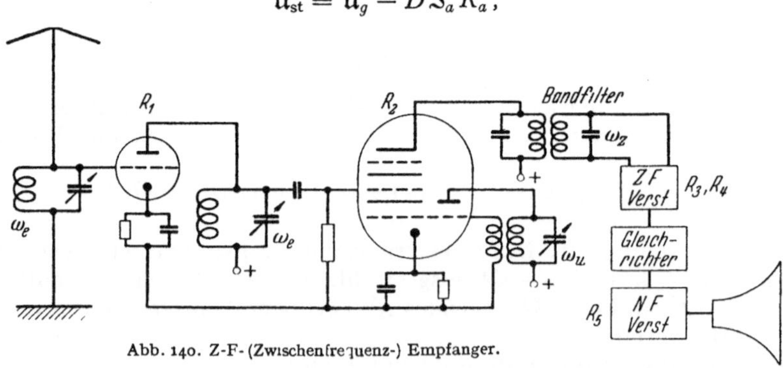

Abb. 140. Z-F-(Zwischenfrequenz-) Empfänger.

liegen die Anodenstromamplituden auf der durch den Pfeil von $\mathfrak{U}_g$ gehenden Geraden mit der Neigung $\mathrm{tg}\,\alpha = D \cdot R_a$, wobei R_a der Resonanzwiderstand des Schwingungskreises ist. In Abb. 139b ist $\mathfrak{S}_a$ als Funktion von U_g aus Abb. 139a abgegriffen.

Störanfälligkeit. Eine Störung, welche die Amplitude der Sendung verändert, wirkt sich voll aus.

Der Empfang. Amplitudenmodulierte Sendungen können mit jedem einfachen Detektorempfänger abgehört werden. Für den Fernempfang bedient man sich normalerweise eines Zwischenfrequenzempfängers (Abb. 140). Der Antennenstrom wird in der Röhre R_1 hochfrequent verstärkt und der Triode-Hexode R_2 zugeführt. Der Triodenteil dient zur Erzeugung der Überlagerungsschwingung mit der Frequenz $\omega_ü$.

Diese wird der Empfangsfrequenz ω_e zugemischt. Es entsteht die Zwischenfrequenz $\omega_z = \omega_e - \omega_ü$. Durch Gleichlauf der 3 Drehkondensatoren wird ω_z immer konstant gehalten. Im Anodenkreis der Mischröhre liegt als Kopplungsglied ein Bandfilter. Die Röhren R_3 und R_4 dienen zur Zwischenfrequenzverstärkung, die Diode zur Gleichrichtung. Der gleichgerichtete niederfrequente Strom wird durch Röhre R_5 noch einmal niederfrequent verstärkt, der Lautsprecherröhre zugeführt, die über einen Ausgangstransformator den Strom für den Lautsprecher liefert.

Der Zwischenfrequenzempfang hat den Vorteil, daß man beim Wellenwechsel die Bandfilter nicht nachzustimmen braucht. Er ist außerordentlich trennscharf.

b) Die Frequenzmodulation.

Die Herstellung der modulierten Frequenz. Man könnte den Schwingkreiskondensator als Kondensatormikrophon ausbilden; wenn die besprochene Membran unter der Wirkung des Schalldruckes schwingt, wird die Kapazität und die

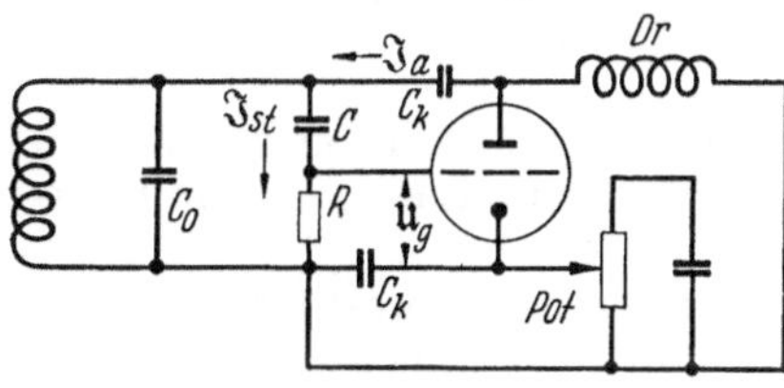

Abb. 141. Bildleistungsrohre.

Frequenz dem Schalldruck proportional geändert. — Praktisch bedient man sich der Blindleistungsröhre Abb. 141. L und C_0 sind Induktivität und Kapazität des Schwingungskreises, der verstimmt werden soll, C_k Kurzschlußkapazitäten für Hochfrequenz und Dr eine Drossel, die den der Anode zugeführten Strom konstant hält. Die Wirkungsweise sei unter der vereinfachenden Annahme: $R \ll \dfrac{1}{j\omega C}$; $\mathfrak{J}_{st} \ll \mathfrak{J}_a$ beschrieben. Liegt am Schwingungskreis eine Wechselspannung $\mathfrak{U}$, so berechnet sich der Strom $\mathfrak{J}_{st}$ im Steuerkreis und die Gitterspannung zu

$$\mathfrak{J}_{st} = \mathfrak{U} j\omega C; \quad \mathfrak{U}_g = \mathfrak{J}_{st} R = \mathfrak{U} j\omega C R$$

und der Anodenstrom zu $\mathfrak{J}_a = S \mathfrak{U}_g = j\omega C \mathfrak{U} S R$. Dieser addiert sich zum Kapazitätsstrom $\mathfrak{J}_c = j\omega C_0 \mathfrak{U}$, so daß der gesamte Kapazitätsstrom $j\omega \mathfrak{U} (C_0 + C S R)$, die Kapazität also auf den Wert $C_0 + S C R$ vergrößert ist. Die Steilheit der Röhre — sie mag eine Regelpentode sein — läßt sich durch die Gittervorspannung, die dem Sprechstrom proportional sein soll, verändern. Es wird dann auch die Frequenzänderung dem Sprechstrom proportional.

Der Empfang. An die Stelle der Diode schaltet man den Diskriminator (Abb. 142)[1].

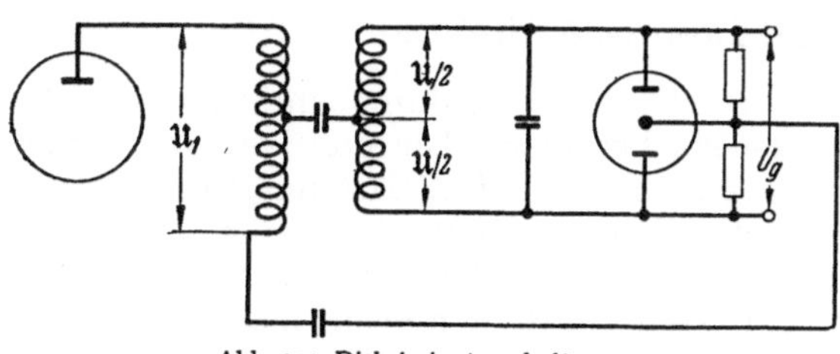

Abb. 142. Diskriminatorschaltung.

Die Spule im Anodenkreis der letzten Röhre des Zwischenfrequenzverstärkers und des Schwingungskreises sind gekoppelt. Die in den Schwingungs-

---

[1] Im Schaltschema sind $\mathfrak{U}_2$ und $\mathfrak{U}_2'$ mit $\mathfrak{U}/2$, $\mathfrak{U}_1$ mit $\mathfrak{U}_L$ bezeichnet.

kreis induzierte Spannung $\mathfrak{U}_2 = \mathfrak{J}_a j\omega L_{12}$ steht senkrecht auf dem Anodenstrom. Der Strom im Schwingkreis ist mit dieser Spannung in Phase, wenn Zwischenfrequenz und Eigenfrequenz des Schwingkreises übereinstimmen. Bei einer Verstimmung $\delta\omega$ ist die Phasenverschiebung durch

$$\operatorname{tg}\varphi = \delta\omega/\mathfrak{d}$$

gegeben (s. Abschnitt über die Phasenresonanzkurve, S. 6).

Die Spannungen an den beiden Spulenhälften des Schwingkreises stehen wieder senkrecht zum Schwingkreisstrom. Für die Ströme und Spannungen ergibt sich dann das Diagramm der Abb. 60, S. 32.

An den Anoden der Duodiode liegen dann die Spannungen $\mathfrak{U}_1$ und $\mathfrak{U}_2$, die sich aus den Spannungen $\mathfrak{U}_L$ und $\mathfrak{U}/2$ zusammensetzen. $\mathfrak{U}_L$ wird durch einen Kondensator nach der Mitte der Schwingkreisspule übertragen. Die Quadrate dieser Spannungen berechnen sich nach dem Cos.-Satz zu

$$\mathfrak{U}_A^2 = \mathfrak{U}_L^2 + \mathfrak{U}^2/_4 + \mathfrak{U}_A\,\mathfrak{U}\sin\varphi; \quad \mathfrak{U}_B^2 = \mathfrak{U}_L^2 + \mathfrak{U}^2/_4 - \mathfrak{U}_A\,\mathfrak{U}\sin\varphi.$$

Wenn die Gleichrichtung der Diode quadratisch ist, berechnet sich die Differenz der Gleichrichterströme $\delta\bar{\imath}$ zu $(\delta\bar{\imath} = \mathfrak{g}\,\mathfrak{U}^2)$

$$\delta\bar{\imath} = 2\,\mathfrak{g}\,\mathfrak{U}_L\,\mathfrak{U}\sin\varphi = 2\,\mathfrak{g}\,\mathfrak{U}_L\,\mathfrak{U}\,\frac{\delta\omega/\mathfrak{d}}{\sqrt{1 + (\delta\omega/\mathfrak{d})^2}} \cong 2\,\mathfrak{g}\,\mathfrak{U}_L\,\mathfrak{U}\,\frac{\delta\omega}{\mathfrak{d}} \quad \text{wenn} \quad \frac{\delta\omega}{\mathfrak{d}} \ll 1.$$

Der $\delta\bar{\imath}$ proportionale Spannungsabfall an den Widerständen im Diodenkreis wird dann niederfrequent weiter verstärkt und der Strom der Endpentode dem Lautsprecher zugeführt wie beim Zwischenfrequenzverstärker.

Störanfälligkeit. Da es bei der Frequenzmodulation nicht auf die Amplitude, sondern nur auf die Frequenzschwankungen ankommt, kann man die Amplitude im Empfänger begrenzen und damit alle Störungen abschneiden. Man erhält dadurch einen sehr störungsfreien Empfang. Das ist der Hauptvorteil der Frequenzmodulation.

Ein weiterer Vorteil besteht darin, daß man nicht wie bei der Amplitudenmodulation im Mittel nur etwa mit der halben Amplitude, sondern immer mit der vollen Amplitude senden kann und so einmal die Senderröhren besser ausnutzen, andererseits im Empfänger immer genügend weit über der Rauschgrenze bleiben kann.

J. Anhang.

1. Stromtore und Impulszündröhren.

Will man mit kleinen Spannungen starkere Ströme durch eine Röhre leiten, so füllt man sie mit Edelgas oder Quecksilberdampf. Die positiven Ionen der Gasentladung neutralisieren dann die Raumladung. Der Sättigungsstrom kann schon bei niedrigen Spannungen eintreten (s. den Potentialverlauf in der Raumladung S. 52). Außerdem wird die Emission der Kathode durch den Stoß der positiven Ionen unterstützt. Derartige gasgefüllte Röhren nennt man Thyratrons oder Stromtore. Man kann diese Röhren auch mit einem Gitter versehen. Sie zünden dann erst, wenn die Gitterspannung so weit gesteigert wird, daß die Steuerspannung Null wird, erlöschen aber erst wieder, wenn die Anodenspannung Null wird.

Man verwendet sie vielfach für die „Netzanoden" größerer Sender.

Die Zündröhren benutzt man zum raschen Einschalten des Anodenstromes von Impulssendern. Die kalte Kathode K ist von einer Zündelektrode Z umgeben, welche normalerweise auf negativer Spannung liegt. Schaltet man an die Zündelektrode eine positive Spannung, bildet sich zunächst eine Entladung zwischen Kathode und Zündelektrode, welche zur Hauptanode überschlägt. Den Betrieb eines Impulssenders mit einer solchen Zündröhre zeigt Abb. 143. Der Sender schwingt so lange, bis die Kapazität (oder eine an Stelle der Kapazität eingebaute Laufzeitkette, s. S.121, § 6) entladen ist. Dann erlischt die Entladung in der Zündröhre. In der Pause zwischen 2 Impulsen wird der Kondensator über den Widerstand R wieder aufgeladen.

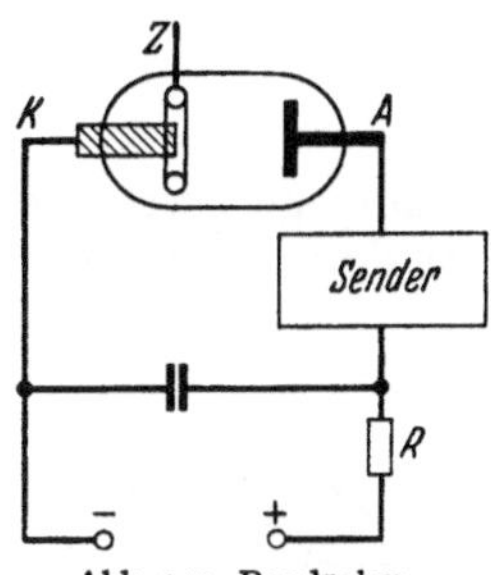

Abb. 143. Bandrohre.

2. Nulloden.

Nulloden werden zum zeitweiligen Sperren eines Hochfrequenzweges verwandt. In einem Funkmeßgerat sollen z.B. Sender und Empfänger mit der gleichen Antenne arbeiten. Der Weg Antenne—Empfänger soll während des Sendens gesperrt werden. Man fügt dann den dick ausgezogenen Topfkreis in die Leitung ein. Ist die Gasentladung zwischen Anode A und Kathode K nicht gezündet, so schwingt der Topf dämpfungsfrei und übertragt die Hochfrequenzschwingung von der Antenne zum Empfänger. Ist die Entladung gezündet, so bilden die Elektronen der Entladung eine dämpfende Leitfähigkeit zwischen den Kondensatorplatten $C\,C'$ des Topfes. Der Topf schwingt nicht und übertragt die Senderschwingung nicht zum Empfänger (Abb.144).

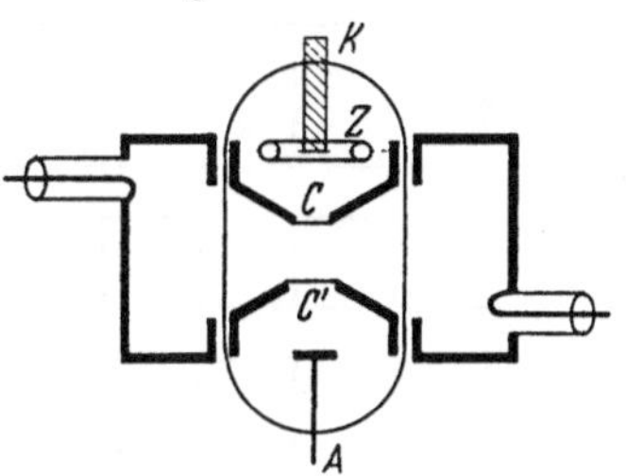

Abb. 144. Nullode.

3. Stabilisatorröhren (Abb.145).

Eine Glimmentladung hat die Eigenschaft, daß der sogenannte normale Kathodenfall konstant bleibt, wenn man die Stromstärke ändert, und daß sich nur die von der Glimmentladung gedeckte Fläche der Kathode proportional mit dem Strom ändert, so daß die Stromdichte konstant bleibt. Be-

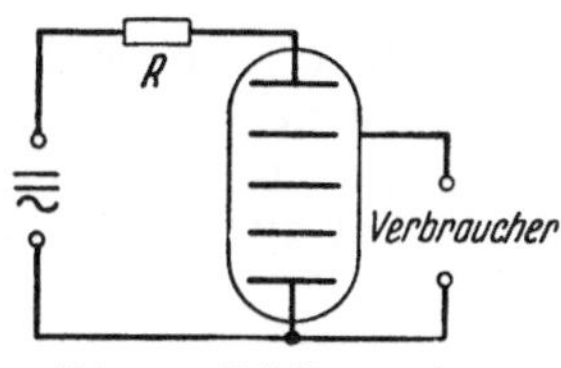

Abb. 145. Stabilisatorrohre.

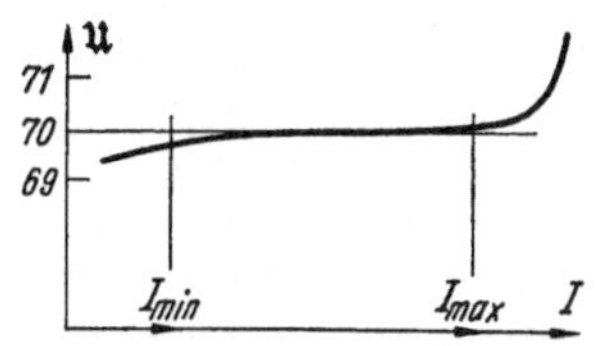

Abb. 146. Strom-Spannungsverlauf in der Stabilisatorrohre.

nutzt man nun als Entladungsgefäß 2 große Platten, die überall den gleichen Abstand haben, so ist auch der Spannungsabfall in der Gasstrecke unabhängig vom Strom konstant. Erst wenn die Kathode ganz mit der Glimmentladung bedeckt ist, nimmt der Kathodenfall zu (anormaler Kathodenfall). Diese Eigenschaft der Glimmentladung benutzt man zur Spannungsstabilisierung in der Schaltung Abb. 145. Steigt der Strom im Verbraucher, so nimmt dafür der Strom in der Glimmentladung ab. Steigt die Spannung der Stromquelle, so nimmt der Strom in der Glimmentladung und damit der Spannungsabfall in R zu, so daß die Spannung an der Glimmstrecke immer konstant bleibt.

Durch Störeffekte ist die Spannung der Glimmstrecke noch ein wenig vom Strom abhängig (Abb. 146). Der „Widerstand" der Glimmstrecke ist je nach Stromstärke etwa 10 bis 100 Ω. Man soll den Stabilisator nur im Strombereich zwischen I_{min} und I_{max} benutzen (Abb. 146).

4. Kipperscheinungen.

α) Sägezahngerät mit Stromtor (Abb. 147a und b).

Das Thyratron sei zunächst durch eine negative Gitterspannung gesperrt, die Anodenspannung = der niedrigen Löschspannung der Gasentladung. Der Kondensator wird nun über den hohen Widerstand R proportional mit der Zeit geladen. Wenn die Anodenspannung den durch

$$-U_g + D U_a = U_{\mathrm{zünd}}$$

gekennzeichneten Wert erreicht hat, schlägt das Thyratron durch und das Spiel beginnt von neuem.

β) Kippgerät mit 2 Trioden (Abb. 148).

Die Funktion des Gerätes ist am besten durch das Diagramm 149 zu erläutern. Zur Zeit $t = 0$ ist U_{g1} stark negativ, $I_{a1} = 0$, $U_{a1} = U_b =$ der Batteriespannung, also hoch, U_{g2} und I_{a2} hoch und U_{a2}, das mit U_{g1} verbunden ist, niedrig. Der Kondensator C_1 wird nun langsam über den hohen Gitter-

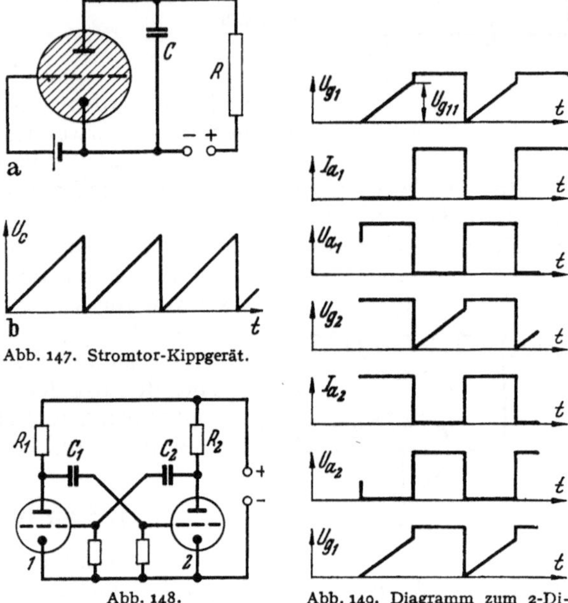

Abb. 147. Stromtor-Kippgerät.

Abb. 148. Kippgerät mit 2 Dioden.

Abb. 149. Diagramm zum 2-Dioden-Kippgerät.

widerstand geladen. Erreicht die Gitterspannung zur Zeit $t = t_1$ den Wert U_{g11}, so fängt I_{a1} an zu fließen, U_{a1} und das mit ihm gekoppelte U_{g2} sinken. I_{a2} sinkt und U_{a2} und das mit ihm gekoppelte U_{g1} steigt an. Der Vorgang verläuft mit steigender Geschwindigkeit nach einer e^{+at}-Kurve. Nun wiederholt sich das Ganze. Nur sind die Indizes vertauscht. Das Diagramm 149 ist für symmetrischen Aufbau gezeichnet. Derartige Kippgeräte sind in zahlreichen Variationen gebaut und in der Fernseherei verwendet worden (Flipp-Flopp-Schaltungen und ähnliches).

γ) Das Pfeifen von Widerstandsverstärkern.

Ein drei- oder mehrstufiger Verstärker kann als ein solches Kippgerät aufgefaßt werden, wenn der innere Widerstand der Anodenstromquelle groß genug ist. Um den Vergleich zu ermöglichen, ist neben Abb. 148 ein Verstärker (Abb. 150) gezeichnet. Die

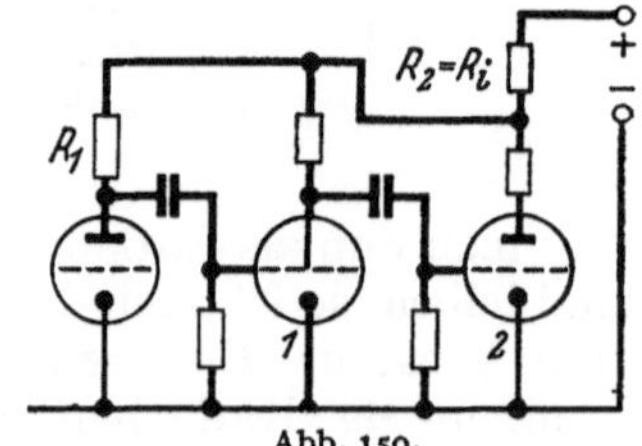

Abb. 150. Dreistufiger Verstärker als Kippgerät.

Teile, die für das Kippen unwesentlich sind, sind dünn ausgezogen. Der einzige Unterschied gegen das Kippgerät besteht darin, daß der Kopplungswiderstand R_i auch noch in der Anodenleitung der Vorröhre liegt.

7*

δ) Kippschwingungen bei hochgelegter Kathode, schlechtem Vakuum und zu hohem Gitterableitwiderstand. Sogenanntes Gaspfeifen.

Abb. 151 zeigt die Anordnung. Im Diagramm 152 ist der Anodenstrom und der Gitterstrom einschließlich des Gasionenstromes eingetragen.

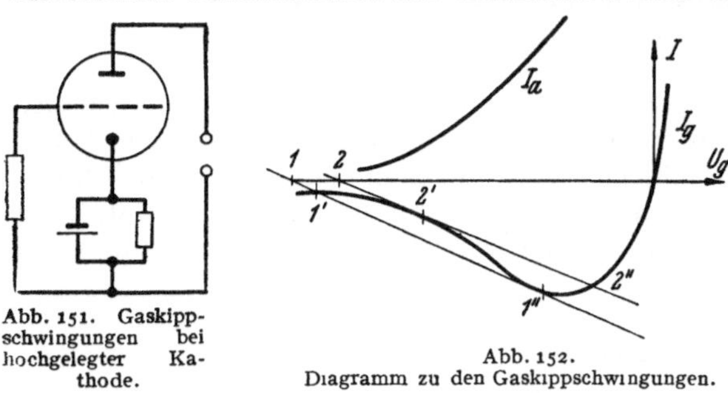

Abb. 151. Gaskippschwingungen bei hochgelegter Kathode.

Abb. 152.
Diagramm zu den Gaskippschwingungen.

Wir gehen davon aus, daß der Kathodenkondensator noch stark geladen und die Vorspannung stark negativ ist und bei Punkt 1 liegt. Die Gitterspannung liegt dann bei 1'. Der Anodenstrom ist zu schwach, um über den Kathodenwiderstand die starke Vorspannung aufrechtzuerhalten. Die Vorspannung steigt nach 2, die Gitterspannung nach 2'. Von da springt sie nach 2''. Der sich jetzt einstellende hohe Anodenstrom lädt nun den Gitterkondensator wieder auf. Die negative Vorspannung steigt bis 1 und die Gitterspannung springt von 1'' nach 1' zurück.

Diese Gaskippschwingungen sind zu vermeiden, wenn man den Gitterableitwiderstand kleiner als $1\left/\left(\dfrac{d\,I_g}{d\,U_g}\right)_{\mathrm{max}}\right.$ wählt. Vielfach ist in den Röhrenkatalogen der maximale Gitterableitwiderstand angegeben. Seine Größe beträgt meist 1 bis 2 MΩ.

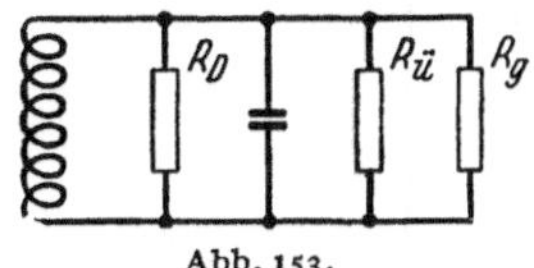

Abb. 153.
Gaskennlinie als negative Dämpfung im Gitterschwingkreis.

ε) Schwingungsanregung durch einen negativen Leitwert der Gitterkennlinie.

Die Gasgitterkennlinie stellt eine negative Ableitung dar. Diese Ableitung ist in Abb. 153 mit R_g eingetragen, R_D ist der die Kreisdämpfung ersetzende Parallelwiderstand, R_u der Gitterableitwiderstand. Wenn

$$\frac{1}{R_D} + \frac{1}{R_u} - \frac{1}{R_g} < 0$$

schwingt der Kreis. Diese Schwingungsanregung ist durch Wahl nicht zu großer R_u zu vermeiden.

ζ) Kippschwingungen beim Schwingaudion.

Wenn ein Schwingaudion nicht schwingt, liegt das Gitter etwa auf Spannung 0. Ist nun die Rückkopplung fest und der Schwingungskreis schwach gedämpft, so schaukelt sich die Anordnung zu starken Schwingungen auf, bevor sich der Gitterkondensator geladen hat. Dann lädt sich der Kondensator stark negativ auf, der Anodenstrom wird unterbrochen und der Kreis klingt ab. Die Schwingung bleibt dann eine Zeitlang ausgelöscht, bis sich der Kondensator wieder entladen hat und die Steilheit wieder so hoch geworden ist, daß die Schwingungen wieder einsetzen können. Man kann diese Kippschwingung durch Verändern der Rückkopplung, des Gitterkondensators und -widerstandes in allen Frequenzen, vom hohen Pfeifton bis zum langsamen Ticken, erregen.

5. Das Pfeifen der Verstärker.

Ein mehrstufiger Verstärker pflegt nach seiner Erbauung zunächst einmal zu pfeifen. Sein Konstrukteur muß daher zunächst den Grund für diese Erscheinung aufsuchen und dem Verstärker durch entsprechende Maßnahmen das Pfeifen abgewöhnen. Gründe für das Pfeifen sind folgende:

a) Es liegt eine Kopplung zwischen einer Wechselspannung führenden Anodenleitung und einer Gitterleitung vor, die zu einer Rückkopplung führt. Abhilfe: Man verlege die Leitungen so, daß sich Anodenleitungen und Gitterleitungen nicht zu nahe kommen. Man verlege die Leitungen evtl. in geschütztem Kabel und erde die Kabelhülle.

b) Zur Rückkopplung können Ströme dienen, die über das Verstärkergehäuse von der Kathode der Endröhre an den Gehäuseanschlußpunkten des Gitters und der Kathode einer Vorröhre vorbeifließen. Abhilfe: Man führe alle Erdleitungen einer Stufe an einem Punkte zusammen und erde dann diesen Punkt. Man kann auch die einzelnen Stufen in kleine Schutzkästen bauen und diese dann am Chassis erden (Abb. 154).

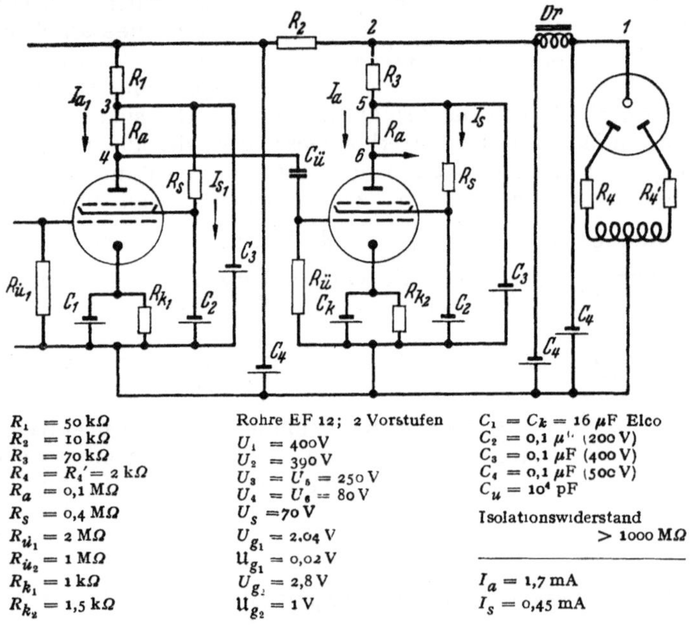

$R_1 = 50\,\mathrm{k}\Omega$
$R_2 = 10\,\mathrm{k}\Omega$
$R_3 = 70\,\mathrm{k}\Omega$
$R_4 = R_4' = 2\,\mathrm{k}\Omega$
$R_a = 0{,}1\,\mathrm{M}\Omega$
$R_s = 0{,}4\,\mathrm{M}\Omega$
$R_{ü_1} = 2\,\mathrm{M}\Omega$
$R_{ü_2} = 1\,\mathrm{M}\Omega$
$R_{k_1} = 1\,\mathrm{k}\Omega$
$R_{k_2} = 1{,}5\,\mathrm{k}\Omega$

Rohre EF 12; 2 Vorstufen
$U_1 = 400\,\mathrm{V}$
$U_2 = 390\,\mathrm{V}$
$U_3 = U_5 = 250\,\mathrm{V}$
$U_4 = U_6 = 80\,\mathrm{V}$
$U_s = 70\,\mathrm{V}$
$U_{g_1} = 2{,}04\,\mathrm{V}$
$u_{g_1} = 0{,}02\,\mathrm{V}$
$U_{g_2} = 2{,}8\,\mathrm{V}$
$u_{g_2} = 1\,\mathrm{V}$

$C_1 = C_k = 16\,\mu\mathrm{F}$ Elco
$C_2 = 0{,}1\,\mu\mathrm{F}\ (200\,\mathrm{V})$
$C_3 = 0{,}1\,\mu\mathrm{F}\ (400\,\mathrm{V})$
$C_4 = 0{,}1\,\mu\mathrm{F}\ (500\,\mathrm{V})$
$C_ü = 10^4\,\mathrm{pF}$

Isolationswiderstand
$> 1000\,\mathrm{M}\Omega$

$I_a = 1{,}7\,\mathrm{mA}$
$I_s = 0{,}45\,\mathrm{mA}$

Abb. 154. Aufbau eines mehrstufigen R-C-Verstärkers.

c) Wenn man verhindern will, daß Hochfrequenzströme auf die Außenfläche von Schutzkästen gelangen, wenn man, wie man sagt, einen Schutzkasten „dezidicht" haben will, so ist das einzige sichere Mittel: Alle Fugen verlöten!

d) Der häufigste Grund des Pfeifens ist die unter Punkt 3 des vorigen Abschnittes erwähnte Kippschwingung. Abhilfe: Gutes Sieben der Anodenzuleitungen. Eine Anwendung getrennter Anodenbatterien oder Netzanoden ist ein zwar umständliches Mittel, aber hilft ziemlich sicher.

e) Das geschilderte Gaspfeifen Punkt c und d tritt seltener auf. Abhilfe: Nicht zu hohe Gitterableitwiderstände.

f) Man soll die Kathoden einzeln hochlegen, keine gemeinsame Leitung für die negative Gittervorspannung benutzen.

g) Gegen Rückkopplungen über die Röhrenkapazitäten wandte man früher eine Neutralisierung an. Sie ist bei den modernen Pentoden meist überflüssig.

h) Die Schirmgitterzuleitungen sind ebenfalls durch R-C-Glieder zu verdrosseln. Diese Verdrosselung ist sogar noch wichtiger als die der Anoden, da die den Steuergittern zunächst liegenden Schirmgitter besonders leicht Spannungen in den Steuergittern influenzieren können.

Ein Ausführungsbeispiel einer Verstärkerstufe unter Zuhilfenahme der Philips-Röhren-Ringbücher zeigt Abb. 154.

i) Gegen die Erregung kurzer Wellen (Schwingungskreise, bestehend aus den Röhrenkapazitäten und den Zuleitungen als Induktivitäten) helfen oft Dämpfungs-widerstände von 100 bis 1000 Ω in den Gitterleitungen.

III. Wellenausbreitung.

A. Das Lechersystem.

Einleitung.

Die Loslösung elektromagnetischer Wellen aus dem Nahfelde einer Antenne ist verhältnismäßig kompliziert. Wir beginnen daher mit dem einfacheren Problem der geführten Wellen: dem Lechersystem. Die Einfachheit dieses Problemes beruht darauf, daß es eindimensional ist. Die Lechersystem- oder Kabelwellen verhalten sich zu der Antennenstrahlung wie die mechanische Welle, die an einem Seil entlangläuft, zu der raumlichen Schallwelle, die von einer Glocke ausgeht.

Wir wollen die Wellenausbreitung von 2 Gesichtspunkten aus behandeln.

1. Gesichtspunkt: Wir kennen aus der Anschauung das Entlanglaufen einer Welle an einem Seil. Wir *vermuten*, daß die elektrische Ladung in ähnlicher Weise an einem Lechersystem entlangläuft. Wir prüfen die Richtigkeit dieser Vermu-tung, indem wir nachweisen, daß sie mit den elektromagnetischen Grundgesetzen in Einklang steht, und berechnen dabei die Fortpflanzungsgeschwindigkeit quan-titativ.

2. Gesichtspunkt: Wir benutzen ein *Korrektionsverfahren.* Wir gehen von einem sehr langsamen Wechselstrom aus. Dieser durchfließt ein am Ende geschlossenes Lechersystem mit räumlich konstanter Stromstärke. Bei höheren Frequenzen kann man die Magnetfelder, die von ihnen induzierten Spannungen und die durch sie bedingten Ladeströme nicht mehr völlig weglassen. Sie werden als Korrektions-glieder eingeführt. Die Fortsetzung dieses Korrektionsverfahrens führt dann zu einer Reihenentwicklung für die Wellenausbreitung.

Während wir im 1. Fall einen ,,Ansatz" raten und dann verifizieren, werden wir durch das Korrektionsverfahren auf die Wellenausbreitung ,,hingeführt".

1. Darstellung unter Benutzung des heuristischen Gedankens von einer endlichen Ausbreitungsgeschwindigkeit der Ladung.

a) Der Einschaltstoß.

Um rechnerisch recht einfache Verhältnisse zu haben, denken wir uns ein aus 2 Blechstreifen aufgebautes Lechersystem ($b \gg a$) Abb. 155. Wir können dann unter Vernachlässigung von Randfehlern für das elektrische und magnetische Feld ein-fach schreiben:

$$\mathfrak{E} = \frac{U}{a} \; ; \quad \mathfrak{H} = \frac{I}{b} \text{ Solenoidformel}[1].$$

Zur Zeit $t = 0$ werde der Schalter geschlossen. Wir *vermuten* dann, daß sich die Blechstreifen nicht über ihrer ganzen Länge gleichmäßig aufladen, sondern

---

[1] $I =$ Strom in den Blechstreifen, durch den Verschiebungsstrom geschlossen.

daß der Ladezustand (q = Ladung je cm²) mit einer endlichen Geschwindigkeit v nach rechts hin fortschreitet. Wir wollen kontrollieren, ob sich diese Vermutung mit den elektrischen Grundgesetzen verträgt.

Die Flächendichte der Ladung ist dann (vgl. Ladung eines Kondensators)

$$q = \varepsilon_0 \mathfrak{E}.$$

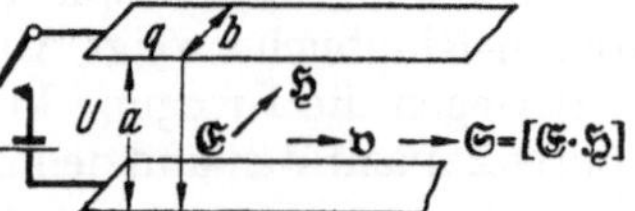

Abb. 155. Einschaltstoß beim Blechstreifen-Lechersystem.

Läuft der Ladungszustand mit der vermuteten Geschwindigkeit v weiter, so werden je. sec v.b. cm² des Lechersystems mit Ladung neu bedeckt. Der Strom ist also

$$I = v b q.$$

Dieser Strom ist (nach der Solenoidformel, Durchflutungsgesetz) von einem Magnetfeld $\mathfrak{H}$ begleitet:

$$\mathfrak{H} = \frac{I}{b} = v q = v \varepsilon_0 \frac{U}{a}.$$

Der magnetische Kraftfluß ist zur Zeit t, wenn x cm des Kabels geladen sind:

$$\Phi = \mu_0 \, \mathfrak{H} x a = \mu_0 \varepsilon_0 v x U.$$

Dieser Kraftfluß vergrößert sich, da immer längere Stücke des Lechersystems von ihm erfüllt werden:

$$\frac{\partial \Phi}{\partial t} = \mu_0 \varepsilon_0 v \frac{\partial x}{\partial t} U = \mu_0 \varepsilon_0 v^2 U.$$

Dieses $d\Phi/dt$ induziert nach dem Induktionsgesetz eine Spannung

$$U_i = -\frac{d \Phi}{d t} = -\mu_0 \varepsilon_0 v^2 U.$$

Nach dem Kirchhoffschen Gesetz: $\sum U = 0$, muß diese induzierte Spannung de angelegten Spannung gleichen. Beides sind Gleichspannungen. Eine Gleichhei ist also möglich. Die Bedingung $\sum U = 0$ läßt uns schließlich noch die Fortpflanzungsgeschwindigkeit berechnen.

$$U_i + U = 0; \quad -\mu_0 \varepsilon_0 v^2 U + U = 0;$$

$$v^2 = \frac{1}{\mu_0 \varepsilon_0} = \frac{1}{4 \pi 10^{-9} \dfrac{V s}{A \, \text{cm}} \cdot \dfrac{1}{9 \cdot 4 \pi \cdot 10^{11}} \dfrac{\text{Coul}}{V}} = 9 \cdot 10^{20} \left(\frac{\text{cm}}{\text{sec}}\right)^2 = c^2 \, {*}.$$

Die elektrische Ladung läuft mit Lichtgeschwindigkeit am Lechersystem entlang.

b) Der Impuls.

Lassen wir dem Einschaltstoß einen Entladestoß folgen, indem wir nac einiger Zeit die Stromquelle abschalten und das Lechersystem am Anfang kurz schließen, gelangen wir zur Fortpflanzung eines Impulses

c) Fortpflanzung einer Sinuswelle.

Eine sinusförmige Welle kann man sich aus schmalen Impulsen aufgebau denken.

---

* Da die Lichtgeschwindigkeit nicht genau $3 \cdot 10^{16} \dfrac{\text{sek}}{\text{cm}}$ ist, hat man μ_0 zu $4 \pi \cdot 10^{-9} \dfrac{\Omega \, \text{sek}}{\text{cm}}$ festgesetzt, und erhielt dann für ε_0 den Wert $\varepsilon_0 = \dfrac{1}{\mu_0 c^2}$.

d) Der Wellenwiderstand.

Im Punkt a sahen wir, daß die Stromquelle mit der Spannung U einen zeitlich konstanten Strom in das Lechersystem hereinschickte. Sie lieferte also eine Leistung $U \cdot I$. Das Lechersystem war aber als widerstandslos angenommen, eine Umsetzung der Leistung in Wärme kommt nicht in Frage. Wo bleibt die Leistung?

Sie dient zum Aufbau des elektrischen und magnetischen Feldes. *Der Leser prüfe zu seiner Übung diese Aussage quantitativ.*

Anleitung: Die Feldenergie des auf der Strecke x geladenen Kabels ist (s. Elektrizitätslehre, S. 245, 249)

$$A = \frac{a\,b\,x}{2}\,(\varepsilon_0\,\mathfrak{E}^2 + \mu_0\,\mathfrak{H}^2); \quad \text{der Energiestrom} = \frac{a\,b\,v}{2}\,(\varepsilon_0\,\mathfrak{E}^2 + \mu_0\,\mathfrak{H}^2).$$

Setzt man jetzt für $\mathfrak{E}$ einmal U/a und einmal $\dfrac{I}{v\,\varepsilon_0\,b}$ (aus $I = \varepsilon_0\,b\,\mathfrak{E}\,v$) ein, und für $\mathfrak{H}$ ebenfalls einmal I/b und einmal $\dfrac{U}{\mu\,a_0\,v}$ (aus $U = \mu_0\,\mathfrak{H}\,a\,v$) und bedenkt man, daß $\dfrac{1}{\sqrt{\mu_0\,\varepsilon_0}} = v$, so erhält man für die Leistung in der Tat richtig:

$$\mathfrak{N} = dA/dt = UI\,*.$$

Das Verhältnis von $U/I = R$ nennt man den *Wellenwiderstand*. Von den Eingangsklemmen aus betrachtet ist ein unendlich langes Kabel oder Lechersystem nicht von einem Ohmschen Widerstand R zu unterscheiden. Dieser Wellenwiderstand, der nicht die Energie der Stromquelle in Wärme, sondern in Feldenergie umsetzt, berechnet sich für unser Blechstreifenlechersystem zu

$$Z = \frac{a}{b}\,\sqrt{\frac{\mu_0}{\varepsilon_0}}.$$

e) Aufstellung der Differentialgleichung für Lechersysteme beliebiger Leiterform.

Wenn die elektrischen und magnetischen Kraftlinien in Ebenen senkrecht zur Lechersystem- oder Kabelachse verlaufen, kann man eine Kapazität je Längeneinheit C und eine Induktivität je Längeneinheit L definieren. (Wir werden später sehen, daß bei Lechersystemen mit Leitern mit Widerstand die elektrischen Kraftlinien krumm verlaufen und diese Definition oder Einführung von L und C nicht mehr streng anwendbar ist und nur als Näherung benutzt werden kann.)

Es gelten dann die Differentialgleichungen

$$dI = -\,C\,U^{\bullet}\,dx$$

$dI =$ Stromabnahme infolge des Kapazitätsstromes, und

$$dU = -\,L\,I^{\bullet}\,dx$$

$dU =$ Spannungsabfall infolge der Selbstinduktion.

Durch Elimination von I oder U erhalten wir

$$\frac{\partial^2 U}{\partial x^2} = L\,C\,\frac{\partial^2 U}{\partial t^2}\;; \quad \frac{\partial^2 I}{\partial x^2} = L\,C\,\frac{\partial^2 I}{\partial t^2}\,**.$$

f) Lösung der Gleichungen nach der Charakteristiken-Methode.

Die allgemeine Lösung dieser Gleichungen lautet:

$$I = f\,(t - x/v) + g\left(t + \frac{x}{v}\right).$$

---

* Siehe auch „Poyntingscher Vektor", S 251.

** U ist *nicht* unabhängig vom Wege, also keine Potentialdifferenz oder Spannung im üblichen Sinne.

$t - x/v$ und $t + x/v$ sind die für die Differentialgleichung charakteristischen Argumente der willkürlichen Funktionen f und g. Man nennt sie kurz: Charakteristiken.

Man setze die Lösungen ein und verifiziere. Dabei findet man, daß die Fortpflanzungsgeschwindigkeit v:

$$v^2 = \frac{1}{LC}$$

ist. Um das zugehörige U zu berechnen, bediene man sich einer der Ursprungsgleichungen, die ja 1. Integrale der Differentialgleichung 2. Ordnung sind, z.B.

$$\frac{\partial U}{\partial t} = -\frac{1}{C}\frac{\partial I}{\partial x} = \frac{-1}{vC}(-f' + g'); \quad \frac{1}{vC} = \frac{\sqrt{LC}}{C} = \sqrt{\frac{L}{C}} = Z = \text{Wellenwiderstand}[1].$$

Die Integration ergibt: $U = -Z(-f + g) + K$.

K ist eine willkürliche Funktion von x, aber von t unabhängig. Da sie für die Wellenausbreitung ohne Bedeutung ist, nehmen wir an, die Grenzbedingungen seien derart, daß $K = 0$ herauskommt.

f und g kann man bestimmen, wenn U und I entweder als $F(x)$ für $t = 0$ oder als $F(t)$ für $x = 0$ gegeben sind. Man kann auch z.B. $U(t)$ am Anfang und Ende des Lechersystems geben usw.

Spezieller Fall sinusförmigen Verlaufes.

Wenn U *und* I für $x = 0$ sinusförmig mit der Zeit verlaufen, so sind auch f und g Sinusfunktionen.

g) Reflexionen.

Die Reflexion am offenen Ende eines Lechersystems kann man am einfachsten dadurch beschreiben, daß man der hinlaufenden Stromwelle eine gleiche Stromwelle mit negativem Strom entgegenlaufen läßt, so daß sie sich am Kabelpunkt $x = 0$ gerade treffen. Wenn beide Wellen weiterlaufen und sich superponieren, so hebt sich der Strom am offenen Kabelende immer auf. Die Form der Wellen im einzelnen ist gleichgültig, sie muß nur bei der hin- und rücklaufenden Welle die gleiche sein.

Die Reflexion am geschlossenen Kabelende wird durch die entsprechenden Spannungswellen beschrieben. Abb. 156 zeigt die Reflexion einer von links kommenden Stromwelle an dem bei 0 liegenden offenen Ende des Kabels.

Übungsaufgaben: Der Leser zeichne sich den Strom und Spannungsverlauf für das Anschalten einer Spannungsquelle U an ein Lechersystem mit offenem und geschlossenem Ende nach dem Muster der Abb. 156 auf. Die rücklaufende Welle wird dann wieder am Anfang reflektiert, in dem die widerstandslose Spannungsquelle U eingeschaltet ist. Am Anfang verhält sich daher das Kabel wie ein geschlossenes. Er wird die Abb. 157 und 158 finden. Das Lechersystem ist mit einem Schwingungskreis in der nebenstehenden Schaltung zu vergleichen.

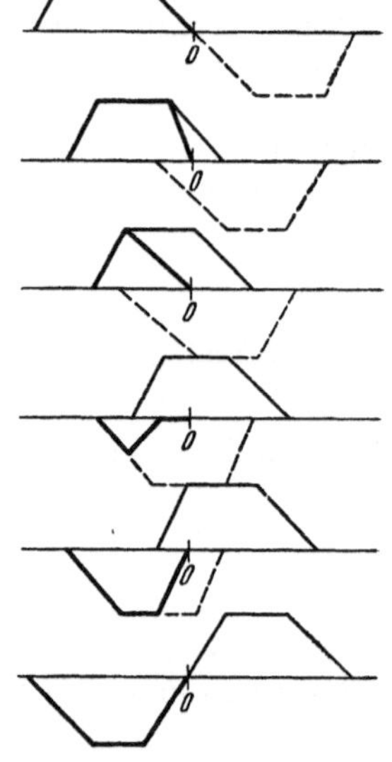

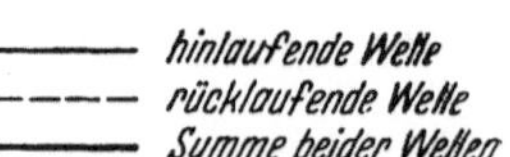

Abb. 156. Aufbau einer Reflexion aus hin- und rücklaufender Welle.

h) Die Entladung eines Lechersystems über einen Ohmschen Widerstand.

In ähnlich anschaulicher Weise kann man die Entladung eines im Anfang offenen auf die Spannung U aufgeladenen Lechersystemstückes von der Länge l über einen Ohmschen Widerstand R behandeln, der zur Zeit $t = 0$ an das rechte

---

[1] Der Wellenwiderstand (Abschn. d, S. 104) war definiert als U/I der nur hinlaufenden Welle.

Ende des Lechersystemstückes angeschaltet wird. Es wird dann von rechts her in das Lechersystem eine Welle mit dem Strom I_1 und der Spannung $-U_1 Z$ (——-Zeichen, da Welle nach links läuft!) eindringen. I_1 und U_1 sind so zu berechnen, daß

$$\frac{U - U_1}{R} = I_1; \quad U - Z I_1 = R I_1; \quad I_1 = \frac{U}{Z + R}.$$

Ist diese Welle an das linke Ende gekommen, wird sie dort „am offenen Ende reflektiert".

Technisch wichtig ist der Fall: $R = Z$. Es fließt dann während des Hin- und Rücklaufes der Welle, also während der Zeit $t = 2l/c$ ein konstanter Strom, dann

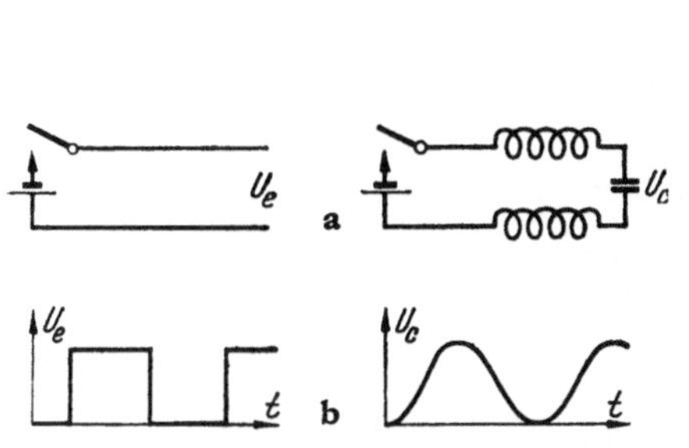

Abb. 157. a) Vergleich des offenen Lechersystems mit einem Serienschwingkreis; b) Diagramme

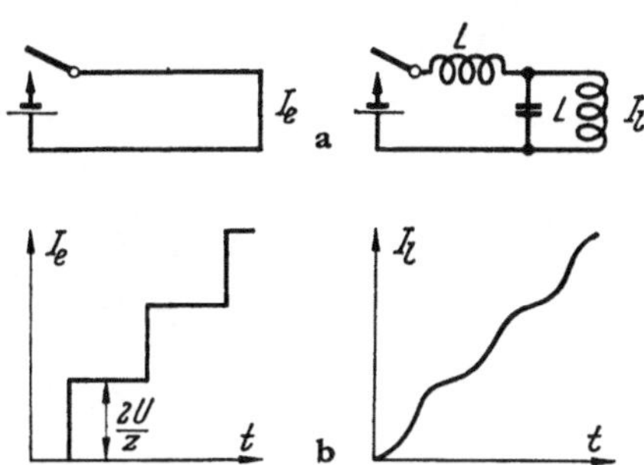

Abb 158. a) Vergleich des geschlossenen Lechersystems mit einem Parallelresonanzkreis (kurzgeschlossenes π-Glied; b) Diagramme.

ist das Kabel gerade entladen. Man benutzt diese Entladung zur Herstellung von Rechteck-„Impulsen" für Funkmeßgeräte. Für einen Impuls von $^1/_{10}\,\mu$sec Dauer würde man ein 15 m langes Kabel benötigen. Man ersetzt daher das Kabel durch die sogenannten Laufzeitketten (s. S.121, §6). Übungsaufgabe: Das Lechersystem werde über eine Drossel + Widerstand in Serie entladen!

i) Berechnung von Lechersystemen mit vorgeschriebenem Z.

Es war

$$Z = \sqrt{\frac{L}{C}} = \frac{L}{\sqrt{LC}} = c\,L.$$

Für ein Rohrlechersystem (z.B. geschützte Antennenleitung) ist

$$Z = c\,L = \frac{c\,\mu_0}{2\,\pi}\ln\frac{a}{r}.$$

Der Wellenwiderstand hängt nur von dem Verhältnis der Radien ab.

Ein aus **2 Drähten gleichen Durchmessers** bestehendes Lechersystem (Leitung vom U.K.W.-Antennendipol zum Empfänger).

Aufgabe: Für ein vorgegebenes Z (z.B. 278 Ω für einen Faltdipol) und gegebenen Drahtradius soll der Drahtabstand A gesucht werden.

Die elektrischen und magnetischen Kraft- und Potentiallinien werden durch das orthogonale Kreissystem Abb. 159 dargestellt (vgl. Abschnitt über komplexe Potentiale S. 236).

Nach der Spiegelmethode berechnet sich A aus $p\,(A - p) = r^2$ zu

$$A = \frac{r^2 + p^2}{p} = r\left(\frac{r}{p} + \frac{p}{r}\right).$$

Es gilt ferner

$$L = \frac{2\,\mu_0}{2\,\pi} \ln \frac{A - r - p}{r - p}, \quad \text{da} \quad A - r - p = \frac{r^2 + p^2 - rp - p^2}{p} = \frac{r\,(r-p)}{p};$$

$$L = \frac{\mu_0}{\pi} \ln \frac{r}{p}.$$

Wir erhalten also

$$\frac{r}{p} = e^{-\frac{\pi Z}{\mu_0 c}} = e^{\frac{Z}{120\,\Omega}}; \quad A = 2\,r\,\mathfrak{Cof}\,\frac{Z}{120\,\Omega} \quad \text{da} \quad \sqrt{\frac{\mu_0}{\varepsilon_0}} = 120\,\pi\,\Omega.$$

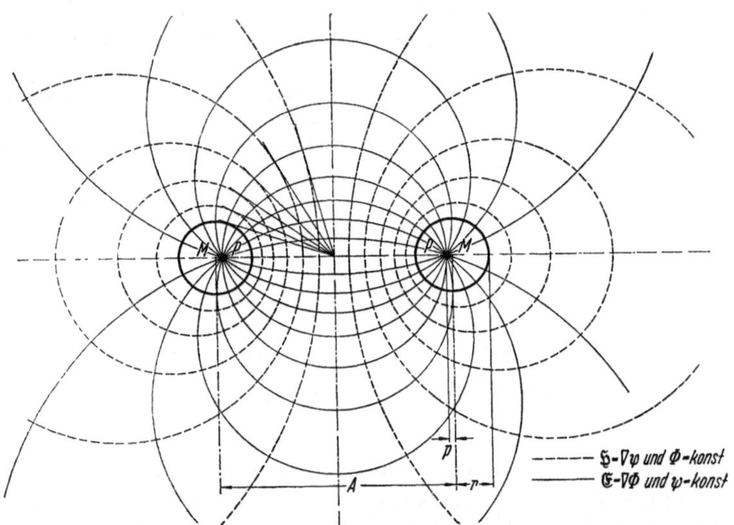

Abb. 159. Elektrische und magnetische Potentiallinie des 2-Draht-Lechersystems.

k) Fortpflanzungsgeschwindigkeit und Wellenwiderstand von Lechersystemen beliebigen Querschnittes. Die Stützersche Schicht.

Wir denken uns zwischen die beiden Lecherleitungen ein aus Quadraten bestehendes Orthogonalsystem eingezeichnet (Abb. 160). Wir können dieses Orthogonalsystem z.B. als Kraftlinien und Potentiallinien einer angelegten Gleichspannung deuten. Wenn wir als Charakteristikum einer Lecherleitung festlegen, daß die beiden Leiter parallele Zylinder sein sollen, erhalten wir ein 2dimensionales Problem. $\Delta \varphi = 0$ vereinfacht sich zu $\dfrac{\partial^2 \varphi}{\partial x^2} + \dfrac{\partial^2 \varphi}{\partial y^2} = 0$. Wir können die beiden Liniensysteme als Reell $\Phi = c$ und Imag $\Phi = c'$ darstellen. Es sollen zwischen den Leitern n Reihen solcher Quadrate, auf dem Umfang m Quadrate liegen. Das schwarz angelegte Quadrat habe die Seitenlänge a. Die Feldstärke sei $\mathfrak{E}$. Dann ist die Spannung zwischen den Lecherleitern $U = n \cdot \mathfrak{E} a$. Die in Richtung der Feldstärke verschobene Ladung ist $q = \varepsilon_0 a\,\mathfrak{E}$ und die Gesamtladung $Q = m \varepsilon_0 a\,\mathfrak{E}$. Damit ist die Kapazität

$$C = \frac{Q}{U} = \varepsilon_0 \frac{m}{n}.$$

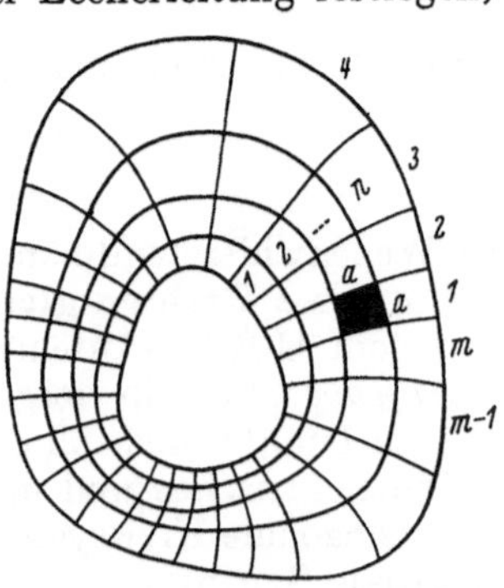

Abb. 160. Zur Stützerschen Schicht

Die magnetische Feldstärke in dem schwarzen Quadrat sei $\mathfrak{H}$. Dann ist die magnetische Spannung, die nach dem Durchflutungsgesetz dem Strom gleicht,

$m\,a\,\mathfrak{H} = \oint \mathfrak{H}\,ds = I$ und der Gesamtkraftfluß pro cm Lechersystemlänge $n\,a\,\mu_0\,\mathfrak{H} = \Psi$. Hieraus berechnet sich die Induktivität zu

$$L = \frac{\Psi}{I} = \mu_0 \frac{n}{m}\,.$$

L und C sind beide auf 1 cm Lechersystemlänge bezogen. Die Fortpflanzungsgeschwindigkeit ist dann

$$v^2 = \frac{1}{L\,C} = \frac{n}{\varepsilon_0\,m} \cdot \frac{m}{\mu_0\,n} = \frac{1}{\varepsilon_0\,\mu_0}$$

unabhängig vom Querschnitt.

Der Wellenwiderstand ist

$$Z = \sqrt{\frac{L}{C}} = \frac{n}{m}\sqrt{\frac{\mu_0}{\varepsilon_0}} = \frac{n}{m}\,120\,\pi\Omega\,.$$

Messung des Wellenwiderstandes mit der Stützerschen Schicht.

Wir nehmen eine Folie, von der 1 cm² den Widerstand $R_1 = 120\,\pi\Omega$ hat. Dann hat jedes Quadrat, wie auch seine Seitenlänge sein mag, 120 $\pi\Omega$. Wenn wir nun das Lechersystem senkrecht auf die „Stützersche Schicht" aufsetzen und den Gleichstromwiderstand messen, so erhalten wir, da n solcher Quadrate hintereinander und m solcher Streifen parallel geschaltet sind, den Widerstand $\frac{n}{m}$ 120 $\pi\Omega$. Er gleicht immer dem Wellenwiderstand des Lechersystems.

l) Messung des Wellenwiderstandes an einem Kabel.

Der Wellenwiderstand gleicht dem Widerstand eines unendlich langen Kabels. Schließe ich ein Kabelstück mit dem Wellenwiederstand ab, so ist das identisch damit, daß ich an das Kabelstück noch ein unendlich langes Kabelstück anschließe. Das mit Z abgeschlossene Lechersystem hat also auch den Eingangswiderstand Z.

Hieraus ergibt sich folgende Meßmethode: Schließe das Lechersystem mit einem veränderlichen Ohmschen Widerstand ab. Miß den Eingangswiderstand und verändere den Abschlußwiderstand so lange, bis der Eingangswiderstand dem Abschlußwiderstand gleicht. Diese beiden Widerstände sind dann gleich Z.

m) Einfluß eines Dielektrikums und Paramagnetikums.

Füllt man das Kabel mit einem Dielektrikum oder Paramagnetikum, so hat man in den Formeln $\mu_r\mu_0$ für μ_0 und $\varepsilon_r\varepsilon_0$ für ε_0 zu schreiben. Die Fortpflanzungsgeschwindigkeit sinkt dann im Verhältnis $1/\sqrt{\varepsilon_r\,\mu_r}$ und der Wellenwiderstand steigt im Verhältnis $\sqrt{\mu_r/\varepsilon_r}$.

2. Darstellung unter Benutzung eines Korrektionsverfahrens.

a) Erläuterung der Idee des Korrektionsverfahrens am Beispiel der Pendelschwingung.

Wir wollen annehmen, daß wir die Lösung der Gleichung der Pendelschwingung $m \cdot \ddot{x} = -p \cdot x$ nicht kennen, daß uns auch die Sinus- und Cosinusfunktionen unbekannt seien. Wir würden dann folgendes Korrektionsverfahren anwenden.

Das ausgelenkte Pendel steht unter der Federkraft $-p \cdot x_0$. Diese nimmt zwar während des Schwingens ab. Wir wollen aber in ganz roher Näherung annehmen, sie sei konstant $= -p \cdot x_0$. Wir haben dann statt $m \cdot \ddot{x} = -p \cdot x$ die einfache Gleichung der Fallbewegung $m \cdot x^{\cdot\cdot} = - p \cdot x_0$ zu lösen mit dem Integral $x = x_0 - \dfrac{p}{m} \cdot \dfrac{t^2}{2}$. $x = x_0$ ist die nullte Näherung; $\delta x_1 = - \dfrac{p}{m} \dfrac{t^2}{2}$ das 1. Korrektionsglied. Aus diesem berechnen wir das 2. Korrektionsglied nach der Differentialgleichung

$$m \delta x_2^{\cdot\cdot} = + \frac{p^2 t^2}{2 m} \quad \text{zu} \quad \delta x_2 = + \frac{p^2}{4! \, m^2} t^4 ,$$

aus diesem das 3. und so fort. Die verfeinerte Lösung ist dann die Summe der Lösung nullter Näherung und aller Korrektionsglieder:

$$x = x_0 + \delta x_1 + \delta x_2 + \delta x_3 + \cdots = x_0 \left[1 - \frac{p}{m} \frac{t^2}{2!} + \left(\frac{p}{m}\right)^2 \frac{t^4}{4!} - \left(\frac{p}{m}\right)^3 \frac{t^6}{6!} + \cdots \right] .$$

Wir erinnern uns nun wieder unserer „höheren" Kenntnisse der Sinusfunktion und erkennen in unserer Lösung die Reihenentwicklung für

$$x = x_0 \cos \sqrt{\frac{p}{m}}\, t .$$

In Abb. 161 sind die 0., 1., 2. bis 5. Näherung aufgezeichnet. Jede Näherung stellt eine weitere Schwingung richtig dar.

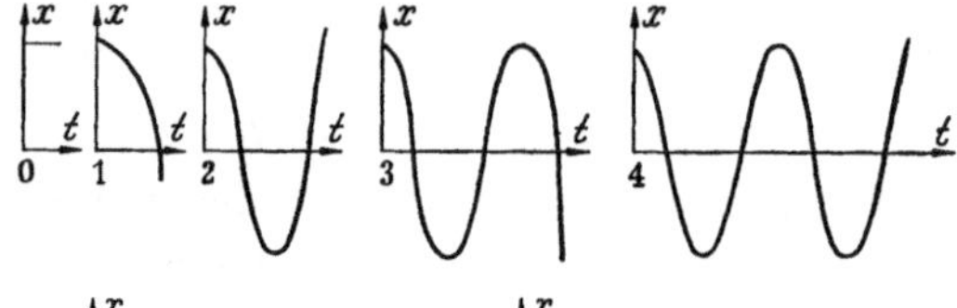

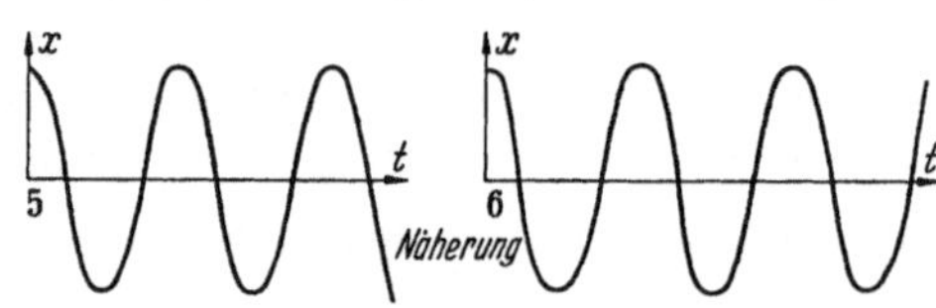

Abb. 161. Behandlung mechanischer Schwingungen mit dem Korrektionsverfahren.

b) Übertragung des Korrektionsgedankens auf die Wellenausbreitung am Blechstreifenlechersystem.

Da das Lechersystem widerstandslos sein soll, fließt ein Gleichstrom bzw. ein sehr langsamer Wechselstrom, dessen Stromstärke von x unabhängig ist. Elektrische Felder und Spannungen sind nicht da, nur ein räumlich konstantes Magnetfeld. Diesen Zustand benutzen wir als die nullte Näherung.

Diese nullte Näherung werden wir zu korrigieren haben durch die induzierten Spannungen. In dem strichpunktierten Integrationsweg entsteht eine induzierte Spannung (Abb. 162)

$$U_1 = \mu_0 x a \frac{d I_0}{b \, d t} \quad \text{oder} \quad \mathfrak{U}_1 = j \omega \mu_0 x \frac{a}{b} \mathfrak{J}_0 .$$

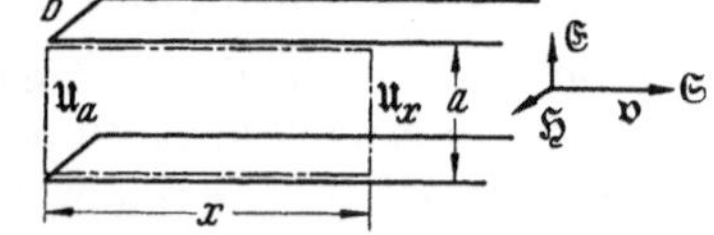

Abb. 162. Anwendung des Korrektionsverfahrens auf das Blechstreifen-Lechersystem.

$\mathfrak{U}_x$ ist dann die Differenz zwischen der Spannung am Kabelanfang und der Spannung an der Stelle x. $\mathfrak{U}_{x\,1} = U_1 + \mathfrak{U}_a$.

Die Spannung am Kabelanfang ist eine Integrationskonstante, die wir später bestimmen wollen.

Unter Wirkung von $\mathfrak{U}_{x\,1} = \mathfrak{U}_a + j \omega \mu_0 x \dfrac{a}{b} \mathfrak{J}_0$ lädt sich das Stückchen Kabel von der Länge dx auf: $dQ = \mathfrak{U}_{x\,1} \varepsilon_0 \dfrac{b}{a} dx$.

Hierzu muß auf das Blechstreifenstückchen ein Überschußstrom

$$d \mathfrak{J} = d \frac{dQ}{d t} = j \omega \mathfrak{U}_{x1} \varepsilon_0 \frac{b}{a} d x$$

fließen. Dieses dI, von o bis x integriert, liefert die 1. Korrektur unseres Stromes.

$$\mathfrak{J} = \int\limits_0^x j\,\omega\,\mathfrak{U}_{x1}\,\varepsilon_0\,\frac{b}{a}\,dx = -\,\mu_0\,\varepsilon_0\,\omega^2\,\frac{x^2}{2}\,\mathfrak{J}_0 + \varepsilon_0\,j\,\omega\,x\,\mathfrak{U}_a\,\frac{b}{a}\,.$$

Nun können wir das Magnetfeld und die induzierte Spannung korrigieren und erhalton als 2. Korrektionsglied

$$\mathfrak{U}_{2x} = -\,\mu_0\,\frac{a}{b}\,j\,\omega^3\,\mu_0\,\varepsilon_0\,\mathfrak{J}_0\int\limits_0^x\frac{x^2}{2}\,dx - \varepsilon_0\,\mu_0\,\omega^2\,\mathfrak{U}_a\,\frac{x^2}{2}$$

$$= -\,\mu_0\,\frac{a}{b}\,j\,\omega^3\,\mu_0\,\varepsilon_0\,\mathfrak{J}_0\,\frac{x^3}{3!} - \varepsilon_0\,\mu_0\,\omega^2\,\mathfrak{U}_a\,\frac{x^2}{2}\,.$$

Über die Integrationskonstante ist mit $\mathfrak{U}_a$ verfügt. Weitere Integrationskonstanten brauchen wir nicht hinzuzufügen. Wir erhalten dann als 2. Korrektionsglied für den Strom

$$\mathfrak{J}_{2x} = \frac{\omega^4\,\varepsilon_0^2\,\mu_0^2}{4!}\,\mathfrak{J}_0\,x^4 - j\,\omega^3\,\varepsilon_0^2\,\mu_0\,\mathfrak{U}_a\,\frac{b}{a}\,\frac{x^3}{3!}\,.$$

Alle Korrektionsglieder zusammengezählt, ergeben mit $\mu_0\,\varepsilon_0 = \dfrac{1}{c^2}$.

$$\mathfrak{J} = \mathfrak{J}_0\left(1 - \frac{\omega^2}{c^2}\,\frac{x^2}{2!} + \frac{\omega^4}{c^4}\,\frac{x^4}{4!} - \cdots\right) + j\,\mathfrak{U}_a\,\frac{b}{a}\,\sqrt{\frac{\varepsilon_0}{\mu_0}}\left[\frac{\omega}{c}\,x - \left(\frac{\omega}{c}\,x\right)^3\middle/3! + \cdots\right].$$

Wir sehen bereits die einzelnen Glieder der Reihenentwicklung von $\cos \omega x/c$ und $\sin \omega x/c$ auftauchen. Die Lösung wird also lauten:

$$\mathfrak{J} = \mathfrak{J}_0\cos\frac{\omega}{c}\,x + j\,\mathfrak{U}_a\,\frac{b}{a}\,\sqrt{\frac{\varepsilon_0}{\mu_0}}\sin\frac{\omega}{c}\,x = \mathfrak{J}_0\cos\frac{\omega\,x}{c} + j\,\frac{\mathfrak{U}_a}{Z}\sin\frac{\omega\,x}{c}$$

oder reell geschrieben:

$$I = |\mathfrak{J}_0|\cos\frac{\omega\,x}{c}\cos\omega\,t - \frac{|\mathfrak{U}_a|}{Z}\sin\frac{\omega\,x}{c}\sin\omega\,t\,.$$

c) Die Bestimmung der Integrationskonstanten.

Wenn am Kabelanfang $\mathfrak{J}$ und $\mathfrak{U}$ gegeben sind, haben wir einfach diese Werte einzusetzen. Wir wollen aber den Fall eines unendlich langen Kabels betrachten, auf dem sich nur eine hinlaufende Welle ausbildet. Der Strom am Kabelanfang ist $\mathfrak{J}_a$. Wie groß muß dann die Spannung $\mathfrak{U}$ sein?

Die Lösung muß dann die Form einer nur hinlaufenden Welle haben

$$I = |\mathfrak{J}_0|\cos\left(\omega\,t - \frac{\omega\,x}{c}\right) = |\mathfrak{J}_0|\cos\omega\,t\cos\frac{\omega\,x}{c} + |\mathfrak{J}_0|\sin\omega\,t\sin\frac{\omega\,x}{c}\,.$$

Wir erhalten durch Koeffizientenvergleich:

$$\mathfrak{J}_a = -\,\frac{\mathfrak{U}_a}{Z}\,;\quad \mathfrak{J}_a = \mathfrak{J}_0$$

und finden unsere frühere Bedingung:

$$\text{Wellenwiderstand } Z = \mathfrak{U}_a/\mathfrak{J}_0$$

wieder.

3. Das Lechersystem mit Dämpfung.

a) Qualitative Vorüberlegung.

Wir nehmen als einfachsten Fall wieder unser Blechstreifen-Lechersystem. Nur soll jetzt der Blechstreifen einen Ohmschen Widerstand R (je cm Systemlänge) haben. Es liege z in der Fortpflanzungsrichtung, x senkrecht zu den Platten.

Da jetzt im Blechstreifen eine elektrische Feldstärke $\mathfrak{E} = \mathfrak{I} \cdot R$ herrscht, muß auch das Feld der Welle für $x = \pm a$ eine Z-Komponente haben, da die elektrischen Tangentialfeldstärken stetig durch Grenzflächen gehen. $\mathfrak{E}_y$ ist nicht zu erwarten, da nach Symmetrie kein Grund für Querströme in den Blechstreifen (Ströme in der y-Richtung) da ist. Aus diesem Grunde ist auch kein $\mathfrak{H}_z$ zu erwarten. Ein $\mathfrak{H}_x$ könnte nur auftreten, wenn der Strom in der vorderen und hinteren Hälfte der Blechstreifen verschieden wäre, wenn z.B. die Blechstreifen eine nach hinten abnehmende Dicke hätten. Das soll aber nicht der Fall sein. Wir müssen also $\mathfrak{H}_x = 0$ annehmen. Wir werden die Maxwellschen Gleichungen für $\mathfrak{H}_y, \mathfrak{E}_x, \mathfrak{E}_z$ zu spezialisieren haben und die entstehenden Differentialgleichungen mit der Randbedingung

$$\mathfrak{E}_z (x = a) = -\mathfrak{I} R = -J b R = -\mathfrak{H}_y b R; \quad \mathfrak{H}_y = -\mathfrak{E}_z / R b \quad \text{für} \quad x = \pm a$$

zu lösen haben. Da ein $\mathfrak{E}_z$ existiert, hat der Poyntingsche Vektor $\mathfrak{S} = [\mathfrak{E} \cdot \mathfrak{H}]$ jetzt auch eine X-Komponente, welche den Blechstreifen die Leistung zuführt, die in ihnen durch den Widerstand in Wärme umgesetzt wird. Wir werden zu kontrollieren haben, daß dieser Leistungstransport auch richtig mit der entwickelten Wärme übereinstimmt.

b) Aufstellung der Differentialgleichungen.

a/b sei so klein, daß Randstörungen keine Rolle spielen. Wir hatten überlegt, daß nur die Feldkomponenten $\mathfrak{E}_x$, $\mathfrak{E}_z$, $\mathfrak{H}_y$ vorkommen. Wir wollen den Ansatz:

$$\mathfrak{R} = \mathfrak{R}_0 e^{j\omega t - j\beta z} (\mathfrak{R}_0 = \mathfrak{E}; \mathfrak{H}) \frac{\partial}{\partial t} \to j\omega; \quad \frac{\partial}{\partial z} \to -j\beta \quad \text{z.B. } \mathfrak{E}_x = \text{Reell } \mathfrak{E}_x e^{j(\omega t - \beta z)}$$

benutzen. Der 2-Dimensionalität des Problems entspricht: $\dfrac{\partial}{\partial y} = 0$. Für unser Problem vereinfachen sich dann die Maxwellschen Gleichungen zu

$$j\,\omega\,\varepsilon_0\,\mathfrak{E}_x = \mathrm{rot}_x\,\mathfrak{H} = -\frac{\partial \mathfrak{H}_y}{\partial z} = +j\beta\,\mathfrak{H}_y , \tag{1}$$

$$j\,\omega\,\varepsilon_0\,\mathfrak{E}_z = \mathrm{rot}_z\,\mathfrak{H} = -\partial \mathfrak{H}_y / \partial x , \tag{2}$$

$$j\,\omega\,\mu_0\,\mathfrak{H}_y = -\mathrm{rot}_y\,\mathfrak{E} = -\frac{\partial \mathfrak{E}_x}{\partial z} + \frac{\partial \mathfrak{E}_z}{\partial x} = +j\beta\,\mathfrak{E}_x + \frac{\partial \mathfrak{E}_z}{\partial x} . \tag{3}$$

Wir rechnen aus Gl. (1) und (3) $\mathfrak{E}_x$ und $\mathfrak{H}_y$ aus und erhalten mit $k^2 = \omega^2/c^2 - \beta^2$

$$\mathfrak{E}_x = -\frac{j\beta}{k^2}\frac{\partial \mathfrak{E}_z}{\partial x} \quad (4); \qquad \mathfrak{H}_y = -\frac{j\omega\varepsilon_0}{k^2}\frac{\partial \mathfrak{E}_z}{\partial x} \tag{5}$$

und aus Gl. (2)
$$\frac{\partial^2 \mathfrak{E}_z}{\partial x^2} + k\,\mathfrak{E}_z = 0 . \tag{6}$$

Die Grenzbedingung an der Metallwand liefert das Ohmsche Gesetz:

$$\mathfrak{H}_y = +J_z = -\mathfrak{E}_z / R b \quad \text{für} \quad x = +a . \tag{7}$$

c) Lösung der Differentialgleichung.

Mit Rücksicht auf die Symmetrie $\mathfrak{E}_z (x = +a) = -\mathfrak{E}_z (x = -a)$; $\mathfrak{E}_x (x = +a) = +\mathfrak{E}_x (x = -a)$ wählen wir zur Lösung von Gl. (6) den Ansatz:

$$\mathfrak{E}_z = C \sin k x \tag{8}$$

und erhalten mit diesem Ansatz:

$$\text{Aus (5)} \quad \mathfrak{H}_y = \frac{-j \omega \varepsilon_0}{k} C \cos k x; \quad (9) \qquad \text{aus (4)} \quad \mathfrak{E}_x = -\frac{j \beta}{k} C \cos k x. \tag{10}$$

Setzt man die Werte in die Grenzbedingung (7) ein, erhält man für k die transzendente Gleichung:

$$-\frac{j \omega \varepsilon_0}{k} C \cos k a = -\frac{C}{R b} \sin k a; \quad k \operatorname{tg} k a = j \omega \varepsilon_0 R b. \tag{11}$$

Schließlich berechnet sich β zu

$$\beta^2 = \frac{\omega^2}{c^2} - k^2. \tag{12}$$

Kontrolle: Wir wollen die Rechnung durch Spezialisierung für $R = 0$ kontrollieren. Es müssen dann die Verhältnisse des ungedämpften Lechersystems herauskommen. Wir erhalten

$$k = 0; \quad \beta = \frac{\omega}{c}; \quad \mathfrak{E}_z = 0; \quad \mathfrak{E}_x = -\frac{j \beta C}{k} = -j \beta A; \quad \mathfrak{H}_y = -j \omega \varepsilon_0 \frac{C}{k} = -j \omega \varepsilon_0 A$$

$$\mathfrak{E}_x / \mathfrak{H}_y = \frac{1}{c \varepsilon_0} = \sqrt{\frac{\mu_0}{\varepsilon_0}}.$$

d) Angenäherte Berechnung von k und β für kleine Dämpfungen.

Ist R und mit ihm k klein, können wir für $\operatorname{tg} k a \cong k a$ setzen. Die transzendente Gl. (11) vereinfacht sich zu

$$k^2 a = j \omega \varepsilon_0 R b; \quad k^2 = j \omega \varepsilon_0 R \frac{b}{a}; \quad k = (1 + j) \sqrt{\frac{\omega \varepsilon_0 R b}{2 a}}. \tag{13}$$

Wir erhalten schließlich für $\beta \left(\text{mit } \sqrt{1 + \varepsilon} \cong 1 + \frac{\varepsilon}{2} \right)$

$$\beta = \frac{\omega}{c} - j \varepsilon_0 c \frac{b}{a} R / 2 = \frac{\omega}{c} - j \frac{R}{2 Z}; \quad \varepsilon_0 c = \sqrt{\frac{\varepsilon_0}{\mu_0}}. \tag{14}$$

$$j \beta = j \frac{\omega}{c} + \frac{R}{2 Z}; \quad \text{Wellenwiderstand} \quad Z = \frac{a}{b} \sqrt{\frac{\mu_0}{\varepsilon_0}}.$$

e) Der Energietransport auf die Wand.

In 1 cm² Wandfläche wird nach (7) die Leistung $\mathfrak{N}_v = J_z^2 R b$ in Wärme umgesetzt. Diese muß durch den Poyntingschen Vektor der Wand zugeführt werden. Diese beiden Ausdrücke sollen berechnet und ihre Gleichheit für jeden Zeitmoment (nicht nur der Mittelwert über eine Schwingungsdauer) gezeigt werden. Wir müssen jetzt $\mathfrak{H}_y$ und $\mathfrak{E}_z$ in der reellen Form schreiben:

$$\left. \begin{aligned} \mathfrak{E}_z (x = a) &= \text{Reell } C \sin k a\, e^{j \alpha} \cong \text{Reell } C k a\, e^{j \alpha} \text{ mit } \alpha = \omega t - \beta z \\ &= \text{Reell } a C \sqrt{\frac{\omega \varepsilon_0 R b}{2 a}} (1 + j) e^{j \alpha} = a C \sqrt{\frac{\omega \varepsilon_0 R b}{2 a}} (\cos \alpha - \sin \alpha). \end{aligned} \right\} \tag{15}$$

$$\mathfrak{H}_y \, (x = a) = \text{Reell} \left(- \frac{j\,\omega\,\varepsilon_0}{k} \, C \cos k\,a\,e^{j\alpha} \right) \cong - C \sqrt{\frac{a\,\omega\,\varepsilon_0}{2\,R\,b}} \, (1 + j) \, e^{j\alpha}$$

$$= - C \sqrt{\frac{a\,\omega\,\varepsilon_0}{2\,R\,b}} \, (\cos \alpha - \sin \alpha) \, . \tag{16}$$

Wir erhalten für $\mathfrak{N}_v$ und $\mathfrak{S}_x$ mit $\dfrac{j}{1+j} = \dfrac{j\,(1-j)}{2} = \dfrac{1+j}{2}$

$$\mathfrak{N}_v = \frac{R\,b\,C^2\,a\,\omega\,\varepsilon_0}{2\,R\,b} \, (\cos \alpha - \sin \alpha)^2 = \frac{C^2\,\omega\,\varepsilon_0\,a}{2} \, (1 - \sin 2\alpha) \tag{17}$$

$$\mathfrak{S}_x = a\,C^2 \sqrt{\frac{\omega\,\varepsilon_0\,R\,b}{2\,a} \cdot \frac{a\,\omega\,\varepsilon_0}{2\,R\,b}} \, (\cos \alpha - \sin \alpha)^2 = \frac{C^2\,\omega\,\varepsilon_0\,a}{2} \, (1 - \sin 2\alpha) \, . \tag{18}$$

Damit ist gezeigt, daß für jeden Zeitmoment: $\mathfrak{S}_x = \mathfrak{N}_v$. Hierbei ist

$$|\,C\,|^2 = |\,\mathfrak{H}_y^{(x=a)}\,|^2 \frac{R\,b}{a\,\omega\,\varepsilon_0}$$

dem Widerstand $\boldsymbol{R}$ proportional.

f) Die übliche Näherungsmethode.

Da $\boldsymbol{R}$ meist klein und daher $\mathfrak{E}_z \ll \mathfrak{E}_x$ ist, kann man näherungsweise annehmen: Die elektrischen Kraftlinien sind fast gerade. $\mathfrak{E}_x$ und $\mathfrak{H}_y$ sind räumlich konstant. $\mathfrak{E}_x$ ist dann überall $\mathfrak{U}/a$ und $\mathfrak{H}_y$ überall $\mathfrak{I}/b$. Man kann dann Gl. (1) und (3) über den Querschnitt (über x) integrieren und erhält

$$\frac{\partial}{\partial t} \varepsilon_0 a\,\mathfrak{E}_x = - a \frac{\partial \mathfrak{H}_y}{\partial z} \quad \text{oder} \quad \varepsilon_0 \frac{\partial \mathfrak{U}}{\partial t} = - \frac{a}{b} \frac{\partial \mathfrak{I}}{\partial z} \, ; \quad \frac{\partial}{\partial t} \mu_0 \frac{a}{b} \, \mathfrak{I} = - \frac{\partial \mathfrak{U}}{\partial z} + \int \frac{\partial \mathfrak{E}_z}{\partial x} \, d\,x \, .$$

Führt man noch $\varepsilon_0 \dfrac{b}{a} = \boldsymbol{C}$; $\mu_0 \dfrac{a}{b} = \boldsymbol{L}$; $\mathfrak{E}_z\,(x = 0) - \mathfrak{E}_z\,(x = -a) = - R\,\mathfrak{I}$ ein,

$$\boldsymbol{C} \frac{\partial \mathfrak{U}}{\partial t} = - \frac{\partial \mathfrak{I}}{\partial z} \, ; \quad \boldsymbol{L} \frac{\partial \mathfrak{I}}{\partial t} + R\,\mathfrak{I} = - \partial \mathfrak{U}/\partial z \, . \tag{1}$$

Diese Gleichungen pflegt man dann folgendermaßen zu deuten: Der Spannungsabfall $d\,U$ setzt sich zusammen aus dem Spannungsabfall $\mathfrak{I} \cdot \boldsymbol{R} \cdot d\,z$ über den Widerstand und $d\mathfrak{I}/d\,t \cdot \boldsymbol{L} \cdot d\,z$ über der Induktivität des Kabelstückchens $d\,z$.

Nimmt man noch die Ableitung $\boldsymbol{A}$ je cm hinzu, so erhält man die Kabelgleichungen:

$$\boldsymbol{L} \frac{\partial \mathfrak{I}}{\partial t} + R\,\mathfrak{I} = - \frac{\partial \mathfrak{U}}{\partial z} \, ; \quad \boldsymbol{C} \frac{\partial \mathfrak{U}}{\partial t} + \boldsymbol{A}\,\mathfrak{U} = - \frac{\partial \mathfrak{I}}{\partial z} \, . \tag{2}$$

$\mathfrak{U} = \int\mathfrak{E}\,ds$ ist, wie bereits auf S. 104 bemerkt, nicht vom Wege unabhängig. Wir schreiben wieder — willkürlich! — als Integrationsweg die Senkrechte zwischen den Platten vor. Man erhält dann aus Gl. (1) mit

$$\mathfrak{H}_y = \mathfrak{H}_y\,(x = a) \frac{\cos k\,x}{\cos k\,\dfrac{a}{2}} \, ; \quad \mathfrak{H}_y\,(x = a) = \frac{\mathfrak{I}}{b}$$

$$\varepsilon_0\,\mathfrak{U}^{\cdot} = - \frac{\partial}{\partial z} \int\limits_{-a/2}^{+a/2} \mathfrak{H}_y \, d\,x \cong \frac{-\partial \mathfrak{I}}{\partial z} \frac{a}{b} \frac{\operatorname{tg} k\,a/2}{k\,a/2} \, ;$$

$$\frac{\partial \mathfrak{I}}{\partial z} = - \boldsymbol{C} \frac{k\,a/2}{\operatorname{tg} k\,a/2} \, \mathfrak{U}^{\cdot} \left(\boldsymbol{C} = \frac{\varepsilon_0\,b}{a} \right) .$$

Analog erhält man aus Gl. (3)

$$\boldsymbol{L} \frac{\operatorname{tg} k\,a/2}{k\,a/2} \, \mathfrak{I}^{\cdot} + \mathfrak{I}\,\boldsymbol{R} = - \partial \mathfrak{U}/\partial z \, .$$

Für sehr kleine Dämpfungen $\left(\dfrac{k\,a/2}{\operatorname{tg} k\,a/2} \cong 1\right)$ erhält man die angenäherten Gleichungen. Die Induktivität ist größer, da $\mathfrak{H}$ in der Mitte größer als das mit $\mathfrak{J}$ am Rande berechnete ist. Die Kapazität erscheint kleiner, da q statt mit $\varepsilon_0 \mathfrak{E}_x$ ($x = a$) mit dem größeren $\varepsilon_0 \dfrac{\mathfrak{u}}{a}$ berechnet ist.

Durch Elimination von U oder I kommt man zu den Differentialgleichungen

$$LC\,U^{\cdot\cdot} + (LA + RC)\,U^{\cdot} + RA\,U = U''; \quad LC\,I^{\cdot\cdot} + (LA + RC)\,I^{\cdot} + RA\,I = I''$$

$$\text{bedeutet } \frac{\partial}{\partial t}, \quad ' \text{ bedeutet } \frac{\partial}{\partial z}. \tag{3}$$

Für $A = 0$:

$$LC\,U^{\cdot\cdot} + RC\,U^{\cdot} = U''. \tag{4}$$

Wenn man den $e^{j\omega t}$-Ansatz von vornherein einführt, erhält man

$$-\omega^2 LC + j\omega\,(LA + RC) + RA = -\gamma^2 \quad \text{bzw.} \quad \gamma^2 = (j\omega L + R)\,(j\omega C + A). \tag{5}$$

Für $A = 0$:

$$\gamma^2 = (j\omega L + R)\cdot j\omega C; \quad \gamma \cong j\omega\sqrt{LC} + \frac{R}{2}\sqrt{\frac{C}{L}} = \frac{j\omega}{c} + \frac{R}{2Z} \tag{6}$$

und an Stelle von

$$Z = \sqrt{\frac{L}{C}}; \quad \mathfrak{Z} = \sqrt{\frac{j\omega L + R}{j\omega C}} = \sqrt{\frac{L}{C}} - \frac{jR}{2\omega\sqrt{LC}} = Z - \frac{jRc}{2\omega} \tag{7}$$

Für die hinlaufende Welle:

$$I \cong I_0\,e^{-\frac{R}{2Z}z}\cos\omega\left(t - \frac{z}{c}\right).$$

Den Faktor $\mathfrak{d}_r = \dfrac{R}{2Z}$ nennen wir räumliche Dämpfung.

g) Das Lechersystem mit der geringsten räumlichen Dämpfung.

Wie groß muß bei gegebenem Radius r_a der Radius r_i des Innenleiters sein, damit die Dämpfung ein Minimum wird? Unter Benutzung der Eindringtiefe (S. 26) berechnen wir den Widerstand zu

$$R = \frac{\sigma}{2\pi t}\left(\frac{1}{r_i} + \frac{1}{r_a}\right)$$

und den Wellenwiderstand zu $Z = cL = \dfrac{c\,\mu_0}{2\pi}\ln r_r/r_i$.

Die räumliche Dämpfung wird dann

$$\mathfrak{d}_r = \frac{R}{2Z} = \frac{\sigma}{4\pi t}\left(\frac{1}{r_i} + \frac{1}{r_a}\right)\frac{2\pi}{c\,\mu_0}\frac{1}{\ln r_a/r_i} = C\,\frac{V+1}{\ln V};$$

wenn man für das Verhältnis $r_a/r_i = V$ einsetzt. Um das Optimum bei $r_a = \text{const}$ zu berechnen, ist der Differentialquotient $= 0$ zu setzen

$$\frac{d\,\mathfrak{d}_r}{dV} = 0 \quad \text{oder} \quad 0 = \ln V - (1 + V). \tag{1}$$

Man erhält die transzendente Gl. (1) mit der Lösung: $V = 3{,}60$. Der Wellenwiderstand dieses Lechersystems ist $77\,\Omega$ unabhängig von r_a. Er ist dem Strahlungswiderstand von $72\,\Omega$ eines $\lambda/2$-Dipoles fast angepaßt. $\mathfrak{d}_r$ sinkt mit wachsendem r_a.

h) Räumliche und zeitliche Dämpfung, am Beispiel des kurzgeschlossenen $\lambda/2$-Lechersystems erläutert.

Zum Vergleich noch einmal die **Verhältnisse auf dem ungedämpften Lechersystem:** $|\mathfrak{J}_a| = |\mathfrak{J}_h| \cos \omega \left(t - \frac{x}{c} \right) + |\mathfrak{J}_r| \cos \omega \left(t + \frac{x}{c} \right)$;

$$\mathfrak{u} = Z \left[- |\mathfrak{J}_h| \cos \omega \left(t - \frac{x}{c} \right) + |\mathfrak{J}_r| \cos \omega \left(t + \frac{x}{c} \right) \right]; \quad \mathfrak{J}_h = \mathfrak{J}_r = \frac{\mathfrak{J}_a}{2}.$$

Am Anfang $x = 0$ und am Ende $(x = a)$ $U = 0$ und in der Mitte ein exakter Stromknoten.

Das gedämpfte Lechersystem werde am Anfang von einer Stromquelle zu kontinuierlichen Schwingungen erregt. Der Strom bei $x = 0$ sei I_a. Wir haben dann anzusetzen:

$$I = \mathfrak{J}_h e^{-\mathfrak{d}_r x} \cos \omega \left(t - \frac{x}{c} \right) + \mathfrak{J}_r e^{+\mathfrak{d}_r x} \cos \omega \left(t + \frac{x}{c} \right) \quad \text{und}$$

$$U = Z \left[- \mathfrak{J}_h e^{-\mathfrak{d}_r x} \cos \omega \left(t - \frac{x}{c} \right) + \mathfrak{J}_r e^{+\mathfrak{d}_r x} \cos \omega \left(t + \frac{x}{c} \right) \right] \qquad Z \cong \sqrt{\frac{L}{C}}$$

und $\mathfrak{J}_h$ und $\mathfrak{J}_r$ aus den Grenzbedingungen: $\mathfrak{J}_{(x=0)} = \mathfrak{J}_a$ und $\mathfrak{u}_{\left(x=\frac{\lambda}{2} \right)} = 0$ zu berechnen. Wir erhalten:

$$\mathfrak{J}_h = \frac{\mathfrak{J}_a \, e^{\mathfrak{d}_r \lambda/2}}{2 \, \mathfrak{Cof} \, \mathfrak{d}_r \, \lambda/2} \quad \text{und} \quad \mathfrak{J}_r = \frac{\mathfrak{J}_a \, e^{-\mathfrak{d}_r \lambda/2}}{2 \, \mathfrak{Cof} \, \mathfrak{d}_r \, \lambda/2}; \quad \mathfrak{u}_a = Z \mathfrak{J}_a \mathfrak{Tg} \, (\mathfrak{d}, \lambda/2)$$

und im Knoten $(x = \lambda/4)$

$$\mathfrak{J}_k = \frac{\mathfrak{J}_a}{\mathfrak{Cof} \, \mathfrak{d}_r \, \lambda/2} \frac{\mathfrak{d}_r \lambda}{2} \sin \omega t \sin \frac{\omega}{c} \frac{\lambda}{4} = \frac{\mathfrak{J}_a}{\mathfrak{Cof} \, \mathfrak{d}_r \, \lambda/2} \frac{\mathfrak{d}_r \lambda}{2} \sin \omega t.$$

Wir haben keinen vollkommenen Knoten mehr. Die den Knoten durchfließende Leistung

$$\mathfrak{N} = \text{Reell} \, \frac{1}{2} \, \mathfrak{u}_k \mathfrak{J}_k^*$$

deckt den Energieverbrauch in der rechten Hälfte des Lechersystems. (Der Leser rechne zu seiner Übung diesen Energieverbrauch nach!)

Die zeitliche Dämpfung. Das Lechersystem sei vorn und hinten kurzgeschlossen, angeregt und sich selbst überlassen. Seine Schwingungen werden dann mit der Zeit abklingen. Der räumliche Verlauf ist durch $\cos \frac{\omega x}{c}$ zu beschreiben (wegen der beiden Grenzbedingungen). Es tritt ein exakter Knoten auf. Wir haben den Ansatz: $I = |\mathfrak{J}_0| e^{-\mathfrak{d}t} \cos \omega t \cos \frac{\omega x}{c}$ in Formel (6) Pkt. f für γ den Wert $\frac{j \omega}{c} = \frac{2 \pi j}{\lambda}$; für $j \omega$ den Wert $\mathfrak{c} = j \omega + \mathfrak{d}$ und $\frac{1}{c^2} = LC$ einzusetzen und erhalten zur Berechnung von $\mathfrak{d}$ ($\mathfrak{d}^2$ und $RC\mathfrak{d}$ sei als klein 2. Ordnung vernachlässigt)

$$- \frac{\omega^2}{c^2} + \frac{2 j \omega \mathfrak{d}}{c^2} + RC (j \omega + \mathfrak{d}) = - \frac{\omega^2}{c^2}; \quad 2 \mathfrak{d} = - RC c^2; \quad \mathfrak{d} = \frac{-R}{2L}.$$

Für das Verhältnis $\mathfrak{d}_r/\mathfrak{d}$ erhalten wir

$$\mathfrak{d}_r/\mathfrak{d} = \frac{R}{2L} \bigg/ \frac{R}{2} \sqrt{\frac{C}{L}} = \frac{1}{\sqrt{LC}} = \frac{1}{v} \cong \frac{1}{c}.$$

Eine einfache Energiebetrachtung. Für die räumliche Dämpfung erhalten wir

$$2 \mathfrak{d}_r = \frac{\mathfrak{W}}{\mathfrak{S}} \quad \text{und für die zeitliche Dämpfung: } 2 \mathfrak{d} = \frac{\mathfrak{W}}{A}.$$

Hierbei bedeutet:

$\mathfrak{B}$ = Verlust je cm Länge;
$\mathfrak{S}$ = Energiestrom;
A = Energie des Feldes je cm Länge.

Der Faktor 2 tritt auf, da die Energien die Quadrate der Feldstärken enthalten. Da nun der Energiestrom = Fortpflanzungsgeschwindigkeit · Energie/cm (genauer Gruppengeschwindigkeit)

$$\mathfrak{S} = A\,v,$$

erhalten wir für das Verhältnis $\mathfrak{d}_r/\mathfrak{d}$ wieder

$$\frac{\mathfrak{d}_r}{\mathfrak{d}} = \frac{\mathfrak{B}/\mathfrak{S}}{\mathfrak{B}/A} = \frac{A}{\mathfrak{S}} = \frac{1}{v}.$$

4. Die Vierpolgleichungen für ein Kabelstück von der Länge l.

Es sollen die Beziehungen zwischen $\mathfrak{U}_a$ und $\mathfrak{J}_a$ und zwischen $\mathfrak{U}_e$ und $\mathfrak{J}_e$ am Anfang und am Ende des Kabelstückes hergestellt werden.

Wir erhalten unter Benutzung von $\mathfrak{J}_h$ und $\mathfrak{J}_r$ die 4 Gleichungen:

$$\mathfrak{J}_a = \mathfrak{J}_1 = \mathfrak{J}_h + \mathfrak{J}_r\,;\quad \mathfrak{J}_e = \mathfrak{J}_2 = \mathfrak{J}_h\,e^{-\gamma l} + \mathfrak{J}_r\,e^{+\gamma l}\,;\quad \mathfrak{U}_a = \mathfrak{U}_1 = \mathfrak{Z}\,(-\mathfrak{J}_h + \mathfrak{J}_r)\,;$$

$$\mathfrak{U}_e = \mathfrak{U}_2 = \mathfrak{Z}\,(-\mathfrak{J}_h\,e^{-\gamma l} + \mathfrak{J}_r\,e^{+\gamma l})$$

mit

$$\mathfrak{Z} = \sqrt{\frac{j\omega L + R}{j\omega C + A}}\,;\quad \gamma = \sqrt{(j\omega L + R)(j\omega C + A)} = j\alpha + \beta\,;$$

$$2\beta^2 = \sqrt{(\omega^2 L^2 + R^2)/\omega^2 C^2 + A^2} - \omega LC + AR\,;$$

$$2\alpha^2 = \sqrt{(2\omega^2 L^2 + R^2)(\omega^2 C^2 + A^2)} + \omega^2 LC - AR$$

$$\beta \cong R/2\sqrt{C/L} = R/2Z\,;\quad \alpha \cong 2\pi/\lambda \cong \omega\sqrt{LC}$$

und nach Elimination von $\mathfrak{J}_h$ und $\mathfrak{J}_r$

$$\left.\begin{array}{l} \mathfrak{J}_2 = \dfrac{\mathfrak{U}_1}{\mathfrak{Z}}\,\mathfrak{Sin}\,\gamma l + \mathfrak{J}_1\,\mathfrak{Cof}\,\gamma l \;\;= \mathfrak{U}_1\,\mathfrak{C} + \mathfrak{J}_1\,\mathfrak{D} \\[2mm] \mathfrak{U}_2 = \mathfrak{U}_1\,\mathfrak{Cof}\,\gamma l + \mathfrak{J}_1\,\mathfrak{Z}\,\mathfrak{Sin}\,\gamma l = \mathfrak{U}_1\,\mathfrak{A} + \mathfrak{J}_1\,\mathfrak{B} \end{array}\right\} \begin{array}{l} \text{mit } \mathfrak{A} = \mathfrak{D} = \mathfrak{Cof}\,\gamma l\,;\; \mathfrak{B} = \mathfrak{Z}\,\mathfrak{Sin}\,\gamma l\,; \\[2mm] \mathfrak{C} = \dfrac{\mathfrak{Sin}\,\gamma l}{\mathfrak{Z}}\,;\; \mathfrak{B}\mathfrak{C} = \mathfrak{Sin}^2\gamma l\,;\; \mathfrak{B}/\mathfrak{C} = \mathfrak{Z}^2. \end{array}$$

Die für passive Vierpole (Vierpole ohne energieliefernde Elemente) charakteristische Gleichung

$$\begin{vmatrix} \mathfrak{A} & \mathfrak{B} \\ \mathfrak{C} & \mathfrak{D} \end{vmatrix} = 1$$

ist erfüllt. Die Auflösung nach $\mathfrak{U}_1$ und $\mathfrak{J}_1$ ergibt

$$\begin{array}{l} \mathfrak{U}_1 = \mathfrak{A}'\,\mathfrak{U}_2 + \mathfrak{B}'\,\mathfrak{J}_2 \\[2mm] \mathfrak{J}_1 = \mathfrak{C}'\,\mathfrak{U}_2 + \mathfrak{D}'\,\mathfrak{J}_2 \end{array} \;\text{mit}\; \begin{array}{l} \mathfrak{A}' = \mathfrak{D}' = \mathfrak{Cof}\,\gamma l\,;\; \mathfrak{B}' = -\mathfrak{Z}\,\mathfrak{Sin}\,\gamma l \\[2mm] \mathfrak{C}' = -\dfrac{\mathfrak{Sin}\,\gamma l}{\mathfrak{Z}}\,;\; \mathfrak{B}'\mathfrak{C}' = \mathfrak{Sin}^2\gamma l\,;\; \dfrac{\mathfrak{B}'}{\mathfrak{C}'} = \mathfrak{Z} \end{array} \begin{vmatrix} \mathfrak{A}' & \mathfrak{B}' \\ \mathfrak{C}' & \mathfrak{D}' \end{vmatrix} = 1.$$

In der Schreibweise der Matrizenrechnung erhalten wir

$$\begin{Vmatrix} \mathfrak{U}_2 \, 0 \\ \mathfrak{J}_2 \, 0 \end{Vmatrix} = \begin{Vmatrix} \mathfrak{Cof}\,\gamma l & \mathfrak{Z}\,\mathfrak{Sin}\,\gamma l \\ \dfrac{\mathfrak{Sin}\,\gamma l}{\mathfrak{Z}} & \mathfrak{Cof}\,\gamma l \end{Vmatrix} \cdot \begin{Vmatrix} \mathfrak{U}_1 \, 0 \\ \mathfrak{J}_1 \, 0 \end{Vmatrix}$$

Schalten wir 2 Kabelstücke von den Längen l_1 und l_2 hintereinander:

$$\left\| \begin{matrix} \mathfrak{Cof}\,\gamma\,l_1 & \mathfrak{Z}\,\mathfrak{Sin}\,\gamma\,l_1 \\ \dfrac{\mathfrak{Sin}\,\gamma\,l_1}{\mathfrak{Z}} & \mathfrak{Cof}\,\gamma\,l_1 \end{matrix} \right\| \cdot \left\| \begin{matrix} \mathfrak{Cof}\,\gamma\,l_2 & \mathfrak{Z}\,\mathfrak{Sin}\,\gamma\,l_2 \\ \dfrac{\mathfrak{Sin}\,\gamma\,l_0}{\mathfrak{Z}} & \mathfrak{Cof}\,\gamma\,l_2 \end{matrix} \right\| = \left\| \begin{matrix} \mathfrak{Cof}\,\gamma\,(l_1+l_2) & \mathfrak{Z}\,\mathfrak{Sin}\,\gamma\,(l_1+l_2) \\ \dfrac{\mathfrak{Sin}\,\gamma\,(l_1+l_2)}{\mathfrak{Z}} & \mathfrak{Cof}\,\gamma\,(l_1+l_2) \end{matrix} \right\|$$

Wir erhalten auf diese Weise die einfache Regel zur Multiplikation der Kettenmatrizen für die Kabelstücke (s. Matrizenrechnung S. 223).

5. Einige Anwendungen des Lechersystems.

a) Das Lechersystem als Wellenmesser.

Handhabung: Man kopple das Lechersystem induktiv oder kapazitiv mit dem Sender, dessen Welle man messen will, und beobachte das Maximum der Energieentziehung unter Beobachtung z. B. eines Gleichstrominstrumentes in der Anoden- oder Gitterleitung oder eines Wechselstrominstrumentes im Schwingungskreis des Senders. Das Lechersystem (Abb. 163) sei mit einer Scheibe, nicht mit einem Draht überbrückt, um ein Mitschwingen des rechten Endes und dadurch verursachte Störungen zu vermeiden.

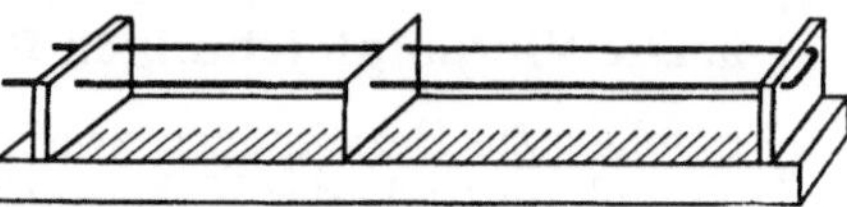

Abb. 163. Lechersystem als Wellenmesser.

α) Die kurzgeschlossene Leitung.

Der Eingangswiderstand ist

$$\mathfrak{R}_1 = \mathfrak{U}_1/\mathfrak{J}_1 = \mathfrak{Z}\,\mathfrak{Tg}\,\gamma\,l.$$

Zur späteren Trennung in reellen und imaginären Teil formen wir um:

$$\mathfrak{R}_1 = \mathfrak{Z}\,\frac{j\sin 2a + \mathfrak{Sin}\,2b}{\cos 2a + \mathfrak{Cof}\,2b} \quad \text{mit} \quad \gamma = j\alpha + \beta,\; a = \alpha l;\quad b = \beta l.$$

Rechenanleitung

$$\mathfrak{R}_a = \mathfrak{Z}\,\frac{\mathfrak{Sin}\,(ja+b)}{\mathfrak{Cof}\,(ja+b)} = \mathfrak{Z}\,\frac{\cos a\,\mathfrak{Sin}\,b + j\sin a\,\mathfrak{Cof}\,b}{\cos a\,\mathfrak{Cof}\,b + j\sin b\,\mathfrak{Sin}\,b}.$$

Erweitere mit $\cos a \cos b - j\sin a\,\mathfrak{Sin}\,b$. Den dann entstehenden Nenner $\cos^2 a\,\mathfrak{Cof}^2 b + \sin^2 a\,\mathfrak{Sin}^2 b$ forme um unter Benutzung von

$$\cos^2 a + \mathfrak{Sin}^2 b = \frac{\cos 2a + 1}{2} + \frac{1 - \mathfrak{Cof}\,2b}{2}.$$

Wir benutzen die Näherungswerte:

$$\alpha = \omega\sqrt{LC};\quad \beta = \frac{R}{2}\sqrt{\frac{C}{L}} = \frac{R}{2Z};\quad \mathfrak{Z} = \sqrt{\frac{L}{C}}\left(1 - \frac{jR}{\omega L}\right) = Z\left(1 - \frac{jR}{\omega L}\right);$$

$$a = \frac{\omega}{c}l;\quad b = \frac{R}{2Z}l;\quad Z = \sqrt{\frac{L}{C}};\quad c = \frac{1}{\sqrt{LC}}.$$

Spezialfälle:

αα) Ein sehr kurzes Lechersystem: $\cos 2a = 1$; $\mathfrak{Cof}\,2b = 1$; $\sin 2a = 2a$; $\mathfrak{Sin}\,2b = 2b$.

$$\mathfrak{R}_1 = \left(Z - \frac{jR}{2\omega L}Z\right)\frac{j2a+2b}{2} = jZ\frac{\omega}{c}l + \frac{R}{2\omega L}Z\frac{\omega l}{c} + Z\frac{Rl}{2Z} = j\omega Ll + Rl$$

$$\left(\frac{1}{c\sqrt{C}} = \sqrt{L};\quad \frac{Z}{Lc} = 1\right).$$

ββ) Die Spannungsresonanz in der Umgebung von $l = n\lambda/2$.

Man setze $l = \dfrac{n\lambda}{2} + \varDelta$ ein und benutze als Näherungen

$$\sin 2\alpha\varDelta \cong 2\alpha\varDelta; \quad \cos 2\alpha\varDelta \cong 1.$$

Vernachlassige die Produkte von R und $\mathfrak{Sin}\,\beta l$ und von R und $\varDelta$ und $R/\omega L$ neben 1:

$$\mathfrak{R}(\varDelta) = \sqrt{\frac{L}{C}}\left(1 - \frac{jR}{2\omega L}\right)\frac{j\sin 2\alpha\varDelta + \mathfrak{Sin}\,2\beta l}{\cos 2\alpha\varDelta + \mathfrak{Cof}\,2\beta l} \cong \sqrt{\frac{L}{C}}\,\frac{2j\alpha\varDelta + \mathfrak{Sin}\,2\beta l}{1 + \mathfrak{Cof}\,2\beta l}\,.$$

Für kleines βl ist dann $\mathfrak{Sin}\,2\beta l = 2\beta l = R l\sqrt{\dfrac{C}{L}}\;;\quad \mathfrak{Cof}\,2\beta l = 1;\quad \alpha = \omega\sqrt{LC}$

$$\mathfrak{R}(\varDelta) = 2j\omega\frac{L}{2}\varDelta + \frac{Rl}{2} = Ll\left(\frac{j\omega\varDelta}{l} + \mathfrak{d}\right);\quad l \cong \frac{n\lambda}{2}\;;\quad \mathfrak{d} = R/2L.$$

Das Verhalten des Lechersystems ist vergleichbar dem eines Schwingungskreises in Spannungsresonanzschaltung mit dem Widerstande:

$$\mathfrak{R}(\delta\omega) = 2jL\delta\omega + R = 2L(j\delta\omega + \mathfrak{d}).$$

γγ) Stromresonanz in der Umgebung von $l = \left(\dfrac{n}{2} + \dfrac{1}{4}\right)\lambda$.

$$\mathfrak{R}(\varDelta) = \mathfrak{Z}\,\mathfrak{Tg}\,\gamma l = \sqrt{\frac{L}{C}}\,\frac{\cos\alpha(l+\varDelta)\,\mathfrak{Sin}\,\beta l + j\sin\alpha(l+\varDelta)\,\mathfrak{Cof}\,\beta l}{\cos\alpha(l+\varDelta)\,\mathfrak{Cof}\,\beta l + j\sin\alpha(l+\varDelta)\,\mathfrak{Sin}\,\beta l}\,.$$

Wir können auf analoge Weise umformen und erhalten

$$\mathfrak{R}(\varDelta) = \sqrt{\frac{L}{C}}\,\frac{2\,\mathfrak{Cof}'^2\beta l}{\mathfrak{Sin}\,2\beta l + j\sin 2\alpha\varDelta} = \sqrt{\frac{L}{C}}\,\frac{2\,\mathfrak{Cof}^2\beta l}{\mathfrak{Sin}\,2\beta l + 2j\alpha\varDelta}\,.$$

Für kleines β gilt: $\mathfrak{Cof}\,\beta l = 1;\quad \mathfrak{Sin}\,2\beta l = 2\beta l = R l\sqrt{\dfrac{C}{L}}$

$$\mathfrak{R}(\varDelta) = \sqrt{\frac{L}{C}}\,\frac{2}{\sqrt{\dfrac{C}{L}}\,Rl + 2j\omega\sqrt{LC}\,\varDelta} = \frac{1}{2C\dfrac{l}{2}\left(\mathfrak{d} + j\omega\dfrac{\varDelta}{l}\right)}\,.$$

Das Lechersystem verhält sich wie ein Schwingungskreis in Stromresonanzschaltung

$$\mathfrak{R} = \frac{1}{2C(j\delta\omega + \mathfrak{d})}\,.$$

β) Die offene Leitung.

Aus der Gleichung $\mathfrak{R}_a = \mathfrak{Z}\,\mathfrak{Cot}\,\gamma l$ ergibt sich für kurze Längen und kleine Widerstände, wie zu erwarten: $\mathfrak{R}_a = 1/j\omega Cl$.

In der Umgebung von $l = n\lambda/2$ erhält man eine Stromresonanz und in der Umgebung von $l = \left(\dfrac{n}{2} + \dfrac{1}{4}\right)\lambda$ eine Spannungsresonanz.

Die Formeln sind die mit $\mathfrak{Z}^2$ multiplizierten reziproken Formeln des vorigen Abschnittes.

γ) Das mit einem beliebigen Widerstand abgeschlossene System.

Der Eingangswiderstand ist allgemein

$$\mathfrak{R}_a = \mathfrak{Z}\,\frac{\mathfrak{U}_e\,\mathfrak{Cof}\,\gamma l + \mathfrak{Z}\,\mathfrak{J}_e\,\mathfrak{Sin}\,\gamma l}{\mathfrak{U}_e\,\mathfrak{Sin}\,\gamma + \mathfrak{J}_e\,\mathfrak{Z}\,\mathfrak{Cof}\,\gamma l} = \mathfrak{Z}\,\frac{\mathfrak{R}_e\,\mathfrak{Cof}\,\gamma l + \mathfrak{Z}\,\mathfrak{Sin}\,\gamma l}{\mathfrak{R}_e\,\mathfrak{Sin}\,\gamma l + \mathfrak{Z}\,\mathfrak{Cof}\,\gamma l}\;;\quad \mathfrak{R}_e = \frac{\mathfrak{U}_e}{\mathfrak{J}_e}\,.$$

Für $\mathfrak{R}_e = \mathfrak{Z}$ erhält man $\mathfrak{R}_a = \mathfrak{Z}$, wie zu erwarten.

b) Das Meß-Lechersystem.

α) Vorbemerkung.

Wenn man ein Lechersystem mit dem Wellenwiderstand abschließt, tritt nur eine hinlaufende Welle auf. Die Spannungsamplitude ist über die ganze Länge des Lechersystems dieselbe. Ist das Lechersystem offen oder geschlossen, so treten stehende Wellen auf. Das Spannungsamplitudenquadrat schwankt um einen Mittelwert von Null bis zu doppeltem Mittelwert. Die beiden Fälle unterscheiden sich nur durch die Phase der $|\mathfrak{U}|^2$-Kurve. Beim offenen Lechersystem liegt am Ende des Systems ein Spannungsmaximum, beim geschlossenen ein Spannungsminimum. Schließt man das Lechersystem mit anderen Widerständen ab, so wird die Amplitude der $|\mathfrak{U}|^2$-Kurve kleiner als der Mittelwert sein, und es wird sich auch eine andere Phase einstellen. Es soll nun aus den gemessenen Werten $|\mathfrak{U}|^2_{max}$ und $|\mathfrak{U}|^2_{min}$ und aus dem gemessenen Phasenwinkel der Abschlußwiderstand nach Betrag und Phase ermittelt werden.

β) Die Apparatur und ihre Handhabung (Abb. 164).

Ein Dezimeter- oder Zentimetersender arbeite auf ein Rohrlechersystem, das mit dem zu messenden Widerstand abgeschlossen ist. In einem Längsschlitz läuft eine Sonde, die mit einem Schwebungsempfänger verbunden ist. Der Schwebungsempfänger liefert zusammen mit der Grundfrequenz der Kurzwelle — Oberschwingungen werden dabei automatisch ausgeschaltet — eine Zwischenfrequenz, deren Amplitude der Grundwelle der elektrischen Feldstärke $\mathfrak{E}$ im Lechersystem

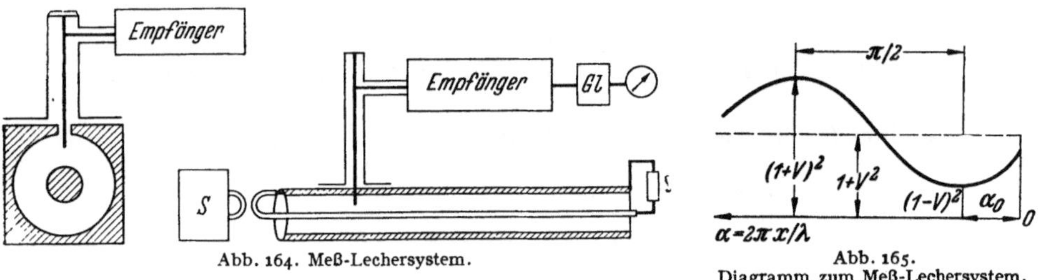

Abb. 164. Meß-Lechersystem.

Abb. 165.
Diagramm zum Meß-Lechersystem.

proportional ist. Diese wird mit einem quadratischen Gleichrichter gleichgerichtet, so daß das Gleichstrominstrument einen $|\mathfrak{E}|^2$ bzw. $|\mathfrak{U}|^2$ proportionalen Ausschlag gibt. Es wird $|\mathfrak{U}|^2$ als Funktion der Sondenstellung — wir messen diese durch den Phasenwinkel $\alpha = \dfrac{2\pi x}{\lambda}$ vom Lechersystemende aus gerechnet — aufgetragen. So entsteht das Diagramm 165. Diesem ist α_0 und das Verhältnis $\mathfrak{V} = |\mathfrak{U}|^2_{min}/|\mathfrak{U}|^2_{max}$ zu entnehmen.

γ) Berechnung des komplexen Widerstandes $\mathfrak{R}_e$ aus $\mathfrak{V}$ und α_0.

Der Strom setzt sich aus einer hin- und rücklaufenden Welle zusammen (Indizes h und r).

$$\mathfrak{J} = \mathfrak{J}_h e^{-j\alpha} + \mathfrak{J}_r e^{+j\alpha} = 1\,(e^{-j\alpha} + V e^{+j(\alpha - \alpha_0)}) \quad \text{mit} \quad \frac{\mathfrak{J}_r}{\mathfrak{J}_h} = V e^{-j\alpha_0}.$$

Für die Spannung gilt:

$$\mathfrak{U} = Z\,(-\mathfrak{J}_h e^{-j\alpha} + \mathfrak{J}_r e^{+j\alpha}) = -Z\,(e^{-j\alpha} - V e^{+j(\alpha - \alpha_0)})$$

und für den Widerstand

$$\mathfrak{R} = Z\,\frac{1 - V e^{j\alpha_0}}{1 + V e^{j\alpha_0}} \qquad \text{(bei } \alpha = 0\text{!)}$$

wenn wir die Amplitude des rücklaufenden Stromes mit $1A$ normieren und die des hinlaufenden mit $Ve^{-j\alpha_0}$ bezeichnen[1]. Für die Spannung gilt

$$\mathfrak{U} = Z\,(\cos\alpha - V\cos(\alpha - \alpha_0) - j\sin\alpha - jV\sin(\alpha - \alpha_0)$$

$$|\mathfrak{U}|^2 = Z^2\,(\cos^2\alpha - 2V\cos\alpha\cos(\alpha - \alpha_0) + V^2\cos^2(\alpha - \alpha_0) +$$
$$+ \sin^2\alpha + 2V\sin\alpha\sin(\alpha - \alpha_0) + V^2\sin^2(\alpha - \alpha_0))$$
$$= Z^2\,\{(1 + V^2) - 2V\cos(2\alpha - \alpha_0)\}$$

und für $\alpha = 0$:

$$|\mathfrak{U}|^2_{(\alpha=0)} = Z^2\,(1 + V^2 - 2V\cos\alpha_0); \quad |\mathfrak{U}|^2_{\max} = Z^2\,(1 + V)^2; \quad |\mathfrak{U}|^2_{\min} = Z^2\,(1 - V)^2$$

$$\frac{|\mathfrak{U}_{\min}|}{|\mathfrak{U}_{\max}|} = \frac{1 - V}{1 + V} = \mathfrak{B}; \quad \mathfrak{R} = Z\,\frac{1 - Ve^{j\alpha_0}}{1 + Ve^{j\alpha_0}}.$$

Definieren wir β durch $V = e^{\beta}$:

$$\mathfrak{B} = \frac{1 - V}{1 + V} = \frac{1 - e^{\beta}}{1 + e^{\beta}} = \mathfrak{Tg}\,\frac{\beta}{2}$$

erhalten wir den handlichen Ausdruck:

$$\mathfrak{R}/\mathfrak{Z} = \frac{1 - e^{\beta + j\alpha_0}}{1 + e^{\beta + j\alpha_0}} = \mathfrak{Tg}\,\frac{\beta + j\alpha_0}{2} = \frac{\mathfrak{Sin}\,\beta + j\sin\alpha_0}{\mathfrak{Cof}\,\beta + \cos\alpha_0}.$$

(S. Rechenanleitung S. 117.)

δ) Messung von Materialkonstanten.

Will man die komplexe Permeabilität μ eines Materials messen, so bedecke man den Abschlußstempel des Lechersystems mit einer Schicht des Materials von der Dicke a und messe den komplexen Widerstand der Kombination Schicht—Abschlußstempel. Der Widerstand ist dann

$$\mathfrak{R} = \frac{j\,\omega\,\mu\,a}{2\,\pi}\ln\frac{r_a}{r_i}.$$

r_i und r_a sind innerer und äußerer Radius des Lechersystems.

Will man die komplexe Leitfähigkeit $\mathfrak{G} = j\omega\varepsilon + \mathfrak{G}_r$ eines Materials messen, baue man eine Schicht des Materials von der Dicke a in einer Entfernung $\lambda/4$ vom Abschlußstempel ein. (Das $\lambda/4$ lange Lechersystemstück hat praktisch den Widerstand ∞ und beseitigt Fehler, die durch Ausstrahlung von Hochfrequenzenergie durch das Material hindurch in den freien Raum entstehen könnten.) Der Widerstand ist dann

$$\mathfrak{R} = \frac{1}{2\,\pi\,\mathfrak{G}\,a}\ln r_a/r_i.$$

c) Einige weitere Anwendungsbeispiele.

α) *Das Viertelwellenlängen-Lechersystem als Transformator.* Um einen Widerstand R_1 an einen Widerstand R_2 anzupassen, lege man zwischen beide Widerstände ein Viertelwellenlängen-Lechersystem mit dem Wellenwiderstand Z, wobei $Z^2 = R_1 \cdot R_2$.

Zwischenrechnung:

$$\mathfrak{R}_1 = Z\,\frac{\cos 90° + jZ\sin 90°}{jR_2\sin 90° + \cos 90°} = \frac{Z^2}{R_2}.$$

---

[1] Damit die Dimensionen stimmen, ist rechts der Faktor $1A$ bzw. $1A^2$ hinzuzufügen.

β) Detektoren mit dem Leitwert G kann man an Antennen mit dem Strahlungswiderstand von $72\,\Omega$ mit Hilfe der Schaltungen Abb. 166a und b anpassen. Der Leser rechne zu seiner Übung die Längen l_1 und l_2 der Lechersystemstücke aus. Z ist gegeben. Ausgangspunkt der Rechnung ist: Der Leitwert der Lechersystemstücken l_1 und l_2 einschließlich des Antennenwiderstandes soll an der Stelle des Detektor G und reell sein.

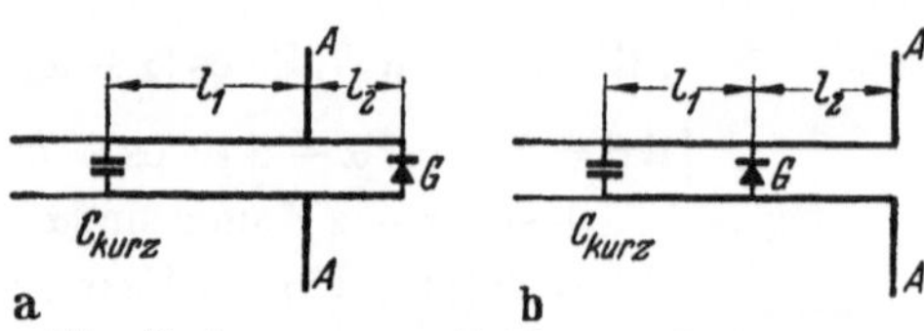

Abb. 166. Anpassung eines Detektors an die Antenne.

Diese beiden Bedingungen geben 2 Gleichungen für die beiden Stücken l_1 und l_2. Der eingeschaltete Kondensator soll ein Kurzschlußkondensator sein.

Lösung für Abb. 166b (R_A = Antennen, R_D = Detektorwiderstand)

$$\cos\frac{2\,\pi\,l_2}{\lambda} = \sqrt{\frac{R_A\,R_D - Z^2}{R_A^2 - Z^2}}\,.$$

Kontrolle: Wenn

$$R_A\cdot R_D = Z^2 : \cos\frac{2\,\pi\,l_2}{\lambda} = 0; \quad \frac{2\,\pi\,l_2}{\lambda} = \pi/2; \quad l_2 = \frac{\lambda}{4} \quad \text{und} \quad l_1 = \frac{\lambda}{4}$$

Wenn $R_A = R_D$:

$$\cos\frac{2\,\pi\,l_2}{\lambda} = 1; \quad l_2 = 0; \quad l_1 = \lambda/4\,.$$

γ) Beim Anschluß einer Dipolantenne an eine konzentrische Antennenzuleitung verhindert man das Herunterlaufen von Hochfrequenzenergie auf der Außenseite des Antennenkabels durch einen Viertelwellenlängentopf (Abb. 167).

δ) Zur Anpassung einer Breitbandantenne an eine Lecherleitung mit hohem Z bedient man sich der Emi-Schleife (Abb. 168).

ε) Wenn man eine längere Lecherleitung verlegen will, so haltere man sie mit $\lambda/4$-Gabeln, deren Widerstand

$$\Re = j\,\Im\,\mathrm{tg}\,\frac{2\,\pi}{\lambda}\,\lambda/4 = j\,\Im\,\mathrm{tg}\,90° = \infty$$

ist.

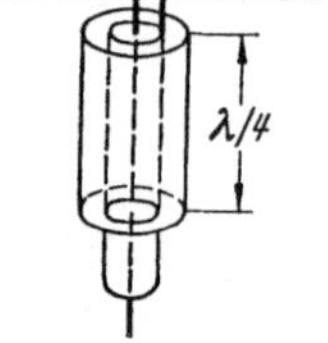

Abb. 167. $\lambda/4$-Topf.

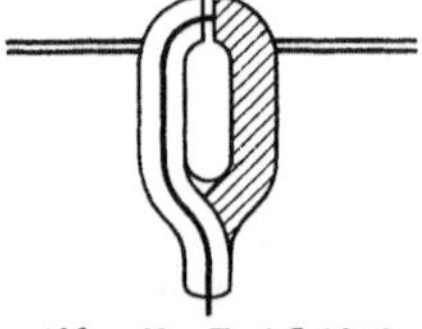

Abb. 168. Emi-Schleife.

Dieses sind nur einige Beispiele für die vielseitige Anwendung des Lechersystems. Wer sich eingehender orientieren will, studiere die Arbeiten von Professor MEINKE in München und seiner Schüler.

6. Siebketten.

a) Ausrechnung der Kettenmatrix.

Siebketten werden zum Aussieben von Frequenzen (Hoch- und Tiefpässe), zur Herstellung von Rechteckimpulsen und als Laufzeitketten zur Verzögerung von Signalen gebraucht.

Wenn die Kettenmatrizen der Kettenglieder symmetrisch sind ($k_{11} = k_{22}$), und wenn die Kettenglieder passive Vierpole sind ($|k| = 1$), kann man ein Kettenglied als ein Lechersystemstück von der Länge l auffassen ($\gamma l = a$) und a und Z aus

$$\mathfrak{Cof}\,j\,a \quad \text{bzw.} \quad \cos a = k_{11} = k_{22}; \quad Z^2 = \frac{k_{12}}{k_{21}}$$

ausrechnen und die Matrix der n-gliedrigen Kette als n-te Potenz der Matrix eines Gliedes nach der Beziehung $[\gamma l = (j\,\alpha + \beta)\,l = j\,a + b]$

$$\|k\|^n = \left\|\begin{array}{cc} \cos n\,a & j\,Z\,\sin n\,a \\ \dfrac{j\,\sin n\,a}{Z} & \cos n\,a \end{array}\right\| \quad \text{bzw.} \quad \left\|\begin{array}{cc} \mathfrak{Cof}\,j\,n\,a & Z\,\mathfrak{Sin}\,j\,n\,a \\ \dfrac{\mathfrak{Sin}\,j\,n\,a}{Z} & \mathfrak{Cof}\,j\,n\,a \end{array}\right\| \quad \text{finden.}$$

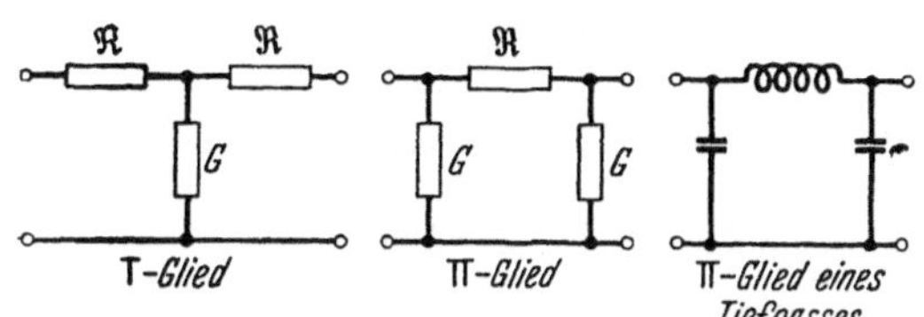

Abb. 169. T- und T T-Glieder von Siebketten.

Solche symmetrische Matrizen ergeben z.B. die T- und TT-Glieder (Abb. 169). Wir wollen als Beispiel nur einen Tiefpaß aus TT-Gliedern behandeln.

Zur Berechnung der Kettenmatrix eines TT-Gliedes zerlegen wir dieses in 3 Teile mit den Einzelmatrizen

$$\|k_{\mathrm{I}}\| = \|k_{\mathrm{III}}\| = \left\|\begin{array}{cc} 1 & 0 \\ \mathfrak{G} & 1 \end{array}\right\| \begin{pmatrix} \mathfrak{U}_1 = \mathfrak{U}_2 + 0 \\ \mathfrak{I}_1 = \mathfrak{G}\,\mathfrak{U}_2 + \mathfrak{I}_2 \end{pmatrix}$$

$$\text{und } \|k_{\mathrm{II}}\| = \left\|\begin{array}{cc} 1 & \mathfrak{R} \\ 0 & 1 \end{array}\right\| \begin{pmatrix} \mathfrak{U}_1 = \mathfrak{U}_2 + \mathfrak{R}\,\mathfrak{I}_2 \\ \mathfrak{I}_1 = 0 + \mathfrak{I}_2 \end{pmatrix}$$

und erhalten:

$$\|k\| = \|k_{\mathrm{I}}\| \cdot \|k_{\mathrm{II}}\| \cdot \|k_{\mathrm{III}}\| = \left\|\begin{array}{cc} \mathfrak{G}\,\mathfrak{R} + 1 & \mathfrak{R} \\ \mathfrak{G}\,(\mathfrak{G}\,\mathfrak{R} + 2) & \mathfrak{G}\,\mathfrak{R} + 1 \end{array}\right\|$$

Setzt man für $\mathfrak{G}$ und $\mathfrak{R}$ die Werte ein, erhält man mit $\omega_0^2 = \dfrac{1}{L\,C/2}$.

Für $\omega < \omega_0$

$$\cos a = 1 - \frac{2\,\omega^2}{\omega_0^2}$$

$$Z^2 = \frac{L}{2\,C\left(1 - \dfrac{\omega^2}{\omega_0^2}\right)}$$

Für $\omega > \omega_0$

$$\mathfrak{Cof}\,a = \frac{2\,\omega^2}{\omega_0^2} - 1$$

$$Z^2 = \frac{L}{2\,C} \frac{1}{\left(\dfrac{\omega^2}{\omega_0^2} - 1\right)}$$

ω_0, die Eigenfrequenz eines Gliedes heißt: „Grenzfrequenz".

b) Anwendungen.

1. Aufgabe. Die Siebkette sei mit $R = Z$ abgeschlossen. $\mathfrak{U}_1$ ist gegeben. Berechne $\mathfrak{I}_2$!

Aus der Dipolgleichung:

Für $\omega < \omega_0$

$\mathfrak{U}_1 = \mathfrak{U}_2 \cos n\,a + j\,Z\,\mathfrak{I}_2 \sin n\,a$

erhalten wir

$\mathfrak{U}_1 = \mathfrak{I}_2 Z\,(\cos n\,a + j \sin n\,a);\ |\mathfrak{I}_2| = \dfrac{|\mathfrak{U}_1|}{Z}$

Für $\omega > \omega_0$

$\mathfrak{U}_1 = \mathfrak{Cof}\,n\,a\,\mathfrak{U}_2 + Z\,\mathfrak{Sin}\,n\,a\,\mathfrak{I}_2$

$\mathfrak{U}_1 = \mathfrak{I}_2 Z\,(\mathfrak{Cof}\,n\,a + \mathfrak{Sin}\,n\,a) \simeq \mathfrak{I}_2 Z\,e^{n\,a}$

$|\mathfrak{I}_2| = \dfrac{\mathfrak{U}_1}{Z}\,e^{-n\,a};\quad a = \mathfrak{Ar}\,\mathfrak{Cof}\left(\dfrac{2\,\omega^2}{\omega_0^2} - 1\right)$

Unterhalb der Grenzfrequenz läßt die Kette den Strom ungeschwächt durch, es wird nur die Phase von Glied zu Glied gedreht. Oberhalb der Grenzfrequenz „dämpft" sie ihn durch wiederholte Reflexion auf den $e^{-n\,a}$-ten Teil.

2. Aufgabe. Berechne die Eigenschwingungen einer n-gliedrigen am Ende offenen Kette. Die Bedingung für die Eigenschwingung eines Schwingungskreises ist $0 = \Re = j\omega L + \dfrac{1}{j\omega C}$. Analog gilt für eine Kette oder ein Lechersystemstück:

$$0 = \Re \, jZ \, \mathrm{tg}\, na$$

mit den Lösungen: $a_m = \dfrac{m}{n}\pi$; $1 < m < n$, da $\mathrm{tg}\, m\pi = 0$.

Damit berechnen sich die Eigenfrequenzen ω_m aus $1 - \dfrac{2\,\omega_m^2}{\omega_0^2} = \cos\dfrac{m}{n}\pi$ zu

$$\omega_m = \omega_0 \sin\frac{m}{n}\pi/2 \qquad \left(\sin\frac{\alpha}{2} = \sqrt{\frac{1 - \cos\alpha}{2}}\right).$$

Die ersten Eigenfrequenzen sind fast harmonisch, wie bei einem Lechersystem. Die höchste Eigenfrequenz ist $\omega_n = \omega_0$ (Grenzfrequenz). Das Lechersystem hat hingegen unendlich viele harmonische Eigenschwingungen. Über ein Lechersystem wird daher ein Signal unverzerrt laufen. (Eine beliebige Funktion ist exakt durch eine unendliche Fouriersche Reihe abzubilden.) In einer Laufzeitkette wird das Signal verzerrt (Amplituden *und* Phasenverzerrungen).

Einzelheiten siehe FELDTKELLER: Vierpole und Matrizen.

B. Wellen in Hohlrohren.

Einleitung.

Je kürzer die Wellen werden, um so größer wird die Dampfung, die sie beim Lauf über ein Lechersystem erfahren. Das liegt daran, daß die „Eindringtiefe" der Ströme in die Leiter des Lechersystems immer geringer und damit der Widerstand immer größer wird. Den Hauptanteil an diesem Widerstand trägt der Innenleiter in einem Rohrlechersystem, da dieser ja den kleineren Umfang hat. Es entsteht nun die Frage, ob man den stark dämpfenden Innenleiter nicht weglassen und die auf ihn laufenden Ströme durch Verschiebungsströme ersetzen könnte, die ja dämpfungslos verlaufen.

Diese Überlegung führt auf die Aufgabe, eine Lösung der Maxwellschen Gleichungen zu suchen, welche nicht nur die in den Lechersystemen üblichen X- und Y-Komponenten der Feldstärken enthält, sondern auch die Z-Komponenten. Es sollen in der Z-Richtung sich fortpflanzende Wellen errechnet werden. Wir können also von vornherein den Ansatz

$$\mathfrak{V} = \mathfrak{V}_0\, e^{j\omega t - j\gamma z}$$

einführen, um uns die Schreibarbeit zu erleichtern.

1. Die Gleichungen für das rechteckige Hohlrohr.

Den Ausgangspunkt bilden die Maxwellschen Gleichungen

$$\varepsilon_0 \frac{\partial \mathfrak{E}}{\partial t} = \mathrm{rot}\, \mathfrak{H} \qquad \mathrm{div}\, \mathfrak{E} = 0$$

$$\mu_0 \frac{\partial \mathfrak{H}}{\partial t} = -\mathrm{rot}\, \mathfrak{E} \qquad \mathrm{div}\, \mathfrak{H} = 0,$$

für die wir die Form anschreiben:

$$j\,\omega\,\varepsilon_0\,\mathfrak{E}_x = \frac{\partial\,\mathfrak{H}_z}{\partial\,y} + j\,\gamma\,\mathfrak{H}_y \qquad (1) \qquad\qquad -j\,\omega\,\mu_0\,\mathfrak{H}_x = \frac{\partial\,\mathfrak{E}_z}{\partial\,y} + j\,\gamma\,\mathfrak{E}_y \qquad (4)$$

$$j\,\omega\,\varepsilon_0\,\mathfrak{E}_y = -j\,\gamma\,\mathfrak{H}_x - \frac{\partial\,\mathfrak{H}_z}{\partial\,x} \qquad (2) \qquad\qquad -j\,\omega\,\mu_0\,\mathfrak{H}_y = -j\,\gamma\,\mathfrak{E}_x - \partial\,\mathfrak{E}_z/\partial\,x \qquad (5)$$

$$j\,\omega\,\varepsilon_0\,\mathfrak{E}_z = \frac{\partial\,\mathfrak{H}_y}{\partial\,x} - \frac{\partial\,\mathfrak{H}_x}{\partial\,y} \qquad (3) \qquad\qquad -j\,\omega\,\mu_0\,\mathfrak{H}_z = \frac{\partial\,\mathfrak{E}_y}{\partial\,x} - \frac{\partial\,\mathfrak{E}_x}{\partial\,y}. \qquad (6)$$

Gl. (1) und (5) enthält $\mathfrak{E}_x$ und $\mathfrak{H}_y$, Gl. (2) und (4) $\mathfrak{E}_y$ und $\mathfrak{H}_x$. Es lassen sich also leicht aus dem ersten Gleichungspaar $\mathfrak{E}_x$ und $\mathfrak{H}_y$ ausrechnen, aus dem 2. Gleichungspaar $\mathfrak{E}_y$ und $\mathfrak{H}_x$, und wir erhalten alle Feldkomponenten durch die Differentialquotienten von $\mathfrak{H}_z$ und $\mathfrak{E}_z$ ausgedrückt mit $k^2 = \dfrac{\omega^2}{c^2} - \gamma^2$

$$k^2\,\mathfrak{E}_x = -j\,\omega\,\mu_0\,\frac{\partial\,\mathfrak{H}_z}{\partial\,y} - j\,\gamma\,\frac{\partial\,\mathfrak{E}_z}{\partial\,x}; \qquad k^2\,\mathfrak{E}_y = +j\,\omega\,\mu_0\,\frac{\partial\,\mathfrak{H}_z}{\partial\,x} - j\,\gamma\,\frac{\partial\,\mathfrak{E}_z}{\partial\,y}$$

$$k^2\,\mathfrak{H}_x = -j\,\gamma\,\frac{\partial\,\mathfrak{H}_z}{\partial\,x} + j\,\omega\,\varepsilon\,\frac{\partial\,\mathfrak{E}_z}{\partial\,y}; \qquad k^2\,\mathfrak{H}_y = -j\,\gamma\,\frac{\partial\,\mathfrak{H}_z}{\partial\,y} - j\,\omega\,\varepsilon_0\,\frac{\partial\,\mathfrak{E}_z}{\partial\,x}.$$

Setzen wir in die noch nicht benutzten Gl. (3) und (6) die Werte von $\mathfrak{E}_x$, $\mathfrak{E}_y$, $\mathfrak{H}_x$, $\mathfrak{H}_y$ ein, erhalten wir für die z-Komponenten die Differentialgleichungen:

$$\frac{\partial^2\,\mathfrak{E}_z}{\partial\,x^2} + \frac{\partial^2\,\mathfrak{E}_z}{\partial\,y^2} + k^2\,\mathfrak{E}_z = 0; \qquad \frac{\partial^2\,\mathfrak{H}_z}{\partial\,x^2} + \frac{\partial^2\,\mathfrak{H}_z}{\partial\,y^2} + k^2\,\mathfrak{H}_z = 0; \qquad k^2 = \frac{\omega^2}{c^2} - \gamma^2.$$

Die Grenzbedingungen gewinnen wir aus der Vorstellung, daß die Wände unendlich gut leiten. Es ist dann die zur Wand parallele Komponente der elektrischen Feldstärke und die zur Wand senkrechte magnetische Feldstärke Null

$$\mathfrak{H}_x\left(x = \pm\,\frac{a}{2}\right) = 0 \qquad \mathfrak{E}_x\left(y = \pm\,\frac{b}{2}\right) = 0 \qquad \mathfrak{E}_z\begin{pmatrix} x = \pm\,a/2 \\ y = \pm\,b/2 \end{pmatrix} = 0$$

$$\mathfrak{H}_y\left(y = \pm\,\frac{b}{2}\right) = 0 \qquad \mathfrak{E}_y\left(x = \pm\,\frac{a}{2}\right) = 0 \qquad \mathfrak{H}_z = \text{nicht beschränkt.}$$

2. Spezielle Lösungen.

a) Die Stützersche Welle.

Im allgemeinen sind in Hohlrohren mehrere Wellenformen gleicher Frequenz möglich und werden auch gleichzeitig angeregt oder entstehen an Stoßstellen. Wenn man $\dfrac{b}{2} < \lambda < \dfrac{a}{2}$ wählt, so ist die Stützersche Welle die einzige, die angeregt werden kann. Sie bleibt daher auch bestehen, wenn Stoßstellen vorhanden sind oder wenn das Rohr gekrümmt oder verwunden wird. Sie wird daher heute allgemein in der cm-Wellen-Technik (Radargeräten) verwendet. Da diese Welle meines Wissens von STÜTZER, Oberpfaffenhofen, während des Krieges in die Radartechnik eingeführt wurde, habe ich, um eine kurze Bezeichnung zu haben, die Welle „Stützersche Welle" genannt.

Wir wollen untersuchen, ob sich in einem rechteckigen Rohre folgende besonders einfache Welle fortpflanzen kann. Es soll nur eine $\mathfrak{H}_z$, $\mathfrak{H}_x$, $\mathfrak{E}_y$-Komponente existieren. $\mathfrak{E}_x$, $\mathfrak{H}_y$, $\mathfrak{E}_z$ sollen o sein. Die Grenzbedingungen für $y = \pm\,\dfrac{b}{2}$ sind dann immer befriedigt. Es bleiben nur die Grenzbedingungen für $x = \pm\,\dfrac{a}{2}$ zu erfüllen:

$$\mathfrak{H}_x\,(x = \pm\,a/2) = 0 \qquad \mathfrak{E}_y\,(x = \pm\,a/2) = 0.$$

Da die elektrischen und magnetischen Felder in der y-Richtung homogen sind $\left(\dfrac{\partial}{\partial y} = 0\right)$, vereinfacht sich die Differentialgleichung zu

$$\frac{\partial^2 \mathfrak{H}_z}{\partial x^2} + k^2 \mathfrak{H}_z = 0.$$

Der Ansatz $\mathfrak{H}_z = A \sin k x$; $k = \dfrac{\pi}{a}$ befriedigt *beide* Grenzbedingungen. Wir erhalten als Lösung:

$$\mathfrak{H}_z = A \sin k x \; ; \quad \mathfrak{H}_x = - j \gamma \frac{a}{\pi} A \cos k x$$

$$\mathfrak{E}_y = j \omega \mu_0 \frac{a}{\pi} A \cos k x$$

$$k = \frac{\pi}{a} ; \quad \gamma = \frac{2\pi}{\lambda_z} = \sqrt{\frac{\omega^2}{c^2} - \frac{\pi^2}{a^2}} ; \quad \frac{1}{\lambda_z^2} = \frac{1}{\lambda_0^2} - \frac{1}{(2a)^2}$$

$$\lambda_z = \frac{\lambda_0}{\sqrt{1 - \left(\dfrac{\lambda_0}{2a}\right)^2}} ; \quad \lambda_z = \frac{\lambda_0}{\cos \alpha} \quad \text{mit} \quad \sin \alpha = \frac{\lambda_0}{2a}.$$

Die elektrischen und magnetischen Kraftlinien sind in Abb. 170 dargestellt.

Um das Rohr reflexionsfrei abzuschließen, können wir wieder eine Stützersche Schicht mit dem räumlich konstanten Ohmschen Widerstand

$$R_1^x = \frac{\mathfrak{E}_y}{\mathfrak{H}_x} = \frac{\omega \mu_0}{\gamma} = \frac{\omega \mu_0}{\dfrac{\omega}{c} \cos \alpha} = \sqrt{\frac{\mu_0}{\varepsilon_0}} \frac{1}{\cos \alpha} = R_1 / \cos \alpha$$

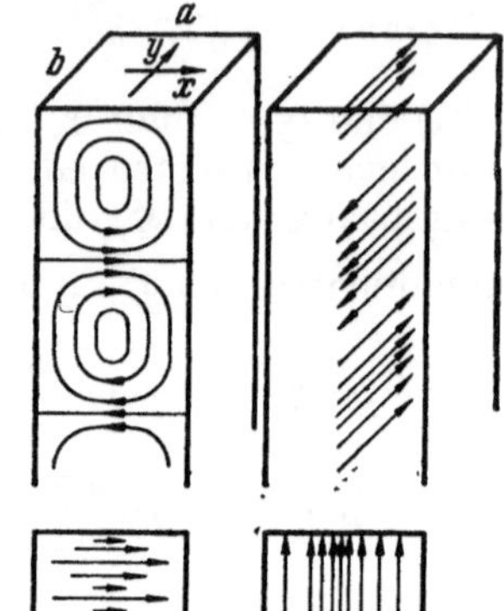

Abb. 170. Magnetisches und elektrisches Feld in der Stutzerschen Hohlrohrwelle.

benutzen, hinter dem ein $\lambda/4$-Stück der Leitung anzufügen ist, um eine Ausstrahlung in den freien Raum zu vermeiden. Der Widerstand R_1^x ist etwas größer als der Widerstand bei Lechersystemen mit Innenleiter:

$$\frac{R_1}{R_1^x} = \cos \alpha.$$

Die Wellenlänge in der Z-Richtung ist im Diagramm 171 abzulesen. Diese Wellenlänge ist größer als die Wellenlänge λ_0 der freien Welle. Dementsprechend ist die Phasengeschwindigkeit v größer als c. Für $\lambda_0 = 2a$ wird $v_{ph} = \infty$ und für $\lambda_0 > 2a$ wird $v_{ph} = $ imag. λ_0 nennen wir die Grenzwellenlänge. Längere Wellen dringen nur „gedämpft" ein kurzes Stück in das Rohr ein.

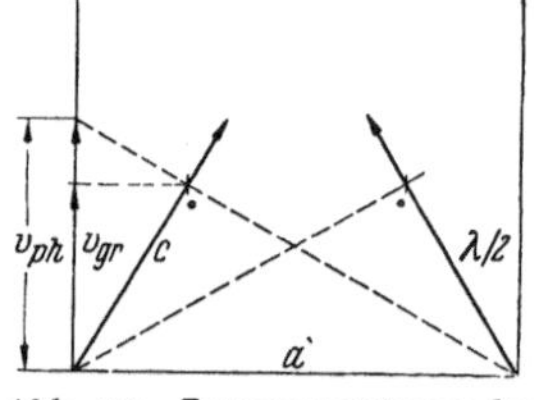

Abb. 171. Zusammensetzung der Stutzerschen Welle aus 2 normalen Transversalwellen.

Vorstellung über die Wellen.

Das Diagramm 171 führt uns auf folgende einfache Vorstellung: In dem viereckigen Hohlrohr pflanzen sich 2 ganz gewöhnliche transversale Wellen in den Pfeilrichtungen fort, die miteinander interferieren.

Führen wir aus Abb. 171 den Winkel α ein: $\dfrac{\lambda/2}{a} = \sin \alpha$; $\dfrac{\pi}{a} = \dfrac{\omega}{c} \sin \alpha$; $\gamma = \dfrac{\omega}{c} \cos \alpha$ erhalten wir

$$\left.\begin{aligned}
\mathfrak{H}_z &= A \sin \frac{\pi x}{a} = B \sin \alpha \sin \frac{\pi x}{a} \\
\mathfrak{H}_x &= - j A \cot \alpha \cos \frac{\pi x}{a} = - j B \cos \alpha \cos \frac{\pi x}{a} \\
\mathfrak{E}_y &= j \sqrt{\frac{\mu_0}{\varepsilon_0}} \frac{A}{\sin \alpha} \cos \frac{\pi x}{a} = j \sqrt{\frac{\mu_0}{\varepsilon_0}} B \cos \frac{\pi x}{a}
\end{aligned}\right\} \quad B = \frac{A}{\sin \alpha}.$$

Berechnen wir die Feldvektorkomponenten aus 2 Teilwellen in schräger Richtung
mit dem Magnetfeld $\mathfrak{H}$, erhalten wir

$$\mathfrak{H}_x = \cos\alpha \,\mathfrak{H}\left\{\sin\left(\omega t - \frac{\omega z_1}{c}\right) + \sin\left(\omega t - \frac{\omega}{c}z_2\right)\right\}$$

$$\mathfrak{H}_z = \sin\alpha \,\mathfrak{H}\left\{\sin\left(\omega t - \frac{\omega z_1}{c}\right) - \sin\left(\omega t - \frac{\omega}{c}z_2\right)\right\}$$

$$\mathfrak{E}_y = \sqrt{\frac{\mu_0}{\varepsilon_0}}\,\mathfrak{H}\left\{\sin\left(\omega t - \frac{\omega z_1}{c}\right) + \sin\left(\omega t - \frac{\omega}{c}z_2\right)\right\}$$

und mit $z_1 = z\cos\alpha + x\sin\alpha$ $z_2 = z\cos\alpha - x\sin\alpha$

$$\mathfrak{H}_x = \mathfrak{H}\cos\alpha\,2\sin\left(\omega t - \frac{\omega}{c}z\cos\alpha\right)\cos\frac{\omega x\sin\alpha}{c} = 2\mathfrak{H}\cos\alpha\sin(\omega t - \gamma z)\cos\frac{\pi x}{a}$$

$$\mathfrak{H}_y = \mathfrak{H}\sin a\,2\cos\left(\omega t - \frac{\omega z}{c}\cos\alpha\right)\sin\frac{\omega x\sin\alpha}{c} = 2\mathfrak{H}\sin\alpha\cos(\omega t - \gamma z)\sin\frac{\pi x}{a}$$

$$\mathfrak{E}_y = \sqrt{\frac{\mu_0}{\varepsilon_0}}\,\mathfrak{H}\,2\sin\left(\omega t - \frac{\omega z}{c}\cos\alpha\right)\cos\frac{\omega x\sin\alpha}{c} = 2\mathfrak{H}\sqrt{\frac{\mu_0}{\varepsilon_0}}\sin(\omega t - \gamma z)\cos\frac{\pi x}{a}$$

da $\dfrac{\omega}{c}\sin\alpha = \dfrac{\pi}{a}$; $\dfrac{\omega}{c}\cos\alpha = \gamma$.

Wir haben also B als die doppelte magnetische Feldstärke der Teilwellen zu deuten.

b) Wellen, die nur eine magnetische Z-Komponente haben : H-Wellen.

Diese Wellen erhält man, wenn man von dem Ansatz:

$$\mathfrak{H}_z = A\sin\frac{\pi x}{a}\sin\frac{\pi y}{b} ; \quad \mathfrak{E}_z = 0$$

ausgeht. Wir erhalten dann mit unseren Formeln (S. 124) für

$$\mathfrak{H}_x = \frac{j\gamma\pi A}{k^2 a}\cos\frac{\pi x}{a}\sin\frac{\pi y}{b} ; \quad \mathfrak{E}_x = -\frac{j\omega\mu_0}{k^2}\frac{\pi}{b}A\sin\frac{\pi x}{a}\cos\frac{\pi y}{b}$$

$$\mathfrak{H}_y = \frac{j\gamma\pi A}{k^2 b}\sin\frac{\pi x}{a}\cos\frac{\pi y}{b} ; \quad \mathfrak{E}_y = -\frac{j\omega\mu_0}{k^2}\frac{\pi}{a}A\cos\frac{\pi x}{a}\sin\frac{\pi y}{b}$$

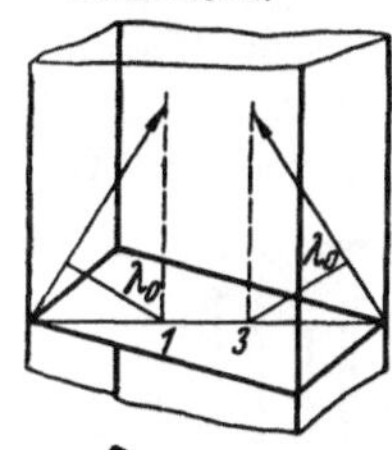

Die Grenzbedingungen

$$\mathfrak{H}_x = 0 \text{ für } x = \pm\frac{a}{2} ; \quad \mathfrak{E}_x = 0 \text{ für } y = \pm\frac{b}{2}$$

$$\mathfrak{H}_y = 0 \text{ für } y = \pm\frac{b}{2} ; \quad \mathfrak{E}_y = 0 \text{ für } x = \pm\frac{a}{2}$$

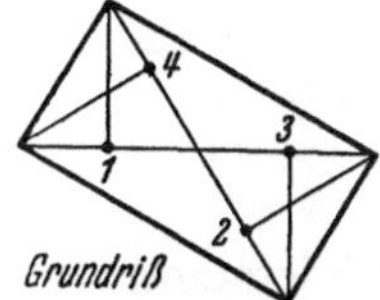

Abb. 172.
Zusammensetzung der allgemeinen Welle im rechteckigen Hohlrohr aus 4 Transversalwellen.

sind erfüllt. Diese Wellen lassen sich durch 4 gewöhnliche
transversale Wellen zusammensetzen, deren schräge Fortpflan-
zungsrichtungen in Abb. 172 gezeichnet sind. Die Durchführung der elementaren Berechnung sei dem Bande über Wellenausbreitung vorbehalten.

Mit dem Ansatz: $\mathfrak{H}_z = A\sin(2n+1)\dfrac{\pi x}{a}\cos(2m+1)\dfrac{\pi y}{a}$ würde man höhere
H-Wellen erhalten. Man würde die zuerst beschriebene Welle eine H_{11}-Welle, die
letzteren H_{mn}-Wellen nennen. Die Feldstärken haben dann Knotenlinien parallel
zu den Seiten des begrenzenden Rechteckes.

c) Wellen, die nur eine elektrische Z-Komponente haben: E-Wellen.

Man kann die E-Wellen mit dem Ansatz $\mathfrak{E}_z = A\cos\dfrac{2m+1}{a}\pi x\cos\dfrac{2n+1}{b}\pi y$;
$\mathfrak{H}_z = 0$ erhalten, und die wieder, je nach der Zahl ihrer Knotenlinien, E_{mn}-Wellen
nennen.

d) Die Phasen- und Gruppengeschwindigkeit.

Aus unseren Formeln berechnet sich

$$v_{ph} = \frac{1}{\gamma/\omega} = \frac{c}{\sqrt{1-(kc/\omega)^2}} \; ; \quad v_{gr} = \frac{1}{d\gamma/d\omega} = c\sqrt{1-(kc/\omega)^2} \; ; \quad v_{ph} \cdot v_{gr} = c^2 \, .$$

Für die erste der beschriebenen Wellenarten (die Stützersche Welle) erhalten wir nach Einführung des Winkels α eine sehr einfache anschauliche Deutung

$$\frac{kc}{\omega} = \sin\alpha \; ; \quad v_{ph} = \frac{c}{\cos\alpha} \; ; \quad v_{gr} = c\cos\alpha \, .$$

Die beiden Geschwindigkeiten sind im Diagramm 171 mit eingezeichnet. Auch für die komplizierteren Wellen läßt sich die gleiche einfache Deutung nach Einführung des Winkels α geben, mit dem die Einzelwellen gegen die Rohrachse geneigt sind.

Wenn man ein solches Hohlrohr zum Schwingen anregt, können sich gleichzeitig mehrere Wellentypen ausbilden. Die 1. Wellenart: die Stützersche Welle, hat den Vorteil, daß sich neben ihr keine weiteren Wellen ausbilden können, auch wenn man das „Rohr" biegt oder verwindet. Man benutzt daher diese 1. Wellenart zum Weiterleiten der cm-Wellen in den Radargeräten.

Anmerkung: Für $b = \infty$ gelangt man vom Wellentyp b zu der Stützerschen Welle (gültig für die Umgebung $y = b/2$).

e) Der Runzelleiter als Verzögerungsleitung.

In der Wanderfeldtechnik werden Leiter benötigt, deren Phasengeschwindigkeit *kleiner* als die Lichtgeschwindigkeit ist. Sie sind mit den in diesem Kapitel entwickelten Formeln zu behandeln. Deshalb sei der Runzelleiter als ein Beispiel für eine solche Verzögerungsleitung besprochen. Eine praktische Anwendung für die Dezimeter-Wellen-Oszillographie sei angefügt.

Der Leiter ist in Abb. 173 dargestellt. Die Leiterbreite sei 1 cm. In die obere Platte sind die „Runzeln" (Breite f, Tiefe l) eingeschnitten. Jede Runzel wirkt wie ein Lechersystem mit dem Eingangswiderstand

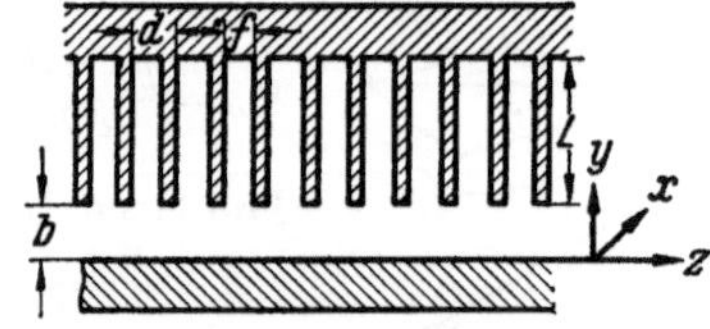

Abb. 173. Runzelleiter.

$$\Re_a = j\,\Im\,\mathrm{tg}\,\alpha\,l = j\sqrt{\frac{\mu_0}{\varepsilon_0}}\,\frac{f}{1\,\mathrm{cm}}\,\mathrm{tg}\,\frac{\omega l}{c} \, ,$$

d sei klein gegen die Wellenlänge, so daß wir den induktiven Widerstand der Runzeln „Verschmiert" denken können und als Widerstand je cm Leiterlänge und je cm Leiterbreite erhalten

$$\Re_a \cdot \frac{1\,\mathrm{cm}}{d} = \frac{j\,\Im}{d}\,\mathrm{tg}\,\alpha\,l = j\sqrt{\frac{\mu_0}{\varepsilon_0}}\,\frac{f}{d}\,\mathrm{tg}\,\frac{\omega l}{c} = j\,\Re \, .$$

Als Grenzbedingung werden wir dann $\mathfrak{E}_z = j\,\Im\,\Re = j\,\mathfrak{H}_x\,\Re$ zu berücksichtigen haben. Das Magnetfeld $\mathfrak{H}$ wird durch einen Strom $\Im$ abgeschlossen (s. Blechstreifen-Lechersystem mit Dämpfung S. 111). Wir versuchen die Lösung mit einer Welle, die nur die Feldkomponenten $\mathfrak{E}_z$, $\mathfrak{E}_y$, $\mathfrak{H}_x$ hat, während $\mathfrak{H}_y$, $\mathfrak{E}_x$, $\mathfrak{E}_z$ Null sein sollen. Es ist für $y = 0$ außerdem $\mathfrak{E}_z = 0$ zu erfüllen. Wir setzen daher an:

$$\mathfrak{E}_z = A\sin ky; \quad \mathfrak{E}_y = \frac{-j\gamma}{k}\,A\cos ky; \quad \mathfrak{H}_x = \frac{+j\omega\varepsilon_0}{k}\,A\cos ky;$$

$$\gamma^2 = \frac{\omega^2}{c^2} - k^2 = \left(\frac{2\pi}{\lambda_z}\right)^2 = \left(\frac{2\pi}{\lambda_0}\right)^2 - k^2 \, .$$

Die Grenzbedingung gibt dann eine transzendente Gleichung für k

$$A \sin k b = j \sqrt{\frac{\mu_0}{\varepsilon_0}} \frac{f}{d} \operatorname{tg} \frac{\omega l}{c} A \frac{j \omega \varepsilon_0}{k} \cos k b$$

$$k b \operatorname{tg} k b = - \frac{\omega}{c} \frac{f b}{d} \operatorname{tg} \frac{\omega l}{c} = - W .$$

Wegen des ——-Zeichens führen wir ein: $k_1 = j \cdot k_1$ und erhalten dann

$$k_1 b \operatorname{\mathfrak{Tg}} k_1 b = + W .$$

α) Diskussion der Gleichung für großes W.

Wenn W sehr groß ist, wird auch $k \cdot b$ sehr groß, $\operatorname{\mathfrak{Tg}} k_1 b = 1$ und die Gleichung vereinfacht sich zu $k_1 b = W$. Für die Wellenzahl γ erhalten wir

$$\gamma^2 = \frac{\omega^2}{c^2} + k_1^2 = \frac{\omega^2}{c^2} + \left(\frac{W}{b}\right)^2 = \left(\frac{2 \pi}{\lambda_z}\right)^2$$

und für die Wellenlänge und die dieser proportionalen Fortpflanzungsgeschwindigkeit:

$$\lambda_z = \frac{\lambda_0}{\sqrt{1 + \left(\dfrac{W \lambda_0}{b \, 2 \pi}\right)^2}} .$$

Man erkennt, daß man die Fortpflanzungsgeschwindigkeit leicht auf $c/10$ und weniger herabsetzen kann.

β) Diskussion für ein kleines k · b.

Wir können jetzt für $\operatorname{tg} k b$ einfach $k \cdot b$ einsetzen und erhalten, wenn wir auch bei der Berechnung des Widerstandes $\frac{\omega l}{c}$ für $\operatorname{tg} \frac{\omega l}{c}$ setzen

$$\gamma^2 = \frac{\omega}{c^2} + \frac{\omega^2}{c^2} \left(\frac{l f}{d b}\right)^2 ; \quad \lambda_z = \frac{\lambda_0}{\sqrt{1 + (l f / d b)^2}}$$

und für die Phasengeschwindigkeit

$$v_{ph} = \frac{c}{\sqrt{1 + (l f / d b)^2}} .$$

Die Phasengeschwindigkeit ist in erster Näherung unabhängig von der Frequenz. Die Wellen laufen praktisch unverzerrt an der Leitung entlang.

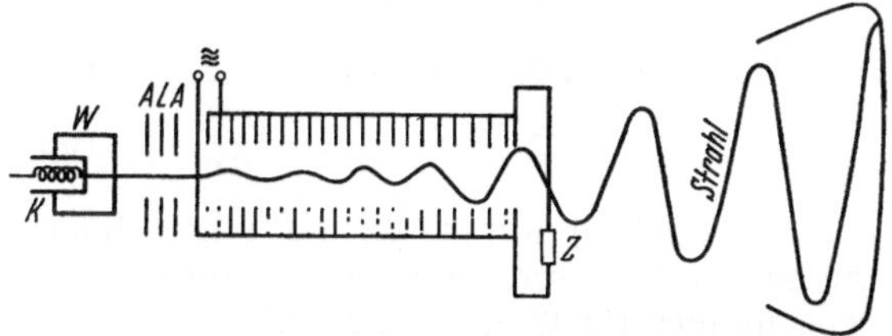

Abb. 174. Verwendung eines Runzelleiters im cm-Wellen-Oszillographen.

γ) Benutzung dieses Runzelleiters zum Bau eines dm-Wellen-Oszillographen (Abb. 174).

Wenn man mit einer Braunschen Röhre Oszillogramme sehr kurzer Wellen aufnehmen will, muß man dafür sorgen, daß während des Durchfluges der Elektronen zwischen den Ablenkplatten sich die Phase der Schwingung noch nicht wesentlich ändert. (Phasenänderungen von etwa 50^0 sind noch zulässig, wenn man einen Fehler von etwa 15% in Kauf nehmen will.) Man muß also hohe Elektronengeschwindigkeiten und sehr kurze Ablenkplatten benutzen, wodurch der Oszillograph sehr unempfindlich wird. (Bei einer Elektronengeschwindigkeit

$v = c/5$ und einer Welle von $\lambda = 30$ cm muß man die Platten bereits auf 1 cm Länge verkürzen.)

Man kann nun einen Runzelleiter benutzen, die zu untersuchende Welle links zuführen, rechts mit Z abschließen, um Reflexionen zu vermeiden, und den Elektronen die Phasengeschwindigkeit der Welle erteilen. Die Elektronen laufen dann die ganze Zeit mit der Feldstärke, die sie beim Eintritt in die Ablenkplatten vorfanden, mit, und werden so stark abgelenkt, als wenn das Feld ein statisches wäre, auch wenn die Ablenkplatten so lang sind, daß eine ganze Reihe von Wellenlängen auf ihnen liegen. Eine Momentphotographie des Elektronenstrahles ist in Abb. 174 gegeben.

$$\delta)\ Zahlenbeispiel.$$

$$f/d = 0{,}8\ ;\quad l = 3\,\text{cm}\quad \lambda = 30\,\text{cm}\quad b = 1\,\text{mm}\quad \frac{fl}{db} = 24\ ;\quad v = \frac{c}{\sqrt{1+24}} = \frac{c}{5}\ .$$

Die Abweichung von der Dispersionsfreiheit verursacht dann auch etwa einen Fehler von 15%. Die Empfindlichkeit ist aber die 10fache des gewöhnlichen Oszillographen.

3. Runde Hohlrohre.

a) Die Gleichungen für die E- und H-Wellen.

Die Berechnung verlauft nach demselben Schema wie bei den rechteckigen Hohlrohren. Wir wollen der Einfachheit halber nur Wellen ohne radiale Knoten betrachten. Diese Vereinfachung führt auf $\frac{\partial}{\partial \varphi} = 0$.

Wir schreiben wieder die Maxwellschen Gleichungen an, nur diesmal in Zylinderkoordinaten.

$$\varepsilon_0 \frac{\partial \mathfrak{E}_z}{\partial t} = \frac{1}{r}\frac{\partial}{\partial r}(r\,\mathfrak{H}_\varphi) - \frac{\partial \mathfrak{H}_r}{r\,\partial \varphi} \qquad (1)$$

$$\varepsilon_0 \frac{\partial \mathfrak{E}_r}{\partial t} = \frac{1}{r}\frac{\partial \mathfrak{H}_z}{\partial \varphi} - \partial \mathfrak{H}_\varphi / \partial z \qquad (2)$$

$$_0 \frac{\partial \mathfrak{E}_\varphi}{\partial t} = \frac{\partial \mathfrak{H}_r}{\partial z} - \frac{\partial \mathfrak{H}_z}{\partial r} \qquad (3)$$

$$-\mu_0 \frac{\partial \mathfrak{H}_z}{\partial t} = \frac{1}{r}\frac{\partial}{\partial r}(r\,\mathfrak{E}_\varphi) - \frac{\partial \mathfrak{E}_r}{r\,\partial \varphi} \qquad (4)$$

$$-\mu_0 \frac{\partial \mathfrak{H}_r}{\partial t} = \frac{\partial \mathfrak{E}_z}{r\,\partial \varphi} - \frac{\partial \mathfrak{E}_\varphi}{\partial z} \qquad (5)$$

$$-\mu_0 \frac{\partial \mathfrak{H}_\varphi}{\partial t} = \frac{\partial \mathfrak{E}_r}{\partial z} - \frac{\partial \mathfrak{E}_z}{\partial r} \qquad (6)$$

Wir führen wieder den Ansatz

$$\mathfrak{B} = \mathfrak{B}_0\, e^{j\omega t - j\gamma z}\ (\mathfrak{B} = \mathfrak{E}, \mathfrak{H})\ ;\quad \frac{\partial}{\partial t} = j\,\omega\,,\quad \frac{\partial}{\partial z} = -j\,\gamma$$

ein:

$$j\omega\varepsilon_0 \mathfrak{E}_z = \frac{1}{r}\frac{\partial}{\partial r}(r\,\mathfrak{H}_\varphi) \qquad (1')$$

$$j\omega\varepsilon_0 \mathfrak{E}_r = j\gamma\,\mathfrak{H}_\varphi \qquad (2')$$

$$j\omega\varepsilon_0 \mathfrak{E}_\varphi = -j\gamma\,\mathfrak{H}_r - \frac{\partial \mathfrak{H}_z}{\partial r} \qquad (3')$$

$$-j\omega\mu_0 \mathfrak{H}_z = \frac{1}{r}\frac{\partial}{\partial r}(r\,\mathfrak{E}_\varphi) \qquad (4')$$

$$-j\omega\mu_0 \mathfrak{H}_r = +j\gamma\,\mathfrak{E}_\varphi \qquad (5')$$

$$-j\omega\mu_0 \mathfrak{H}_\varphi = -j\gamma\,\mathfrak{E}_r - \frac{\partial \mathfrak{E}_z}{\partial r} \qquad (6')$$

Wieder enthalten die Gl. (2) und (6) $\mathfrak{E}_r$, $\mathfrak{E}_\varphi$ und (3) und (5) $\mathfrak{E}_\varphi$, $\mathfrak{H}_r$. Wir rechnen aus ihnen $\mathfrak{E}_r$, $\mathfrak{H}_\varphi$ bzw. $\mathfrak{E}_\varphi$, $\mathfrak{H}_r$ aus und setzen die Werte in die noch unbenutzten Gleichungen ein, um die Differentialgleichungen für $\mathfrak{E}_z$ und $\mathfrak{H}_z$ zu erhalten:

$$\mathfrak{E}_r = -\frac{j\gamma}{k^2}\frac{\partial \mathfrak{E}_z}{\partial r} \qquad \mathfrak{E}_\varphi = \frac{j\omega\mu_0}{k^2}\frac{\partial \mathfrak{H}_z}{\partial r} \qquad \frac{1}{r}\frac{\partial}{\partial r}\left(r\frac{\partial \mathfrak{E}_z}{\partial r}\right) + k^2\mathfrak{E}_z = 0$$

$$\mathfrak{H}_r = +\frac{j\gamma}{k^2}\frac{\partial \mathfrak{H}_z}{\partial r} \qquad \mathfrak{H}_\varphi = -\frac{j\omega\varepsilon_0}{k^2}\frac{\partial \mathfrak{E}_z}{\partial r} \qquad \frac{1}{r}\frac{\partial}{\partial r}\left(r\frac{\partial \mathfrak{H}_z}{\partial r}\right) + k^2\mathfrak{H}_z = 0$$

$$\gamma^2 = \frac{\omega^2}{c^2} - k^2\ .$$

Die Lösungen sind Besselfunktionen. Wir schreiben die Lösungen nur für die H_{00}- und E_{00}-Welle hin

E_{00}-Welle		H_{00}-Welle		
$\mathfrak{H}_z = 0$	$\mathfrak{H}_r = 0$	$\mathfrak{E}_z = 0$	$\mathfrak{E}_r = 0$	$k^2 = \dfrac{\omega^2}{c^2} = \gamma^2$
$\mathfrak{H}_\varphi = -\dfrac{j\,\omega\,\varepsilon_0}{k} A\,\mathfrak{J}_1(k\,r)$		$\mathfrak{E}_\varphi = +\dfrac{j\,\omega\,\mu_0}{k} B\,\mathfrak{J}_1(k\,r)$		$\mathfrak{J} =$ Besselfunktion
$\mathfrak{E}_z = A\,\mathfrak{J}_0(k\,r)$		$\mathfrak{H}_z = B\,\mathfrak{J}_0(k\,r)$		
$\mathfrak{E}_r = -\dfrac{j\,\gamma}{k} A\,\mathfrak{J}_1(k\,r)$		$\mathfrak{H}_r = +\dfrac{j\,\gamma}{k} B\,\mathfrak{J}_1(k\,r)$		
$\mathfrak{E}_\varphi = 0$		$\mathfrak{H}_\varphi = 0$		

Zur Berechnung von k dienen wieder die Grenzbedingungen:

Für $r = R$; $\mathfrak{E}_z = 0$; $\mathfrak{E}_\varphi = 0$; $\mathfrak{H}_r = 0$.

Für die E_{00}-Welle: $\mathfrak{J}_0(k\,R) = 0$.

Für die H_{00}-Welle: $\mathfrak{J}_1(k\,R) = 0$; $k\,R = 3{,}8317$.

Bemerkung: $\dfrac{\partial\,\mathfrak{J}_0(x)}{\partial\,x} = \mathfrak{J}_1(x)$.

Genau wie bei den Rechteckrohren kann man Wellen mit radialen und kreisförmigen Knotenlinien bekommen und diese wieder in E_{mn}- und H_{mn}-Wellen rubrizieren.

b) Die Dämpfung der Hohlrohrwellen.

Die Magnetfelder der Wellen werden in den Rohren durch begleitende Ströme abgeschlossen, die infolge des Ohmschen Widerstandes der Rohre Joulesche Wärme entwickeln. Diese ist die Ursache der Dämpfung aller Wellen. Bei den meisten Wellentypen nimmt die Dämpfung zunächst mit der Wellenlänge ab, wächst aber schließlich wieder, da die „Eindringtiefe" immer weiter abnimmt und damit der Widerstand R je cm Länge und je cm Breite zunimmt.

Nur bei der H_{00}-Welle nimmt die Dämpfung dauernd ab. Es sei daher die H_{00}-Welle als Beispiel für die Dämpfungsberechnung gewählt.

Wir wenden die angenäherte energetische Methode an, die wir beim Blechstreifen-Lechersystem S. 115 unten bereits kennenlernten.

$$2\,\mathfrak{d}_r = \frac{\mathfrak{N}_v}{\mathfrak{S}}.$$

Zur Berechnung von $\mathfrak{N}_v$ und $\mathfrak{S}$ benutzen wir in guter Annäherung die Felder der ungedämpften Welle. Wir erhalten ($R =$ Rohrradius)

$$\mathfrak{N}_v = R_0\,2\,\pi\,R\,\mathfrak{J}^2 = R_0\,2\,\pi\,R\,\mathfrak{H}_z^2 = R_0\,2\,\pi\,R\,B^2\mathfrak{J}_0^2(k\,R) \text{ mit } R_0 = \frac{\sigma}{t} = \sqrt{\frac{\sigma\,\mu_0\,\omega}{2}}$$

$$\mathfrak{S} = \int_0^R [\mathfrak{E}\,\mathfrak{H}]\,df = -\int_0^R 2\,\pi\,r\,\mathfrak{H}_r\,\mathfrak{E}_\varphi^x\,dr \quad (^x = \text{konjugiert komplex})$$

$$= +\int_0^R 2\,\pi\,r\,B^2\left(-\frac{\gamma\,\omega\,\mu_0}{k^2}\right)\mathfrak{J}_1^2(k\,r)\,dr.$$

Das Integral ist nach Jahnke und Emde

$$\mathfrak{S} = -\pi\,R^2\,B^2\,\frac{\gamma\,\omega\,\mu_0}{k^2}(\mathfrak{J}_1^2 - \mathfrak{J}_0\mathfrak{J}_2) = +\pi\,R^2\,B^2\,\frac{\gamma\,\omega\,\mu_0}{k^2}\mathfrak{J}_0\mathfrak{J}_2,$$

da laut Grenzbedingung $\mathfrak{J}_1(k\,R) = 0$.

Damit wird die Dämpfung:

$$\mathfrak{d}_r = \frac{1}{2}\frac{2\pi R}{\pi R^2}\sqrt{\frac{\mu_0\,\omega\,\sigma}{2}}\,\frac{\mathfrak{J}_0^2}{\mathfrak{J}_0\mathfrak{J}_2}\Big/\frac{\gamma\,\omega\,\mu}{k^2}\;;\quad \text{da } \frac{\mathfrak{J}_0(3,8317)}{\mathfrak{J}_2(3,8317)}\cong 1,0$$

$$\mathfrak{d}_r = \frac{1}{R}\sqrt{\frac{\mu_0\,\sigma\,\omega}{2}}\,\frac{k^2}{\gamma\,\mu_0\,\omega} = \frac{1}{R}\sqrt{\frac{\sigma}{2\,\mu_0}}\,\frac{k^2 c}{\sqrt{\omega}\,\sqrt{\omega^2-k^2 c^2}}\quad \text{mit } k = \frac{3,8317}{R}$$

$$\mathfrak{d}_r = \frac{1}{R^3}\sqrt{\frac{\sigma}{2\,\mu_0}}\,\frac{(3,8317)^2 c}{\sqrt{\omega\,(\omega^2-\omega_{\mathrm{gr}}^2)}} \cong 3,8317^2\, c\,\sqrt{\frac{\sigma}{2\,\mu_0}}\left(\frac{1}{R\sqrt{\omega}}\right)^3 \text{ für } \omega \gg \omega_{\mathrm{gr}}\,.$$

Bemerkung über die Grenzfrequenz:

Für die Grenzfrequenz ω_{gr} wird $\lambda = \infty$ oder $\gamma = 0$.

Also gilt, aus $\gamma^2 = \dfrac{\omega^2}{c^2} - k^2$ zu folgern: $\dfrac{\omega_{\mathrm{gr}}^2}{c^2} = k^2$; $\omega_{\mathrm{gr}} = k\,c$.

c) Die Helix als Verzögerungsleitung.

Es sei auch diesem Kapitel die Besprechung einer Verzögerungsleitung, die in der Wanderfeldtechnik viel benutzt wird, angeschlossen, da sie sich mit den entwickelten Formeln leicht behandeln läßt.

Aufstellung der Grenzbedingungen.

Die Helix ist eine Wendel, die meist aus rundem Kupferdraht gewickelt ist. Um sie der Berechnung besser zugänglich zu machen, denken wir sie uns wie Abb. 175 aus einem in der Langsrichtung unterteilten Kupferband aufgewickelt. Es kann dann nur ein Strom in der Längsrichtung fließen. Die elektrische Feldstärke $\mathfrak{E}_{\|} = 0$, wenn man den geringen Widerstand der Wendel vernachlässigt. Ein $\mathfrak{E}_{\perp}$ ist vorhanden und ist innerhalb und außerhalb der Wendel gleich groß. Das Magnetfeld $\mathfrak{H}_{\perp}$ kann entsprechend dem Flächenstrom springen:

$$\mathfrak{H}_{\perp i} - \mathfrak{H}_{\perp a} = \mathfrak{J}\,.$$

Abb 175. Die Helix (Wendel) als Verzogerungsleitung.

$\mathfrak{H}_{\|}$ wird von keinem Strom aufgenommen und ist innen und außen gleich groß. Wir haben also zu erfüllen:

$$\mathfrak{E}_{\perp i} = \mathfrak{E}_{\perp a}\,;\quad \mathfrak{E}_{\|i} = 0\,;\quad \mathfrak{E}_{\|a} = 0\,;\quad \mathfrak{H}_{\|i} = \mathfrak{H}_{\|a}\,.$$

Dazu müßten noch die Grenzbedingungen an einem äußeren Hüllrohr treten. Statt der Grenzbedingungen an diesem Hüllrohr wollen wir die Bedingung einführen, daß der Poyntingsche Vektor im Außenraum keine radiale Gleichstromkomponente hat, daß also keine Energie laufend in radialer Richtung weggeführt wird. Diese Bedingung ersetzt die Spiegelung an einem Hüllrohr, welche das Abfließen von Energie in radialer Richtung auch verhindern würde.

Wir wollen nun in die Grenzbedingungen

$$\mathfrak{E}_{zi}\,,\ \mathfrak{E}_{za}\,,\ \mathfrak{E}_{\varphi i}\,,\ \mathfrak{E}_{\varphi a}\,,\ \mathfrak{H}_{zi}\,,\ \mathfrak{H}_{za}\,,\ \mathfrak{H}_{\varphi i}\,,\ \mathfrak{H}_{\varphi a}$$

einführen und erhalten:

aus $\mathfrak{E}_{\|i} = 0$ und $\mathfrak{E}_{\|a} = 0$: $\mathfrak{E}_{zi}\sin\psi + \mathfrak{E}_{\varphi i}\cos\psi = 0$; $\mathfrak{E}_{za}\sin\psi + \mathfrak{E}_{\varphi a}\cos\psi = 0$

aus $\mathfrak{E}_{\perp i} = \mathfrak{E}_{\perp a}$: $\mathfrak{E}_{zi}\cos\psi - \mathfrak{E}_{\varphi i}\sin\psi = \mathfrak{E}_{za}\cos\psi - \mathfrak{E}_{\varphi a}\sin\psi$. Dies führt auf

$\mathfrak{E}_{\varphi i} = \mathfrak{E}_{\varphi a}$; $\mathfrak{E}_{zi} = \mathfrak{E}_{za}$ und $\mathfrak{E}_{zi}/\mathfrak{E}_{\varphi i} = -\cot\psi$

aus $\mathfrak{H}_{\|i} = \mathfrak{H}_{\|a}$: $\mathfrak{H}_{zi}\sin\psi + \mathfrak{H}_{\varphi i}\cos\psi = \mathfrak{H}_{za}\sin\psi + \mathfrak{H}_{\varphi a}\cos\psi$ oder $\dfrac{\mathfrak{H}_{zi}-\mathfrak{H}_{za}}{\mathfrak{H}_{\varphi i}-\mathfrak{H}_{\varphi a}}$

$$= -\cot\psi\,.$$

Wir sehen vor, daß sowohl eine E_{00}- als eine H_{00}-Welle vorkommt. Für den Außenraum können wir nur Besselfunktionen brauchen, die für großes positives

Argument o werden. Da wir eine Verzögerungsleitung haben, wird das Argument der Besselfunktionen imaginär werden. Wir können also nur die Hankelschen Funktionen $H^{(1)}$ brauchen. Diese erfüllen dann auch unsere Bedingung, daß der Poyntingsche Vektor keine r-Komponente hat.

Wir haben also anzusetzen:

für den Innenraum $\mathfrak{H}_z = A\mathfrak{J}_0(kr)$; $\mathfrak{E}_z = B\mathfrak{J}_0(kr)$;

für den Außenraum $\mathfrak{H}_z = A_a H_0^{(1)}(kr)$; $\mathfrak{E}_z = B_a H_0^{(1)}(kr)$

und bekommen für $\mathfrak{H}_\varphi$ und $\mathfrak{E}_\varphi$

für den Innenraum $\mathfrak{E}_\varphi = j\omega\mu_0/k \cdot A\mathfrak{J}_0(kr)$; $\mathfrak{H}_\varphi = -j\omega\varepsilon_0/k \cdot B\mathfrak{J}_1(kr)$;

für den Außenraum $\mathfrak{E}_r = j\omega\mu_0/k\, A_a H_0^{(')}(kr)$; $\mathfrak{H}_\varphi = -j\omega\varepsilon_0/k\, B_a H_1^{(1)}(kr)$.

Nun können wir die Beziehungen zwischen den A, B, A_a, B_a aus den Grenzbedingungen $\mathfrak{E}_{z_i} = \mathfrak{E}_{za}$; $\mathfrak{E}_{\varphi i} = \mathfrak{E}_{\varphi a}$ ermitteln:

$$A_a = A\,\frac{\mathfrak{J}_1}{H_1^{(1)}}\;;\quad B_a = B\,\frac{\mathfrak{J}_0}{H_0^{(1)}}\;;$$

$$\text{aus }\mathfrak{E}_a/\mathfrak{E}_\varphi = -\cot\psi\;;\quad \frac{B}{A}\frac{\mathfrak{J}_0\cdot k}{j\omega\mu_0\mathfrak{J}_1} = -\cot\psi\;;\quad \frac{B}{A} = -\frac{j\omega\mu}{k}\frac{\mathfrak{J}_1}{\mathfrak{J}_0}\cot\psi$$

$$\text{aus }\frac{\mathfrak{H}_{zi}-\mathfrak{H}_{za}}{\mathfrak{H}_{\varphi i}-\mathfrak{H}_{\varphi a}} = -\cot\psi\;;\quad A\left(\mathfrak{J}_0 - \mathfrak{J}_1\frac{H_0^{(1)}}{H_1^{(1)}}\right) = \frac{j\omega\varepsilon_0}{k}\cot\psi\, B\left(\mathfrak{J}_1 - \mathfrak{J}_0\frac{H_1^{(1)}}{H_0^{(1)}}\right)$$

$$\text{oder }\frac{A}{B} = -\frac{j\omega\varepsilon_0}{k}\cot\psi\,\frac{H_1^{(1)}}{H_0^{(1)}}\;.$$

Das Argument der Besselfunktionen ist immer kR ($R =$ Wendelradius). Die Elimination von A/B ergibt die transzendente Gleichung für k

$$1 = -\frac{\omega^2\mu_0\varepsilon_0}{k^2}\frac{\mathfrak{J}_1 H_1^{(1)}}{\mathfrak{J}_0 H_0^{(1)}}\cot\psi\;.$$

Für große Argumente ist $\dfrac{\mathfrak{J}_1 H_1^{(1)}}{\mathfrak{J}_0 H_0^{(1)}} \cong 1$ (s. JAHNKE-EMDE S. 100). Wir erhalten:

$$k^2 = -\omega^2\mu_0\varepsilon_0\cot\psi^2 = -\frac{\omega^2}{c^2}\cot\psi^2\;;\quad k \text{ wird, wie erwartet, imaginar. } jk = k_1$$

$$\gamma^2 = \frac{\omega^2}{c^2} + k_1^2 = \left(\frac{2\pi}{\lambda_0}\right)^2(1+\cot\psi^2) = \left(\frac{2\pi}{\lambda_z}\right)^2\;;\quad \text{oder } \lambda_z = \lambda_0\sin\psi\;.$$

Wir erhalten eine sehr leicht merkbare Deutung. Die Welle läuft in der Wendel so rasch, als wenn sie sich entlang dem Wendeldraht mit Lichtgeschwindigkeit bewegte. Ich betone aber das „Als wenn". Denn die Welle läuft nicht etwa am Wendeldraht entlang, sondern in der Z-Richtung über den ganzen Querschnitt der Wendel verbreitet.

C. Die Ausbreitung elektromagnetischer Wellen im Raum.

1. Die Abstrahlung der Welle von einer Antenne.

Vorüberlegungen.

Wir wollen, bevor wir rechnen, qualitativ überlegen, welche Art von elektrischen und magnetischen Feldern wir zu erwarten haben. In der Nähe der Antennen, deren Länge klein gegen die Wellenlange sein soll, werden wir das elektrische Feld eines Dipoles und das durch das Biot-Savartsche Gesetz gegebene Magnetfeld erwarten:

$$\mathfrak{E} = \frac{h\,Q}{4\,\pi\,\varepsilon_0}\,V\,\frac{\partial}{\partial z}\,\frac{1}{r}\;;\quad \mathfrak{H} = \frac{I}{4\,\pi}\,[h\,V\,(1/r)]\,.$$

In großer Entfernung wird das Feld dem einer ebenen Welle gleichen, wie wir sie im Blechstreifen-Lechersystem kennengelernt haben

$$\mathfrak{E} = \mathfrak{E}_0 \cos\left(\omega\,t - \frac{\omega\,r}{c}\right)\quad \mathfrak{H} = \mathfrak{H}_0 \cos\left(\omega\,t - \frac{\omega\,r}{c}\right).$$

$\mathfrak{E}$ und $\mathfrak{H}$ stehen senkrecht aufeinander und auf der Fortpflanzungsrichtung. Die Vorzeichen sind festgelegt durch die Vektorformel für den Poyntingschen Vektor $\mathfrak{S} = [\mathfrak{E}\,\mathfrak{H}]$ (Abb. 176). Bei einer aufrecht stehenden Antenne wird $\mathfrak{E}$ in der z-r-Ebene und $\mathfrak{H}$ senkrecht zur r-z-Ebene stehen.

Die freie ebene Welle erhält man, wenn man vom Blechstreifen-Lechersystem ausgeht und die Blechstreifen immer weiter voneinander entfernt.

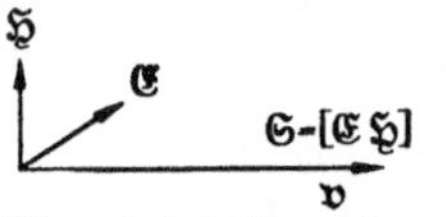

Abb. 176. Die Vorzeichen von $\mathfrak{E}$, $\mathfrak{H}$, dem Poyntingschen Vektor $\mathfrak{S}$ und der Fortpflanzungsgeschwindigkeit $\mathfrak{v}$.

Abb. 177. Blechkegel-Lechersystem zur Plausibelmachung der Abnahme der Feldstärken in einer Antennenstrahlung mit $1/r$.

Zur Erklärung der von einer Antenne ausgehenden Welle könnte man versuchen, von einer Welle auszugehen, die zwischen 2 Blechkegeln (Abb. 177) geführt ist. Für L_{cm} und C_{cm} erhält man

$$L = \frac{\alpha}{2\,\pi}\,\mu_0 \qquad C = \frac{2\,\pi}{\alpha}\,\varepsilon_0 \quad \text{unabhängig von } r \quad Z = \frac{\alpha}{2\,\pi}\,\sqrt{\frac{\mu_0}{\varepsilon_0}} = \sqrt{\frac{L}{C}}$$

und für U und I dieselben Differentialgleichungen wie beim Lechersystem. $\mathfrak{E}$ und $\mathfrak{H}$ berechnen sich dann zu

$$\mathfrak{E} = \frac{U}{r\,\alpha} \qquad \mathfrak{H} = \frac{I}{r\,\alpha}\,.$$

Wir erhalten mit $1/r$ abnehmende Feldstärken, wie wir (vgl. S. 1) nach dem Photometergesetz (Kontinuitätsgleichung des Energiestromes) erwarteten. Es wäre weiter zu vermuten, daß beim Anschalten weiterer spitzerer Blechkegel $\mathfrak{E}$ und $\mathfrak{H}$ mit $\sin\vartheta$ nach dem Biot-Savartschen Gesetz abnehmen. Die Differenzströme in den Blechkegeln sind dann allerdings nicht mehr $= 0$. Versucht man durch Wegnahme der Blechkegel auf das freie Strahlungsfeld überzugehen, so müßten diese Differenzströme durch Verschiebungsströme ersetzt werden, die longitudinale elektrische Felder erfordern.

Über den Übergang des Nahfeldes in das Fernfeld ist qualitativ nichts zu ermitteln.

Wir können nun wieder, vom Nahfeld als nullte Näherung ausgehend, ein Korrektionsverfahren durchführen, das uns automatisch ohne alle Kunst auf die Lösung führt. Es soll aber auch die strenge Lösung von HERTZ mit Hilfe der retardierten Potentiale $\mathfrak{A}$ und φ und mit dem Hertzschen Vektor besprochen werden.

a) Das Korrektionsverfahren.

α) Die benutzten Vereinfachungen.

Wir wollen als Integrationswege zur Berechnung der induzierten Spannungen aus den Magnetfeldern für die 1. Näherung den in Abb. 178a dargestellten, für die weiteren Näherungen Abb. 178b benutzen, zunächst die Felder nur in waagerechter Richtung berechnen und als Vereinfachung annehmen, daß $\mathfrak{E}$ so genau auf den Linien 1—2 bzw. 1—2′ senkrecht steht, daß man das $\int \mathfrak{E}\,ds$ über diese Linien weglassen kann. Integrationsweg a wurde benutzt, um wieder, wie beim Lechersystem, eine Feldstärke $\mathfrak{E}_a$ als Integrationskonstante einführen zu können. Zur Berechnung der weiteren Korrektionsglieder wird dann der durch Blechkegelbeispiel nahegelegte Integrationsweg b benutzt. Der Vergleich mit der strengen Lösung wird uns später den Fehler zeigen, der durch diese vereinfachende Annahme verursacht wird.

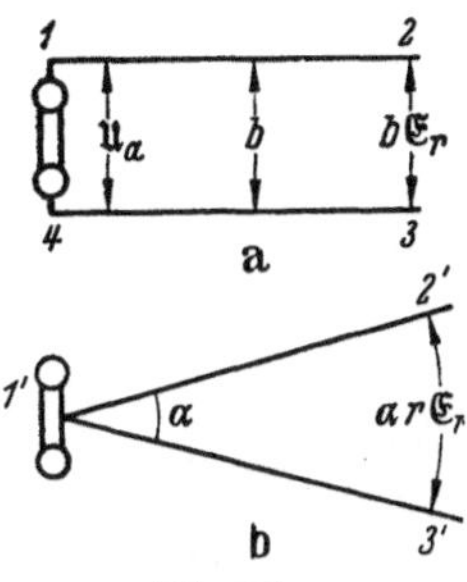

Abb. 178.
Beim Korrekturverfahren benutzte Integrationswege.

β) Durchführung des Verfahrens.

Als nullte Näherung benutzen wir die statischen Felder

$$\mathfrak{E} = V\,\frac{\Omega\,h}{4\,\pi\,\varepsilon_0}\,\frac{\partial\,\frac{1}{r}}{\partial z} \qquad \mathfrak{H} = \frac{\mathfrak{J}\,h\,\sin\vartheta}{4\,\pi\,r^2}. \tag{1}$$

Als Integrationsweg zur Berechnung der Spannung dient 1—2—3—4

$$\mathfrak{U}_1 = j\,\omega\,\mu_0\,b\int_{r_0}^{r} \mathfrak{H}_0\,d r = -\,j\,\omega\,\mu_0\,\frac{b\,\mathfrak{J}\,h}{4\,\pi}\left(\frac{1}{r} - \frac{1}{r_0}\right).$$

Um die Feldstärke in der Entfernung r zu finden, müssen wir, genau wie beim Lechersystem, zunächst eine Feldstärke auf der Antennenoberfläche bei $r = r_0$ annehmen. Wir nennen sie $\mathfrak{E}_a$, schleppen sie zunächst mit durch die Rechnung und bestimmen sie zuletzt aus der Forderung, daß in großer Entfernung nur eine fortlaufende Welle ohne Reflexion vorhanden ist — auch wieder genau nach dem Schema des Lechersystems. Wir erhalten dann

$$\mathfrak{E}_1 = \frac{\mathfrak{U}_1 - \mathfrak{U}_a}{b} = -\,j\,\omega\,\mu_0\,\frac{\mathfrak{J}\,h}{4\,\pi\,r} + \underbrace{\frac{j\,\omega\,\mu_0\,\mathfrak{J}\,h}{4\,\pi\,r_0} + \mathfrak{E}_a}_{k} = -\,\frac{j\,\omega\,\mu_0\,\mathfrak{J}\,h}{4\,\pi\,r} + k\,; \quad k = k_1 + j\,k_2.$$

Aus $\mathfrak{E}_1$ berechnen wir den Zusatzverschiebungsstrom

$$i_1(r) = \varepsilon_0\,\frac{\partial\,\mathfrak{E}_1}{\partial t}\,; \quad \mathfrak{J}_1(r) = \int_0^r i_1(r)\,2\,\pi\,r\,d r\,; \quad \mathfrak{J}(r) = +\,\omega^2\,\mu_0\,\varepsilon_0\,\frac{2\,\pi\,\mathfrak{J}\,h\,r}{4\,\pi} + 2\,\pi\,j\,\omega\,\varepsilon_0\,\frac{k\,r^2}{2!}.$$

Aus dem Zusatzverschiebungsstrom folgt das Zusatzmagnetfeld:

$$\mathfrak{H}_1(r) = \frac{\mathfrak{J}_1}{2\,\pi\,r} = \frac{\omega^2\,\mathfrak{J}\,h}{c^2\,4\,\pi} + j\,\omega\,\varepsilon_0\,\frac{k\,r}{2!} \quad \text{mit} \quad \varepsilon_0\,\mu_0 = \frac{1}{c^2}.$$

Weiterhin benutzen wir den Integrationsweg Abb. 178b:

$$\Phi_1 = \alpha\,\mu_0\int_0^r \mathfrak{H}_1\,r\,d r = +\,\frac{\alpha\,\mu_0\,\omega^2}{c^2}\,\frac{\mathfrak{J}\,h}{4\,\pi}\,\frac{r^2}{2!} + j\,\omega\,\varepsilon_0\,\mu_0\,k\,\frac{\alpha\,r^3}{3!}$$

$$\mathfrak{E}_2 = \frac{j\,\omega\,\Phi_1}{\alpha\,r} = \frac{j\,\omega^3\,\mu_0}{4\,\pi\,c^2\,r}\,\frac{\mathfrak{J}\,h\,r^2}{2!} - \frac{\omega^2}{c^2}\,\frac{k\,r^3}{3!\,r}$$

$$\mathfrak{J}_2(r) = \int_0^r 2\,\pi\,r\,\varepsilon_0\,j\,\omega\,\mathfrak{E}_2\,d r = -\,\frac{2\,\pi\,\mathfrak{J}\,h}{4\,\pi\,3!}\,\frac{\omega^4}{c^4}\,r^3 - j\,2\,\pi\,\varepsilon_0\,k\,\frac{\omega^3\,r^4}{c^2\,4!}$$

$$\mathfrak{H}_2 = \frac{\mathfrak{J}_2}{2\,\pi\,r} = -\,\frac{\mathfrak{J}\,h}{4\,\pi\,r}\,\frac{\omega^4\,r^3}{c^4\,3!} - \frac{j\,\varepsilon_0\,k\,\omega^3\,r^4}{r\,c^2\,4!}$$

$$\Phi_2 = \alpha\,\mu_0\int_0^r \mathfrak{H}_2\,r\,d r = -\,\frac{\alpha\,\mu_0\,\mathfrak{J}\,h}{4\,\pi}\,\frac{\omega^4\,r^4}{4!\,c^4} - \frac{j\,\varepsilon_0\,\alpha\,k\,\mu_0}{c^2}\,\frac{\omega^3\,r^5}{5!}$$

$$\mathfrak{E}_3 = -\,\frac{j\,\omega\,\mu_0\,\mathfrak{J}\,h}{4\,\pi\,r}\,\frac{\omega^4\,r^4}{4!\,c^4} + \frac{k\,c}{\omega\,r}\,\frac{\omega^5\,r^5}{5!\,c^5} \quad \text{und so weiter.}$$

Zählt man die Korrektionsglieder zusammen und fügt man im Ausdruck für $\mathfrak{H}$ noch $+ j\varepsilon_0 k \frac{c^2}{r\omega}$ hinzu, erhält man

$$\mathfrak{E} = -\frac{j\omega\mu_0\mathfrak{J}h}{4\pi r}\left[1 - \frac{1}{2!}\left(\frac{\omega r}{c}\right)^2 + \frac{1}{4!}\left(\frac{\omega r}{c}\right)^4 - \cdots\right] +$$
$$+ \frac{kc}{\omega r}\left[\frac{\omega r}{c} - \frac{1}{3!}\left(\frac{\omega r}{c}\right)^3 + \frac{1}{5!}\left(\frac{\omega r}{c}\right)^5 - \cdots\right]$$
$$\mathfrak{H} = \frac{\omega\mathfrak{J}h}{4\pi c r}\left[\frac{\omega r}{c} - \frac{1}{2!}\left(\frac{\omega r}{c}\right)^3 + \frac{1}{5!}\left(\frac{\omega r}{c}\right)^5 - \cdots\right] +$$
$$+ \frac{j\varepsilon_0 k c^2}{r\omega}\left[1 - \frac{1}{2!}\left(\frac{\omega r}{c}\right)^2 + \frac{1}{4!}\left(\frac{\omega r}{c}\right)^4 - \cdots\right]$$

Hierin ist $k = k_1 + jk_2$. Wir erkennen die Reihen für $\sin\frac{\omega r}{c}$ und $\cos\frac{\omega r}{c}$. Fügt man den Faktor $e^{j\omega t}$ wieder zu und nimmt man den reellen Teil:

$$\mathfrak{E} = -\operatorname{Reell}\left(\frac{j\omega\mathfrak{J}h\mu_0}{4\pi r}\cos\frac{\omega r}{c} + \frac{kc}{\omega r}\sin\frac{\omega r}{c}\right)e^{j\omega t}$$
$$= +\frac{\omega\mu_0\mathfrak{J}h}{4\pi r}\cos\frac{\omega r}{c}\sin\omega t - \frac{k_1 c}{\omega r}\sin\frac{\omega r}{c}\cos\omega t + \frac{k_2 c}{\omega r}\sin\frac{\omega r}{c}\sin\omega t$$
$$\mathfrak{H} = \operatorname{Reell}\left(\frac{\omega\mathfrak{J}h}{4\pi c r}\sin\frac{\omega r}{c} + \frac{j\varepsilon_0 k c^2}{\omega r}\cos\frac{\omega r}{c}\right)e^{j\omega t}$$
$$= \frac{\omega\mathfrak{J}h}{4\pi c r}\sin\frac{\omega r}{c}\cos\omega t - \frac{\varepsilon_0 k_1 c^2}{\omega r}\cos\frac{\omega r}{c}\sin\omega t - \frac{\varepsilon_0 k_2}{\omega r}c^2\cos\frac{\omega r}{c}\cos\omega t.$$

Dazu tritt noch das Ergänzungsglied: $\frac{\varepsilon_0 k_1 c^2}{r\omega}\sin\omega t$.

Nun endlich können wir zur Berechnung von k schreiten. Wir haben k so zu wählen, daß in großer Entfernung eine rein fortschreitende Welle herauskommt:

$$k_1 = \frac{\omega^2\mathfrak{J}h\mu_0}{4\pi c} = \mathfrak{E}_a + \frac{j\omega\mu_0\mathfrak{J}h}{4\pi r_0}\;;\quad k_2 = 0$$

$$\mathfrak{E} = \frac{\omega\mu_0\mathfrak{J}h}{4\pi r}\sin\omega\left(t - \frac{r}{c}\right);\quad \mathfrak{H} = -\frac{\omega\mathfrak{J}h}{4\pi c r}\sin\left(\omega t - \frac{r}{c}\right);\quad \frac{|\mathfrak{E}|}{|\mathfrak{H}|} = \mu_0 c = \sqrt{\frac{\mu_0}{\varepsilon_0}} = R_0.$$

Das Nahglied des Magnetfeldes. Das Ergänzungsglied

$$+ \frac{\varepsilon_0 k_1 c^2 \sin\omega t}{r\omega} = \frac{\mathfrak{J}h\omega}{4\pi r c}\sin\omega t$$

stellt zusammen mit dem Nahgliede $+\frac{\mathfrak{J}h}{4\pi r^2}\cos\omega t$ [s. Gl. (1)] den Anfang einer Reihenentwicklung des Gliedes dar:

$$\frac{\mathfrak{J}h}{4\pi r^2}\cos\omega\left(t - \frac{r}{c}\right) = \frac{\mathfrak{J}h}{4\pi r^2}\left(\cos\omega t\cos\frac{\omega r}{c} + \sin\omega t\sin\frac{\omega r}{c}\right)$$
$$\cong \frac{\mathfrak{J}h}{4\pi r^2}\left(1\cdot\cos\omega t + \frac{\omega r}{c}\sin\omega t\right)$$

Wir erhalten also mit der unserem Näherungsverfahren entsprechenden Genauigkeit auch das wellenmäßige Fortschreiten des Nahgliedes des Magnetfeldes angedeutet.

Das Nahglied des elektrischen Feldes. Wegen der starken Abnahme des Nahgliedes mit $1/r^3$ ist nicht zu erwarten, daß die Wellennatur dieses Gliedes zum Ausdruck kommt. Das mit $1/r^2$ abnehmende Nahglied fehlt, eine Folge unserer vereinfachenden Annahmen.

γ) Die Feldstärken in schräger Richtung.

Die Fernglieder für $\mathfrak{E}$ und $\mathfrak{H}$ wurden aus dem Magnetfeld berechnet. Da dieses nach dem Biot-Savertschen Gesetz mit $\sin \vartheta$ nach oben abnimmt, müssen auch $\mathfrak{E}$ und $\mathfrak{H}$ dem $\sin \vartheta$ proportional sein.

δ) Die Berechnung der abgestrahlten Leistung und des Strahlungswiderstandes.

In der Mitte der Antenne tritt eine Feldstärke $\mathfrak{E}_a$ auf, deren reeller Teil aus der Bedingung, daß keine Reflexion der Wellen stattfinden soll, zu $\omega^2 \mathfrak{J} h \mu_0 / 4\pi c$ berechnet wurde. Diese induzierte Feldstärke nimmt nach den Antennenenden zu auf Null ab. Wir nehmen für diesen Abfall der Feldstärke die denkbar einfachste Form an:

$$\mathfrak{E}^x_a = \mathfrak{E}_a \left[1 - \left(\frac{x}{h/2} \right)^2 \right]$$

Dann berechnet sich die Spannung zu

$$\mathfrak{U} = \int_{-h/2}^{+h/2} \mathfrak{E}_a \left[1 - \left(\frac{x}{h/2} \right)^2 \right] dx = \frac{2}{3} \mathfrak{E}_a h = \frac{\omega^2 \mu_0 h^2}{6\pi c} \mathfrak{J} .$$

Diese Spannung ist eine mit dem Antennenstrom in Phase liegende Wirkspannung. Daher abgestrahlte Leistung:

$$\mathfrak{N} = |\mathfrak{U}_{\text{eff}}| |\mathfrak{J}_{\text{eff}}| = \frac{\omega^2 h^2 \mu_0}{6\pi c} |\mathfrak{J}_{\text{eff}}|^2 .$$

Strahlungswiderstand:

$$R_{\text{str}} = \frac{\mathfrak{U}_a}{\mathfrak{J}} = \frac{\omega^2 \mu_0 h^2}{6\pi c} = \frac{4\pi^2 c^2}{\lambda^2} \frac{\mu_0 h^2}{6\pi c} = \frac{2}{3} \pi c \mu_0 \frac{h^2}{\lambda^2} = \frac{2}{3} \pi \cdot 120\pi \, \Omega \frac{h^2}{\lambda^2} = 80 \pi^2 \frac{h^2}{\lambda^2} \Omega$$

$$c \mu_0 = \sqrt{\frac{\mu_0}{\varepsilon_0}} = R_0 = 120\pi \, \Omega , \text{ da } \mu_0 = 4\pi \, 10^{-9} \frac{\text{V sec}}{\text{A cm}} , \text{ falls } c = \text{exakt } 3 \cdot 10^{10} \frac{\text{cm}}{\text{sec}} .$$

Der imaginäre Teil von $\mathfrak{E}_a$ stellt den Spannungsabfall über die Induktivität der Antenne dar. Er ist proportional zu $1/r_0$. Die Antenneninduktivität würde hiernach, wie zu erwarten, um so kleiner, je dicker die Antenne ist.

ε) Kontrolle des Strahlungswiderstandes.

Wir wollen den Antennenwiderstand mit Hilfe des Poyntingschen Vektors berechnen und so unsere Formel, die noch allerhand vereinfachende Annahmen enthielt, kontrollieren.

Wir umschließen die Antenne mit einer sehr großen Kugel, teilen diese in Zonen mit der Fläche $2\pi r^2 \sin \vartheta \, d\vartheta$. Der Poyntingsche Vektor in einer solchen Teilfläche ist

$$\mathfrak{S} = [\mathfrak{E} \cdot \mathfrak{H}] = \frac{|\mathfrak{J}|^2 h^2}{r^2 \lambda^2} \frac{\mu_0 c}{4} \sin^2 \vartheta .$$

Der gesamte Energiestrom S ist durch Integration zu erhalten

$$S = \int_0^{180°} \mathfrak{S} \cdot 2\pi r^2 \sin \vartheta \, d\vartheta = \frac{|\mathfrak{J}|^2 h^2}{4\lambda^2} 2\pi \mu_0 c \int_0^{180°} \sin^3 \vartheta \, d\vartheta = \frac{2\pi \mu_0 c}{4} \cdot \frac{4}{3} \frac{|\mathfrak{J}|^2 h^2}{\lambda^2} ,$$

wobei $\mathfrak{J} =$ effektiver Strom, und mit $\mu_0 c = R_0 = 120\pi \, \Omega$

$$S = 80\pi^2 \frac{|\mathfrak{J}|^2 h^2}{\lambda^2} \Omega = \frac{2}{3} \pi R_0 \frac{\mathfrak{J}^2 h^2}{\lambda^2} .$$

Der Strahlungswiderstand ist schließlich wie oben

$$R_{\text{str}} = \frac{S}{|\mathfrak{J}|^2} = 80\pi^2 \frac{h^2}{\lambda^2} \Omega = \frac{2\pi}{3} R_0 \frac{h^2}{\lambda^2} .$$

b) Die strenge Lösung.

α) Aufstellung der Differentialgleichungen für $\mathfrak{A}$ und φ.

Wir betrachten jetzt den allgemeinen Fall, daß die räumlichen Verteilungen von $\varrho = \varrho(x, y, z)$ und $i = i(x, y, z)$ gegeben sind, und daß es auch ein elektrisches Potential φ gibt. Als Ausgangsgleichungen kommen die Maxwellschen Gleichungen und die div-Bedingungen in Frage:

$$i + \varepsilon_0 \frac{\partial \mathfrak{E}}{\partial t} = \operatorname{rot} \mathfrak{H} \qquad (1) \qquad\qquad \operatorname{div} \mathfrak{H} = 0 \qquad (3)$$

$$\mu_0 \frac{\partial \mathfrak{H}}{\partial t} = - \operatorname{rot} \mathfrak{E} \qquad (2) \qquad\qquad \operatorname{div} \mathfrak{E} = \varrho/\varepsilon_0 \qquad (4)$$

$$\operatorname{div} i = - \frac{\partial \varrho}{\partial t}, \text{ die Kontinuitätsgleichung als Folge von (1) und (4).} \quad (5)$$

Wir führen für den rotationsfreien Teil $\mathfrak{E}_1$ des elektrischen Feldes das Potential φ ein durch die Gleichungen: $\mathfrak{E}_1 = \nabla \varphi$. Zur Berechnung von $\mathfrak{H}$ führen wir das Vektorpotential $\mathfrak{A}$ ein durch die Gleichung $\mathfrak{H} = \operatorname{rot} \mathfrak{A}$; $\mathfrak{A}$ ist durch die Differentialgleichung bis auf eine willkürliche rotationsfreie Funktion (die gewissermaßen die Integrationskonstante bei totalen Differentialgleichungen vertritt) bestimmt. Wir können also noch die Gleichung $\mathfrak{A} = \nabla \varphi$ oder eine Gleichung, welche einen Gradienten zur Lösung hat, vorschreiben. Eine solche Gleichung ist $\operatorname{div} \mathfrak{A} = f(x, y, z)$ mit der Lösung: $\psi = \dfrac{\int\!\int f(x, y, z)}{4 \pi r} \, dV$.

Die 2. Maxwellsche Gleichung integrieren wir durch

$$\mathfrak{E} = - \mu_0 \frac{\partial \mathfrak{A}}{\partial t} - \nabla \varphi \,. \qquad (6)$$

Setzen wir den Wert von $\mathfrak{E}$ in Gl. (1) und (4) ein, erhalten wir

$$i - \varepsilon_0 \mu_0 \mathfrak{A}^{\cdot\cdot} - \varepsilon_0 \operatorname{grad} \varphi^{\cdot} = \operatorname{rot\,rot} \mathfrak{A} = - \varDelta \mathfrak{A} + \operatorname{grad} \operatorname{div} \mathfrak{A} \qquad (1')$$

$$- \varepsilon_0 \mu_0 \operatorname{div} \mathfrak{A}^{\cdot} - \varepsilon_0 \operatorname{div} \operatorname{grad} \varphi = \varrho \,. \qquad (4')$$

Wenn nun $\operatorname{div} \mathfrak{A} = - \varepsilon_0 \varphi^{\cdot}$ wäre, erhielten wir 2 Wellengleichungen, in denen $\mathfrak{A}$ und φ getrennt wären. Wir benutzen daher diese Gleichung, um das Vektorpotential $\mathfrak{A}$, das bisher durch $\mathfrak{H} = \operatorname{rot} \mathfrak{A}$ bis auf eine willkürliche rotationsfreie Funktion festgelegt war, völlig zu definieren. Mit dieser 2. ,,geschickt gewählten'' Bedingung für $\mathfrak{A}$ erhalten wir

$$i = \frac{1}{c^2} \mathfrak{A}^{\cdot\cdot} - \varDelta \mathfrak{A} \qquad (1'')$$

$$\varrho/\varepsilon_0 = \frac{1}{c^2} \varphi^{\cdot\cdot} - \varDelta \varphi \,. \qquad (2'')$$

β) Die retardierten Potentiale.

Ohne die Glieder $\mathfrak{A}^{\cdot\cdot}$ und $\varphi^{\cdot\cdot}$ ist uns die Lösung der Differentialgleichungen bekannt: Sie stellen das Coulombsche Gesetz in Integralform dar:

$$\mathfrak{A} = \frac{1}{4 \pi} \int \frac{i \, dV}{r} \,; \qquad \varphi = \frac{1}{4 \pi \varepsilon_0} \int \frac{\varrho \, dV}{r} \,.$$

Da wir von den Lechersystemen her wissen, daß sich $\mathfrak{E}$ und $\mathfrak{H}$ mit Lichtgeschwindigkeit ausbreiten, so liegt der heuristische Gedanke nahe, daß sich auch $\mathfrak{A}$ und φ mit Lichtgeschwindigkeit ausbreiten. Wir müßten also bei der Berechnung von $\mathfrak{A}$ und φ nicht die Werte von ϱ und i einsetzen, die in' dem betreffenden Zeitmoment vorhanden sind, sondern die vorhanden *waren*, als die Welle an dem Punkte der Ladung startete. Wir versuchen es also mit dem Ansatz:

$$\mathfrak{A} = \int \frac{i\,e^{j\omega\left(t-\frac{r}{c}\right)}}{4\,\pi\,r}\,dV \; ; \quad \varphi = \frac{1}{4\,\pi\,\varepsilon_0} \int \frac{\varrho\,e^{j\omega\left(t-\frac{r}{c}\right)}}{r}\,dV \,.$$

$\mathfrak{A}$ und φ nennt man „verzögerte oder retardierte Potentiale". Daß diese „geratene" Lösung die Differentialgleichung wirklich erfüllt, ist durch Verifikation leicht nachzurechnen.

Die Differentiation nach den Koordinaten bedeutet: Verschiebung des Aufpunktes, in dem das Potential zu berechnen ist. Die Ausführung der Differentiation ergibt:

$$\frac{\partial \varphi}{\partial x} = \frac{1}{4\,\pi\,\varepsilon}\left(-\frac{\varrho\,x}{r^3} - \frac{\varrho'\,x}{c\,r^2}\right)dV \,; \quad \varrho' = \frac{d\varrho}{d\left(t-\frac{x}{c}\right)} = \frac{d\varrho}{dt} \,; \quad \varrho'' = \frac{d^2\varrho}{d\left(t-\frac{x}{c}\right)^2} = \frac{d^2\varrho}{dt^2}\,.$$

Das 2. Glied $\dfrac{\varrho'\,x}{c\,r^2}$ berücksichtigt die Veränderung der Laufzeit durch die Verschiebung des Aufpunktes.

Die 2. Differentiation ergibt an ladungsfreien Stellen:

$$\frac{\partial^2 \varphi}{\partial x^2} = \frac{1}{4\,\mu\,\varepsilon_0} \int \left\{-\varrho\left(\frac{1}{r^3} - \frac{3\,x^2}{r^5}\right) - \frac{\varrho'}{c}\left(\frac{1}{r^2} + \frac{x^2}{r^4} - \frac{2\,x^2}{r^4}\right) + \frac{\varrho''}{c^2}\,\frac{x^2}{r^3}\right\}dV$$

$$\Delta\varphi = \frac{1}{4\,\pi\,\varepsilon_0} \int \left[-\varrho\left(\frac{3}{r^3} - \frac{3\,(x^2+y^2+z^2)}{r^5}\right) - \frac{\varrho'}{c}\left(\frac{3}{r^2} - \frac{3\,x^2+y^2+z^2}{r^4}\right) + \varrho''\,\frac{x^2+y^2+z^2}{c^2\,r^3}\right]dV$$

$$= \frac{1}{4\,\pi\,\varepsilon_0\,c^2} \int \frac{\varrho''}{r}\,dV = \frac{1}{c^2}\,\partial^2\varphi\big/\partial t^2\,.$$

An den Stellen mit der Dichte ϱ kommt noch ϱ/ε_0 hinzu. Setzt man diesen Wert für $\Delta\varphi$ in die Differentialgleichung ein, erhält man

$$\Delta\varphi - \frac{1}{c^2}\,\frac{\partial^2\varphi}{\partial t^2} = \frac{1}{c^2}\,\frac{\partial^2\varphi}{\partial t^2} - \frac{1}{c^2}\,\frac{\partial^2\varphi}{\partial t^2} + \varrho/\varepsilon_0\,.$$

Die Differentialgleichung wird also von unserem Ansatz erfüllt, wir hatten „glücklich geraten".

γ) Die Strahlung einer sehr kleinen senkrechten Antenne. Dipolstrahlung.

Die Ladungsverteilung besteht jetzt nur aus 2 Ladungen $+Q$ und $-Q$ in der kleinen senkrechten Entfernung h. Wir können für

$$\varphi = \frac{1}{4\,\pi\,\varepsilon_0}\left(\frac{Q_1}{r_1} - \frac{Q_2}{r_2}\right) \quad \text{schreiben} \quad \varphi = \frac{h\,Q}{4\,\pi\,\varepsilon_0}\,\frac{\partial}{\partial z}\,\frac{1}{r}\,.$$

Die Stromverteilung besteht nur aus einem räumlich konstanten Strom $\mathfrak{J}$ in dem kurzen Leiterstück h. Wir können für

$$\mathfrak{A} = \frac{1}{4\,\pi} \int \frac{i\,dV}{r} \quad \text{schreiben} \quad \mathfrak{A} = \frac{\mathfrak{J}\,h}{4\,\pi\,r}$$

$(i\,dV = i\,F\,ds = \mathfrak{J}\,ds$ und $\int\mathfrak{J}\,ds = \mathfrak{J}\,h$; $1/r$ wegen der Kleinheit von h ausklammern!)

Für die Feldstärken erhalten wir nun durch Ausführung der Differentiationen

$$\mathfrak{H}_x = -\frac{\mathfrak{J}\,h}{4\,\pi}\left(\frac{y}{r^3} + \frac{j\,\omega\,y}{c\,r^2}\right) \,; \quad \mathfrak{H}_y = \frac{\mathfrak{J}\,h}{4\,\pi}\left(\frac{x}{r^3} + \frac{j\,\omega\,x}{c\,r^2}\right) \,; \quad \mathfrak{H}_z = 0, \; \mathfrak{H}_r = 0$$

$$\text{mit } \varrho = \sqrt{x^2+y^2} \text{ und } \varrho/r = \sin\vartheta$$

$$\mathfrak{H}_{\text{tang}} = +\frac{\mathfrak{J}\,h}{4\,\pi}\left(\frac{\varrho}{r^3} - \frac{j\,\omega}{c\,r^2}\varrho\right) = +\frac{\mathfrak{J}\,h}{4\,\pi}\sin\vartheta\left(\frac{1}{r^2} - \frac{j\,\omega}{c\,r}\right)$$

$$\mathfrak{E}_{z\,\text{ind}} = -j\,\omega\,\mu_0\,\mathfrak{A} = -\frac{j\,\omega\,\mu_0\,\mathfrak{J}\,h}{4\,\pi\,r}\ ;\quad \mathfrak{E}_{x\,\text{ind}} = 0\quad \mathfrak{E}_{y\,\text{ind}} = 0$$

$$\mathfrak{E}_x = \frac{\partial\,\varphi}{\partial\,x} = \frac{\mathfrak{J}\,h}{4\,\pi\,\varepsilon_0}\left(\frac{j\,\omega\,z\,x}{c^2\,r^3} + \frac{3\,z\,x}{c\,r^4} + \frac{3\,z\,x}{j\,\omega\,r^5}\right);\ \mathfrak{E}_y = \frac{\partial\,\varphi}{\partial\,y} = \frac{\mathfrak{J}\,h}{4\,\pi\,\varepsilon_0}\left(\frac{j\,\omega\,z\,y}{r^3} + \frac{3\,y\,z}{c\,r^4} + \frac{3\,y\,z}{j\,\omega\,r^5}\right)$$

$$\mathfrak{E}_z = \mathfrak{E}_{z\,\text{ind}} + \frac{\partial\,\varphi}{\partial\,z} = \frac{\mathfrak{J}\,h}{4\,\pi\,\varepsilon_0}\left[j\,\omega\,\frac{z^2 - r^2}{c^2\,r^3} + \frac{3\,(z^2 - r^2)}{c\,r^4} + \frac{3\,(z^2 - r^2)}{j\,\omega\,r^5}\right]$$

$$\mathfrak{E}_{\|r} = \frac{2\,\mathfrak{J}\,h}{4\,\pi\,\varepsilon_0}\cos\vartheta\left(\frac{1}{c\,r^2} + \frac{1}{j\,\omega\,r^3}\right);\ \mathfrak{E}_{\perp r} = \frac{\mathfrak{J}\,h}{4\,\pi\,\varepsilon_0}\sin\vartheta\left(\frac{j\,\omega}{c^2\,r} + \frac{1}{c\,r^2} + \frac{1}{j\,\omega\,r^3}\right)$$

Die Fernglieder sind unterstrichen.

Führt man für ω die Wellenlänge λ ein, und nennt man $\sqrt{\dfrac{\mu_0}{\varepsilon_0}} = R_0$, erhält man für die Fernglieder

$$\mathfrak{H}_{\text{tang}} = \frac{-j\,\mathfrak{J}\,h}{2\,\pi\,\lambda\,r}\sin\vartheta\ ;\quad \mathfrak{E}_{\|r} = 0\ ;\quad \mathfrak{E}_{\perp r} = +j\sqrt{\frac{\mu_0}{\varepsilon_0}}\frac{\mathfrak{J}\,h}{2\,\lambda\,r}\sin\vartheta = +j\frac{R_0\,\mathfrak{J}\,h}{2\,\lambda\,r}\sin\vartheta\ .$$

Wenn man annimmt, daß die Lichtgeschwindigkeit genau $c = 3\cdot 10^{10}$ cm/sec ware, erhielt man für R_0, da μ_0 nach Definition $= 4\pi\,10^{-9}$ Vs/Acm

$$R_0 = \sqrt{\frac{\mu_0}{\varepsilon_0}} = \mu_0\frac{1}{\sqrt{\mu_0\,\varepsilon_0}} = \mu_0\,c = 4\pi\cdot 10^{-9}\frac{\text{Vs}}{\text{Acm}}\cdot 3\cdot 10^{10}\frac{\text{cm}}{\text{sec}} = 120\,\pi\,\Omega = 378\,\Omega\ .$$

δ) Der Hertzsche Vektor.

HERTZ führt zunächst eine Hilfsrechengröße $\mathfrak{p}$ ein, die durch $i = \delta\mathfrak{p}/\delta t$ und $\varrho = \operatorname{div}\mathfrak{p}$ definiert ist. $\mathfrak{p}$ ist gewissermaßen eine zeitlich aufintegrierte Strom-

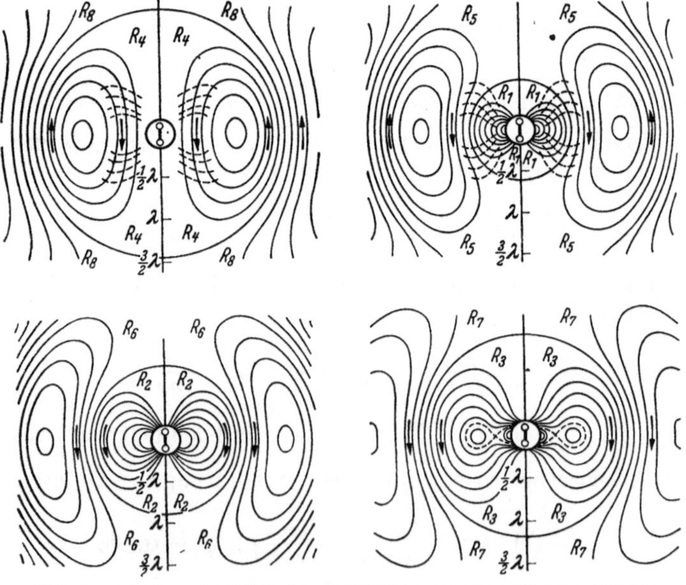

Abb. 179. Ablösung der elektrischen Kraftlinien von einer strahlenden Antenne.

dichte, aber hat Vektornatur. Dann definierte er den Hertzschen Vektor durch

$$\mathfrak{Z} = \int \frac{\mathfrak{p}\, dV}{4\pi r}.$$

Aus diesem ist dann $\mathfrak{A}$ und φ nach den Formeln[1]

$$\mathfrak{A} = \mathfrak{Z}^{\cdot} = \int \frac{\mathfrak{p}^{\cdot}\, dV}{4\pi r} = \int \frac{i\, dV}{4\pi r}\,;\quad \varphi = \int \frac{\operatorname{div}\mathfrak{Z}}{\varepsilon_0} = \frac{1}{4\pi\varepsilon_0}\int \frac{\operatorname{div}\mathfrak{p}}{r}\, dV = \frac{1}{4\pi\varepsilon_0}\int \frac{\varrho\, dV}{r}$$

zu berechnen. Setzt man speziell: $\mathfrak{Z}_z = \dfrac{\mathfrak{Z}\, h}{j\omega r}\,;\ \mathfrak{Z}_x = 0,\ \mathfrak{Z}_y = 0$, erhält man die Strahlung des Dipoles. Setzt man

$$\mathfrak{Z}_z = C\cos\frac{\pi x}{a}\cos\frac{\pi y}{b}\cos(\omega t - k_3 z)\,;\ \mathfrak{Z}_y = 0\,;\ \mathfrak{Z}_x = 0\,;\ k_3^2 = \frac{\omega^2}{c^2} - \pi^2\left(\frac{1}{a^2} + \frac{1}{b^2}\right) = \left(\frac{2\pi}{\lambda_2}\right)^2$$

erhält man die Stützersche Hohlrohrwelle. Der Leser führe zu seiner Übung die einfachen Differentiationen aus und vergleiche mit S. 125/6. Der Hertzsche Vektor ist also nicht nur für Antennenstrahlungen, sondern recht allgemein verwendbar.

Zur Veranschaulichung der Ablösung der elektrischen Kraftlinien ist in Abb. 179 die Feldverteilung für $t = 0$, $T/8$, $2/8\,T$, $3/8\,T$ aufgezeichnet.

2. Die effektive Antennenhöhe.

a) Der Fall des Sendens.

1. Hat die Antenne einen großen Schirm, kann man annehmen, daß der Strom in der Zuleitung zum Schirm räumlich konstant ist. Man hat dann in der Strahlungsformel die Höhe h des Schirmes einzusetzen.

2. Der Strom sei über die Antenne ungleichmäßig nach einer Funktion $i(s) = I_0 f(s)$ verteilt. Wir erhalten dann für die Feldstärke in großer vertikaler Richtung

$$|\mathfrak{E}| = \frac{|\mathfrak{Z}_0|\, R_0}{2\lambda r}\int f(s)\, ds = \frac{|\mathfrak{Z}_0|\, R_0}{2\lambda r}\, h_{\mathrm{eff}}\,;\quad h_{\mathrm{eff}} = \int f(s)\, ds.$$

Den Wert des Integrales bezeichnen wir mit „effektiver" Antennenhöhe.

Die effektive Antennenhöhe sei für 2 Beispiele ausgerechnet.

a) Eine auf vollkommen leitender Erde stehende Antenne habe die Länge $\lambda/4$. Man pflegt die Stromverteilung dann durch $I(s) = I_0\cos 2\pi s/\lambda$ anzunähern und erhält unter Berücksichtigung des Spiegelbildes:

$$h_{\mathrm{eff}} = \int_{-\lambda/4}^{+\lambda/4}\cos 2\pi s/\lambda \cdot ds = \lambda/\pi.$$

In schräger Richtung ist h_{eff} wegen der Verschiedenheiten der Laufzeiten etwas kleiner. Da die effektive Antennenhöhe für den $\lambda/2$-Dipol im freien Raum ebenfalls λ/π ist, würde man

$$R_{\mathrm{str}} = 80\,\pi^2\,\frac{\lambda^2/\pi^2}{\lambda^2} = 80\,\Omega$$

erhalten. Die strenge Rechnung unter Berücksichtigung der Laufzeiten ergibt nur $72\,\Omega$.

b) Für eine sehr kurze Antenne nimmt die Stromstärke nach der Spitze zu linear ab. h_{eff} ist dann: $h_{\mathrm{eff}} = h/2$.

---

[1] $\int \mathfrak{p}\operatorname{div}\dfrac{e^{j\omega(t-r/c)}}{r}\, dV$ durch partielle Integration über den ∞ Raum in $\int \operatorname{div}\mathfrak{p}\,\dfrac{e^{j\omega(t-r/c)}}{r}$ umgeformt, da $\dfrac{\mathfrak{p}\, e^{j\omega(t-r/c)}}{r}$ für $(r=\infty) = 0$ ist.

b) Der Fall des Empfanges.

Die zu empfangende Feldstärke sei räumlich konstant $= \mathfrak{E}$. Die Spannung in einem Antennenstück ds ist dann $\mathfrak{E}ds$. Wenn der Strom $I = I_0 f(s)$ ist, so ist die aufgenommene Leistung $\mathfrak{E}I_0 \int f(s)\,ds = \mathfrak{E}I_0\,h_{\text{eff}}$. Die Antenne wirkt also so, als wenn an der Stelle, wo der maximale Strom I fließt, die Spannung $\mathfrak{U} = \mathfrak{E}\,h_{\text{eff}}$ eingeschaltet wäre. Der Empfangsstrom selbst berechnet sich zu

$$\mathfrak{J} = \mathfrak{U}/R_{\text{str}} = \mathfrak{E}\,h_{\text{eff}}/R_{\text{str}} \ .$$

c) Experimentelle Bestimmung der effektiven Antennenhöhe mit 3 Stationen.

Station 1 empfange von Station 2, die mit dem Strome $\mathfrak{J}_2$ sendet, den Strom $\mathfrak{J}_{12}$. Die Entfernung sei r_{12}, die Wellenlänge λ, der Antennenwiderstand von Station 1 sei R_1. Dann gilt

$$\mathfrak{J}_{12} = \frac{\mathfrak{J}_1\, h_{1\,\text{eff}}\, R_0}{2\,\lambda\, r} \cdot \frac{h_{2\,\text{eff}}}{R_1}\ .$$

Entsprechende Beziehungen findet man beim Messen zwischen den Stationen 1 und 3, 2 und 3. In den 3 Formeln sind nur die 3 effektiven Antennenhöhen unbekannt, alle anderen Größen sind gemessen. Die Antennenhöhen lassen sich berechnen.

3. Der Rahmenempfang.

Ein viereckiger Empfangsrahmen (Seitenlängen a und b) stehe mit seiner Ebene in Richtung auf die zu empfangende Station. Die Magnetkraftlinien durchsetzen den Rahmen, die elektrischen liegen zu den Seiten b parallel. Man kann die Empfangsspannung nach dem Induktionsgesetz zu

$$\mathfrak{U} = -\mu_0 F\frac{\partial \mathfrak{H}}{\partial t} \quad \text{mit} \quad \mathfrak{H} = \frac{\mathfrak{J}\,h\,j\,\omega}{4\,\pi\,c\,r} = \frac{j\,\mathfrak{J}\,h}{2\,r\,\lambda}\ ;\quad \mathfrak{U} = +\frac{\mathfrak{J}\,h\,\omega\,\mu_0 F}{2\,r\,\lambda}\ \left(\frac{\omega}{c} = \frac{2\,\pi}{\lambda}\ !\right)$$

oder mit Hilfe der elektrischen Feldstärke zu

$$\mathfrak{U} = a\frac{\partial \mathfrak{E}}{\partial x}\,b = \frac{+\,\omega F \mu_0\,\mathfrak{J}\,h}{2\,\lambda\, r}$$

berechnen.

Zwischenrechnung:
$$\begin{cases} \mathfrak{E} = j\,\dfrac{\mathfrak{J}\,h\,\mu_0\,c}{2\,\lambda\, r}\,e^{\,j\omega\left(t-\frac{r}{c}\right)}\ ;\quad \dfrac{\partial \mathfrak{E}}{\partial r} = \dfrac{-\,j\,\omega}{c}\cdot\dfrac{j\,\mathfrak{J}\,h\,\mu_0\,c}{2\,\lambda\, r}\,e^{\,j\omega\left(t-\frac{r}{c}\right)} \\[2ex] \dfrac{\partial \mathfrak{E}}{\partial r} = \dfrac{\omega\,\mathfrak{J}\,h\,\mu_0}{2\,\lambda\, r}\,e^{\cdots} + \text{Nahglieder}. \end{cases}$$

Der Peilrahmen.

Ist der Rahmen um den Winkel α gegen den Radiostrahl gedreht, ist die Empfangsspannung $\mathfrak{U} = \dfrac{\omega\,\mu_0\, F\,\mathfrak{J}\,h}{2\,\lambda\, r}\cos\alpha$. Ist die Empfangsspannung $= 0$, so zeigt die Normale auf der Rahmenfläche nach der Sendestation.

Wenn man die Dämpfung des Rahmenkreises kennt, kann man aus dem Empfangsstrom die Feldstärke berechnen und diese so gemessene Feldstärke zur Berechnung der effektiven Höhe einer Empfangsantenne benutzen.

Ein einfaches Feldstärkemeßgerät zeigt Abb. 180. Die Widerstände R_1 und R_2 dienen zur Dämpfungsmessung nach der Audionwellenmessermethode. Zur Eichung des Audionvoltmeters schaltet man einen Meßsender an die Klemmen b, c. Der Stufenschalter dient in Stellung 1 zum Messen der Anodenbatteriespannung (mA ist als Voltmeter benutzt), in Stellung 2 zum Messen des Anodenstromes, in Stellung 3 zum Einstellen von R_3, so daß das mA-Meter ohne Empfang auf o steht und zugleich als „Vorsichtschalter". Stellung 4 ist dann die Meßstellung.

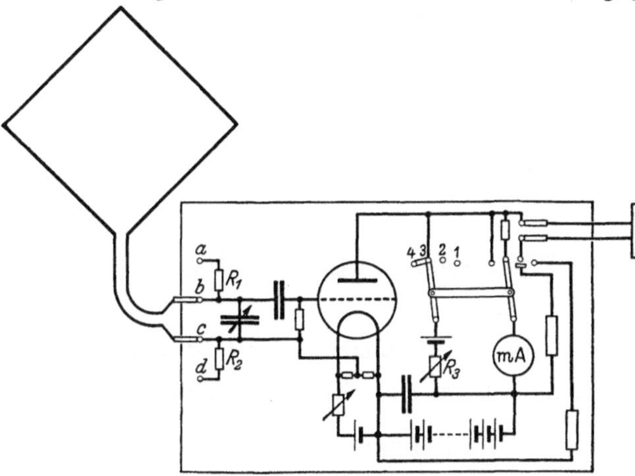

Abb. 180. Einfaches Feldstarkemeßgerat mit Rahmenempfang.

Ein Feldstärkemeßgerät, das sich auch bei der Messung kleiner Feldstärken gut bewährt hat, ist von BARKHAUSEN und ANDERS entwickelt. Es besteht aus einem hochwertigen Empfänger mit 3 neutralisierten Hochfrequenz- und 2 Niederfrequenzstufen. Ein Meßsender ist angebaut, so daß man bei jeder Messung die Empfindlichkeit des Empfangers bestimmen kann.

4. Richtantennen.

Aus der großen Anzahl der Richtantennen seien nur 2 Beispiele behandelt: der Spiegel und der Strahlwerfer.

a) Der Spiegel.

Ein Dipol im Brennpunkt eines Parabolspiegels (Abb. 181), dessen freie Strahlung nach rechts durch einen Reflektor (Kugelkalotte) ebenfalls in den Spiegel geworfen wird, strahlt wie eine durch die Flächenstromdichte $\mathfrak{S}$ belegte nur nach rechts strahlende Fläche F, die durch die Leitlinien der Parabeln gebildet wird. Die Größe der strahlenden Ersatzfläche F gleicht der Spiegelöffnung.

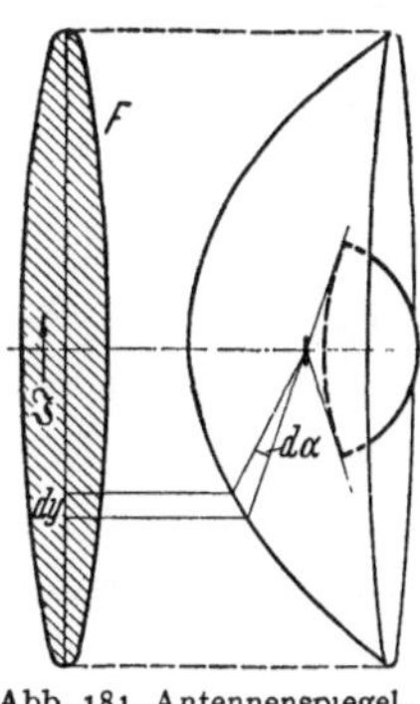

Abb. 181. Antennenspiegel.

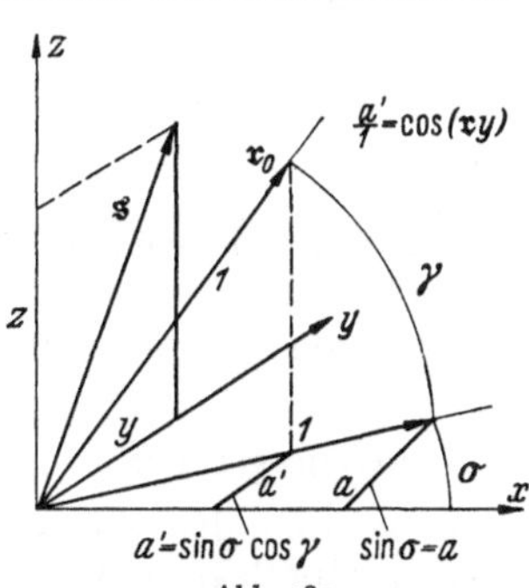

Abb. 182.
Diagramm zum Antennenspiegel.

Die Dichte dieses Strombelages nimmt nach den Rändern wie $\left(\dfrac{d\alpha}{dx}\right)^2$ ab und ist nur in der Mitte einigermaßen konstant. Wir wollen der Einfachheit halber $\mathfrak{S}$ (in Z-Richtung fließend) auf der ganzen Fläche als konstant annehmen. Damit die Integrale leichter lösbar werden, wollen wir eine rechteckige Flache $b \cdot h$ betrachten und das gewonnene Resultat dann auf die Kreisfläche anwenden.

Wir legen nun wie üblich die Strahlungsrichtung $\mathfrak{r}_0$ durch Azimut σ und Poldistanz $90^0 - \gamma$ fest. Die Richtungscosinusse sind dann für die Richtung $\mathfrak{r}_0$, wie aus Abb. 182 abzulesen:

$$\cos(\mathfrak{r}z) = \sin\gamma; \quad \cos(\mathfrak{r}y) = \sin\sigma\cos\gamma.$$

Die Projektion des Vektors $\mathfrak{F}$ mit den Komponenten x, y auf $\mathfrak{r}_0$ ist

$$(\mathfrak{F}, \mathfrak{r}_0) = z\cos(\mathfrak{r}z) + y\cos(\mathfrak{r}y) = z\sin\gamma + y\sin\sigma\cos\gamma.$$

Die Phasenverschiebung der Wellen, die vom Flächenelement z, y* ausgehen, gegen die von der Flächenmitte ($z = 0$, $y = 0$) kommenden ist

$$\varphi = \frac{\omega}{c}(\mathfrak{F}\mathfrak{r}) = \frac{\omega}{c}\{z\sin\gamma + y\sin\sigma\cos\gamma\}.$$

Die Feldstärke des Spiegels in der $\mathfrak{r}_0$-Richtung ist dann durch Integration über die ganze Fläche zu finden:

$$\mathfrak{E} = \frac{\mathfrak{J}R_0}{2\lambda r_0}\int\limits_{-b/2}^{+b/2} dy \int\limits_{h/2}^{h/2} dz\cos\left\{\omega t - \frac{\omega}{c}(r + z\sin\gamma + y\sin\sigma\cos\gamma)\right\}\cos\gamma; \quad \frac{\omega}{c} = \frac{2\pi}{\lambda}.$$

Der Faktor $\cos\gamma$ ist hinzuzufügen wegen der Abnahme der Feldstärke mit den $\sin$ der Poldistanz. Wir zerlegen zunächst $\cos\left(\omega t - \frac{2\pi}{\lambda}\cdots\right)$ mit Hilfe der trigonometrischen Formeln in $\cos$ bzw. $\sin\left(\frac{2\pi z}{\lambda}\sin\gamma\right)$ und $\cos$ bzw. $\sin\left(\frac{2\pi y}{\lambda}\sin\sigma\cos\gamma\right)$ proportionale Glieder. Die Integrale über die $\sin$ proportionalen Glieder werden nach Symmetrie $= 0$.

Wir erhalten

$$\mathfrak{E}(\sigma,\gamma) = \frac{\mathfrak{J}R_0\,b\,h}{2\lambda r}\cdot\frac{\sin\pi b/\lambda\sin\sigma\cos\gamma}{\pi b/\lambda\cdot\sin\sigma\cos\gamma}$$
$$\cdot\frac{\sin\pi h/\lambda\sin\gamma}{\pi h/\lambda\sin\gamma}\cdot\cos\gamma\cdot\cos\omega\left(t - \frac{r}{c}\right).$$

Rechenanleitung: Benutze die Beziehung:

$$\int\limits_{-a/2}^{+a/2}\cos\beta\,x\,dx = \frac{1}{\beta}\left\{\sin\frac{\beta a}{2} - \sin\left(-\frac{\beta a}{2}\right)\right\}$$
$$= \frac{2}{\beta}\sin\beta\frac{a}{2} = a\frac{\sin\beta a/2}{\beta a/2}.$$

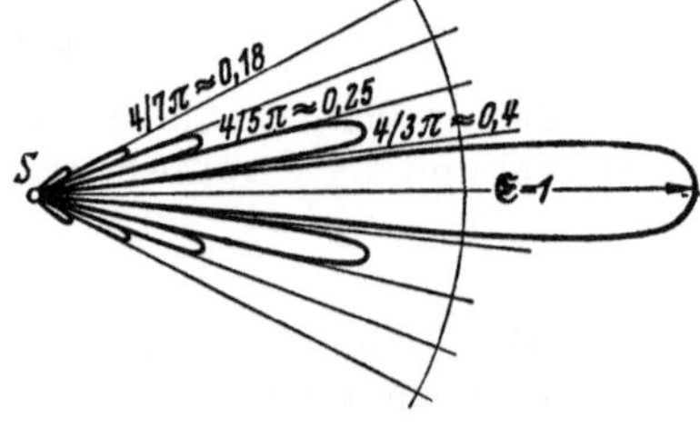

Abb. 183. Strahlungsdiagramm des Spiegels: Keule mit Nebenzipfeln.

Die maximale Feldstärke liegt bei $\sigma = 0$ und $\gamma = 0$. Das Strahlungsdiagramm (Abb. 183) des Spiegels ist dann durch

$$D = \frac{\mathfrak{E}(\sigma,\gamma)}{\mathfrak{E}_{max}} = \frac{\sin\left(\frac{\pi b}{\lambda}\sin\sigma\cos\gamma\right)}{\frac{\pi b}{\lambda}\sin\sigma\cos\gamma}\cdot\frac{\sin\left(\frac{\pi h}{\lambda}\sin\gamma\right)}{\frac{\pi h}{\lambda}\sin\gamma}\cdot\cos\gamma$$

gegeben.

α) Der Bündelungsgewinn.

Um den Bündelungsgewinn zu berechnen, den wir beim Arbeiten mit Spiegeln erzielen können, wollen wir uns einer Überlegung von RUNGE und FRÄNZ anschließen.

Der Ingenieur möchte Antwort auf folgende 2 Fragen haben:

1. Sender. Wie groß ist die Strahlungsleistung je Einheit des räumlichen Winkels, wenn ich der Antenne die Sendeleistung $\mathfrak{N}_s$ zuführe?

2. Empfänger. Bei angepaßtem Empfänger (Verbrauchswiderstand = Strahlungswiderstand) soll die Empfangsleistung $\mathfrak{N}_e$ in den Empfänger kommen. Wie groß ist die Fläche F, durch welche diese Leistung fließt? F ist gewissermaßen „die Auffangfläche" der Antenne.

---

* Beim Pfeil des Vektors $\mathfrak{F}$ liegend.

Dabei sollen die Senderleistung je räumlichen Winkel und die Empfangsfläche F bei günstigster Stellung der Antennen der beiden Stationen berechnet werden.

Die Strahlungsleistung pro räumlichen Winkel ist

$$r^2 \mathfrak{S} = r^2 [\mathfrak{E}\,\mathfrak{H}] = r^2 \mathfrak{E}^2/R_0; \quad R_0 = \sqrt{\frac{\mu_0}{\varepsilon_0}} \tag{1}$$

wobei $\mathfrak{S}$ der Poyntingsche Vektor ist.

Wir definieren also

die „Bündelung B" durch $\quad r^2 \mathfrak{S} = r^2 \mathfrak{E}^2/R_0 = B\,\mathfrak{N}_s \tag{2}$

die „Empfangsfläche F" durch

$$\mathfrak{N}_e = F\,\mathfrak{S}. \tag{3}$$

Für einen gegen die Wellenlänge kurzen Dipol gilt

maximale Feldstärke $\qquad\qquad \mathfrak{E}_{\mathrm{max}} = \dfrac{\mathfrak{J}\,h\,R_0}{2\,\lambda\,r} \tag{4}$

Strahlungswiderstand $\qquad\qquad R_{\mathrm{str}} = \dfrac{2\,\pi}{3}\,R_0\,h^2/\lambda^2 \tag{5}$

Senderleistung $\qquad\qquad \mathfrak{N}_s = |\mathfrak{J}|^2\,R_{\mathrm{str}} \tag{6}$

Bündelung $B \qquad\qquad B = \dfrac{\mathfrak{S}\,r^2}{\mathfrak{N}_s} = \dfrac{3}{8\,\pi} \quad$ für Dipole $\tag{7}$

Empfangsleistung $\mathfrak{N}_e = \dfrac{U^2\,R_v}{(R_{\mathrm{str}} + R_v)^2} = \dfrac{U^2}{4\,R_{\mathrm{str}}} = \dfrac{\mathfrak{E}^2\,h^2}{4\,\dfrac{2}{3}\,\pi\,R_0\,\dfrac{h^2}{\lambda^2}} = \mathfrak{S}\,\dfrac{3}{8\,\pi}\,\lambda^2 = \mathfrak{S}\,F.^{*} \tag{8}$

Empfangsfläche $\qquad\qquad F = \dfrac{3}{8\,\pi}\,\lambda^2 = B\,\lambda^2. \tag{9}$

Die „Empfangsfläche F" ist unabhängig von der Antennenlänge, da sowohl $|U|^2$ als auch der Strahlungswiderstand mit h^2 proportional sind.

β) B und F für eine beliebige Antennenanordnung.

Um B und F für eine beliebige Antennenanordnung zu finden, benutzen wir das Reziprozitätsgesetz[1] in der Fassung: Das Verhältnis von $\mathfrak{N}_e$ zu $\mathfrak{N}_s$ ist unabhängig davon, ob Station 1 sendet und Station 2 empfängt oder umgekehrt. Es gilt also für 2 Stationen

$$\frac{\mathfrak{N}_{2e}}{\mathfrak{N}_{1s}} = \frac{\mathfrak{N}_{1e}}{\mathfrak{N}_{2s}} \quad \text{oder} \quad B_1 F_2 = B_2 F_1 \quad \text{oder} \quad \frac{B_1}{B_2} = \frac{F_1}{F_2}. \tag{10}$$

Setzen wir für B_1 und F_1 einfach B und F und für B_2 und F_2 die Werte für einen kurzen Dipol ein, so erhalten wir für beliebige Antennen $\lambda^2 B = F$.

Um B zu berechnen, ermitteln wir die Senderleistung

$$\mathfrak{N}_s = \int \mathfrak{S}\,r^2\,d\,\Omega = \int \frac{\mathfrak{E}^2\,r^2}{R_0}\,d\,\Omega$$

und erhalten

$$B = \frac{\mathfrak{S}_{\mathrm{max}}\,r^2}{\mathfrak{N}_s} = \frac{1}{\int (\mathfrak{E}/\mathfrak{E}_{\mathrm{max}})^2\,d\,\Omega} = \frac{1}{\int D^2\,d\,\Omega}; \quad \Omega = \text{raumlicher Winkel}. \tag{11}$$

---

* $R_v = R_{\mathrm{str}}$ ist der an den Antennenstrahlungswiderstand angepaßte Empfängerwiderstand.

[1] Siehe Ende des Abschnittes D, „Reziprozitätsgesetz", S. 151 ff.

γ) Berechnung des „Bündelungsgewinnes".

Wir können den Gewinn als Verhältnis der Leistungen definieren. Nennen wir ihn G, so wäre der Feldstärkegewinn $\sqrt{G}$. Wir erhalten beim Übergang von Sendedipol gegen Empfangsdipol

zu Sendedipol gegen Empfangsspiegel

$$G_e = \frac{F_{sp} \cdot e}{F_{dip}} = \frac{B_{sp} \cdot e}{B_{dip}} \quad \text{[nach Gl. (10)]} , \tag{12}$$

zu Sendespiegel gegen Empfangsdipol

$$G_s = \frac{B_{sp} \cdot s}{B_{dip}} , \tag{13}$$

zu Sendespiegel gegen Empfangsspiegel

$$G_{s \cdot e} = G_s \cdot G_e . \tag{14}$$

δ) Angenäherte Berechnung von B_{sp}.

Der Spiegel sei der Einfachheit der Rechnung halber als rechteckig mit den Seiten $h \cdot b$ angenommen. h und b seien groß gegen die Wellenlänge. Wir haben dann eine scharfe Bündelung zu erwarten. Strahlung wird nur im Bereiche sehr kleiner σ und γ zu erwarten sein. Wir können daher $\sin \sigma \cong \sigma$, $\sin \gamma \cong \gamma$ und $\cos \gamma \cong 1$ setzen, erhalten für $d\Omega = d\sigma \cdot d\gamma$. Das Integral $\int D^2 d\Omega$ erhält die Gestalt

$$\int D^2 d\Omega = \int_{-\infty}^{+\infty} \frac{\sin^2 (\pi b \sigma/\lambda)}{(\pi b \sigma/\lambda)^2} d\sigma \int_{-\infty}^{+\infty} \frac{\sin^2 (\pi h \gamma/\lambda)}{(\pi h \gamma/\lambda)^2} d\gamma .$$

Die Integrationsgrenzen kann man nach ∞ schieben, da für größere σ- und γ-Werte die Strahlung verschwindet. Das Integral ergibt

$$\frac{\lambda^2}{b h} = \frac{\lambda^2}{F_{sp}} \quad \text{nach (11) und (9)} \quad B = \frac{F_{sp}}{\lambda^2}; \quad \text{Empfangsfläche } F = B\lambda^2 = F_{sp} \cdot \tag{15}$$

Wir erhalten die einfache Regel: Die Empfangsfläche gleicht der Spiegelöffnungsfläche.

Rechenanleitung: Vgl. Hütte I, 20. Aufl., S. 78 unten

$$\int_{-\infty}^{+\infty} \frac{\sin^2(\pi b \sigma/\lambda)}{(\pi b \sigma/\lambda)} d\sigma = \frac{\lambda}{\pi b} \int_{-\infty}^{+\infty} \frac{\sin^2 x}{x^2} dx \left(\text{mit } x = \frac{\pi b \sigma}{\lambda} \right) = \frac{\lambda}{\pi b} \cdot \pi = \frac{\lambda}{b} .$$

ε) Zahlenbeispiel.

Wir wollen unser Resultat auch auf runde Flächen übertragen, Spiegeldurchmesser 120 cm, Wellenlänge 6 cm.

$$G = \frac{B_{sp}}{B_{dip}} = \frac{F/\lambda^2}{\dfrac{3}{8\pi}} = \frac{8\pi F}{3\lambda^2} = \frac{8\pi \dfrac{\pi}{4} (120 \,\text{cm})^2}{3 \cdot (6 \,\text{cm})^2} = \frac{2\pi^2}{3} \left(\frac{120}{6}\right)^2 = 2622 .$$

Feldstärkegewinn $= \sqrt{G} = 51$.

Leistungsgewinn bei Anwendung gleicher Spiegel für Senden und Empfang $= G^2 = 6{,}90 \cdot 10^6$.

Wie bereits erwähnt, sind die Spiegel nicht gleichmäßig ausgeleuchtet. Der Leistungsgewinn sinkt auf 50% bis 65%. Genauere Untersuchungen über das Ausleuchten von Spiegeln sind in neuerer Zeit im Meinkeschen Institut in München durchgeführt. (Vortrag auf der Postkonferenz Nov. 1954.)

b) Der Strahlwerfer.

Die Wirkungsweise der Strahlwerfer ist am besten durch einen kurzen Bericht über die klassische Arbeit von PLENDL, KRÜGER, PFITZNER und BÄUMLER über

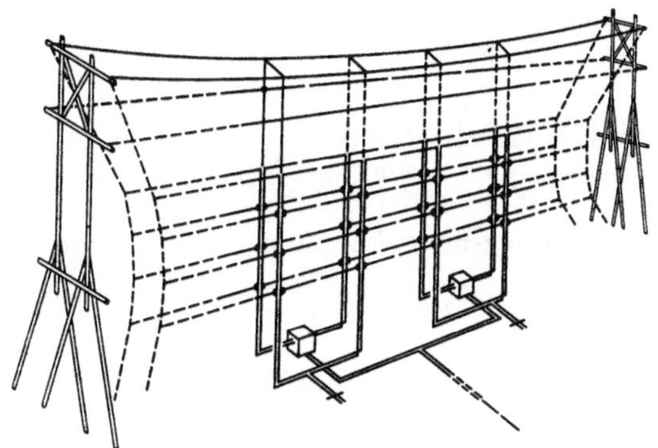

Abb. 184. Aufbau eines Strahlwerfers.

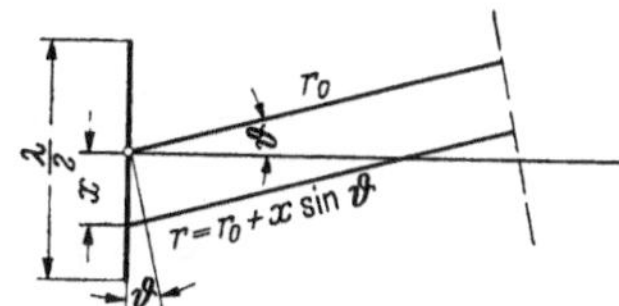

Abb. 185. Zur Berechnung des Richt-diagrammes eines $\lambda/2$-Dipoles.

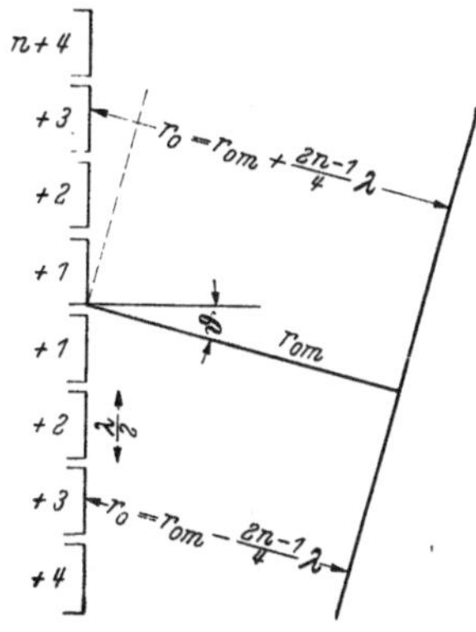

Abb. 186. Zur Berechnung des Richt-diagrammes des Strahlwerfers.

die Richtwirkung des von OTTO BÖHN konstruierten Nordamerikasenders DAF und des Japansenders DGY darzustellen. Die Abbildung 184 zeigt den Aufbau der Strahlwerfer. Das Reflektorsystem liegt um $\lambda/4$ hinter dem Antennensystem und wird mit einem um 90^0 phasenverschobenen Strom betrieben.

Wir wollen uns begnügen, die Horizontalcharakteristik des aus acht $\lambda/2$-Dipol-Reihen bestehenden Systems zu berechnen.

Der einzelne waagerecht liegende $\lambda/2$-Dipol strahlt in die Richtung ϑ die Feldstärke $\mathfrak{E}$ (mit $r = r_0 + x \sin \vartheta$, $\mathfrak{J}(x) = \mathfrak{J}_0 \cos \dfrac{2\pi x}{\lambda} \cos \omega \left(t - \dfrac{r}{c} \right)$

$$\mathfrak{E} = \sqrt{\frac{\mu_0}{\varepsilon_0}} \ \frac{\cos \vartheta}{2 r_0 \lambda} \int\limits_{-\lambda/4}^{+\lambda/4} \mathfrak{J}(x) \cos \omega \left(t - \frac{r}{c} \right) dx \qquad \vartheta = 90° - \text{Poldistanz}$$

(Buchstabenbedeutung s. Abb. 185, 186).

Zwischenrechnung:

$$\int\limits_{-\lambda/4}^{+\lambda/4} \mathfrak{J}(x) \cos \omega \left(t - \frac{r}{c} \right) dx$$

$$= \mathfrak{J}_0 \int \cos \frac{2\pi x}{\lambda} \left\{ \cos \omega \left(t - \frac{r_0}{c} \right) \cos \left(\frac{\omega x}{c} \sin \vartheta \right) - \underbrace{\sin \omega \left(t - \frac{r_0}{c} \right) \sin \frac{\omega x \sin \vartheta}{c}}_{\text{II}} \right\} dx$$

das Integral über Glied II ist nach Symmetrie $= 0$

$$= \frac{\lambda \mathfrak{J}_0}{4\pi} \cos \omega \left(t - \frac{r_0}{c} \right) \int\limits_{-\lambda/4}^{+\lambda/4} \cos \frac{2\pi x}{\lambda} \cos \left(\frac{2\pi x}{\lambda} \sin \vartheta \right) \frac{2\pi dx}{\lambda} , \quad \text{oder mit } \frac{2\pi x}{\lambda} = \alpha :$$

$$\int\limits_{-\pi/2}^{+\pi/2} \cos\alpha\,\cos(\alpha\sin\vartheta)\,d\alpha = \int\limits_{-\pi/2}^{+\pi/2} \frac{1}{2}\cos[\alpha(1+\sin\vartheta)] + \cos[\alpha(1-\sin\vartheta)]\,d\alpha$$

$$= \frac{1}{2}\left[\frac{\sin[\alpha(1+\sin\vartheta)]}{1+\sin\vartheta} + \frac{\sin[\alpha(1-\sin\vartheta)]}{1-\sin\vartheta}\right]_{-\pi/2}^{+\pi/2} = \frac{1}{2}\cos\left(\frac{\pi}{2}\sin\vartheta\right)\frac{1-\sin\vartheta+1+\sin\vartheta}{1-\sin^2\vartheta}$$

$$= \frac{\cos\left(\dfrac{\pi}{2}\sin\vartheta\right)}{\cos^2\vartheta}, \quad \text{da } \sin\frac{\pi}{2}(1\pm y) = \cos\frac{\pi\,y}{2}.$$

Durch Einsetzen erhält man

$$\mathfrak{E} = \sqrt{\frac{\mu_0}{\varepsilon_0}}\,\frac{|\mathfrak{J}|}{4\pi r_0}\,\frac{\cos\left(\dfrac{\pi}{2}\sin\vartheta\right)}{\cos\vartheta}\cos\omega\left(t-\frac{r_0}{c}\right).$$

Wenn nun 8 solcher um $\lambda/2$ auseinanderliegender Antennen in die Richtung ϑ strahlen, so ist für r_0

$$r_0 = r_{0m} \pm \frac{2n-1}{4}\lambda\sin\vartheta$$

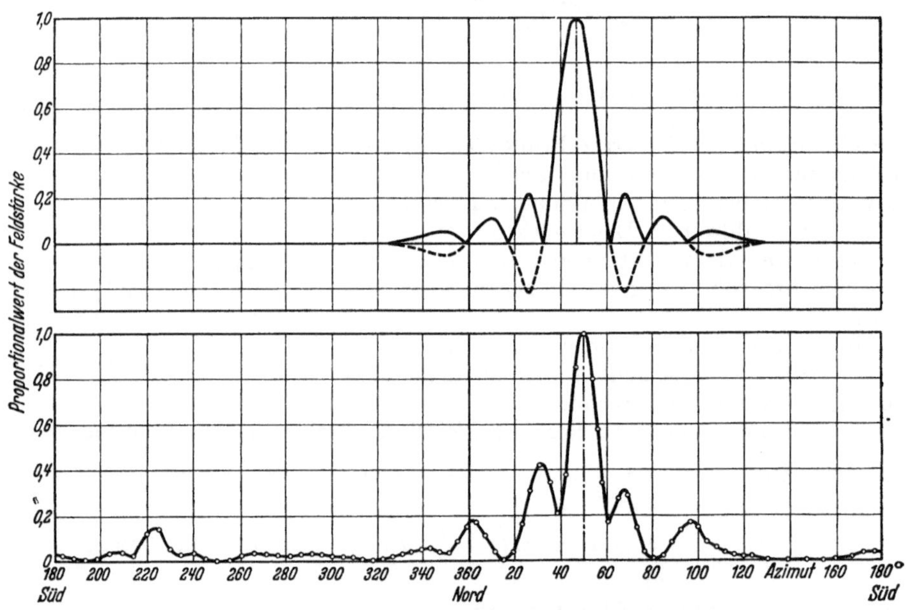

Abb. 187. Berechnetes und gemessenes Richtdiagramm des Strahlwerfers.

einzusetzen ($n = $ Nummer der Antenne von der Mitte aus, $+$ und $-$ entspricht in Abb. 186 oben und unten). Da sich die sin proportionalen Glieder nach Symmetrie aufheben, erhalten wir

$$\mathfrak{E} = \sqrt{\frac{\mu_0}{\varepsilon_0}}\,\frac{|\mathfrak{J}_0|}{4\pi r_{0m}}\,\frac{\cos\left(\dfrac{\pi}{2}\sin\vartheta\right)}{\cos\vartheta}\cos\omega\left(t-\frac{r_{0m}}{c}\right)\times$$

$$\times\left\{\cos\left(\frac{7}{2}\pi\sin\vartheta\right) + \cos\left(\frac{5}{2}\pi\sin\vartheta\right) + \cos\left(\frac{3}{2}\pi\sin\vartheta\right) + \cos\left(\frac{\pi}{2}\sin\vartheta\right)\right.$$

$$\left. + \cos\left(-\frac{7}{2}\pi\sin\vartheta\right) + \cos\left(-\frac{5}{2}\pi\sin\vartheta\right) + \cos\left(-\frac{3}{2}\pi\sin\vartheta\right) + \cos\left(-\frac{\pi}{2}\sin\vartheta\right).\right.$$

Wir wenden die Formel $\cos\alpha + \cos\beta = 2\cos\dfrac{\alpha+\beta}{2}\cos\dfrac{\alpha+\beta}{2}$ wiederholt an, fassen zunächst die Glieder $\cos\dfrac{n}{2}\chi$ und $\cos\left(-\dfrac{n}{2}\chi\right)$ mit $\chi = \dfrac{\pi}{2}\sin\vartheta$ zusammen und erhalten:

$$\{\cdots\} = 2\left\{\cos\frac{7}{2}\chi + \cos\frac{5}{2}\chi + \cos\frac{3}{2}\chi + \cos\frac{1}{2}\chi\right\}$$

$$= 4\cos\chi\cos 6\chi + 4\cos\chi\cos 2\chi = 4\cos\chi\,(\cos 6\chi + \cos 2\chi) = 8\cos\chi\cos 2\chi\cos 4\chi.$$

Für die Gesamtstrahlung der 8 Glieder resultiert schließlich

$$\mathfrak{E} = \sqrt{\frac{\mu_0}{\varepsilon_0}}\,\frac{2\,|\mathfrak{I}_0|}{\pi\,r_{0m}}\,\frac{1}{\cos\vartheta}\,\cos^2\left(\frac{\pi}{2}\sin\vartheta\right)\cos\left(\pi\sin\vartheta\right)\cos\left(2\,\pi\sin\vartheta\right)\cos\omega\left(t - \frac{r_{0m}}{c}\right).$$

In Abb. 187 ist das Resultat graphisch dargestellt, und die Messungen, die beim Umfliegen des Strahlwerfers gewonnen wurden, als Kreise eingezeichnet. Die Arbeit enthält auch die Berechnung der Bündelung in vertikaler Richtung. Wesentlich ist hierbei die Berücksichtigung der Spiegelwirkung der Erde. Die Theorie stimmt in beiden Fällen mit den Messungen ausgezeichnet überein.

5. Ausbreitung der Wellen über dem Erdboden.

Wir wollen im Anschluß an die Zenneckschen Rechnungen das Problem folgendermaßen idealisieren.

Der Raum, in dem sich die Wellen fortpflanzen, sei oben durch die unendlich gut leitend gedachte Ionosphäre, unten durch den Erdboden begrenzt, der selbst wieder in großer Tiefe durch eine unendlich gut leitende ebene Fläche abgeschlossen ist. Prinzipiell können im Erdboden gedämpfte Wellen schräg nach unten und reflektierte Wellen nach oben laufen. Da die reflektierten Wellen wegen der Dämpfung sehr schwach sein werden, wollen wir sie vernachlässigen. z sei die waagerechte Fortpflanzungsrichtung, y liege nach oben, x waagerecht und senkrecht zur Fortpflanzungsrichtung. Wir haben damit das Problem so vereinfacht, daß wir eine in z-Richtung laufende Welle ansetzen können, die in der x-Richtung homogen ist $\left(\dfrac{\partial}{\partial x} = 0!\right)$. Das Problem ist wesentlich einfacher als die von SOMMERFELD durchgeführte Berechnung der Dipolstrahlung über der Erde.

Wir haben zu erwarten: Im Luftraum eine Welle, ähnlich der im Blechstreifen-Lechersystem mit Dämpfung. Die elektrischen Kraftlinien stehen schräg nach vornüber geneigt auf der Erde. Der Poyntingsche Vektor ist schräg nach unten geneigt und liefert Leistung in die Welle im Erdboden. Es sind folgende Spezialfälle zu erwarten:

a) Leitfähigkeit der Erde $= \infty$. Ebene Welle in z-Richtung wie im Blechstreifen-Lechersystem ohne Dämpfung.

b) Bodenleitfähigkeit $= 0$ und $\varepsilon_r = 1$. Ebene ungedämpfte Welle in z-Richtung.

Wir werden die Vektorkomponenten $\mathfrak{E}_z$, $\mathfrak{E}_y$, $\mathfrak{H}_x$ vorfinden: $\mathfrak{E}_x$, $\mathfrak{H}_y$, $\mathfrak{H}_z = 0$. Die Grenzbedingungen sind: In der Ionosphäre ($y = 0$): $\mathfrak{E}_z = 0$.

Am Erdboden: $\mathfrak{E}_z = \mathfrak{E}_z^x$; $\mathfrak{E}_y = \varepsilon_r\,\mathfrak{E}_y^x$; $\mathfrak{H}_x = \mathfrak{H}_x^x$ für $y = b$; ohne Index: Luft, mit x: Erde.

Ferner muß: $\gamma = \gamma^x$, da die Wellen in der Erde und in der Luft zusammenpassen müssen.

In Rücksicht auf die Grenzbedingung bei $y = 0$ setzen wir an:

$$\mathfrak{E}_z = A\sin k\,y.$$

Für eine unter dem Neigungswinkel v nach unten in der $\mathfrak{z}$-Richtung laufenden Welle mit der Amplitude B' erhalten wir

$$\mathfrak{E}_z = B' \sin v\, e^{j\omega t - j\gamma' \mathfrak{z}}\,;\quad \mathfrak{z} = z\cos v + y\sin v\,;\quad \mathfrak{E}_z = B' \sin v\, e^{-j\gamma y \sin v v'}\, e^{j\omega t - j\gamma' \cos v z}$$

und mit $\gamma' \sin v = k^x\,;\quad \gamma' \cos v = \gamma^x,\ B' \sin v = B$

$\mathfrak{E}_z = B e^{-jk^x y}$; der Faktor $e^{j\omega t - j\gamma^x z}$ ist wie üblich nicht mitgeschrieben.

Wir erhalten somit das Gleichungssystem (s. S. 124):

Luft

$$\mathfrak{E}_z = A \sin k y \tag{1}$$

$$\mathfrak{E}_y = \frac{j\gamma}{k^2}\frac{\partial \mathfrak{E}_z}{\partial y} = \frac{j\gamma}{k} A \cos k y \tag{2}$$

$$\mathfrak{H}_x = \frac{-j\omega\varepsilon_0}{k^2}\frac{\partial \mathfrak{E}_z}{\partial y} = \frac{-j\omega\varepsilon_0}{k} A \cos k y \,. \tag{3}$$

Erde

$$\mathfrak{E}_z^x = B\, e^{-jk^x y} \qquad\qquad \gamma^2 = \frac{\omega^2}{c^2} - k^2 = \left(\frac{2\pi}{\lambda}\right)^2 - k^2 \tag{4}$$

$$\mathfrak{E}_y^x = \frac{\gamma}{k^2} B\, e^{-jk^x y} \qquad\qquad \gamma'^{\,2} = \frac{\omega^2}{c^2}\varepsilon_r - k^{x\,2} \tag{5}$$

$$\mathfrak{H}_x^x = - \frac{\omega\varepsilon_0\varepsilon_r}{k^2} B\, e^{-jk^r y} \qquad k'^{\,2} - k^2 = \frac{\omega^2}{c^2}(\varepsilon_r - 1)\,. \tag{6}$$

Setzt man die Werte in die 3 Grenzbedingungen ein, erhält man

$$\frac{A}{B} = \frac{e^{-jk^x b}}{\sin k b} \quad (1;\,4) \qquad \frac{A}{B} = \frac{k\,\varepsilon_r\, e^{-jk^x b}}{j\,k^x \cos k b} \quad (2;\,5) \qquad \frac{A}{B} = \frac{k\,\varepsilon_r}{j\,k^x}\frac{e^{-jk^x b}}{\cos k b} \quad (3;\,6)$$

$b =$ Entfernung Ionosphäre—Erde.

Gl. $(2;\,5)$ und $(3;\,6)$ besagen dasselbe. Die Elimination von A/B aus den beiden anderen ergibt:

$$k\,\mathrm{tg}\,k b = \frac{j\,k^x}{\varepsilon_r}\,. \tag{7}$$

Dazu tritt

$$\frac{k^{x\,2} - k^2}{\varepsilon_r^2} = \frac{\omega^2}{c^2}\frac{\varepsilon_r - 1}{\varepsilon_r^2} = \frac{\omega^2}{c^2} E^2 \quad \text{mit}\quad E = \frac{\sqrt{\varepsilon_r - 1}}{\varepsilon_r}\,. \tag{8}$$

Die Elimination von k^x ergibt die transzendente Gleichung für k:

$$k^2\,\mathrm{tg}^2\,k b = - \frac{\omega^2}{c^2} E^2 - \frac{k^2}{\varepsilon_r^2}\,. \tag{9}$$

ε_r und E sind im allgemeinen komplex. Es gilt

$$j\omega\varepsilon_r = j\omega\varepsilon_{rr} + \sigma,$$

wobei ε_{rr} die Dielektrizitätskonstante der Erde, σ die Leitfähigkeit des Erdbodens ist.

α) Die Berechnung von k.

a) Spezialfälle: $\varepsilon_r = 1$ und $\varepsilon_r = \infty$ bzw. $j\infty$ führt auf $E = 0$. Gl. (9) vereinfacht sich zu

$$k^2\left(\mathrm{tg}^2\,k b + \frac{1}{\varepsilon_r^2}\right) = 0 \tag{10}$$

und hat die Lösung $k = 0$. Wir erhalten eine durch den Boden ungestörte ungedämpfte Welle mit elektrischen Kraftlinien, die senkrecht auf den Boden aufsetzen.

b) Es sollen nicht alle Kombinationen von ε_r und σ diskutiert werden, sondern als Beispiel nur der Fall eines Bodens mit einer Dielektrizitätskonstante ε_r und der Leitfähigkeit 0 behandelt werden. E läuft mit wachsendem ε_r von 0 über ein Maximum bei $\varepsilon_r = 2$ mit dem Werte $E_{max} = 1/2$ zu Null.

Es wird dann k klein, tg kb groß. Wir können ansetzen:

$$\operatorname{tg} kb = 1/\eta \quad \text{und} \quad kb = \pi/2 - \eta, \tag{11}$$

wobei η eine gegen 1 kleine Größe ist, die aus Gl. (9) berechnet werden muß. Da $1/\varepsilon_r$ klein gegen $1/\eta$ ist, können wir in Gl. (9) den Summanden k^2/ε_r^2 streichen. Setzen wir den Näherungswert für kb in die vereinfachte Gl. (9) ein, erhalten wir

$$\frac{\pi^2}{4b^2}\frac{1}{\eta^2} = -\frac{(2\pi)^2}{\lambda_0^2}E^2 \tag{12}$$

mit der Lösung

$$\eta = \pm j\,\frac{\lambda_0}{4bE} \qquad (13) \qquad \text{und} \qquad k = \frac{\pi}{2b} \pm j\,\frac{\lambda_0}{4b^2E}. \tag{14}$$

β) Berechnung der Phasengeschwindigkeit und Dämpfung.

Setzt man den Wert von k in die Gleichung $\gamma^2 = \omega^2/c^2 - k^2$ ein, erhält man

$$\gamma^2 = \frac{\omega^2}{c^2} - \frac{\pi^2}{4b^2} + \frac{\lambda_0^2}{16b^4E^2} \mp 2j\,\frac{\pi}{2b}\frac{\lambda_0}{4b^2E}. \tag{15}$$

Um für die hinlaufende Welle richtig eine Dämpfung zu erhalten, haben wir in dem Werte für η das Pluszeichen zu wählen. (Das Minuszeichen gilt für die rücklaufende Welle.)

Wir erhalten dann durch Ziehen der Wurzel ($\sqrt{1-\varepsilon} = 1 - \varepsilon/2$)

$$j\gamma = j\frac{2\pi}{\lambda} + \mathfrak{d}, \quad (16) \quad \text{mit} \quad \lambda = \frac{\lambda_0}{\sqrt{1 - \frac{\lambda_0^2}{16\pi^2 b^2}\left(\pi^2 - \frac{\lambda_0^2}{4b^2E^2}\right)}};\quad \mathfrak{d}_r \cong \frac{\lambda_0^2}{8b^3E};\ \lambda_0 = \frac{2\pi c}{\omega}. \tag{17}$$

Die Formel ist gültig für $\dfrac{\lambda^3}{b^3E} \ll 1$.

γ) Vornüberneigung der elektrischen Feldstärke auf der Erde.

Um der in die Erde laufenden Welle die nötige Leistung zuzuführen, muß die elektrische Feldstärke auf der Erde vornübergeneigt sein und eine Z-Komponente besitzen, damit eine y-Komponente des Poyntingschen Vektors $\mathfrak{S}$ entsteht. Wir erhalten diese Neigung durch

$$\operatorname{tg} v' = \mathfrak{E}_z/\mathfrak{E}_y. \tag{18}$$

Setzen wir aus Gl. (1) und (2) die Werte für $\mathfrak{E}_z$ und $\mathfrak{E}_y$ ein:

$$\operatorname{tg} v' = \frac{A \sin kb}{j\gamma/k\,A \cos kb} = \frac{k \operatorname{tg} kb}{j\gamma} \tag{19}$$

und mit $\gamma = \dfrac{\omega}{c}$ und $k \cdot \operatorname{tg} kb = \dfrac{j\omega E}{c}$ [vereinfachte Gl. (9)]

$$\operatorname{tg} v' = E \tag{20}$$

(positiv, daher nach *vorn* übergeneigt).

Die in der Erde verlaufende Welle hat dann die Neigung $\mathrm{tg}\,\nu = \varepsilon_r E$. Für $\varepsilon_r \to \infty$ läuft sie fast senkrecht nach unten. Das Problem hat mit der Spiegelung und Brechung einer schräg einfallenden ebenen Welle an einem Dielektrikum nichts zu tun.

D. Das Reziprozitätsgesetz.

Für eine einfache lineare Antenne hatten wir für den Fall des Sendens zur Berechnung der Feldstärke in der Entfernung r

$$\mathfrak{E} = \frac{\mathfrak{J}\,h_{\mathrm{eff}}\,R_0}{2\,\lambda\,r} \qquad\qquad R_0 = \sqrt{\frac{\mu_0}{\varepsilon_0}} = 120\,\pi\,\Omega$$

und für den Empfangsfall:

$$\mathfrak{U}_{\mathrm{empf}} - I_{\mathrm{empf}}\,R = h_{\mathrm{eff}}\cdot\mathfrak{E}\,; \qquad R = R_{\mathrm{strahl}} + R_{\mathrm{verlust}}\,; \qquad h_{\mathrm{eff}} = \int \frac{i_s\,d\,s}{\mathfrak{J}_0}$$

abgeleitet. Dabei ist h_{eff} die effektive Antennenhöhe, wobei i_s die Stromverteilung im Sendefall angibt, und I_0 der Strom im Erdungspunkt bzw. im Anschlußpunkt des vom Sender kommenden Energiekabels ist. Die Aussage: „Die effektive Antennenhöhe" ist dieselbe für den Fall des Sendens und Empfangens" ist die spezielle für lineare Antennen zugeschnittene Form des Reziprozitätsgesetzes.

Das Reziprozitätsgesetz beschäftigt sich ganz allgemein mit der Frage: Kann man auch für komplizierte Antennensysteme, für Sender oder Empfänger mit Spiegeln, unter Berücksichtigung der Absorption im Erdboden und in der Ionosphäre usw. immer eine effektive Antennenhöhe definieren? Ist diese immer für den Empfangs- und Sendefall dieselbe, auch wenn h_{eff} frequenz-, richtungs- und polarisationsabhängig ist?

α) Eine 2. Form des Reziprozitätsgesetzes. Eine drahtlose Verbindung als Vierpol.

Falls es ein solches h_{eff} für 2 Stationen gäbe (die Indizes 1 und 2 bezeichnen die Stationen 1 und 2), würde man die Vierpolgleichungen

$$\mathfrak{U}_1 = R_1\,\mathfrak{J}_1 + \frac{h_1\,h_2\,R_0\,\mathfrak{J}_2}{2\,\lambda\,r}\,; \quad \mathfrak{U}_1 = R_1\,\mathfrak{J}_1 + R_{12}\,\mathfrak{J}_2\,;$$

$$\mathfrak{U}_2 = R_2\,\mathfrak{J}_2 + \frac{h_1\,h_2\,R_0\,\mathfrak{J}_1}{2\,\lambda\,r}\,; \quad \mathfrak{U}_2 = R_2\,\mathfrak{J}_2 + R_{21}\,\mathfrak{J}_1$$

aufstellen können. Das Reziprozitätsgesetz besagt dann, daß $R_{12} = R_{21}$:

$$R_{12} = R_{21} = \frac{h_1\,h_2\,R_0}{2\,\lambda\,r}\,.$$

β) Eine 3. Form, die nur Ströme und Spannungen enthält.

In unseren Gleichungen stehen noch die Strahlungswiderstände R_1 und R_2 und die Kopplungsglieder R_{12} und R_{21}. Wenn wir mit diesen Gleichungen etwas anfangen wollen, müssen wir diese R-Werte kennen. Das Reziprozitätsgesetz soll uns aber eine aus $R_{12} = R_{21}$ folgende Aussage liefern, die von der Kenntnis dieser R-Werte unabhängig ist. Wir müssen also von Grundlagen ausgehen, die uns gestatten, diese R-Werte zu eliminieren. Dabei erinnern wir uns, daß wir ja 2 Fälle zu untersuchen haben: Den Fall a (Index a), daß Station 1 sendet und Station 2 empfängt, und den Fall b (Index b), daß Station 2 sendet und 1 empfängt. Für diese beiden Fälle bekommen wir dann 4 Gleichungen, aus denen wir die R ausrechnen können. Das Gleichsetzen der beiden Werte R_{12} und R_{21} wird uns dann eine Beziehung zwischen den Sende- und Empfangsströmen und Spannungen liefern, die ganz allgemein für jedes Stationspaar gelten muß, und die Kenntnis der R-Werte nicht voraussetzt.

Die vier Gleichungen lauten:

$$\mathfrak{U}_{1a} = R_{12}\mathfrak{J}_{2a} \qquad\qquad + R_1\mathfrak{J}_{1a}$$
$$\mathfrak{U}_{2a} = \qquad\qquad R_{21}\mathfrak{J}_{1a} \qquad\qquad + R_2\mathfrak{J}_{2a}$$
$$\mathfrak{U}_{1b} = R_{12}\mathfrak{J}_{2b} \qquad\qquad + R_1\mathfrak{J}_{1b}$$
$$\mathfrak{U}_{2b} = \qquad\qquad R_{21}\mathfrak{J}_{1b} \qquad\qquad + R_2\mathfrak{J}_{2b}.$$

Man erhält aus ihnen für R_{12} und R_{21} die Werte

$$R_{12} = \begin{vmatrix} \mathfrak{U}_{1a} & 0 & \mathfrak{J}_{1a} & 0 \\ \mathfrak{U}_{20} & \mathfrak{J}_{1a} & 0 & \mathfrak{J}_{2a} \\ \mathfrak{U}_{1b} & 0 & \mathfrak{J}_{1b} & 0 \\ \mathfrak{U}_{2b} & \mathfrak{J}_{1b} & 0 & \mathfrak{J}_{2b} \end{vmatrix} : N \; ; \qquad R_{21} = \begin{vmatrix} \mathfrak{J}_{20} & \mathfrak{U}_{1a} & \mathfrak{J}_{1a} & 0 \\ 0 & \mathfrak{U}_{2a} & 0 & \mathfrak{J}_{2a} \\ \mathfrak{J}_{2b} & \mathfrak{U}_{2b} & \mathfrak{J}_{2b} & 0 \\ 0 & \mathfrak{U}_{2b} & 0 & \mathfrak{J}_{2b} \end{vmatrix} : N.$$

N ist die in beiden Fällen gleiche Nennerdeterminante. Die Ausrechnung und Gleichsetzung der beiden Zählerdeterminanten gibt

$$(\mathfrak{J}_{1b}\mathfrak{U}_{1a} - \mathfrak{J}_{1a}\mathfrak{U}_{1b} + \mathfrak{J}_{2b}\mathfrak{U}_{2a} - \mathfrak{J}_{2a}\mathfrak{U}_{2b}) (\mathfrak{J}_{1a}\mathfrak{J}_{2b} - \mathfrak{J}_{2a}\mathfrak{J}_{1b}) = 0.$$

Der Faktor $\mathfrak{J}_{1a}\mathfrak{J}_{2b} - \mathfrak{J}_{2a}\mathfrak{J}_{1b}$ kann nicht Null werden, denn $\mathfrak{J}_{1a}$ und $\mathfrak{J}_{2b}$ sind die beiden starken Sendeströme und $\mathfrak{J}_{1b}$ und $\mathfrak{J}_{2a}$ die beiden schwachen Empfangsströme. Wir erhalten somit als Aussage des Reziprozitätsgesetzes

$$(\mathfrak{J}_{1b}\mathfrak{U}_{1a} - \mathfrak{J}_{1a}\mathfrak{U}_{1b}) + (\mathfrak{J}_{2b}\mathfrak{U}_{2a} - \mathfrak{J}_{2a}\mathfrak{U}_{2b}) = 0.$$

Diese Formel ist zunächst aus der Annahme abgeleitet worden, daß

$$R_{12} = R_{21}.$$

γ) Allgemeine Ableitung.

Die Aufgabe einer allgemeinen Ableitung besteht darin, sich von der Annahme: $R_{12} = R_{21}$ freizumachen. Allgemein gültige Gleichungen sind die Maxwellschen Gleichungen, die wir uns für die beiden Falle a und b hinschreiben können. Wie kommen wir von den Maxwellschen Gleichungen auf die Form, welche die Produkte von Strömen und Spannungen enthält?

Man überblickt, daß die Ströme mit $\mathfrak{H}$ und die Spannungen mit $\mathfrak{E}$ in Verbindung stehen und daß man Produkte von $\mathfrak{E}$ und $\mathfrak{H}$ bilden muß, die auf die obigen Produkte von $\mathfrak{U}$ und $\mathfrak{J}$ führen und die man dann mit Hilfe der Maxwellschen Gleichungen ganz allgemein ausrechnen kann. Wenn sich Form 3 des Reziprozitätsgesetzes überhaupt allgemein beweisen läßt, müßte es auf diese Weise gelingen.

δ) Ausführung des „erspekulierten" Weges.

Die Zusammenfassung der 4 Maxwellschen Gleichungen mit den daneben geschriebenen Faktoren ergibt

$$(j\,\omega\,\varepsilon + \sigma)\,\mathfrak{E}_b = \mathrm{rot}\,\mathfrak{H}_b \;\big|\; + \mathfrak{E}_a \qquad (j\,\omega\,\varepsilon + \sigma)\,\mathfrak{E}_a = \mathrm{rot}\,\mathfrak{H}_a \;\big|\; - \mathfrak{E}_b$$
$$j\,\omega\,\mu\,\mathfrak{H}_b = -\,\mathrm{rot}\,\mathfrak{E}_b \;\big|\; - \mathfrak{H}_a \qquad j\,\omega\,\mu\,\mathfrak{H}_a = -\,\mathrm{rot}\,\mathfrak{E}_a \;\big|\; + \mathfrak{H}_b$$

$$(\mathfrak{E}_a\,\mathrm{rot}\,\mathfrak{H}_b - \mathfrak{H}_b\,\mathrm{rot}\,\mathfrak{E}_a)$$
$$- (\mathfrak{E}_b\,\mathrm{rot}\,\mathfrak{H}_a - \mathfrak{H}_a\,\mathrm{rot}\,\mathfrak{E}_b) = 0.$$

Dieser Ausdruck läßt sich aber nach der Formel der Vektorrechnung

$$\text{div } [\mathfrak{A}\,\mathfrak{B}] = \mathfrak{B} \text{ rot } \mathfrak{A} - \mathfrak{A} \text{ rot } \mathfrak{B}$$

umwandeln und durch Integration über den Raum in ein Oberflächenintegral verwandeln:

$$\oint \{[\mathfrak{H}_b\,\mathfrak{E}_a] - [\mathfrak{H}_a\,\mathfrak{E}_b]\}\, d\mathfrak{o}\,.$$

Auch die Idee, zu integrieren, ist nicht verwunderlich, denn wir wollen ja von $\mathfrak{E}$ zu $\mathfrak{U} = \int \mathfrak{E} ds$ und von $\mathfrak{H}$ zu $\mathfrak{J} = \int \mathfrak{H} ds$ gelangen.

Den Integrationsraum begrenzen wir durch die unendliche Kugel und die gestrichelten Flächen, welche die Sender- und Empfangskasten umschließen und senkrecht durch die Energiezuleitungen zu den Antennen führen (letzteres sind die Stükken $a\,b\,1$ und $a\,b\,2$) (Abb. 188). Die Integrale über die unendliche Kugel (wo $\mathfrak{H}_b\,\mathfrak{E}_a$ und $\mathfrak{H}_a\,\mathfrak{E}_b$ Supplementwinkel einschließen) und über die unendlich gut leitenden Kasten sind o. Die Integrale über die Querschnitte $a\,b\,1$ und $a\,b\,2$ müssen wir ausrechnen.

Wir wählen als Flächenelemente $d_\mathfrak{o}$ die kleinen schwarzen Quadrate (Abb. 189) mit den gleichen Seiten ds und ds' (dieser Gedanke ist uns aus dem Abschnitt über die Stützersche Schicht bekannt) und erhalten

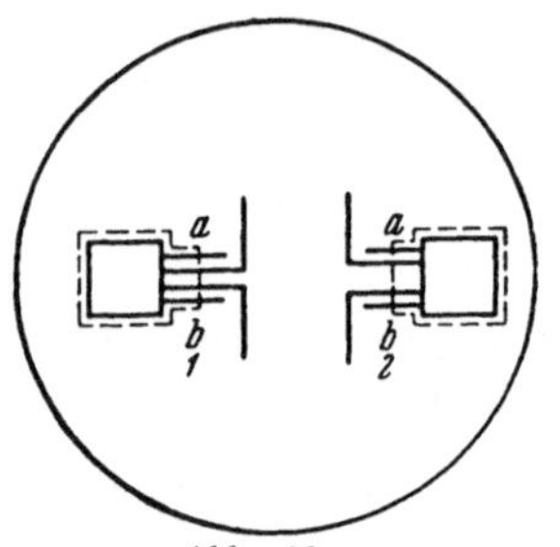

Abb. 188.
Integrationsbereich zur Ableitung
des Reziprozitätsgesetzes.

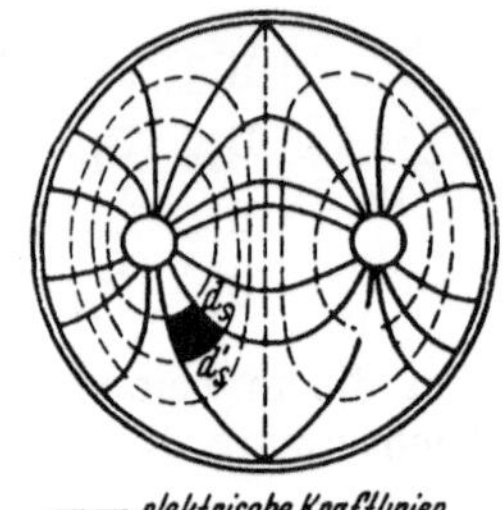

Abb. 189. Kraft- und Potentiallinien einer durch ein Rohr abgeschirmten 2-Draht-Lecherleitung.

$$\int [\mathfrak{E}_a\,\mathfrak{H}_b]\, d\mathfrak{o} = \iint \mathfrak{E}_a\,\mathfrak{H}_b\, ds\, ds' = \int_1^2 \mathfrak{E}_a \oint \mathfrak{H}_b\, ds')\, ds\,.$$

$\oint \mathfrak{H}_b ds'$ ist immer über die magnetische Kraftlinie zu nehmen, welche das betreffende Flächenelement schneidet. Nun sind aber *alle* $\oint \mathfrak{H}_b ds'$ nach dem Durchflutungsgesetz $= \mathfrak{J}_b$. Wir können $\mathfrak{J}_b$ herausklammern und $\int_1^2 \mathfrak{E}_a ds = \mathfrak{U}_{a\,1}$ ausführen. Wir erhalten also

$$\int [\mathfrak{E}_a\,\mathfrak{H}_b]\, d\mathfrak{o} = \mathfrak{U}_{a\,1}\,\mathfrak{J}_{b\,1}\,.$$

Auf dieselbe Weise rechnen wir die anderen Produktintegrale auch aus und sind damit zum allgemeinen Beweis des Reziprozitätstheorems nur unter Benutzung der allgemein gültigen Maxwellschen Gleichungen gelangt.

Man kann nun den Weg von der allgemeinen Form wieder rückwärts zu den ersten Formen gehen. Man gewinnt auf diesem Wege zur Berechnung der Empfangsspannung die Formel

$$\mathfrak{U}_{\text{emp}} = \int \mathfrak{E}_{(x)}\, \frac{I_x}{I_0}\, d x\,,$$

die unter der speziellen Bedingung, daß $\mathfrak{E}$ über die Empfangsantenne konstant ist, wieder zu unserer anfänglichen einfachen Definition der effektiven Antennenhöhe führt.

Gewöhnlich beginnt man den Beweis damit, daß man die Maxwellschen Gleichungen anschreibt und in der angegebenen Weise mit den elektrischen und magnetischen Feldstärken zusammenfaßt. Der Leser kann dann wohl kontrollieren, daß formal richtig gerechnet wurde. Wie aber der merkwürdige Anfang der Rechnung zustande kommt, bleibt schleierhaft. Ich habe daher diesem Anfang eine recht ausführliche Einleitung vorangeschickt und hoffe, daß der Leser jetzt sagen kann: „Das hätte ich auch selbst finden können." Dieser Ausspruch ist ja das Kriterium dafür, daß man etwas verstanden hat.

ε) Runge-Fränzsche Form des Reziprozitätsgesetzes für den technischen Spezialfall des an die Antenne angepaßten Empfängers.

Die Anpassung erfordert, daß der Verbrauchswiderstand des Empfängers R_v = Strahlungswiderstand R_{str}, also der gesamte Empfängerwiderstand = 2 Senderwiderstand ist. Wir bezeichnen die Senderwiderstände der Stationen 1 und 2 mit R_1 und R_2, können in Formel (7) die Spannungen durch die Ströme und Widerstände ausdrücken und erhalten

$$\mathfrak{J}_{1b}\,\mathfrak{J}_{1a}R_1 - \mathfrak{J}_{1a}\mathfrak{J}_{1b}2R_1 + \mathfrak{J}_{2b}\mathfrak{J}_{2a}R_2 - \mathfrak{J}_{2a}\mathfrak{J}_{2b}2R_2 = 0 \tag{7}$$

oder

$$\mathfrak{J}_{1a}\mathfrak{J}_{1b}R_1 = -\mathfrak{J}_{2a}\mathfrak{J}_{2h}R_2; \quad \mathfrak{N}_s = \mathfrak{J}^2 R; \quad \mathfrak{N}_e = \mathfrak{J}^2\,2R. \tag{8}$$

Aus dieser Formel können wir 2 Gleichungen gewinnen, wenn wir

$$2R_1\mathfrak{J}_{1b} = \mathfrak{U}_{1b} \quad \text{und} \quad 2R_2\mathfrak{J}_{2a} = \mathfrak{U}_{2a} \quad \text{bzw.} \quad R_1\mathfrak{J}_{1a} = \mathfrak{U}_{1a}; \quad R_2\mathfrak{J}_{2b} = \mathfrak{U}_{2b}$$

einsetzen:

$$\mathfrak{J}_{1h}\mathfrak{U}_{1a} = \mathfrak{J}_{2b}\mathfrak{U}_{2a}, \tag{9}$$

$$\mathfrak{J}_{1a}\mathfrak{U}_{1b} = \mathfrak{J}_{2a}\mathfrak{U}_{2t}. \tag{10}$$

Durch Multiplikation von Gl. (9) und (10) erhalten wir

$$\frac{\mathfrak{J}_{1a}\mathfrak{U}_{1a}\cdot\mathfrak{J}_{1b}\cdot\mathfrak{U}_{1b}}{\mathfrak{N}_{1s}\qquad\mathfrak{N}_{1e}} = \frac{\mathfrak{J}_{2a}\mathfrak{U}_{2b}\cdot\mathfrak{J}_{2b}\cdot\mathfrak{U}_{2b}}{\mathfrak{N}_{2e}\qquad\mathfrak{N}_{2s}} \quad \text{oder} \quad \frac{\mathfrak{N}_{1e}}{\mathfrak{N}_{2s}} = \frac{\mathfrak{N}_{2e}}{\mathfrak{N}_{1s}}.$$

Das Verhältnis der Empfangsleistung $\mathfrak{N}_e$ zur Sendeleistung der Gegenstation $\mathfrak{N}_s$ ist unabhängig davon, welche der beiden Stationen Empfangs- oder Sendestation ist.

E. Ionosphäre.

In rund 100 km Höhe ist die Luft auf Kathodenstrahlvakuum, in 400 km auf „Hochvakuum" (100 000 000 Moleküle im cm³) verdünnt. Von außen kommende Strahlungen (ultraviolettes Sonnenlicht, Höhenstrahlung) ionisieren die Luft. Daher der Name: „Ionosphäre".

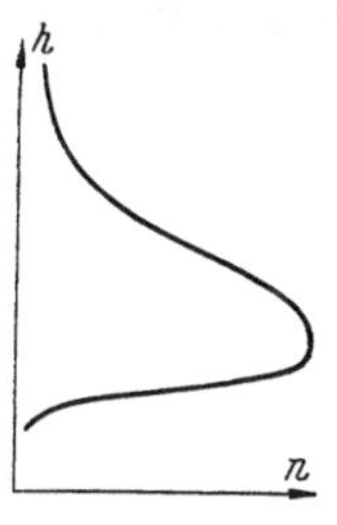

Abb. 190. Aufbau der Ionosphäre.

Die Elektronendichte n (Anzahl je cm³) ist in sehr großer Höhe wegen der geringen Luftdichte klein (Abb. 190) und steigt nach unten wegen der zunehmenden Luftdichte. Dabei wird aber auch die Energie der ionisierenden Strahlen verbraucht, auch wird die der Gasdichte proportionale Rekombination und die Bildung negativer Ionen durch Anlagerung von Elektronen immer wirksamer, so daß die Ionisation wieder abnimmt und in niederen Höhen ganz verschwindet. Die Höhen und die Intensitäten dieser isonisierten Schichten schwanken mit der Tages- und Jahreszeit.

Die die Wellen stark dämpfende tiefer liegende E-Schicht ist im wesentlichen nur am Tage vorhanden, die höher, etwa bei 400 km liegende F-Schicht ist auch nachts vorhanden, abends aber dichter als morgens.

Ein in diese Elektronenschichten geschickter Radiostrahl wird gekrümmt und kommt wieder zur Erde zurück. Man spricht hier oft von einer „Reflexion", obwohl es sich nicht um eine eigentliche Reflexion mit einer Zerspaltung der Welle in eine gebrochene und reflektierte handelt, sondern um eine Krümmung der Welle in einem geschichteten Medium.

Die experimentelle Ausmessung der Ionosphäre ist am besten an den Arbeiten von ZENNECK und GOUBEAU zu erläutern. ZENNECK und sein damaliger Doktorand GOUBEAU ermittelten die Höhe h' (Abb. 191) der Schicht, indem sie in München kurze Wellenzüge von etwa $^1/_{10}$ msec, sogenannte „Impulse", im Takte des Wechselstromes aussandten und in Ingolstadt empfingen. Ingolstadt wird von der gleichen Überlandleitung gespeist wie München, die Wechselströme laufen in beiden Städten genau synchron. In Ingolstadt wurde der Leuchtfleck einer Braunschen Röhre im Takte dieses Wechselstromes und damit auch im Takte der in München ausgesandten Signale herumgeführt und außerdem von den Empfangssignalen abgelenkt. Es

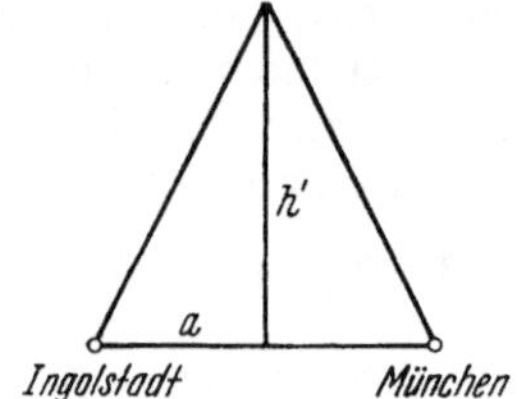

Abb. 191.
Strahlwege bei den Zenneck-Goubeauschen Versuchen.

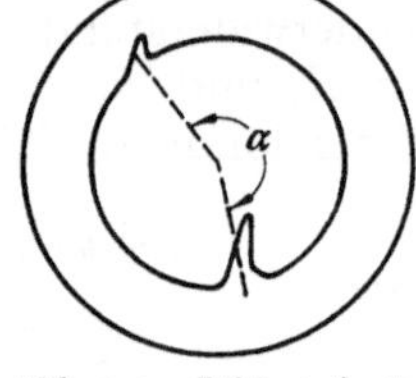

Abb. 192. Bild auf der Braunschen Röhre bei Zenneck-Goubeau.

entstand Abbildung 192. Das zuerst ankommende kleine Signal war die Bodenwelle, das zweite die über die Ionosphäre gelaufene Welle. Die zwischen den beiden Zacken liegende Zeit ist die Differenz der Laufzeiten und beträgt

$$T = \frac{1}{50}\,\frac{\alpha}{360°}\,\text{sec}$$

und $c \cdot T$ ist die Differenz der Wege München—Ingolstadt direkt und München—Ionosphäre—Ingolstadt. Da man die Entfernung München—Ingolstadt $= 2\,a$ auf der Karte abgreifen kann, ist hieraus die Höhe der Ionosphäre nach der Formel

$$cT = 2\sqrt{h'^2 + a^2} - a$$

leicht zu berechnen.

Diese ursprüngliche Zennecksche Idee findet sich bei allen späteren Funkmeßgeräten bis zu den modernen Radargeräten wieder.

Die Zenneck-Goubeauschen Beobachtungen führen auf die Fragen: Wie kommt die Strahlkrümmung in der Ionosphäre zustande? Kann ich aus den Beobachtungen die Elektronendichte n und neben der scheinbaren Höhe h' auch die wirkliche Höhe berechnen?

Kann man mit diesen Beobachtungen die Fadings und die von den Radioamateuren entdeckte „Sprungentfernung" erklären?

1. Die Dielektrizitätskonstante in der Ionosphäre.

Wir hatten an Hand des Blechstreifen-Lechersystems abgeleitet, daß für die Fortpflanzungsgeschwindigkeit v einer elektrischen Welle gilt

$$\frac{v}{c} = \sqrt{\frac{\varepsilon_0}{\varepsilon}} = \frac{1}{n}\,; \quad n = \text{Brechungsindex.} \tag{1}$$

Wenn nun die Fortpflanzungsgeschwindigkeit nach oben zunimmt, so würde die Front einer schräg in die Ionosphäre einlaufenden Welle oben rascher als unten laufen, die Wellenfront würde schwenken und der Strahl nach unten gekrümmt werden. Wir müssen also, um die Zenneck-Goubeauschen Beobachtungen zu erklären, überlegen, wie die Dielektrizitätskonstante in der Ionosphäre mit der

Elektronenkonzentration zunimmt. Es ist zu erwarten, daß sie nach oben abnimmt, also kleiner als ε_0 wird. Für die Dielektrizitätskonstante eines Glases gilt:

$$\varepsilon = \varepsilon_0 + \varkappa .$$

Die Elektrisierungskonstante $\varkappa$ ist die auf der Stirnfläche des Stoffes bei einer Feldstärke von 1 V/cm auftretenden Ladung je cm^2

$$\varkappa = e_1 n s ,$$

wenn die Elektronen unter der Wirkung der Feldstarke um ein Stück s verschoben sind und wenn sich in einem cm^3 n Elektronen befinden. s berechnen wir nach der Bewegungsgleichung

$$m s^{\cdot\cdot} + \varrho s^{\cdot} + p s = e_1 \mathfrak{E} e^{j\omega t} ,$$

p = quasielastische Bindung der Elektronen an die Moleküle, ϱ = Reibungskoeffizient. Mit Hilfe des Ansatzes

$$s = \mathfrak{s} e^{j\omega t} \quad \text{zu} \quad \mathfrak{s} = \frac{e_1 \mathfrak{E}}{- m \omega^3 + j \omega \varrho + p}$$

und erhalten schließlich für die Dielektrizitätskonstante

$$\varepsilon = \varepsilon_0 \left(1 + \frac{e_1^2 n / \varepsilon_0}{- m \omega^2 + j \omega \varrho + p} \right) . \tag{2}$$

Die Formel zeigt, daß der Brechungsindex $\mathfrak{n} = \sqrt{\dfrac{\varepsilon}{\varepsilon_0}}$ mit der Frequenz steigt. Sie enthält die Theorie der Dispersion: Blaue Lichtstrahlen werden im Prisma stärker abgelenkt als rote (umgekehrt wie beim Beugungsgitter).

In der Ionosphäre ist keine elastische Bindung der Elektronen vorhanden. Die Dampfung ϱ durch die Zusammenstöße der Elektronen mit den Gasmolekülen wollen wir zunächst vernachlässigen. Wir erhalten also für die Dielektrizitätskonstante der Ionosphäre die Formel:

$$\varepsilon = \varepsilon_0 \left(1 - \frac{e_1^2 n / \varepsilon_0}{m \omega^2} \right) = \varepsilon_0 \left(1 - \frac{\omega_1^2}{\omega^2} \right) , \tag{3}$$

ω_1^2 ist die Abkürzung für $e_1^2 n / \varepsilon_0 m$. Kontrolliere die Dimensionen!

2. Die Phasen- und Gruppengeschwindigkeit in der Ionosphäre.

Ableitung der Formeln für v_{ph} und v_{gr} an Hand der einfachsten nur aus 2 Wellen bestehenden Gruppe.

$$\mathfrak{V} = \mathfrak{V}_0 \left\{ \cos (\omega_1 t - k_1 x) + \cos (\omega_2 t - k_2 x) \right\} .$$

Wir formen nach der trigonometrischen Formel $\cos \alpha + \cos \beta = 2 \cos \dfrac{\alpha + \beta}{2} \cdot \cos \dfrac{\alpha - \beta}{2}$ um (Abb. 193)

$$\mathfrak{V} = \mathfrak{V}_0 \cos \left(\frac{\omega_1 - \omega_2}{2} t - \frac{k_1 - k_2}{2} x \right) \cdot \cos \left(\frac{\omega_1 + \omega_2}{2} t - \frac{k_1 + k_2}{2} x \right) .$$

Umrandung   Welle

Die Phasengeschwindigkeit erhalten wir, wenn wir das Fortschreiten der Phase, z. B. der Phase o, betrachten. Wir erhalten:

$$\overline{\omega} t - \overline{k} x = 0; \quad v_{\mathrm{ph}} = \frac{x}{t} = \frac{1}{\overline{k}/\overline{\omega}} ; \qquad \left. \begin{aligned} \overline{k} &= \frac{k_1 + k_2}{2} \\[2mm] \overline{\omega} &= \frac{\omega_1 + \omega_2}{2} \end{aligned} \right\} \text{Mittelwerte.}$$

Die Gruppengeschwindigkeit erhalten wir, wenn wir das Fortschreiten der gestrichelten Umrandungsfigur betrachten:

$$\delta\omega \cdot t - \delta k\,x = 0; \quad v_{\mathrm{gr}} = \frac{x}{t} = \frac{1}{\delta k/\delta\omega}; \quad \delta k = \frac{k_1 - k_2}{2}; \quad \delta\omega = \frac{\omega_1 - \omega_2}{2};$$

$$v_{\mathrm{gr}} = \frac{1}{d k/d\omega} \qquad (4)$$

bei Wellengruppen mit kontinuierlichem Spektrum.

Anwendung auf die Ionosphäre. Wir hatten berechnet

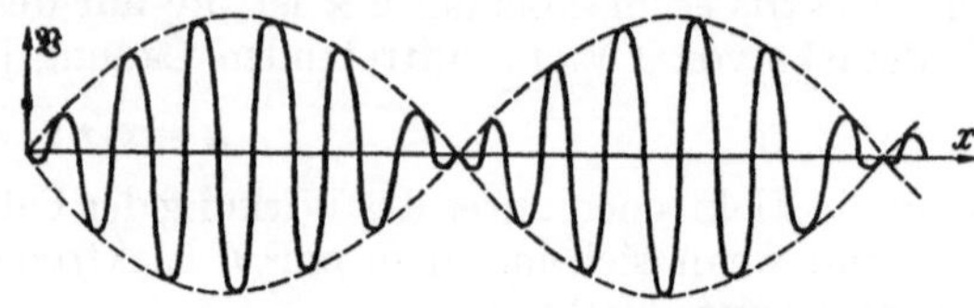

Abb. 193. Zur Erläuterung der Phasen- und Gruppengeschwindigkeit: Einfachste aus 2 Wellen bestehende Wellengruppe.

$$\frac{c}{v_{\mathrm{ph}}} = \sqrt{\frac{\varepsilon}{\varepsilon_0}} = \sqrt{1 - \frac{\omega_1^2}{\omega^2}}; \quad k = \frac{\omega}{v} = \frac{\omega}{c}\frac{c}{v} = \frac{\omega}{c}\sqrt{1 - \frac{\omega_1^2}{\omega^2}} = \frac{1}{c}\sqrt{\omega^2 - \omega_1^2} \qquad (5)$$

und erhalten:

$$\frac{d k}{d\omega} = \frac{\omega}{c}\frac{1}{\sqrt{\omega^2 - \omega_1^2}}; \quad \frac{v_{\mathrm{gr}}}{c} = \sqrt{1 - \frac{\omega_1^2}{\omega^2}}; \quad \frac{v_{\mathrm{ph}}}{c} = \sqrt{1 - \frac{\omega_1^2}{\omega^2}}^{\,-1}; \quad v_{\mathrm{gr}} \cdot v_{\mathrm{ph}} = c^2. \qquad (6)$$

3. Die Differentialgleichung für den Strahl.

Wir lesen aus Abb. 194 ab:

$$\frac{\varrho + 1}{\varrho} = \frac{\left(v + \frac{\partial v}{\partial z}\delta z\right)\delta t}{v\,\delta t} = 1 + \frac{d \ln v}{d z}\cos\alpha \qquad (7)$$

und mit

$$\delta z = 1\cos\alpha: \quad \frac{1}{\varrho\cos\alpha} = d \ln v/d z. \qquad (8)$$

Wir drücken $1/\varrho \cos\alpha$ durch

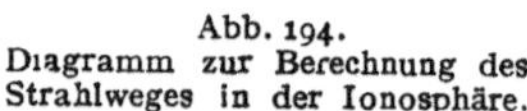

Abb. 194.
Diagramm zur Berechnung des Strahlweges in der Ionosphäre.

$$\frac{d^2 x}{d z^2} = x''; \quad \frac{d x}{d z} = x' \quad \text{aus:} \quad \frac{1}{\varrho} = \frac{x''}{(1 + x'^2)^{3/2}}; \quad \cos\alpha = \frac{x'}{\sqrt{1 + x'^2}};$$

$$\frac{d}{d z}\ln v_{\mathrm{ph}} = \frac{x''}{x'(1 + x'^2)} \qquad (9)$$

oder integriert:

$$\ln v_{\mathrm{ph}} = -\ln\sqrt{1 + \frac{1}{x'^2}} - \ln k = \ln\cos\alpha - \ln k; \quad k\,v_{\mathrm{ph}} = \cos\alpha = \frac{k c^2}{v_{\mathrm{gr}}}. \qquad (10)$$

Die Integrationskonstante k ist aus der Grenzbedingung: Beim Eintritt in die Ionosphäre ist $\alpha = \alpha_0$ und $v_{\mathrm{gr}} = c$ zu bestimmen.

$$k c = \cos\alpha_0; \quad k c^2 = c\cos\alpha_0 = v_{\mathrm{gr}}\cos\alpha \qquad \text{Martynsches Gesetz!} \qquad (11)$$

In besonders einfacher Weise kann man das Martynsche Gesetz mit Hilfe des Brechungsgesetzes ableiten, das man ja auch auf geschichtete Medien anwenden kann.

$$\mathfrak{n} = \sqrt{\frac{\varepsilon}{\varepsilon_0}} = \frac{\sin\beta_0}{\sin\beta} = \frac{\cos\alpha_0}{\cos\alpha} = \frac{1}{\sqrt{1 - \frac{\omega_1^2}{\omega^2}}} \qquad \text{nach Gl. (3)} = \frac{v_{\mathrm{gr}}}{c}$$

nach Gl. (6) $v_{\mathrm{gr}}\cos\alpha = c\cos\alpha_0$.

a) Diskussion der gewonnenen Resultate.

$$\frac{1}{\varrho} = \frac{d \ln v_{ph}}{dz} \cos \alpha \quad \text{gibt:} \quad \frac{1}{\varrho} = \frac{\cos \alpha}{v_{ph}} \frac{d v_{ph}}{dz} = \cos \alpha \frac{\omega_\perp \dfrac{d\omega_\perp}{dz}}{\omega^2 - \omega_\perp^2} ;$$

$$\frac{d v_{ph}}{dz} = \frac{d \dfrac{c\,\omega}{\sqrt{\omega^2 - \omega_\perp^2}}}{dz} = \frac{\omega_\perp \omega c}{(\omega^2 - \omega_\perp^2)^{3/2}} \frac{d\omega_\perp}{dz} .$$

Im Umkehrpunkt ($\alpha = 0$, $\cos \alpha = 1$) wird $1/\varrho$ für $\omega = \omega_\perp$ unendlich und $\varrho =$ Null. Ein senkrecht nach oben laufender Strahl kehrt an der Stelle, an der die Elektronendichte so groß geworden ist, daß $\omega = \omega_\perp$ gilt, mit einem scharfen Knick um. Ermittelt man für $\omega_\perp$ die Laufzeit und damit die Höhe h', so kann man der scheinbaren Höhe die Elektronendichte $n = \dfrac{m\,\varepsilon_0\,\omega^2}{e_1^2}$ zuordnen und so die Ionosphäre ausmessen. Es ist jetzt verständlich, warum wir $\omega_\perp$ mit dem Index $\perp$ auszeichneten.

Für $\omega = \omega_\perp$ ist $\varrho = 0$; $v_{gr} = 0$; $v_{ph} = \infty$.

b) Verschiedene Formulierungen des Martynschen Gesetzes.

α) Die Horizontalkomponente der Gruppengeschwindigkeit bleibt in der Ionosphäre konstant.

β) Die Gruppengeschwindigkeit im Scheitel der Bahn ist

$$v_{gr\,sch} = c \cos \alpha_0 ,$$

bei senkrechtem Einfall $v_{gr\,sch} = 0$.

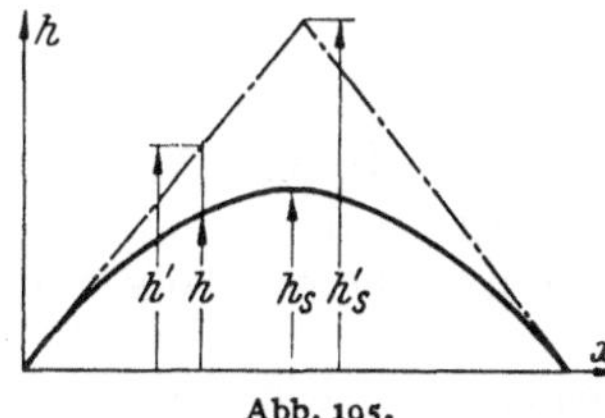

Abb. 195.
Diagramm zum Martynschen Gesetz.

γ) Vergleicht man die Bewegung des Signals in der Ionosphäre mit der Bewegung eines Signals mit Lichtgeschwindigkeit auf der Ersatzbahn (gestrichelt in Abb. 195), so findet man, daß beide Signale zu gleicher Zeit senkrecht untereinander sind.

δ) Kennt man die Abhängigkeit der Gruppengeschwindigkeit von der scheinbaren Höhe h', so kann man die wirkliche Höhe nach der Beziehung

$$h = \int v_{gr}\, dt = \int v_{gr}(h') \frac{dh'}{c} \quad \left[v_{gr}(h') = c \sqrt{1 - \frac{\omega_\perp (h')^2}{\omega^2}} \right]$$

durch Ausplanimetrieren finden.

4. Berechnung der Gleichung für die Bahn eines Strahles.

Es sei v_{gr} als Funktion der wirklichen Höhe bekannt. Es ist dann nach MARTIN

$$\cos \alpha = \frac{1}{\sqrt{1 + \mathrm{tg}^2 \alpha}} = \frac{c \cos \alpha_0}{v_{gr}} ; \quad \frac{dh}{dx} = \sqrt{\frac{v_{gr}^2(h)}{(c \cos \alpha)^2} - 1} ;$$

$$x - x_0 = \int \frac{dh}{\sqrt{\dfrac{v_{gr}^2(h)}{(c \cos \alpha)^2} - 1}} .$$

Durchführung eines Beispieles für $n = \gamma h^2$, etwa dem unteren Teil der Ionosphäre entsprechend:

$$\omega_\perp^2 = a^2 h^2 \quad \text{mit} \quad a^2 = \gamma e_1^2 / \varepsilon_0 m ; \quad \frac{v_{gr}^2}{c^2} = 1 - \left(\frac{a}{\omega}\right)^2 h^2 ;$$

$$x = \int \frac{\cos \alpha_0 \, dh}{\sqrt{1 - \left(\dfrac{a}{\omega}\right)^2 h^2 - \cos^2 \alpha_0}} = \int \frac{\cos \alpha_0 \, dh / \sin \alpha_0}{\sqrt{1 - \left(\dfrac{\alpha}{\omega \sin \alpha_0}\right)^2 h^2}} \; ;$$

$$x \, \mathrm{tg}\, \alpha_0 = \int \frac{dh}{\sqrt{1 - (hA)^2}} \quad \text{mit} \quad A = \frac{a}{\omega \sin \alpha_0} \, .$$

Die Integration ergibt:

$$A \cdot x \, \mathrm{tg}\, \alpha_0 = -\arccos (A h + c); \quad A h + c = \cos (A \, \mathrm{tg}\, \alpha_0 \cdot x).$$

Sind $x = 0$ und $A h = 1$ die Koordinaten des Bahnscheitels, so wird $c = 0$. Der Eintrittspunkt x_0 in die Ionosphäre ist durch

$$A \, \mathrm{tg}\, \alpha_0 = A \, \mathrm{tg}\, \alpha_0 \sin (A \, \mathrm{tg}\, \alpha_0 x_0); \qquad A \, \mathrm{tg}\, \alpha_0 \cdot x_0 = \pi/2$$

definiert. Wir erhalten daraus für x_0:

$$x_0 = \frac{\pi/2}{A \, \mathrm{tg}\, \alpha_0} \, .$$

Der Strahl durchlauft eine halbe Sinuslinie. Scheinbare und wirkliche Höhe stehen in dem Verhältnis $h'/h = \pi/2$.

5. Der Durchdrehsender.

Um die Kurven, die den Zusammenhang zwischen h' und $\omega_\perp$ darstellen, zu registrieren, läßt man von einem Sender z. B. aller $^1/_{50}$ sec einen Impuls (kurzen Wellenzug von vielleicht $^1/_{100}$ msec) ausstrahlen. Dabei wird die Frequenz des Senders geändert, indem man die Abstimmkondensatoren dauernd langsam durchdreht. Daher der Name: ,,Durchdrehsender''. Im Moment des Impulsstartes läuft der Lichtfleck einer Braunschen Röhre in senkrechter Richtung los. Dieser Lichtfleck ist aber zunächst durch stark negative Wehnelt-Zylinderspannung abgeblendet und wird erst freigegeben, wenn das Echo aus der Ionosphäre im Empfänger eintrifft. Man erhält also bei jedem Impuls auf der Braunschen Röhre einen Punkt, dessen Höhe über der Abszissenachse der Laufzeit des Impulses und damit der Höhe h' proportional ist. Außerdem wird der Film vor der Braunschen Röhre immer um ein $\ln \omega_\perp$ proportionales Stück vorgeschoben.

So entsteht aus dicht liegenden Punkten die h'-$l_n\omega_\perp$-Kurve, das ,,Durchdrehdiagramm'' Abb. 196.

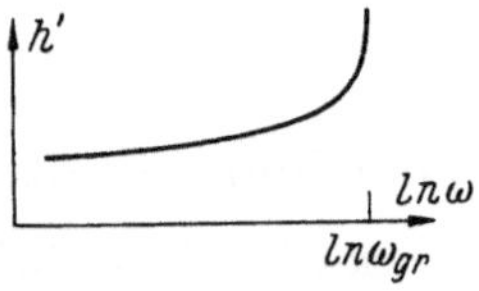

6. Das Sekantengesetz.

Aufgabe: Welche Frequenz muß ich benutzen, um mit einem gegebenen Abstrahlwinkel α_0 ($\sin \alpha_0 = 1/\sqrt{1 + (D/h')^2}$ Abb. 197) über die scheinbare Höhe h' nach der Gegenstation 2 zu gelangen?

Die Gruppengeschwindigkeit im Scheitel ist nach MARTYN

$$c \sqrt{1 - \frac{\omega_\perp^2}{\omega^2}} = v_{gr\,sch} = c \cos \alpha_0; \quad 1 - \frac{\omega_\perp^2}{\omega^2} = \cos^2 \alpha_0; \quad \frac{\omega_\perp}{\omega} = \sin \alpha_0;$$

$$\omega = \frac{\omega_\perp}{\sin \alpha_0} = \omega_\perp \sec \alpha_0.$$

Abb. 196.
Durchdrehdiagramm.

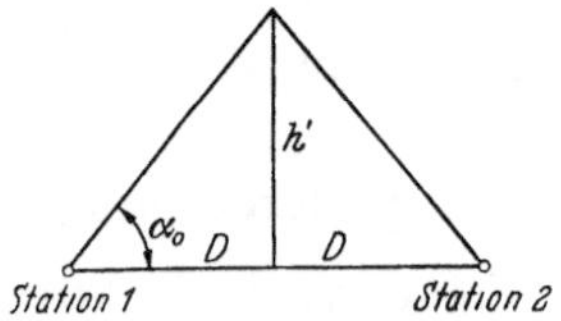

Abb. 197.
Zur Berechnung der Stationskurve.

7. Die Funkberatung.

Wie in Abschnitt 9 abgeleitet werden soll, erleiden die elektrischen Wellen eine Dämpfung durch Zusammenstoß der Elektronen mit den Gasmolekülen. Diese Dämpfung sinkt proportional mit $1/\omega$. Man muß also mit möglichst hohen Frequenzen arbeiten. Es ist die Aufgabe der Funkberatung, für 2 Stationen an Hand der Durchdrehdiagramme diese maximale Frequenz anzugeben.

Um z.B. über h_1' von Station 1 nach Station 2 zu gelangen, ist nach dem Sekantengesetz die Frequenz

$$\ln \omega = \ln \omega_\perp + \ln \frac{1}{\sin \alpha_0} = \ln \omega_\perp + \ln \sqrt{1 + \left(\frac{D}{h'}\right)^2} = \ln \omega_\perp + f(h') ;$$

$$\frac{\omega}{\omega_\perp} = \sqrt{1 + \left(\frac{D}{h'}\right)^2} ; \quad h' = \frac{D}{\sqrt{\dfrac{\omega^2}{\omega_\perp^2} - 1}} ; \quad \text{also } h' \sim D \text{ bei gleichen } \omega$$

(2 D = Entfernung der Stationen)

nötig. Schiebt man also die Kurve $f(h') = \ln \sqrt{1 + \left(\frac{D}{h'}\right)^2}$ — wir wollen sie Stationskurve nennen — bis an den Punkt 1 heran, so kann man an der Unendlichkeitsstelle der Stationskurve die gesuchte Frequenz ablesen. Das Stück zwischen den Pfeilen ist dann

$$1/2 \ln \left(1 + \left(\frac{D}{h'}\right)^2\right) = -\ln \sin \alpha_0 . \qquad \text{(Siehe Abb. 198.)}$$

Man erhält die höchste Frequenz, wenn sich Durchdrehdiagramm und Stationskurve berühren.

8. Sprungentfernung, Spornkurven, Interferenzfadings.

Die Stationskurven für verschiedene Entfernungen sind durch Dehnen des Ordinatenmaßstabes proportional zur Entfernung zu erhalten. In Abb. 199 ist

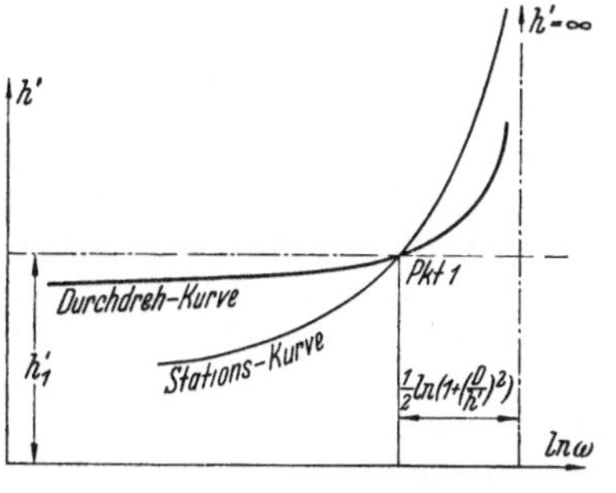

Abb. 198. Ermittlung der scheinbaren Höhe h' bei gegebener Frequenz.

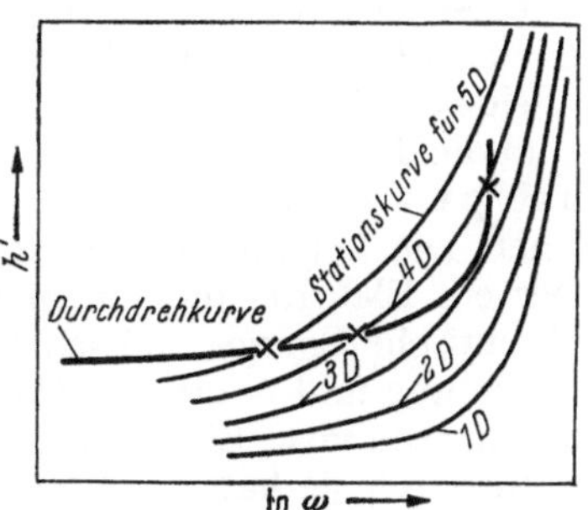

Abb. 199. Konstruktion der Sprungentfernung.

ein Durchdrehdiagramm und die Stationskurven für D, $2\,D$, $3\,D$, $4\,D$, $5\,D$ eingetragen. Für die Entfernung $3\,D$ berühren sich beide Kurven gerade. Wir sehen, daß größere Entfernungen sogar über 2 Wege zu erreichen sind, kleinere hingegen nicht. Diese „überspringt" das Signal. Wir nennen daher $3\,D$ die „Sprungentfernung" für die Frequenz, bei der das Durchdrehdiagramm die Dichte der Elektronen angibt. (Entdeckung der Kurzwellenamateure, die seinerzeit zum Staunen aller Hochfrequenzler feststellten, daß sie nach einer Zone des Schweigens auf große Entfernungen wieder guten Empfang hatten.)

Wenn man die Stationskurve weiter nach links schiebt, so erhält man zunächst zwei, später noch einen Schnittpunkt mit dem Durchdrehdiagramm. Trägt man zusammengehörige Höhen und Frequenzen auf, erhält man eine „Spornkurve" (Abb. 200). Man würde sie experimentell als Durchdrehdiagramm erhalten, wenn der Sender in Station 1 und der Empfänger in Station 2 stünde.

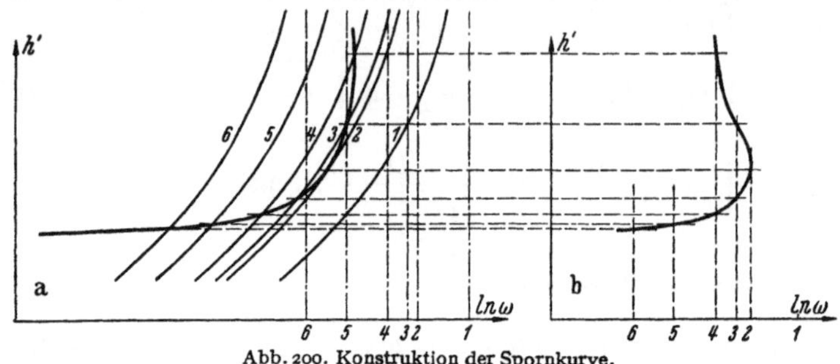

Abb. 200. Konstruktion der Spornkurve.

Bodenwelle und Ionosphärenwelle oder auch auf 2 verschiedenen Wegen laufende Ionosphärenwellen können sich durch Interferenz auslöschen. — Interferenzfadings. — Da die Ionosphäre dauernd in Bewegung ist, dauern diese Interferenzfadings meist nur kurze Zeit.

9. Die Dämpfung in der Ionosphäre.

Die Dämpfung in der Ionosphäre ist wohl die technisch wichtigste Erscheinung, da sie zur Einrichtung der Funkberatung führte. Sie beruht auf dem Energieverlust der durch die Welle zum Schwingen angeregten Elektronen durch Zusammenstöße mit den Luftmolekülen. Wir gehen von der Anschauung aus, daß die Elektronen bei der Ionisierung eine mittlere Temperaturgeschwindigkeit v erhalten. Diese ist auf alle Richtungen gleichmäßig verteilt, und ist daher, wenn man über viele Elektronen mittelt, gleich Null. Außerdem erhalten sie aus dem elektrischen Felde der Radiowelle noch eine geordnete Geschwindigkeit $x^{\cdot}$. Geschwindigkeit und Feldstärke haben eine Phasenverschiebung von 90° gegeneinander. Die Energie pendelt zwischen Feldenergie und kinetischer Energie der Elektronen hin und her. Die Leistung der Welle auf die Elektronen ist eine Blindleistung. Stößt aber ein Elektron mit einem Gasmolekül zusammen, so verliert es seine gesamte kinetische Energie und seinen gesamten Impuls. Diese Verluste bedeuten eine Wirkleistung und somit eine Dämpfung.

Weiß man, wie viele Elektronen in einem Zeitelement dt stoßen und welche Geschwindigkeiten sie haben, so kann man den Impulsverlust dieser dt proportionalen Elektronenzahl ausrechnen. Die übrigen n Elektronen nehmen während der Zeit dt den Impuls $n e_1 \mathfrak{E}\, dt$ auf. Kennt man die Impulsänderung während dt, so kann man durch Integration den Impuls und durch Multiplikation mit e_1/m die Stromdichte finden. Aus dieser ist dann nach der Beziehung

$$\varepsilon \frac{\partial \mathfrak{E}}{\partial t} = \varepsilon_0 \frac{\partial \mathfrak{E}}{\partial t} + i$$

die Dielektrizitätskonstante ε zu finden. ε wird eine komplexe Größe, deren imaginärer Teil die Dämpfung der Welle ergibt.

Ausführung des geschilderten Planes.

a) Die freie Weglänge. Es sei N die Zahl der Gasmoleküle im cm³, f der Wirkungsquerschnitt. n Elektronen treten in eine Scheibe von 1 cm² Querschnitt und der Dicke dx ein. Dann gilt

$$-\frac{dn}{n} = \frac{\text{verdeckter Querschnitt}}{\text{gesamter Querschnitt}} = \frac{Nf\,dx}{1\ \text{cm}^3}.$$

Integriert:

$$n = n_0 e^{-Nfx}; \quad dn = -Nf n_0 e^{-Nfx} dx = -n Nf\,dx.$$

$n_0 =$ Anzahl der Elektronen, die bei x_0 eintreten.

b) Die mittlere freie Weglänge

$$\lambda = \bar{x} = \int x\, e^{-Nfx} dx \Big/ \int e^{-Nfx} dx.$$

Nach partieller Integration: $\lambda = \dfrac{1}{Nf}$.

c) Verschiedene Lesarten der Formeln. Von n_1 bei x = o eintretenden Elektronen werden

$$dn = Nf n_1 e^{-Nfx} dx = \frac{1}{\lambda} n_1 e^{-x/\lambda} dx$$

in einer Entfernung x bis $x + dx$ stoßen. Oder von n_1 bei $x = $ o eintretenden Elektronen haben dn in einer Entfernung x bis $x + dx$ den letzten Stoß erfahren.

d) Umbau auf die Zeit. Setze statt x den Wert $v \cdot t$ ($v = $ Temperaturgeschwindigkeit), dann erhält man mit $s = N \cdot q \cdot v = v/\lambda$

$$n_1 = n_0 e^{-st}; \quad dn = s n_1 dt = -s n_0 e^{-st} dt.$$

Auch diese Formel hat wieder die entsprechenden 2 Lesarten.

e) Einteilung der stoßenden Elektronen nach dem Lebensalter. Von den $n_1 \cdot s \cdot dt$ zur Zeit t während des Zeitelementes dt stoßenden Elektronen haben

$$d^2 n = n_1 s^2 dt\, e^{-st'} dt'$$

das Lebensalter t' und haben während der Zeit dt' das letzte Mal gestoßen bzw. sind während dieser Zeit dt' durch Stoßionisation entstanden. Es sei z.B. dt das Sterbejahr 1951, t' die Lebensdauer 12 Jahre, dt' das Geburtsjahr 1939, $d^2 n$ die Anzahl der während des Jahres 1951 sterbenden, die während des Jahres 1939 geboren wurden.

f) Der Impuls der $d^2 n$-Elektronen. Aus der Bewegungsgleichung $m\ddot{x} = e_1 \mathfrak{E} e^{j\omega t}$ mit der Anfangsbedingung

$$\dot{x} = \text{o für } t_0 = t - t' \text{ folgt}: \quad \dot{x} = \frac{e_1}{j\omega m} \mathfrak{E}(e^{j\omega t} - e^{j\omega t_0}) = \frac{e_1}{j\omega m} \mathfrak{E} e^{j\omega t}(1 - e^{j\omega t'}).$$

g) Die unter Punkt e) erwähnten $n_1 \cdot s \cdot dt$ (im Jahre 1951 sterbenden) Elektronen verlieren beim Stoß den Impuls

$$\Delta \mathfrak{p}_1 = \sum m\dot{x} = \frac{e_1 n_1}{j\omega} \mathfrak{E} e^{j\omega t} dt \int_0^\infty (1 - e^{j\omega t'}) s^2 e^{-st'} dt'$$

$$= \frac{e_1 n_1}{j\omega} \mathfrak{E} e^{j\omega t} dt\, s^2 \left(\frac{1}{s} - \frac{1}{j\omega + s}\right)$$

$$\Delta \mathfrak{p}_1 = e_1 \mathfrak{E} e^{j\omega t} \frac{n\,dt}{j\omega} \cdot \frac{s^2 \cdot j\omega}{s(j\omega + s)} = n_1 e_1 \mathfrak{E} e^{j\omega t} dt \frac{s}{j\omega + s}.$$

Die nichtstoßenden gewinnen unter der Wirkung der elektrischen Feldstärke den Impuls

$$\Delta \mathfrak{p}_2 = n_1\, e_1\, \mathfrak{E}\, e^{j\omega t}\, dt.$$

(Zahl der nichtstoßenden $= n_1 - n_1 \cdot s \cdot dt \cong n_1$.)
Die gesamte Impulsänderung während dt ist dann

$$\Delta \mathfrak{p} = \Delta \mathfrak{p}_2 - \Delta \mathfrak{p}_1 = n_1\, e_1\, \mathfrak{E}\, e^{j\omega t}\, dt \left(1 - \frac{s}{s+j\omega}\right) = n_1\, e_1\, \mathfrak{E}\, e^{j\omega t}\, dt\, \frac{j\omega}{s+j\omega}.$$

h) Der Impuls selbst ist durch Integration nach der Zeit zu finden:

$$\mathfrak{p} = n_1\, e_1\, \mathfrak{E}\, e^{j\omega t}\, \frac{1}{s+j\omega}.$$

i) Die diesem Impuls entsprechende **Stromdichte** ist

$$i = \mathfrak{p}\,\frac{e_1}{m} = \frac{n_1\, e_1^2}{m}\, \mathfrak{E}\, e^{j\omega t}\, \frac{1}{s+j\omega}.$$

k) Wir wollen die „**dynamische**" **Dielektrizitätskonstante** durch

$$\varepsilon\,\frac{\partial \mathfrak{E}}{\partial t} = \varepsilon_0\,\frac{\partial \mathfrak{E}}{\partial t} + i$$

definieren. Nach dieser Definition erhalten wir

$$\varepsilon = \varepsilon_0 \left(1 + \frac{n_1\, e_1^2}{m\,\varepsilon_0}\,\frac{1}{j\omega\,(s+j\omega)}\right) = \varepsilon_0 \left(1 + \frac{\omega_1^2}{j\omega\,(s+j\omega)}\right) = \varepsilon_0 \left(1 - \frac{\omega_1^2}{\omega^2+s^2} - \frac{j\,\frac{s}{\omega}\,\omega_1^2}{\omega^2+s^2}\right).$$

l) Für die **Wellenzahl**

$$k = \frac{\omega}{v} = \frac{\omega}{c}\,\frac{c}{v} = \frac{\omega}{c}\,\sqrt{\frac{\varepsilon}{\varepsilon_0}}$$

erhalten wir

$$j\,k = j\,\frac{\omega}{c}\,\sqrt{1 + \frac{\omega_1^2}{j\omega\,(j\omega+s)}} \cong \frac{j\omega}{c}\left(1 + \frac{\omega_1^2}{2j\omega\,(j\omega+s)}\right)$$

$$= \frac{j\omega}{c}\left(1 - \frac{\omega_1^2}{2\,(\omega^2+s^2)}\right) + \frac{\omega_1^2\, s}{2\,c\,(\omega^2+s^2)}$$

$$= j\,k_1 + k_2 \quad \text{mit} \quad k_1 = \frac{\omega}{c}\left(1 - \frac{\omega_1^2}{2\,(\omega^2+s^2)}\right) \quad \text{und} \quad k_2 = \frac{\omega_1^2\, s}{2\,c\,(\omega^2+s^2)}.$$

m) Die Gleichung für die **fortschreitende Welle** lautet:

$$\mathfrak{B} = \mathfrak{B}_0\, e^{j\omega t - j k_1 x - k_2 x} = \mathfrak{B}_0\, e^{-k_2 x}\,\cos\,(\omega t - k_1 x).$$

k_2 gibt die raumliche Dampfung der Welle an. Sie ist zu $\frac{1}{\omega^2+s^2} \cong \frac{1}{\omega^2}$ proportional, und außerdem, wie zu erwarten, mit s oder der Molekühlzahl und mit ω_1^2 oder der Elektronenzahl proportional. Daher ist es die Aufgabe der Funkberatung, für 2 Stationen immer die kürzeste Wellenlange anzugeben, die von der Ionosphäre eben noch sicher „reflektiert" wird.

Qualitativ kann man ohne Rechnung nachträglich überlegen: Der Dämpfungsfaktor ist definiert durch

$$2\,k_2 = \frac{\mathfrak{B}}{\mathfrak{S}} = \frac{\text{Verlust je cm}^3 \text{ und sec}}{\text{Energiestromdichte}}.$$

Wenn während 1 sec in einem Strahl von 1 cm² Querschnitt und 1 cm Länge n_v Elektronen stoßen, ist

$$\mathfrak{B} = n_v \cdot \frac{m\, x^{\cdot 2}}{2}; \quad |x^{\cdot}| = \frac{e_1}{m}\,\frac{\mathfrak{E}}{\omega} \quad \mathfrak{B} = \frac{n_v\,\mathfrak{E}^2\,e_1^2}{2\,m\,\omega^2};$$

$$\text{Dimension } [n_v] = \frac{1}{\text{cm}^3 \text{sec}}; \quad n_v = s\,n_1\,1\,\text{sec.}$$

Der Energiestrom ist:

$$\mathfrak{S} = [\mathfrak{E}\,\mathfrak{H}]; \quad \mathfrak{H} = \sqrt{\frac{\varepsilon_0}{\mu_0}}\,\mathfrak{E}; \quad \mathfrak{S} = \sqrt{\frac{\varepsilon}{\mu_0}}\,\mathfrak{E}^2,$$

der zeitliche Mittelwert ist $\overline{\mathfrak{S}} = \mathfrak{S}/2$. Nach dieser Abschätzung erhält man

$$k_2 = \frac{1}{2}\,\frac{n_v\,e_1^2}{m}\,\sqrt{\frac{\mu_0}{\varepsilon_0}}\,\frac{1}{\omega^2} = \frac{s}{2}\,\frac{n_1\,e_1^2}{m\,\varepsilon_0\,c\,\omega^2} = \frac{s\,\omega_1^2}{2\,c\,\omega^2}$$

Den gegen ω^2 kleinen Summanden s^2 im Nenner gibt diese Überlegung nicht.

10. Die magnetische Aufspaltung der Echos durch das Erdmagnetfeld.

Die komplizierte Theorie der Aufspaltung der Echos bei beliebiger Lage des Erdmagnetfeldes zur Strahlrichtung soll nicht dargestellt werden, sondern nur die physikalische Grundidee an dem einfachen Spezialfall erläutert werden, daß Strahlrichtung und Magnetfeldrichtung parallel sind. Wir denken uns jetzt die linear polarisierte Schwingung in 2 gegenläufig zirkularpolarisierte Schwingungen zerlegt. In diesen zirkularen Schwingungen ist dann der Betrag des umlaufenden Feldstärkevektors zeitlich konstant. Die Bewegungsgleichungen lauten, wenn wir der Einfachheit halber von Pendelungen um die Kreisbahn absehen, das heißt $r^{\cdot\cdot} = 0$ setzen

$$m\,r\,\omega^2 \pm r\,\omega\,e_1\,\mathfrak{B} = e_1\,\mathfrak{E}; \quad r_{\frac{1}{2}} = \frac{e_1\,\mathfrak{E}}{m\,\omega^2\left(1 \pm \dfrac{e_1\,\mathfrak{B}}{m\,\omega}\right)}.$$

Wir erhalten je nach der Umlaufsrichtung der beiden Teilwellen verschiedene r-Werte. Da die Dielektrizitätskonstante von diesen r-Werten abhängt (Vergleich Abschnitt 1 dieses Kapitels), erhalten wir 2 Dielektrizitätskonstanten, 2 Phasen und Gruppengeschwindigkeiten und 2 Punkte bzw. Linienzüge im Durchdrehdiagramm (Abb. 201). Die Polarisation der Echos wurde der Theorie entsprechend gefunden.

Mitunter findet man auch eine 3fache Aufspaltung, die meist mit einer Fiederung (Abb. 202) verbunden ist. Die Theorie dieser Erscheinung ist noch nicht völlig geklärt.

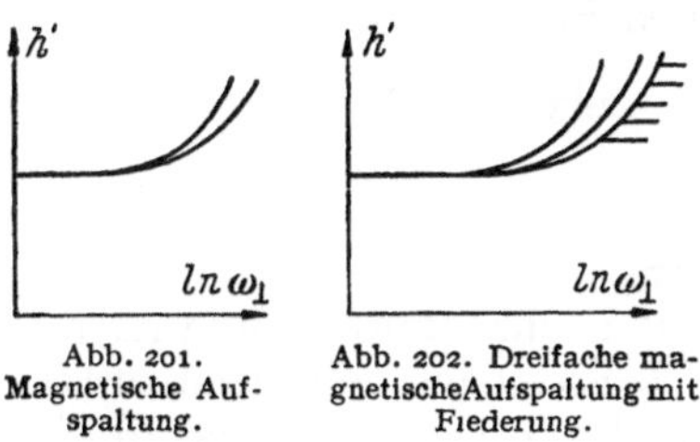

Abb. 201. Magnetische Aufspaltung.

Abb. 202. Dreifache magnetische Aufspaltung mit Fiederung.

Für die Praxis des Kurzwellenverkehrs über die Ionosphäre (des Weitverkehrs) sei nochmals zusammengestellt:

Die E-Schicht ist im wesentlichen nur am Tage vorhanden, wenn die Sonneneinstrahlung die starke Rekombination dauernd ersetzt. Wegen der hohen Gasdichte in der E-Schicht ist die Dämpfung groß. Ein Kurzwellenweitverkehr ist nicht möglich.

Die F-Schicht ist abends und im Sommer dichter mit Elektronen besetzt als morgens und im Winter, da die Dämpfung proportional $1/\omega^2$ ist, hat der Funkberater immer die kürzeste Welle anzugeben, die noch „reflektiert" wird.

IV. Dezimeter- und Zentimeter-Wellen-Technik.

A. Warum versagen bei kurzen Wellen die Trioden?

Das Versagen der Trioden hat 3 Gründe:

a) Der kleinste Schwingungskreis, den man mit einer Triode bilden kann, hat als Kapazität die Kapazität C_{ga} zwischen Anode und Gitter und als Induktivität die der Durchschmelzdrähte. Letztere ist nach

$$L = \frac{2\,\mu_0\,l}{2\,\pi} \ln \frac{a}{r}$$

zu berechnen. Mit $C_{ga} = 1$ pF und den Maßen der Abb. 203 würde man $\lambda = 35$ cm berechnen.

b) Wegen des Skineffektes wird der Widerstand der Zuleitungsdrähte recht hoch, so daß der Anodenwiderstand L/CR nicht mehr die zur Schwingungserzeugung nötigen hohen Werte erreicht.

c) Die Laufzeit der Elektronen verschiebt die Phase der Rückkopplung. Sie möchte etwa $^1/_{10}$ der Schwingungsdauer nicht überschreiten. Die Nachteile a) und b) kann man durch die Anwendung von Scheibenröhren vermeiden (Abb. 204). Die schräg schraffierten Topfkreise haben eine

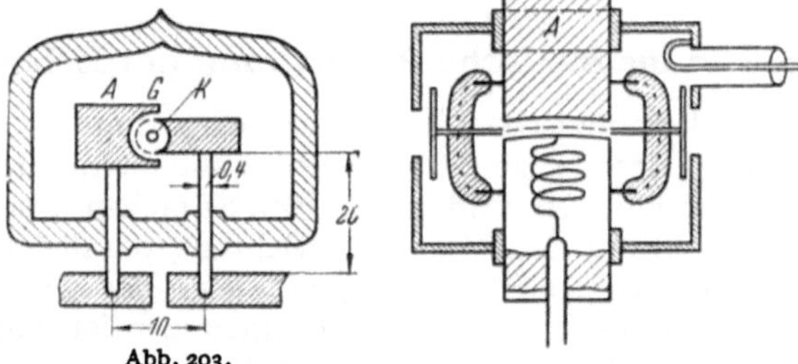

Abb. 203.
Knopfröhre für Kurzwellen.

Abb. 204. Scheibenrohr.

hinreichend kleine Induktivität und hinreichend kleinen Dämpfungswiderstand (vgl. S. 27).

Nachteil c) kann nur durch extrem kleine Abstände zwischen Gitter und Kathode überwunden werden.

Für eine 10-cm-Welle ist die Schwingungsdauer $^1/_3 \cdot 10^{-10}$ sec, die Laufzeit soll daher etwa $^1/_3 \cdot 10^{-11}$ sec nicht überschreiten. Die Kathode soll 1 A/cm² hergeben. Dann ist der Abstand Kathode–Gitter a aus den Beziehungen

$$\tau = \frac{3\,a}{6{,}0 \cdot 10^7 \sqrt{\dfrac{U_{st}}{1\,V}}} = \frac{1}{3} 10^{-10} \text{ sec} \quad \text{und} \quad i = \frac{2{,}34 \cdot 10^{-6}\,\text{A}/\text{V}^{3/2}\,U_{st}^{3/2}}{a^2}$$

zu berechnen. Man erhält $a = 12{,}5\,\mu$ und $i = 1\,\text{A/cm}$.

(Der Leser rechne zu seiner Übung die Laufzeit in der Raumladung nach.) Man kommt bei Benutzung der sehr ergiebigen L-Kathoden mit noch etwas größeren Abständen aus. $\lambda = 10$ cm dürfte aber etwa die Grenzwellenlänge für die Scheibenröhren sein.

Es mußten daher für die Herstellung der cm-Wellen neue Wege gesucht werden.

B. Die Barkhausen-Schwingungen (Klystrons).

1. Historische Einleitung.

Bereits im ersten Weltkriege fand BARKHAUSEN in einer Triode mit positivem Gitter und negativer Anode sehr kurze Schwingungen. Er stellte fest, daß ihre Frequenz der Pendelfrequenz der Elektronen entsprach und zeigte damit den neuen Weg. Die Theorie der Barkhausen-Schwingungen blieb aber noch fast 10 Jahre ungeklärt. Da die Elektronen in gleichen Zeitabschnitten die Kathode verlassen, sind jederzeit ebensoviel auf dem Hinwege zur Anode wie auf dem Rückwege. Die Influenzwirkung der Elektronen auf die Elektroden und die an diese angeschlossenen Schwingungskreise kompensiert sich. Es dürfte also eigentlich zu gar keiner Schwingungserregung kommen. BARKHAUSEN sagte damals sehr anschaulich: Es muß noch ein Mechanismus vorhanden sein, welcher die Elektronen zu „gemeinsamem Tanz" ordnet. Den Mechanismus dieser Tanzordnung klärte dann H. G. MÖLLER auf. Wenn an den Elektroden eine Wechselspannung liegt, so wird die Schwingungsamplitude der Elektronen durch diese Wechselspannung beeinflußt. Elektronen, die in der richtigen Phase starten, werden eine größere, die, welche in einer um 180⁰ verschobenen Phase starten, eine kleinere Amplitude erhalten. Die Schwingungsdauer der Elektronen mit größerer Amplitude ist aber langer (ein höher geworfener Stein kommt später zur Erde zurück). Die Elektronen mit langer Schwingungsdauer werden von den später startenden mit kurzer Schwingungsdauer eingeholt. Auf diese Weise kommt es zu einer Zusammenballung der Elektronen, der gesuchten „Tanzordnung". Die Elektronen werden sich in einer bestimmten Phase der Schwingung sammeln. Daher der Name: Phaseneinsortierung.

Diese Phaseneinsortierung oder anschaulicher „Tanzordnung" ist am wirksamsten, wenn die Elektronenpendelfrequenz und die Frequenz der Elektrodenspannung übereinstimmen. Allerdings ordnen sich dann die Elektronen in der Phase, in der die Spannung Null ist, und können keine Leistung an die Hochfrequenzschwingung abgeben. Man muß also den Schwingungskreis gegen die Elektronenpendelfrequenz ein wenig verstimmen, man muß einen günstigen Kompromiß suchen. In dem gleichen Raum zwischen Gitter und Anode muß zugleich dreierlei geschehen. Die Elektronen müssen verschiedene Geschwindigkeiten erhalten, sie müssen mit diesen verschiedenen Geschwindigkeiten schwingen, um sich einzuholen und zusammenzuballen. Die Energie der schwingenden Elektronenballen muß ausgekoppelt werden.

In dieser Situation wiederholte man das Verfahren von SCHOTTKY, das zur Erfindung der Schirmgitterröhre und Pentode führte. Der Durchgriff spielt eine doppelte Rolle: Er liefert die Verschiebungsspannung $D \cdot U_a$, die *notwendig* ist, um mit dauernd negativer Gitterspannung arbeiten zu können, damit die Steuerung ohne Gitterstrom und somit leistungslos erfolgt. Der Durchgriff verursacht aber auch die *lästige* Anodenrückwirkung $- D \cdot R_a \mathfrak{S}_a$, welche die steuernde Wirkung der Gitterspannung herabsetzt. SCHOTTKY teilte die beiden Wirkungen auf und ließ die Verschiebungsspannung durch das auf konstantem Potential liegende Schirmgitter erzeugen und zugleich durch dieses Schirmgitter den Anodendurchgriff verringern. Dieses „divide et impera" wandte man auch auf die Barkhausen-Röhren an und zerlegte den Raum zwischen Gitter und Anode seinen 3 Aufgaben entsprechend in 3 Räume: einen Raum zwischen 2 Gittern, an denen die Steuerspannung lag und in dem die Elektronen verschiedene Geschwindigkeiten bekamen, einen Raum, in dem sie Zeit haben, sich zusammenzuballen, den sogenannten Laufraum, und einen 3. Raum, in dem die kinetische Energie der Elektronenballen ausgekoppelt wird. Diese „zerlegten Barkhausen-Röhren", für die man den Namen „Klystron" erfunden hat, sind zwar in der Konstruktion kompliziert, aber theoretisch leichter zu übersehen. Wir wollen daher mit der Theorie des 2-Kreis-Klystrons beginnen. Wir werden aber sehen, daß man im Laufe der weiteren Entwicklung zu der einfacheren ursprünglichen Barkhausen-Röhre doch wieder teilweise zurückgekehrt ist.

2. Die Barkhausen-Röhre mit besonderem Laufraum.

a) Überblick über die verschiedenen Möglichkeiten der Steuerung.

Die Quersteuerung ist bekannt durch die Braunsche Röhre und den Sinding-Larsen-Generator.

Die Verteilungssteuerung wird zur multiplikativen Mischung in Mischhexoden angewendet und ist theoretisch von Below geklärt.

Aber auch die „Raumladungssteuerung" ist eine Verteilungssteuerung. Denn der immer die Kathode verlassende Sättigungsstrom wird je nach Höhe des Potentialminimums in einen zur Anode weiterfliegenden und in einen zur Kathode zurückkehrenden Strom zerteilt.

Die „Inselsteuerung". Die Potentiallinienbilder Seite 57 zeigen, daß die unter den negativen Gitterdrahten liegenden Teile der Kathode abgeschirmt sind und die in den Lücken liegenden Teile allein emittieren. Verändert man die Gitterspannung, so verändert man das Verhältnis der emittierenden Kathodenteile der „Inseln" zur gesamten Kathodenfläche und steuert auf diese Weise den Strom.

Die Geschwindigkeitssteuerung. Die Elektronen erhalten in einem „Steuerraum", z. B. zwischen 2 Steuergittern, eine wechselnde Geschwindigkeit und treten dann in einen Laufraum ein: Dieser kann feldfrei sein; dort holen die später startenden schnelleren die vorher startenden langsamen Elektronen ein. Oder der Laufraum kann ein konstantes Gegenfeld haben. Dann werden die schnelleren Elektronen (höher geworfenen Steine) von den später startenden langsamen eingeholt. Die beiden Zusammenballungen liegen in Phasen, die um 180^0 gegeneinander verschoben sind.

Die neue Geschwindigkeitssteuerung hat gegenüber den alten Steuerungen den großen Vorteil, daß die Elektronen den Steuerraum mit großer Geschwindigkeit durchfliegen können und die „Steuerung" in enorm kurzer Zeit erfolgt.

In den nächsten Abschnitten soll folgendes Programm erledigt werden:
1. Bewegung der Elektronen im Steuerraum.
2. Bewegung der Elektronen im Laufraum mit und ohne Gegenfeld.
3. Die Auskopplung der Energie.
4. Berechnung der Stromdichte und namentlich deren Wechselstromanteil.
5. Anwendung auf a) den Zweikreis-Barkhausen-Verstärker; — b) den Einkreis-Barkhausen-Generator (Bachorsches Reflexionsklystron — Bachorsc hes Sekundärelektronenklystron — Oberpfaffenhofer Reflexionsklystron).
6. Durchrechnung eines 10-cm-Klystrons als Zahlenbeispiel.

b) Die einzelnen Elemente der Barkhausen-Röhren: Steuerraum, Laufraum, Auskoppelraum.

α) Die Elektronenbewegung im Steuerraum.

Der Steuerraum sei eng, z. B. Abstand der beiden Gitter $= 0{,}12$ mm. Die Kathode liege auf -400 V. Die Elektronengeschwindigkeit v_0 ist dann

$$6 \cdot 10^7 \sqrt{\frac{400\,\text{V}}{1\,\text{V}}}\ \text{cm/sec} = 1{,}2 \cdot 10^9\ \text{cm/sec und die Laufzeit } \tau = 10^{-11}\ \text{sec.}$$

(Schwingungsdauer für $\lambda = 10$ cm ist $T = 3{,}3 \cdot 10^{-10}$ sec; $\tau/T = 1/33$).

In dieser kurzen Zeit tritt noch keine merkliche Veränderung der Stromstärke ein. Die Steuerung verläuft daher leistungslos. (Genaueres s. S. 171, 172.)

Die Geschwindigkeitsänderung berechnet sich nach dem Energiesatz für Steuerspannungsamplituden $\mathfrak{U}$, die klein gegen die Betriebsspannung U sei, zu

$$m v_0\,\delta v = e_1\,\delta\mathfrak{U}\,; \quad \frac{\delta v}{v_0} = \frac{2e_1\,\delta\mathfrak{U}}{2m v_0^2} = \frac{\delta\mathfrak{U}}{2U} = \frac{\mathfrak{U}\cos\omega t}{2U}\,.$$

β) Die Elektronenbewegung im Laufraum.

Die Raumladung ist normalerweise noch so dünn, daß wir die gegenseitige Abstoßung der Elektronen vernachlässigen können.

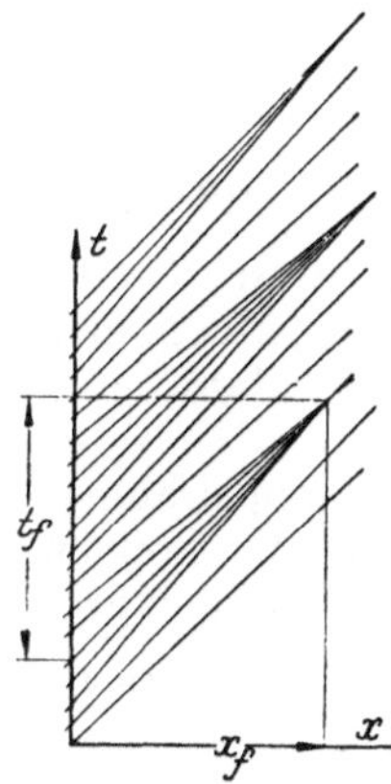

Der feldfreie Laufraum. Zeichnet man sich einen graphischen Elektronenfahrplan (t-x-Diagramm) mit in gleichen Zeitabständen startenden Elektronen, erhält man Abb. 205. Vergleicht man die Bahnlinien mit Lichtstrahlen, so kann man von Brennweiten x_f und Brennzeiten t_f sprechen. Sie sind in Abb. 205 eingezeichnet. Diesem Vergleich zuliebe spricht man auch statt von Phaseneinsortierung von „Phasenfokussierung".

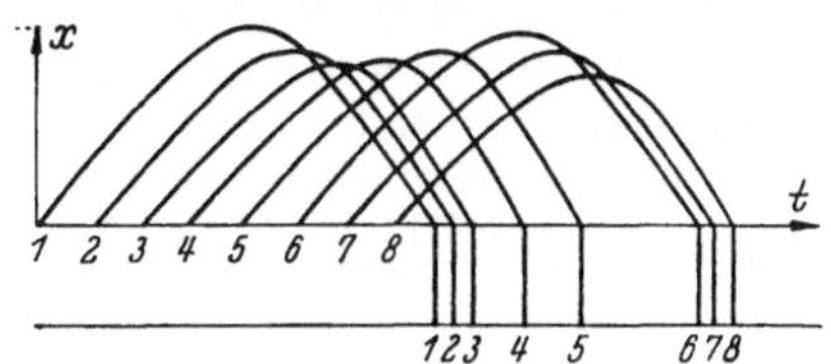

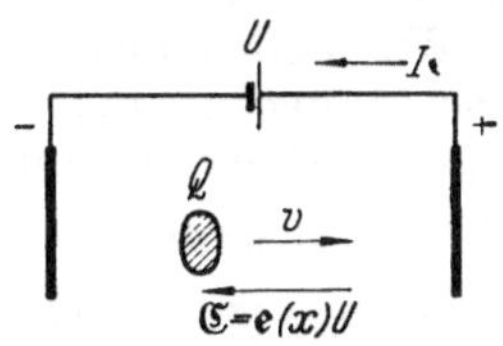

Abb. 205.
Elektronenfahrplan bei Geschwindigkeitssteuerung.

Abb 206.
Elektronenfahrplan im Reflexionsklystron.

Abb. 207. Influenzstrom bewegter Ladungen nach Spenke.
Statt $\mathfrak{C}$ lies $\mathfrak{E}$.

Im Laufraum mit konstantem Gegenfeld würde man die in Abb. 206 gezeichneten „Bahnen" (x-t-Linien) erhalten.

γ) Die Auskopplung der Energie der Elektronen.

Der einer bewegten Ladung äquivalente Strom. Nach SPENKE wenden wir auf Abb. 207 den Energiesatz an:

$$U I = Q v \,\mathfrak{E} = Q v U e *;$$

$$I = Q v e; \quad e = \text{Feldformfaktor}$$

z. B. für ein homogenes Feld: $e = \dfrac{1}{a}$ für ein Zylinderfeld $e = \dfrac{1}{x \ln \dfrac{x_1}{x_2}}$.

Die Stromstärke einer wandernden Raumladung mit räumlich verteiltem

$$v \text{ und } q: \quad I = \frac{1}{a} \int q v \, dx \qquad \left(\text{mit } e = \frac{1}{a}\right).$$

Anwendungsbeispiel. Welcher Strom durchfließt den Bügel B in Abb. 208?

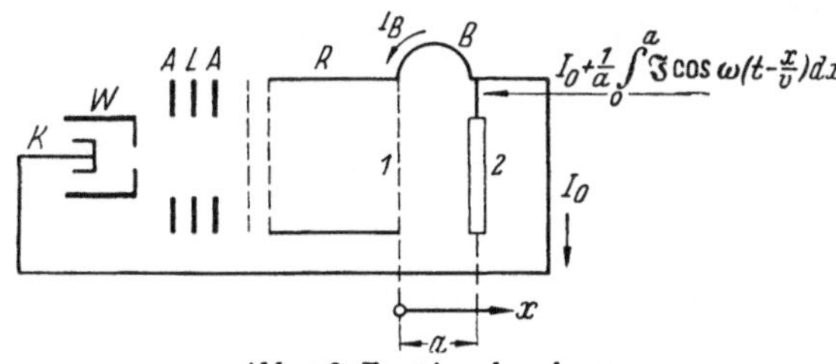

Abb. 208. Energieauskopplung.

In der Mitte zwischen den Gittern soll ein Strom von der Größe $I = I_0 + |\mathfrak{J}| \cos \omega t$ fließen. Dieser Strom sei durch Geschwindigkeitssteuerung durch das linke Gitterpaar aus dem Kathodenstrom mit der konstanten Stärke I gebildet worden. In der Zuleitung zur Elektrode 2 fließt

$$I = \frac{1}{a} \int\limits_{-a/2}^{+a/2} \left\{ I_0 + \mathfrak{J} \cos \omega \left(t - \frac{x}{v} \right) \right\} dx = I_0 - \frac{\mathfrak{J}}{a\,\omega/v} \left\{ \sin \omega \left(t - \frac{a}{2v} \right) - \sin \omega \left(t + \frac{a}{2v} \right) \right\}$$

$$= I_0 + \mathfrak{J} \frac{2 \cos \omega t}{a\,\omega/v} \sin \frac{a\,\omega}{2v} = I_0 + \mathfrak{J} \cos \omega t \frac{\sin \varphi/2}{\varphi/2}$$

---

* Angenäherte Überlegung. Streng nur für Ladungsverteilungen gültig, die unabhängig von y und z sind.

mit
$$\varphi = \text{Laufwinkel} = \frac{a\,\omega}{v}\,.$$

Da I nach der Kathode zu abzweigt, fließt im Bügel nur der Wechselstromanteil.
(Der Leser überlege: Welche Ladungen wandern auf einem den Laufraum umschließenden Mantelrohr?)

Liegt nun statt des Bügels ein Verbrauchswiderstand, an dem sich eine Spannung $\mathfrak{U}_v$ ausbildet, so wird die Leistung $\dfrac{\mathfrak{I}\,\mathfrak{U}_v^*}{2}\,\dfrac{\sin\varphi/2}{\varphi/2}$ ausgekoppelt ($\mathfrak{U}^* =$ konjugiert zu $\mathfrak{U}$). Strenggenommen muß man noch die Veränderung der Geschwindigkeit durch das Feld zwischen den Elektroden 1 und 2 berücksichtigen, indem man in der Formel für den wellenartigen Elektronenstrom v nicht konstant setzt, wie wir es taten, sondern v richtig als $v(x,t)$ einsetzt.

Wir wollen uns auf kleine Abstände der Elektroden des Auskoppelraumes beschränken, so daß alle diese Komplikationen nicht vorkommen. Wir können in guter Näherung annehmen: Der Auskoppelraum entspricht einem Generator mit dem Kurzschluß-Strom $I_k = \displaystyle\int \frac{\varrho\,(x)\,v\,(x)}{a} F\,dx$ und dem inneren Leitwert $j\,\omega\,C$; $C =$ Kapazität zwischen 1 und 2.

c) Berechnung der Stromstärke.

Beim Abflug vom Steuergitter sei die Stromstärke I_0. Während einer Zeit dt_0 fliegt dann die Ladung $I_0 \cdot dt_0$ ab. Wenn diese Ladung an einer Stelle x während einer Zeit dt ankommt, so ist die Stromstärke $I = I_0 \dfrac{dt_0}{dt}$. Der Weg x sei als $x\,(t,t_0)$ gegeben. Da wir das Zeitintervall dt_0 wissen wollen, in dem die während dt_0 gestarteten Elektronen an der *gleichen* Stelle x, also im Intervall $dx = 0$ ankommen, haben wir das Verhältnis dt/dt_0 aus der Bedingung $dx = 0$ zu berechnen, und erhalten:

$$d\,x = \frac{\partial x}{\partial t}\,dt + \frac{\partial x}{\partial t_0}\,dt_0 = 0\,; \quad \frac{\partial t_0}{\partial t} = -\,\frac{\partial x/\partial t}{\partial x/\partial t_0}\,; \quad I = -\,I_0\,\frac{\partial x/\partial t}{\partial x/\partial t_0}\,.$$

α) Anwendung auf den feldfreien Raum.

Wir erhalten für x:

$$x = v_0(t - t_0)\,; \quad \frac{\partial x}{\partial t} = v_0\,; \quad \frac{\partial x}{\partial t_0} = -\,v_0 + (t - t_0)\frac{\partial v}{\partial t_0} = -\,v_0 + \tau\frac{\partial v}{\partial t_0} = -\,v_0 + j\,\omega\,\tau\,v_0\frac{\mathfrak{U}}{2\,U}e^{j\,\omega\,t_0}$$

$$I = -\,I_0\,\frac{v_0}{-\,v_0 + j\,\omega\,\tau\,v_0\dfrac{\mathfrak{U}}{2\,U}\,e^{j\,\omega\,t_0}} = +\,I_0\,\frac{1}{1 - j\,\omega\,\tau\,\dfrac{\mathfrak{U}}{2\,U}\,e^{j\,\omega\,t_0}} = \frac{I_0}{1 - j\,\varphi\,\dfrac{\mathfrak{U}}{2\,U}\,e^{j\,\omega\,t_0}}$$

$$\cong I_0\left(1 + j\,\varphi\,\frac{\mathfrak{U}}{2\,U}\,e^{j\,\omega\,t - j\,\varphi}\right).$$

Es tritt wieder der Laufwinkel $\varphi = \omega\,\tau$ auf.

β) Der Laufraum mit konstantem Gegenfeld.

Die Bewegungsgleichung der Elektronen lautet:

$$m\,x^{\cdot\cdot} = e_1\,\mathfrak{E}_g\,; \quad \tau = t - t_0\,; \quad x^{\cdot\cdot} = \frac{\partial^2 x}{\partial \tau^2}\,; \quad \mathfrak{E}_g = \text{konstantes Gegenfeld.}$$

Die Anfangsbedingungen sind: Für $\tau = 0$: $x = 0$ und $v = v_0 + \delta v$. Das Integral der Bewegungsgleichung ist

$$x = v\,(t - t_0) - \frac{e_1\,\mathfrak{E}_g}{2\,m}\,(t - t_0)^2\,; \quad -\,v_0 = +\,v_0 - \frac{e_1\,\mathfrak{E}_g}{m}\,\tau\,; \quad \tau = \frac{2\,m\,v}{e_1\,\mathfrak{E}_g}\,.$$

Unter der Flugzeit τ verstehen wir jetzt die Zeit zwischen dem Abflug der Elektronen vom Steuergitter bis zu ihrer Rückkehr. Daher haben wir τ aus der Bedingung: $x = 0$ zu berechnen. Wir bilden aus dem Integral der Bewegungsgleichung dx/dt und dx/dt_0

$$\frac{\partial x}{\partial t} = v - \frac{e_1 \mathfrak{E}_g}{m}(t - t_0); \qquad \underset{(x\,=\,0)}{\frac{\partial x}{\partial t}} = v - \frac{e_1 \mathfrak{E}_g \tau}{m} = -v;$$

$$\frac{\partial x}{\partial t_0} = -v + \frac{e_1 \mathfrak{E}_g}{m}(t - t_0) + \frac{\partial v}{\partial t_0}(t - t_0) = v + \frac{\partial v}{\partial t_0} \cdot \tau$$

und erhalten mit

$$\frac{\partial v}{\partial t_0} = \frac{v_0 j \omega \mathfrak{u}}{2 U} e^{j \omega t_0} = \frac{v_0 j \omega \mathfrak{u}}{2 U} e^{-j\varphi + j\omega t}$$

$$I = -I_0 \frac{\partial x/\partial t}{\partial x/\partial t_0} = -I_0 \frac{-v_0}{+v_0 + j\omega v_0 \dfrac{\mathfrak{u}}{2U}\tau \cdot e^{-j\varphi}} = \frac{I_0}{1 + j\omega\tau \dfrac{\mathfrak{u}}{2U} e^{-j\varphi}}$$

$$\cong I_0 \left(1 - j\varphi \frac{\mathfrak{u}}{2U} e^{-j\varphi}\right).$$

Wenn wir $\mathfrak{E} = U/a$ setzen — der Abstand a charakterisiert dann die Stärke des Gegenfeldes, das durch eine Bremselektrode auf der Spannung 0 (Kathodenspannung) erzeugt würde —, so erhalten wir für die Laufzeit

$$\tau = \frac{2\,m\,a\,v}{e_1 U} = \frac{4\,m\,v^2}{2\,e_1 U}\ \frac{a}{v} = 4\frac{a}{v}, \quad \text{da } e_1 U = \frac{m\,v^2}{2}.$$

Zusammenstellung.

Feldfreier Laufraum	Laufraum mit Bremsfeld
$\delta I = \mathfrak{J} = I_0 j\varphi \dfrac{\mathfrak{u}}{2U} e^{-j\varphi}$ (1)	$\delta I = \mathfrak{J} = -I_0 j\varphi \dfrac{\mathfrak{u}}{2U} e^{-j\varphi}$ (3)
$\varphi = \dfrac{\omega l}{v}$ (2)	$\varphi = 4\omega \dfrac{a}{v}.$ (4)

Der Faktor 4 tritt auf, da der Laufraum hin und her und außerdem noch mit nur der halben mittleren Geschwindigkeit durchlaufen wird.

γ) Große Aussteuerungen.

Wir wollen die Annahme, daß $\dfrac{\mathfrak{u}}{2U} \ll 1$ ist, beibehalten, aber große Laufwinkel berücksichtigen, so daß $A = \varphi \dfrac{\mathfrak{u}}{2U}$ auch größer als 1 werden kann. Wir führen die Betrachtung nur für den feldfreien Laufraum durch. Sie sind auf den Laufraum mit Gegenfeld ohne weiteres zu übertragen, wenn man statt l den Wert $4a$ einsetzt. Wir erhalten wieder

$$x = l = v_0\left(1 + \frac{\mathfrak{u}}{2U}\cos\omega t_0\right)(t - t_0)$$

$$\omega t = \omega t_0 + \frac{l\omega}{v_0}\ \frac{1}{1 + \dfrac{\mathfrak{u}}{2U}\cos\omega t_0} \cong \omega t_0 + \frac{\omega l}{v_0} - \frac{\omega l}{v_0}\frac{\mathfrak{u}}{2U}\cos\omega t_0$$

$$= \omega t_0 + \varphi - A\cos\omega t_0 \quad \text{mit} \quad A = \varphi\frac{\mathfrak{u}}{2U}$$

$$\frac{dt}{dt_0} = 1 + \frac{\omega l}{v_0}\frac{\mathfrak{u}}{2U}\sin\omega t_0 = 1 + A\sin\omega t_0.$$

In Abb. 209 ist t als Funktion von t_0 für verschiedene A-Werte aufgetragen. Für $A < 1$ gehört zu einem t nur ein t_0, für $A > 1$ sind es 1 oder 3 verschiedene t-Werte. Die Stromdichten sind in Abb. 210 eingezeichnet. An den Stellen, an denen die t-t_0-Kurve waagerecht läuft $(dt/dt_0 = 0)$, wird die Stromdichte unendlich. Im Zeitintervall um t_m kommen die Elektronen, die am Anfang von dt_0 starteten, am Ende von dt an. Der Strom bleibt trotz dieser verkehrten Ankunftsreihenfolge positiv, während die Rechnung einen negativen Strom ergibt. Wir haben also in unserem Ansatz für die Berechnung des Stromes noch einen Fehler zu korrigieren. Wir müssen statt

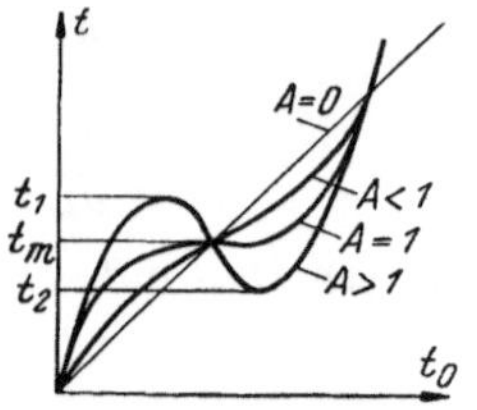

$$I = I_0 \frac{dt}{dt_0} \quad \text{(falsch)} \qquad I = I_0 \left| \frac{dt_0}{dt} \right| \quad \text{(richtig)}$$

schreiben.

Abb. 209. Zusammenhang zwischen Abflug und Ankunftszeit.

Der Vollständigkeit halber ist $\frac{I}{I_0} = \frac{dt_0}{dt}$ auch noch in Abhängigkeit von t aufgetragen (Abb. 210). In dem Intervall zwischen t_1 und t_2 sind dann die Stromdichten 1, 2, 3 zu addieren.

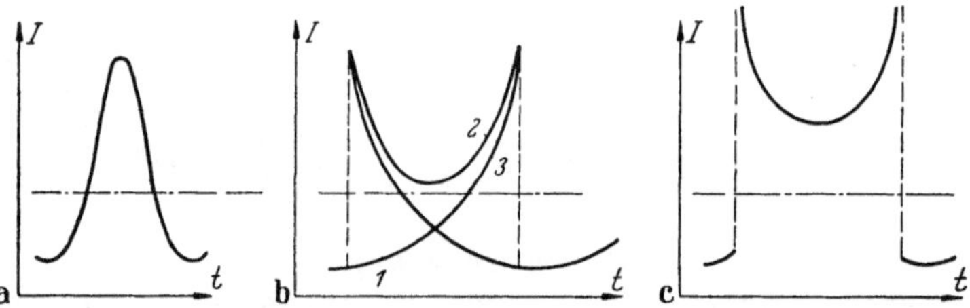

Abb. 210. a) Durch Laufzeitkompression entstandener Wechselstrom (kleine Amplituden); b) Zusammensetzung des Wechselstromes aus 3 Teilen (große Amplitude).

$\delta)$ Maximum der Amplitude.

Wenn man durch Fourier-Analyse aus dem zeitlichen Verlauf des Stromes die Grundschwingung ermittelt, so findet man, daß die Amplitude wieder abnimmt, wenn die beiden Spitzen der I-t-Kurve weiter auseinanderrücken. $\mathfrak{J}$ ist nicht mehr proportional zu $\mathfrak{U}$. Das Maximum der Amplitude liegt bei

$$A = \frac{\omega l}{v} \frac{\mathfrak{U}}{2U} = \varphi \frac{\mathfrak{U}}{2U} = 1{,}4 \quad \text{und} \quad \mathfrak{J} = j\,\varphi\,s\,I_0 \frac{\mathfrak{U}}{2U} e^{-j\varphi} \quad \text{mit } s = 0{,}9 \text{ für } A = 1{,}4. \quad (6)$$

d) Der komplexe Widerstand des Steuerraumes.

Es soll jetzt die bisher vernachlässigte Geschwindigkeitssteuerung im Steuerraum berechnet werden. Wir bezeichnen die Zeit vom Eintritt der Elektronen in den Steuerraum an gezählt, mit

$$\tau = t - t_0.$$

Wenn die Elektronen mit der Geschwindigkeit v_0 in das beschleunigende Feld $\mathfrak{U}/a$ eintreten, ist ihre Bewegung durch

$$z^{\cdot\cdot} = \frac{e_1 \mathfrak{U}}{a\,m} e^{j\omega t_0} \quad \text{mit dem Integral:} \quad z \cong v_0 \tau + \frac{e_1 \mathfrak{U}}{m\,a} \frac{\tau^2}{2} e^{j\omega t_0} \quad \text{mit} \quad \tau \cong \frac{z}{v_0}$$

zu beschreiben. Für $e^{j\omega t_0}$ ist $e^{j\omega t - \frac{j\omega z}{v_0}}$ einzusetzen. Wir bilden wieder $\partial z/\partial t$ und $\partial z/\partial t_0$ und erhalten:

$$I = -I_0 \frac{\partial z/\partial t}{\partial z/\partial t_0} = I_0 \frac{v_0 + \dfrac{\mathfrak{U} e_1 z}{m\,a\,v_0}}{v_0 + \dfrac{\mathfrak{U} e_1 z}{m\,a\,v_0} - \dfrac{j\omega e_1 \mathfrak{U} z^2}{m\,a\,2\,v_0^2}} \;; \qquad \delta I = \mathfrak{J} \cong I_0 \frac{j\omega \mathfrak{U} z^2}{4\,U\,v_0\,a} = I_0 j\,\varphi \frac{\mathfrak{U} z^2}{4U a^2},$$

mit v_0 groß gegen

$$\frac{e_1 \mathfrak{u} z}{a\, m\, v_0^2} \quad \text{und} \quad \frac{\omega\, \mathfrak{u}\, e_1\, z^2}{2\, a\, m\, v_0^2} \quad \text{und mit} \quad U = \frac{m\, v_0^2}{2\, e_1}\,; \quad \varphi = \frac{\omega\, a}{v_0}.$$

Es wird

$$\mathfrak{J}(z) = I_0 j\, \varphi\, \frac{\mathfrak{u}}{4\, U}\, \frac{z^2}{a^2}\, e^{j\omega t - \frac{j\omega z}{a}}.$$

Wir erhalten für den Influenzstrom

$$\mathfrak{J} = \int\limits_0^a \frac{\mathfrak{J}(z)\, dz}{a} = \frac{1}{a^3} j\, \omega\, \tau\, I_0 \frac{\mathfrak{u}}{4\, U} \int\limits_0^a z^2 e^{-j\omega z/v_0}\, dz \quad \text{und mit} \quad y = \frac{j\omega z}{v_0} = j\varphi\,;\ y_0 = \frac{j\omega a}{v_0} = j\varphi$$

$$\mathfrak{J} = \frac{j\varphi_0 I_0}{4\, a^3} \frac{\mathfrak{u}}{U} \frac{v_0^3}{(j\omega)^3} \int\limits_0^{y_0} y^2 e^{-y}\, dy = \frac{j\varphi_0 I_0 \mathfrak{u}}{4\, U} \frac{(j\varphi)^3}{1} \int\limits_0^{y_0} y^2 e^{-y}\, dy.$$

Das Integral ist

$$I = \int\limits_0^{y_0} y^2 e^{-y}\, dy = +\, e^{-y_0}(y_0^2 + 2\, y_0 + 2) - 2.$$

Da y_0 klein ist, entwickeln wir e^{-y_0} in eine Potenzreihe:

$$I = +\left(1 - y_0 + \frac{y_0^2}{2!} - \frac{y_0^3}{3!} + \frac{y_0^4}{4!} - \cdots\right)(y_0^2 + 2\, y_0 + 2) - 2 = -\frac{y_0^3}{3} + \frac{y_0^4}{4}.$$

Setzen wir die Werte ein, bekommen wir

$$\mathfrak{J} = -\, j I_0 \frac{\omega\, a}{v_0} \frac{\mathfrak{u}}{12\, U} + I_0 \frac{a^2\, \omega^2}{v_0^2} \frac{\mathfrak{u}}{16\, U} = -\, j I_0 \varphi_0 \frac{\mathfrak{u}}{12\, U} + I_0 \varphi_0^2 \frac{\mathfrak{u}}{16\, U}.$$

Man erhält einen induktiven Blindstrom, der Trägheit der Elektronen entsprechend, und einen Wirkstrom. Der erstere ist dem Abstand a des Steuergitterpaares, der letztere a^2 proportional.

Zahlenbeispiel: Steuergitterabstand $a = \frac{1}{2}$ mm; $\omega = 1{,}88 \cdot 10^{10}$/sec ($\lambda = 10$ cm); $U = 400$ V, dementsprechend $v_0 = 1{,}2 \cdot 10^2$ cm/sec; $I_0 = 20$ mA.

Mit diesen Zahlen erhalten wir

$$\varphi = \frac{a\, \omega}{v_0} = \frac{1/20\ \text{cm}\ 1{,}88 \cdot 10^{10}/\text{sec}}{1{,}2 \cdot 10^9\ \text{cm/sec}} = \frac{0{,}94}{1{,}2} \cong 0{,}8\,; \quad G_r = \frac{a^2\, \omega^2\, I_0}{v_0^2\, 16\, U} = 2 \cdot 10^{-6}\ \text{Siemens,}$$

entsprechend einem Parallelwiderstand $= \frac{1}{2}$ MΩ.

Der induktive Anteil des Leitwertes ist

$$j\, G_i = -\, j I_0 \frac{\omega\, a}{v_0} \frac{1}{12\, U} = -\frac{1}{3}\, 10^{-5}\ \text{Siemens.}$$

Wenn die Kapazität des Steuergitterpaares z.B. 2 pF ist, kann er neben dem kapazitiven Leitwert $j\omega C = +\, 2j\, 10^{-12}$ F $1{,}2 \cdot 10^9$/sec $= +\, 2{,}4j\, 10^{-3}$ S vernachlässigt werden.

e) Verschiedene Typen der Barkhausen-Röhren.

α) *Der Zweikreis-Barkhausen-Verstärker* (Abb. 211).

Die zu verstärkende Spannung wird über eine Lecherleitung dem Topfkreis 1 zugeführt und die verstärkte Spannung am Topfkreis 2 entnommen. Die Spannungsverstärkung ist

$$V = \frac{\mathfrak{u}_2}{\mathfrak{u}_1} = \frac{R\, I_0\, \varphi}{2\, U} = \frac{R\, I_0\, \omega\, l}{2\, v_0\, U} \quad \text{mit} \quad \varphi = \frac{\omega\, l}{v_0}\,; \quad R = \text{Widerstand des Nutzkreises.}$$

Zahlenbeispiel: $\lambda = 10$ cm; $U = 400$ V; Laufraumlänge $l = 10$ cm; Parallel-resonanzwiderstand des Auskoppelkreises $10000\,\Omega$; $I_0 = 5$ mA

$$V = \frac{10^4\,\Omega\;5\,\text{mA}\cdot 1,88\cdot 10^{10}/\text{sec}\;10\,\text{cm}}{2\cdot 1,2\cdot 10^9\,\text{cm/sec}\quad 400\,\text{V}} = 9,8.$$

β) Der Zweikreis-Barkhausen-Generator (*Zweikreisklystron*) (Abb. 211).

Führt man über eine Rückkopplungsleitung einen Teil der ausgekoppelten Energie dem Steuergitter wieder zu, erhält man, wenn die Phase stimmt, Schwingungen wie in einem Meißner-Generator.

Falls die Rückkopplung durch einen Drehstrecker $r\,e^{j\varrho}$ dargestellt werden kann, lautet die Bedingung für das Anschwingen

$$1 \leqq \frac{L}{CR}\,r\,e^{j\varrho}\,\frac{I_0\,j\,\varphi}{2\,U}\,e^{-j\varphi} = \text{reell}:\frac{L}{CR}\,\frac{r\,\varphi\,I_0}{2\,U} \geqq 1\;;\;\;j\,e^{-j(\varphi-\varrho)} = 1,\;\text{oder da}\;j = e^{j\pi/2}$$

$$1 = e^{\pm j\,2\pi n}\;;\;\;\frac{\pi}{2} - \varphi + \varrho = -2\pi n = -\frac{\pi}{2}\,4n\;;\;\;\varphi - \varrho = \frac{\pi}{2}\,(4n - 1).$$

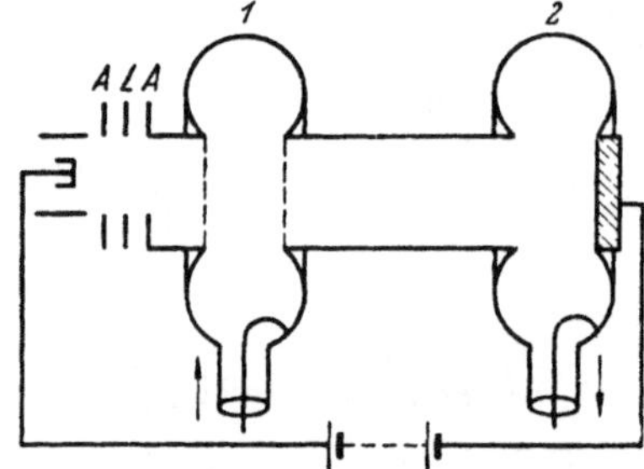

Abb. 211. Zweikreis-Barkhausenverstärker.

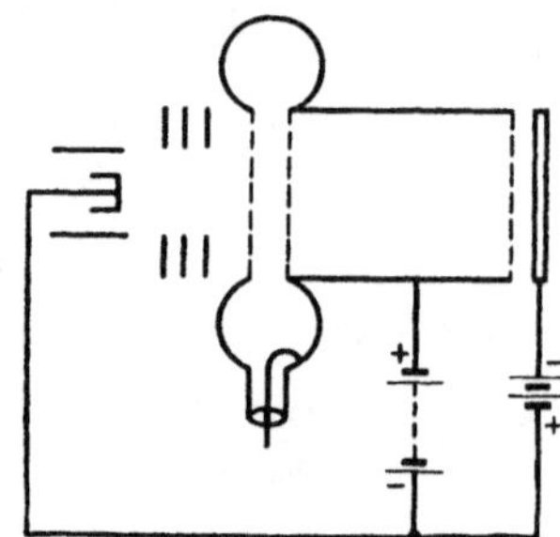

Abb. 212.
Bachorsches Reflexionsklystron.

γ) Das Bachorsche Reflexionsklystron mit feldfreiem Laufraum und sehr kurzem Reflexionsraum (Abb. 212).

Steuergitter und Auskoppelgitter sind jetzt identisch. Da der rückwärts durch das Auskoppelgitter fließende Elektronenstrom einem positiven Strom entspricht, und da der Strom durch den Topfkreis dem Elektronenstrom entgegenläuft, ist

$$\mathfrak{J} = +j\,\varphi\,I_0\,\frac{\mathfrak{U}}{2\,U}\,e^{-j\varphi}\;\text{und die erregte Spannung}\;\mathfrak{U}^* = \frac{\mathfrak{J}\,L}{CR} = j\,\varphi\,I_0\,\frac{L}{CR}\,\frac{\mathfrak{U}}{2\,U}\,e^{-j\varphi}.$$

Die Anschwingbedingung $\mathfrak{U}^* = \geqq \mathfrak{U}$ führt dann zu

$$\frac{L}{CR}\,\frac{I_0\,\varphi}{2\,U} \geqq 1\;\;\text{und}\;\;j\,e^{-j\varphi} = 1\;;\;\;\frac{\pi}{2} - \varphi = -2\pi n = -\frac{\pi}{2}\,4n\;;\;\;\varphi = \frac{\pi}{2}\,(4n + 1).$$

Um eine gute Übereinstimmung mit den Messungen zu erhalten, mußte BACHOR die Phasenverschiebungen im Umkehrraum und im Steuerraum noch mit berücksichtigen.

δ) Das Bachorsche Sekundärelektronenklystron.

BACHOR fand, daß in seinem Klystron nicht nur dann Schwingungen auftraten, wenn die Reflexionsplatte negativ gegen die Kathode war, sondern auch, wenn sie etwa 100 V positive Spannung hatte. Wie die Strommessungen ergaben, gingen dann Sekundärelektronen von der Reflexionsplatte zum Auskoppelgitterpaar zurück. Die Strahlmodulierung erfolgte dann nur auf dem Hinweg, war also halb so groß wie beim Reflexionsklystron. War aber die Sekundärelektronenausbeute größer als 200%, so war das Sekundärelektronenklystron dem Reflexions-klystron überlegen.

ε) Das Oberpfaffenhofener Reflexionsklystron mit konstantem Bremsfeld im Lauf-raum (Konstrukteur: Dr. Meyer).

Der Laufwinkel ist jetzt nach Formel (3) von S. 170 aus

$$-j\,e^{-j\varphi} = 1\,; \quad -\frac{\pi}{2} - \varphi = -\frac{\pi}{2}\,4n\,; \quad \varphi = \frac{\pi}{2}(4n - 1)$$

zu berechnen.

f) Durchrechnung eines 10-cm-Klystrons.

Wir legen die Oberpfaffenhofener Form, die sich wohl jetzt allgemein durch-gesetzt hat, zugrunde.

α) Der Topfkreis.

Die in Abb. 213 angeschriebenen Maße gelten für $\lambda = 10$ cm. Der Gitter-abstand ist $^{1}/_{10}$ mm. $C = 2$ pF. Für die Induktivität ergibt sich

$$C = 2\,\text{pF}\,; \quad L = \frac{1}{\omega^2 C} = \frac{1}{1{,}88^2\,10^{20}\,2 \cdot 10^{-12}} = \frac{\Phi}{I} = \frac{\mu_0\,\pi\,r_m^2}{2\,\pi\,r} = 1{,}4 \cdot 10^{-9}\,\text{H}.$$

Der Widerstand berechnet sich nach der Skineffektformel zu

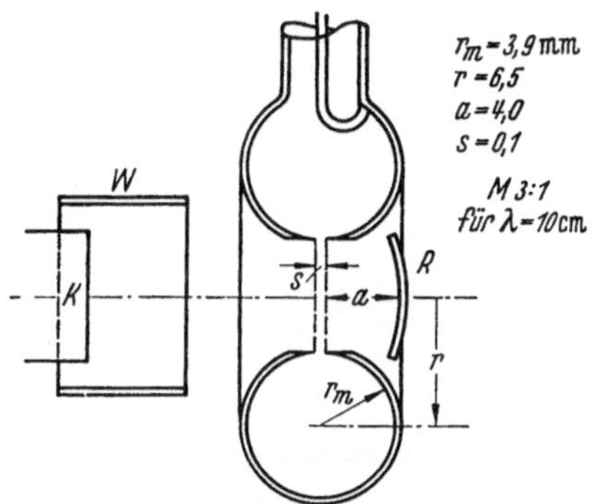

Abb. 213. Oberpfaffenhofener Reflexionsklystron.

$$R = \frac{l\sigma}{b\,t} = \frac{2\,\pi\,r_m\,\sigma}{2\,\pi\,r \cdot t}\,; \quad \frac{\sigma}{t} = \frac{1}{\sqrt{\lambda}}\sqrt{\frac{2\,\pi\,c\,\mu_0\,\sigma}{2}}$$

mit $\sigma = 2 \cdot 10^{-6}\,\Omega\,\text{cm}$:

$$\frac{\sigma}{t} = \frac{4{,}85 \cdot 10^{-2}}{\sqrt{\lambda}}\,\Omega\sqrt{\text{cm}}.$$

In unserem Zahlenbeispiel ist

$$R = \frac{3{,}9}{6{,}5}\,\frac{4{,}85}{\sqrt{10}}\,10^{-2}\,\Omega = 9{,}3 \cdot 10^{-3}\,\Omega.$$

Der Resonanzwiderstand wird dann

$$\frac{L}{C\,R} = \frac{1}{\omega^2\,C^2\,R} = 77\,000\,\Omega.$$

Zu diesem liegt die Dämpfung der Steuerstrecke parallel, die wir zu $^{1}/_{2}$ MΩ be-rechnet hatten, und der Rückwirkungswiderstand des Verbraucherkreises. Wenn wir den Verlust im Topfkreis auf etwa 10% der Gesamtleistung einschranken wollen, müssen wir so stark auskoppeln, daß der Resonanzwiderstand etwa auf 10000 Ω sinkt.

β) Berechnung der Laufwinkel.

Wir wählen die Betriebsspannung z.B. zu 400 V und wollen 2 Falle be-trachten: a) $\mathfrak{u}$ soll etwa 50 V, b) $\mathfrak{u}$ soll etwa 200 V erreichen. Wir wollen günstigste Stromaussteuerung, also

$$A = \varphi\,\frac{\mathfrak{u}}{2\,U} = 1{,}4 \tag{6}$$

zugrunde legen. Wir erhalten dann für die beiden Falle Laufwinkel mit den Werten $\varphi_a = 22{,}4$, $\varphi_b = 5{,}6$.

Die Rückkopplungsbedingung erfordert aber $\varphi = \frac{\pi}{2}(4n - 1)$. Im Falle a) erreicht $n = 4$, im Falle b) $n = 1$ die maximale Aussteuerung am nächsten. Wir erhalten dann die Laufwinkel 23,5 bzw. 4,7. Diesen Laufwinkeln entsprechen die Umkehrentfernungen $a_a = 3{,}76$ mm $\quad a_b = 0{,}76$ mm.

Man muß also die Gegenspannung am Reflektor so einstellen, daß die Elektronen in den angegebenen Entfernungen a umkehren. Nach der Beziehung (6) erhalten wir dann statt der Wechselspannungen von 50 bzw. 200 V: $\mathfrak{U}_a = 47{,}5$, $\mathfrak{U}_b = 238$ V.

γ) Schwingungseinsatz- und Amplitudenformel.

Für kleine Amplituden gilt $\mathfrak{J} = I_0 \varphi \dfrac{\mathfrak{u}}{2\,U}$. Hat der Topfkreis den Resonanzwiderstand $\mathfrak{R}$, so ist $\mathfrak{U} = \mathfrak{R}\mathfrak{J}$ und $I_0 \varphi \mathfrak{R}/2\,U = 1$. Ist diese Beziehung erfüllt, so setzen die Schwingungen ein. Für große Amplituden gilt $I_0\, s\, \varphi\, \mathfrak{R}/2\,U = 1$, wobei s eine Funktion der Amplitude $\mathfrak{U}$ ist, und umgekehrt: $\mathfrak{U}$ eine Funktion von s. Man kann also aus der 2. Gleichung s und damit die Amplitude berechnen:

$$s\,(\mathfrak{U}) = \frac{2\,U}{I_0\,\varphi\,\mathfrak{R}}$$

Amplitudengleichung.

δ) Experimentelle Einstellung der Spannungen.

Man stellt die Heizung auf den vorgeschriebenen Wert, die Wehnelt-Spannung zunächst stark negativ ein. Dann wählt man die Betriebsspannung U, mit der man arbeiten will, stellt die Wehnelt-Spannung so, daß der zulässige Anodenstrom fließt, und reguliert die Reflektorspannung, bis man einen Schwingbereich gefunden hat. Man wird eventuell, der Formel $\varphi = \pi/2 \cdot (4n - 1)$ entsprechend, mehrere Schwingbereiche finden. Es werden die Bereiche anschwingen, für die

$$I_0\,\varphi\,\frac{\mathfrak{R}}{2\,U} \gtreqless 1$$

gilt. Für hohe Spannungen U und niedrige $\mathfrak{R}$- und I_0-Werte werden nur Schwingbereiche mit größerem φ und n anschwingen. Wie unser Zahlenbeispiel zeigt, haben diese nur gegen U kleine Amplituden.

ε) Berechnung der Leistungen und des Wirkungsgrades.

Wenn wir $A = 1{,}4$ und $s = 0{,}9$ als die Werte für die maximale Leistung zugrunde legen [vgl. Gl. (6)], erhalten wir für

die Wechselstromamplitude $\mathfrak{U} = A\,\dfrac{2\,U}{\varphi} = 2 \cdot 1{,}4\,\dfrac{U}{\varphi}$

den Gleichstrom $I_0 = \dfrac{2\,U}{\varphi\,\mathfrak{R}\,s} = \dfrac{2}{0{,}9}\cdot\dfrac{U}{\varphi\,\mathfrak{R}}$

die Nutzleistung $\mathfrak{R}_{\sim} = \dfrac{|\mathfrak{U}|\,|\mathfrak{J}|}{2} = \dfrac{\mathfrak{U}^2\,\varphi\,I_0\,s}{4\,U} = \dfrac{\mathfrak{U}\,I_0\,s\,A}{2} = \mathfrak{U}\,I_0\,0{,}63$

die aufgenommene Leistung $\mathfrak{R} = \mathfrak{U}\,I_0$

den Wirkungsgrad $\eta = \dfrac{\mathfrak{U}\,s\,A}{2\,U} = \dfrac{\mathfrak{U}}{U}\,0{,}63$ oder mit $\dfrac{\mathfrak{U}}{2\,U} = \dfrac{A}{\varphi}$: $\eta = \dfrac{s\,A^2}{\varphi} = \dfrac{1{,}78}{\varphi}$.

Zahlen unserer Beispiele: $U = 400$ V; $\mathfrak{R} = 10000\ \Omega$

1. Beispiel		2. Beispiel	
$\varphi = {}^\pi/_2(4-1)$	$\mathfrak{R}_= = 8{,}0$ W	$\varphi = {}^\pi/_2(4\cdot4-1)$	$\mathfrak{R}_= = 1{,}52$ W
$\quad = 4{,}7$		$\quad = 23{,}5$	
$\mathfrak{U} = 238$ V	$\eta = 37{,}6\%$	$\mathfrak{U} = 47{,}5$ V	$\eta = 7{,}5\%$
$I_0 = 20{,}0$ mA	$a = 0{,}76$ mm	$I_0 = 3{,}8$ mA	$a = 3{,}76$ mm
$\mathfrak{R}_{\sim} = 3{,}0$ W	$U_{\text{refl}} = -1700$ V	$\mathfrak{R}_{\sim} = 0{,}114$ W	$U_{\text{refl}} = -25{,}4$ V

C. Das Magnetron.

1. Vorbemerkungen über die Raumladung, Potentialverteilung und die Elektronenbahnen.

Um einen qualitativen Überblick über die Bewegung der Elektronen im Magnetron zu bekommen, betrachten wir zunächst einmal das ungeschlitzte, nicht schwingende Magnetron mit dünnem Glühfaden und zum Glühfaden parallelen Magnetfeld (Induktion $\mathfrak{B}$). Als Näherungsformel für die Potentialverteilung nehmen wir an

$$\varphi = U_a \left(\frac{r}{r_a}\right)^n. \tag{1}$$

U_a = Anodenspannung, r_a = Anodenradius, r = Radius als Variable, α sei der von der Elektronenaustrittsstelle gezählte Winkel. Die Bewegungsgleichungen lauten dann:

Tangentialbewegung. $\quad m\,r\,\omega^{\cdot} + 2\,m\,r^{\cdot}\,\omega = e_1\,\mathfrak{B}\,r^{\cdot}.$ $\tag{2}$

(Coriolis)

Mit dem integrierenden Faktor r multipliziert und integriert:

$$m\,r^2\,\omega = \frac{e_1\,\mathfrak{B}}{2}\,(r^2 - r_0^2). \tag{3}$$

r_0 = Integrationskonstante.

Aus der Anfangsbedingung $v = r\omega = 0$ auf der Kathodenoberfläche (die kleine Temperaturgeschwindigkeit sei vernachlässigt) erhält man $r_0 = r_k$ (Kathodenradius). Wir wollen des weiteren r_k als sehr klein annehmen und angenähert mit

$$\omega = \frac{e_1\,\mathfrak{B}}{2\,m} \tag{4}$$

unabhängig vom Radius rechnen.

Die Radialbewegung. Wir schreiben die Gleichung gleich in 1 mal integrierter Form (Energiesatz) an:

$$\frac{m}{2}\,(r^{\cdot\,2} + r^2\,\omega^2) = e_1\,U_a\left(\frac{r}{r_a}\right)^n; \quad r^{\cdot\,2} + r^2\frac{e_1^2\,\mathfrak{B}^2}{m^2} = \frac{2\,e_1}{m}\,U_a\left(\frac{r}{r_a}\right)^n. \tag{5}$$

Die Umkehrentfernung r_u ist durch $r^{\cdot} = 0$ definiert:

$$r_u^2\frac{e_1^2\,\mathfrak{B}^2}{4\,m^2} = \frac{2\,e_1\,U_a}{m}\left(\frac{r_u}{r_a}\right)^n = \frac{2\,e_1\,U_u}{m}; \quad \left(\frac{r_u}{r_a}\right)^{2-n} = \frac{8\,m\,U_a}{e_1\,\mathfrak{B}^2\,r_a^2}. \tag{6}$$

Führt man die Spannung U_u im Umkehrpunkt ein, erhält man:

$$r_u^2 = \frac{8\,m\,U_u}{e_1\,\mathfrak{B}^2}. \tag{7}$$

Das Magnetfeld, für das $r_u = r_a$ wird, nennt man ,,kritisches Magnetfeld'' B_k.

$$1 = \frac{8\,m\,U_a}{e_1\,r_a^2\,\mathfrak{B}_k^2}; \quad \mathfrak{B}_k = \frac{1}{r_a}\sqrt{\frac{8\,m\,U_a}{e_1}}. \tag{8}$$

Für unterkritische Magnetfelder kommt kein Umkehren der Elektronen zustande. Sie landen alle auf der Anode, nur ist ihre Bahn mehr oder weniger gekrümmt.

Die Berechnung der Elektronenbahn. Wir ersetzen

$r^{\cdot} = dr/dt$ durch $r'\omega = \dfrac{dr}{d\alpha}\cdot\omega$ und erhalten wieder mit $\omega = \dfrac{e_1\mathfrak{B}}{2\,m}$; $U_u = U_a\left(\dfrac{r_u}{r_a}\right)^n$

$$r'^2 + r^2 = \frac{2\,e_1\,U_a}{m}\left(\frac{r}{r_a}\right)^n\frac{4\,m^2}{e_1^2\,\mathfrak{B}^2} = \text{(nach Gleichung (7))}\left(\frac{r}{r_u}\right)^n r_u^2. \tag{9}$$

Mit der Abkürzung $x = r/r_u$ finden wir als Differentialgleichung für die Bahn

$$x'^2 + x^2 = x^n\left(\frac{r_u}{r_a}\right)^n\cdot\left(\frac{r_a}{r_u}\right)^2\left(\frac{r_u}{r_a}\right)^{2-n} = x^n\,; \quad \frac{d\,x}{\sqrt{x^n - x^2}} = d\,\alpha\,. \tag{10}$$

Das Integral lösen wir durch die Substitution $y = x^\mu$, die auf

$$\mu\,d\,\alpha = \frac{d\,y}{\sqrt{y^{(n + 2\mu - 2)/\mu} - y^2}} \tag{11}$$

führt. Wählt man

$$n + 2\mu - 2 = 0\,; \quad \mu = \frac{2 - n}{2}\,, \text{ erhält man: } \frac{2 - n}{2}\,d\,\alpha = \frac{d\,y}{\sqrt{1 - y^2}} \tag{12}$$

mit dem Integral:

$$\frac{2 - n}{2}\,\alpha = \arcsin y\,; \quad x = \frac{r}{r_u} = \sin^p\frac{\alpha}{p} \quad \text{mit} \quad p = \frac{2}{2 - n}\,. \tag{13}$$

Damit haben wir die Bahngleichung gewonnen. Die Integrationskonstante α_0 wird Null, wenn man den Winkel von der Austrittsstelle des Elektrons aus der Kathode zählt.

Die **Abbildung 214** zeigt einige Elektronenbahnen.

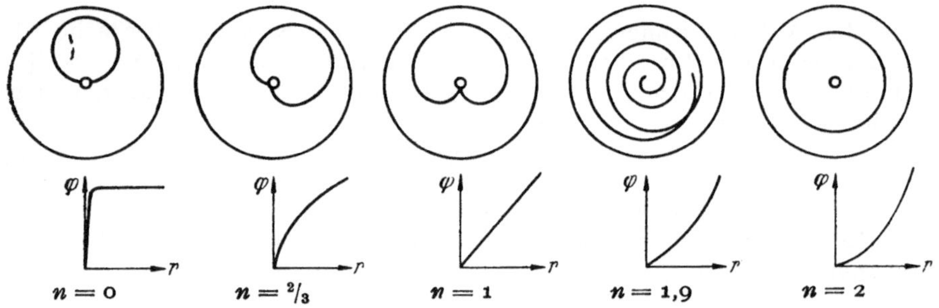

Abb. 214. Potentialverlauf und Elektronenbahnen im Magnetron.

Welche Raumladung stellt sich ein? Die Raumladung, der von ihr abhängige Potentialverlauf $\Delta\varphi = -\varrho/\varepsilon_0$, die Elektronengeschwindigkeit $\left(\dfrac{m\,v^2}{2} = e_1\varphi\right)$ müssen sich gegenseitig so einregulieren, daß wegen der Kontinuitätsgleichung für den Gleichstromfall sich eine raumlich konstante Radialkomponente des Stromes

$$I = I_h + I_r\,; \quad I = 2\pi r\cdot r^{\cdot}\cdot\varrho \tag{14}$$

einstellt. Oder die aus dem Potential berechnete und die aus dem Strom berechnete Raumladung müssen gleich sein!

Wir erhalten unter Benutzung von $r^{\cdot} = r'\omega$ und $r = r_u\cdot x$ und der Bahngleichung:

$$r^{\cdot} = r_u p\,\frac{\omega}{p}\,\sin^{p-1}(\alpha/p)\cos\frac{\alpha}{p} = r_u\,\omega\,x^{\frac{p-1}{p}}\sqrt{1 - x^{2/p}} \tag{15}$$

$$\varrho = \frac{I_h + I_r}{2\pi\omega r_u^2\,x^{(2-1/p)}\sqrt{1 - x^{2/p}}} = \varepsilon_0\,\Delta\varphi = \varepsilon_0\frac{1}{r}\frac{\partial}{\partial r}r\frac{\partial\varphi}{\partial r} \tag{16}$$

$$\left[= \frac{\varepsilon_0\,U_a}{r_a^2}\,n^2\,x^{n-2}, \text{wenn Potenzansatz möglich sein sollte}\right],$$

worin I_h und I_r die hin- und rückfließenden Komponenten des Anodenstromes in der Radialrichtung sind. Diese hin- und herpendelnden Elektronen drehen sich noch mit konstanter Winkelgeschwindigkeit um den Glühdraht und geben einen ,,Elektronenringstrom''.

Beide Formeln für die Raumladung stimmen wenigstens in Glühdrahtnahe $(x \ll 1)\sqrt{1 - x^{2/p}} \cong 1)$ überein, wenn

$$x^{2-1/p} = x^{2-n}; \quad n = \frac{1}{p} = 1 - \frac{n}{2}; \quad n = 2/3 \quad [\text{vgl. Gl. (12)}]. \tag{17}$$

Die alteren Theorien, über die in einem historischen Überblick spater kurz referiert werden soll, gehen davon aus, daß das Magnetfeld etwa kritisch ist und sich die in zylindrischen Röhren auch sonst ohne Magnetfeld herrschende Potentialverteilung

$$\varphi = U_a \left(\frac{r}{r_a}\right)^{2/3} \tag{18}$$

einstellt.

2. Die Döhlersche Theorie der Raumladung bei überkritischem Magnetfeld.

DÖHLER bemerkte, daß Magnetrons bei stark überkritischem Magnetfeld einen besonders guten Wirkungsgrad haben. Bei seinen Untersuchungen über die Raumladung in diesen Magnetrons ging er von folgenden Tatsachen aus:

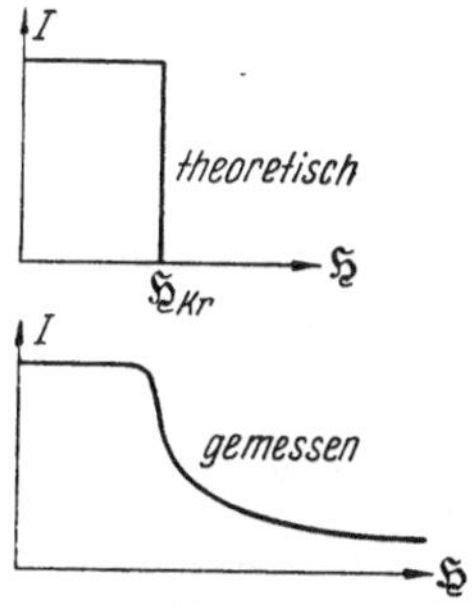

a) Bei überkritischem Magnetfeld sollte theoretisch überhaupt kein Anodenstrom fließen. Statt des theoretischen Diagrammes 215a beobachtet man das Diagramm 215b.

b) Eine Rückheizung (Aufprall von Elektronen auf den Glühdraht) ist ohne Schwingungen nicht zu erwarten, sie wird aber doch beobachtet.

c) Es liegen Sondenmessungen in Magnetrons vor, die eine quadratische Potentialverteilung und damit eine konstante Raumladungsdichte ergeben.

Abb. 215.
Theoretische und wirkliche Abhängigkeit des Anodenstromes vom Magnetfeld.

Die Formel

$$\varphi = \frac{U_a}{r_a^2} (r - r_h)^2 \tag{19}$$

würde die Grenzbedingungen $\varphi = 0$ und $\frac{d\varphi}{dr} = 0$ (Potentialminimum praktisch auf der Kathode) erfüllen.

Wenn wir $r_k = 0$ setzen, erhalten wir die vereinfachte Formel

$$\varphi = U_a \left(\frac{r}{r_a}\right)^2 .$$

Die Bedingung:

$$m r \omega^2 - e_1 \mathfrak{B} r \omega = e_1 \frac{d\varphi}{dr} = \frac{e_1 U_a}{r_a^2} 2 r$$

ist dann für alle Radien erfüllt. Die Elektronen können auf Kreisen mit beliebigen Radien stabil laufen. Der Einblick, wie sie von der Kathode aus auf diese Kreise kommen, geht zunächst verloren. Wir werden spater darauf zurückkommen. Wir wollen mit DÖHLER mit der vereinfachten Formel rechnen.

3. Die Bewegungsgleichungen in Kartesischen Koordinaten.

Diese lauten (x ist jetzt Abszisse, nicht r/r_a!) mit $\eta = e_1/m$

$$x^{\cdot\cdot} = 2\eta \frac{U_a}{r_a^2} x + \eta \mathfrak{B}\, y^{\cdot} = \omega_l \omega_r x + \omega_r y^{\cdot} \tag{20}$$

$$y^{\cdot\cdot} = 2\eta \frac{U_a}{r_a^2} y - \eta \mathfrak{B}\, x^{\cdot} = \omega_l \omega_r y - \omega_r x^{\cdot} \tag{21}$$

$$\omega_r = \eta \mathfrak{B} \tag{22}$$

$$\omega_l = \frac{2 U_a}{r_a^2 \mathfrak{B}} = \frac{2 U_a}{r_a^2 \mathfrak{B}_k^2} \cdot \mathfrak{B}\, \frac{\mathfrak{B}_k^2}{\mathfrak{B}^2} = \frac{\eta}{4} \mathfrak{B} \left(\frac{\mathfrak{B}_k}{\mathfrak{B}}\right)^2 = \frac{\omega_r}{4} \left(\frac{\mathfrak{B}_k}{\mathfrak{B}}\right)^2 < \omega_r \tag{23}$$

da $\mathfrak{B}_k = \frac{\cdot 1}{r_a} \sqrt{\dfrac{8 m U_a}{e_1}}$ oder $\dfrac{r_a^2 \mathfrak{B}_k^2}{2 U_a} = \dfrac{4 m}{e_1} = \dfrac{4}{\eta}$.

Differentiiere Gl. (20) 2 mal nach t, Gl. (21) 1 mal nach t und setze die Werte für $y^{\cdot\cdot\cdot}$ aus (21) und $y^{\cdot}$ aus (20) ein:

$$x^{\mathrm{IV}} + \omega_r (\omega_r - 2\omega_l)\, x^{\cdot\cdot} + \omega_l^2 \omega_r^2 x = 0 \text{ mit dem Ansatz } x = A\, e^{j\omega t} \tag{24}$$

$$\omega^4 + 2\omega_l \omega_r \omega^2 + (\omega_l \omega_r)^2 = (\omega_r \omega)^2 \quad \text{oder} \quad \omega^2 + \omega_l \omega_r = \pm\, \omega_r \omega \tag{25}$$

$$\omega = \pm\, \frac{\omega_r}{2} \left(1 \pm \sqrt{1 - 4\frac{\omega_l}{\omega_r}}\right).$$

Für $\mathfrak{B}_k / \mathfrak{B} \ll 1$ erhält man

$$\omega_1 = \frac{\omega_r}{2} (1 + 1) = \omega_r; \quad \omega_2 = \frac{\omega_r}{2} \left(1 - 1 + \frac{1}{2}\left(\frac{\mathfrak{B}_k}{\mathfrak{B}}\right)^2\right) = \frac{\omega_r}{4}\left(\frac{\mathfrak{B}_k}{\mathfrak{B}}\right)^2 = \omega_l \tag{26}$$

wie zu erwarten. Die Lösung der Differentialgleichung lautet dann

$$x = \mathfrak{A}_1 e^{j\omega_1 t} + \mathfrak{A}_2 e^{j\omega_2 t}; \quad y = \mathfrak{B}_1 e^{j\omega_1 t} + \mathfrak{B}_2 e^{j\omega_2 t}. \tag{27}$$

Durch Einsetzen dieser Lösung in Gl. (20) oder (21) erhält man zwischen $\mathfrak{A}_1$ und $\mathfrak{B}_1$, $\mathfrak{A}_2$ und $\mathfrak{B}_2$ die Gleichungen

$$\mathfrak{A}_1 (- \omega_1^2 - \omega_l \omega_r) = j\omega_1 \omega_r \mathfrak{B}_1; \quad \mathfrak{A}_2 (- \omega_2^2 - \omega_l \omega_r) = j\omega_r \omega_2 \mathfrak{B}_2. \tag{28}$$

$$\mathfrak{B}_1 (- \omega_1^2 - \omega_l \omega_r) = - j\omega_1 \omega_r \mathfrak{A}_1; \quad \mathfrak{B}_2 (- \omega_2^2 - \omega_l \omega_r) = - j\omega_2 \omega_r \mathfrak{A}_2$$

x und y haben für beide Schwingungen 90° Phasenverschiebung. Außerdem findet man aus Gl. (28) unter Benutzung von Gl. (25):

$$\mathfrak{A}_1 = \pm\, \mathfrak{B}_1; \quad \mathfrak{A}_2 = \pm\, \mathfrak{B}_2. \tag{29}$$

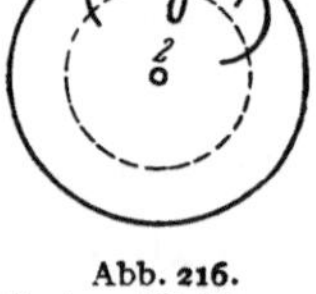

Das Elektron läuft also auf einem Rollkreis mit dem Radius $r_r = \mathfrak{A}_2 = \mathfrak{B}_2$ und der Winkelgeschwindigkeit ω_1, dessen Zentrum sich auf einem Leitkreis mit dem Radius $r_l = \mathfrak{A}_1 = \mathfrak{B}_1$ mit der Winkelgeschwindigkeit ω_2 bewegt.

Abb. 216.
Leit- und Rollkreis.

Bemerkung über das Vorzeichen: Wegen des Energiesatzes muß die Geschwindigkeit im Punkte 1 (Abb. 216) größer sein als im Punkte 2. Der Umlaufsinn auf dem Rollkreis und dem Leitkreis muß also derselbe sein. Das Vorzeichen selbst richtet sich nach dem Vorzeichen des Magnetfeldes $\mathfrak{B}$.

4. Gestörte Elektronenbahnen.

Um einen Einblick zu bekommen, was bei einer Störung geschieht, wollen wir den speziellen Fall betrachten, daß ein Elektron im Punkte 1 (Abb. 216) einen Teil seiner kinetischen Energie (z. B. an die Hochfrequenzschwingung in den Magnetronschwingkreisen) abgibt und sich dabei seine Geschwindigkeit um den Wert v verringert. Wenn r_l und r_r die Bahnradien vor der Energieabgabe und $r_l^{\cdot}$

und r_r nach der Energieabgabe sind (die Indizes l und r bedeuten Leitkreis und Rollkreis), so gilt: die Tangentialgeschwindigkeit verringert sich um v.

$$r_l \omega_2 + r_r \omega_1 - v = r_l^x \omega_2 + r_r^x \omega_1 \tag{30}$$

Der Ort des Elektrons ändert sich im Moment des Geschwindigkeitssprunges nicht:

$$r_l = r_r = r_l^x + r_r^x. \tag{31}$$

Aus (30) und (31) ergibt sich:

$$r_r^x = \left| r_r - \frac{v}{\omega_1 - \omega_2} \right|; \qquad r_e^x = r_e + \frac{v}{\omega_1 - \omega_2}. \tag{32}$$

Der Wert von r_r^* ist mit Betragsstrichen versehen, um auch dem Falle Rechnung zu tragen, daß $r < \dfrac{v}{\omega_1 - \omega_2}$.

Da $\omega_1 > \omega_2$, nimmt bei einer Energieabgabe der Leitkreisradius immer zu. Das Elektron kommt bei Energieabgabe von seiner stabilen Bahn immer weiter auf die Anode zu.

5. Qualitative Vorstellungen über das Zustandekommen der konstanten Raumladungsverteilung.

Beim Studium der travelling waves tubes im nächsten Kapitel werden wir finden, daß eine fortschreitende Welle in einem mit etwa gleicher Geschwindigkeit mitlaufenden Elektronenstrahl eine Geschwindigkeitsmodulation hervorruft. Wenn nun der Elektronenstrahl eine etwas größere Geschwindigkeit hat als die Phasengeschwindigkeit der Welle, so kann er seinerseits wieder die Welle anfachen. Man kann nun den Wellenleiter durch einen 2. Elektronenstrahl ersetzen, dessen Elektronen etwas langsamer laufen. Kleine Dichtemodulationen in einem Strahl, wie sie infolge des Schroteffektes immer da sind, setzen sich infolge der elektrostatischen Kräfte in Geschwindigkeitsmodulation und diese wegen der Laufzeiteffekte, die wir bei den Barkhausen-Röhren kennengelernt hatten, wieder in Dichtemodulationen um. Der 2. Strahl wird so durch elektrostatische Einwirkung der Zusammenballungen im 1. Strahl auch dichte- und geschwindigkeitsmoduliert. Er wirkt auf den 1. Strahl ebenso zurück wie in der travelling wave tube die von dem Wellenleiter geführte Welle. Haben die Geschwindigkeiten der Strahlen eine kleine Differenz, so kann es ebenso wie in der travelling wave tube zu einer Anfachung von Plasmaschwingungen kommen, auch ohne daß in äußeren Schwingungskreisen Wechselspannungen auftreten.

In einem Magnetron haben wir in der Umkehrentfernung sehr große Raumladungsdichten von wenig verschiedenen Geschwindigkeiten. Die Elektronen werden an die geschilderte Plasmaschwingung Energie abgeben und dadurch über die erste noch dicht an der Kathode liegende Umkehrentfernung nach der Anode zu herauskommen und so die Raumladung aufbauen, von der DÖHLER bei seiner Magnetrontheorie ausgeht.

Wer sich über diese Fragen, die ich hier nur qualitativ angedeutet habe, genauer orientieren will, studiere das Buch von KLEEN: ,,Einführung in die Mikrowellenelektronik" oder das Buch von WARNECKE und GUENARDS: ,,Tubes à modulation de vitesse" oder noch besser die Döhlerschen Originalarbeiten, die meist in der Zeitschrift Radioelectricité erschienen sind und über die diese beiden Bücher berichten.

6. Eine Bemerkung über die Rollkreisenergie.

Wir hatten im Punkt 3 festgestellt, daß der Rollkreisradius zunimmt, wenn das Elektron sich auf der Kathodenseite des Rollkreises befindet und dort Energie aufnimmt, und daß er abnimmt, wenn das Elektron auf der Anodenseite der Rollkreisbahn Energie abgibt. Nun sind die Energie aufnehmenden oder abgebenden Felder in Anodennähe größer als in Kathodennähe. (Diese Felder rühren ja von den Feldern in den Schlitzen des Magnetrons her, sind also in der Nähe der Schlitze am größten.) Nach dieser qualitativen Überlegung sehen wir, daß die Rollkreisenergie stärker ab- als zunimmt, daß sie also sicher nicht beträchtlich sein kann. Wir werden sie also bei einer angenäherten Theorie ganz vernachlässigen dürfen.

7. Die Döhlersche Theorie des Vielschlitzmagnetrons.

Wir betrachten der Einfachheit halber ein Vielschlitzmagnetron mit nur einem Schwingungskreis, wie wir sie vor dem Kriege im Hamburger Institut bauten (s. Abb. 217). Das Magnetron bestand aus einem Topfkreis. Die Segmente

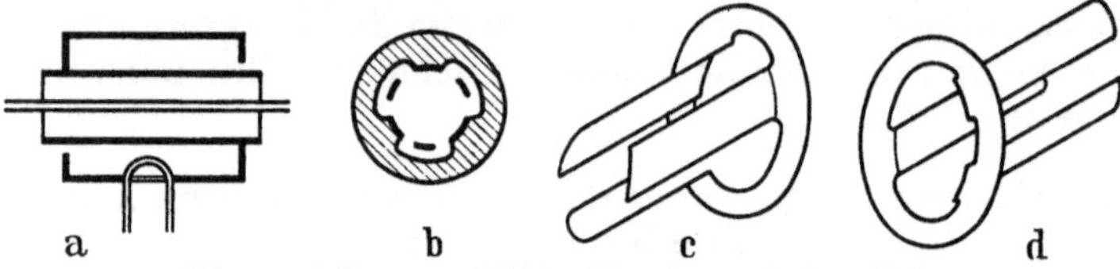

Abb. 217. Aufbau eines 6-Schlitz-Magnetrons mit einem Kreise.

waren abwechselnd an dem rechten und linken Deckel des Topfes angebracht. Die Vielkreismagnetrons, deren Kreise durch Koppeldrähte zum gleichphasigen Schwingen veranlaßt werden müssen, kamen erst während des Krieges auf. Die Potentialverteilung läßt sich angenähert durch Rotationsparaboloidstücke darstellen (Abb. 218), die (in Wirklichkeit mit abgerundeten) Potentialsprüngen aneinandergrenzen. Diese Potentialsprünge sind an der Anode am größten und nehmen nach der Kathode zu ab.

Wir stimmen nun die Leitkreiswinkelgeschwindigkeit $\omega_2 \cong \omega_l$ und die Hochfrequenz ω_h so aufeinander ab, daß ein Elektron, das gegen einen schräg schraffierten Potentialsprung angelaufen ist und Energie abgegeben hat, gerade dann am nächsten Potentialsprung ankommt, wenn die Hochfrequenzspannung eine halbe Schwingung ausgeführt hat, so daß es wieder gegen den Potentialsprung anlaufen und Energie abgeben muß. Bei n Schlitzen ist dann

Abb. 218. Potentialflächen im Magnetron.

$$\omega_h = \frac{n}{2}\,\omega_2.$$

Diese energieliefernden Elektronen werden von Schlitz zu Schlitz auf immer größere Leitkreise übergehen und schließlich auf der Anode landen. Von der Kathode aus werden ihnen dann weitere Elektronen folgen.

Analog werden die falschphasigen Elektronen bei einem Übergang über einen Potentialsprung Energie aufnehmen. Sie werden auf kleinere Leitkreise übergehen und in der Kathoden-

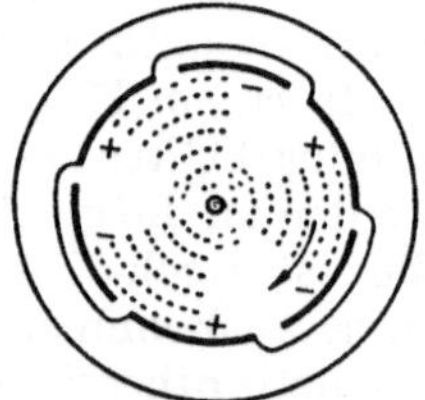

Abb. 219. Umlaufende Raumladung im Magnetron.

nähe bleiben und durch die Raumladung, die sie bilden, den weiteren Austritt falschphasiger Elektronen aus der Kathode verhindern. So entsteht eine umlaufende Raumladung von der Form der Abb. 219.

a) Der Wirkungsgrad.

Merkwürdigerweise ist der Wirkungsgrad, der gewöhnlich erst zuletzt berechnet wird, hier am leichtesten zu berechnen. Ein Elektron, das aus dem Gleichspannungsfeld die Energie $e_1 U_a$ aufgenommen hat, wird mit seiner Leitkreisenergie auf der Anode aufschlagen und diese als Verlust abgeben. Die Leitkreisenergie ist $e_1 U_l = \dfrac{m\, r_a^2\, \omega_2^2}{2}$. Der Wirkungsgrad η^* wird damit

$$
\left.
\begin{aligned}
\eta^* &= 1 - \frac{m\, r_a^2\, \omega_2^2}{2\, e_1\, U_a} \cong \left(\text{mit } \frac{U_a}{r_a^2} = \frac{\eta\,\mathfrak{B}_k^2}{8}\ \text{Gl. 23}\right) = 1 - \frac{8}{2\,\eta}\,\frac{\omega_2^2}{\eta\,\mathfrak{B}_k^2} \\
&\left(\text{mit }\ \omega_2 = \frac{\omega_r}{4}\left(\frac{\mathfrak{B}_k}{\mathfrak{B}}\right)^2\ \text{Gl. 26;}\quad \omega_2 = \frac{\eta\,\mathfrak{B}}{4}\,\frac{\mathfrak{B}_k^2}{\mathfrak{B}^2} = \frac{\eta\,\mathfrak{B}_k^2}{4\,\mathfrak{B}}\ \text{Gl. 22;}\right) \\
&= 1 - \frac{4}{\eta^2\,\mathfrak{B}_k^2}\cdot\frac{\eta^2\,\mathfrak{B}_k^4}{16\,\mathfrak{B}^2} \cong 1 - \frac{1}{4}\left(\frac{\mathfrak{B}_k}{\mathfrak{B}}\right)^2\ \text{für } \frac{\mathfrak{B}_k}{\mathfrak{B}} \ll 1,
\end{aligned}
\right\}
\tag{33}
$$

Der Wirkungsgrad ist recht hoch, z.B. für $\mathfrak{B}_k/\mathfrak{B} = 1/2$ wird

$$
\eta^* = 1 - \frac{1}{4}\cdot\frac{1}{4} = 15/16 = 94\,\% \ .
$$

b) Der Leitwert G des Magnetrons.

Wenn $\mathfrak{U}_a$ die Wechselspannung an den Spalten ist, wird die Leistung

$$
\mathfrak{N} = G\,|\mathfrak{U}_a|^2 = \frac{n}{2}\int_0^{r_a} l\, i_{\text{tang}}(r)\,\mathfrak{U}_r\, dr \ .
\tag{34}
$$

Der Faktor $n/2$ tritt auf, da an jedem 2. Schlitz Leistung abgegeben wird (s. Abb. 219). Der Potentialsprung in der Entfernung r ist

$$
\varDelta U_r = \varDelta U_a\left(\frac{r}{r_a}\right)^2 .
$$

Wir setzen später $\varDelta U = \mathfrak{U}$. Die Stromdichte in der Entfernung r ist

$$
i(r) = \varrho\, r\, \omega_l \quad \text{und} \quad \varrho = \varepsilon_0\,\varDelta\varphi = \varepsilon_0\,\frac{1}{r}\frac{\partial}{\partial r}\left(r\frac{\partial\varphi}{\partial r}\right) = \frac{4\,\varepsilon_0\, U_a}{r_a^2}
\tag{35}
$$

$$
U(r)\, i(r) = \omega_l\, 4\,\varepsilon_0\,\frac{U_a}{r_a^2}\, r\,\frac{U_a}{r_a^2}\, r^2 = \frac{2}{n}\,\omega_h\,\frac{4\,\varepsilon_0\, U_a\, U_a}{r_a^4}\, r^3 \quad \text{mit} \quad \omega_h = \frac{n}{2}\,\omega_l .
\tag{36}
$$

Die Amplitude der in Abb. 219 gezeichneten umlaufenden Raumladung ist

$$
\mathfrak{S} = \frac{2}{\pi}\, i\, l \ \text{bzw.}\ \frac{1}{2}\, i\, l, \quad (l = \text{Anodenschlitzlänge}),
\tag{37}
$$

je nachdem man den Verlauf der Raumladung mit dem Winkel α als meanderförmig oder sinusförmig annimmt. Wir erhalten für die Leistung im ersten Falle

$$
\mathfrak{N} = G\,|\mathfrak{U}|^2 = \frac{2}{\pi}\,\omega_h\, l\,\frac{4\,\varepsilon_0\, U_a}{r_a^4}\,\mathfrak{U}_a\int_0^{r_a} r^3\, dr = \frac{2}{\pi}\,\varepsilon_0\, U_a\, l\,\omega_h\,\mathfrak{U}_a \ \text{und}\ G = \frac{2\,\varepsilon_0\, U_a\, l\,\omega_h}{\pi\,\mathfrak{U}_a} .
\tag{38}
$$

Den in Resonanz schwingenden Topfkreis können wir durch einen zwischen den Segmenten liegenden Leitwert G_k ersetzen. Da der negative Leitwert G der Elektronenströmung mit der Amplitude abnimmt, wird sich die Schwingung so lange aufschaukeln, bis

c) Gleichung zur Berechnung der Amplitude

$$
G = G_k
\tag{39}
$$

erreicht ist. Die Leistung ist merkwürdigerweise bei gleichem U_a, ω_h, l vom Anodenradius und der Schlitzzahl unabhängig.

Nun erst können wir aus dem Wirkungsgrad den vom Magnetron aufgenommenen Gleichstrom berechnen.

Die hier dargestellten vereinfachten Rechnungen stimmen mit den von DÖHLER zusammengestellten Messungen gut überein.

8. Ältere Theorien.

Wie bereits erwähnt, wurde zunächst mit einem nur wenig überkritischen Magnetfeld gearbeitet. Die Potentialverteilung gehorcht dann angenähert der Formel: $\varphi = U_a(r/r_a)^{2/3}$. Diese Potentialverteilung gilt gut bis in die Nähe der starken Raumladung in der Umkehrzone der Elektronen (Abb. 220). Dann steigt ϱ in Wirklichkeit sehr viel steiler als nach der angenommenen Formel an. Wir werden also in die Formel nicht die angelegte Spannung U_a, sondern eine kleinere Spannung U'_a einsetzen müssen (Abb. 220).

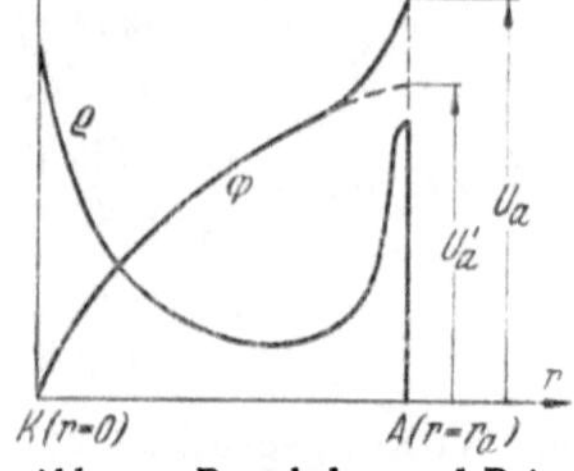

Abb. 220. Raumladung und Potentialverteilung im Magnetron.

a) Messung des Ringstromes.

Der Kraftfluß des Ringstromes läßt sich in der Anordnung Abb. 221 messen. Man schaltet den Anodenstrom ein und mißt den Ausschlag des ballistischen Galvanometers, ersetzt dann das Magnetron durch den Stromkreis Abb. 221 b und reguliert den Ersatzstrom so ein, daß das Galvanometer den gleichen Ausschlag gab. Diesen Ersatzstrom wollen wir Ringstrom nennen.

Den Kraftfluß der Elektronenströmung berechnen wir zu

$$\Phi = \int_0^{r_a} \mu_0\,2\pi r\,d r\,\mathfrak{H}(r) = \int_0^{r_a} \mu_0\,2\pi r\,d r \int_r^{r_a} i\,d r$$

$$= \int_0^{r_a} \mu_0\,2\pi r\,d r \int_r^{r_a} \omega\,\varrho\,r\,d r. \tag{40}$$

Für ϱ setzen wir den in Formel (16) berechneten Wert ein mit $p = 3/2$:

$$\varrho = \frac{I_h + I_r}{2\pi\omega\,r_a^2\,x^{4/3}\sqrt{1 - x^{4/3}}}\ (\text{mit }\mathfrak{B} = \mathfrak{B}_k,\,r_u = r_a) \tag{41}$$

Indem wir den Zusammenhang zwischen $I_r + I_h = I$ und U_a aus der nur für kleine x gültigen Beziehung entnehmen:

$$\frac{I_h + I_r}{2\pi\omega\,r_a^2\,x^{4/3}} = \frac{4}{9}\,\frac{\varepsilon_0\,U'_a}{r_a^2\,x^{4/3}};\quad \left(\sqrt{1 - x^{4/3}} \cong 1\right), \tag{42}$$

(U'_a s. Abb. 220) erhalten wir für

$$\varrho = \frac{4}{9}\,\frac{\varepsilon_0\,U'_a}{r_a^2}\,\frac{1}{x^{4/3}}\,\frac{1}{\sqrt{1 - x^{4/3}}} \tag{43}$$

und für den Ringstromkraftfluß:

$$\Phi = \frac{8\pi}{9}\,\mu_0\,\varepsilon_0\,\omega\,U'_a\,r_a^2 \int_0^1 x\,d x \int_x^1 \frac{d x}{x^{1/3}\sqrt{1 - x^{4/3}}}\quad \text{mit } i = \varrho\,r\,\omega = r_a\,\omega\cdot\varrho\,x. \tag{44}$$

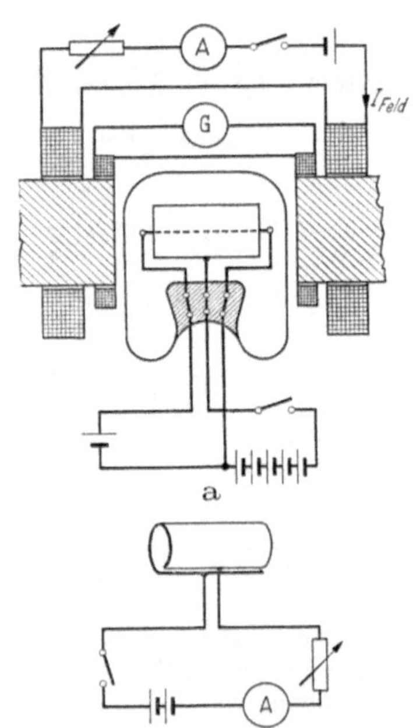

Abb. 221. Elektronenringstrom-Messung.

Mit Hilfe einer partiellen Integration erhält man

$$\Phi = \frac{4\,\pi\,\mu_0\,\varepsilon_0\,\omega\,U_a\,r_a^2}{9}. \tag{45}$$

Zwischenrechnung

$$\int\limits_0^1 x\,dx \int\limits_x^1 \frac{dx}{x^{1/3}\sqrt{1-x^{4/3}}} = \underbrace{\left[\frac{x^2}{2}\int\limits_x^1 \frac{dx}{x^{1/3}\sqrt{1-x^{4/3}}}\right]_0}_{0} + \underbrace{\int\limits_0^1 \frac{x^2}{2}\,\frac{dx}{x^{1/3}\sqrt{1-x^{4/3}}}}_{+\,1/2} \tag{46}$$

Substituiere $x = z^{3/4}$ und $1 - z = u$

Der Kraftfluß des Ersatzstromes I_{ring} ist $\Phi = \pi r_a^2 I_{\mathrm{ring}}\mu_0/l$. Durch Gleichsetzen beider Kraftflüsse erhält man:

$$I_{\mathrm{ring}} = \frac{4}{9}\,\omega\,\varepsilon_0\,l\,U_a'. \tag{47}$$

Obwohl der Ringstrom etwa 1000 mal größer ist als der Anodenstrom, ergeben die Messungen doch einen vernünftigen Wert für U_a'. Experimentell wurde $U_a' = 0{,}7\,U_a$ gefunden.

b) Gestörte Bahnen.

Wenn ein Elektron bei $r = r_u$ einen Potentialsprung $\Delta U_r = \Delta U_a \left(\frac{r_u}{r_a}\right)^{2/3}$ überschreitet, bleibt die Radialkomponente seiner Geschwindigkeit erhalten. Vgl. Abb. 218.

Seine Tangentialkomponente wird abgebremst. Es läuft auf einer Bahn weiter, für die

$$\omega^x = \omega_0 \left[1 - \left(\frac{r_0}{r}\right)^2\right]$$

gilt. Zwischenrechnung:

$$r^2\,\omega^{x\,2} = \omega_0^2 \left(r^2 - 2\,r_0^2 + \frac{r_0^4}{r^2}\right) \cong \omega_0^2\,r^2 - 2\,\omega_0^2\,r_0^2.$$

Nach dem Energiesatz gilt

$$r_u^2\,(\omega^{x\,2} - \omega_0^2) = \omega_0^2\,(r_u^2 - 2\,r_0^2) - \omega_0^2\,r_u^2 = -\,2\,\omega_0^2\,r_0^2 = -\,\frac{2\,e_1\,\Delta U_a}{m}\left(\frac{r_u}{r_a}\right)^{2/3}.$$

$$r_0^2 \text{ ist aus } \omega_0^2\,r_0^2 = \frac{e_1\,\Delta U_a}{m}\left(\frac{r_u}{r_a}\right)^{2/3} = \frac{e_1\,\Delta U_a}{m}\left(\frac{r_u}{r_a}\right)^{2/3}\sin\beta\,;\quad \beta = 2/3\,\alpha$$

zu berechnen. $r_u^{\cdot x\,2}$ ist dann

$$r_u^{\cdot x\,2} = -\,\frac{2\,e_1\,\Delta U_a}{m}\left(\frac{r_u}{r_a}\right)^{2/3} + \frac{2\,e_1\,U_a}{m}\left(\frac{r_u}{r_a}\right)^2 - (r_u^2 - 2\,r_0^2)\,\omega_0^2 = r_u^{\cdot 2}\,,$$

wie es sein soll. Die Umkehrentfernung auf der neuen Bahn berechnet sich wieder aus $r^{\cdot} = 0$. Wenn wir die neue Umkehrentfernung mit

$$r_u\,(1 + \varepsilon)$$

bezeichnen, erhalten wir für ε die Gleichung:

$$0 = \frac{2\,e_1\,U_a}{m}\left(\frac{r_u}{r_a}\right)^{2/3}\left(1 + \frac{2}{3}\,\varepsilon\right) + \frac{2\,e_1\,\Delta U_a}{m}\left(\frac{r_u}{r_a}\right)^{2/3} - r_u^2\,(1 + 2\,\varepsilon)\,\omega_0^2 + \frac{2\,e_1\,\Delta U_a}{m}\left(\frac{r_u}{r_a}\right)^{2/3}\sin\beta\,,$$

da $\dfrac{2\,e_1\,U_a}{m}\left(\dfrac{r_u}{r_a}\right)^{2/3} = \omega_0^2\,r_u^2\,;\quad \dfrac{2\,e_1\,\Delta U_a}{m}\left(\dfrac{r_u}{r_a}\right)^{2/3} = \omega_0^2\,r_u^2\,\dfrac{\Delta U_a}{U_a}$

$$0 = 1 + \frac{2}{3}\,\varepsilon + \frac{\Delta U_a}{U_a} - (1 + 2\,\varepsilon) + \frac{\Delta U_a}{U_a}\sin\beta \quad \text{oder}$$

$$\frac{4}{3}\,\varepsilon = \frac{\Delta U_a}{U_a}\,(1 + \sin\beta)\,.$$

c) Lande- und Influenzstromerregung.

Auf diesen Anschauungen lassen sich 2 Schwingungsmechanismen aufbauen, die experimentell auch gefunden wurden.

Mit den abgeleiteten Formeln kann man für alle Elektronen zu jeder Zeit die Umkehrentfernungen berechnen und erhält z.B. für das viergeschlitzte Magnetron, daß sie auf einem Zylinder mit ellipsenartigem Querschnitt liegen, der in der Pfeilrichtung rotiert (Abb. 222). Ist nun $\mathfrak{B} \cong \mathfrak{B}_k$, so landen die Elektronen der Ellipsoidkuppen 1, 1' auf den Anodensegmenten und liefern in diese einen Wechselstrom, der bei geeigneter Abstimmung zwischen ω_h und ω_0 zu Schwingungen führt (Landestromerzeugung).

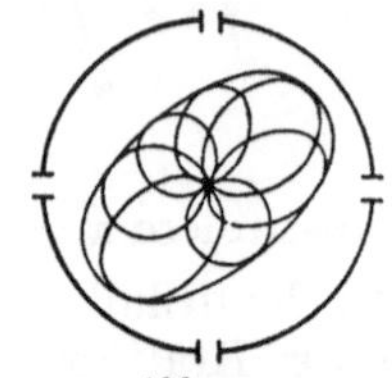

Abb. 222.
Lande- und Influenz-
stromerregung.

Ist das Magnetfeld überkritisch, läuft der elliptische Ladungszylinder wie die Feldmagnete in einer Wechselstromdynamo um. Er influenziert in den Segmenten Ströme, wenn sich die Kuppen nähern oder entfernen. Dieser Influenzstrom führt bei einer geeigneten Abstimmung zwischen ω_h und ω_0, die sich von der obigen unterscheidet, ebenfalls zu einer Selbsterregung. Der rechnerisch ermittelte Zusammenhang zwischen ω_h und ω_0 stand in ausgezeichneter Übereinstimmung mit den Messungen. Die Rechnungen, die zum Teil graphisch durchgeführt wurden, sind zwar elementar, aber mühsam. Sie werden für kurze Wellen noch dadurch kompliziert, daß man für die Spannung nicht die Spannung nach der üblichen Definition $\varphi = \int\limits_1^2 \mathfrak{E}(t,s)\,ds$, worin $\mathfrak{E}(t,s)$ die zur Beobachtungszeit t an der Stelle s herrschende Feldstärke ist, sondern die „durchlaufene" Spannung φ^x einführen muß. Diese ist durch $\varphi^x = \int\limits_1^2 \mathfrak{E}(t',s)\,ds$ definiert, wobei $\mathfrak{E}(t',s)$ die Feldstärke ist, die zur Zeit t' herrschte, als das Elektron an der Stelle s war.

Man kann auch den Leitwert G der geschilderten Elektronenbewegungen ausrechnen und durch Bedämpfen des an die Magnetronsegmente angeschlossenen Lechersystems messen. Auch hier erhält man eine gute Übereinstimmung zwischen Messung und Rechnung.

Die Amplitude der Influenzstromerregung ist dadurch begrenzt, daß die elliptischen Querschnitte der umlaufenden Ladung immer schlanker und länger werden, schließlich an die Anodensegmente anstoßen und so die Elektronen weggefangen werden.

Die Amplituden werden um so größer, die „Schwingkraft G" aber um so kleiner, je größer das Magnetfeld ist. Starke Schwingungen mit gutem Wirkungsgrad, die aber hohe Resonanzwiderstände der Schwingkreise erfordern, sind bei stark überkritischem Magnetfeld zu erwarten. So bereiteten die hier kurz referierten älteren Theorien, die sich auf der Potentialverteilung $\varphi = U_a\left(\dfrac{r}{r_a}\right)^{2/3}$ aufbauten, die neue Döhlersche Theorie, der $\varphi = U_a\left(\dfrac{r}{r_a}\right)^2$ zugrunde liegt, vor.

d) Magnetron-Barkhausen-Schwingungen.

Die Barkhausen-Schwingungen in den Trioden beruhten auf einer Pendelung der Elektronen von Glühdraht durch das positive Gitter zur negativen Anode und zurück. Da im Magnetron die gleiche Pendelung stattfindet — nur noch von einer hier nicht interessierenden Drehung um den Glühdraht begleitet —, können in einem ungeschlitzten Magnetron auch Barkhausen-Schwingungen auftreten. Der Mechanismus der „Tanzordnung" (Phaseneinsortierung) beruht wie bei den

Trioden-Barkhausen-Schwingungen auf einer Verschiedenheit der Pendelzeit für Elektronen mit verschiedener Amplitude, nur daß hier, wie man sich an Hand der gestörten Bahngleichung überlegen kann, die Pendelzeit mit wachsender Amplitude abnimmt. Dabei hat das Magnetron gegenüber der Triode den Vorteil, daß kein die Elektronen absorbierendes Gitter da ist und daß man mit viel höheren Spannungen arbeiten kann, weil die Anode, an der die Verluste auftreten, von außen gekühlt werden kann. Als Schwingungskreis dient ein aus der eventuell nach außen fortgesetzten Anode und dem Glühdraht bestehendes Lechersystem, das in $\frac{n}{2}\,\lambda$ erregt wird. Die Abb. 223 zeigt die während des Krieges im Flugforschungsinstitut Oberpfaffenhofen entwickelte Anordnung.

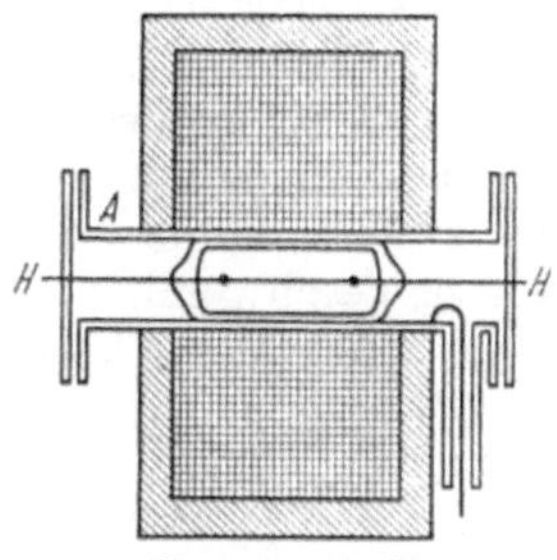

Abb. 223. Magnetron-Barkhausen-generator

D. Die Wanderfeldröhre (Travelling wave tube).

Die Abmessungen der Klystrons für cm-Wellen werden schon recht klein. Es entstand der Wunsch, nicht mehr mit quasistationären Feldern in winzigen Schwingungskreisen zu arbeiten, sondern den Elektronenstrahl direkt mit einer Welle zu koppeln. Wir werden einen Elektronenstrahl in der Fortpflanzungsrichtung der Welle mitlaufen lassen. Für eine solche Kopplung brauchen wir eine Verzögerungsleitung, in der die Phasengeschwindigkeit der Welle der Elektronengeschwindigkeit angepaßt werden kann, die ja prinzipiell kleiner als die Lichtgeschwindigkeit ist. Wir haben die Wendel (Helix) im Kapitel über die Hohlrohrleiter bereits kennengelernt. Wir können also die Phasengeschwindigkeit, die Dämpfung und das Verhältnis des Energiestromes $\mathfrak{S} = \int(\mathfrak{E}\mathfrak{H})\,df$ zu $\mathfrak{E}_z^2$ als bekannt voraussetzen. Das letztere Verhältnis hat die Dimension eines Leitwertes. Wir können also ganz allgemein schreiben:

$$\mathfrak{S} = \frac{\mathfrak{E}_z^2}{R}\,.$$

Wir müssen nun die Zusammenballung des in der Achse der Wendel laufenden Elektronenstromes durch das elektrische Feld $\mathfrak{E}_z$ berechnen und dann die Störung der ursprünglichen Welle, das heißt die Veränderung der Dampfung und der Wellenzahl durch die entstandenen Elektronenpakete.

1. Qualitative Vorüberlegung.

Wir betrachten zunächst den Fall, daß die Phasengeschwindigkeit der Welle in der Verzögerungsleitung und die Elektronengeschwindigkeit gleich sind. Wir können uns dann das Verhalten der Elektronen am Beispiel des Wellenreiters klarmachen. Ein kleines Boot befinde sich auf der Vorderseite einer Meereswelle. Es wird dann auf der Welle nach vorn herunterrutschen, da aber die Welle immer mitläuft, nicht in das Wellental herunterkommen. Es wird also, vorausgesetzt, daß die Welle immer *genau* mitläuft, dauernd beschleunigt, und wenn das Boot 1 km mit der Welle mitgefahren ist, eine Geschwindigkeit erhalten, die dem Fall von einem Berge von der Höhe $h = 1\,\mathrm{km} \cdot \mathrm{tg}\,\alpha$ entspricht. Das Boot wird auf langen Wegen auch aus sehr flachen Wellen doch eine beträchtliche Energie aufnehmen. Wenn nun die Wellen mit konstanter Phasengeschwindigkeit laufen, wird das Boot langsam in das Wellental kommen. Sind mehrere Boote auf der Welle verteilt, so werden sie sich in diesem Wellental sammeln.

Analog verhalten sich Elektronen, die mit einer Wanderwelle mitlaufen. Die Elektronen im Bereich von positiven (in der Flugrichtung liegenden) Feldern werden beschleunigt, die mit negativen Feldern mitlaufenden verzögert, so daß sie sich an der feldstärkefreien Stelle sammeln, die vor dem Feldstärkemaximum herläuft. Die Elektronenpakete können aber nur Energie an die Welle abgeben, wenn eine den Flug der Pakete bremsende Feldstärke vorhanden ist. Wir müssen also, wenn wir eine Anfachung durch die Elektronenpakete haben wollen, dafür sorgen, daß sie an Stellen kommen, wo eine bremsende, negative Feldstärke vorhanden ist. Wir müssen sie etwas schneller laufen lassen als die Welle: $v_e > v_{\mathrm{ph}}$.

Hier ist nun ein Kompromiß zu schließen. Ist v_e nur sehr wenig größer, so wird es wohl eine gute Phaseneinsortierung geben, aber keine merkliche Energieauskopplung, da die Elektronen nicht in die hierzu günstige Phase kommen. Ist die Elektronengeschwindigkeit wesentlich größer als die Phasengeschwindigkeit, so kommen die Elektronen rasch in eine für die Energieabgabe günstige Phase, aber die Zusammenballung ist noch nicht merklich fortgeschritten. Es ist zu erwarten, daß es ein Optimum der Geschwindigkeitsdifferenz geben wird.

2. Plan für die Durchführung der Rechnung.

a) Berechnung der Stromstärke.

Diese Berechnung erfolgt nach der von der Theorie der Barkhausen-Röhren bekannten Methode. Wir gehen davon aus, daß wir die Welle, die unter der Wirkung des modulierten Elektronenstrahles entsteht, also die „definitive" Welle kannten

$$\mathfrak{E}_z = C\,e^{\gamma_r z}\cos\left(\omega t - \gamma_i \cdot z\right).$$

Dann lauten die Bewegungsgleichungen: $m\ddot{z} = e_1\,\mathfrak{E}_z$ mit den Anfangsbedingungen: $v = v_0$; $z = 0$ für $t = t_0$. Die Integration der Bewegungsgleichungen liefert uns $z = I(t, t_0)$. Die Stromdichte erhalten wir dann in der üblichen Form durch

$$\mathfrak{J} = I_0\left(-\frac{\partial z/\partial t}{\partial z/\partial t_0} - 1\right); \quad \mathfrak{J} = \mathfrak{E}_z\,(A + jB).$$

b) Die Berechnung von γ_r und γ_i.

Wir benutzen hierzu die bereits auf S. 115 und 130 beschriebene Döhlersche Methode. Döhler stellt 2 Leistungsbilanzen auf, für die ungestörte Welle (mit einem Stern versehen) und für die gestörte Welle.

$$\frac{\partial A}{\partial t} + \frac{\partial \mathfrak{S}}{\partial z} = \mathfrak{N}; \quad \frac{\partial A^*}{\partial t} + \frac{\partial \mathfrak{S}^*}{\partial z} = 0; \quad \mathfrak{N} = \mathfrak{E}_z\mathfrak{J}^{(*)}; \quad \mathfrak{J}^{(*)} = \text{conj. complex zu } \mathfrak{J}.$$

Hierbei bedeuten: A die Energie in 1 cm Wellenleiter, $\mathfrak{S}$ den Energiestrom durch den Querschnitt des Wellenleiters und $\mathfrak{N}$ den Leistungsumsatz zwischen der Welle und den Elektronen in 1 cm Wellenleiter.

Bei der Berechnung von A und $\mathfrak{S}$ wird vorausgesetzt, daß in dem betrachteten Stück dz des Wellenleiters die Amplituden $\mathfrak{E}$ und $\mathfrak{E}^*$ immer gleich sind. Es wird des weiteren vorausgesetzt, daß man für A und $\mathfrak{S}$ die gleichen Formeln verwenden kann und nur γ für γ^* einzusetzen hat. Es wird dann $\frac{\partial A}{\partial t} = \frac{\partial A^*}{\partial t}$. Der Unterschied tritt nur bei der Differentiation nach z auf.

$$\frac{\partial \mathfrak{S}}{\partial z} - \frac{\partial \mathfrak{S}^*}{\partial z} = \mathfrak{E}_1\,\mathfrak{J}^{(*)}.$$

Wir hatten bei der Behandlung der Hohlrohrleiter $\mathfrak{E}$ und $\mathfrak{H}$ als Funktionen von ausgedrückt:

$$\mathfrak{E} = e\,\mathfrak{E}_z\,; \quad \mathfrak{H} = \mathfrak{h}\,\mathfrak{E}_z\,; \quad e = e(r,\varphi)\,; \quad \mathfrak{h} = \mathfrak{h}(r,\varphi)$$

und denken uns nun $\mathfrak{S}$ ausgerechnet: $\mathfrak{S} = |\mathfrak{E}_z|^2 \int (e,\mathfrak{h})\,df$. Da der Faktor Dimension eines Leitwertes hat, können wir schreiben: $\int (e,\mathfrak{h})\,df = 1/R$ u erhalten aus der geschilderten Leistungsbilanz, da $Ce^{\gamma r z} = C^* e^{\gamma^*_r z}$,

$$\text{mit} \quad \mathfrak{E} = C\,e^{\gamma r z}\cos\alpha \quad \text{und} \quad \mathfrak{E}^* = C\,e^{\gamma^*_r z}\cos\alpha\,; \quad \alpha \cong \omega t - \gamma_i z \cong \omega t - \gamma_i^* z$$

$$\frac{\partial}{\partial z}\frac{C^2}{R}e^{2\gamma r z}\cos^2(\omega t - \gamma_i t) - \frac{\partial}{\partial z}\frac{C^{*2}}{R}e^{2\gamma^*_r z}\cos^2(\omega t - \gamma_i^* z)$$

$$= C^{*2}e^{2\gamma^*_r z}[A\cos^2(\omega t - \gamma_i^*)z - B\sin(\omega t - \gamma_i^* z)\cos(\omega t - \gamma_i^* z)]$$

und nach Ausführung der Differentiation und Wegheben von $C^2 e^{2\gamma r z} = C^{*2}e^{2\gamma}$

$$\frac{2}{R}(\gamma_r - \gamma_r^*)\cos^2\alpha + \frac{2}{R}(\gamma_i - \gamma_i^*)\cos\alpha\sin\alpha = A\cos^2\alpha - \dot{B}\cos\alpha\sin\alpha$$

$$\text{mit} \quad \alpha = \omega t - \gamma_i z\,.$$

Der Koeffizientenvergleich ergibt schließlich

$$\gamma_r - \gamma_r^* = \frac{AR}{2}\,; \quad \gamma_i - \gamma_i^* = \frac{BR}{2}\,.$$

3. Durchführung der Rechnung für den allgemeinen Fall: Elektrone geschwindigkeit $v_e \neq$ Phasengeschwindigkeit v_{ph}.

Die Bewegungsgleichungen der Elektronen lauten mit

$$\Gamma = -\frac{j\omega}{v} + \gamma\,; \quad z \cong v_0\tau\,; \quad \xi = j\omega + \Gamma v_0 = j\omega\varrho + \gamma v_0\,; \quad \varrho = 1 - \frac{v_0}{v}\,; \quad \eta = \frac{e_1}{m}\,; \quad t - t_0 =$$

$$\frac{d^2 z}{dt^2} = \eta\,\mathfrak{E}\,e^{j\omega t_0}e^{j\omega\tau + \Gamma z} = \eta\,\mathfrak{E}\,e^{j\omega t_0}e^{\xi\tau}\,.$$

Wir integrieren sie unter Berücksichtigung der Anfangsbedingungen:

$$\text{Für} \quad t = t_0 \quad \text{oder} \quad \tau = 0: \quad z = 0 \quad \text{und} \quad \frac{\partial z}{\partial\tau} = 0$$

und erhalten

$$\frac{dz}{d\tau} = v_0 + \frac{\eta}{\xi}\mathfrak{E}\,e^{j\omega t_0}[e^{\xi\tau} - 1]\,; \quad z = v_0\tau + \frac{\eta\,\mathfrak{E}}{\xi^2}e^{j\omega t_0}[e^{\xi\tau} - \xi\tau - 1]\,.$$

Wir haben dabei in kleinen Gliedern immer die angenäherte Beziehung $z \cong v$ verwendet.

Wir beschränken uns auf kleine Aussteuerungen, wie sie beim Verstärker vc kommen. Benutzt man die Wanderfeldröhren zur Erzeugung von Schwingunge ist diese einfache Methode nicht mehr zulässig.

Dann haben wir die beiden Differentialquotienten $\dfrac{\partial z}{\partial t}$ und $\dfrac{\partial z}{\partial t_0}$ zu bilden ur erhalten

$$\frac{\partial z}{\partial t} = \frac{\partial z}{\partial\tau} = v_0 + \frac{\eta\,\mathfrak{E}}{\xi}e^{j\omega t_0}[e^{\xi\tau} - 1]$$

und

$$\frac{\partial z}{\partial t_0} = -v_0 - \frac{\eta\,\mathfrak{E}}{\xi}e^{j\omega t_0}[e^{\xi\tau} - 1] + \frac{j\omega\eta\,\mathfrak{E}e^{j\omega t_0}}{\xi^2}[e^{\xi\tau} - \xi\tau - 1]\,.$$

Wenn wir berücksichtigen, daß v_0 groß gegen

$$\frac{\eta}{\xi}\,\mathfrak{E}\,e^{j\omega t_0}(e^{\xi\tau}-1)\quad\text{und}\quad\frac{\omega\,\eta\,\mathfrak{E}}{\xi^2}\,e^{j\omega t_0}(e^{\xi\tau}-\xi\,\tau-1)$$

sein soll, erhalten wir

$$\mathfrak{S}=I_0\left(-\frac{\partial z/\partial t}{\partial z/\partial t_0}-1\right)=I_0\,\frac{j\,\omega\,\eta}{\xi^2\,v_0}\,\mathfrak{E}\,e^{j\omega t_0}(e^{\xi\tau}-\xi\,\tau-1).$$

Der Strom enthält 2 verschiedene Wellen. Die eine ist proportional zu

$$e^{j\omega t_0}=e^{j\omega(t-\tau)}=e^{j\omega t-j\omega z/v_0}.$$

Sie läuft mit Elektronengeschwindigkeit und ist nicht angefacht. Sie soll uns weiterhin nicht interessieren. Die andere ist proportional

$$e^{j\omega t+\Gamma z}.$$

Zwischenrechnung:

$$j\,\omega\,t_0+\xi\,\tau=(\text{mit }\xi=j\,\omega+\Gamma\,v_0)\quad j\,\omega\,t_0+j\,\omega\,(t-t_0)+\Gamma\,v_0\,\tau$$
$$=(\text{mit }v_0\,\tau=z)\,j\,\omega\,t+\Gamma\,z$$

und in die Leistungsbilanz einzusetzen.

Zur Berechnung der Anfachung $\gamma_r\,(\text{mit }\gamma_r^*=0)$ haben wir nun den reellen Teil von

$$\mathfrak{S}=\mathfrak{E}_z A=\frac{+j\,\omega\,\eta\,I_0\,\mathfrak{E}_z}{v_0\,\xi^2}$$

zu bilden.

$$\frac{1}{\xi^2}=\frac{1}{(j\,\omega\,\varrho+\gamma\,v_0)^2}=\frac{\gamma^2\,v_0^2-\omega^2\,\varrho^2-j\,2\,\omega\,\varrho\,\gamma\,v_0}{((\omega\,\varrho)^2+(\gamma\,v_0)^2)^2}$$

$$A=\frac{2\,I_0\,\omega^2\,\eta\,\varrho\,\gamma}{(\omega^2\,\varrho^2+\gamma^2\,v_0^2)^2}=\frac{2\,I_0\,\eta}{\omega^2}\,\frac{\varrho\,\gamma}{(\varrho^2+\gamma^2\,v_0^2/\omega^2)^2}.$$

Da der Elektronenstrom I negativ ist, erhalten wir nur dann eine Anfachung, wenn $\varrho=\dfrac{v-v_e}{v}<0$ oder $v_e>v$ ist, wie wir das nach unserer qualitativen Vorüberlegung erwarteten. Auch finden wir ein Optimum von ϱ, das zur größten Anfachung führt:

$$\varrho_{\text{opt}}=\frac{1}{\sqrt{3}}\,\frac{\gamma\,v_0}{\omega}.$$

Die in diesem Kapitel dargestellte weitgehend vereinfachte Theorie soll lediglich einen Einblick gewähren, wie etwa eine Verstärkung in einer Wanderfeldröhre zustande kommt und in welcher Weise man prinzipiell das Problem anfassen kann. Um eine Übereinstimmung der berechneten und gemessenen Verstärkungen zu erhalten, muß man auf die elektrostatischen Wirkungen der Raumladungen im Strahl Rücksicht nehmen, die den „gain" (Gewinn an Dezibel) stark herabsetzen.

Da die Phasengeschwindigkeit in der Helix weitgehend von der Frequenz unabhängig ist, ist die Bandbreite der Wanderfeldverstärker enorm hoch (einige 1000 Megahertz), sie wird im wesentlichen nur durch die Auskoppelglieder und die Zu- und Abführungswellenleiter mit ihren frequenzabhängigen Dämpfungen begrenzt.

V. Funkmeßtechnik.

Aus der großen Zahl der Funkmeßgeräte können nur einige wenige Beispiele zur Erläuterung der verschiedenen Prinzipien in einem einleitenden Band Platz finden.

1. Das Funkmeßgerät vom Typ Freya-Würzburg.

Der anzumessende Gegenstand, das „Ziel", wird mit „Impulsen", wie wir sie von den Zenneck-Goubeauschen Ionosphärenmessungen her kennen, angestrahlt und das Echo aufgenommen. Die Laufzeit des Echos dient zur Messung der Entfernung. Es werden durch Spiegel gebündelte Strahlen ausgesandt und empfangen. Der Empfang wird am stärksten, wenn der Spiegel auf das Ziel zu gerichtet ist. Diese Richtwirkung wird zur Ermittlung der Seiten- und Höhenrichtung benutzt.

Abb. 224 zeigt die Anordnung des Gerätes. Der vom 3750-Hertz-Generator gelieferte Wechselstrom wird in Impulse umgeformt, die ein Stromtor zünden, das eine aufgeladene Laufzeitkette auf den Sender schaltet. Dieser sendet den

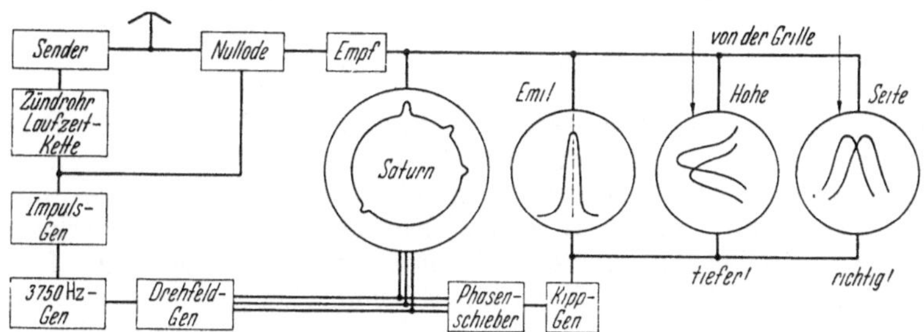

Abb. 224. Anordnung eines Würzburggerates

„Impuls" (etwa 100 Schwingungen einer 50-cm-Welle, Impulsdauer $^1/_6\,\mu$sec) aus. Gleichzeitig wird der Empfänger durch eine Nullode verriegelt. Dann wird der Echoimpuls aufgenommen und mehreren Braunschen Röhren zugeführt.

a) Der „Saturn" (Abb. 225). Die 3750 Hertz laufen über einen Drehfeldgeber und führen den Kathodenstrahl in einem exakten Kreis. Dieser fliegt zwischen

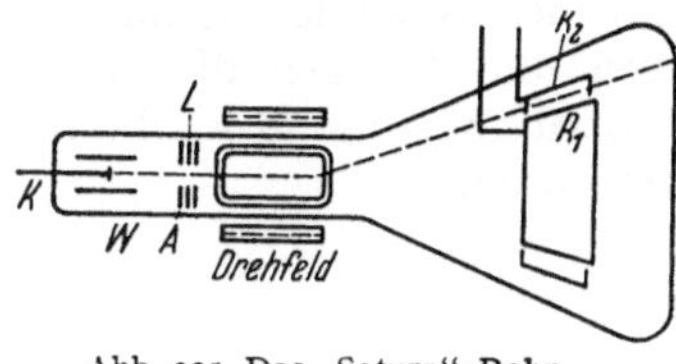

Abb. 225. Das „Saturn"-Rohr.

den beiden Saturnringen R_1 und R_2 durch. Diesen wird die Empfangsspannung zugeführt und lenkt sie aus der Kreisbahn ab. Aus dem Winkel zwischen der Sende- und Empfangszacke schließt man genau wie bei Zenneck-Goubeau auf die Entfernung. Ein Umlauf entspricht einer Entfernung von 40 km.

b) Der Emil. Zur genauen Ermittlung der Entfernung dient der „Emil". Sein Zeitablenk-Kippgerät wird über einen Phasenschieber gesteuert. Der Phasenschieber wird so eingestellt, daß die Spitze des Empfangsimpulses genau auf die senkrechte Marke zu liegen kommt, und die genaue Entfernung am Phasenschieber abgelesen.

c) Die Grille. Die Höhen- und Seitenrichtung wird mit Hilfe der „Grille" bestimmt, die auf ein Höhen- und Seitenrohr arbeitet.

Die Antenne sitzt nicht in der Mitte des Spiegels, sondern dreht sich exzentrisch um die Mitte, so daß die Antenne nacheinander die in Abb. 226 angedeuteten Stellungen einnimmt. Die Achse der Empfangs- und Sendekeule läuft dann auf einem Kreiszylinder um.

Liegt das Ziel über der Spiegelachse, entspricht der Empfang in der oberen Lage der Strecke o — 2′, in der unteren Lage der Strecke o — 1′. Durch einen Kontakt an der umlaufenden Antenne, der „Grille“, wird das Bild auf dem Höhenrohr je nach der Lage der Keule etwas nach oben und unten verschoben, so daß das Diagramm 226a entsteht. Liegt das Ziel zu tief, entsteht entsprechend 226c. Der Spiegel ist dann zu heben bzw. zu senken, bis das Diagramm 226b erscheint. Der Empfang in der oberen und unteren Lage der „Keule“

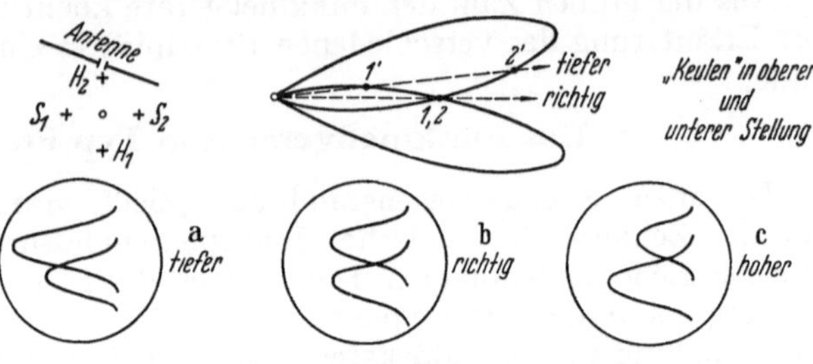

Abb. 226. Wirkungsweise der „Grille“.

entspricht dann den Stücken o—1 und o—2. Spiegelachse und Zielrichtung stimmen überein.

Die Seiteneinstellung erfolgt nach der gleichen Weise.

2. Das Radargerät.

Das Radargerät dient zur laufenden Aufnahme von Landkarten. Der Sende- und Empfangsspiegel läuft dauernd um (etwa ¹/₈ Umdrehung je sec). Während einer Umdrehung werden etwa 8000 Impulse einer 10-cm-Welle mit einem Magnetron ausgesendet und mit einem Empfänger, dessen Überlagerer ein Barkhausen-Rohr (Oberpfaffenhofener Bauart) ist, empfangen. Die Empfangsimpulse werden dem Wehneltzylinder einer Braunschen Röhre mit Nachleuchtschirm zugeführt. Der Kathodenstrahl der Braunschen Röhre wird z.B. durch synchron mit der Antenne umlaufende Ablenkspulen immer in der Richtung, in die die Achse des Antennenspiegels zeigt, abgelenkt. Der linear mit der Zeit ansteigende Ablenkstrom wird nur im Moment des Aussendens des Impulses eingeschaltet. Der Kathodenstrahl ist durch negative Wehneltzylinderspannung normaler Weise unterdrückt und wird im Moment der Rückkehr des Echos freigegeben. Es entsteht also ein Leuchtfleck in der Richtung und in einer der Zielentfernung proportionalen Entfernung. Damit ist das „Ziel“ in ein Kartenbild eingetragen. Diese Radarkartenbilder sind nicht ganz leicht zu lesen, da man immer nur von Häusern, Ufermauern, Straßenzügen und Plätzen die reflektierenden Flächen sieht. Bewegte Ziele (Schiffe, Eisenbahnzüge) sind als bewegliche Linien oder Punkte innerhalb der Festziele zu erkennen.

3. Die Deccakette.

Das Deccakettenverfahren gehört zu den zahlreichen Hyperbelnavigationsverfahren. Während z.B. bei dem Loran-Verfahren Impulse ausgesandt werden, arbeitet die Deccakette mit kontinuierlichen Wellen.

Zur Erläuterung des Grundprinzipes wollen wir zunächst einmal annehmen, daß 2 in der Entfernung $a = n \cdot \lambda$ aufgebaute Sender die gleiche Welle λ mit genau der gleichen Phase aussenden, Abb. 227. Man kann dann zwischen den beiden Sendern n konfokale Hyberbeln zeichnen, deren Konstruktionsgleichungen

$$r_1 - r_2 = m\lambda; \quad m = -(n-2), -(n-4) \cdots + (n-2), +(n-4),$$

(Abb. 227) lauten. Stellt ein Beobachter fest, daß an der Stelle, an der er sich befindet, beide Wellen mit der gleichen Phase einfallen, so befindet er sich auf einer der genannten Hyperbeln. Wir wollen sie Haupthyperbeln nennen. Stellt er eine Phasenverschiebung φ fest, so befindet er sich auf einer Hyperbel mit der Konstruktionsgleichung

$$r_1 - r_2 = \lambda \left(m + \frac{\varphi}{\pi} \right).$$

Sind 3 Sender vorhanden, so kann man auf diese Weise feststellen, auf welcher der roten, grünen und violetten Hyperbel man sich befindet, wenn man dem einen Senderpaar eine rote ... Hyperbelschar zuordnet. Sind auf einer Land- bzw. Seekarte die 3 Hyperbelscharen mit den Phasenverschiebungsgraden eingezeichnet, kann man den Schnittpunkt der 3 Hyperbeln aufsuchen und hat damit seinen Standort gefunden.

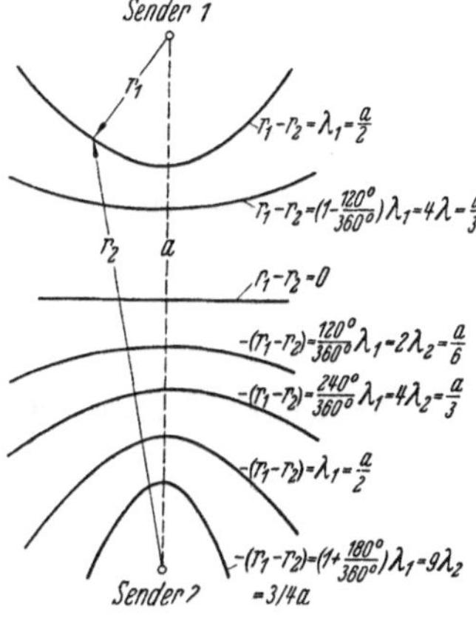

Abb. 227.
Hyperbel-Navigationsverfahren.

Man muß allerdings wissen, zwischen welchen Haupthyperbeln man sich befindet, den Schiffsort also einigermaßen kennen.

Beim Deccaverfahren kann man deshalb auf ein Grobortungsverfahren umschalten, dessen Hyperbeln so weit auseinanderliegen, daß die ungefähre Kenntnis des Schiffsortes, die ja immer vorhanden ist, genügt, um zu entscheiden, zwischen welchen Haupthyperbeln man sich befindet.

Um nun dem Empfänger zu ermöglichen, die 3 Wellen von den 3 Sendern zu unterscheiden, sendet man Wellen von der 3-, 4-, 5fachen Länge aus, empfängt diese getrennt, bringt sie getrennt auf die 3-, 4-, 5fache und damit gleiche Frequenz und vergleicht die Phase dieser im Empfänger hergestellten Wellen gleicher Frequenz.

Bemerkung: Die Wellen müssen durch Vervielfachung, nicht durch Überlagerung auf die gleiche Frequenz gebracht werden. Der Leser schreibe sich die Phase der einen Welle $\omega_1(t - l_1/c)$, die der zweiten Welle $\omega_2(t - l_2/c)$, die der beiden vervielfachten Wellen und die Differenz der letzteren hin und bedenke dabei, daß $\varphi_1 = \dfrac{n_1 \omega_2 l_1}{c}$; $\varphi_2 = \dfrac{n_2 \omega_2 l_2}{c}$; $n_1 \omega_1 = n_2 \omega_2$. Die Phasendifferenz wird unabhängig von der Wahl der beiden längeren Wellen und hängt nur von der Frequenz der vervielfachten Wellen ab. Bei einer Transponierung der Frequenzen durch Überlagerung würde keine von den ausgesandten Wellen unabhängige Phasenverschiebung herauskommen.

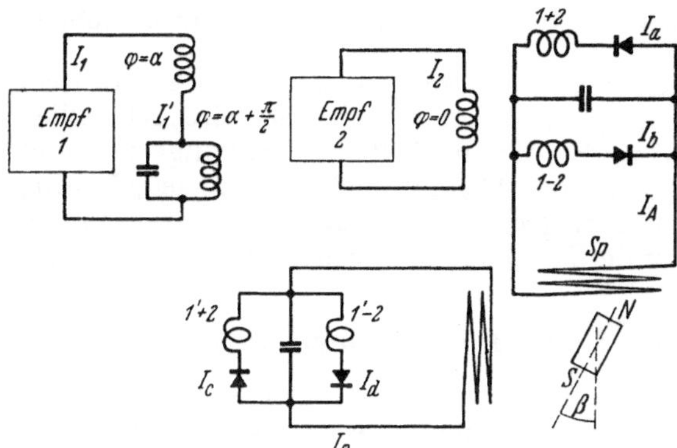

Abb. 228. Schaltung des Decca-Navigators.

Interessant ist die in Abb. 228 dargestellte Schaltung zur Anzeige der Phasenverschiebung. Empfänger 1 und Empfänger 2 liefern die durch Vervielfachung auf die gleiche Frequenz gebrachten Empfangsströme vom Sender 1 und 2. Sie sollen am Empfangsort eine Phasenverschiebung φ haben. Die Phasen der Ströme $\mathfrak{I}_1$, $\mathfrak{I}_1'$ und $\mathfrak{I}_2$ sind in der Zeichnung angeschrieben. Sämtliche Gleichrichter sollen genau quadratisch arbeiten und gleich sein. (Falls sie ungleich sind, kann man das mit der Kopplung ausgleichen.) Die an den Koppelspulen angeschriebenen Zahlen geben an, welche Spannungen eingekoppelt sind. 2 + 1′ bedeutet z. B.: Die Spannung ist

$$\mathfrak{U} = \mathfrak{U}_2 \cos \omega t + \mathfrak{U}_1 \cos (\omega t + 90 + \varphi).$$

Wir erhalten dann für die Gleichströme

$$I_a = \gamma \{|\mathfrak{U}_1|^2 + |\mathfrak{U}_2|^2 - 2\,|\mathfrak{U}_1| \cdot |\mathfrak{U}_2| \cos \alpha\}$$

$$I_b = \gamma \{|\mathfrak{U}_1|^2 + |\mathfrak{U}_2|^2 + 2\,|\mathfrak{U}_1| \cdot |\mathfrak{U}_2| \cos \alpha\}$$

$$I_A = I_b - I_a = 4\gamma\,|\mathfrak{U}_1| \cdot |\mathfrak{U}_2| \cos \alpha$$

$$I_c = \gamma \{|\mathfrak{U}_1|^2 + |\mathfrak{U}_2|^2 - 2\,|\mathfrak{U}_1| \cdot |\mathfrak{U}_2| \cos (90 + \alpha)\} = \gamma \{|\mathfrak{U}_1|^2 + |\mathfrak{U}_2|^2 + 2\,|\mathfrak{U}_1| \cdot |\mathfrak{U}_2| \sin \alpha\}$$

$$I_d = \gamma \{|\mathfrak{U}_1|^2 + |\mathfrak{U}_2|^2 - 2\,|\mathfrak{U}_1| \cdot |\mathfrak{U}_2| \sin \alpha\}$$

$$I_B = 4\gamma\,|\mathfrak{U}_1| \cdot |\mathfrak{U}_2| \sin \alpha.$$

Die beiden Ströme I_A und I_B durchfließen die beiden sich überkreuzenden Spulen Sp., die ein Magnetfeld erregen, dessen Winkel β

$$\mathrm{tg}\,\beta = \frac{I_B}{I_A} = \mathrm{tg}\,\alpha.$$

Eine Magnetnadel stellt sich in diesem Magnetfeld genau in die Richtung des Phasenwinkels ein.

Man kann den Instrumentenzeiger mit einem Zählwerk verbinden, das die Umdrehungen und damit die Übergänge über die Haupthyperbeln zählt, und sich dadurch die Grobortungen ersparen.

VI. Der Schroteffekt.

Literatur: BECKER: Theorie der Elektrizität. — ROTHE/KLEEN: Elektronenröhren.

Wenn wir einen sehr schwachen Sender empfangen, hören wir neben dem Empfang ein Rauschen, in dem der Empfang, wenn er noch leiser wird, schließlich untergeht. Das Rauschen begrenzt die Empfindlichkeit des Empfängers. Dieses Rauschen hat eine allgemeinere Bedeutung. Alle Ströme, Spannungen, Kräfte, Bewegungen werden schließlich von analogen Schwankungen überdeckt, so daß diese Schwankungen die Möglichkeit der Messung sehr kleiner Effekte begrenzen.

1. Berechnung von $\overline{di^2}$ für ein Elektronenrohr.

Wir wollen uns zunächst mit den Schwankungen beschäftigen, die in einem Elektronenstrom auftreten, der von einer Glühkathode zur Anode fließt. Wir wollen dabei eine Wahrscheinlichkeitsbetrachtung benutzen, welche den Überlegungen der Fehlerrechnung ähnelt.

Die Stromschwankungen $\delta i = i - i_0$ ($i_0 =$ mittlerer Strom) sind wie Beobachtungsfehler zu behandeln. Der Mittelwert von δi, mit $\overline{\delta i}$ bezeichnet, ist immer $= 0$. Wohl aber wird sich ein $\overline{\delta i^2}$, der Summe der Fehlerquadrate entsprechend, angeben lassen. Es soll ein Frequenzbereich zwischen den Frequenzen f und $f + \Delta f$ betrachtet werden. f würde z. B. der Empfangsfrequenz, Δf der Bandbreite des Empfängers entsprechen. Gefragt ist: Wie groß ist $\overline{\delta i^2}$ im Frequenzband Δf?

Wir wollen der Einfachheit halber zunächst annehmen, Δf sei ein echter Bruch von f ($\Delta f = f/n$) und erst am Schluß des Abschnittes den allgemeinen Fall betrachten.

Wir können dann für i folgende Fourier-Entwicklung anschreiben:

$$i = i_0 + \sum_{n=1}^{\infty} a_n \cos 2\pi n\, \Delta f t + b_n \sin 2\pi n\, \Delta f t.$$

Im Frequenzintervall $f - \Delta f/2$ bis $f + \Delta f/2$ liegt nur *eine* Frequenz, nämlich die n-te Oberschwingung

$$\delta i = i - i_0 = a_n \cos n\omega t + b_n \sin n\omega t = c_n \cos(n\omega t + \varphi_n) \qquad \omega = 2\pi\, \Delta f = \frac{2\pi}{T}$$

$$c_n = \sqrt{a_n^2 + b_n^2}; \quad -\mathrm{tg}\,\varphi_n = \frac{b_n}{a_n}; \quad T = \text{die zu } \Delta f \text{ gehörende Schwingungsdauer.}$$

δi ist dann die Stromschwankung im Frequenzbereich Δf.

a) Plan der Rechnung.

1. Bestimmung der Fourier-Konstanten für eine Serie von Elektronen, die immer t_0 sec nach Beginn der Zeitabschnitte T übergehen, unter Benutzung einer einfachen Annahme über die Elektronenbewegung während des Überganges.

2. Betrachtung von m solcher Serien, entsprechend den m-Elektronen, die im Zeitabschnitt T übergehen. Bilden der $\overline{\delta i} = \sum \delta i$ und $\overline{\delta i^2} = \sum \delta i^2$. $\overline{\delta i}$ ist dann die Stromschwankung aller Elektronen, die in der Zeit T übergehen, oder was damit gleichbedeutend ist: die in den Frequenzbereich Δf fallen.

3. Einführen der Wahrscheinlichkeitsannahme, daß sich die Übergangsmomente t_h der einzelnen Elektronen gleichmäßig auf die Zeit T oder, was damit gleichbedeutend ist, die Phasen φ_n sich gleichmäßig auf den Winkelraum 2π verteilen. Dann Ausrechnen von $\overline{\delta i} = \sum \delta i$ und $\overline{\delta i^2} = \sum \delta i^2$ mit Hilfe dieser Annahme.

b) Durchführung der Rechnung.

Der Übergang eines Elektrons erfolge in der Zeit $2\delta t$. Um die Rechnung nicht unnötig zu komplizieren, wollen wir annehmen, das Elektron fliege mit konstanter Geschwindigkeit und errege einen Strom von konstanter Stärke I_0. $I_0 \cdot 2\delta t$ ist dann die Elektronenladung e_1. Zur Berechnung der Fourier-Koeffizienten erhalten wir

$$a_n = \frac{2}{T} \int_0^T i(t) \cos n\omega t\, dt = \frac{2}{T} \int_{t_0-\delta t}^{t_0+\delta t} I_0 \cos n\omega t \cdot dt$$

$$= \frac{2 I_0}{T n \omega} [\sin n\omega (t_0 + \delta t) - \sin n\omega (t_0 - \delta t)]$$

$$= \frac{4 I_0}{T} \cos n\omega t_0 \frac{\sin n\omega \delta t}{n\omega} = \frac{4 I_0 \delta t}{T} \frac{\sin n\omega \delta t}{n\omega \delta t} \cos n\omega t_0 \qquad \text{und analog}$$

$$b_n = \frac{2}{T} \int_0^T i(t) \sin n\omega t\, dt = \frac{4 I_0 \delta t}{T} \frac{\sin n\omega \delta t}{n\omega \delta t} \sin n\omega t_0.$$

Da die Ladung $2 I_0 \cdot \delta t = e_1$:

$$a_n = \frac{2 e_1}{T} \frac{\sin \varepsilon}{\varepsilon} \cos n\omega t_0; \qquad b_n = \frac{2 e_1}{T} \frac{\sin \varepsilon}{\varepsilon} \sin n\omega t_0 \qquad \text{mit} \quad \varepsilon = n\omega \delta t.$$

Wenn δt sehr klein ist, was wir annehmen wollen, wird $\frac{\sin \varepsilon}{\varepsilon} = 1$. Nun betrachten wir alle m-Elektronen, die während T übergehen. Das k-te Elektron geht zur Zeit t_k über. Die gesamte Stromschwankung im Frequenzbereich $\Delta f = 1/T$ ist dann

$$\overline{\delta i} = \frac{2 e_1}{T} \frac{\sin \varepsilon}{\varepsilon} \sum_{k=1}^{m} \cos n\,\omega\,t_k \cos n\,\omega\,t + \sin n\,\omega\,t_k \sin n\,\omega\,t$$

$$= \frac{2 e_1}{T} \frac{\sin \varepsilon}{\varepsilon} \sum_{k} \cos n\,\omega\,(t - t_k) = C \sum_{k=1}^{m} \cos \alpha_k \quad \text{mit} \quad \alpha_k = n\,\omega\,(t - t_k)$$

und $\qquad C = \frac{2 e_1}{T} \frac{\sin \varepsilon}{\varepsilon}$.

Einführung der Wahrscheinlichkeit.

Wir führen die wahrscheinliche Annahme ein, daß die m-Phasen sich gleichmäßig über 2π verteilen. Es ist dann $\sum \cos \alpha_k = \sum \cos \frac{2\pi k}{m} = 0$. (Man zeichne das Vektordiagramm: ein regelmäßiges n-Eck.) Das wahrscheinliche $\overline{\delta i}$ ist Null.

Für das wahrscheinliche $\overline{\delta i^2}$ berechnen wir

$$\overline{\delta i^2} = \sum_{k=1}^{m} \delta i_k^2 = \frac{4 e_1^2}{T^2} \left(\frac{\sin \varepsilon}{\varepsilon}\right)^2 \sum_{k=1}^{m} \cos^2 \frac{2\pi k}{m} = \frac{4 e_1^2}{T^2} \frac{m}{2} \left(\frac{\sin \varepsilon}{\varepsilon}\right)^2$$

$$= \frac{2 e_1^2 m}{T^2} \left(\frac{\sin \varepsilon}{\varepsilon}\right)^2 = 2 e_1 i_0 \Delta f \left(\frac{\sin \varepsilon}{\varepsilon}\right)^2.$$

Zwischenrechnung:

$$\sum \cos^2 \alpha_k = \sum_{k=1}^{m} \left(\frac{1}{2} + \frac{1}{2} \cos 2\alpha_k\right) = \frac{m}{2} + \sum_{k=1}^{m} \frac{1}{2} \cos \frac{2 \cdot 2\pi k}{m} = \frac{m}{2}.$$

Der mittlere Strom ist $i_0 = \frac{m e_1}{T}$. Für $1/T$ setzen wir wieder Δf ein:

$$\overline{\delta i^2} = 2 e_1 i_0 \Delta f \left(\frac{\sin \varepsilon}{\varepsilon}\right)^2 \cong 2 e_1 i_0 \Delta f \quad \text{für } \varepsilon \text{ bzw. } \delta t \text{ sehr klein.}$$

Übergang auf Δf-Werte, die keine echten Brüche von f sind. Man kann jedes Δf aus Δf_p-Werten zusammensetzen, die echte Brüche sind. Δf soll ein so schmaler Bereich sein, daß sich $\frac{\sin \varepsilon}{\varepsilon}$ nicht ändert. Alle $\overline{\delta i^2}$ sind dann innerhalb von Δf gleich und man erhält

$$\overline{\delta i^2} = 2 e_1 \sum \frac{e_1 m_p}{T_p} \Delta f_p = 2 e_1 i_0 \sum \Delta f_p = 2 e_1 i_0 \Delta f, \quad \text{da alle} \quad \frac{e_1 m_p}{T_p} = i_0.$$

Die Formel zeigt, daß $\overline{\delta i^2}$ proportional Δf ist und unabhängig von der Frequenz, solange $\sin n\omega\,\delta t/n\omega\,\delta t = 1$ ist; erst wenn die Laufzeit mit der Schwingungsdauer vergleichbar wird, wird $\overline{\delta i^2}$ kleiner.

Der berechnete Schroteffekt beruht darauf, daß der Elektronenstrom kein kontinuierlicher Strom ist, sondern aus Stromimpulsen besteht. Der unregelmäßige Übergang der Elektronen wird auf Grund der Wahrscheinlichkeitsannahme herausgemittelt.

2. Messung des Schroteffektes.

Die Messung des Schroteffektes erfolgt mit Hilfe eines Resonanzkreises Abb. 229. Gemessen wird z. B. der Strom im Spulenzweig[1]. Für eine Teilschwingung mit der Frequenz ω gilt

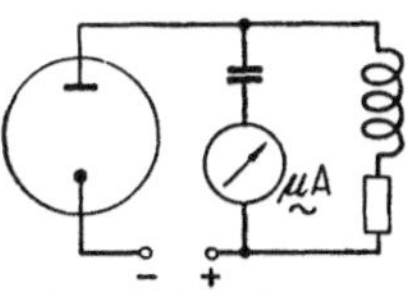

Abb. 229. Anordnung zur Messung des Schroteffektes.

$$\mathfrak{J}_L = \frac{\mathfrak{J}_a\,\omega_0^2}{\omega_0^2 - \omega^2 + j\,\omega\,\varrho}\;;\qquad \omega_0^2 = \frac{1}{LC}\;;\qquad \varrho = \frac{R}{L}\,.$$

Zwischenrechnung. In der Abb. 229 lesen wir für den Spulenstrom $\mathfrak{J}_L$ ab:

$$\mathfrak{U}_a = -\mathfrak{J}_L\,(j\,\omega\,L + R) = \frac{\mathfrak{J}_L + \mathfrak{J}_a}{j\,\omega\,C}\;;\qquad \mathfrak{J}_L = \frac{\mathfrak{J}_a}{-\omega^2\,LC + j\,\omega\,CR + 1}\;;$$

$$\mathfrak{J}_L = \frac{\mathfrak{J}_a}{-\omega^2/\omega_0^2 + 1 + \dfrac{j\,\omega\,\varrho}{\omega_0^2}}\,.$$

Für alle Teilschwingungen des Spulenstromes erhält man

$$\overline{|\mathfrak{J}_L|^2} = \sum \overline{|\mathfrak{J}_L(\omega)|^2} = \frac{|\mathfrak{J}_a|^2}{2\,\pi} \int_0^\infty \frac{\omega_0^4\,d\omega}{(\omega_0^2 - \omega^2)^2 + \omega^2\,\varrho^2}\left(df = \frac{d\omega}{2\,\pi}\right);\qquad \overline{|\mathfrak{J}_L|^2} = \overline{|\mathfrak{J}_a|^2}\,\frac{\omega_0^2}{4\,\varrho}$$

und da

$$\overline{|\mathfrak{J}_a|^2} = \frac{\overline{\delta\,i^2}}{\Delta f} = 2\,e_1 i_0\;;\qquad \overline{|\mathfrak{J}_L|^2} = \frac{e_1\,i_0\,\omega_0^2}{2\,\varrho} = \frac{e_1\,i_0}{2\,C\,R}\,.$$

Zwischenrechnung. Zur Lösung des Integrales zerlege man den Nenner in Partialbrüche. Die quadratische Gleichung

$$N = \omega^4 - 2\omega_0^2\omega^2 + \omega_0^4 + \omega^2\varrho^2 = 0$$

hat die Lösungen

$$\omega_{ab}^2 = a \pm j\,b = \omega_0^2 - \frac{\varrho^2}{2} \pm j\,\varrho\,\sqrt{\omega_0^2 - \frac{\varrho^2}{4}}$$

$$a = \omega_0^2 - \frac{\varrho^2}{2}\;;\qquad b = \varrho\,\sqrt{\omega_0^2 - \frac{\varrho^2}{4}}\;:\qquad a^2 + b^2 = \omega_0^4\,.$$

Die Partialbruchzerlegung gibt dann

$$\overline{|\mathfrak{J}_L|^2} = \frac{e_1\,i_0\,\omega_0^4}{2\,\pi}\,\frac{1}{j\,b}\left[\int_0^\infty \frac{d\omega}{\omega^2 - (a + j\,b)} - \int_0^\infty \frac{d\omega}{\omega^2 - (a - j\,b)}\right],\qquad da \int_0^\infty \frac{d x}{x^2 + k} = \frac{\pi}{2\,\sqrt{k}}$$

$$\overline{|\mathfrak{J}_L|^2} = \frac{e_1\,i_0\,\omega_0^4}{2\,\varrho\,\sqrt{\omega_0^2 - \dfrac{\varrho^2}{4}}}\,\frac{1}{2\,j}\left[\frac{1}{\sqrt{-(a - j\,b)}} - \frac{1}{\sqrt{-(a + j\,b)}}\right]$$

$$= \frac{e_1\,i_0\,\omega_0^4}{2\,\varrho\,\sqrt{\omega_0^2 - \dfrac{\varrho^2}{4}}}\,\frac{1}{2\,j}\cdot\frac{\sqrt{-(a - j\,b)} - \sqrt{-(a + j\,b)}}{\sqrt{a^2 + b^2}}$$

Nun ist $\sqrt{-(a + j\,b)} = x - j\,y\,:\qquad \sqrt{-(a - j\,b)} = x + j\,y\quad$ mit

$$x = \pm\sqrt{-\frac{a}{2} + \sqrt{\frac{a^2 + b^2}{4}}}\;;\qquad y = \pm\sqrt{+\frac{a}{2} + \sqrt{\frac{a^2 + b^2}{4}}}\,.$$

---

[1] Bei geringer Dämpfung ist der Strom im Kondensatorzweig gleich groß.

Für das Vorzeichen der Wurzel unter der Wurzel ist $+$ zu wählen, da x und y nach Voraussetzung reell sein sollen. Die Vorzeichen der Hauptwurzeln sind so zu wählen, daß $|\mathfrak{S}_L|^2$ positiv und reell wird.

$$\frac{1}{2j}\left[\sqrt{-(a-jb)}-\sqrt{-(a+jb)}\right]=\sqrt{\frac{a}{2}+\sqrt{\frac{a^2+b^2}{4}}}.$$

Setzt man diesen Wert ein, erhält man:

$$\overline{|\mathfrak{S}_L|^2}=\frac{e_1\,i_0\,\omega_0^2}{2\,\varrho}\cdot\frac{2j\,\sqrt{\omega_0^2-\varrho^2/4}}{2j\,\sqrt{\omega_0^2-\varrho^2/4}}=\frac{e_1\,i_0\,\omega_0^2}{2\,\varrho}.$$

3a. Das Rauschen einer Diode im Anlaufstromgebiet.

Mit Hilfe des Anlaufstromgesetzes kann man e_1I durch $k\cdot T$ und den Widerstand der Diode $R=1/S=dU/dI$ ausdrücken

$$I=I_s\,e^{e_1\,U/kT}\,;\qquad S=\frac{dI}{dU}=\frac{1}{R}=\frac{e_1}{kT}\,I_s\,e^{e_1\,U/kT}=\frac{e_1\,I}{kT}.$$

Hieraus folgt: $e_1I=kT/R$. Setzt man diesen Wert in die Formel für den Schroteffekt ein, erhält man:

$$\overline{\delta i^2}=2\,e_1\,I\,\varDelta f=\frac{2\,kT}{R}\,\varDelta f\,;\qquad \overline{\delta U^2}=R^2\,\overline{\delta i^2}=2\,kT\,\varDelta f\cdot R.$$

Die Rauschleistung ist dann: $\mathfrak{N}_{,}=R\,\delta i^2=2\,kT\varDelta f$.

3b. Das Rauschen von Widerständen.

In einem Widerstand fliegen die Leitungselektronen von einem Atom zum anderen *und* zurück. Hierbei kann man immer das Atom, von dem ein Leitungselektron abfliegt, als Kathode, das andere als Anode auffassen und die Überlegungen über das Rauschen einer Diode im Anlaufstromgebiet ohne weiteres übertragen. Man erhält dann für die hinfliegenden Elektronen die Rauschleistung $\mathfrak{N}_h=2\,kT\varDelta f$ und für die rückliegenden ebenfalls. Die gesamte Rauschleistung ist dann

$$\mathfrak{N}_t=4\,kT\,\varDelta f\,;\qquad \overline{\delta i^2}=\frac{4\,kT\,\varDelta f}{R}\,;\qquad \overline{\delta U^2}=4\,kT\varDelta f\cdot R.$$

Eine Diode würde dann, als Widerstand aufgefaßt, halbthermisch rauschen.

4. Die Schwächung des Rauschens durch die Raumladung.

Wenn ein Potentialminimum vorhanden ist, so wird der Anodenstrom durch die Höhe des Potentialminimums nach dem Anlaufstromgesetz begrenzt. (Durch die Anodenspannung nur insofern, als diese die Raumladung und diese wieder die Höhe des Potentialminimums beeinflußt.) Laufen jetzt infolge der Schwankung Elektronen in einer über den Mittelwert hinausgehenden Zahl von der Kathode ab, so wird durch den entstehenden Raumladungsüberschuß das Potentialminimum erniedrigt und den nachfolgenden Elektronen der Weg gesperrt. Die Elektronenübergänge sind dann nicht mehr unabhängig voneinander und die bisher angewandten Wahrscheinlichkeitsgesetze (Gleichverteilung der Phasen auf den Winkelraum 2π) nicht mehr gültig. Sie sind nur noch gültig für den Abflug der Elektronen von der Kathode. Der Einfluß der vorhergehenden Stromschwankungen auf die Umkehr der Elektronen verschiedener Geschwindigkeit vor dem Potentialminimum muß ermittelt werden. Diesbezügliche Rechnungen sind von SCHOTTKY und SPENKE durchgeführt und im ROTHE-KLEEN erläutert.

Zu einer guten Annäherung kommt man, wenn man eine Röhre als einen halbthermischrauschenden Widerstand von der Größe $1/S$ (S = Steilheit der Röhre) auffaßt statt des Faktors 0,5, aber 0,64 einsetzt:

$$\overline{\delta i^2} = 0{,}64 \cdot 4 k T \varDelta f \cdot S.$$

Die Raumladungsschwächung hört beim Erreichen der Sattigung auf. Es ist dann allerdings noch durchaus eine kräftige Raumladung vorhanden. Aber das Potentialminimum ist verschwunden (auf die Kathode gewandert). Man sollte daher besser von ,,Potentialminimumschwächung'' reden.

5. Das Verteilungsrauschen.

Bei der Verteilung des Röhrenstromes auf Anode und Schirmgitter tritt ein weiteres Rauschen ein, über das man ebenfalls im ROTHE-KLEEN nachlesen möge. Will man dieses Rauschen vermeiden, so stelle man die Schirmgitterdrähte in den Schatten der Steuergitterdrähte und verringere so den Schirmgitterstrom. (Rauscharme Pentoden.)

6. Der Äquivalentwiderstand $R_{\ddot{a}}$.

Für das Durchrechnen der Eingangskreise eines Verstärkers ist es handlich, das Rauschen der Röhre durch das Rauschen eines Widerstandes zu ersetzen, den man sich vor das Gitter der Röhre geschaltet denkt.

Um diesen Äquivalentwiderstand zu ermitteln, vergleichen wir die Rauschspannung $|\delta \mathfrak{u}_g|^2$ an dem Widerstand mit der Gitterspannung, welche das halbthermische Rauschen hervorrufen würde. Für letzteres hatten wir abgeleitet:

$$\overline{\delta i^2} = 0{,}64 \cdot 4 k T_k \varDelta f S.$$

Die Ersatzgitterspannung wäre dann $\overline{|\delta \mathfrak{u}_g|^2} = \dfrac{\overline{\delta i^2}}{S^2} = \dfrac{0{,}64 \cdot 4 k T_k \varDelta f}{S}$. Die Rauschspannung am Äquivalentwiderstand $R_{\ddot{a}}$ ist $\overline{|\delta \mathfrak{u}_g|^2} = 4 k T \varDelta f \cdot R_{\ddot{a}}$. Wir haben dann $R_{\ddot{a}}$ aus

$$\frac{0{,}64 \cdot 4 k T_k \varDelta f}{S} = 4 k T \varDelta f \cdot R_{\ddot{a}}$$

zu berechnen: $R_{\ddot{a}} = 0{,}64 \dfrac{T_k}{T} \dfrac{1}{S}$.

Hierbei ist T die Zimmertemperatur, T_k die Kathodentemperatur. Für Oxydröhren ist T_k etwa $4\,T$, so daß man für $R_{\ddot{a}}$ erhält:

$$R_a \cong \frac{2{,}5}{S}.$$

7. Berechnung der Grenzempfindlichkeit eines Empfängers.

Wir setzen voraus: Streuungslosigkeit der Antennenkopplung und Abstimmung des Schwingkreises. Wir lesen dann für die Gitterspannung aus Abb. 230 ab:

$$\mathfrak{u}_g = \frac{1}{j\omega C + 1/R_k} \cdot \underbrace{\frac{1}{j\omega L + \dfrac{1}{j\omega C + 1/R_k}}}_{\substack{\text{Schwingkreis-}\\\text{Leitwert}}} \cdot j\omega L_{12} \underbrace{\frac{\mathfrak{u}_A}{R_a + j\omega L_a + \dfrac{\omega^2 L_{12}^2}{j\omega L + \dfrac{1}{j\omega C + 1/R_k}}}}_{\substack{\text{Rückwirkungswiderstand}}}$$

Antennenstrom

in den Schwingkreis induzierte Spannung

Schwingkreisstrom

$$\frac{\omega^2 L_{12}^2}{j\omega L + \dfrac{1}{j\omega C + 1/R_k}}$$

ist der Rückwirkungswiderstand des Schwingkreises auf den Antennenkreis. Unter der Benutzung der Abstimmungsbedingung $\omega^2 LC = 1$ und $L_{12}^2 = L_a \cdot L$:

$$\mathfrak{u}_g = \frac{\mathfrak{u}_A L_{12}/L}{R_a\left(\dfrac{1}{R_k} + \dfrac{1}{R_a L/L_a}\right)} \; ; \quad |\mathfrak{u}_g|^2 = \frac{\mathfrak{u}_A^2}{R_a R_a'\left(\dfrac{1}{R_k} + \dfrac{1}{R_a'}\right)^2}$$

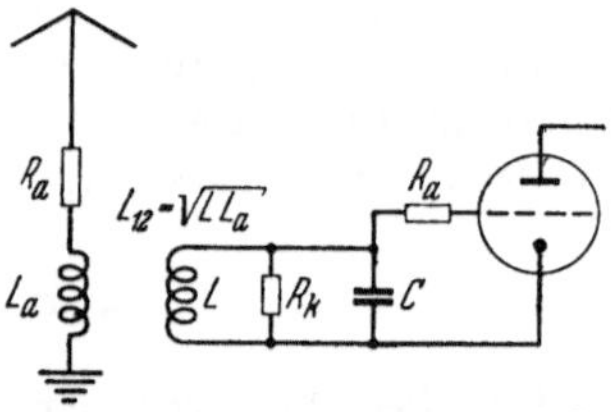

mit $R_a' = R_a \, L/L_a = $ übersetzter Antennenwiderstand.

Für den zwischen Gitter und Kathode liegenden Leitwert des Schwingungskreises einschließlich der angekoppelten Antenne lesen wir aus der Abb. 230 ab:

Abb. 230. Empfänger-Eingangsstufe.

$$G = j\omega C + \frac{1}{R_k} + \frac{1}{j\omega L + \dfrac{\omega^2 L_{12}^2}{j\omega L_a + R_a}} = j\omega C + \frac{1}{R_k} + \frac{1}{j\omega L} + \frac{1}{R_a L/L_a} = \frac{1}{R_k} + \frac{1}{R_a'}$$

unter Benutzung der Abstimmbedingung und Benutzung von $L_{12}^2 = L \cdot L_a$.

Zwischenrechnung:

$$\frac{1}{j\omega L + \dfrac{\omega^2 L_{12}^2}{j\omega L_a + R_a}} = \frac{j\omega L_a + R_a}{-\omega^2 L L_a + j\omega L R_a + \omega^2 L_{12}^2} \quad \text{mit } L L_a = L_{12}^2$$

$$= \frac{j\omega L_a}{j\omega L R_a} + \frac{R_a}{j\omega L R_a} = \frac{1}{R_a L/L_a} + \frac{1}{j\omega L} = \frac{1}{R_a'} + \frac{1}{j\omega L}.$$

Für die Rauschspannung erhalten wir damit

$$\overline{|\mathfrak{u}_{\text{sch}}^2|} = 4\,k\,T\,\Delta f\left(R_a + \frac{1}{1/R_k + 1/R_a'}\right)$$

und für das Verhältnis der Nutzspannung zur Rauschspannung

$$\frac{|\mathfrak{u}_g|^2}{\overline{|\mathfrak{u}_{\text{sch}}|^2}} = \frac{(\mathfrak{u}_A)^2}{R_a R_a' \, 4\,k\,T\,\Delta f\left(\dfrac{1}{R_a'} + \dfrac{1}{R_k}\right)^2\left(R_a + \dfrac{1}{\dfrac{1}{R_k} + \dfrac{1}{R_a'}}\right)}.$$

Man kann durch Veränderung der Kopplung R_a' wählen. Wenn der Nenner ein Minimum werden soll, ist

$$R_a' = \sqrt{\frac{R_a R_k}{1 + R_a/R_k}} \cong \sqrt{R_a R_k}, \quad \text{da } \frac{R_a}{R_k} \ll 1$$

$$\frac{\overline{|\mathfrak{U}_{\text{sch}}|^2}}{|\mathfrak{U}_g|^2} = \frac{4\,k\,T\,\varDelta f}{|\mathfrak{U}_A|^2} R_a R_a' \left(\frac{1}{R_k} + \frac{1}{R_a'}\right)^2 \left[R_a + \frac{1}{1/R_k + 1/R_a'}\right].$$

Da $R_a' = \sqrt{R_{\ddot{a}} R_k}$ (s. Zahlenbeispiel), vereinfacht sich diese Gleichung zu

$$\frac{\overline{|\mathfrak{U}_{\text{sch}}|^2}}{|\mathfrak{U}_g|^2} = \frac{4\,k\,T\,\varDelta f\,R_a}{|\mathfrak{U}_A|^2} \left(1 + \sqrt{\frac{R_a}{R_k}}\right)\left(1 + \sqrt{\frac{R_a}{R_k}} + \frac{R_a}{R_k}\right).$$

Mit diesem Wert und wieder unter Vernachlässigung von $R_{\ddot{a}}/R_k$ neben 1 erhalt man

$$\frac{\overline{|\mathfrak{U}_{\text{sch}}|^2}}{|\mathfrak{U}_g|^2} = \frac{4\,k\,T\,\varDelta f\,R_a}{|\mathfrak{U}_A|^2}.$$

Aus $\dfrac{\overline{|\mathfrak{U}_{\text{sch}}|^2}}{\mathfrak{U}_g^2} = 1$ erhält man dann die Grenzspannung $\mathfrak{U}_A$, für die die Signallautstärke = Schrotlautstärke (Rauschen) wird. Wir wollen als Grenzempfindlichkeit diejenige Leistung definieren, die von der Antenne aufgenommen werden muß, damit $|\mathfrak{U}_g|^2/|\mathfrak{U}_{\text{sch}}|^2 = 1$. Wir erhalten für diese Leistung

$$\frac{\mathfrak{U}_A^2}{R_a} = 4\,k\,T\,\varDelta f.$$

Zahlenbeispiel: 1. Rundfunkempfang

$$R_a = 10\,\varOmega\,; \qquad h_{\text{eff}} = 5\,\text{m}\,; \qquad \varDelta f = 10\,000\,\text{Hz}\,;$$

$$k = 1{,}38 \cdot 10^{-16}\,\frac{\text{erg}}{^\circ\text{C}} = 1{,}38 \cdot 10^{-23}\,\frac{\text{Watt sec}}{^\circ\text{C}}\,.$$

Bei einem $R_a = 10\,\varOmega = $ Strahlungswiderstand $+$ Erdungswiderstand braucht man eine Antennenspannung

$$\mathfrak{U}_A = \sqrt{4\,k\,T\,\varDelta f\,R_a} \cong 4 \cdot 10^{-8}\,\text{V}\,; \quad \frac{|\mathfrak{U}_A|^2}{R_a} = 1{,}63 \cdot 10^{-16}\,\text{W} = \text{aufgenommene Leistung}$$

und bei einer effektiven Antennenhöhe von 5 m eine Feldstärke $\mathfrak{E} = 8 \cdot 10^{-9}\,\frac{\text{V}}{\text{m}}$.

Mit $0{,}1\,\frac{\mu\text{V}}{\text{m}}$ würde man schon einen einigermaßen rauschfreien Empfang bekommen.

2. Für ein Funkmeßgerät (Entfernungsmessungsgenauigkeit $= 30$ m, also Bandbreite 10^7 Hertz) würde die Minimalleistung $1{,}6 \cdot 10^{-13}$ W betragen. In praxi fordert man etwa $5 \cdot 10^{-13}$ W.

Einige Zahlenangaben, um die benutzten Vernachlässigungen zu kontrollieren:

$$R_k = 20\,\text{k}\varOmega\,; \qquad R_a = 500\,\varOmega \qquad \left(\text{für } S = 5\,\frac{\text{mA}}{\text{V}}\right)$$

$$R_a' = \sqrt{R_a R_k} \cong 3000\,\varOmega \quad \text{und Übersetzungsverhältnis} \quad \ddot{u} = \sqrt{\frac{R_a'}{R_a}} = \sqrt{300} \cong 17{,}3$$

$$\frac{R_{\ddot{a}}}{R_k} = \frac{^1/_2\,\text{k}\varOmega}{20\,\text{k}\varOmega} = \frac{1}{40}\,, \text{ also klein gegen 1.}$$

VII. Die physikalischen Grundanschauungen über Detektoren.
Gleichrichter und Transistoren[1].

Die Detektoren und Gleichrichter und die Transistoren sind Kombinationen von Metallen und Halbleitern oder von mehreren Halbleitern. Um ihre Wirkungsweise zu verstehen, muß man daher zunächst einmal die Elektrizitätsleitung in Halbleitern studieren.

Charakteristisch für die Halbleiter sind die diskreten erlaubten Energiebänder, zwischen denen unerlaubte Energiebereiche liegen. Sind die Halbleiter verunreinigt — haben die Halbleiterkristalle „Lockerstellen", so liegen in den unerlaubten Energiebereichen noch schmale von diesen Lockerstellen herrührende erlaubte Energiebander. Diese können als „Donatoren" oder „Rezeptoren", je nach ihrer Lage, wirken und zur „Überschußleitung" oder „Defektleitung" führen. An der Grenze zwischen Metall und Halbleiter oder zwischen zwei Halbleitern, die aus „n-Material" und „p-Material" bestehen, können sich „Sperrschichten" ausbilden, die dann für die Gleichrichter und Transistorwirkung verantwortlich sind.

Es ist die Aufgabe der physikalischen Grundlagen, alle diese Begriffe, die in der Literatur als bekannt vorausgesetzt werden, zunächst einmal kurz zu erlautern. Von den Detektor- und Transistortheorien von NORDHEIM, SCHOTTKY und SPENKE sollen dann nur die physikalischen Grundanschauungen kurz geschildert werden.

A. Physikalische Vorbereitung.

1. Die Energiebänder.

Wir müssen hier wieder, wie im Abschnitt über die Richardson-Gleichung, auf die Schrödinger-Gleichung und die Fermi-Statistik zurückgreifen. In diesem Kapitel gingen wir von der Vorstellung aus, daß sich die Leitungselektronen in einem Metall wie in einem Gase verhielten. Das Potential war räumlich konstant. Durch geeignete Wahl des Energienullpunktes kann man dann das Potential immer zu o machen. Die Schrödinger-Gleichung

$$\Delta \psi + \frac{2m}{\hbar^2}(E - V)\psi = 0 \tag{1}$$

vereinfacht sich zu

$$\Delta \psi + \frac{2m}{\hbar^2} E \psi = 0. \tag{2}$$

Die Lösungen lauten:

$$\psi = C\, e^{j(k_x x + k_y y + k_z z)} = C\, e^{j\mathfrak{k}\mathfrak{r}}. \tag{3}$$

$$k_x^2 + k_y^2 + k_z^2 = |\mathfrak{k}|^2 = k^2 \tag{4}$$

wobei

$$k = \frac{\sqrt{2mE}}{\hbar}; \qquad \hbar = h/2\pi.$$

---

[1] Eine ausführliche Behandlung dieses Gegenstandes befindet sich im Bande III dieses Lehrbuches bei STRUTT; in dem Artikel von SOMMERFELD und BETHE im Handbuch der Physik von GEIGER-SCHEEL Bd. 14, 2. — Bei SCHOTTKY: Z. f. Physik, Bd. 113 (1939), S. 367—414 und Bd. 118 (1941/2), S. 539—592. — SCHOTTKY und SPENKE: Wissenschaftliche Veröffentlichungen der Siemenswerke Bd. 18 (1939), S. 225 und Bd. 20 (1941) S. 40—67 und namentlich in dem sehr lesenswerten Bericht von SPENKE (Siemens-Schuckert-Werke, Dienststelle Pretzfeld bei Erlangen, vor der Karlsruher Physikertagung 1951 mit umfassendem Literaturverzeichnis).

Ist die Gitterkonstante z.B. eines kubischen Kristalles $= a$ der betrachtete Raum ein Kasten mit den Seitenlängen $s_x = l_1 a$; $s_y = m_1 a$; $s_z = n_1 a$, so sind die Eigenwerte

$$k_x = \frac{2\pi l}{l_1 a}; \quad k_y = \frac{2\pi m}{m_1 a}; \quad k_z = \frac{2\pi n}{n_1 a}; \tag{5}$$

$$n = 1, 2 \ldots n_1; \quad m = 1, 2 \ldots m_1; \quad l = 1, 2 \ldots l_1$$

Diese Eigenwerte sind im Prinzip diskrete Werte, da aber die l_1, m_1, n_1 sehr große Zahlen sind, liegen die Eigenwerte so dicht, daß man sie in guter Annäherung als kontinuierliche Zahlenfolge auffassen kann. Dementsprechend liegen auch die erlaubten Energiewerte „kontinuierlich".

Bei den Halbleiterkristallen wird nun die Kristallstruktur wesentlich. Die Energie ist nicht mehr räumlich konstant, sondern eine dreifach-periodische Funktion, in unserem Beispiel mit der Periode a. Wir haben also dieses periodische Potential V in die Schrödinger-Gleichung einzusetzen.

Da es uns nur darauf ankommt, zu erkennen, wie sich dieses periodische Potential qualitativ auswirkt, wollen wir den einfacheren Fall des einfach-periodischen Potentials betrachten, und dieses wiederum in der einfachsten Weise nur durch das 1. Glied der Fourier-Entwicklung darstellen. Wir erhalten dann die Schrödinger-Gleichung

$$\frac{d^2\psi}{dx^2} + \frac{2m}{\hbar^2}\left(E - V_0 + V\cos\frac{2\pi x}{a}\right)\psi = 0. \tag{6}$$

Es liegt nahe, die Lösung mit dem Ansatz

$$\psi = C e^{jkx} \cdot u(x) \quad u \text{ periodisch mit der Periode } a \tag{7}$$

zu versuchen. Wenn man diesen Ansatz in die Schrödinger-Gleichung einsetzt, bekommt man für die Funktion $u(x)$ eine Differentialgleichung, die auf Mathieusche Funktionen führt. Für verschwindende Periodizität vereinfacht sich die Differentialgleichung wieder zu einer Gleichung, die als Lösung $u = \text{const}$ hat.

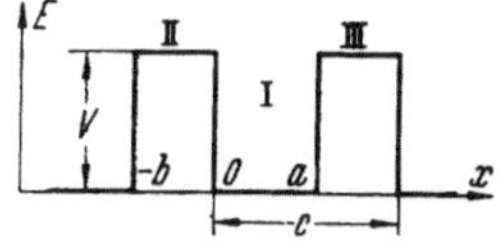

Abb. 231. Potentialverteilung im Kristall: Kronigsche Näherung.

Der Ansatz ist also so eingerichtet, daß er für verschwindende Periodizität wieder richtig in die Lösung für das Elektronengas übergeht.

Man kann nun durch Diskussion der Mathieuschen Funktionen zeigen, daß sie nur für bestimmte Energieintervalle Eigenfunktionen haben. Einfacher und anschaulicher ist hier das folgende Verfahren von KRONIG.

Der Potentialverlauf sei in unserem vereinfachten Falle durch Abb. 231 dargestellt. Im Bereich I lautet die Schrödinger-Gleichung und ihre Lösung:

$$\frac{d^2\psi}{dx^2} + \frac{2m}{\hbar^2} E\psi = 0; \quad \psi = \alpha e^{j\varkappa x} + \beta e^{-j\varkappa x}; \quad \hbar\varkappa = \sqrt{2mE}. \tag{8}$$

Im Bereich II und III:

$$\frac{d^2\psi}{dx^2} + \frac{2m}{\hbar^2}(E-V)\psi = 0; \quad \hbar\lambda = \sqrt{2m(V-E)}$$

$$\psi_{\mathrm{II}} = \gamma e^{\lambda x} + \delta e^{-\lambda x}; \quad \psi_{\mathrm{III}} = \gamma' e^{\lambda x} + \delta' e^{-\lambda x}. \tag{9}$$

Die Lösungen sind nun stetig so aneinanderzufügen, daß eine in c periodische Funktion herauskommt. Die hin- und rücklaufende aperiodische Schwingung im Bereich II kann sich nur zu Schwingungen von der in Abb. 232 gezeichneten Form zusammensetzen. In den Bereich I müssen dann periodische Schwingungsstücke eingefügt werden, deren Phasenwinkel entweder etwas kleiner als $(2n + 1)\pi$ oder $2\,n\pi$ ist. Schwingungen, deren Phasenwinkel größer als $(2n + 1)\pi$ oder $2n\pi$ ist, lassen sich nicht einpassen. Es sind also nur Schwingungen möglich, deren $\varkappa$-Werte in bestimmten Bereichen liegen, und da nach der Schrödinger-Gleichung die $\varkappa$-Werte die Energie bestimmen, nur bestimmte Energiebereiche.

Nachdem wir wissen, was herauskommen muß, können wir die Rechnung durchführen. Der Bedingung, daß die Lösung in c periodisch sein soll, entnehmen wir die beiden Bedingungen

$$\gamma' = \gamma\,e^{+jke}\,; \quad \delta' = \delta\,e^{+jke}.\quad \text{Beide} \left.\vphantom{\begin{matrix}a\\b\end{matrix}}\right\} \;(10)$$
Male $+$, da nur hinlaufende Welle.

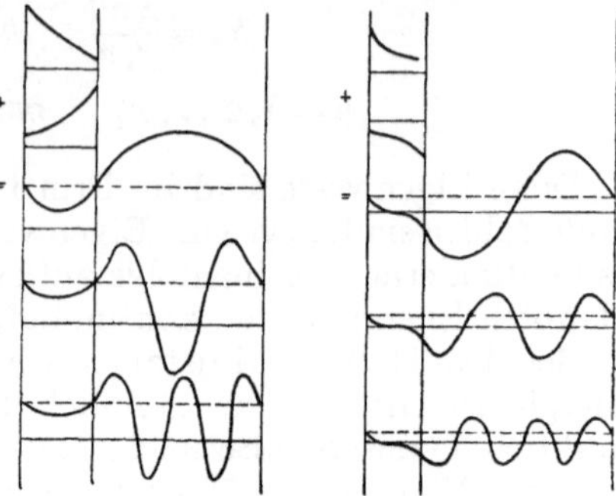

Abb 232. Zusammenbau der Elektronenwellen an den Potentialsprungen.

Dazu treten 4 Grenzbedingungen an den Stellen o und a: ψ stetig und $d\psi/dx$ stetig. Wir erhalten so 6 homogene Gleichungen zur Berechnung unserer Konstanten α, β, γ, δ, γ', δ'. Diese haben nur eine Lösung, wenn die Determinante verschwindet. Die Bedingung: Determinante $\varDelta = $ o führt auf die Gleichung:

$$\mathfrak{Cof}\,\lambda b \cos\varkappa a + \frac{\lambda^2 - \varkappa^2}{2\,\lambda\varkappa}\,\mathfrak{Sin}\,\lambda b \sin\varkappa a = \cos k c\,. \quad (a, b, c \text{ siehe Abb. 231}) \quad (11)$$

(Der Leser führe zu seiner Übung diese kleine Rechnung selbst durch!) Um die Formel auf eine übersichtlichere Gestalt zu bringen, halten wir $V \cdot b$ konstant $= A$ (A stellt dann etwa die Beeinflussung der Schrödinger-Wellen durch die Potentialmulden dar, die durch die positiv geladenen Kerne gebildet werden) und lassen b sehr klein und V entsprechend sehr groß werden. λ wächst dann wie $\sqrt{V}$ oder wie $1/\sqrt{b}$ und λb nimmt zu Null ab. Es wird dann $\mathfrak{Cof}\,\lambda b = 1$ und $\mathfrak{Sin}\,\lambda b/\lambda b = 1$. $\varkappa$ ist neben λ zu vernachlässigen. $c \cong a$. Gl. (11) vereinfacht sich zu

$$P\,\frac{\sin\varkappa a}{\varkappa a} + \cos\varkappa a = \cos k a\,; \quad P = \frac{1}{2}\,\lambda^2 a b = \frac{m}{\hbar^2}\,V b a = \frac{m}{\hbar^2}\,A a\,. \quad (12)$$

P wird um so größer, je größer $V \cdot b = A$ ist, wächst also mit der Kernladung und mit der Gitterkonstante a.

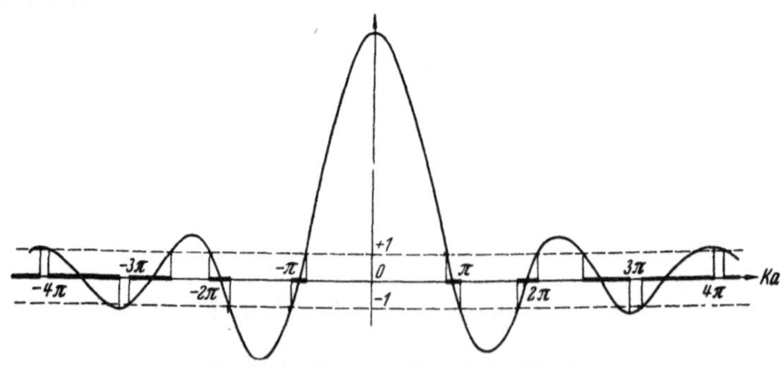

233. Graphische Lösung der Kronigschen Gleichung.

Wir lösen die Gleichung graphisch, indem wir $P\,\dfrac{\sin\varkappa a}{\varkappa a} + \cos\varkappa a$ als Ordinate und $\varkappa a$ als Abszisse auftragen (Abb. 233). Da $\cos k \cdot a$ nur Werte zwischen $+1$ und -1 annehmen kann, sind Lösungen nur für die dick ausgezogenen $\varkappa a$ und die entsprechenden Energien $E = \dfrac{\hbar^2}{2\,m}\varkappa^2$ möglich. Damit ist die Existenz der erlaubten und verbotenen Energiebänder erläutert. Die Abb. 234 u. 235, die aus Abb. 233 abgegriffen sind, zeigen, daß mit wachsendem $\varkappa$, das heißt mit wachsender Energie die verbotenen Bereiche immer schmäler werden und schließlich ganz verschwinden und daß dann $\varkappa = k$ wird. Die E-k-Kurve wird dann wieder zu der für freie Elektronen charakteristischen Parabel.

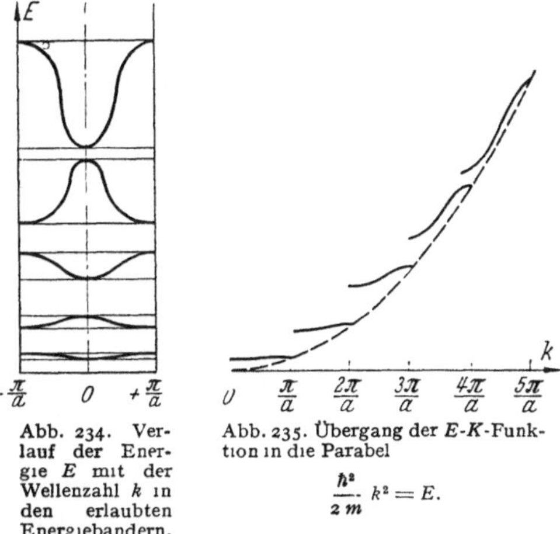

Abb. 234. Verlauf der Energie E mit der Wellenzahl k in den erlaubten Energiebändern.

Abb. 235. Übergang der E-K-Funktion in die Parabel

$$\frac{\hbar^2}{2\,m}\cdot k^2 = E.$$

2. Die Besetzung der Energieeigenwerte mit Elektronen.

Die Besetzung der eben ermittelten Energieeigenwerte erfolgt wieder nach den von PAULI und FERMI entwickelten Regeln. Bei vollentartetem Zustand ($T = 0$) sind die unteren Niveaus mit je 2 Elektronen verschiedenen Spins besetzt, die darüberliegenden leer. Die Grenze zwischen besetzten und leeren Niveaus ist wieder die Fermi-Grenze. Bei endlichen Temperaturen schließt sich an diese Grenze ein Maxwellscher „Schwanz" an, wie wir ihn bei der Herleitung der Richardson-Gleichung bereits kennengelernt und benutzt haben.

Sind, wie z.B. in den Metallen, sehr viele Elektronen vorhanden, so sind die Energieniveaus bis in den Bereich, in dem es keine Energiebänder mehr gibt, besetzt. Die E-k-Kurve wird dort sehr angenähert eine Parabel. Die Elektronen verhalten sich wie ein Elektronengas. Der einfache Ausgangspunkt für die Ableitung der Richardson-Gleichung ist damit nachträglich gerechtfertigt.

Wenn einem vollbesetzten Bande ein leeres folgt, so liegt die Fermi-Grenze nahezu in der Mitte. Zur genauen Berechnung ihrer Lage dient die Beziehung: Die Zahl der im unteren Bande fehlenden Elektronen = der Zahl der als „Maxwellscher Schwanz" im oberen leeren Bande befindlichen Elektronen.

3. Energiebänder eines Kristalles mit Lockerstellen.

Unter einer „Lockerstelle" versteht man eine Stelle in einem Kristall, in der das Kristallgefüge durch Einbau einer Störung gelockert ist. So bilden z.B. in einem Cu_2O-Kristall einzelne eingebaute CuO-Moleküle „Lockerstellen".

Die Potentialverteilung Abb. 231 würde dann in die Verteilung 236 übergehen. Nur sind in Wirklichkeit die Lockerstellen sehr viel seltener wie in der Abb. 236.

Abb. 236. Potentialverlauf mit Lockerstellen.

Daher wird auch die Lage der erlaubten Energiebänder nur wenig geändert. Wir können uns diese Änderung durch eine Überlagerung der Energiebänder des ungestörten Kristalles (Abb. 234) durch schmale erlaubte bzw. verbotene Energiebänder dargestellt denken. (Wenn $F(x)$ wenig von $F_0(x)$ abweicht, kann man $F(x) = F_0(x) + \delta F(x)$ schreiben.)

Wir wollen nun folgende 2 Möglichkeiten diskutieren:

a) Ein solches Zusatzenergieband sei leer und liege dicht über einem vollbesetzten Energieband. Es können dann bei $T \neq 0$ Elektronen infolge der Warmebewegung (Maxwellscher Schwanz der Fermi-Verteilung) in das leere Zusatzband übertreten. Das Zusatzband wirkt als ,,Acceptor''. Am *oberen* Rande des bei $T = 0$ voll besetzten Bandes entstehen dadurch von Elektronen nichtbesetzte Energieniveaus.

b) Ein Zusatzenergieband sei besetzt und liege dicht unter einem leeren Energieband. Bei $T \neq 0$ können dann Elektronen des Maxwellschen Schwanzes in das leere Band eintreten, werden dessen unteren Rand ausfüllen, während das weitere Band noch leer bleibt. Das Zusatzband wirkt dann als Elektronenspender oder ,,Donator''.

4. Das Zustandekommen eines elektrischen Stromes.

Bisher hatten wir die Vorstellung, daß die De-Broglie-Wellen der Elektronen im Kristall ungedämpft und ohne Reflexionen von der rechten bis zur linken Begrenzung laufen und so stehende Wellen bilden. Diese Wellen entsprechen in der Korpuskularvorstellung 2 gleichstarken nach rechts und links laufenden elektrischen Strömen. Die Berechnung der Stromdichten aus der ψ-Funktion ist bei SOMMERFELD abgeleitet. Diese Vorstellung ergibt für rein periodischen Potentialverlauf $V (x, y, z)$ in Summa den elektrischen Strom Null.

Infolge der Wärmebewegung der Moleküle ist aber der Gitteraufbau nicht streng periodisch. Aus ihrer Ruhelage ausgeschwungene Gitterbausteine stellen für die Wellen Reflexionsstellen dar. Korpuskular gesprochen begrenzen sie den freien Flug der Elektronen. Die Verhältnisse liegen ähnlich wie in einem Gas, in dem die Gasmoleküle den Flug der Elektronen begrenzen. Es liegt daher nahe, den Begriff der freien Weglänge und auch der mittleren freien Weglänge aus der Gastheorie zu übernehmen. Bei der Besprechung des Mechanismus der Stromleitung wollen wir nun nicht rein wellenmechanisch denken, sondern die einander immer äquivalenten wellenmechanischen und korpuskularen Überlegungen durcheinander benutzen, um zu einer leichter verständlichen und anschaulicheren Vorstellung zu gelangen.

Also zunächst korpuskular gedacht: Wenn man an den Kristall ein elektrisches Feld anlegt, werden die Elektronen in der Richtung des Feldes eine Zusatzgeschwindigkeit erhalten und damit eine kinetische Energie bekommen, die der aus dem Feld $\mathfrak{E}$ aufgenommenen potentiellen Energie

$$\Delta E = l \cdot e_1 \cdot \mathfrak{E}$$

gleicht, wobei l die freie Weglänge ist.

Ob diese Elektronenbewegung möglich ist. beurteilen wir wieder nach der wellenmechanischen Methode: Sie ist nur möglich, wenn freie Energieniveaus von der Größe $E + \Delta E$ vorhanden sind. Ist also bei niedriger Temperatur ein Energieband voll besetzt, folgt auf dieses Energieband ein breiter verbotener Raum, so daß in dem nächsten erlaubten Energieband wegen der Dünne des Maxwellschen Schwanzes praktisch keine Elektronen vorhanden sind, so liegt ein Isolator vor. (Einen absoluten Isolator würde es nur bei $T = 0$ geben.) Ist ein Energieband nur halb besetzt, so sind für die Elektronen am oberen Rande der Besetzung (an der Fermi-Kante) Energieniveaus von der Größe $E + l \cdot e_1 \mathfrak{E}$ frei; ein elektrischer Strom kann zustande kommen.

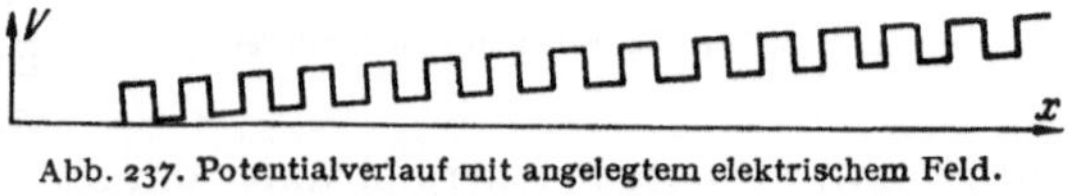

Abb. 237. Potentialverlauf mit angelegtem elektrischem Feld.

Aus dieser gemischt wellenmechanisch und korpuskularen Überlegung ergeben sich dann folgende Vorstellungen über Isolatoren, Halbleiter, Verunreinigungshalbleiter und leitende Metalle.

Man müßte eigentlich die Verteilung der Bänder bei einem von außen angelegten elektrischen Felde neu aus der Verteilung des Potentiales V nach Abb. 237 berechnen. Da $\mathfrak{E}$ aber im Vergleich zu den Feldstärken in der Nähe der Atome sehr klein ist, behält man in guter Näherung die alte Verteilung der Energieniveaus ohne äußeres Feld bei.

a) Die Temperatur sei sehr niedrig. Eine Anzahl von Energiebandern sei gerade voll besetzt, der verbotene Bereich über dem obersten vollbesetzten Band verhältnismäßig breit. In dem untersten leeren Band, dem „Leitfähigkeitsband", sind dann praktisch keine Elektronen. Wegen der Breite des verbotenen Bereiches findet keines der Elektronen ein freies Niveau, das um den Betrag höher liegt als das Niveau, auf dem es sitzt. Es kann sich nicht im elektrischen Felde bewegen. Wir haben einen Isolator.

b) Die Temperatur sei hoch, so daß noch eine genügende Zahl von Elektronen den unteren Rand des „Leitfähigkeitsbandes" bevölkern. Dann findet eine Leitfähigkeit statt. Strenggenommen sind alle Isolatoren Halbleiter. Ein absoluter Isolator ist nur bei $T = 0$ denkbar. Ist das verbotene Band unterhalb des Leitfähigkeitsbandes so schmal, daß schon bei Zimmertemperatur viel Elektronen des „Maxwellschen Schwanzes" im Leitfähigkeitsbande sind, haben wir einen echten Halbleiter vor uns.

c) Die erlaubten **Energiebänder überlappen** sich oder es ist ein Band nur **halb besetzt.** Dann finden Elektronen mit der Energie $E + \delta E$ freie Niveaus. Wir haben einen echten Leiter.

Da die freie Weglänge wegen der Bewegung der Moleküle mit der Temperatur abnimmt, nimmt die Leitfähigkeit der Metalle mit der Temperatur ab. Bei den Halbleitern ist dieser Effekt zwar auch da, aber durch die starke Zunahme der Elektronen des Maxwellschen Schwanzes im Leitfähigkeitsbande überdeckt.

In den schmalen erlaubten Energiebändern infolge der Störstellen findet keine Leitung statt. Wellenmechanische Begründung: Die Einzelbänder, die in den Hauptenergiebändern praktisch kontinuierlich liegen, haben Abstände, die ΔE übersteigen. Korpuskular begründet: Elektronenübergänge von einer Störstelle zu der weit entfernten nächsten sind nicht möglich wegen der zu kleinen freien Weglänge.

d) Es sind Donatoren vorhanden, die Elektronen in das Leitfähigkeitsband liefern. Am unteren Rande des Bandes war die Wellenzahl und die Energie nach Abbildung 234 durch die Beziehung

$$+ \alpha k^2 = E \quad \text{entsprechend} \quad \frac{\hbar^2}{+ 2m} k^2$$

verbunden. Diese Beziehung entspricht Elektronen mit positiver Masse und negativer Ladung, die für die Leitfähigkeit verantwortlich sind. Man spricht daher von einem „n-Material" und einer „Überschußleitung".

e) Es sind Rezeptoren vorhanden. Diese entnehmen aus dem vollbesetzten Bande Elektronen. Es werden jetzt am *oberen* Rande des Bandes Plätze frei, die von Elektronen, die aus dem elektrischen Felde mit der Feldstarke $\mathfrak{E}$ die Energie $E = l \cdot e_1 \mathfrak{E}$ aufgenommen haben, besetzt werden können. Da am oberen Rande die Beziehung

$$- \beta k^2 = E \quad \text{entsprechend} \quad \frac{\hbar^2}{- 2m} k^2$$

gilt, sind diese Elektronen mit solchen zu vergleichen, die entweder die normale negative Ladung, aber eine negative Masse haben, oder, was auf dasselbe hinauskommt, eine positive Masse, aber positive Ladung. Man spricht daher von einem p-Material und von einer „Defektleitung". Die beiden Leitungsarten sind experimentell durch den Hall-Effekt zu unterscheiden.

5. Sperrschichten.

a) Chemische Entstehung.

Als Beispiel sei Kupferoxydul betrachtet, das auf Kupfer aufgewachsen ist. Wenn man eine Kupferplatte in einer O_2-Atmosphäre über 1000° erhitzt, verbindet sich der O_2 mit dem Cu zu Cu_2O. Bei niedriger Temperatur bildet sich CuO. In dem Cu_2O sind nun einige CuO-Moleküle eingelagert und bilden Lockerstellen und verursachen die Leitfähigkeit. An der Grenze Cu_2O/Cu sind aber so reichlich Cu-Atome vorhanden, daß alle CuO-Moleküle zu Cu_2O reduziert werden. Es sind praktisch keine Lockerstellen vorhanden. So entsteht eine Schicht sehr geringer Leitfähigkeit, die „Sperrschicht".

b) Elektrische Entstehung.

Grenzt ein Halbleiter an ein Metall und liegt zwischen Metall und Halbleiter eine Spannung, so wird sich in einer dünnen Grenzschicht ein Potentialgefälle ausbilden, dessen Aufbau man im einzelnen ausrechnen muß. Kommen Elektronen in dieses Potentialgefälle, so gewinnen oder verlieren sie, je nach der Richtung des Gefalles, Energie. Wenn sie Energie gewinnen, treten mehr Elektronen in das Leitungsband (Flußrichtung), wenn sie Energie verlieren, treten sie aus dem Leitungsband zurück (Sperrichtung).

Bei Vorhandensein von Lockerstellen und Defektleitung mit Elektronen, die sich wie solche mit positiver Ladung verhalten, können Fluß- und Sperrichtung das Vorzeichen wechseln.

B. Die Detektor- oder Gleichrichterwirkung.

1. Grundanschauungen der Nordheimschen Detektortheorie.

Wie im Abschnitt über das Kontaktpotential auseinandergesetzt wurde, herrscht zwischen 2 Leitern dynamisches Gleichgewicht, wenn die Fermi-Grenzen gleich hoch liegen.

Bei einer Niveauanordnung nach Abb. 238 ist ein Strom nur oberhalb der unteren Leitungsbandgrenze möglich. Die beiden Ströme $J\rightarrow$ und $J\leftarrow$ sind gleich.

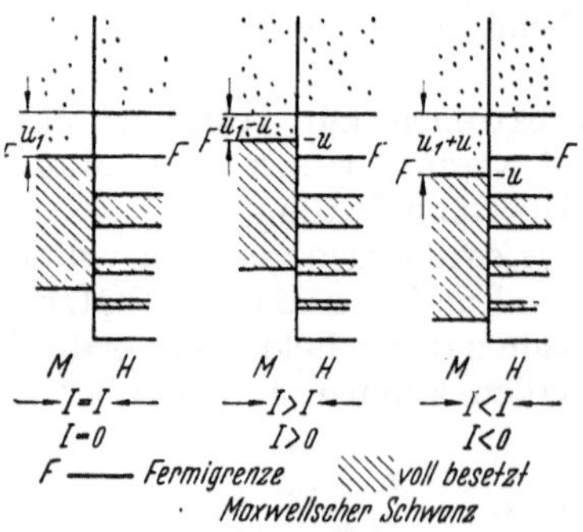

Abb. 238.
Energieniveaus von Metall und Halbleiter bei angenähert unendlich dünner Sperrschicht.

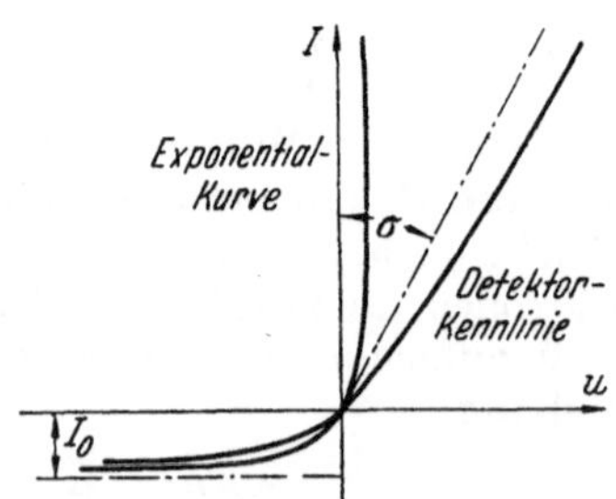

Abb. 239. Detektorkennlinien nach der Nordheimschen Theorie.

sie mögen den Betrag J_0 haben. Der resultierende Strom J ist o. Zur Berechnung der Ströme dienen die im Abschnitt über die Glühemission abgeleiteten Integrale.

Hebt man jetzt das Metallpotential um die Spannung U, so tritt in dem Integral für J_h der Faktor $e^{e_1 U/kT}$ auf, wahrend sich J_r nicht ändert. (Das Integral ist statt von der Grenze $e_1 U_1$ jetzt von der Grenze $e_1 (U_1 - U)$ aus zu rechnen, als obere Grenze kann man, wie üblich, unendlich wählen.) Der Differenzstrom ist dann (Abb. 238)

$$I = I_h - I_r = I_0 (e^{e_1 U/kT} - 1).$$

Analog ist beim Senken des Metallpotentials der Differenzstrom

$$I = I_0 (e^{-e_1 U/kT} - 1) \quad I = -I_0 \quad (\text{für } U = \infty) = \text{Sperrstrom}.$$

Der Strom vom Halbleiter in das Metall andert sich nicht, da als untere Grenze bei der Berechnung der Integrale immer die untere Energiegrenze des Leitungsbandes $e_1 U_1$ zu nehmen ist.

Wir erhalten somit für eine sehr dünne Schicht an der Grenze Leiter/Halbleiter die Detektorkennlinie

$$I = I_0 (c^{e_1 U/kT} - 1)$$

oder nach U aufgelöst: $e_1 U = kT \ln \dfrac{I + I_0}{I_0}$. Hinzu tritt noch der Widerstand des Halbleiters, so daß man schließlich

$$U = \frac{kT}{e_1} \ln \frac{I + I_0}{I_0} + RI$$

die definitive Detektorkennlinie erhält. (Durch Scheren der Exponentialkurve. Abb. 239.)

2. Grundanschauungen der Schottkyschen Theorie.

Wird der untere Rand des Leitungsbandes z.B. bei einem n-Material mit Überschußleitung durch Valenzelektronen besetzt, so bleibt das Ganze elektrisch neutral. Führt man aber von außen Elektronen zu, so tritt eine Raumladung ϱ auf, die im eindimensionalen Falle mit der Spannung V durch die Laplacesche Gleichung

$$\frac{d^2 V}{dx^2} = \varrho/\varepsilon_0 \; ; \qquad \varepsilon_0 \frac{d^2 V}{dx^2} = e_1 n$$

verbunden ist. SCHOTTKY nennt V das Diffusionspotential.

Dieses ist nun andererseits mit der Raumladung $n \cdot e_1$ durch die aus der Theorie der elektrochemischen Konzentrationsketten bekannten Gleichung

$$N e_1 (V_1 - V_2) = RT \ln \frac{n_1}{n_2} \quad \text{oder} \quad e_1 (V_1 - V_2) = kT \ln \frac{n_1}{n_2}$$

verbunden. Diese Gleichung sagt aus: Um ein Elektronenmol von einer Stelle mit der Konzentration n_1 an eine Stelle mit der Konzentration n_2 zu bringen, ist die isotherme Arbeit

$$A_{is} = RT \ln \frac{n_1}{n_2}$$

erforderlich. Diese isotherme Arbeit muß elektrisch hereingesteckt werden, also der elektrischen Arbeit

$$A_{el} = e_1 N (V_1 - V_2)$$
$$N = \text{Loschmidtsche Zahl}$$

gleichen. Diese beiden Gleichungen enthalten die Grundvorstellungen der Schottkyschen Theorie. Man muß aus den beiden Grundgleichungen, welche die Variabeln n und V enthalten, n oder V eliminieren und erhält so eine Differentialgleichung für V bzw. n. Diese muß unter der Berücksichtigung der Grenzbedingungen gelöst werden. Als Grenzbedingungen wird man das Potential im Leiter $(U_1 - U)$ und das Potential in tieferen Schichten des Halbleiters wählen.

Hat man so die Elektronenkonzentration an jeder Stelle gefunden, muß man sie nach den Regeln der Fermi-Statistik auf die Energiebänder verteilen und erhält dann die Besetzung des Leitfähigkeitsbandes in der Sperrschicht in Abhängigkeit von der angelegten Spannung. Die Durchführung dieser Rechnungen lese man in den zitierten Schottkyschen Originalarbeiten oder in dem Buche von STRUTT nach.

Eine starke Stütze der Schottkyschen Theorie besteht darin, daß er die Dicke der Sperrschichten durch Kapazitätsmessungen ermitteln konnte und in guter Übereinstimmung mit der Rechnung fand.

C. Grundanschauungen über die Wirkung der Transistoren.

Abb. 240 zeigt das dem Vortrag von SPENKE entnommene Energiebandschema des Germaniums. Dieses Schema zeigt, daß je nach der Art der Verunreinigung Überschußleitung oder Defektleitung auftreten kann.

Abb. 241 zeigt die Versuchsanordnung. Der Kollektor ist in Sperrichtung gepolt, die Batterie B_2 kann keinen Strom liefern (den kleinen Sperrstrom vernachlassigen wir der Einfachheit halber). Die zu verstärkende Stromquelle, die in Flußrichtung gepolt ist, kann einen Strom

$$J_e = U_e/r$$

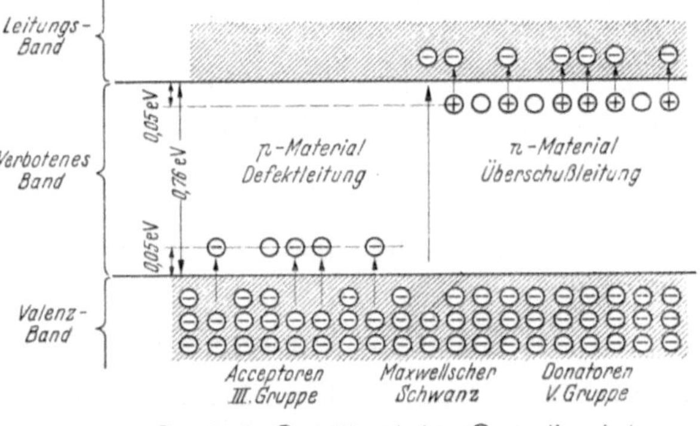

Abb. 240. Bändermodell des Germaniums nach Spenke.

liefern. Dieser Strom wird im allgemeinen zur Grundplatte G abfließen. r soll ein kleiner Widerstand sein. Durch diesen Stromfluß treten in der näheren Umgebung der Emitterspitze die bei der Besprechung der Schottkyschen Theorie erwähnten Raumladungen und Potentialverteilungen ein. Hierdurch werden Elektronen vom oberen Rande des unter dem Leitfähigkeitsbande liegenden besetzten Bandes abgezogen, so daß nun eine Defektleitung stattfinden kann, obwohl n-Germanium vorlag. Die Kollektorspitze liegt aber nur für Überschußleitung in Sperrichtung, für Defektleitung in Flußrichtung.

Die Kollektorspitze kann — um so besser, je näher sie der Emitterspitze liegt — den Defektleitungsstrom übernehmen. Wir wollen der Einfachheit halber annehmen, daß sie den ganzen Emitterstrom übernimmt.

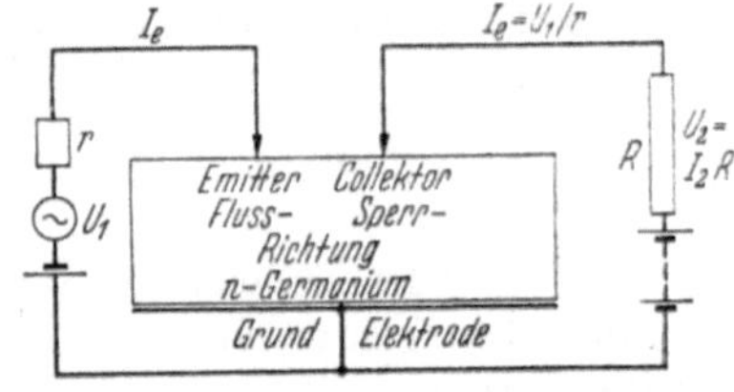

Abb. 241. Schaltschema des Transistors

Unter dieser vereinfachten Anschauung läßt sich die Spannungsverstärkung des Transmitters leicht berechnen. Die Emitterspannung U_e erregt einen Strom $I_e = U_e/r$. Da dieser Strom im Kollektorkreis weiterfließt, wird am Verbrauchswiderstand R im Kollektorkreis die Spannung $U_1 = I_e R = U_e \cdot R/r$ erregt. Die Spannungsverstärkung ist also $V_{sp} = R/r$, und da die Ströme als angenähert gleich angenommen wurden, die Stromverstärkung $= 1$ und die Leistungsverstärkung ebenfalls $V_{Leist} = R/r$.

Anhang.

A. Mathematisches.

1. Das Rechnen mit komplexen Amplituden. Zeigerdiagramme.

a) Warum rechnet man mit $\mathfrak{A}e^{j\omega t}$ statt mit $A\cos(\omega t + \varphi)$? Beim reellen Rechnen hat man es immer mit 2 Zeitfunktionen $\sin\omega t$ und $\cos\omega t$ zu tun. Beim komplexen Rechnen schreibt man für

$$\cos\omega t = \text{Reell } e^{j\omega t} \quad \text{und für} \quad \sin\omega t = \text{Reell} - je^{j\omega t}.$$

Man hat es nur mit einer Zeitfunktion $e^{j\omega t}$ zu tun. Man kann diese herausheben und nur mit den Amplituden rechnen.

b) Komplexe Amplitude. Für $A\cos(\omega t + \varphi)$ schreiben wir $A\,e^{j\varphi}\,e^{j\omega t} = \mathfrak{A}e^{j\omega t}$; $\mathfrak{A} = A\,e^{j\varphi}$. Die komplexe Amplitude enthält Amplitude und Phase.

c) Auch beim **Differenzieren und Integrieren** bleibt die Zeitfunktion erhalten:

$$\frac{d}{dt}\mathfrak{A}e^{j\omega t} = j\omega\,\mathfrak{A}e^{j\omega t}; \qquad \int \mathfrak{A}e^{j\omega t}\,dt = \frac{1}{j\omega}\mathfrak{A}e^{j\omega t}.$$

Die zeitunabhängige Integrationskonstante ist meist uninteressant.

Es tritt lediglich der Faktor $j\omega$ bzw. $1/j\omega$ auf. Die Multiplikation einer komplexen Amplitude mit j bedeutet den Übergang von $\cos$ zu $-\sin$ oder eine Phasenverschiebung von $90°$.

d) Reelle, imaginäre und komplexe Widerstände. Wir gehen immer aus von

$$I = |\mathfrak{I}|\cos(\omega t + \varphi) = |\mathfrak{I}|e^{j\varphi}\,e^{j\omega t} = \mathfrak{I}e^{j\omega t}.$$

(Das Wort: Reeller Teil von... denke man immer dazu!)

$\alpha)$ *Der Ohmsche Widerstand: R*

$$U = R\,|\mathfrak{I}|\cos(\omega t + \varphi); \quad \mathfrak{U} = \mathfrak{I}R.$$

U und I sind in Phase.

$\beta)$ *Der induktive Widerstand:*

$$U = L\frac{dI}{dt} = -\omega L\,|\mathfrak{I}|\sin(\omega t + \varphi); \quad \mathfrak{U} = j\omega L\,\mathfrak{I}.$$

U eilt um $90°$ vor.

$\gamma)$ *Der kapazitive Widerstand:*

$$U = \int\frac{I\,dt}{C} = \frac{I}{\omega C}\sin(\omega t + \varphi) + \text{const}: \quad \mathfrak{U} = \frac{\mathfrak{I}}{j\omega C}.$$

U eilt um $90°$ nach.

δ) Der gemischte Widerstand:

$$U = L\frac{dI}{dt} + RI = I\left(-\omega L \sin(\omega t + \varphi) + R \cos(\omega t - \varphi)\right)$$

$$= I\sqrt{\omega^2 L^2 + R^2}\left(-\sin\psi \sin(\omega t + \varphi) + \cos\psi \cos(\omega t + \varphi)\right)$$

$$= I\sqrt{\omega^2 L^2 + R^2}\cos(\omega t + \varphi + \psi) \quad \operatorname{tg}\psi = \omega L/R.$$

$$\mathfrak{U} = (j\omega L + R)\mathfrak{I} = \sqrt{\omega^2 L^2 + R^2}\,e^{j\arctg\frac{\omega L}{R}} \cdot I.$$

U eilt um die Phase φ vor.

e) Die Darstellung von Schwingungen durch „Zeiger". Um eine Schwingung $x = |\mathfrak{U}|\cos(\omega t + \varphi)$ darzustellen, zeichne man den Zeiger A (Abb. 242) und lasse ihn, mit $t = 0$ beginnend, mit der Winkelgeschwindigkeit ω rotieren. Die Projektion x stellt dann die gesuchte Schwingung dar.

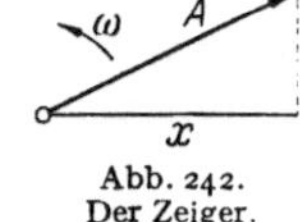

Abb. 242.
Der Zeiger.

Will man 2 phasenverschobene Schwingungen addieren, so addiere man die beiden Zeiger vektoriell und lasse die Vektorsumme rotieren (Abb. 243). Die Differentiation nach der Zeit führt man nach Abb. 244 dadurch aus, daß man die Differenz zweier der Amplitude nach gleicher, aber um die Phase $\omega\,\delta t$ gegeneinander verschobener Zeiger bildet und diese durch δt teilt. Man „sieht", daß $\frac{dA}{dt}$ dem Zeiger A um 90° voreilt.

f) Zur Umwandlung von komplexen Zahlen aus der Form $A + jB$ in die Form $\mathfrak{R}e^{j\varphi}$ merke man sich das Dreieck Abb. 245.

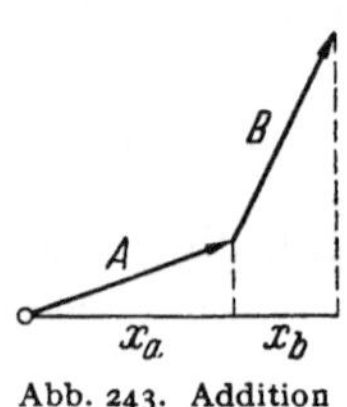

Abb. 243. Addition
von Zeigern.

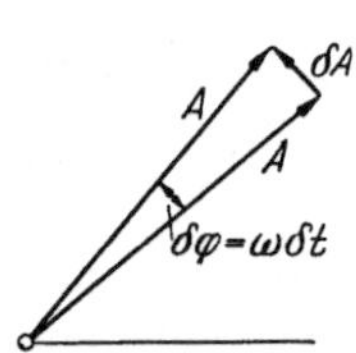

Abb. 244. Differen-
tiation nach der Zeit.

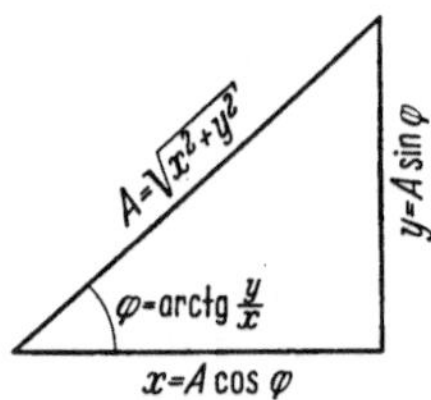

Abb. 245. Umwandlung
komplexer Zahlen.

g) Natur der Zeiger. Die Zeiger haben manche Ähnlichkeit mit Vektoren, sind aber ihrer Natur nach keine Vektoren, wie die Regeln für die Produktbildung zeigen. Wir wollen die waagerechte Komponente durch Multiplikation mit dem Einheitsvektor $\mathfrak{r}$, die senkrechte durch j kennzeichnen.

Dann gelten folgende Regeln:

Für das skalare Produkt von Vektoren: $\mathfrak{r} \cdot \mathfrak{r} = 1$; $j \cdot j = 1$; $\mathfrak{r}j = j\mathfrak{r} = 0$.
$(\mathfrak{r}A_\mathfrak{r} + jA_i)(\mathfrak{r}B_\mathfrak{r} + jB_i) = A_\mathfrak{r}B_\mathfrak{r} + A_iB_i$.

Für das Vektorprodukt von Vektoren: $\mathfrak{r} \cdot \mathfrak{r} = j \cdot j = 0$; $\mathfrak{r}j = +1$; $j\mathfrak{r} = -1$.
$[(\mathfrak{r}A_\mathfrak{r} + jA_i)(\mathfrak{r}B_i + jB_i)] = A_\mathfrak{r}B_i - A_iB_\mathfrak{r}$.

Für Zeiger: $\mathfrak{r} \cdot \mathfrak{r} = 1$; $j \cdot j = -1$; $\mathfrak{r} \cdot j = j\mathfrak{r} = j$.
$(\mathfrak{r}A_r + jA_i)(\mathfrak{r}B_r + jB_i) = (A_rB_r - A_iB_i) + j(A_iB_r + A_rB_i)$.

Die Multiplikationsregel für die Zeiger gleicht der Multiplikationsregel für komplexe Zahlen.

h) Komplexer Widerstand als Drehstrecker. Schreibt man den komplexen Widerstand in der Form $\mathfrak{R} = |\mathfrak{R}|e^{j\varphi}$, so erkennt man seine Natur als „Drehstrecker" (nach EMDE). Die Multiplikation eines Zeigers $\mathfrak{A}$ mit dem Drehstrecker $\mathfrak{R}$ „streckt" den Zeiger auf die $|\mathfrak{R}|$fache Länge und „dreht" ihn um den Winkel φ. Man nennt die komplexen Widerstände daher auch „Richtwiderstände".

i) Zusammenhang zwischen den Lissajousfiguren und dem Drehstrecker.
In Abb. 246 stellt der Kreis den Schirm einer Braunschen Röhre, p die Ablenkplatten dar. Die waagerechte Ablenkung des Kathodenstrahlfleckes ist proportional dem Strome I. Die Röhre sei geeicht: Eichfaktor $i =$ z.B. 3 cm/A. Die senkrechte Ablenkung ist der Spannung an dem zu untersuchenden Widerstand $\Re$

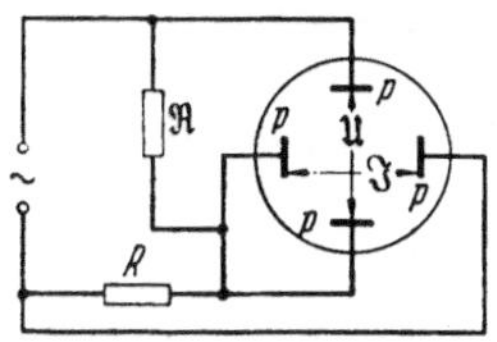

Abb. 246. Messung von komplexen Widerständen mit der Braunschen Röhre.

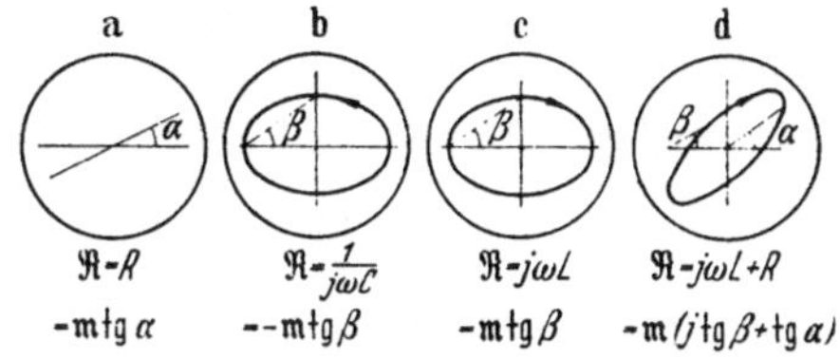

Abb. 247. Lissajousfiguren von reellen, imaginären und komplexen Widerständen.

proportional. Eichfaktor: $\mathfrak{u} =$ z.B. $^1/_2$ mm/V. Der Widerstandsmaßstab ist dann:
$\mathfrak{m} = \dfrac{\mathfrak{u}}{\mathfrak{i}}$. Es ergeben sich für die verschiedenen Widerstände die Lissajousfiguren Abb. 247a bis d. (Die Braunsche Röhre als Gerät zum Messen von Richtwiderständen.)

Findet man durch eine Aufnahme mit der Braunschen Röhre zwischen zwei physikalischen Größen eine durch eine schräge Ellipse dargestellte Beziehung, so

$$\mathfrak{B} = (\mu_1 - j\,\mu_2)\,\mathfrak{H} = \mathfrak{m}\,(\operatorname{tg}\alpha - j\,\operatorname{tg}\beta)\,\mathfrak{H}$$

sind die beiden Größen durch einen Drehstrecker miteinander verbunden. Beispiel: Man findet auf der Braunschen Röhre die Magnetisierungskurve Abb. 248a, sie kann durch 248b angenähert werden. Man kann dann $\mathfrak{B}$ und $\mathfrak{H}$ durch eine komplexe Permeabilität verbinden:

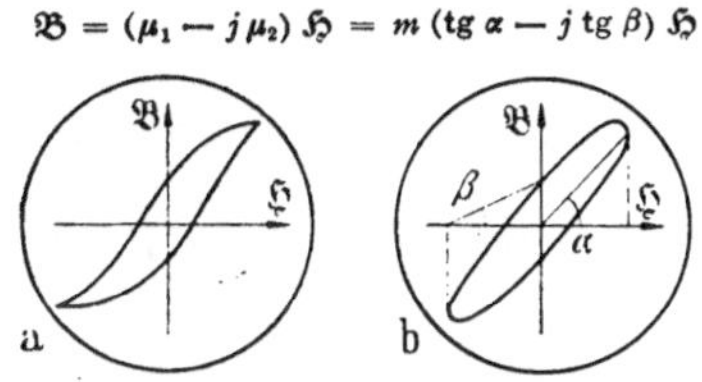

Abb. 248. Komplexe Permeabilität.

$$\mathfrak{B} = (\mu_r - j\,\mu_i)\,\mathfrak{H} = \mathfrak{m}\,(\operatorname{tg}\alpha - j\,\operatorname{tg}\beta)\,\mathfrak{H}.$$
($\mathfrak{m}$ ist wieder das Maßstabsverhältnis!)

k) Unzulässige Multiplikationen. Wir haben die Multiplikation eines Zeigers (z.B. $\mathfrak{U}, \mathfrak{J}, \mathfrak{H}, \mathfrak{B}$) mit einem Drehstrecker kennengelernt. Man kann auch mit einem Drehstrecker dividieren, mit einer Summe von Drehstreckern arbeiten. Komplexe Widerstände können z.B. in Stromverzweigungen genau wie Ohmsche Widerstände verwendet werden.

Nicht zulässig ist hingegen die Multiplikation zweier Zeiger miteinander. Dies sei am Beispiel der Leistungsberechnung erläutert: Es ist

$$\mathfrak{N} = |\mathfrak{U}|\cos(\omega t + \varphi)\cdot|\mathfrak{J}|\cos(\omega t + \psi) = \frac{|\mathfrak{U}|\cdot|\mathfrak{J}|}{2}\,[\cos(2\omega t + \varphi + \psi) + \cos(\varphi - \psi)].$$

Der reelle Teil des Produktes $\mathfrak{U} \cdot \mathfrak{J}$ würde ergeben:

$$\mathfrak{N} = |\mathfrak{U}|\cdot|\mathfrak{J}|\cos(2\omega t + \varphi + \psi).$$

Es fehlt die 2 im Nenner und der Summand $\cos(\varphi - \psi)$.
Man merke die „zufällig" gültige Rechenregel:

$$\overline{\mathfrak{N}} = \frac{1}{T}\int_0^T U\cdot I\cdot dt = \text{Reell } \frac{1}{2}\,\mathfrak{U}\cdot\mathfrak{J}^r \text{ bez.} = \text{Reell } \frac{1}{2}\,\mathfrak{U}^x\mathfrak{J};$$

$\mathfrak{U}^r$ (bez. $\mathfrak{J}^x$) = conj komplex zu $\mathfrak{U}$ (bez. $\mathfrak{J}$).

l) Wir hätten statt mit Reell $A\,e^{j\omega t}$ auch mit der reellen Funktion

$$x = \mathfrak{B}\,e^{j\omega t} + \mathfrak{B}^x\,e^{-j\omega t} = 2\ \text{Reell}\ \mathfrak{B}\,e^{j\omega t}$$

rechnen können. (Der Leser rechne zu seiner Übung: $\mathfrak{A}\mathfrak{B} + \mathfrak{A}^x\mathfrak{B}^x = 2\ \text{Reell}\ \mathfrak{A}\mathfrak{B}$ nach.)

m) Anwendung der komplexen Rechnung zur Lösung von Differentialgleichungen. Diese Anwendung sei an 2 einfachen Beispielen gezeigt:

1. Die gedämpfte Schwingung. Die Schwingungsgleichung lautet:

$$m\,x^{\cdot\cdot} + \varrho\,x^{\cdot} + p\,x = 0.$$

Wir lösen sie durch den Ansatz: $x = A\,e^{ct}$ und erhalten aus der Differentialgleichung die algebraische Gleichung: $m\,c^2 + \varrho\,c + p = 0$ mit der Lösung:

$$c = -\frac{\varrho}{2\,m} \pm j\,\sqrt{\frac{p}{m} - \left(\frac{\varrho}{2\,m}\right)^2}\,.$$

Die Lösung der Differentialgleichung lautet dann:

$$x = \mathfrak{A}\,e^{(-\mathfrak{d}+j\omega)t} + \mathfrak{B}\,e^{(-\mathfrak{d}-j\omega)t} \quad \text{mit} \quad \mathfrak{d} = \frac{\varrho}{2\,m}\,; \qquad \omega = \sqrt{\frac{p}{m} - \left(\frac{\varrho}{2\,m}\right)^2}\,.$$

Wenn die Lösung reell sein soll, ist ihre allgemeinste Form

$$x = (\mathfrak{A}\,e^{j\omega t} + \mathfrak{A}^x\,e^{-j\omega t})\,e^{-\mathfrak{d}t} \quad \text{oder} \quad x = \text{Reell}\ \mathfrak{B}\,e^{-\mathfrak{d}t}e^{j\omega t}.$$

Die beiden Integrationskonstanten $\mathfrak{B}_r$ und $\mathfrak{B}_i$ sind dann aus den Anfangsbedingungen zu bestimmen.

2. Gekoppelte Schwingungen. Die beiden Differentialgleichungen lauten z.B. für induktive Kopplung:

$$L_1 Q_1^{\cdot\cdot} + R_1 Q_1^{\cdot} + \frac{Q_1}{C_1} = L_{12} Q_2^{\cdot\cdot}; \qquad L_2 Q_2^{\cdot\cdot} + R_2 Q_2^{\cdot} + \frac{Q_2}{C_2} = L_{12} Q_1^{\cdot\cdot}.$$

Wir lösen sie durch die Ansätze: $Q_1 = \mathfrak{A}\,e^{ct}$; $Q_2 = \mathfrak{B}\,e^{c}$ und erhalten die beiden algebraischen Gleichungen:

$$\mathfrak{A}\left(c^2 L_1 + c\,R_1 + \frac{1}{C_1}\right) \qquad\qquad - c^2 L_{12}\,\mathfrak{B} = 0$$

$$- c^2 L_{12}\,\mathfrak{A} \qquad\qquad + \mathfrak{B}\left(c^2 L_2 + c\,R_2 + \frac{1}{C_2}\right) = 0.$$

Wenn die Amplituden $\mathfrak{A}$ und $\mathfrak{B}$ ungleich Null sein sollen, muß die Determinante verschwinden

$$\begin{vmatrix} c^2 L_1 + c\,R_1 + \dfrac{1}{C_1} & - c^2 L_{12} \\[2mm] - c^2 L_{12} & c^2 L_2 + c\,R_2 + \dfrac{1}{C_2} \end{vmatrix} = 0.$$

Die Determinante ergibt eine Gleichung 4. Grades mit 4 Lösungen, die paarweise konjugiert komplex sind. $c_1 = \text{conj}\ c_2$; $c_3 = \text{conj}\ c_4$.

Wir können daher für die allgemeine reelle Lösung schreiben:

$$Q_1 = \mathfrak{A}_1\,e^{c_1 t} + \mathfrak{A}_1^x\,e^{c_2 t} + \mathfrak{A}_2\,e^{c_3 t} + \mathfrak{A}_2^x\,e^{c_4 t}$$

$$Q_2 = \mathfrak{B}_1\,e^{c_1 t} + \mathfrak{B}_2^x\,e^{c_2 t} + \mathfrak{B}_2\,e^{c_3 t} + \mathfrak{B}_2^x\,e^{c_4 t}.$$

Diese enthält 4 komplexe, das heißt 8 Integrationskonstanten. Diese sind aus den 4 Anfangsbedingungen und den 2 komplexen (also 4) ursprünglichen Differentialgleichungen zu berechnen.

Man kann sich natürlich auch durch mehrmaliges Differenzieren und Eliminieren der einen Unbekannten eine Differentialgleichung 4. Ordnung herstellen und diese dann mit dem Ansatz $\mathfrak{A}e^{ct}$ lösen. Die ursprünglichen Differentialgleichungen sind dann Integrale der Gleichung 4. Ordnung und liefern Integrationskonstanten.

n) Die Phasenverschiebung zwischen 2 Zeigern gleicht der Phase des Quotienten:

$$\frac{\mathfrak{A}}{\mathfrak{B}} = \frac{|\mathfrak{A}|\,e^{j\varphi}}{|\mathfrak{B}|\,e^{j\psi}} = \frac{|\mathfrak{A}|}{|\mathfrak{B}|}\,e^{j(\varphi-\psi)}\,.$$

o) Die Inversion. Ein Zeiger $\mathfrak{r} = B\,e^{j\varphi}$ geht durch Inversion über in den Zeiger $\mathfrak{r}' = \dfrac{A}{\mathfrak{r}} = \dfrac{A}{B}\,e^{-j\varphi}$. Der Winkel des inversen Zeigers gegen die reelle Achse ist der gleiche wie der des ursprünglichen Zeigers, er liegt nur auf der anderen Seite der reellen Achse.

Ist A speziell gleich t^2, so gilt nach dem Sehnen-Tangenten-Satz $\mathfrak{r}\,\mathfrak{r}' = t^2$ (Abb. 249a). Läuft die Spitze des Zeigers $\mathfrak{r}$ auf dem oberen Kreis, so läuft die des inversen Zeigers auf dem unteren Kreise mit derselben Umlaufsrichtung.

Ist im allgemeinen $\mathfrak{r}' = \dfrac{t \cdot t'}{\mathfrak{r}} = \dfrac{A}{\mathfrak{r}}$, so ist der untere Kreis im Verhältnis t'/t zu vergrößern. Es gilt dann

$$\frac{\mathfrak{m}}{\mathfrak{m}'} = \frac{R}{R'} = \frac{t}{t'} = \frac{A}{t'^2} = \frac{t^2}{A}\,.$$

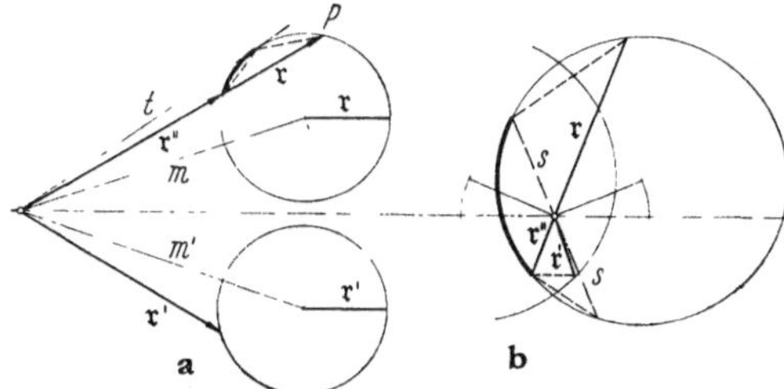

Abb. 249. Inversion eines Kreises, a) der den Nullpunkt nicht einschließt, b) der den Nullpunkt einschließt

Spezialfälle: Ein Kreis, dessen Mittelpunkt auf der reellen oder imaginären Achse liegt, geht in einen Kreis mit dem Mittelpunkt auf derselben Achse über.

Eine Gerade geht in einen Kreis durch den Nullpunkt über. Umschlingt der Kreis den Nullpunkt, verwende man den geometrischen Satz: $\mathfrak{r}\,\mathfrak{r}' = s^2$ (Abb. 249b). (Die beiden geometrischen Beziehungen beruhen auf 2 infolge gleicher Peripheriewinkel ähnlichen Dreiecken.)

2. Die Laplace-Transformation.

Der folgende Abschnitt soll eine kurze Einführung sein. Es soll auf die Existenz der Integrale, die Existenz der Grenzwerte und die Konvergenzkriterien nicht eingegangen werden. Wer sich mit diesen mathematischen Fragen befassen will, sei auf die ausgezeichneten Bücher von DOETSCH[1] aufmerksam gemacht.

a) Einleitung.

Wir hatten im vorigen Kapitel die Gleichung $aX'' + bX' + cX = 0$ mit Hilfe des Ansatzes $X = e^{ct}$ auf eine algebraische Gleichung zurückgeführt. Ist die Gleichung inhomogen, z. B. $aX'' + bX' + cX = F(t)$, wird die Lösung einfach,

[1] DOETSCH, G.: Tabellen zur Laplace-Transformation und Anleitung zu ihrem Gebrauch. Bd. 54 der Grundlehren der mathematischen Wissenschaften in Einzeldarstellungen. Berlin/Göttingen/Heidelberg: Springer 1947. — G. DOETSCH: Theorie und Anwendung der Laplace-Transformation. Bd. 47 der Grundlehren der mathematischen Wissenschaften in Einzeldarstellungen. Berlin: Springer 1937.

wenn $F(t)$ eine periodische Funktion ist. Man kann $F(t)$ in eine Fourier-Reihe entwickeln:

$$F(t) = \sum_{k=0}^{\infty} (A_k \cos k\omega t + B_k \sin k\omega t) = \text{Reell} \sum_{k=0}^{\infty} \mathfrak{A}_k e^{jk\omega t}$$

für die Lösung ansetzen:

$$X = \sum X_{rk} \cos k\omega t + X_{ik} \sin k\omega t = \text{Reell} \sum_{0}^{\infty} \mathfrak{X}_k e^{jk\omega t}$$

und die einzelnen Fourier-Koeffizienten algebraisch ausrechnen:

$$\mathfrak{X}_k = \frac{\mathfrak{A}_k}{-a(\omega k)^2 + bj\omega k + c}.$$

Die Lösung der Differentialgleichung ist damit auf die algebraische Ausrechnung der Koeffizienten zurückgeführt.

Ist $F(t)$ nicht periodisch, kann man $F(t)$ durch ein Integral darstellen:

$$F(t) = \frac{1}{2\pi j} \int_{-\infty}^{+\infty} f(\omega) e^{j\omega t} d\omega = \frac{1}{2\pi j} \int_{-j\infty}^{+j\infty} f(s) e^{+st} ds,$$

wenn man s für $j\omega$ schreibt. (Beachte die Grenzen des Integrals.) Man wird dann als Lösung ebenfalls ein Fouriersches Integral erhalten:

$$X(t) = \frac{1}{2\pi j} \int_{-j\infty}^{+j\infty} x(s) e^{st} ds.$$

Die Funktion $x(s)$, den Koeffizienten x_n entsprechend, ist dann wieder algebraisch auszurechnen. In unserem Beispiel wäre $x(s)$:

$$x(s) = \frac{f(s)}{as^2 + bs + c}.$$

Wir müssen nur noch die Berechnung von $f(s)$ kennen, wenn $F(t)$ gegeben ist. Diese erfolgt nach dem Fourierschen Lehrsatz, den wir in b) ableiten wollen, durch das Integral:

$$f(s) = \int_0^{\infty} e^{-st} F(t) dt. \tag{1}$$

Die Methode von LAPLACE zur Lösung von Differentialgleichungen besteht also in folgenden Schritten.

1. Ermittlung der Funktion $f(s)$ aus der Funktion $F(t)$. LAPLACE nennt diese Ermittlung in übertragenem Sinne eine „Transformation".

2. Algebraische Berechnung der Funktion $x(s)$ aus $f(s)$.

3. Ermittlung der Funktion $X(t)$ aus $x(s)$ durch Rücktransformation.

Man nennt $F(t)$ und $X(t)$ die Oberfunktionen, $f(s)$ und $x(s)$ die Unterfunktionen. Für die Transformation hat man das Zeichen $\circ\!\!-\!\!\bullet$ eingeführt, wobei der Kreis nach der Oberfunktion, der Punkt nach der Unterfunktion gerichtet ist.

b) Der Fouriersche Lehrsatz.

Es soll bewiesen werden, daß

$$F(t) = \frac{1}{2\pi j} \int_{-j\Omega}^{+j\Omega} e^{+st} f(s) ds, \quad \text{wenn} \quad f(s) = \int_0^{\infty} e^{-st} F(t) dt; \quad \Omega \to \infty. \tag{2}$$

Durchführung des Beweises: Setzt man $f(s)$ in Gl. (2) ein, erhält man

$$F(t_0) = \frac{1}{2\pi j} \int_{-j\Omega}^{+j\Omega} ds \int_0^{\infty} e^{+s(t-t_0)} F(t) dt. \tag{3}$$

Wir integrieren zunächst über s:

$$I = \frac{1}{2\pi j} \int_0^\infty \frac{e^{+j\Omega(t_0-t)} - e^{-j\Omega(t_0-t)}}{t_0-t} F(t)\,dt. \tag{4}$$

Das Integral zerlegen wir in 3 Teile:

$$I_1 = \int_0^{t_0-\varepsilon} \cdots\;;\quad I_2 = \int_{t_0-\varepsilon}^{t_0+\varepsilon} \cdots\;;\quad I_3 = \int_{t_0+\varepsilon}^\infty. \tag{5}$$

I_1 und I_3 werden zu o, wenn $\Omega \to \infty$. Der Nenner in Formel (6) ist dann immer sehr groß. In dem kleinen Bereich $t_0-\varepsilon \to t_0+\varepsilon$ können wir $F(t)$ als konstant annehmen und schreiben und vor das Integral ziehen: $F(t) \cong F(t_0)$

$$I_2 = F(t_0) \frac{1}{\pi} \int_{t_0-\varepsilon}^{t_0+\varepsilon} \frac{\sin\Omega(t_0-t)}{\Omega(t_0-t)} \Omega\,dt = \frac{F(t_0)}{\pi} \int_{-\infty}^{+\infty} \frac{\sin y}{y}\,dy \quad \text{mit}\quad y = \Omega(t_0-t). \tag{6}$$

Das Integral der Gl. (6) läßt sich am einfachsten mit Hilfe des Residuum-Satzes ausrechnen. Wir schreiben für

$$\sin y = \frac{e^{jy} - e^{-jy}}{2j}\;;\quad \frac{1}{\pi}\int_{-\infty}^{+\infty} \frac{\sin y}{y}\,dy = \frac{1}{2\pi j}\left[\int_{-\infty}^{+\infty} \frac{e^{+jy}}{y}\,dy - \int_{-\infty}^{+\infty} \frac{e^{-jy}}{y}\,dy\right] = I_a + I_b. \tag{7}$$

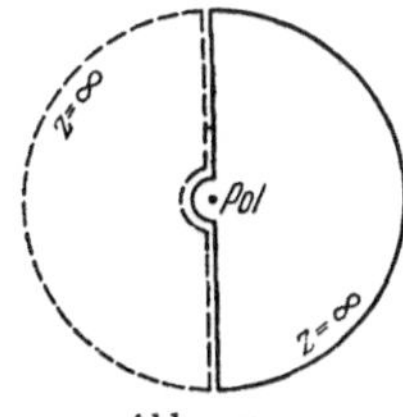

Abb 250
Integrationswege fur das
Fourıersche Integral.

I_a erstrecken wir über den ausgezogenen Weg (Abb. 250). Wir können den unendlich großen Halbkreis dazunehmen, da das Integral über diesen Halbkreis $= o$ ist. Dabei können wir den Pol $1/z$ entweder nach rechts oder nach links umgehen. Wir müssen ihn nur in beiden Fallen nach der gleichen Seite umgehen.

I_b erstrecken wir über den gestrichelten Weg, da dieses Integral über den gestrichelten Halbkreis $= o$ ist. I_a umschließt keinen Pol und ist daher $= o$. I_b umschließt den Pol $1/z$ und hat daher den Wert $2\pi j$. Damit erhalten wir für I_2 und damit für $F(t)_0$:

$$I_2 = F(t_0) \frac{1}{2\pi j} 2\pi j = F(t_0),$$

was zu beweisen war.

c) Berechnung einiger $f(s)$ für gegebene $F(t)$.

α) $F(t)$ sei für $t < o$ gleich o, für $t > o$ gleich 1.

a) $f(s) = \int_0^\infty e^{-st}\,dt = \frac{1}{s}$

b) $F(t) = e^{\alpha t}$; $f(s) = \int_0^\infty e^{-(s-\alpha)t}\,dt = \frac{1}{s-\alpha}$

c) $F(t) = e^{j\omega t}$; $\quad f(s) = \frac{1}{s-j\omega}$

d) $F(t) = \cos\omega t = \dfrac{e^{j\omega t} + e^{-j\omega t}}{2}$

$f(s) = \dfrac{1}{2}\left(\dfrac{1}{s-j\omega} + \dfrac{1}{s+j\omega}\right) = \dfrac{s}{s^2+\omega^2}$

e) $F(t) = \sin\omega t = \dfrac{e^{j\omega t} - e^{-j\omega t}}{2j}$

$f(s) = \dfrac{1}{2j}\left(\dfrac{1}{s-j\omega} - \dfrac{1}{s+j\omega}\right) = \dfrac{\omega}{s^2+\omega^2}$

f) $F(t) = t$; $\quad f(s) = \int_0^\infty t e^{-st}\,dt$

$= \left[\dfrac{t}{s} e^{-st}\right]_0^\infty + \int_0^\infty \dfrac{e^{-st}}{s}\,dt = \dfrac{1}{s^2}$

g) $F(t) = t^n$; $\quad f(s) = \dfrac{n!}{s^{n+1}}$.

Zusammenstellung der Korrespondenzen.

$$F(t) \circ\!\!-\!\!\bullet f(s) \qquad e^{j\omega t} \circ\!\!-\!\!\bullet \frac{1}{s-j\omega} \qquad t^n \circ\!\!-\!\!\bullet \frac{n!}{s^{n+1}}$$

$$1 \circ\!\!-\!\!\bullet \frac{1}{s} \qquad \cos\omega t \circ\!\!-\!\!\bullet \frac{s}{s^2+\omega^2}$$

$$e^{\alpha t} \circ\!\!-\!\!\bullet \frac{1}{s-a} \qquad \sin\omega t \circ\!\!-\!\!\bullet \frac{\omega}{s^2+\omega^2}\,.$$

d) Einige Regeln über das Rechnen mit Laplace-Transformationen.

α) *Der Additionssatz:*

$$c_1 F_1(t) + c_2 F_2 t \circ\!\!-\!\!\bullet c_1 f_1(s) + c_2 f_2(s)\,.$$

β) *Der Ähnlichkeitssatz:* $F(at) \circ\!\!-\!\!\bullet \frac{1}{a} f\left(\frac{s}{a}\right)$.

Man substituiere: $at = t'$; $dt = \frac{dt'}{a}$; $s' = s/a$.
Man erhält dann:

$$\int\limits_0^\infty e^{-st} F(at)\,dt = \int\limits_0^\infty e^{-\frac{st'}{a}} F(t')\frac{dt'}{a} = \frac{1}{a}\int\limits_0^\infty e^{-s'\nu} F(t')\,dt' = \frac{1}{a} f(s') = \frac{1}{a} f\left(\frac{s}{a}\right)\,.$$

γ) *Der Verschiebungssatz:* Wenn $F(t-b) = 0$, für $t < b$: $F(t-b) \circ\!\!-\!\!\bullet e^{bs} f(s)$.
$F(t-b)$ muß auch zwischen $t = 0$ und $t = b$ gleich 0 sein.

$$\text{Beweis:}\ \int\limits_0^\infty e^{-st} F(t-b)\,dt = \int\limits_0^\infty e^{-s(t'+b)} F(t')\,dt' = e^{-sb}\int\limits_0^\infty e^{-st'} F(t')\,dt'$$

$$= e^{-sb} f(s);\qquad (t' = t-b)\,.$$

δ) *Der Dämpfungssatz:* $e^{-\gamma t} F(t) \circ\!\!-\!\!\bullet f(s+\gamma)$.

$$\text{Beweis:}\ \int\limits_0 e^{-(s+\gamma)t} F(t)\,dt = f(s+\gamma)\,.$$

ε) *Die Differentiation der Oberfunktion:* $\dfrac{dF(t)}{dt} \circ\!\!-\!\!\bullet sf(s) - F(0)$.

Beweis durch partielle Integration:

$$\int\limits_0^\infty e^{-st}\frac{dF(t)}{dt}\,dt = \left[e^{-st}F(t)\right]_0 + s\int\limits_0^\infty e^{-st}F(t)\,dt$$

$$= -F(0) + sf(s)\,.$$

ζ) *Die Differentiation der Unterfunktion:* $(-1)^n \dfrac{d^n f(s)}{ds^n} \bullet\!\!-\!\!\circ t^n F(t)$.

Der Beweis sei nur für den 1. Differentialquotienten hingeschrieben:

$$\frac{df}{ds} = \frac{d}{ds}\int\limits_0^\infty e^{-st} F(t)\,dt = \int\limits_0^\infty \frac{d}{ds} e^{-st} F(t)\,dt = -\int\limits_0^\infty e^{-st}[tF(t)]\,dt\,.$$

η) *Die Integration der Oberfunktion:* $\left(\int\limits_0^t d\tau\right)^n F(\tau) \circ\!\!-\!\!\bullet \frac{1}{s^n} f(s)$.

Der Beweis erfolgt durch partielle Integration:

$$\int\limits_0^\infty e^{-st}\left(\int\limits_0^t F(\tau)\,d\tau\right)dt = \left[-\frac{1}{s} e^{-st}\int\limits_0^t F(\tau)\,d\tau\right]_0 + \frac{1}{s}\int e^{-st} F(t)\,dt$$

$$= 0 + \frac{1}{s}\cdot f(s)$$

ϑ) *Die Integration der Unterfunktion:*

$$\int\limits_0^\infty f(s)\,ds \bullet\!\!-\!\!\circ \frac{F(t)}{t}\,; \qquad \left(\int\limits_0^\infty ds\right)^{n} f(s) \bullet\!\!-\!\!\circ \frac{F(t)}{t^{n}}\,.$$

Der Beweis sei nur für die 1. Integration hingeschrieben:

$$\int\limits_{s_1}^\infty f(s)\,ds = \int\limits_{s_1}^\infty ds \left(\int\limits_0^\infty e^{-st}F(t)\,dt\right) = \left[-\int\limits_{s_1}^\infty e^{-st}\frac{F(t)}{t}\,dt\right] = +\int\limits_0^\infty e^{-s_1 t}\frac{F(t)}{t}\,dt$$

ι) *Das Faltungsgesetz:* $\int\limits_0^t G(t-\tau)F(\tau)\,d\tau \;\circ\!\!-\!\!\bullet\; g(s)f(s)\,.$

Der Beweis beruht auf einer Umordnung der unter dem Integral stehenden Doppelsumme.

Wir wollen uns der Einfachheit halber die beiden Funktionen F und G als Treppenkurve denken mit der Stufenbreite $\delta\tau$ bzw. δt. Die Werte der Funktionen auf den Treppenstufen sind dann $F_1, F_2 \ldots F_n$, $G_1, G_2 \ldots G_n$. Das Integral würde dann folgende Summe ergeben:

$$
\left.\begin{aligned}
&e^{-\delta t}G_1 F_1\\[4pt]
&+ e^{-2\delta t}(G_1 F_2 + F_1 G_2)\\[4pt]
&+ e^{-3\delta t}(G_1 F_3 + G_2 F_2 + G_3 F_1)\\[4pt]
&+ e^{-4\delta t}(G_1 F_4 + G_2 F_3 + G_3 F_2\\
&\qquad\qquad\qquad\quad + G_4 F_1)\\[8pt]
&+ \cdots
\end{aligned}\right\} =
\begin{aligned}
&G_1 e^{\frac{-\delta t}{2}} F_1 e^{\frac{-\delta t}{2}}\\[4pt]
&+ G_1 e^{\frac{-\delta t}{2}} F_2 e^{\frac{-3\delta t}{2}} + G_2 e^{\frac{-3\delta t}{2}} F_1 e^{\frac{-\delta t}{2}}\\[4pt]
&+ G_1 e^{\frac{-\delta t}{2}} F_3 e^{\frac{-5\delta t}{2}} + G_2 e^{\frac{-3\delta t}{2}} F_2 e^{\frac{-3\delta t}{2}} + G_3 e^{\frac{-5\delta t}{2}} F_1\\[4pt]
&+ G_1 e^{\frac{-\delta t}{2}} F_4 e^{\frac{-7\delta t}{2}} + G_2 e^{\frac{-3\delta t}{2}} F_3 e^{\frac{-5\delta t}{2}}\\[4pt]
&\qquad + G_3 e^{\frac{-5\delta t}{2}} F_2 e^{\frac{-3\delta t}{2}} + G_4 e^{\frac{-7\delta t}{2}} F_1\\[8pt]
&+ \cdots
\end{aligned}
$$

Die Summen der Kolonnen von oben nach unten sind

$$= G_1 e^{-s\frac{\delta t}{2}}\left[F_1 e^{-s\frac{\delta t}{2}} + F_2 e^{-s\frac{3\delta t}{2}} + F_3 e^{-s\frac{5\delta t}{2}} + \cdots F_n e^{-s\left(n-\frac{1}{2}\right)\delta t} + \cdots\right]$$

$$+ G_2 e^{-s\frac{3\delta t}{2}}\left[F_1 e^{-s\frac{\delta t}{2}} + F_2 e^{-s\frac{3\delta t}{2}} + \cdots\right]$$

$$+ G_3 e^{-s\frac{5\delta t}{2}}\left[F_1 e^{-s\frac{\delta t}{2}} + F_2 e^{-s\frac{3\delta t}{2}} + \cdots\right]$$

$$+\; -\; -\; -\; -\; -\; -\; -\; -\; -\; -\; -\; -$$

$$+ G_n e^{-s\left(n-\frac{1}{2}\right)\delta t}\sum_n F_n e^{-s(n-1/2)\delta t}\,.$$

Alle diese Summen werden proportional zu $f(s)$ und die Gesamtsumme ist

$$f(s)\sum_{n=1}^\infty G_n e^{-s(n-1/2)\delta t} = f(s)\cdot g(s)\,.$$

Damit ist der Faltungssatz bewiesen.

Wir können aber auch t in τ_1 und τ zerspalten: $t = \tau + \tau_1$; $t - \tau = \tau_1$ und diese Umordnung folgendermaßen schreiben:

$$I = \int_0^\infty e^{-st}\left(\int_0^t G(t-\tau)F(\tau)\,d\tau\right)dt = \int_0^\infty e^{-s\tau_1}\left(\int_0^\infty G(\tau_1)e^{-s\tau}F(\tau)\,d\tau\right)d\tau_1$$

$$= \int_0^\infty e^{-s\tau_1}G(\tau_1)\left(\int_0^\infty F(\tau)e^{-s\tau}\,d\tau\right)d\tau = \int_0^\infty e^{-s\tau_1}G(\tau_1)f(s)\,d\tau = f(s)\int_0^\infty e^{-s\tau_1}G(\tau_1)\,d\tau_1$$

$$= f(s)\cdot g(s).$$

In dem eingeschlossenen Integral ist τ_1 und $G(\tau_1)$ eine Konstante, die man vor das Integral ziehen kann.

e) Beispiele.

Die Handhabung der Korrespondenzen und Regeln sei an einigen einfachen Beispielen erläutert.

1. Beispiel. Lösung mit Hilfe der Partialbruchzerlegung. Eine Drossel (Induktivität L, Widerstand R) wird zur Zeit $t = 0$ an eine Wechselspannung $\mathfrak{U}\cos(\omega t + \varphi)$ angeschaltet. Wie verläuft der Strom I? Die Differentialgleichung lautet:

$$L\frac{dI}{dt} + RI = |\mathfrak{U}|\cos(\omega t + \varphi) = |\mathfrak{U}|\cos\varphi\cos\omega t - |\mathfrak{U}|\sin\varphi\sin\omega t\,.$$

Die Übersetzung in die Unterfunktion ergibt:

$$\frac{L\,dI}{dt} + RI = |\mathfrak{U}|\cos\varphi\cos\omega t - |\mathfrak{U}|\sin\varphi\sin\omega t \circ\!\!-\!\!\bullet\, i\,(Ls + R)$$

$$= |\mathfrak{U}|\cos\varphi\,\frac{s}{s^2 + \omega^2} - |\mathfrak{U}|\sin\varphi\,\frac{\omega}{s^2 + \omega^2}\,.$$

Die algebraische Lösung im Unterbereich liefert:

$$i = \frac{|\mathfrak{U}|}{L}\left[\frac{\cos\varphi\cdot s}{(s^2 + \omega^2)(s + \beta)} - \frac{\sin\varphi\cdot\omega}{(s^2 + \omega^2)(s + \beta)}\right]\quad\text{mit}\quad \beta = R/L\,.$$

Um die Unterfunktion für den Strom wieder in den Oberbereich zu übersetzen, zerlegen wir die Lösung in Partialbrüche:

$$i = \frac{A}{s + j\omega} + \frac{B}{s - j\omega} + \frac{C}{s + \beta} = \frac{A(s - j\omega)(s + \beta) + B(s + j\omega)(s + \beta) + C(s^2 + \omega^2)}{\text{Nenner}}$$

$$= \frac{|\mathfrak{U}|}{L}\frac{s\cos\varphi - \omega\sin\varphi}{\text{Nenner}}\,.$$

Zur Berechnung der Konstanten A, B, C vergleichen wir im Zähler

$$A(s^2 + j\omega s + \beta s - j\omega\beta) + B(s^2 + j\omega s + \beta s + j\omega\beta) + C(s^2 + \omega^2)$$

$$= \frac{|\mathfrak{U}|}{L}(\cos\varphi\cdot s - \omega\sin\varphi)$$

die Koeffizienten gleicher Potenzen von s und erhalten die 3 Gleichungen

$$\text{Potenz } s^0:\quad -(A - B)j\omega\beta + C\omega^2 + \frac{|\mathfrak{U}|\,\omega}{L}\sin\varphi = 0\,;$$

$$(A - B) = \frac{|\mathfrak{U}|}{j\beta L}\sin\varphi + \frac{C\omega}{j\beta}\,,$$

$$\text{Potenz } s^1: \quad -(A-B)\,j\,\omega + (A+B)\,\beta = \frac{|\mathfrak{U}|}{L}\cos\varphi\,;$$

$$-(A-B) = \frac{|\mathfrak{U}|}{j\,\omega\,L}\cos\varphi + \frac{C\,\beta}{j\,\omega}\,,$$

$$\text{Potenz } s^2: \quad A+B+C = 0\,; \quad A+B = -C$$

mit den Lösungen

$$C\left(\frac{\omega}{\beta}+\frac{\beta}{\omega}\right) = -\frac{|\mathfrak{U}|}{L}\left(\frac{\cos\varphi}{\omega}+\frac{\sin\varphi}{\beta}\right)\,; \quad C = \frac{|\mathfrak{U}|}{L\,(\omega^2+\beta^2)}\,(\beta\cos\varphi+\omega\sin\varphi)$$

und mit $\quad tg\,\psi = \omega/\beta \quad$ und $\quad \beta = R/L$:

$$C = \frac{-|\mathfrak{U}|}{\sqrt{\omega^2 L^2 + R^2}}\cos(\varphi-\psi)$$

$$j\,(A-B) = \frac{|\mathfrak{U}|}{L}\frac{\sin\varphi}{\beta} + \frac{C\,\omega}{\beta} = \frac{|\mathfrak{U}|}{L\,\sqrt{\beta^2+\omega^2}}\left[\sin\varphi\,\frac{\sqrt{\beta^2+\omega^2}}{\beta} - \frac{\omega}{\beta}\,(\cos\varphi\cos\psi+\sin\varphi\sin\psi)\right]$$

$$[\ldots] = \frac{\sin\varphi}{\cos\psi} - tg\,\psi\cos\varphi\cos\psi - tg\,\psi\sin\varphi\sin\psi = \frac{\sin\varphi}{\cos\psi}\,(1-\sin^2\psi) - \cos\varphi\sin\psi$$

$$= \sin\varphi\cos\psi - \cos\varphi\sin\psi = \sin(\varphi-\psi)$$

$$i = \frac{A}{s+j\,\omega} + \frac{B}{s-j\,\omega} + \frac{C}{s+\beta} = (A+B)\frac{s}{s^2+\omega^2} - (A-B)\frac{j\,\omega}{s^2+\omega^2} + \frac{C}{s+\beta}$$

$$= \frac{|\mathfrak{U}|}{\sqrt{\omega^2 L^2 + R^2}}\left[\cos(\varphi-\psi)\frac{s}{s^2+\omega^2} - \sin(\varphi-\psi)\frac{\omega}{s^2+\omega^2} - \frac{\cos(\varphi-\psi)}{s+\beta}\right].$$

Die Übersetzung in die Oberfunktion ergibt

$$I = \frac{|\mathfrak{U}|}{\sqrt{\omega^2 L^2 + R^2}}\left[\cos(\varphi-\psi)\cos\omega\,t - \sin(\varphi-\psi)\sin\omega\,t + \cos(\varphi-\psi)e^{-\beta t}\right] \text{ mit } \beta = R/L$$

$$= \frac{|\mathfrak{U}|}{\omega^2 L^2 + R^2}\left[\cos(\omega\,t+\varphi-\psi) - \cos(\varphi-\psi)e^{-\beta t}\right].$$

$\alpha)$ *Methode mit Hilfe des Faltungsintegrales.* Wir transformieren die Differentialgleichung

$$L\frac{d\,I}{d\,t} + R\,I = U\,(t) = C\cos(\omega\,t+\varphi) \circ\!\!-\!\!\bullet\ i\,(s\,L+R) = u\,(s)$$

und erhalten im Unterbereich die Lösung $i = \frac{1}{L}\frac{u\,(s)}{s+\beta}$. Da $\frac{1}{s+\beta}\ \bullet\!\!-\!\!\circ\ e^{-\beta t}$, erhalten wir im Oberbereich

$$I = \frac{1}{L}\int\limits_0^t U\,(t-\tau)\,e^{-\beta\tau}\,d\tau = \frac{U}{L}\int\limits_0^t \cos[\omega\,(t-\tau)+\varphi]\,e^{-\beta\tau}\,d\tau\,.$$

$$U\,(t-\tau) \text{ entspricht } G\,(t-\tau).$$

Damit ist die Aufgabe an sich gelöst. Der Leser rechne zu seiner Übung das Faltungsintegral aus. (Er benutze die Eulersche Formel, um leicht integrierbare Glieder zu bekommen.)

2. Beispiel. Ein Schwingungskreis sei an eine Gleichspannung angeschlossen. Die Anfangsbedingungen seien wieder: $Q = 0$ und $dQ/dt = 0$.

Die Differentialgleichung lautet im Oberbereich:

$$L\frac{d^2 Q}{d\,t^2} + \frac{Q}{C} = U\,; \qquad \frac{1}{LC} = \omega_0^2\,; \qquad \frac{d^2 Q}{d\,t^2} + \omega_0^2 Q = \frac{U}{L}$$

und im Unterbereich: $q\,(s^2 + \omega_0^2) = \frac{U}{L}\,.$

Die Lösung lautet im Unterbereich: $q = \dfrac{U}{L\,\omega_0}\,\dfrac{1}{s}\,\dfrac{\omega_0}{s^2 + \omega_0^2}$.

Nach Korrespondenz $e)$ ist $\dfrac{\omega_0}{s^2 + \omega_0^2} \bullet\!\!-\!\!\circ \sin \omega_0 t$ und nach Regel η:

$$\frac{1}{s}\,f(s) \bullet\!\!-\!\!\circ \int\limits_0 F(\tau)\,d\tau$$

$$Q = \frac{U}{\omega_0 L} \int\limits_0^t \sin \omega_0 \tau \cdot d\tau = \frac{U}{\omega_0^2 L}\,(1 - \cos \omega_0 t) = U C\,(1 - \cos \omega_0 t)\,.$$

Der Leser rechne zu seiner Übung diese Aufgabe mit Hilfe der Partialbruchzerlegung!

3. Beispiel. Ein abgestimmter Schwingungskreis sei zur Zeit $t = 0$ an eine Wechselspannung $|\mathfrak{U}|\cos(\omega t + \varphi)$ angeschlossen. Berechne Q!

Die Differentialgleichung lautet:

$$L\,\frac{d^2 Q}{d t^2} + \frac{Q}{C} = |\mathfrak{U}|\cos \varphi \cos \omega t - |\mathfrak{U}|\sin \varphi \sin \omega t \circ\!\!-\!\!\bullet q\,(s^2 + \omega^2)$$

$$= \frac{|\mathfrak{U}|}{L}\left\{\cos \varphi\,\frac{s}{s^2 + \omega^2} - \sin \varphi\,\frac{\omega}{s^2 + \omega^2}\right\}.$$

Die Lösung im Unterbereich ist:

$$q = \frac{|\mathfrak{U}|}{L}\left(\cos \varphi\,\frac{s}{(s^2 + \omega^2)^2} - \sin \varphi\,\frac{\omega}{(s^2 + \omega^2)^2}\right).$$

Wir bedenken, daß $\dfrac{1}{2\,\omega}\,\dfrac{2\,\omega s}{(s^2 + \omega^2)^2} = \dfrac{1}{2\,\omega}\,\dfrac{d}{d s}\,\dfrac{-\omega}{(s^2 + \omega^2)}$, erweitern im 2. Gliede mit s:

$$q = \frac{-|\mathfrak{U}|}{2\,\omega^2 L}\left[\cos \varphi \cdot \omega\,\frac{d}{d s}\left(\frac{\omega}{s^2 + \omega^2}\right) + \sin \varphi\,\frac{\omega^2}{s}\,\frac{d}{d s}\,\frac{\omega}{(s^2 + \omega^2)}\right].$$

Unter Anwendung der Regel ζ und η erhalten wir die Oberfunktion:

$$Q = \frac{|\mathfrak{U}|}{2\,\omega^2 L}\left[\cos \varphi \cdot \omega t \sin \omega t - \omega \sin \varphi \int\limits_0^t \omega \tau \sin \omega \tau\,d\tau\right]$$

und durch partielle Integration:

$$Q = \frac{|\mathfrak{U}|}{2\,L\,\omega^2}\,[\omega t\,(\cos \varphi \sin \omega t + \sin \varphi \cos \omega t) - \sin \varphi \sin \omega t]$$

$$= \frac{|\mathfrak{U}|}{2\,\omega^2 L}\,[\omega t \sin(\omega t + \varphi) - \sin \varphi \sin \omega t]\,.$$

3. Vierpole und Matrizen.

Literatur: FELDTKELLER: Einführung in die Vierpoltheorie der elektrischen Nachrichtentechnik.

a) Die Matrix.

Für einen Vierpol, z.B. für einen Transformator oder ein Lechersystem oder einen Lautsprecher, kann man 3 Gleichungssysteme anschreiben

$\mathfrak{U}_1 = R_{11}\mathfrak{I}_1 + R_{12}\mathfrak{I}_2$	$\mathfrak{I}_1 = G_{11}\mathfrak{U}_1 + G_{12}\mathfrak{U}_2$	$\mathfrak{U}_1 = k_{11}\mathfrak{U}_2 + k_{12}\mathfrak{I}_2$
$\mathfrak{U}_2 = R_{21}\mathfrak{I}_1 + R_{22}\mathfrak{I}_2$	$\mathfrak{I}_2 = G_{21}\mathfrak{U}_1 + G_{22}\mathfrak{U}_2$	$\mathfrak{I}_1 = k_{21}\mathfrak{U}_2 + k_{22}\mathfrak{I}_2$.
Widerstandsgleichung	Leitwertsgleichung	Kettengleichung

Statt des Gleichungssystems schreibt man nur die Koeffizienten an

$$\left\| \begin{matrix} R_{11} & R_{12} \\ R_{21} & R_{22} \end{matrix} \right\| \quad \text{oder noch kürzer:} \quad \| R \|$$

und nennt dieses Schema eine Matrix. Wir erhalten z. B.
für den Transformator:

$$\begin{aligned} \mathfrak{U}_1 &= j\omega L_1 \mathfrak{J}_1 + j\omega L_{12} \mathfrak{J}_2 \\ \mathfrak{U}_2 &= j\omega L_{12} \mathfrak{J}_1 + j\omega L_2 \mathfrak{J}_2 \end{aligned} \qquad \| \mathfrak{R} \| = \left\| \begin{matrix} j\omega L_1 & j\omega L_{12} \\ j\omega L_{12} & j\omega L_2 \end{matrix} \right\|$$

für das Lechersystem:

$$\begin{aligned} \mathfrak{U}_e &= \cos a\, \mathfrak{U}_a + j\mathfrak{Z} \sin a\, \mathfrak{J}_a \\ \mathfrak{J}_e &= \frac{j \sin a}{\mathfrak{Z}} \mathfrak{U}_a + \cos a\, \mathfrak{J}_a \end{aligned} \qquad \| k \| = \left\| \begin{matrix} \cos a & j\mathfrak{Z}\sin a \\ \dfrac{j\sin a}{\mathfrak{Z}} & \cos a \end{matrix} \right\| ; \qquad a = \frac{2\pi l}{\lambda}$$

für den Lautsprecher:

$$\begin{aligned} \mathfrak{U} &= \mathfrak{B}l v + j\omega L I \\ \mathfrak{K} &= j\omega m v + \mathfrak{B}l I \end{aligned} \qquad \| \mathfrak{R} \| = \left\| \begin{matrix} \mathfrak{B}l & j\omega L \\ j\omega m & \mathfrak{B}l \end{matrix} \right\|$$

Nur steht hier statt des Stromes I_2 die Membrangeschwindigkeit v und statt U_2 die Kraft K auf die Membran (Abb. 254).

b) Parallelschalten. (Abb. 251.)

Beim Parallelschalten von 2 Vierpolen (gestrichenes und ungestrichenes Gleichungssystem) erhält man für die Parallelschaltung das Gleichungssystem

$$\begin{aligned} \mathfrak{J}_1 &= (G_{11} + G'_{11})\, \mathfrak{U}_1 + (G_{12} + G'_{12})\, \mathfrak{U}_2 \\ &= G''_{11}\, \mathfrak{U}_1 + G''_{12}\, \mathfrak{U}_2 \\ \mathfrak{J}_2 &= (G_{21} + G'_{21})\, \mathfrak{U}_1 + (G_{22} + G'_{22})\, \mathfrak{U}_2 \\ &= G''_{21}\, \mathfrak{U}_1 + G''_{22}\, \mathfrak{U}_2 . \end{aligned}$$

Die Matrix $\| G + G' \|$ bezeichnet man als Summe von $\| G \|$ und $\| G' \|$ und schreibt: $\| G'' \| = \| G \| + \| G' \|$.

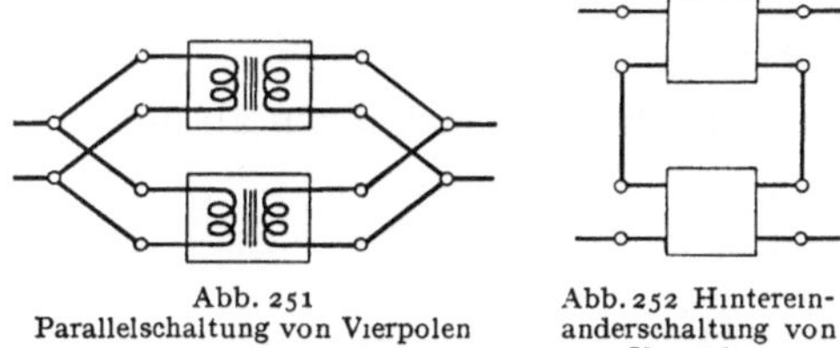

Abb. 251
Parallelschaltung von Vierpolen

Abb. 252 Hintereinanderschaltung von Vierpolen.

c) Hintereinanderschalten. (Abb. 252.)

Durch Hintereinanderschalten der Primär- und Sekundärklemmen erhält man ein Gleichungssystem, dessen Matrix $\| R'' \| = \| R \| + \| R' \|$.

d) Die Kettenmatrix.

Bildet man aus 2 Vierpolen *eine Kette* (Abb. 253), so kann man die Kettengleichung dieser Kette berechnen, indem man aus dem Gleichungssystem

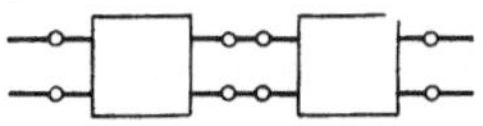

Abb. 253.
Kettenschaltung von Vierpolen.

$$\begin{aligned} \mathfrak{U}' &= k'_{11} \mathfrak{U}_2 + k'_{12} \mathfrak{J}_2 \\ \mathfrak{J}' &= k'_{21} \mathfrak{U}_2 + k'_{22} \mathfrak{J}_2 , \end{aligned}$$

die Werte $\mathfrak{J}'$ und $\mathfrak{U}'$ in das Gleichungssystem

$$\begin{aligned} \mathfrak{U}_1 &= k_{11} \mathfrak{U}' + k_{12} \mathfrak{J}' \\ \mathfrak{J}_1 &= k_{21} \mathfrak{U}' + k_{22} \mathfrak{J}' \end{aligned}$$

einsetzt und nach $\mathfrak{U}_2$ und $\mathfrak{J}_2$ ordnet. Man erhält dann

$$\left.\begin{aligned}\mathfrak{U}_1 &= k''_{11}\mathfrak{U}_2 + k''_{12}\mathfrak{J}_2\\ \mathfrak{J}_1 &= k''_{21}\mathfrak{U}_2 + k''_{22}\mathfrak{J}_2\end{aligned}\right\} \text{ mit } \begin{aligned}k''_{11} &= k_{11}k'_{11} + k_{12}k'_{21}; & k''_{12} &= k_{11}k'_{12} + k_{12}k'_{22}\\ k''_{21} &= k_{21}k'_{11} + k_{22}k'_{21}; & k''_{22} &= k_{21}k'_{12} + k_{22}k'_{22}.\end{aligned}$$

Da das Bildungsgesetz der zweigestrichenen Koeffizienten den Multiplikationsregeln für Summen ähnelt, spricht man von einer Multiplikation von Matrizen und schreibt: $\| k'' \| = \| k \| \cdot \| k' \|$.

Bemerkung: $\| k \| \cdot \| k' \| \neq \| k' \| \cdot \| k \|$.

Der Leser setze in der Kettenschaltung einmal den 1. ungestrichenen und einmal den 2. gestrichenen Vierpol nach vorne und rechne beide Kettengleichungen aus.

Übungen: Man beweise, daß man aus

$$\left\|\begin{matrix}y_1 & 0\\ x_1 & 0\end{matrix}\right\| = \left\|\begin{matrix}k_{11} & k_{12}\\ k_{21} & k_{22}\end{matrix}\right\| \cdot \left\|\begin{matrix}y_2 & 0\\ x_2 & 0\end{matrix}\right\|$$

das Gleichungssystem $y_1 = k_{11}y_2 + k_{12}x_2$; $x_1 = k_{21}y_2 + k_{22}x_2$ erhält, und daß

$$\left\|\begin{matrix}1 & 0\\ 0 & 1\end{matrix}\right\| \cdot \left\|\begin{matrix}a & 0\\ b & 0\end{matrix}\right\| = \left\|\begin{matrix}c & 0\\ d & 0\end{matrix}\right\|$$

gleichbedeutend mit $a = c$ und $b = d$.

Man nennt daher $\left\|\begin{matrix}1 & 0\\ 0 & 1\end{matrix}\right\|$ eine Einheitsmatrix.

e) Beispiel.

Leite für ein schalldurchstrahltes Rohr die Kettengleichungen ab aus den Beziehungen:

Bewegungsgleichung: $(\varrho_0 + \varrho)\,u^{\cdot\cdot} = -\,\partial p/\partial x$

Adiabatengleichung: $\dfrac{p_0 + p}{p_0} = \left(\dfrac{\varrho_0 + \varrho}{\varrho_0}\right)^{\varkappa}$; $\dfrac{p}{p_0} = \varkappa\dfrac{\varrho}{\varrho_0}$ $\quad (p \equiv \delta p)$

Kontinuitätsgleichung: $\partial u/\partial x = -\dfrac{\varrho}{\varrho_0 + \varrho}$ $\quad (\varrho \equiv \delta \varrho)$

Differentialgleichung: $u^{\cdot\cdot} = \dfrac{k\,p_0}{\varrho_0}u'' \left(\cdot = \dfrac{\partial}{\partial t};\ ' = \dfrac{\partial}{\partial x}\right)$

Fortpflanzungsgeschwindigkeit: $c^2 = \varkappa\,p_0/\varrho_0$

Wellenwiderstand: $\mathfrak{Z} = p/v = \varkappa\,p_0/c$.

Es bedeuten: u = Ausschlag der Luftteilchen, $v = \dfrac{\partial u}{\partial t}$ = Schallschnelle, ϱ_0 = mittlere Luftdichte; ϱ = Dichteveränderung durch den Schall, p, p_0 = entsprechende Druckwerte.

Lösung: $\left.\begin{aligned}p_e &= p_a \cos a + j\mathfrak{Z}\sin a\, v_a\\ v_e &= \dfrac{j p_a \sin a}{\mathfrak{Z}} + \cos a\, v_a\end{aligned}\right\}$ $a = \dfrac{2\pi l}{\lambda} = \dfrac{\omega}{c}l$.

f) Aufgaben.

1. Aufgabe: Die Spule eines dynamischen Lautsprechers (Abb. 254), mit l cm-Draht bewickelt, liege im permanenten Magnetfelde $\mathfrak{B}$, $L =$ Induktivität der Spule; $m =$ Masse von Spule und Membran. Stelle die Kettenmatrix zwischen Schalldruck p und Schallschnelle u einerseits und Spannung $\mathfrak{U}$ und Strom $\mathfrak{I}$ andererseits auf.

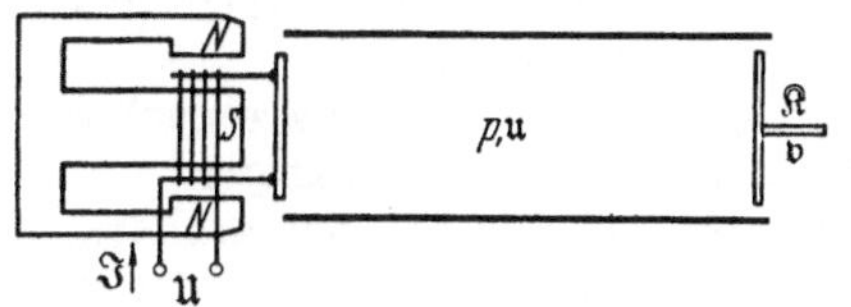

Abb. 254. Widerstandsmatrix eines Lautsprechers

Lösung:

$$\left\| \begin{matrix} p & 0 \\ v & 0 \end{matrix} \right\| = \frac{1}{l\,\mathfrak{B}} \left\| \begin{matrix} \dfrac{j\,\omega\,m}{F} & \dfrac{l^2\,\mathfrak{B}^2 + \omega^2\,m\,L}{F} \\ 1 & -j\,\omega\,L \end{matrix} \right\| \cdot \left\| \begin{matrix} \mathfrak{U} & 0 \\ \mathfrak{I} & 0 \end{matrix} \right\|$$

$F \times$ Determinante der Matrix $= 1$ ($F\,p\,u$ und $\mathfrak{U} \cdot \mathfrak{I}$ haben gleiche Dimension!)

2. Aufgabe: Berechne die „Erregung" (p_e und v_e) einer das Rohr abschließenden Membran in Abhängigkeit von U und I! Lösung:

$$\left\| \begin{matrix} p_e & 0 \\ v_e & 0 \end{matrix} \right\| = \left\| \begin{matrix} \cos a & j\,\mathfrak{Z}\,\sin a \\ \dfrac{j\,\sin a}{\mathfrak{Z}} & \cos a \end{matrix} \right\| \frac{1}{l\,\mathfrak{B}} \left\| \begin{matrix} \dfrac{j\,\omega\,m}{F} & \dfrac{l^2\,\mathfrak{B}^2 + \omega^2\,m\,L}{F} \\ 1 & -j\,\omega\,L \end{matrix} \right\| \cdot \left\| \begin{matrix} \mathfrak{U} & 0 \\ \mathfrak{I} & 0 \end{matrix} \right\|$$

g) Symmetrische Vierpole.

In der Kettenmatrix eines Lechersystems sind $k_{11} = k_{22} = \cos a$. Derartige Matrizen nennt man symmetrische Matrizen. Bei ihnen ist die Multiplikation besonders einfach. Man sieht rein physikalisch: Das Produkt der Kettenmatrizen zweier Kabelstücke desselben Kabels mit den Längen l_1 und l_2 muß der Kettenmatrix eines Kabelstückes mit der Länge $l_1 + l_2$ gleichen: $\alpha l_1 = a$, $\alpha l_2 = b$

$$\left\| \begin{matrix} \cos a & j\,\mathfrak{Z}\,\sin a \\ \dfrac{j\,\sin a}{\mathfrak{Z}} & \cos a \end{matrix} \right\| \cdot \left\| \begin{matrix} \cos b & j\,\mathfrak{Z}\,\sin b \\ \dfrac{j\,\sin b}{\mathfrak{Z}} & \cos b \end{matrix} \right\| = \left\| \begin{matrix} \cos(a+b) & j\,\mathfrak{Z}\,\sin(a+b) \\ \dfrac{j\,\sin(a+b)}{\mathfrak{Z}} & \cos(a+b) \end{matrix} \right\|$$

Der Leser rechne zu seiner Übung nach der Multiplikationsregel das Matrizenprodukt aus.

4. Vektorrechnung.

a) Vektor-Algebra.

α) *Definition des Vektors.*

Vektoren sind z.B. Strecken, Geschwindigkeiten, Beschleunigungen, Kräfte, Feldstärken. Die Bestimmungsstücke eines Vektors sind Größe (Absolutwert) und Richtung. Der Vektor ist also eine gerichtete Größe. Aber nicht jede gerichtete Größe ist ein Vektor. Zu seiner Natur gehört noch eine Eigenschaft, die am Beispiel der Kraft abgeleitet werden soll. Ein Körper sei z B. an einem Draht entlang in der Richtung $\mathfrak{r}$ beweglich. An ihm greift eine Kraft in einer abweichenden Richtung k an. Will ich die Bewegung des Körpers verhindern, muß ich in der Richtung $\mathfrak{r}$ eine Kraft angreifen lassen, die sich zu $K_r = K \cos(\mathfrak{K}, \mathfrak{r})$ berechnet. K_r bezeichnet man als Komponente der Kraft $\mathfrak{K}$ in der Richtung $\mathfrak{r}$.

Bewegt sich der Körper in der Richtung $\mathfrak{r}$ um ein Stück s, so wird eine Arbeit geleistet, die sich zu $A = K \cdot s \cos(\mathfrak{K}, \mathfrak{r})$ berechnet. Sie gleicht dem Produkt von K und s, aber noch mit dem $\cos(\mathfrak{K}, \mathfrak{r})$ multipliziert.

Wenn man beide Formeln, die Komponentenformel und die Arbeitsformel, auf eine einheitliche Form bringen will, so definiere man noch den Einheitsvektor in der $\mathfrak{r}$-Richtung. Es ist dies eine Größe vom Betrag 1 (reine Zahl) und der Richtung $\mathfrak{r}$. Wir bezeichnen ihn einfach mit $\mathfrak{r}_0$. Wir können dann schreiben:

$$K_r = \mathfrak{K}\,\mathfrak{r}_0 \qquad A = \mathfrak{K}\cdot\mathfrak{s}.$$

Wir nennen dieses Produkt aus je 2 Vektoren „skalares Produkt" und notieren für die Ausrechnung dieses Produktes die Rechenregel: $\mathfrak{A}\mathfrak{B} = |\mathfrak{A}|\cdot|\mathfrak{B}|\cos(\mathfrak{A}\mathfrak{B})$. Multipliziere die beiden Beträge der Vektoren noch mit $\cos(\mathfrak{A},\mathfrak{B})$.

Physikalische Größen, für die Komponenten oder skalare Produkte nach der angegebenen Rechenregel definiert werden können, nennen wir Vektoren.

Gerichtete Größen, die keine Vektoren sind. 1. Wir lernten die Zeiger kennen, z. B. den Strom $\mathfrak{I} = |\mathfrak{I}|e^{j\varphi}$ oder die Spannung $\mathfrak{U} = |\mathfrak{U}|e^{j\chi}$ oder den Richtwiderstand $\mathfrak{R} = |\mathfrak{R}|e^{j\psi}$. Das Produkt solcher Zeiger oder „Drehstrecker" ist zwar auch dem Produkt der Absolutwerte proportional. Der Faktor $\cos(\mathfrak{R},\mathfrak{I})$ tritt aber nicht auf, sondern der Faktor $e^{j\chi} = e^{j(\varphi+\psi)}$.

2. Einen Druckzustand können wir — wir wollen der Einfachheit halber 2 dimensional bleiben —, durch 2 auf senkrechte Flächen wirkende Druckspannungen σ_1 und σ_2 festlegen. Dies sind ebenfalls gerichtete Größen. Wir können diese Druckspannungen durch eine geeignete Spannung auf eine schrage Fläche, deren Lage durch die Richtung der Flächennormale festgelegt ist (Einheitsvektor f_0) kompensieren. Die Aufgabe ist also ganz ahnlich wie die Aufgabe mit dem am Draht beweglichen Körper. Diese kompensierende Spannung p wird im allgemeinen schräg auf der Fläche stehen, sich aus

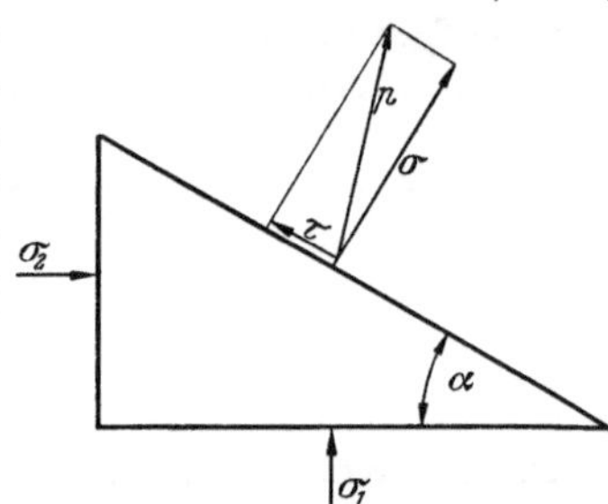

Ersatz von p bez. σ und τ durch die Hauptspannungen σ_1 und σ_2.
Abb 255 Zum Spannungstensor.

einer Druckspannung σ und einer Schubspannung τ zusammensetzen. Diese berechnen sich nach den Beziehungen (s. Abb. 255)

$$\sigma = \sigma_1\cos^2\alpha + \sigma_2\sin^2\alpha = \frac{\sigma_1+\sigma_2}{2} + \frac{\sigma_1-\sigma_2}{2}\cos 2\alpha$$

$$\tau = \sigma_1\cos\alpha\,\sin\alpha - \sigma_2\sin\alpha\,\cos\alpha = \frac{\sigma_1-\sigma_2}{2}\sin 2\alpha. \tag{1}$$

Man könnte die Spannung in der Richtung der Flachennormale f in Analogie zur Kraft in der Drahtrichtung $\mathfrak{r}$ als Komponente bezeichnen. Diese Komponente wäre aber nicht nach dem Gesetz: $\mathfrak{K}_r = \mathfrak{K}\cos(\mathfrak{K}\mathfrak{r})$ oder $\mathfrak{K}_r = \mathfrak{K}\cdot\mathfrak{r}_0$ zu berechnen. Spannungen sind also ihrer Natur nach keine Vektoren. Gerichtete Größen, deren „Komponenten" (in übertragenem Sinne) in schragen Richtungen durch die Gleichungen 1 festgelegt sind, in denen die doppelten Winkel vorkommen bzw. die Quadrate und Produkte der trigonometrischen Funktionen, nennt man „Tensoren".

Es sei in diesem Zusammenhang auf das ausgezeichnete Buch von GANS: Vektorrechnung verwiesen.

β) Die ebene Fläche und die Winkelgeschwindigkeit als Vektor.

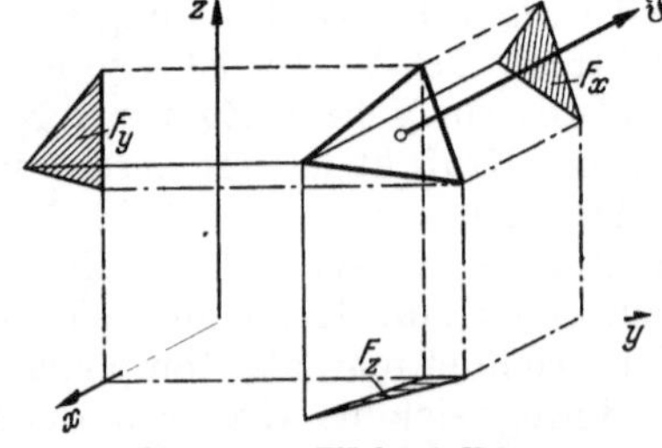

Abb. 256. Die Fläche als Vektor.

Das ebene Dreieck der Abb. 256 kann als Vektor aufgefaßt werden, dessen Betrag der Fläche gleicht und dessen Richtung durch die Flächennormale gegeben ist. Komponenten sind die Projektionen auf die y-, z-Ebene (x-Komponente). Die Vektoreigenschaft ist dadurch nachzuweisen, daß sich diese „Komponenten" nach der Rechenregel

$$F_{x,y} = \mathfrak{F}\cos\mathfrak{F}\mathfrak{z} \quad \text{oder} \quad F_{xy} = \mathfrak{F}\cdot\mathfrak{z}_0$$

berechnen lassen.

Die infinitesimale Drehung oder Winkelgeschwindigkeit. Wir denken uns die Kugel der Abb. 257a um die Achse durch ihren Nord- und Südpol um den

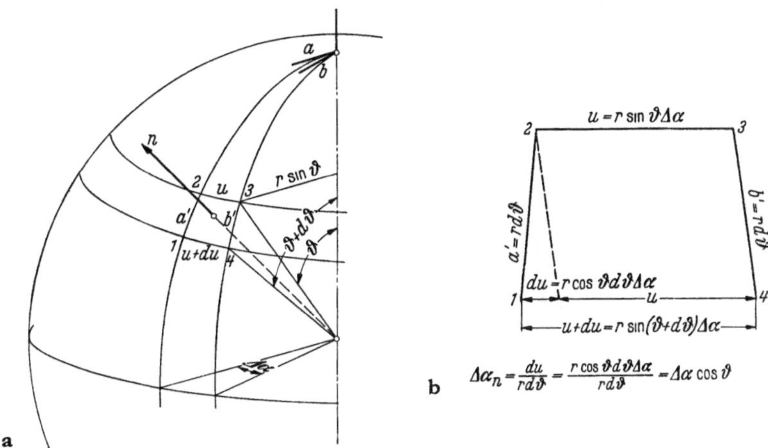

Abb. 257. Die Drehung als Vektor

kleinen Winkel $\Delta\alpha$ gedreht, der zwischen den Meridianen a, b eingeschlossen ist. Als „Komponente" unter der Poldistanz ϑ definieren wir die Drehung der beiden Strecken (Meridianstücke) a', b', die man z.B. mit dem Foucaultschen Pendel messen könnte. Wie man aus der Abb. 257b abliest, ist dieser Drehwinkel

$$\Delta\alpha' = \frac{du}{r\,d\vartheta} = \Delta\alpha\,\frac{r\,[\sin(\vartheta + d\vartheta) - \sin\vartheta]}{r\,d\vartheta} = \Delta\alpha\cos\vartheta.$$

Die Komponente ist nach dem Gesetz: $\Delta\alpha' = \Delta\alpha\cos\theta$ ausrechenbar. Die infinitesimale Drehung oder die Winkelgeschwindigkeit ist also ein Vektor.

γ) Die Addition von Vektoren.

Die Addition geschieht durch geometrisches Aneinandersetzen der Vektoren. Speziell ist jeder Vektor die Summe seiner Komponenten in einem rechtwinkligen Koordinatensystem. Es gilt

$$\mathfrak{A} = \mathfrak{A}_x + \mathfrak{A}_y + \mathfrak{A}_z; \quad (\mathfrak{A} + \mathfrak{B})_x = \mathfrak{A}_x + \mathfrak{B}_x; \quad (\mathfrak{A} + \mathfrak{B})_y = \mathfrak{A}_y + \mathfrak{B}_y \ldots$$

δ) Produkte von Vektoren.

Das skalare Produkt ist bereits bekannt. Man kann es jederzeit in 3 skalare Produkte der Vektorkomponenten zerlegen:

$$\mathfrak{A}\mathfrak{s} = \mathfrak{A}_x\mathfrak{s}_x + \mathfrak{A}_y\mathfrak{s}_y + \mathfrak{A}_z\mathfrak{s}_z = \mathfrak{A}_x x + \mathfrak{A}_y y + \mathfrak{A}_z z \quad \text{mit} \quad \mathfrak{s}_x = x,\ \mathfrak{s}_y = y,\ \mathfrak{s}_z = z$$

da $\quad \mathfrak{A}_x y = \mathfrak{A}_x z = \mathfrak{A}_y x = \mathfrak{A}_y z = \mathfrak{A}_z x = \mathfrak{A}_z y = 0$, da Winkel $90°$ und $\cos 90° = 0$.

Das vektorielle oder äußere Produkt. In der Mechanik und der Geometrie tritt noch ein 2. Produkt auf: Die Fläche eines Parallelogrammes als Produkt der Parallelogrammseiten, die Geschwindigkeit als Produkt von Winkelgeschwindigkeit und Radius, das Drehmoment als Produkt von Kraft und Hebelarm usw. Alle diese Größen sind wieder Vektoren. Die Amplitude dieser Vektoren berechnet sich nach der Rechenregel: $|\mathfrak{A}| \cdot |\mathfrak{B}| \sin(\mathfrak{A}\mathfrak{B})$. Ihre Richtung ist senkrecht auf den beiden erzeugenden Vektoren. Das Vorzeichen muß durch Beschluß festgelegt werden. Erfolgt die Drehung von $\mathfrak{A}$ nach $\mathfrak{B}$, so sei die Richtung des Produktvektors die Richtung, in der sich eine Schraube mit Rechtsgewinde vorwärts bewegen würde. Wir nennen dieses Produkt: Vektorprodukt oder äußeres Produkt, da der Produktvektor außerhalb der Ebene der erzeugenden Vektoren liegt, und schreiben: Vektorprodukt $\mathfrak{A}\mathfrak{B} = [\mathfrak{A}\mathfrak{B}] = -[\mathfrak{B}\mathfrak{A}]$.

Berechnung des Vektorproduktes aus den Komponenten der erzeugenden Vektoren. $[\mathfrak{A} \cdot \mathfrak{B}]$ stellt die doppelte Fläche des Dreiecks dar, das vom Nullpunkt und den Spitzen der Vektoren gebildet wird. Wir wissen bereits, daß man diese Dreiecksfläche als Vektor auffassen kann, dessen Komponenten die Projektionen auf die zur X-, Y-, Z-Achse senkrechten Ebenen sind. Diese Projektionen der Dreiecksfläche berechnen sich dann zu

$$[\mathfrak{A}\mathfrak{B}]_x = \mathfrak{A}_y\mathfrak{B}_z - \mathfrak{A}_z\mathfrak{B}_y; \quad [\mathfrak{A}\mathfrak{B}]_y = \mathfrak{A}_z\mathfrak{B}_x - \mathfrak{A}_x\mathfrak{B}_z; \quad [\mathfrak{A}\mathfrak{B}]_z = \mathfrak{A}_x\mathfrak{B}_y - \mathfrak{A}_y\mathfrak{B}_x.$$

ε) Algebra der Zahlentripel.

Wenn $\mathfrak{i}, \mathfrak{j}, \mathfrak{k}$ die Einheitsvektoren der Koordinatenachsen sind, so kann man schreiben:

$$\mathfrak{a} = a_x\mathfrak{i} + a_y\mathfrak{j} + a_z\mathfrak{k}; \quad \mathfrak{b} = b_x\mathfrak{i} + b_y\mathfrak{j} + b_z\mathfrak{k},$$

wobei $a_x, a_y, a_z, b_x\ldots$ die Beträge der Komponenten sind.

Für die Ausführung des skalaren Produktes gelten dann die Rechenregeln:

$$\mathfrak{i} \cdot \mathfrak{i} = \mathfrak{j} \cdot \mathfrak{j} = \mathfrak{k} \cdot \mathfrak{k} = 1; \quad \mathfrak{i}\mathfrak{j} = \mathfrak{j}\mathfrak{k} = \mathfrak{k}\mathfrak{i} = 0, \text{ wodurch } (\mathfrak{a} \cdot \mathfrak{b}) = a_x b_x + a_y b_y + a_z b_z$$

erhalten wird. Für die Ausführung des Vektorproduktes gelten die Rechenregeln:

$$[\mathfrak{i}\mathfrak{i}] = [\mathfrak{j}\mathfrak{j}] = [\mathfrak{k} \cdot \mathfrak{k}] = 0; \quad \mathfrak{i} = [\mathfrak{i}\mathfrak{k}] = -[\mathfrak{k}\mathfrak{j}]; \quad \mathfrak{j} = [\mathfrak{k}\mathfrak{i}] = -[\mathfrak{i}\mathfrak{k}]; \quad \mathfrak{k} = [\mathfrak{i}\mathfrak{j}] = -[\mathfrak{j}\mathfrak{i}].$$

Die Ausführung der Multiplikation ergibt dann

$$\left.\begin{aligned}
[\mathfrak{a}\mathfrak{b}] &= [(a_x\mathfrak{i} + a_y\mathfrak{j} + a_z\mathfrak{k}) \cdot (b_x\mathfrak{i} + b_y\mathfrak{j} + b_z\mathfrak{k})] \\
&= a_x b_x [\mathfrak{i}\mathfrak{i}] + a_y b_z [\mathfrak{i}\mathfrak{k}] + a_z b_y [\mathfrak{k}\mathfrak{j}] \\
&+ a_y b_y [\mathfrak{j}\mathfrak{j}] + a_z b_x [\mathfrak{k}\mathfrak{i}] + a_x b_z [\mathfrak{i}\mathfrak{k}] \\
&+ a_z b_z [\mathfrak{k} \cdot \mathfrak{k}] + a_x b_y [\mathfrak{i}\mathfrak{i}] + a_y b_x [\mathfrak{j}\mathfrak{i}]
\end{aligned}\right\} = \begin{aligned}
&\mathfrak{i}(a_y b_z - a_z b_y) \\
&+ \mathfrak{j}(a_z b_x - a_x b_z) \\
&+ \mathfrak{k}(a_x b_y - a_y b_x).
\end{aligned}$$

Die Rechenregeln sind identisch mit unseren Definitionen des skalaren und vektoriellen Produktes.

ζ) Produkte von mehr als 2 Vektoren.

Das Volumen eines Parallelepipedes, das aus 3 Vektoren gebildet ist,

$$V = \mathfrak{A}[\mathfrak{B}\mathfrak{C}] = A_x(B_y C_z - B_z C_y) + A_y(B_z C_x - B_x C_z) + A_z(B_x C_y - B_y C_x). \quad (1)$$

Man kann es auch als Determinante schreiben:

$$V = \begin{vmatrix} A_x & B_x & C_x \\ A_y & B_y & C_y \\ A_z & B_z & C_z \end{vmatrix}$$

Es gilt die Beziehung: $\mathfrak{A}|\mathfrak{B}\mathfrak{C}| = \mathfrak{C}[\mathfrak{A}\mathfrak{B}] = \mathfrak{B}[\mathfrak{C}\mathfrak{A}]$, da es bei der Berechnung von V gleichgültig ist, welchen Vektor man als schiefe Höhe wählt.

Das Produkt $[\mathfrak{A}[\mathfrak{B}\mathfrak{C}]]$ berechnet sich zu $[\mathfrak{A}[\mathfrak{B}\mathfrak{C}]] = \mathfrak{B}(\mathfrak{A}\mathfrak{C}) - \mathfrak{C}(\mathfrak{A}\mathfrak{B})$.   (2)
Es ist die Differenz zweier zu $\mathfrak{B}$ und $\mathfrak{C}$ paralleler Vektoren.

b) Vektor-Analysis.

α) Vektorfelder.

Jedem Raumpunkt x, y, z sei eine kleine Verschiebung $\mathfrak{f}$ mit den Komponenten $\mathfrak{x}, \mathfrak{y}, \mathfrak{z}$ durch die Gleichungen

$$\mathfrak{x} = a_0 + a_1\,x + a_2\,y + a_3\,z$$

$$\mathfrak{y} = b_0 + b_1\,x + b_2\,y + b_3\,z$$

$$\mathfrak{z} = c_0 + c_1\,x + c_2\,y + c_3\,z$$

zugeordnet. Die Verschiebungen bzw. die Koeffizienten seien so klein, daß bei Drehungen die Bögen noch als gerade gelten können. Wir untersuchen die Bedeutung der Koeffizienten dadurch, daß wir eine Parellelverschiebung, Drehung und Dehnung für sich betrachten und dann ermitteln, in welcher Weise die Einzelverschiebungen in dem allgemeinen Ansatze vorhanden sind. Die Linearitat des Verschiebungsfeldes weist darauf hin, daß Drehung und Dehnung raumlich gleichmaßig sind.

1. Die Parallelverschiebung wird durch die Gleichungen

$$\mathfrak{x} = a_0 \qquad \mathfrak{y} = b_0 \qquad \mathfrak{z} = c_0$$

dargestellt.

2. Die Drehung kennen wir bereits: $\mathfrak{s} = [\omega\,\mathfrak{r}]$ mit den Komponenten:

$$
\begin{aligned}
\mathfrak{x} &= & - y\omega_z & + z\omega_y \\
\mathfrak{y} &= + x\omega_z & & - z\omega_x \\
\mathfrak{z} &= - x\omega_y & + y\omega_x\,.
\end{aligned}
$$

3. Die Dehnung. Wird der Körper in 3 senkrechten Achsen ξ, η, ζ im Verhaltnis $\varepsilon_1, \varepsilon_2, \varepsilon_3$ gedehnt, so sind die Verschiebungen in diesen Richtungen

$$\mathfrak{x}' = \varepsilon_1\xi, \quad \mathfrak{y}' = \varepsilon_2\eta, \quad \mathfrak{z}' = \varepsilon_3\zeta\,.$$

Sind die Richtungskosinusse zwischen dem x, y, z- und dem ξ, η, ζ-System $\cos x\xi$, $\cos y\xi$, $\cos z\xi$, $\cos x\eta$, $\cos y\eta$, $\cos z\eta \ldots$, so lassen sich mit Hilfe der Beziehungen:

$$\mathfrak{x} = \mathfrak{x}'\cos x\xi + \mathfrak{y}'\cos x\eta + \mathfrak{z}'\cos x\zeta; \quad \mathfrak{y} = \mathfrak{x}'\cos y\xi + \mathfrak{y}'\cos y\eta + \mathfrak{z}'\cos y\zeta; \quad \mathfrak{z} = \cdots$$

und

$$\xi = x\cos x\xi + y\cos y\xi + z\cos z\xi; \quad \eta = x\cos x\eta + y\cos y\eta + z\cos z\eta; \quad \zeta = \cdots$$

die Verschiebungen $\mathfrak{x}, \mathfrak{v}, \mathfrak{z}$ durch x, y, z ausdrücken.

Um unnötige Rechenarbeit zu vermeiden, beschränken wir uns auf 2 Dimensionen:

$$\mathfrak{x} = \mathfrak{x}'\cos x\xi + \mathfrak{y}'\cos x\eta$$

$$= \varepsilon_1\cos^2 x\xi\,x + [\varepsilon_1\cos x\xi\cos y\xi + \varepsilon_2\cos x\eta\cos y\eta]\,y + \varepsilon_2\cos^2 x\eta \cdot \varkappa$$

und mit $\cos x\xi = \cos y\eta = \cos\alpha; \quad \cos y\xi = -\cos x\eta \doteq \sin\alpha$

$$\mathfrak{x} = x\,(\varepsilon_1\cos^2\alpha + \varepsilon_2\sin^2\alpha) + y\,(\varepsilon_1 - \varepsilon_2)\sin\alpha\cos\alpha\,.$$

Wir können schreiben: $\mathfrak{r} = \varepsilon_x x + \gamma\, y$; $\mathfrak{y} = \varepsilon_y\, y + \gamma\, x$ mit $\gamma = (\varepsilon_1 - \varepsilon_2)\sin\alpha\cos\alpha$
$\varepsilon_x = \varepsilon_1\cos^2\alpha + \varepsilon_2\sin^2\alpha$, $\varepsilon_y = \varepsilon_1\sin^2\alpha + \varepsilon_2\cos^2\alpha$; $\varepsilon_x + \varepsilon_y = \varepsilon_1 + \varepsilon_2 = \varepsilon =$ invariant
gegen Drehung: ε heißt: Divergenz, ε_1 und ε_2, ε_x und ε_y Dehnungen; $\gamma =$ Scheerung.

Wir kennen diesen Gleichungstyp bereits von der Berechnung der Komponenten des Spannungstensor her. $\varepsilon_x\,\varepsilon_y\,\gamma$ bzw. im räumlichen Falle $\varepsilon_x, \varepsilon_y, \varepsilon_z, \gamma_x, \gamma_y, \gamma_z$ sind die Komponenten des Verschiebungs- oder Dehnungstensors.

Anmerkung: Ein weiteres Beispiel für einen Tensor bilden die Trägheits- und Deviationsmomente der Mechanik, die für ein rechtwinkliges x,y,z-System durch

$$\Theta_x = \int (y^2 + z^2)\, dV; \qquad \Theta_y = \int (z^2 + x^2)\, dV; \qquad \Theta_z = \int (x^2 + y^2)\, dV;$$
$$D_x = \int yz\, dV; \qquad\qquad D_y = \int zx\, dV; \qquad\qquad D_z = \int zy\, dV$$

definiert sind. Der Leser bilde zu seiner Übung die Komponenten in einem gedrehten ξ,η,ζ-System!

Fügt man Verschiebung, Drehung und Dehnung zusammen, erhalt man

$$\left.\begin{aligned}
\mathfrak{r} &= \mathfrak{r} + \varepsilon_x x + (-\omega_z + \gamma_z)\, y + (\omega_y + \gamma_z)\, z\\
\mathfrak{y} &= \mathfrak{y}_0 + (\omega_z + \gamma_z)\, x + \varepsilon_y\, y + (-\omega_x + \gamma_x)\, z\\
\mathfrak{z} &= \mathfrak{z}_0 + (-\omega_y + \gamma_y)\, x + (\omega_x + \gamma_x)\, y + \varepsilon_z\, z
\end{aligned}\right\}
\begin{aligned}
&\varepsilon_x + \varepsilon_y + \varepsilon_z = \varepsilon_1 + \varepsilon_2 + \varepsilon_3 = \operatorname{div}\mathfrak{s}\\
&\text{invariant gegen Drehungen.}
\end{aligned}$$

Es ist dann auch für inhomogene Verschiebungsfelder gültig

$$\left.\begin{aligned}
\varepsilon_x &= \frac{\partial\mathfrak{r}}{\partial x}\\[4pt]
\varepsilon_y &= \frac{\partial\mathfrak{y}}{\partial y}\\[4pt]
\varepsilon_z &= \frac{\partial\mathfrak{z}}{\partial z}
\end{aligned}\right\}
\begin{aligned}\text{Dehnungen}\\ \text{(Tensor)},\end{aligned}
\qquad
\left.\begin{aligned}
2\gamma_x &= \frac{\partial\mathfrak{z}}{\partial y} + \frac{\partial\mathfrak{y}}{\partial z}\\[4pt]
2\gamma_y &= \frac{\partial\mathfrak{r}}{\partial z} + \frac{\partial\mathfrak{z}}{\partial x}\\[4pt]
2\gamma_z &= \frac{\partial\mathfrak{y}}{\partial x} = \frac{\partial\mathfrak{r}}{\partial y}
\end{aligned}\right\}
\begin{aligned}\text{Scheerungen}\\ \text{(Tensor)},\end{aligned}$$

$$\left.\begin{aligned}
2\omega_c &= \frac{\partial\mathfrak{z}}{\partial y} - \frac{\partial\mathfrak{y}}{\partial z}\\[4pt]
2\omega_y &= \frac{\partial\mathfrak{r}}{\partial z} - \frac{\partial\mathfrak{z}}{\partial x}\\[4pt]
2\omega_z &= \frac{\partial\mathfrak{y}}{\partial x} - \frac{\partial\mathfrak{r}}{\partial y}
\end{aligned}\right\}
\begin{aligned}&\text{Drehungen}\\ &\omega = \operatorname{rot}\mathfrak{s}\\ &\text{(Vektor).}\end{aligned}$$

Die invariante Größe $\varepsilon_x + \varepsilon_y + \varepsilon_z = \dfrac{\partial\mathfrak{r}}{\partial x} + \dfrac{\partial\mathfrak{y}}{\partial y} + \dfrac{\partial\mathfrak{z}}{\partial z}$ nennt man: Divergenz $\mathfrak{s}$ ($\operatorname{div}\mathfrak{s}$).

β) Der Gradient.

Wenn eine Größe, z. B. die Höhe h als Funktion des Ortes x, y gegeben ist, so können wir diese Funktion durch die Linien konstanter Höhe, die bekannten Höhenlinien der Meßtischblatter darstellen (Abb. 258). Ist eine Größe, z.B. die Temperatur als Raumfunktion gegeben, so laßt sie sich durch Flächen konstanter Temperatur darstellen.

Schreitet man den Berg in einer Richtung $\mathfrak{s}$ herab, so läuft man auf einer Bahn mit der Neigung $dh/d\mathfrak{s}$. Diese Neigung kann als Komponente eines Vektors in der Richtung $\mathfrak{n}$ aufgefaßt werden, der selbst senkrecht zu den Höhenlinien liegt und den Betrag dh/dn hat. Man erkennt daran, daß die für Vektoren charakteristische Beziehung

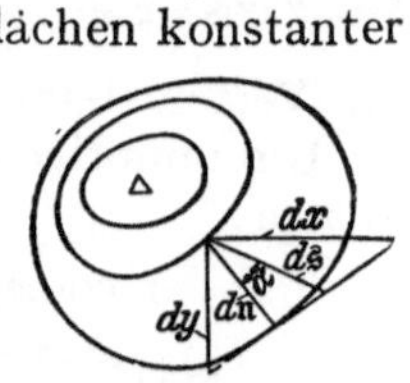

Abb. 258 Der Gradient.

$$\frac{dh}{ds} = \frac{dh}{dn}\cos(n\,s) \qquad \text{oder} \qquad \frac{dh}{ds} = \mathfrak{s}\cdot\frac{dh}{dn} \qquad [dn = ds\cos(s\,.\,n)]$$

erfüllt, daß dh/dn seiner Natur nach ein Vektor ist. Die Gültigkeit dieser Beziehung ist wohl ohne weitere Erläuterung aus Abb. 258 zu entnehmen. Diese Neigung nennt man in Erinnerung an das „Herabschreiten" den „Gradienten" von h

$$\frac{dh}{ds} = (\operatorname{grad} h)_s = \mathfrak{s} \cdot \operatorname{grad} h \; ; \quad \operatorname{grad} h = \nabla h = \mathfrak{i}\frac{\partial h}{\partial x} + \mathfrak{j}\frac{\partial h}{\partial y} .$$

Die Übertragung auf den Temperaturgradienten ware aus einer entsprechenden räumlichen Figur abzulesen

$$\operatorname{grad} T = \nabla T = \mathfrak{i}\frac{\partial T}{\partial x} + \mathfrak{j}\frac{\partial T}{\partial y} + \mathfrak{k}\frac{\partial T}{\partial z} .$$

γ) Eine 2. Definition von div und rot.

1. Die Divergenz. Wir hatten die Divergenz als die prozentische Volumenvergrößerung $\varepsilon_x + \varepsilon_y + \varepsilon_z = \frac{\delta V}{V}$ kennengelernt. δV ist aber $\oint \mathfrak{f}\,d\mathfrak{o}$, wenn $\mathfrak{f}$ die Verschiebung ist. Wir erhalten also als eine 2. Definition der Div.

$$\operatorname{div} \mathfrak{f} = \oint \frac{\mathfrak{f}\,d\mathfrak{o}}{V} .$$

Für inhomogene Verschiebungen muß man das Volumenelement so klein nehmen, daß innerhalb dieses Volumenelementes die Dehnungen noch als homogen gelten können

$$\operatorname{div} \mathfrak{f} = \frac{\partial \mathfrak{x}}{\partial x} + \frac{\partial \mathfrak{y}}{\partial y} + \frac{\partial \mathfrak{z}}{\partial z} = \lim_{(V=0)} \frac{\oint \mathfrak{f}\,d\mathfrak{o}}{V} .$$

2. Die Rotation. In den Abb. 259a und b sind die Verschiebungen bei Drehung und Scheerung, die speziell auf einem Kreise liegen, dargestellt. Für die Scheerung ist $\oint \mathfrak{f}\,d\mathfrak{s} = 0$, wahrend für die Drehung $\int \mathfrak{f}\,d\mathfrak{s} \neq 0$ ist. Hat man nun gemischte Drehung und Scheerung, so werden bei der Bildung des Integrales die Scheerverschiebungen herausfallen. Da bei einer Drehung $\mathfrak{f} = (\omega\,\mathfrak{r})$, so erhalt man für das Integral

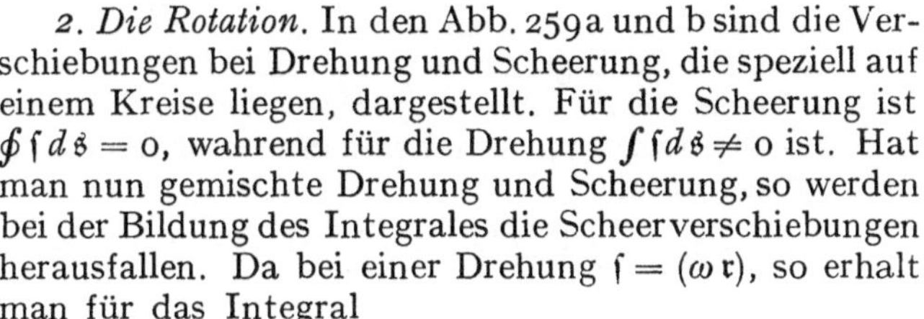

$$\oint [\omega\,\mathfrak{r}]\,d\mathfrak{s} = \omega \oint [\mathfrak{r}\,d\mathfrak{s}]$$

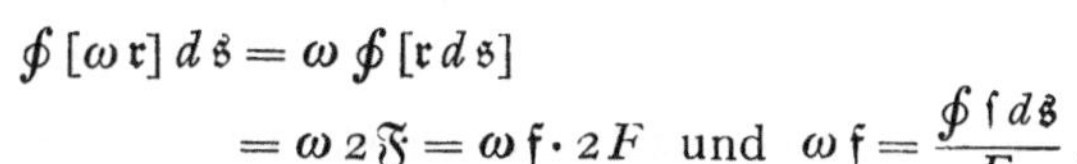

$$= \omega\,2\mathfrak{F} = \omega\,\mathfrak{f}\cdot 2F \quad \text{und} \quad \omega\,\mathfrak{f} = \frac{\oint \mathfrak{f}\,d\mathfrak{s}}{F} .$$

Abb. 259. Rotation und Scheerung

Diese speziell am Kreise durchgeführte Überlegung führt auf den Gedanken, ob $\oint \frac{\mathfrak{f}\,d\mathfrak{s}}{F}$, genommen über eine beliebige ebene zu $\mathfrak{f}$ senkrechte Fläche allgemein $\mathfrak{f}\omega$ ergibt. Die Ausrechnung zeigt, daß dies in der Tat der Fall ist.

$$\oint \mathfrak{f}\,d\mathfrak{s} = \oint \mathfrak{x}\,dx + \mathfrak{y}\,dy + \mathfrak{z}\,dz$$

$$= \oint (a_1 x + a_2 y + a_3 z)\,dz + \oint (b_1 x + b_2 y + b_3 z)\,dy + \oint (c_1 x + c_2 y + c_3 z)\,dz.$$

Nun ist aber $\int x\,dy = -\int y\,dx = F_z$; $\oint y\,dz = -\int z\,dy = F_x$; $\int z\,dx = -\int x\,dz = F_y$, während $\oint x\,dx = \oint y\,dy = \oint z\,dz = 0$. Setzt man diese Werte in die Integrale ein, ergibt sich: $\oint \mathfrak{f}\,d\mathfrak{s} = F_x(c_2 - b_3) + F_y(a_3 - c_1) + F_z(b_1 - a_2).$

Die Differenzen $(c_2 - b_3)$, $(a_3 - c_1)$, $(b_1 - a_2)$ haben wir als Komponenten der Drehung $2\,\omega_x$, $2\,\omega_y$, $2\,\omega_z$ kennengelernt. Wir können somit schreiben:

$$\oint \frac{\mathfrak{f}\,d\mathfrak{s}}{2} = \omega_x F_x + \omega_y F_y + \omega_z F_z = \omega \cdot \mathfrak{F} = \omega_f \cdot F \; ; \quad \omega \cdot \mathfrak{f} = \frac{1}{2} \oint \frac{\mathfrak{f}\,d\mathfrak{s}}{F} .$$

Ist die Verschiebung inhomogen, gehen wir wieder auf den Grenzfall sehr kleiner Flächen über:

$$\omega\,\mathfrak{f} = \lim (F = 0)\,\frac{1}{2}\oint \frac{\mathfrak{f}\,d\mathfrak{s}}{F}\,.$$

Die Integration über eine endliche Fläche liefert den Stokeschen Satz

$$\int \operatorname{rot}\mathfrak{f}\,d\mathfrak{o} = \oint \mathfrak{f}\,d\mathfrak{s}\,.$$

Die Mathematiker legen aus ästhetischen Gründen Wert auf eine einheitliche Definition von grad, div und rot durch Volumenintegrale

$$V\varphi = \lim_{(V=0)} \int \frac{\varphi\,d\mathfrak{o}}{V}\,;\quad \operatorname{div}\mathfrak{B} = \lim_{V=0} \frac{\int \mathfrak{B}\,d\mathfrak{o}}{V}\,;\quad \operatorname{rot}\mathfrak{B} = \lim_{V=0} \int \frac{[\mathfrak{B}\,d\mathfrak{o}]}{V}\,.$$

1. Um grad$_\mathfrak{p}$ φ zu bilden, legen wir an ein beliebig geformtes kleines Volumen einen berührenden zu $\mathfrak{p}$ parallelen Zylinder und legen durch die Berührungslinie die schraffierte Fläche Abb. 260. Auf dieser Fläche seien die Potentiale φ_0. Wir können dann schreiben:

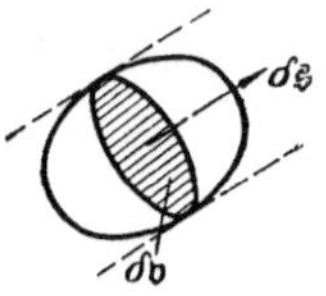

$$V_\mathfrak{p}\varphi = \lim_{V=0} \frac{\int \frac{\varphi - \varphi_0}{\delta\mathfrak{s}}\,\delta\mathfrak{s}\,d\mathfrak{o}}{V} = \overline{\frac{\varphi - \varphi_0}{\delta\mathfrak{s}}}\int \frac{\delta\mathfrak{s}\,d\mathfrak{o}}{V}\,,\ \text{da}\ V = \int \delta\mathfrak{s}\,d\mathfrak{o}\,;$$

$$V_\mathfrak{p}\varphi = \lim \overline{\frac{\varphi - \varphi_0}{\delta\mathfrak{s}}} = \frac{\partial\varphi}{\partial\mathfrak{s}}\,.$$

Abb. 260.
Der Gradient als Oberflächenintegral.

Wenn φ stetig ist, nähert sich bei Verkleinerung des Volumens $\frac{\varphi - \varphi_0}{\delta\mathfrak{s}}$ immer mehr $\partial\varphi/\partial\mathfrak{s}$.

2. Die Rotation. Es ist am einfachsten, von der neuen Definition der rot auszugehen und durch Umformung zu zeigen, daß sie mit der uns bereits bekannten identisch ist. Wir betrachten ein Volumenelement Abb. 261, das durch 2 zu $\mathfrak{p}$ senkrechte Ebenen begrenzt wird und die Höhe H hat. Seine mittlere Fläche sei F. Die schräge Höhe der Flächenstücke $d\mathfrak{o}$ sei $\mathfrak{H}$, ihre Breite $d\mathfrak{s}$. Wir erhalten dann unter Benutzung der Gl. (1) S. 227 unten

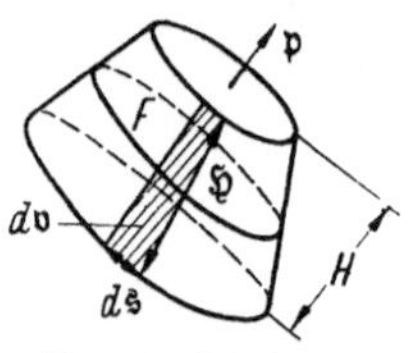

$$\mathfrak{p}\operatorname{rot}\mathfrak{B} = \mathfrak{p}\int \frac{[\mathfrak{B}\,d\mathfrak{o}]}{V} = \mathfrak{p}\int \frac{[\mathfrak{B}\,d\mathfrak{o}]}{F\cdot H} = \int \frac{\mathfrak{B}[d\mathfrak{o}\cdot\mathfrak{p}]}{F\cdot H}\,.$$

Ein von o verschiedenes $[d\mathfrak{o}\cdot\mathfrak{p}]$ finden wir nur auf dem schrägen kegelstumpfmantelartigen Ring. Dort erhalten wir für

Abb 261. Die Rotation als Oberflächenintegral

$$[d\mathfrak{o}\cdot\mathfrak{p}] = d\mathfrak{s}\,(\mathfrak{p}\,\mathfrak{H}) = d\mathfrak{s}\cdot H\ \text{(Formel 2')}\ \text{und}\ \mathfrak{p}\operatorname{rot}\mathfrak{B} = \int \frac{\mathfrak{B}\,d\mathfrak{s}\,H}{F\,H} = \int \frac{\mathfrak{B}\,d\mathfrak{s}}{F}\ q.e.d.$$

δ) Der Operator Nabla, geschrieben V.

Wir können die abgeleiteten Formeln der Vektoranalyse sehr einfach, aber rein formal erhalten, wenn wir einen Vektor

$$V = \mathfrak{i}\frac{\partial}{\partial x} + \mathfrak{j}\frac{\partial}{\partial y} + \mathfrak{k}\frac{\partial}{\partial z}$$

definieren und dann mit diesem Operator formal wie mit einem Vektor rechnen. Es ist dann

$$V\varphi = \operatorname{grad}\varphi = \mathfrak{i}\frac{\partial\varphi}{\partial x} + \mathfrak{j}\frac{\partial\varphi}{\partial y} + \mathfrak{k}\frac{\partial\varphi}{\partial z}$$

$$V\mathfrak{B} = \left(\mathfrak{i}\frac{\partial}{\partial x} + \mathfrak{j}\frac{\partial}{\partial y} + \mathfrak{k}\frac{\partial}{\partial z}\right)(\mathfrak{i}\mathfrak{B}_x + \mathfrak{j}\mathfrak{B}_y + \mathfrak{k}\mathfrak{B}_z) = \left(\frac{\partial\mathfrak{B}_x}{\partial x} + \frac{\partial\mathfrak{B}_y}{\partial y} + \frac{\partial\mathfrak{B}_z}{\partial z}\right) = \operatorname{div}\mathfrak{B}$$

$$[V\mathfrak{B}] = \mathfrak{i}\left(\frac{\partial\mathfrak{B}_z}{\partial y} - \frac{\partial\mathfrak{B}_y}{\partial z}\right) + \mathfrak{j}\left(\frac{\partial\mathfrak{B}_x}{\partial z} - \frac{\partial\mathfrak{B}_z}{\partial x}\right) + \mathfrak{k}\left(\frac{\partial\mathfrak{B}_y}{\partial x} - \frac{\partial\mathfrak{B}_x}{\partial y}\right) = \operatorname{rot}\mathfrak{B}$$

$\varepsilon)$ *Der Operator* $\mathfrak{B}$ *grad oder* $(\mathfrak{B}\nabla)$.

Bei Strömungsaufgaben, der Berechnung der Geschwindigkeit und Beschleunigung von Elektronen treten oft Aufgaben folgender Art auf. Gegeben ist ein Geschwindigkeitsfeld $\mathfrak{v}(x, y, z)$, ein Elektron bewegt sich in diesem Felde. Wie ist seine Beschleunigung? Der Geschwindigkeitszuwachs $\delta\mathfrak{v}$ setzt sich aus folgenden Anteilen zusammen:

1. Der Geschwindigkeitszuwachs an Ort und Stelle $\dfrac{\partial \mathfrak{v}}{\partial t}\delta t$.

2. Der Zuwachs der Geschwindigkeits-X-Komponente, wenn das Teilchen in der Zeit δt vom Ort x zum Ort $x + \delta x$ fortschreitet

$$\delta \mathfrak{v}_x = \frac{\partial \mathfrak{v}_x}{\partial x}\,\delta x = \frac{\partial \mathfrak{v}_x}{\partial x}\frac{dx}{dt}\,\delta t = \mathfrak{v}_x \frac{\partial \mathfrak{v}_x}{\partial x}\,\delta t\,.$$

3. Der Geschwindigkeitszuwachs der X-Komponente, wenn es vom Ort y nach $y + \delta y$ kommt:

$$\delta \mathfrak{v}_x = \frac{\partial \mathfrak{v}_x}{\partial y}\,\delta y = \frac{\partial \mathfrak{v}_x}{\partial y}\frac{dy}{dt}\,\delta t = \mathfrak{v}_y \frac{\partial \mathfrak{v}_x}{\partial y}\,\delta t\,.$$

4. Wenn es von z nach $z + \delta z$ kommt, $\delta\mathfrak{v}_x = \mathfrak{v}_z \dfrac{\partial \mathfrak{v}_x}{\partial z}\,dt$.

5. Die entsprechenden Anteile der Y- und Z-Komponente der Geschwindigkeiten

$$\delta \mathfrak{v}_y = \left(\mathfrak{v}_x \frac{\partial \mathfrak{v}_y}{\partial x} + \mathfrak{v}_y \frac{\partial \mathfrak{v}_y}{\partial y} + \mathfrak{v}_z \frac{\partial \mathfrak{v}_z}{\partial z}\right)\delta t\,;\quad \delta \mathfrak{v}_z = \left(\mathfrak{v}_x \frac{\partial \mathfrak{v}_z}{\partial x} + \mathfrak{v}_y \frac{\partial \mathfrak{v}_z}{\partial y} + \mathfrak{v}_z \frac{\partial \mathfrak{v}_z}{\partial z}\right)\delta t\,.$$

Zählen wir alle diese Anteile zusammen, so erhalten wir für die Beschleunigung

$$\mathfrak{b} = \frac{d\mathfrak{v}}{dt} = \frac{\partial \mathfrak{v}}{\partial t} + \mathfrak{i}\left(\mathfrak{v}_x \frac{\partial \mathfrak{v}_x}{\partial x} + \mathfrak{v}_y \frac{\partial \mathfrak{v}_x}{\partial y} + \mathfrak{v}_z \frac{\partial \mathfrak{v}_x}{\partial x}\right) + \mathfrak{j}\left(\mathfrak{v}_x \frac{\partial \mathfrak{v}_y}{\partial x} + \mathfrak{v}_y \frac{\partial \mathfrak{v}_y}{\partial x} + \cdots\right) + \mathfrak{k}\left(\mathfrak{v}_x \frac{\partial \mathfrak{v}_z}{\partial x} + \cdots\right).$$

Mit Hilfe unseres Operators können wir dann kurz schreiben:

$$\mathfrak{b} = \frac{\partial \mathfrak{v}}{\partial t} + (\mathfrak{v}\Delta)\mathfrak{v}\,;\quad (\mathfrak{v}\Delta)\mathfrak{v} \text{ ist von } \mathfrak{v}\cdot\Delta\mathfrak{v} = \mathfrak{v}\operatorname{div}\mathfrak{v} \text{ zu unterscheiden!}$$

Für mehrfache Anwendung des Operators erhalten wir die Formeln:

$$(\nabla\nabla)\,\Phi = \nabla\,(\nabla\,\Phi) = \operatorname{div}\operatorname{grad}\Phi$$

$$= \frac{\partial}{\partial x}\frac{\partial\Phi}{\partial x} + \frac{\partial}{\partial y}\frac{\partial\Phi}{\partial y} + \frac{\partial}{\partial z}\frac{\partial\Phi}{\partial z} = \frac{\partial^2\Phi}{\partial x^2} + \frac{\partial^2\Phi}{\partial y^2} + \frac{\partial^2\Phi}{\partial z^2} = \Delta\Phi$$

$$\nabla\,(\nabla\,\mathfrak{B}) = \operatorname{grad}\operatorname{div}\mathfrak{B}$$

$$(\nabla\nabla)\,\mathfrak{B} = \Delta\mathfrak{B} = \mathfrak{i}\left(\frac{\partial^2\mathfrak{B}_x}{\partial x^2} + \frac{\partial^2\mathfrak{B}_x}{\partial y^2} + \frac{\partial^2\mathfrak{B}_x}{\partial z^2}\right) + \mathfrak{j}\left(\frac{\partial^2\mathfrak{B}_y}{\partial x^2} + \frac{\partial^2\mathfrak{B}_y}{\partial y^2} + \frac{\partial^2\mathfrak{B}_z}{\partial z^2}\right)$$

$$+ \mathfrak{k}\left(\frac{\partial^2\mathfrak{B}_z}{\partial x^2} + \frac{\partial^2\mathfrak{B}_z}{\partial y^2} + \frac{\partial^2\mathfrak{B}_z}{\partial z^2}\right)$$

$$\nabla\,[\nabla\,\mathfrak{B}] = \operatorname{div}\operatorname{rot}\mathfrak{B} \equiv 0$$

$$[\nabla\cdot\nabla\,\Phi] = \operatorname{rot}\operatorname{grad}\Phi \equiv 0$$

$$[\nabla\cdot[\nabla\,\mathfrak{B}]] = \operatorname{rot}\operatorname{rot}\mathfrak{B} \text{ (nach Formel 2 Seite 228 unten) } = -\,\Delta\mathfrak{B} + \operatorname{grad}\operatorname{div}\mathfrak{B}$$

$$= -\,(\nabla\nabla)\,\mathfrak{B} + \nabla\,(\nabla\,\mathfrak{B})\,.$$

Achtung: In krummlinigen Koordinaten ist $\Delta\Phi$ und $\Delta\mathfrak{B}$ definiert durch

$$\Delta\Phi = \operatorname{div}\operatorname{grad}\Phi \text{ und } \Delta\mathfrak{B} = \operatorname{grad}\operatorname{div}\mathfrak{B} - \operatorname{rot}\operatorname{rot}\mathfrak{B}.$$

$\Delta\Phi$ und $\Delta\mathfrak{B}$ sind *verschiedene* Operatoren, die nur in kartesischen Koordinaten zufällig die gleiche Form haben.

ζ) Die Bedingung dafür, daß ein Vektor ein Potential hat.

Das Potential eines Vektors ist definiert durch das Integral:

$$\psi = \int_1^2 \mathfrak{W}\, d\mathfrak{s}.$$

Das Potential ist nur dann eine eindeutige Raumfunktion, wenn das Integral vom Wege unabhängig ist:

$$\int_1^2 \mathfrak{W}\, d\mathfrak{s} \ \text{über Weg } 1 = \int_1^2 \mathfrak{W}\, d\mathfrak{s} \ \text{über Weg } 2 = \int_1^2 \mathfrak{W}\, d\mathfrak{s} \ \text{über Weg } 3 = \cdots;$$

für jeden beliebigen Weg zwischen Punkt 1 und 2 oder $\oint \mathfrak{W}\, d\mathfrak{s} = 0$ über *jeden* geschlossenen Weg.

Diese Bedingung ist gleichbedeutend mit rot $\mathfrak{W} = 0$, das heißt, mit der Voraussetzung der Wirbelfreiheit des Vektorfeldes.

Als Beispiele seien genannt die Felder konservativer Kräfte (Gravitation, elektrostatische Felder usw.), das Strömungsfeld wirbelfreier Strömungen. Das Potential bietet als Hilfsrechengröße dann folgenden großen Vorteil: Um ein Vektorfeld zu berechnen, muß man die 3 Vektorkomponenten als 3 Raumfunktionen berechnen. Zur Berechnung des skalaren Potentialfeldes braucht man nur *eine* Raumfunktion zu berechnen und findet dann die 3 Komponenten des Vektorfeldes durch einfache Differentiationen

$$\mathfrak{v}_x = \frac{\partial \psi}{\partial x}, \quad \mathfrak{v}_y = \frac{\partial \psi}{\partial y}, \quad \mathfrak{v}_z = \frac{\partial \psi}{\partial z}; \quad \mathfrak{K}_x = \frac{\partial \varphi}{\partial x}, \quad \mathfrak{K}_y = \frac{\partial \varphi}{\partial y}, \quad \mathfrak{K}_z = \frac{\partial \varphi}{\partial z}.$$

ψ = Geschwindigkeitspotential, φ = Kräftepotential.

Das Kräftepotential hat die Dimension einer Arbeit. Dem Studenten tritt der Potentialbegriff meist zuerst in der Gestalt eines Kräftepotentials entgegen, und er glaubt, daß das Wesentliche am Potential darin bestehe, daß es eine Arbeit sei. In Wirklichkeit liegt die Sache umgekehrt: Daß man mit Energiebetrachtungen oft so leicht ans Ziel kommt, liegt darin, daß die Energie die vorteilhaften Eigenschaften eines Potentials hat.

η) Anwendung des Potentialbegriffes auf andere als räumliche Koordinaten.

Wenn die Kraft ein Potential hat (konservativ ist), so ist

$$dA = \mathfrak{K}_x\, dx + \mathfrak{K}_y\, dy + \mathfrak{K}_z\, dz$$

ein vollständiges Differential. Die Wärmemenge, für die nach dem Energiesatz gilt

$$dQ = c_V\, dT + p\, dV$$

ist kein vollständiges Differential. Der „Vektor" mit den Komponenten

$$\mathfrak{W}_T = c_V \quad \text{und} \quad \mathfrak{W}_V = p$$

hat kein Potential.

Man hat daher versucht, aus dem unvollständigen Differential dQ ein vollständiges zu gewinnen. Dies gelingt mit dem integrierenden Faktor $1/T$; (T = Temperatur)

$$\frac{dQ}{T} = \frac{c_v}{T}\, dT + \frac{p}{T}\, dV = dS.$$

Ausführung der Integration mit Hilfe der Gasgleichung $\dfrac{p}{T} = \dfrac{R}{V}$

$$dS = c_v \frac{dT}{T} + R \frac{dV}{V}; \quad S = c_v \ln \frac{T}{T_0} + R \ln \frac{V}{V_0}.$$

Der Vektor mit den Komponenten c_v/T und $p/T = R/V$ hat dann die „Entropie" S als Potential und ist durch

$$\frac{c_v}{T} = \frac{\partial S}{\partial T}\;;\quad \frac{p}{T} = \frac{\partial S}{\partial V}$$

berechenbar, wenn man S kennt.

Auf dieser für die Rechnungen günstigen Potentialeigenschaft der Entropie beruhen viele ihrer Anwendungen.

$\theta)$ Die Zirkulation.

Der Begriff der Zirkulation sei am Beispiele des Magnetfeldes eines graden stromdurchflossenen Drahtes erläutert. Die Kraftlinien sind Kreise. Die magnetische Feldstärke berechnet sich aus dem Strome I zu

$$\mathfrak{H} = \frac{I}{2\pi r}\;;\quad \psi = \frac{I\,(\alpha + 2\pi n)}{2\pi}\,.$$

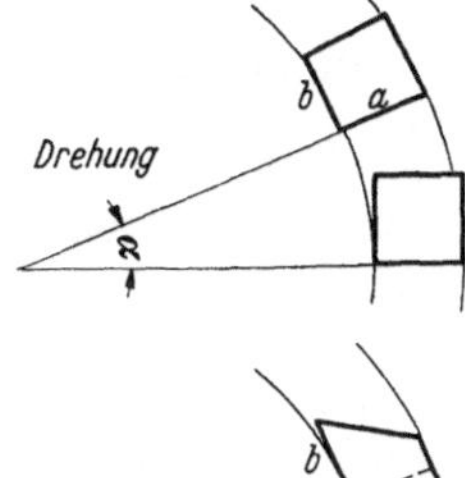

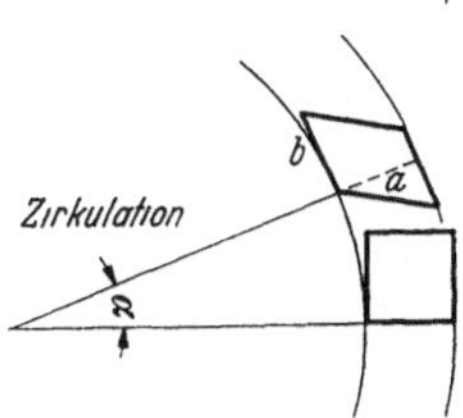

Abb. 262.
Rotation und Zirkulation.

Für jeden Integrationsweg, welcher den Stromlauf nicht umschließt, ist $\oint \mathfrak{H}\,d\mathfrak{s} = 0$. Das Magnetfeld ist wirbelfrei und hat daher ein Potential ψ.

Umschließt der Integrationsweg den Stromfaden, so steigt das Potential um I. Es ist mehrdeutig. $\oint \mathfrak{H}\,d\mathfrak{s} = I$.

Um die Wirbelfreiheit des Feldes zu zeigen, sind in Abb. 262 die Verschiebungen eines kleinen Rechteckes bei Rotation und Zirkulation gegenübergestellt. Bei der Drehung drehen sich beide Seiten a und b in derselben Richtung, bei der Zirkulation erfolgt eine reine drehungsfreie Scheerung.

c) Grundaufgaben der Potentialtheorie.

Von einem wirbelfreien Felde sind die Quellen gegeben, z.B. von einem Geschwindigkeitsfelde die Quellstärke i in Liter je sec und cm³. Dann gilt die Differentialgleichung $\operatorname{div} \mathfrak{v} = i$ oder von einem elektrostatischen Felde die Ladungsdichte ϱ, dann gilt die Differentialgleichung: $\varrho/\varepsilon_0 = \operatorname{div} \mathfrak{E}$. Durch Einführen der Potentiale (Geschwindigkeitspotential ψ, elektrisches Potential φ mit $\mathfrak{v} = \nabla\psi$ und $\mathfrak{E} = \nabla\varphi$) erhält man die Potentialgleichungen

$$\Delta\psi = i\;;\quad \Delta\varphi = \iota/\varrho_0\,.$$

Hierzu treten dann noch die Grenzbedingungen. Auf der Grenzfläche des Raumes, in dem man die Lösung der Differentialgleichungen sucht, ist φ und $\delta\varphi/\delta n$ gegeben.

Um die Lösung dieser Aufgaben vorzubereiten, betrachten wir **Die Strömung von einer punktförmigen Quelle** mit der Ergiebigkeit I (in Liter/sec). Die Geschwindigkeit ist dann nach Symmetrie

$$v = \frac{I}{4\pi r^2}\;\text{und das Potential}\;\psi = \int\limits_{\infty}^{r}\frac{I}{4\pi r^2}\,dr = \frac{-I}{4\pi r}\;\left(\genfrac{}{}{0pt}{}{\text{Nullpunkt nach Beschluß}}{\text{bei }r = \infty}\right)$$

Durch Superposition erhalten wir daraus das Potential einer raumlichen Verteilung von Quellen:

$$\psi = \int\frac{-i\,dV}{4\pi r}\,.$$

Die Radien laufen von dem jeweiligen Volumenelement zum Aufpunkt. Bei der Ausführung der Differentiation (Gradientenbildung) bleibt das Volumenelement fest liegen und der Aufpunkt wird um ds verschoben.

1. Für flächenhafte Quellen, elektrische Flächenladungen (Ladungsdichte σ) erhalten wir

$$\varphi = \int \frac{\sigma\, d\mathfrak{o}}{4\pi\varepsilon_0 r}.$$

2. Für Doppelflächen mit dem Dipolmoment $\tau = \sigma \cdot \delta$; $\delta =$ Dicke der Doppelschicht:

$$\varphi = \int \frac{\tau}{4\pi\varepsilon_0} \frac{\partial}{\partial n}\left(\frac{1}{r}\right) d\mathfrak{o} = \frac{\tau}{4\pi\varepsilon_0} \int \left(\nabla \frac{1}{r}\, d\mathfrak{o}\right).$$

$\nabla\dfrac{1}{r} \cdot d\mathfrak{o}$ läßt sich anschaulich deuten: $\nabla\dfrac{1}{r}\, d\mathfrak{o} = \dfrac{\mathfrak{r}_0\, d\mathfrak{o}}{r^2} = d\Omega$. Dabei ist Ω der räumliche Winkel, unter dem das Flächenstückchen $d\mathfrak{o}$ vom Aufpunkt aus gesehen wird. Durch Integration über die ganze Fläche ergibt sich $\varphi = \dfrac{\tau}{\varepsilon}\, \Omega/4\pi$.

Bei einem Umlaufe um den Rand (nicht auf dem Rande) der Doppelfläche steigt das Potential um den Wert τ/ε_0 und springt in der Doppelfläche um diesen Wert zurück. Das Potential gleicht dem Zirkulationspotential eines Stromes $\tau/\varepsilon_0 = I$, der in der Umrandung der Doppelfläche läuft, letzteres unterscheidet sich nur dadurch, daß es nicht zurückspringt, sondern weiterwächst und dadurch vieldeutig wird.

Das Feld sei quellen- und rotationsfrei. Es gilt $\Delta\varphi = 0$. Die Potentialwerte seien als Grenzbedingungen auf mehreren Flächen gegeben, z.B. auf 3 Flachen, der Kathode, dem Gitter und der Anode einer Röhre. Wir lösen dann 3 Teilaufgaben:

$\varphi_1(x, y, z)$ auf der Fläche 1 = 1, auf den beiden anderen = 0,
$\varphi_2(x, y, z)$ auf der Fläche 2 = 1 und auf den anderen = 0,
$\varphi_3(x, y, z)$ auf der Flache 3 = 1 und auf den anderen = 0 und setzen die ganze Lösung nach dem Superpositionsprinzip zusammen:

$$\varphi = U_k \varphi_1 + U_g \varphi_2 + U_a \varphi_3.$$

Ist $\Delta\varphi = \varrho/\varepsilon_0$ und φ oder $\dfrac{\partial\varphi}{\partial n}$ auf der Grenzfläche gegeben, so bedienen wir uns des Greenschen Satzes zur Lösung:

$$4\pi\varphi_p = \int G_1 \Delta\varphi\, dV - \oint \varphi \frac{\partial G_1}{\partial n}\, d\mathfrak{o} \quad \text{oder} \quad 4\pi\varphi_p = \int G_2 \Delta\varphi\, dV + \int \frac{\partial\varphi}{\partial n} G_2\, d\mathfrak{o}.$$

Ableitung: Durch partielle Integration erhält man

$$\text{a) } \int \varphi\Delta G\, dV = -\oint \varphi \nabla G\, d\mathfrak{o} - \int \nabla\varphi \nabla G\, dV$$

$$\text{b) } \int G\Delta\varphi\, dV = -\oint G \nabla\varphi\, d\mathfrak{o} - \int \nabla\varphi \nabla G\, dV.$$

Vektor $d\mathfrak{o}$ ist nach innen positiv gezählt. Die Subtraktion der Gleichungen ergibt:

$$\int (\varphi\Delta G - G\Delta\varphi)\, dV = -\oint \varphi \nabla G\, d\mathfrak{o} - \oint G \nabla\varphi\, d\mathfrak{o}.$$

Wir schreiben für die Greensche Funktion G vor: $\Delta G = 0$. Im Aufpunkt P habe G einen Pol wie $-1/r$ oder $\ln r$. Auf der Oberfläche sei $G = 0$. Dann ist

$$\int \varphi\Delta G\, dV = 4\pi\varphi_p \quad \text{bzw.} \quad 2\pi\varphi_p$$

und wir erhalten:

$$4\,\pi\,\varphi_p \,(\text{bzw.}\, 2\,\pi\,\varphi_p) = \int G\,\varDelta\varphi\,dV - \int \varphi\,\frac{\partial G}{\partial n}\,d\mathfrak{o}\,.$$

Schreibt man vor, daß auf der Oberfläche $\dfrac{\partial G}{\partial n} = 0$, erhalt man

$$4\,\pi\,\varphi_p = \int G\,\varDelta\varphi\,dV - \oint \frac{\partial\varphi}{\partial n}\,G\,d\mathfrak{o}\,.$$

Zweidimensionale Probleme. Zweidimensionale Probleme kommen in der Elektrotechnik haufig vor, z.B. in der Theorie der Kabel und Wellenleiter, der Röhren mit Gittern usw. Der Raum ist quellen- bzw. ladungsfrei. Die Differentialgleichung vereinfacht sich zu $\dfrac{\partial^2\varphi}{\partial x^2} + \dfrac{\partial^2\varphi}{\partial y^2} = 0$. Lösung dieser Gleichung ist der reelle und imaginare Teil jeder Funktion des Argumentes $z = x + jy$

$$\varphi + j\psi = f(x + jy)\,.$$

Die Linien $\varphi = $ const und $\psi = $ const stehen senkrecht aufeinander. Ein rechtwinkliges Quadrate einschließendes Koordinatennetz in der φ-ψ-Ebene wird in der x-y-Ebene wieder in ein Netz sich orthogonal schneidender krummer Linien abgebildet, die im Grenzfall sehr kleiner Abstände ebenfalls Quadrate einschließen (konforme Abbildung). Diese Liniensysteme lassen sich vielfach als Kraftlinien und Stromlinien deuten. Wir wollen einige solche Abbildungen studieren.

$$\varphi + j\psi = (x + jy)^2\,; \quad \varphi = x^2 - y^2\,; \quad \psi = 2\,x\,y\,. \tag{1}$$

Die oben senkrechten Linien sind die Potentiallinien, die oben waagerechten die Kraftlinien in einem Blechstreifen-Lechersystem, dessen Blechstreifen Widerstand haben und das von einem Gleichstrom durchflossen wird. Der Leser rechne sich den Potentialverlauf auf den Blechstreifen aus. Er wird finden, daß er mit dem Ohmschen Gesetz in Übereinstimmung steht (Abb. 263).

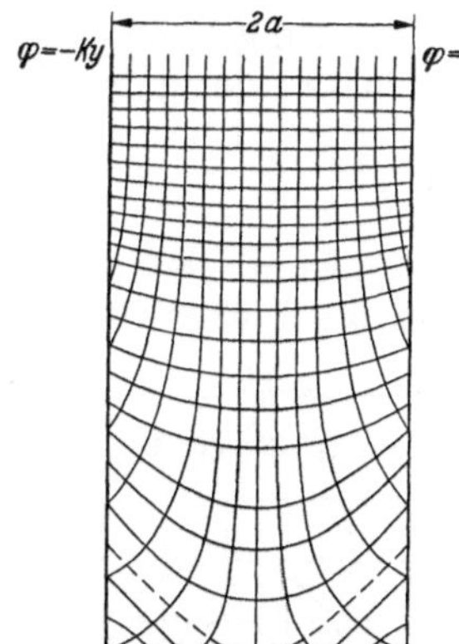

Abb. 263. $\varphi = \Re\mathfrak{e}\mathfrak{ll}\, z^2 \quad \varphi = \mathrm{Imag}\, z^2$.

$$\varphi + j\psi = \sqrt{x + jy}\,; \quad \varphi = \sqrt{\frac{1}{2}\left(-x + \sqrt{x^2 + y^2}\right)} \left.\begin{matrix}\\[2ex]\\\end{matrix}\right\} \tag{2}$$
$$\psi = \sqrt{\frac{1}{2}\left(+x + \sqrt{x^2 + y^2}\right)}$$

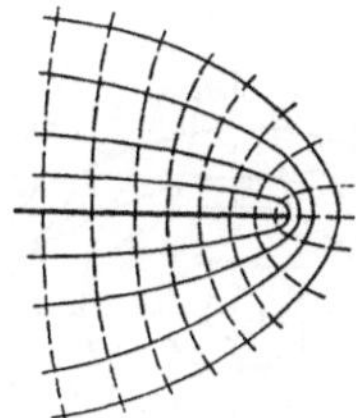
Abb 264. $\varphi = \Re\mathfrak{e}\mathfrak{ll}\,\sqrt{z}$.

$\varphi = $ const und $\psi = $ const geben die Potential- und Kraftlinien einer geladenen Halbebene (Abb. 264, konfokale Parabeln).

$$\varphi + j\psi = \mathfrak{Ar}\,\mathfrak{Cof}\,(x + jy) \left.\begin{matrix}\\\\\\\end{matrix}\right.$$
$$x + jy = \mathfrak{Cof}\,\varphi\cos\psi \left.\begin{matrix}\\\\\end{matrix}\right\} \tag{3}$$
$$+ j\,\mathfrak{Sin}\,\varphi\sin\psi$$

oder $\quad \dfrac{x}{\mathfrak{Cof}\,\varphi} = \cos\psi\,; \quad \dfrac{y}{\mathfrak{Sin}\,\varphi} = \sin\psi\,; \quad \cos^2\psi + \sin^2\psi = \dfrac{x^2}{\mathfrak{Cof}^2\varphi} + \dfrac{y^2}{\mathfrak{Sin}^2\varphi} = 1\,;$

$$\mathfrak{Cof}^2\varphi - \mathfrak{Sin}^2\varphi = 1 = \text{Exzentrizität.}$$

Wir erhalten ein System konfokaler Hyperbeln und Ellipsen und können es als Potential- und Kraftlinien eines geladenen Streifens oder zweier durch einen Spalt getrennter Halbebenen deuten (Abb. 265).

$$\varphi + j\psi = \ln z = \ln\sqrt{x^2 + y^2} + j\arctan y/x\,. \tag{4}$$

Die Linien sind als magnetische Kraft- und Potentiallinien eines stromdurchflossenen Drahtes oder als elektrische Potential- und Kraftlinien eines geladenen
Drahtes zu deuten.

$$\varphi + j\,\psi = \ln\frac{z+a}{z-a}$$

gibt die Kraftfelder im Kabel, und in Stabgitterröhren

$$\varphi + j\,\psi = \frac{\partial}{\partial x}\ln z = \frac{1}{z} \tag{5}$$

gibt das Kraftfeld einer Dipollinie. Es findet z.B. Anwendung bei der Berechnung
der Stromlinien in der Scheibe einer Wirbelstrombremse (Abb. 266).

$$\varPhi = \varphi + j\,\psi = z + \frac{a}{z} \tag{6}$$

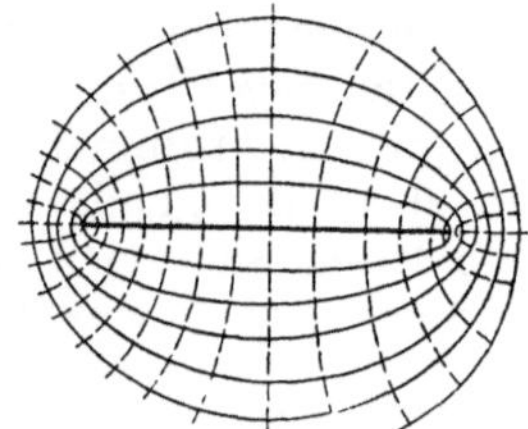

Abb 265. $\varphi = \mathfrak{Ar}\,\mathfrak{Cof}\,z.$

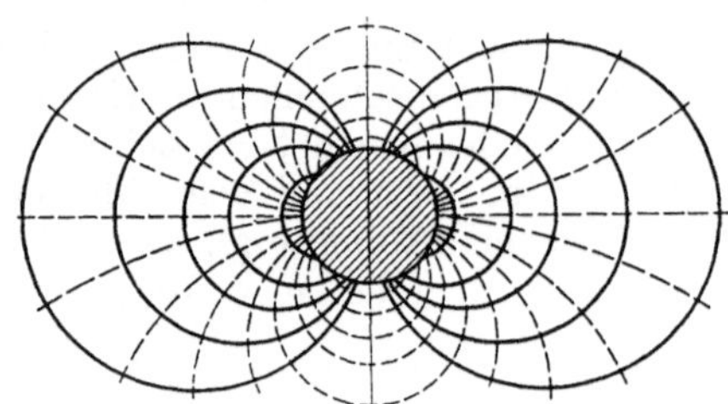

Abb. 266. $\varphi = 1/z \quad \varphi = 2 + \dfrac{a}{z}.$

ist als Strömung um einen Zylinder oder als Kraftlinien in der Umgebung eines
Zylinders in einem in größerem Abstand homogenen elektrischen Felde zu deuten
(Abb. 267).

$$\zeta = \xi + j\,\eta = \sin z = \sin x\,\mathfrak{Cof}\,y + j\cos x\,\mathfrak{Sin}\,y. \tag{7}$$

Die ζ- und z-Ebene ist in den Abb. 268 dargestellt. Die Sinusfunktion bildet
die Ebene auf Streifen in der z-Ebene ab. Überträgt man die Potentiallinien

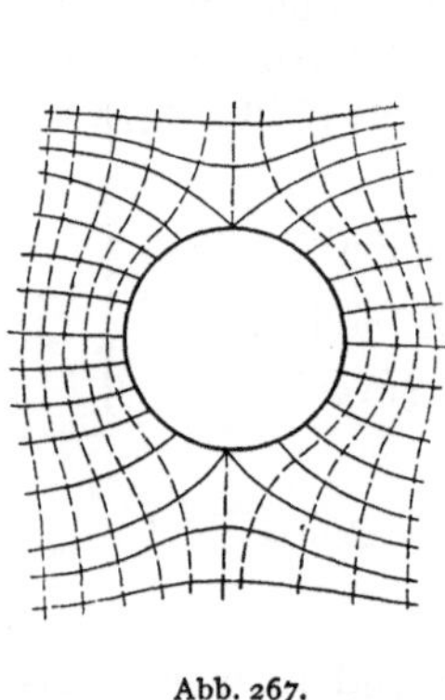

Abb. 267.

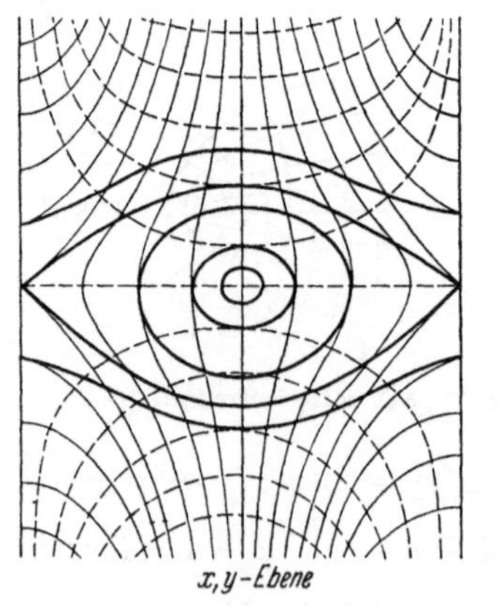

Abb 268 $\varphi = \ln\sin z$

$\varphi = \text{Reell}\ln\zeta$ aus der ζ-Ebene in die z-Ebene, erhält man $\varphi = \text{Reell}\ln\sin z$ und
damit das Potential eines Stabgitters.

Weiteres findet man in MAXWELL, Elektrizität und Magnetismus und in der Neubearbeitung der Vorlesungen von RIEMANN und WEBER durch FRANK und MIESES.

d) Die Berechnung des Vektorfeldes, wenn die räumliche Verteilung der Rotation gegeben ist.

α) Einführung des Vektorpotentiales.

Als Beispiel sei die Berechnung des Magnetfeldes für eine gegebene Verteilung der Stromdichte i gewählt. Als Differentialgleichung steht die Maxwellsche Gleichung $i = \mathrm{rot}\,\mathfrak{H}$ zur Verfügung.

Bekannt ist uns die Lösung von $\varrho = \mathrm{div}\,\mathfrak{E}$. Wir wissen, daß das Coulombsche Gesetz und das Biot-Savartsche Gesetz beide mit $1/r^2$ abnehmende Kraftwirkungen ergeben. Es ist also zu hoffen, daß zwischen beiden Aufgaben eine Ähnlichkeit besteht. Vielleicht gelingt es, auch hier eine Hilfsrechengröße zu finden, die wie das Potential auf eine Gleichung $\varDelta\mathfrak{A} = i$ führt. Die Beziehung, die von $\mathrm{div}\,\mathfrak{E}$ auf $\varDelta\varphi$ führte, war: $\mathfrak{E} = \mathrm{grad}\,\varphi$. Gibt es eine ähnliche Beziehung, die von $\mathrm{rot}\,\mathfrak{H}$ auf ein $\varDelta\mathfrak{A}$ führt? Diese Beziehung finden wir in der Formel $\mathrm{rot\,rot}\,\mathfrak{A} = -\varDelta\mathfrak{A} + \mathrm{grad\,div}\,\mathfrak{A}$. Die Hilfsrechengröße ist durch $\mathfrak{H} = \mathrm{rot}\,\mathfrak{A}$ zu definieren.

In der Nabla-Schreibweise tritt die Analogie besonders schön zutage

$$
\begin{array}{c|c}
\mathrm{div}\,\mathfrak{B} = \varrho\,; \quad \mathfrak{B} = \mathrm{grad}\,\varphi & \mathrm{rot}\,\mathfrak{B} = i\,; \quad \mathfrak{B} = \mathrm{rot}\,\mathfrak{A} \\[4pt]
\nabla\mathfrak{B} = \varrho\,; \quad \mathfrak{B} = \nabla\varphi & [\nabla\,\mathfrak{B}] = i\,; \quad \mathfrak{B} = [\nabla\,\mathfrak{A}] \\[4pt]
\text{Nebenbedingung:} & \text{Nebenbedingung:} \\[4pt]
\mathrm{rot}\,\mathfrak{B} = 0\,; \quad [\nabla\mathfrak{B}] = 0 & \mathrm{div}\,\mathfrak{A} = 0\,; \quad \nabla\mathfrak{A} = 0 \\[4pt]
\rightarrow \nabla\nabla\varphi = \varrho\,; \quad \varDelta\varphi = \varrho & \rightarrow \nabla\cdot[\nabla\mathfrak{A}] = i\,; \quad \mathrm{rot\,rot}\,\mathfrak{A} = -\varDelta\mathfrak{A} = i\,.
\end{array}
$$

Wir müssen allerdings noch fordern, daß $\mathrm{div}\,\mathfrak{A} = 0$. Durch $\mathrm{rot}\,\mathfrak{A} = \mathfrak{B}$ ist $\mathfrak{A}$ nur bis auf eine willkürliche rotationsfreie Funktion, einen $\mathrm{grad}\,\varphi$, bestimmt. Wir können also über eine 2. Bedingung, die die willkürliche Funktion einschränkt, völlig frei verfügen. Bei der Anwendung der Hilfsfunktion, der Rotationsbildung, fällt ja diese willkürliche Funktion wieder heraus. Wir wählen sie deshalb möglichst „geschickt", das heißt so, daß die Rechnung vereinfacht wird.

$\mathfrak{A}$ ist seiner Natur nach ein Vektor. Sie spielt dieselbe Rolle wie die Hilfsrechengröße „Potential". Sie wird daher „Vektorpotential" genannt.

β) Form der Lösung.

Aufgabe: Gegeben die Differentialgleichung: $\mathrm{rot}\,\mathfrak{B} = i\,(x, y, z)$ und die räumliche Verteilung von i: Gesucht $\mathfrak{B}$ als Raumfunktion! Wir setzen $\mathfrak{B} = \mathrm{rot}\,\mathfrak{A}$ und $\mathrm{div}\,\mathfrak{A} = 0$ und finden für $\mathfrak{A}$ die Differentialgleichung $\varDelta\mathfrak{A} = i$. Deren Lösung ist

$$\mathfrak{A} = \int \frac{i\,dV}{4\pi r} \quad \text{und} \quad \mathfrak{B} = \mathrm{rot}\,\mathfrak{A}\,.$$

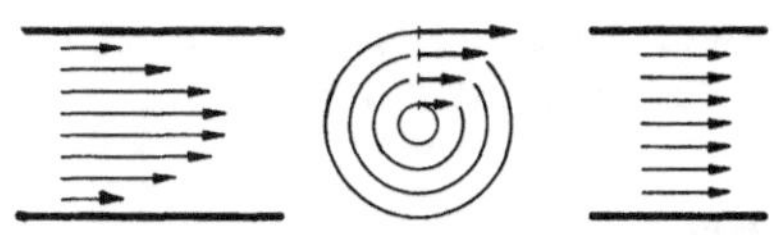

Abb 269. Veranschaulichung von rot rot $\mathfrak{B}$ durch eine reibende laminare Strömung.

Um den Operator rot rot.. der Vorstellung näher zu bringen, sei v für die laminare Strömung einer reibenden Flüssigkeit in einem Rohre (Abb. 269) dargestellt. Das Feld des Vektors $u = \mathrm{rot}\,\mathfrak{B}$ gleicht dem Geschwindigkeitsfelde einer sich drehenden Walze, deren Drehvektor (rot rot $\mathfrak{B}$) dann der Rohrachse parallel und räumlich konstant ist.

γ) Anwendung der Lösung auf einen linearen Stromlauf.

Aus $\mathfrak{A} = \int \dfrac{i\,dV}{4\pi r}$ wird mit $dV = \mathfrak{q} \cdot d\mathfrak{s}$, $\mathfrak{i}$ parallel $d\mathfrak{s}$ und $I = i \cdot q$: $\mathfrak{A} = I \int \dfrac{d\mathfrak{s}}{4\pi r}$. Das Magnetfeld $\mathfrak{H}$ berechnet sich zu rot $\oint \dfrac{I\,d\mathfrak{s}}{4\pi r}$. Bei der Ausführung der Differentiation ist der Aufpunkt zu variieren. Wir erhalten

$$\mathfrak{H} = \left[\nabla \oint \frac{d\mathfrak{s}\,I}{4\pi r} \right] = \frac{I}{4\pi} \oint \left[d\mathfrak{s} \cdot \nabla \frac{1}{r} \right] .$$

Das ist das Biot-Savartsche Gesetz.

δ) Berechnung des Potentials einer Strömung mit Zirkulation.
Äquivalenz von Stromlauf und Doppelfläche.

Wir haben ein mehrdeutiges Potential zu erwarten, das aus $\Delta\psi = 0$ und $\oint \Delta\psi\,ds = I$ genommen über einen den Stromlauf umschlingenden Integrationsweg (Durchflutungsgesetz) zu berechnen ist. Das Potential einer Doppelfläche gehorcht derselben Differentialgleichung und derselben Grenzbedingung: $\oint \Delta\varphi\,ds = \tau$. Es ist zu vermuten, daß beide Potentiale gleich werden, wenn man $\tau = I/4\pi$ setzt. Um diese Überlegung zu prüfen, wollen wir aus $\psi = \Omega/4\pi$ durch Differenzieren das Biot-Savartsche Gesetz ausrechnen. Es ist

$$\operatorname{grad} \Omega = (\Omega_2 - \Omega_1)/\delta\mathfrak{u} ,$$

wobei $\Omega_2 - \Omega_1$ aus Abb. 270 a oder b entnommen werden kann. Aus 270 a lesen wir ab:

$$\delta\Omega = \oint [\delta\mathfrak{u} \cdot \delta\mathfrak{s}] \nabla 1/r = \oint \left[d\mathfrak{s}\,\nabla \frac{1}{r} \right] \delta\mathfrak{u} ;$$

$$\frac{\delta\Omega}{\delta\mathfrak{u}} = \nabla\Omega = \oint \left[d\mathfrak{s} \cdot \nabla \frac{1}{r} \right] .$$

Wir erhalten somit

$$\mathfrak{H} = \frac{I}{4\pi} \nabla\Omega = \frac{I}{4\pi} \oint \left[d\mathfrak{s} \cdot \nabla \frac{1}{r} \right] \quad \text{q. e. d.}$$

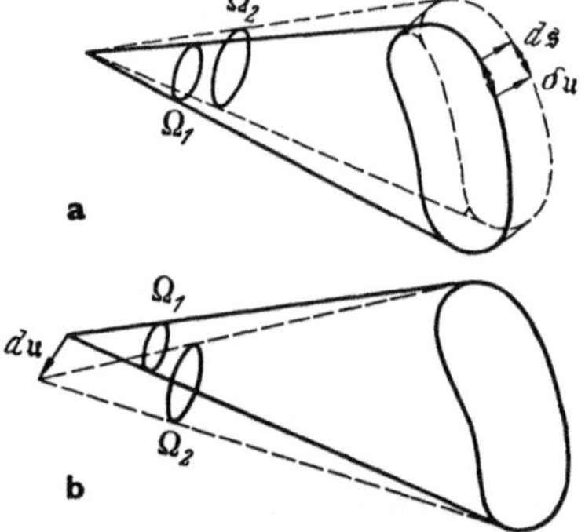

Abb 270 Magnetisches Potential eines Stromleiters und das Biot-Savartsche Gesetz.

Nachdem wir die Rechenmethode kennengelernt haben, können wir den Weg auch rückwärts gehen und das magnetische Potential aus dem Biot-Savartschen Gesetz durch Integration finden:

$$\Psi_{12} = \int_1^2 \mathfrak{H}\,d\mathfrak{u} = \frac{I}{4\pi} \int_1^2 \oint \left[d\mathfrak{s}\,\nabla \frac{1}{r} \right] d\mathfrak{u} = \frac{-I}{4\pi} \int_1^2 \oint [d\mathfrak{s} \cdot d\mathfrak{u}]\nabla \frac{1}{r}$$

$$= \frac{I}{4\pi} \int_1^2 \oint [d\mathfrak{s} \cdot d\mathfrak{u}]_r \frac{1}{r^2} = \frac{I}{4\pi} \int_1^2 \oint \frac{df_\prime}{r^2} = \frac{I}{4\pi} \int_1^2 d\Omega = \frac{I}{4\pi} (\Omega_2 - \Omega_1) .$$

Ohne die gegebene Vorbereitung würde man in dem Ausdruck $\oint [d\mathfrak{s} \cdot d\mathfrak{u}]\, \Delta\, 1/r$ wohl kaum den Zuwachs des räumlichen Winkels $d\Omega$ erkannt haben.

B. Elektrizitätslehre.

Dieser Abschnitt soll kein „Lehrbuch der Elektrizitätslehre" sein. Es soll nur eine kurze Zusammenstellung der Grundanschauungen und Grundformeln gegeben werden und dem Leser, der Elektrizitätslehre einmal studiert hat, aber den einen oder anderen Punkt nicht mehr genügend klar gegenwärtig hat, zum Nachschlagen dienen. Als Lehrbuch sei R. BECKER: Theorie der Elektrizität (Neubearbeitung des ABRAHAM-FÖPPL) und KÜPFMÜLLER: Einführung in die theoretische Elektrotechnik empfohlen.

1. Elektrostatik.

a) Das Coulombsche Gesetz: $K = f\, Q_1 Q_2 / r^2$.

Definition der Ladungseinheit (geschrieben L.E.)

1 L.E. stößt 1 L.E. in 1 cm Entfernung mit der Kraft von 1 dyn ab. Hiernach ist die Konstante f im Coulombschen Gesetz: $f = 1\,\dfrac{\text{dyn cm}^2}{(\text{L. E.})^2}$.

1 Coulomb = $3 \cdot 10^3$ L.E. (1 ton = 10^9 dyn). Genauer: Für $3 \cdot 10^9$ ist genauer $\dfrac{c}{10\ \text{cm/sec}}$ zu setzen. $c =$ Lichtgeschwindigkeit.

b) Die Feldstärke.

Messung der Feldstärke: Man bringt in das Feld die Ladung Q und mißt die Kraft des Feldes auf diese Ladung. Sie sei K. Dann ist die Feldstärke: $\mathfrak{E} = K/Q$.

c) Die Spannung.

Zwischen den Polen einer Stromquelle herrscht ein elektrisches Feld. Wenn man in diesem Feld vom $+$-Pol zum $-$-Pol eine Ladung Q bewegt, erhält man eine Arbeit A. Das Verhältnis A/Q nennt man die Spannung der Stromquelle U.

Man mißt die Spannung in Volt. Man erhält 1 V, wenn die Arbeit je Coulomb 10^7 erg ist. $1\ \text{V} = 10^7\ \text{erg/Coul}$.

d) Zusammenhang zwischen Spannung und Feldstärke:

$$\varphi_{12} = \int_1^2 \mathfrak{E}\, ds; \quad |\mathfrak{E}| = -\frac{\partial \varphi}{\partial s}; \quad \mathfrak{E} = -\nabla\varphi.$$

Man pflegt die Feldstärken in V/m anzugeben.

e) Zusammenstellung von Formeln zur Berechnung von Spannungen.

(Potentialen und Feldstärken.)

α) **Die Punktladung:** $\varphi = f Q/r$. Potentialnullpunkt bei $r = \infty$.

β) **Die mit q_1 (Ladung je cm) geladene unendlich lange Gerade:**

$\varphi = 2 q_1 f \ln \dfrac{r}{1\ \text{cm}}$ gewöhnlich nur $\varphi = 2 f q \ln r$ geschrieben. Potentialnullpunkt bei $r = 1$ cm.

γ) **Zwei unendlich große parallele Ebenen im Abstand a:**

$$\varphi = 4\pi f q\,(x - a/2) \qquad \mathfrak{E} = -\nabla\varphi = -4\pi f \cdot q.$$

Potentialnullpunkt bei $x = a/2$.

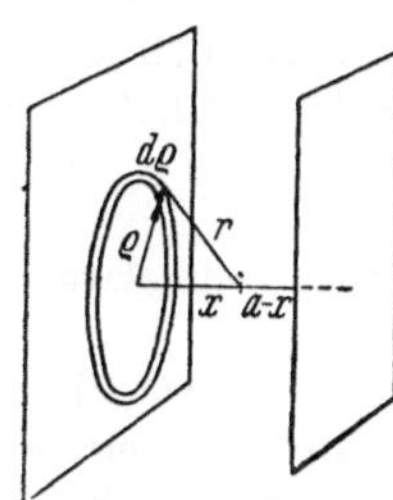
Abb. 271. Berechnung des elektrischen Feldes zwischen zwei ebenen Platten mit Hilfe des Coulombschen Gesetzes.

Der Leser rechne zu seiner Übung die Potentiale der Punkte β und γ mit Hilfe des Coulombschen Gesetzes aus. Anleitung: Man wähle in der Formel $\int \dfrac{f q\, d\mathfrak{o}}{r} = \varphi$ als Flächenelement den Ring $2\pi\varrho\, d\varrho$ Abb. 271 und rechne

$$\varphi = \int_0^\infty 2\pi f q \varrho\, d\varrho \left(\frac{1}{\sqrt{x^2 + \varrho^2}} - \frac{1}{\sqrt{(a - x)^2 + \varrho^2}} \right)\ \text{aus.}$$

f) Die Influenzkonstante ε_0.

(Dielektrizitätskonstante des Vakuums.)

Man schreibt die letzte Beziehung auch $\varepsilon_0\,\mathfrak{E} = q$ und erhält für

$$\varepsilon_0 = \frac{1}{4\,\pi\,f} = \frac{1\,(LE)^2}{4\,\pi\,\mathrm{dyn/cm}} = \frac{1\,\mathrm{Coul}}{9\cdot 4\,\pi\,10^{11}\,\mathrm{V/cm}} \left(1\,\mathrm{V} = \frac{10^7\,\mathrm{erg}}{\mathrm{Coul}} = \frac{10^7\,\mathrm{erg}}{3\cdot 10^9\,LE} = \frac{1}{300}\frac{\mathrm{erg}}{LE}\right).$$

Führt man dieses ε_0 in das Coulombsche Gesetz ein, erhalt man

$$K = \frac{1}{4\,\pi\,\varepsilon_0}\,\frac{Q_1\,Q_2}{r^2}\,; \quad \varepsilon_0 = \frac{1}{9\cdot 4\,\pi\,10^{11}} = 8{,}86\cdot 10^{-14}\,\frac{\mathrm{Coul}}{\mathrm{V/cm}}\,.$$

$$\left(\text{Berechnet mit } c = 3{,}0\cdot 10^{10}\,\frac{\mathrm{cm}}{\mathrm{sec}}\,!\right)\ \text{(siehe spater } \varepsilon_0 = \mu_0/c^2).$$

g) Zwei Methoden der Messung der elektrischen Feldstärke.

1. Man bringt eine Probekugel mit der Ladung Q in das Feld $\mathfrak{E}$ und mißt die Kraft K. $\mathfrak{E} = K/Q$ ist die ursprüngliche, nicht die durch die Ladung der Probekugel veranderte Feldstárke.

2. Man bringt 2 sehr dünne, sich berührende Bleche von der Fläche F senkrecht zu den Kraftlinien in das Feld (Abb. 272), entfernt die Bleche im Felde und mißt die Ladungen $+$ und $-Q$. Die „Verschiebung“ des Feldes ist dann $q = Q/F$. Die beiden Messungen sind im Vakuum immer durch die Beziehung $\mathfrak{D} = q = \varepsilon_0\,\mathfrak{E}$ verbunden. Über die Natur des Feldes geben diese Messungen keine Auskunft.

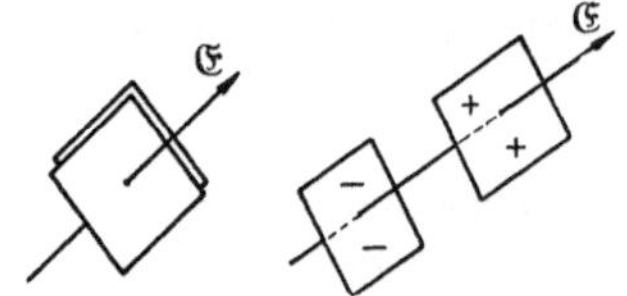

Abb 272 Messung der Verschiebung eines elektrischen Feldes.

Analogie. Der Weg vom Bahnhof zum Rathaus ist 1 km, der Mann auf der Straße sagt: 10 min. Beide Messungen mit der Meßkette und mit der Uhr geben über die Natur der Straße (sie besteht aus Pflastersteinen und Asphalt) keine Auskunft.

h) Potential- und Stromfunktion im 2 dimensionalen Falle.

Im 2dimensionalen Falle sind die Potentialflächen auf der x-y-Ebene senkrechte Zylinder, welche die x-y-Ebene in einer Potentiallinie schneiden. Diese Potentiallinie ist durch

$$\varphi = \mathrm{Reell}\ \boldsymbol{\Phi}(z)\,; \quad z = x + j\,y$$

darzustellen. Will man die Spannungen in Volt ablesen, so muß man noch den Maßstab festlegen. Er sei $U \cdot d \cdot h$: Wenn $\varphi = \mathrm{Reell}\ \boldsymbol{\Phi}$ um die Zahl 1 wàchst, so steigt die Spannung um U (z.B. um $U = 3$ V).

Was bedeutet jetzt $\psi = \mathrm{Imag}\ \boldsymbol{\Phi}(z)$ bzw. $U\psi$?

Die Linien $\varphi = 0, 1, 2, 3, \ldots$ und $\psi = 0, 1, 2, 3, \ldots$ schließen Quadrate (mit etwas krummlinigen Seiten) ein (konforme Abbildung). Vgl. Abb. 160.

Die Seitenlänge sei an einer Stelle a. Dann ist die Feldstärke $\mathfrak{E} = U/a$, die dielektrische Verschiebung $q = \varepsilon_0\,U/a$ und die Verschiebung auf einem Streifen von a cm Breite und 1 cm Tiefe ist $Q_1 = 1\,\mathrm{cm}\,\varepsilon_0\,U$. Dieser Streifen liegt zwischen zwei Kraftlinien, deren ψ sich um 1 unterscheidet. Betrachtet man den Streifen, der zwischen zwei Kraftlinien liegt, deren ψ sich um $\psi_1 - \psi_2$ unterscheidet, so wird die Ladung $Q = 1\,\mathrm{cm}\,\varepsilon_0\,U\,(\psi_1 - \psi_2)$ verschoben. Die Ladungsdichte ist $q = \varepsilon_0\,U\,\delta\psi/\delta s$. Die Strecke ds liegt auf einer Potentiallinie.

Übungsbeispiel. Das Feld der beiden Lechersystemdrähte mit dem in Abb. 273 dargestellten Kreisquerschnitt hat die Potentialfunktion

$$\varphi = U\,\mathrm{Reell}\,\ln\frac{z-b}{z+b}\,; \quad U = \frac{q}{2\,\pi\,\varepsilon_0}\,; \quad r^2 = a^2 - b^2\,; \quad r^2 = p\,(2a - p)\,.$$

Die Spannung zwischen den Drähten ist dann

$$U_{12} = U \operatorname{Reell} \ln \frac{a - r - b}{a - r + b} = U \operatorname{Reell} \ln p/r.$$

Die Ladung auf dem dick ausgezogenen Streifen von 1 cm Tiefe ist

$$Q = \operatorname{Imag} \varepsilon_0 \, U \ln \frac{z_1 - b}{z_1 + b} \cdot \frac{z_2 + b}{z_2 - b} = \varepsilon_0 \, U \, (\gamma_1 - \gamma_2) = \frac{q}{2\pi} (\gamma_1 - \gamma_2) \, ;$$

$q = $ Ladung des ganzen Zylinders je Längeneinheit

und die Ladungsdichte $q = \varepsilon_0 \, U \dfrac{d\gamma}{r \, d\alpha}$.

Man greift in Abb. 273 ab, daß die Dichte im Punkt 1 fast 2,5 mal größer ist als im Punkt 2.

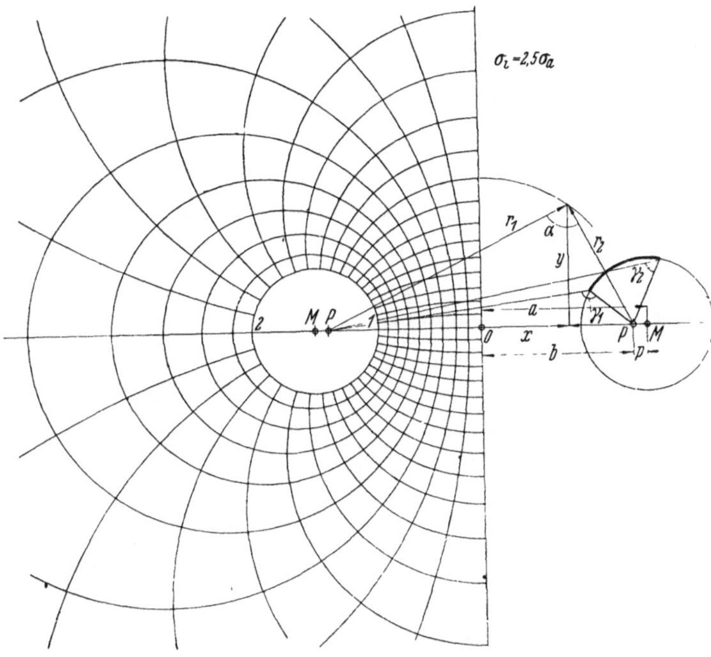

Abb. 273. Zweidrahtlechersystem: Feld und Ladungsdichte.

i) Die Kapazität.

Definition: $\text{Kapazität} = \dfrac{\text{Ladung}}{\text{Spannung}} = Q/U = C.$

Plattenkondensator: $C = \varepsilon_0 \, F/a$;   Kugel gegen die ∞ weiten Zimmerwände: $C = 4\pi\varepsilon_0 r.$

k) Dielektrika.

Schiebt man zwischen die Platten eines Kondensators ein Dielektrikum (Glas, Glimmer, Öl), so erhöht sich die Kapazität im Verhältnis ε_r. Man nennt ε_r die relative Dielektrizitätskonstante und $\varepsilon = \varepsilon_r \cdot \varepsilon_0$ die Dielektrizitätskonstante des Materials.

Vorstellung zur Erklärung dieser Erscheinung: Wir denken uns an jedes Molekül des Dielektrikums ein oder mehrere Elektronen quasielastisch gebunden (Abb. 274). Diese Elektronen fallen im Mittel mit den positiven Kernen zusammen. Das

Material ist elektrisch neutral. Bringt man das Material in ein elektrisches Feld, werden die Elektronen um ein Stückchen $b = e_1 \mathfrak{E}/p$ verschoben. p ist die Federkonstante dieser quasielastischen Bindung. Wir erhalten links eine mit Elektronen, rechts eine mit positiven Kernen gefüllte Scheibe von der Dicke b. Liegen N Elektronen im cm³, so tragen die Scheiben je cm² die Ladungen $e_1 N \cdot b = N e_1^2 \mathfrak{E}/p$. Die gesamte verschobene Ladung ist dann

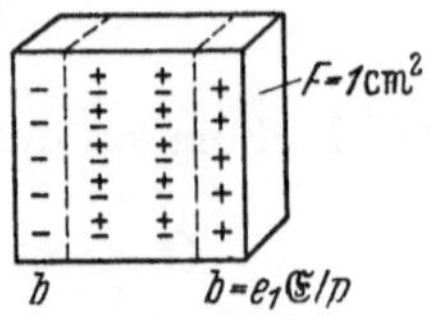

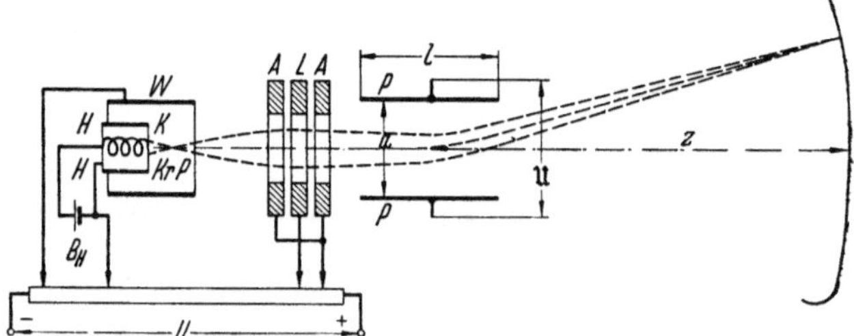

$$q = \mathfrak{E}\left(\varepsilon_0 + \frac{N e_1^2}{p}\right) \quad \text{und} \quad \varepsilon_1' = 1 + \frac{N e_1^2}{\varepsilon_0 p}.$$

Abb. 274. Zur Veranschaulichung der Dielektrika.

Bei schnellen Schwingungen ist Trägheit und Reibung der Elektronen zu berücksichtigen. An die Stelle von $pb = e_1 \mathfrak{E}$ tritt die Bewegungsgleichung: $m b'' + \varrho b' + pb = e_1 \mathfrak{E}$ mit der Lösung: $b = e_1 \mathfrak{E}/(-m\omega^2 + j\omega\varrho + p)$. Die Dielektrizitätskonstante wird dann:

$$\varepsilon = \varepsilon_0\left(1 + \frac{N e_1^2/\varepsilon_0}{-m\omega^2 + j\omega\varrho + p}\right).$$

Für die Ionosphäre, die freie Elektronen enthält, so daß ϱ und $p = 0$ sind, erhält man

$$\varepsilon = \varepsilon_0\left(1 - \frac{N e_1^2/\varepsilon_0 m}{\omega^2}\right) = \varepsilon_0\left(1 - \frac{\omega_1^2}{\omega^2}\right) \quad \text{mit} \quad \omega_1 = \frac{N e_1^2}{\varepsilon_0 m}.$$

l) Bewegung der Elektronen in elektrischen Feldern. Die Braunsche Röhre
(Abb. 275).

1. Fliegt ein Elektron, von einer Glühkathode praktisch mit der Geschwindigkeit o kommend, durch eine Spannung U_a, so erhält es nach dem Energiesatz die Geschwindigkeit

$$\frac{m v^2}{2} = e_1 U; \quad v = \sqrt{\frac{2 e_1 U}{m}} = 5{,}95 \cdot 10^7 \frac{\text{cm}}{\text{sec}} \sqrt{\frac{U}{1\,\text{V}}}$$

$$\left(\sqrt{\frac{2 e_1\, 1\,\text{V}}{m}} = \sqrt{2 \cdot 1{,}77 \cdot 10^8 \frac{\text{Coul}}{\text{gr}}\text{V}} = \sqrt{3{,}54 \cdot 10^8\, 10^7 \frac{\text{erg}}{\text{gr}}} = \sqrt{35{,}4 \cdot 10^7}\,\frac{\text{cm}}{\text{sec}}\right).$$

2. Ablenkung des Elektrons durch Platten (Spannung U_p, Länge l, Abstand a). Die Flugzeit zwischen den Platten ist $t = 1/v$, während dieser Zeit erhält das Elektron die Seitengeschwindigkeit

$$v_s = \mathfrak{E}\frac{e_1}{m} t = \frac{e_1}{m}\frac{U_p}{a}\frac{l}{v}.$$

Abb. 275 Braunsche Rohre

Es verläßt die Platten mit dem Ablenkwinkel $\operatorname{tg}\alpha = \dfrac{v_s}{v} = \dfrac{U_p l}{a m v^2/e_1}$ und trifft den z cm entfernten Schirm bei $x = z\,\operatorname{tg}\alpha$. Drückt man noch v^2 nach dem Energiesatz durch U_a aus, erhält man

$$x = \frac{z\,l\,U_p}{2 a U a}.$$

3. Die elektrische Linse. Um ein scharfes kleines Bild des Kr-Punktes (siehe Punkt 4) auf dem Schirm zu bekommen, bildet man die Anode als elektrische Linse aus. Diese besteht z. B. aus 3 Scheiben oder 2 Rohrstücken mit einer Scheibe in der Mitte. Die Seitenscheiben oder Rohrstücke liegen auf Anodenpotential U_a, die Mittelscheibe auf „Linsenpotential" U_1 ($U_1 < U_a$). Abb. 276a zeigt das Potential„gebirge", das von der Mittelscheibe ausgeht. Die divergend in die Linse einfliegenden Elektronen werden an den „Abhängen" dieses Gebirges nach innen abgelenkt, so daß sie sich wieder auf einem Punkte der Achse treffen, wie die Lichtstrahlen hinter einer Linse. In der Linse werden die Elektronen etwas verzögert.

Für das elektrische Feld in der Linse gilt die Differentialgleichung:

$$\Delta \varphi = 0 \quad \text{oder} \quad \frac{1}{r}\frac{\partial}{\partial r}\left(r\frac{\partial \varphi}{\partial r}\right) + \frac{\partial^2 \varphi}{\partial z^2} = 0.$$

Wir lösen sie durch

$$\varphi = \int_{-\infty}^{+\infty} A(k)\cos k z\, J_0(j k r)\, dk \qquad J = \text{Besselfunktion.}$$

(Der Produktansatz $\varphi = A(z)\, B(r)$ zerspaltet die Differentialgleichung in

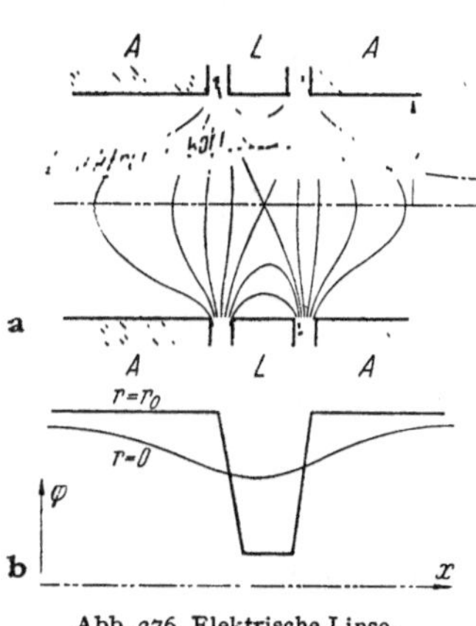

a

$A \quad L \quad A$
$r = r_0$
$r = 0$
φ
b $\qquad x$

Abb. 276. Elektrische Linse.

$$\frac{\partial^2 A/\partial z^2}{A(z)} = -k^2;\qquad \frac{1}{r}\frac{\partial}{\partial r}\left(r\frac{\partial B}{\partial r}\right) = +k^2 B.$$

In Achsennähe ist

$$J_0(j k r) = 1 + \frac{k^2 r^2}{4}.$$

und

$$\varphi = \int_{-\infty}^{+\infty} A(k)\cos k z\, dk + \frac{r^2}{4}\int_0^{\infty} k^2 A(k)\cos k z\, dk$$

$$\varphi = \varphi_{(r=0, z)} - \frac{r^2}{4}\frac{\partial^2}{\partial z^2}\varphi_{(r=0, z)}. \tag{1}$$

Um die Funktion $A(k)$ zu berechnen, entwickeln wir die eckige Funktion Abb. 276b in ein Fouriersches Integral

$$\varphi_{(r=r_0, z)} = \int_{-\infty}^{+\infty} A^x(k)\cos k z\, dk.$$

Die Funktion $A(k)$ ist dann durch $A(k) = \dfrac{A^x(k)}{J_0(j k r_0)}$ gegeben.

Die Bewegungsgleichungen lauten:

z-Komponente
$$m\ddot{z} = e_1\,\partial \varphi/\partial z \tag{2}$$

r-Komponente
$$m\ddot{r} = e_1\frac{\partial \varphi}{\partial r} = \frac{-r}{2}e_1\frac{\partial^2 \varphi}{\partial z^2}\ (r = 0) \tag{3}$$

Gl. (2) integriert (Energiesatz) ergibt

$$\dot{z}^2 = 2\eta\,\varphi \qquad \eta = e_1/m \tag{4}$$

Für $\ddot{r}$ erhalten wir

$$\ddot{r} = \dot{z}\frac{d}{dz}\left(\dot{z}\cdot\frac{dr}{dz}\right) = 2\eta\sqrt{\varphi}\frac{d}{dz}\left(\sqrt{\varphi}\frac{dr}{dz}\right),\quad \text{da } r = r(z(t)),\quad \text{nicht } r(z, t) \tag{5}$$

Gl. (5) in (3) eingesetzt:

$$2\eta\sqrt{\varphi}\frac{d}{dz}\left(\sqrt{\varphi}\frac{dr}{dz}\right) = \frac{r}{2}\eta\frac{d^2 \varphi}{dz^2}. \tag{6}$$

Nun führen wir die Vereinfachung ein, daß sich r in der Linse (zwischen den Punkten 1 und 2) wenig ändert und als konstanter Faktor vor das Integral gezogen werden kann. Die Integration ergibt dann

$$\left[\frac{dr}{dz}\right]_1^2 = \frac{r}{4\sqrt{\varphi_a}}\int_1^2\frac{\partial^2 \varphi/\partial z^2}{\sqrt{\varphi}}\, dz,\quad \text{da } \varphi_1 = \varphi_2 = \varphi_a.$$

Nun ist aber $r_2' = r/b$ (b = Bildabstand) und $-r_1' = r/o$ (o = Objektabstand) und wir erhalten nach Kürzung von r die Linsenformel:

$$\frac{1}{b} + \frac{1}{o} = \frac{1}{f} \; ; \quad \frac{1}{f} = \frac{1}{4\sqrt{\varphi_a}} \int_1^2 \frac{\partial^2 \varphi/\partial z^2}{\sqrt{\varphi}}\, dz \; ;$$

(φ_a = Potential vor und hinter der Linse).

Die Brennweite $f = 4\sqrt{\varphi_a} / \int_1^2 \frac{\partial^2 \varphi/\partial z^2}{\sqrt{\varphi}}\, dz$ kann durch Veränderung der Linsenspannung eingestellt werden.

4. Die Elektronenkanone. Kathode, Wehnelt-Zylinder und Anode bilden zusammen die sogenannte „Elektronenkanone". Potentiallinien, Kraftlinien und Elektronenbahnen sind qualitativ für 3 verschiedene Wehnelt-Spannungen in den Abb. 277a, b, c dargestellt. Die Abbildungen zeigen den Kreuzpunkt *Kr.P.* und die Veränderung der Strahlstromstärke (emittierende Kathodenfläche) bei Veränderung der Wehnelt-Spannung.

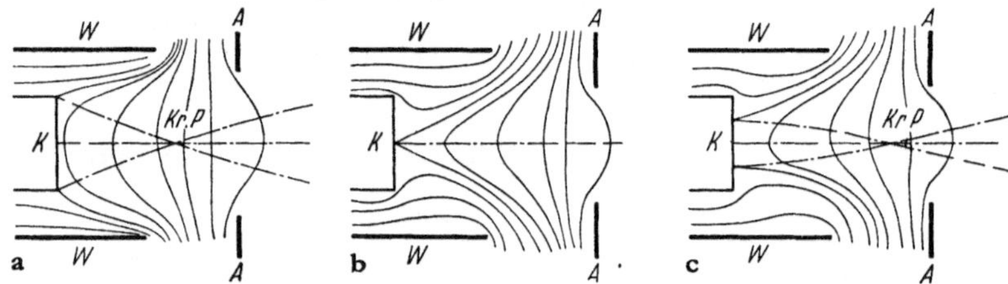

Abb 277. Elektronenkanone: Helligkeitssteuerung mit dem Wehnelt-Zylinder.

m) Maxwellsche Spannungen und Feldenergie.

1. Die 1. Maxwellsche Spannung. Die Anziehung zweier Kondensatorplatten messen wir mit der Thomson-Waage, indem wir die Spannung mit dem Potentiometer erniedrigen, bis das Gewicht die Platte abhebt und die Blättchen des Elektroskopes zusammenfallen (Abb. 278). Wir berechnen sie nach der Beziehung

$$K = \mathfrak{E}^x Q \, ,$$

wobei $\mathfrak{E}^x$ das Feld der einen Platte allein, nicht beider Platten ist. Da die Platte nach beiden Seiten Kraftlinien aussendet, ist das Feld $\mathfrak{E}^x = \mathfrak{E}/2$ und die Kraft

$$K = \mathfrak{E}\,Q/2 = \frac{\varepsilon_0 \mathfrak{E}^2 F}{2}$$

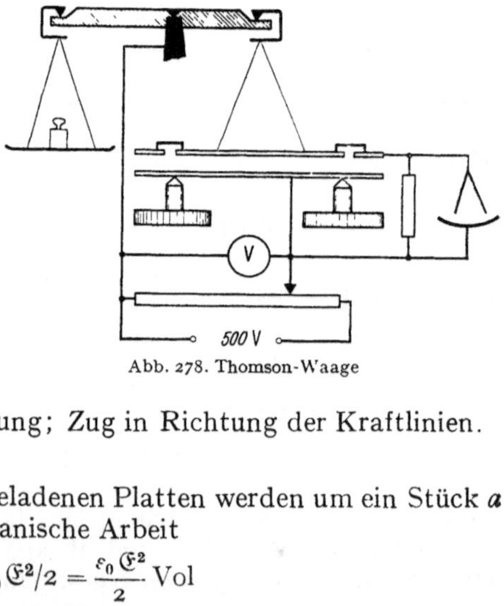

Abb. 278. Thomson-Waage

$$\frac{K}{F} = \sigma = \varepsilon_0 \mathfrak{E}^2/2 \quad \text{1. Maxwellsche Spannung; Zug in Richtung der Kraftlinien.}$$

2. Die Feldenergie.

α) Mechanisch aufgebaut. Die beiden geladenen Platten werden um ein Stück a auseinandergezogen. Dann wird die mechanische Arbeit

$$A_m = a\,K = a\,F\,\varepsilon_0 \mathfrak{E}^2/2 = \frac{\varepsilon_0 \mathfrak{E}^2}{2}\, \text{Vol}$$

geleistet. Diese Arbeit ist in Feldenergie verwandelt. Die Feldenergiedichte ist

$$\frac{A}{a\,F} = \frac{A}{\text{Vol}} = \frac{\varepsilon_0 \mathfrak{E}^2}{2}\, .$$

β) Elektrisch aufgebaut. Über ein Potentiometer wird an den Kondensator eine steigende Spannung angelegt. Steigt die Spannung um dU, so wächst die Ladung

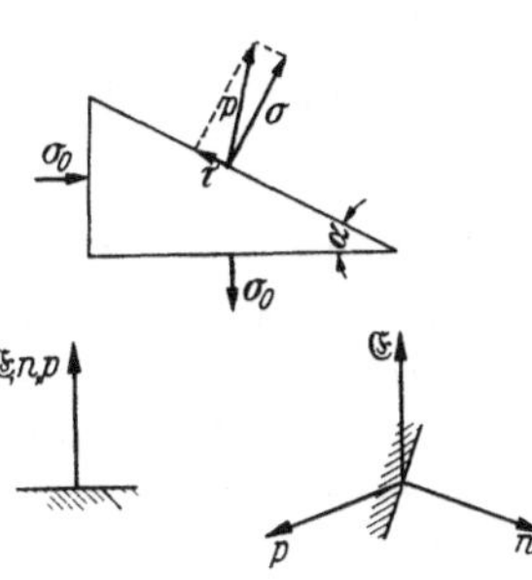

um $dQ = C \cdot dU$. Von der Batterie wird die Arbeit $A = \int U\,dQ = \dfrac{U^2 C}{2}$ geleistet. Setzt man die Formel für die Kapazität ein, erhält man

$$A = \frac{\mathfrak{E}^2 a^2}{2}\,\frac{\varepsilon_0 F}{a} = \frac{\varepsilon_0\,\mathfrak{E}^2}{2}\,aF = \frac{\varepsilon_0\,\mathfrak{E}^2}{2}\,\mathrm{Vol}$$

Abb. 279.
Die 2. Maxwellsche Spannung.

und für die Energiedichte wieder: $A/\mathrm{Vol} = \varepsilon_0\,\mathfrak{E}^2/2$.

3. Die 2. Maxwellsche Spannung. Die 2 Platten der Abb. 279 werden in der Plattenrichtung um ein Stück c zusammengeschoben. Wir wollen annehmen, daß im mittleren Teil die Kraftlinien senkrechte Geraden sind und die Feldverteilung an den Plattenenden durch das Zusammenschieben nicht geändert wird. Die neu gebildete Kapazität ist dann $C = \varepsilon_0 c \cdot b/a$, die von der Batterie gelieferte Ladung $Q = C \cdot U$ und die Arbeit $A = C \cdot U^2 = \varepsilon_0\,\mathfrak{E}^2\,abc$. An Feldenergie ist neu entstanden: $A_f = \dfrac{\varepsilon^0\,\mathfrak{E}^2}{2}\,abc$. Die Differenz $A_m = \dfrac{\varepsilon_0\,\mathfrak{E}^2}{2}\,abc$ erscheint als mechanische Arbeit. Aus ihr berechnet sich die Kraft $K = \dfrac{A}{c} = \dfrac{\varepsilon_0\,\mathfrak{E}^2}{2}\,ba$ und die Spannung:

$$\sigma = \frac{K}{F_1} = \frac{K}{ab} = \frac{\varepsilon_0\,\mathfrak{E}^2}{2}\quad\text{2. Maxwellsche Spannung.}$$

Die 1. Maxwellsche Spannung ist eine Zugspannung in der Kraftlinienrichtung, die 2. eine Druckspannung quer zu den Kraftlinien.

4. Der Tensor der Maxwellschen Spannungen. An der Abb. 280 lesen wir ab, wenn $\sigma_1 = -\sigma_2 = \sigma_0$

$$\sigma = \sigma_0(\cos^2\alpha - \sin^2\alpha) = \sigma_0\cos 2\alpha\;;$$

$$\tau = \sigma_0\,2\sin\alpha\cos\alpha = \sigma_0\sin 2\alpha\;;\qquad \sigma_0 = \frac{\varepsilon_0\,\mathfrak{E}^2}{2}\,.$$

σ und τ setzen sich zu einer schrägen Spannung p zusammen, deren Betrag $= \sigma_0$ ist und die sich gegen die Kraftlinienrichtung doppelt so rasch dreht wie die Flächennormale. Hat sich die Flächennormale um $90°$ gedreht, so hat sich die Spannung um $180°$ gedreht, es ist aus einer Zugspannung eine Druckspannung geworden.

5. Füllt man den Raum zwischen den Kondensatorplatten mit einem festen Dielektrikum, so mißt man mit der Thomson-Waage die Kraft $K = F\,\varepsilon_0\varepsilon_r^2\,\mathfrak{E}^2/2$, wobei ε_r die relative Dielektrizitätskonstante des Dielektrikums ist. Taucht man die Platten in ein flüssiges Dielektrikum, mißt man die Kraft $K = F\,\varepsilon_0\varepsilon_r^1\,\mathfrak{E}^2/2$.

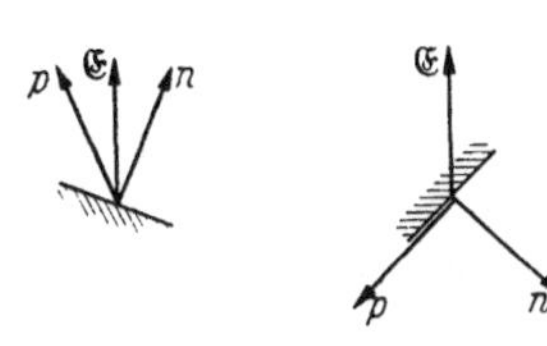

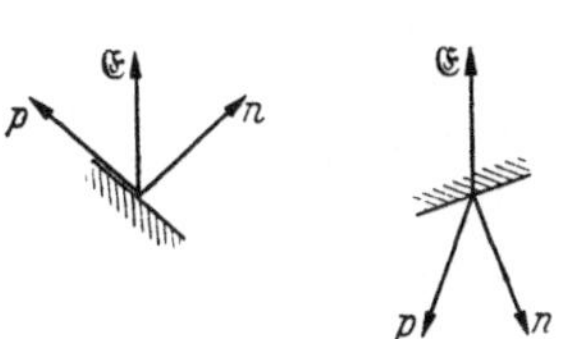

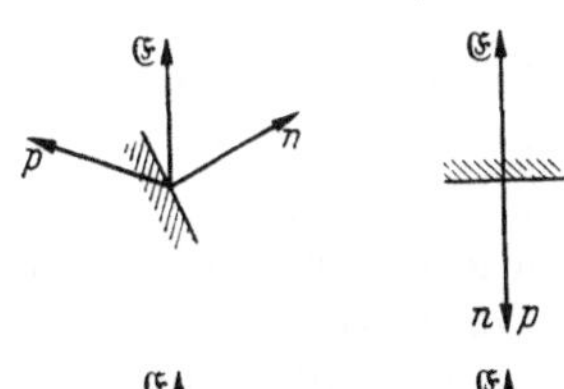

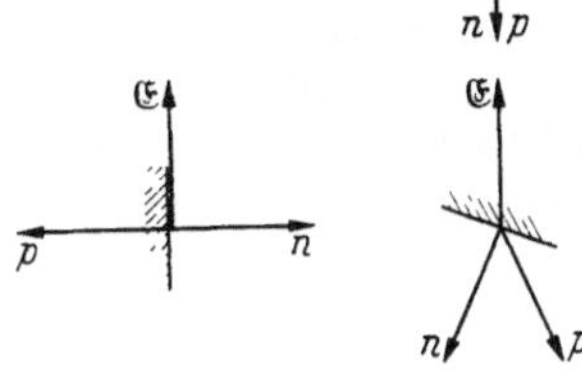

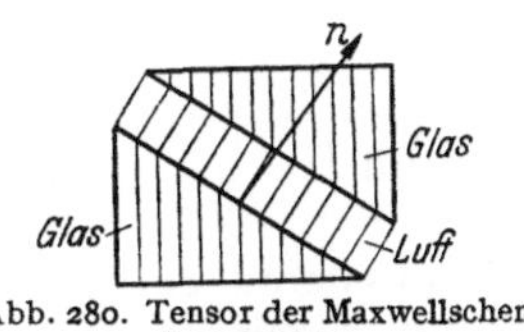

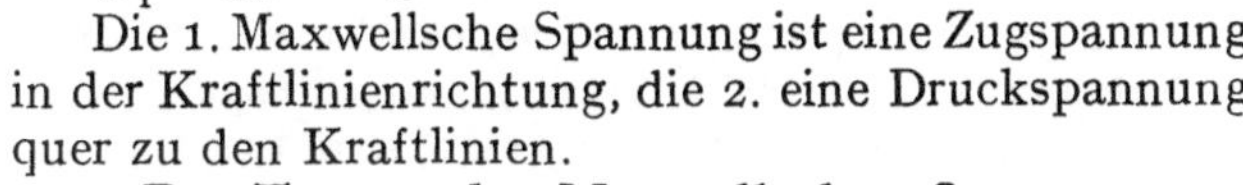

Abb. 280. Tensor der Maxwellschen Spannungen.

n) Das Kraftlinienbrechungsgesetz und die Grenzbedingungen an der Grenzfläche von 2 Dielektrizis.

Die Grenzbedingungen: $\mathfrak{E}_{\parallel}$ und $\mathfrak{D}_{\perp}$ ($\mathfrak{D} = q$, der je cm² verschobenen Ladung) gehen stetig durch die Grenzfläche: $\mathfrak{E}_{\perp}$ und $\mathfrak{D}_{\parallel}$ springen. Es gilt: $\varepsilon_0\,\mathfrak{E}_{\parallel L} = \varepsilon_0\varepsilon_r\,\mathfrak{E}_{\parallel D}$;

$\dfrac{\mathfrak{D}_{\shortparallel L}}{\varepsilon_0} = \dfrac{\mathfrak{D}_{\shortparallel D}}{\varepsilon_0\,\varepsilon_r}$ $(L, D = \text{Luft, Dielektrikum})$. Als Kraftlinienbrechungsgesetz erhält man hieraus:

$$\operatorname{tg}\beta = \frac{\mathfrak{E}_{\shortparallel D}}{\mathfrak{E}_{\perp D}} = \frac{\mathfrak{E}_{\shortparallel L}}{\mathfrak{E}_{\perp L}}\,\varepsilon_r = \operatorname{tg}\alpha\cdot\varepsilon_r\,.$$

2. Magnetismus.

a) Das magnetische Coulombsche Gesetz.

Man geht auch hier theoretisch von einem Coulombschen Gesetz aus

$$K = \frac{Q_{m1}\cdot Q_{m2}}{r^2}\,g \quad \text{und definiert die Feldstärke durch} \quad \mathfrak{H} = \frac{K}{Q_{m2}} = -\,V\,\frac{Q_{m1}g}{r}\,.$$

Q_m, der elektrischen Ladung entsprechend, ist die Polstärke. Beobachten kann man aber meist nur Dipolmomente. Dieses ist ein Vektor, der durch das Produkt von Polstärke und Abstand von Nord- und Südpol definiert ist und die Richtung dieses Abstandes hat. Wir wollen des weiteren mit so kleinen Polabständen rechnen, daß wir für $1/r_1 - 1/r_2$ (r_1 und r_2 sind die Radien von den beiden Polen zum Aufpunkt) $a\cdot V\,1/r$ schreiben können. Wir erhalten dann mit $\mathfrak{m} = aQ_m$ für das Magnetfeld eines Dipoles $\mathfrak{H} = -\,g\,V\,(\mathfrak{m}\,V\,1/r)$. Für das Drehmoment auf einen Dipol im homogenen Magnetfeld $\mathfrak{H}$: $\mathfrak{M} = [\mathfrak{m}\,\mathfrak{H}]$.
Für das Drehmoment eines Dipoles auf einen 2. Dipol: $\mathfrak{M} = g\,[\mathfrak{m}_1\,V\,(\mathfrak{m}\,V\,1/r]$.
Für die Kraft auf einen Dipol in einem inhomogenen Magnetfelde $\mathfrak{K} = (\mathfrak{m}\,V)\mathfrak{H}$.

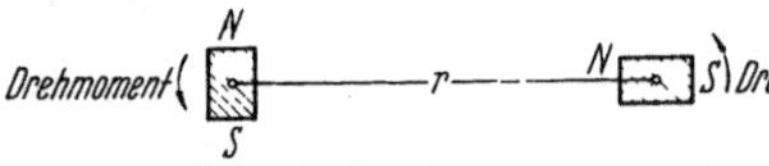

Abb. 281. Ein Perpetuum mobile?

Liegen 2 Magnete wie in Abb. 281, so ist das Drehmoment des rechten Magneten auf den linken $M_1 = g\,|\,\mathfrak{m}_1\,|\cdot|\,\mathfrak{m}_2\,|\,2/r^3$ ($|\,\mathfrak{m}\,|$ ist der Betrag des Momentes), das des linken auf den rechten $M_2 = g\,|\,\mathfrak{m}_1|\cdot|\,\mathfrak{m}_2/r^3$. Würden die beiden Magnete auf einer drehbaren Scheibe befestigt sein, so müßte sich die Scheibe unter der Wirkung der beiden gleichsinnigen Drehmomente drehen, und das Perpetuum mobile ist fertig (?!). Der Leser überlege, wie hier das Gesetz: Aktio = Reaktio erfüllt ist.

b) Die Einheit des magnetischen Momentes und der Feldstärke.

Die Ladungseinheit in der Elektrostatik war dadurch definiert, daß der Faktor f im Coulombschen Gesetz $f = 1$ dyn cm²/L.E.² (Zahlenwert $= 1$) wurde. Analog ist die Einheit des magnetischen Momentes geschrieben mE, dadurch definiert, daß der Faktor g im magnetischen Coulombschen Gesetz oder in der der Messung besser zugänglichen Formel $M = g\,[\mathfrak{m}_1\cdot V\,(\mathfrak{m}_2 V\,1/r]$. $g = 1$ dyn cm³/mE^2 (ebenfalls Zahlenwert $= 1$) wird. Entsprechend ist die Feldstärkeeinheit mit Hilfe der Beziehung $\mathfrak{M} = [\mathfrak{m}\,\mathfrak{H}]$ zu definieren und absolut zu messen. Diese Feldstärkeeinheit heißt 1 Örstedt.

c) Elektromagnetismus.

Für das Feld eines geraden Drahtes gilt $\mathfrak{H} = I/2\,\pi r$, für das eines Solenoides $\mathfrak{H} = NI/l$. Allgemein gilt das Durchflutungsgesetz:

$$I = \oint \mathfrak{H}\,d\mathfrak{s} \quad \text{oder} \quad i = \frac{I}{F} = \frac{\oint \mathfrak{H}\,d\mathfrak{s}}{F} = \operatorname{rot}\mathfrak{H} \quad \text{für } \lim F = 0\,.$$

1. Maxwellsche Gleichung. Zu i tritt noch der Verschiebungsstrom $\varepsilon_0\,\partial\mathfrak{E}/\partial t$. (Nachweis, daß auch der Verschiebungsstrom ein Magnetfeld hat, durch HEINRICH HERTZ.)
Wir erhalten damit eine 2. Maßangabe für Magnetfelder mit der Einheit 1 A/cm. Beide Maßangaben stehen in einem festen Verhältnis. Man hat das Ampere

so festgesetzt, daß ein Magnetfeld, das die Feldstärke 1 Örstedt hat, die Feldstärke $\dfrac{10}{4\pi}$ A/cm besitzt.

d) Das Induktionsgesetz.

1. An eine Leiterschleife sei ein Voltmeter angeschlossen. Wenn man das die
Leiterschleife durchsetzende Magnetfeld oder die Fläche der Leiterschleife mit der
Zeit ändert, zeigt das Voltmeter eine Spannung an. Wir führen diese Erscheinung
auf eine Eigenschaft des Magnetfeldes zurück, die wir „Induktion" nennen und
mit $\mathfrak{B}$ bezeichnen. Diese Induktion kann auch als Maß für das Magnetfeld benutzt
werden und ist dem Maße, das wir bereits kennenlernten, der Feldstärke proportional. Der Proportionalitätsfaktor ist später zu ermitteln.

Die geschilderten Versuche lassen sich in folgendem einfachen Gesetz zusammenfassen: Wir definieren den „Kraftfluß Φ" durch

$$\Phi = \int \mathfrak{B}\, d\mathfrak{f}$$

und erhalten damit als Induktionsgesetz: $U = -\dfrac{d\Phi}{dt}$.

2. Wenn wir den Differentialquotienten nach der Zeit bilden, erhalten wir

$$\frac{d\Phi}{dt} = \int \frac{\partial\mathfrak{B}}{\partial t}\, d\mathfrak{f} + \int \mathfrak{B}\, \frac{\partial}{\partial t}\, d\mathfrak{f} = \int \frac{\partial\mathfrak{B}}{\partial t}\, d\mathfrak{f} + \oint [\mathfrak{B}\mathfrak{v}]\, d\mathfrak{s} .$$

Die bei einer Bewegung des Leiters zuwachsenden Flächenelemente sind $d\mathfrak{f} = (\mathfrak{u}\, d\mathfrak{s})$,
wobei $d\mathfrak{s}$ ein Längenelement des Randes und $\mathfrak{u}$ die Verschiebung ist. Die zeitliche
Änderung ist dann

$$\frac{\partial}{\partial t}\, d\mathfrak{f} = [\mathfrak{v}\, d\mathfrak{s}] .$$

3. Berechnung des Proportionalitätsfaktors. Wir schließen uns mit unserer
Überlegung an den 2.Term des Induktionsgesetzes an:

$$U_2 = \oint \mathfrak{E}\, d\mathfrak{s} = \oint [\mathfrak{B}\mathfrak{v}]\, d\mathfrak{s} \qquad \mathfrak{E} = [\mathfrak{B}\mathfrak{v}]$$

$$(1)\quad \mathfrak{K} = \mathfrak{E}Q = Q[\mathfrak{B}\mathfrak{v}] \quad \text{und da}\quad Q = \mathfrak{l}\varrho\mathfrak{F} \quad \text{und}\quad \varrho\mathfrak{F}\mathfrak{v} = I; \quad Q\mathfrak{v} = \mathfrak{l}I$$

$$\text{und}\quad (2)\quad \mathfrak{K} = [\mathfrak{B}\mathfrak{l}]I .$$

Kraftformeln als Folge des Induktionsgesetzes.

Wir leiten die gleiche Formel mit Hilfe des Biot-Savartschen Gesetzes und
dem Satz von Actio = Reactio ab. Das Biot-Savartsche Gesetz lautet

$$H = \frac{I\,l}{4\pi r^2}$$

(l und r mögen der Einfachheit halber senkrecht aufeinander stehen.) Bringt man
in den Aufpunkt die magnetische Ladung Q_m, so erfährt diese die Kraft $K = H \cdot Q_m$.
Nach Actio = Reactio ist die Kraft des Magnetfeldes dieser magnetischen Ladung
$H_1 = \dfrac{g\,Q_m}{r^2}$ auf das stromdurchflossene Leiterstück ebenso groß. Setzt man für

Q_m/r^2 den Wert H_1/g ein, erhält man $K = \dfrac{I\,l\,H_1}{4\pi g}$ und mit $l \cdot I = Q \cdot v$:

$$(3)\quad K = \frac{Q\,v\,H_1}{4\pi g} . \quad \text{Aus (1) und (3) folgt (4)}\quad v B = \frac{K}{Q} = \frac{v\,H_1}{4\pi g} .$$

Nach Kürzen von v erhalt man: $B/H = \mu_0 = \dfrac{1}{4\pi g}$.

Um den Wert von $\mu_0 = 1/4\pi g$ auszurechnen, haben wir $g = \dfrac{1\,\mathrm{dyn\,cm^2}}{(m\,E)^2}$ und $\dfrac{1\,\mathrm{dyn}}{m\,E} = 1\,\text{Örst} = 10/4\pi\;\mathrm{A/cm}$ einzusetzen und erhalten:

$$\mu_0 = \frac{1}{4\pi g} = \frac{1}{4\pi}\frac{\mathrm{dyn}}{\mathrm{cm^2}}\frac{(m\,E)^2}{\mathrm{dyn^2}} = \frac{1}{4\pi}\frac{\mathrm{dyn}}{\mathrm{cm^2}}\frac{(4\pi)}{100}\frac{\mathrm{cm^2}}{\mathrm{A^2}} = \frac{4\pi}{100}\frac{\mathrm{dyn\,cm\cdot sec}}{A\,\mathrm{cm}\,A\,\mathrm{sec}} = \frac{4\pi\,10^{-7}}{100}\frac{V\,\mathrm{sec}}{A\,\mathrm{cm}}$$

$$= 4\pi\,10^{-9}\frac{V s}{A\,\mathrm{cm}},\quad \text{da } \frac{1\,\mathrm{dyn\,cm}}{A\,\mathrm{sec}} = 10^{-7}\,V.$$

4. Die 2. Maxwellsche Gleichung. Der 1. Term des Induktionsgesetzes lautete:

$$U_1 = -\oint \mathfrak{E}\,d\mathfrak{s} = -\int \frac{\partial \mathfrak{B}}{\partial t}\,d\mathfrak{f} = -\frac{\partial \mathfrak{B}}{\partial t}\,\delta\mathfrak{f},$$ wenn die Fläche so klein ist, daß $\mathfrak{B}$ inner-

halb der Fläche konstant ist. Durch Division mit der Fläche und den Grenz-
übergang zu $d\mathfrak{f} = 0$:

$$-\mathfrak{f}_0\frac{\partial \mathfrak{B}}{\partial t} = \lim_{df=0}\oint\frac{\mathfrak{E}\,d\mathfrak{s}}{df} = \mathfrak{f}_0\,\mathrm{rot}\,\mathfrak{E},\quad \text{allgemein}: -\frac{\partial \mathfrak{B}}{\partial t} = \mathrm{rot}\,\mathfrak{E}$$

2. Maxwellsche Gleichung.

5. Ein Integral der 2. Maxwellschen Gleichung. Führt man für $\mathfrak{B} = \mu_0\,\mathrm{rot}\,\mathfrak{A}$
ein, kann man die Gleichung integrieren: $\mathfrak{E} = -\mu_0\dfrac{\partial \mathfrak{A}}{\partial t} + \mathrm{grad}\,\varphi$. $\nabla\varphi$ ist die willkürliche, rotationsfreie Funktion (Integrationskonstante). Den ersten Teil be-
zeichnet man als ,,induzierte Feldstärke".

6. Genauere Definition von ε_0. Wir hatten angegeben, daß $1\,\mathrm{Coul} = 3\cdot10^9\,\mathrm{L.E.}$
und daraus ε_0 zu $\varepsilon_0 = \dfrac{1}{4\pi\cdot9}\cdot10^{-11}\dfrac{F}{\mathrm{cm}}$ berechnet, wir hatten ferner μ_0 definiert
durch $\mu_0 = 4\pi\cdot10^{-9}\dfrac{V s}{A\,\mathrm{cm}}$ und damit die Lichtgeschwindigkeit zu $c = 3,00000$
$10^{10}\dfrac{\mathrm{cm}}{\mathrm{sec}}$ berechnet. Die Lichtgeschwindigkeit ist aber kleiner, wenn auch nur um
einen sehr kleinen Betrag. Wir müssen daher entweder die Definition von μ_0 oder
die Angabe: $\dfrac{1\,\mathrm{Coul}}{1\,\mathrm{L.E.}} = 3\cdot10^9$ aufgeben. Man tut letzteres und definiert ε_0 durch
$\varepsilon = \dfrac{1}{\mu_0 c^2}$ und setzt fest: $\dfrac{1\,\mathrm{Coul}}{1\,\mathrm{L.E.}} = \dfrac{c}{10\,\mathrm{cm/sec}}$.

**7. Magnetische Maxwellsche Spannungen und
Feldenergie.** α) *Die 2. Maxwellsche Spannung.* Wir betrachten 2 sehr große parallele Scheiben, die von einem
Strome mit der Flächendichte J durchflossen werden
(Abb. 282). Das Magnetfeld *einer* Platte *allein* ist nach
dem Durchflutungsgesetz: $H^x = J/2$. Das Feld der Ströme
in beiden Streifen ist $H = J$. Die Kraft auf den durch-
strömten Streifen $b\cdot l$ ist nach der Kraftformel:
$K = B^x l\,b\,J = \dfrac{\mu_0 H^2}{2}\,bl$ und die Spannung:

$$\sigma = \frac{K}{bl} = \frac{\mu_0 H^2}{2}.$$

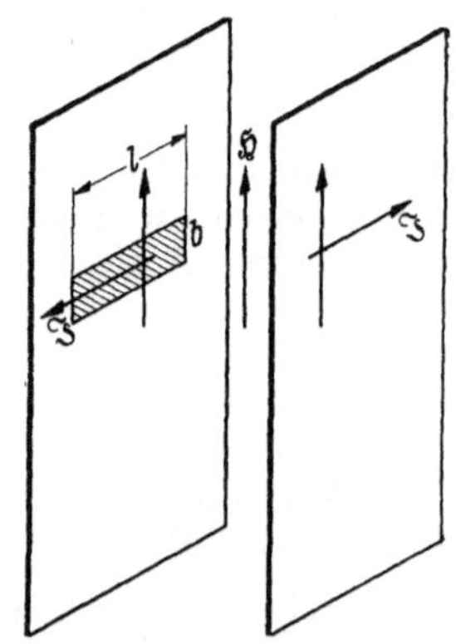

Abb. 282. 2. magnetische Maxwellsche Spannung.

2. Maxwellsche Spannung: Druckspannung senkrecht zu
den Kraftlinien.

β) *Die Feldenergie $\alpha\alpha$) mechanisch aufgebaut:* Wenn wir die Platten mit der
Geschwindigkeit $v = a/t$ um ein Stück a auseinanderziehen, wird in dem Streifen
$b\cdot l$ die Spannung $U = \mu_0 H^x l\dfrac{a}{t}$ induziert, in dem entsprechenden Streifen auf der
anderen Platte ebenfalls. Um den Strom aufrechtzuerhalten, muß eine Strom-

quelle mit der Spannung U eingeschaltet werden. Diese leistet während der Zeit t die Arbeit

$$A_B = 2\,U\,b\,J\,t = 2\,\mu_0\,H^x\,\frac{l\,a}{t}\,b\,H\,t = \mu_0\,H^2\,l\,a\,b\,.$$

Diese Arbeit wird zum Teil in die mechanische Arbeit

$$K\,a = \frac{\mu_0\,H^2}{2}\,l\,a\,b = \frac{\mu_0\,H^2}{2}\cdot \text{Vol}$$

verwandelt. Der Rest $\frac{\mu_0 H^2}{2}$ Vol ist Feldenergie: $A_{\text{Feld}} = \frac{\mu_0 H^2}{2}$ Vol. Energiedichte

$$= \frac{\mu_0\,H^2}{2}\,.$$

$\beta\beta)$ *Elektrischer Aufbau der Feldenergie.* Wir lassen in einem langen Solenoid den Strom mit zeitlich konstantem $d\,I/d\,t$ ansteigen. Es wird dann eine Spannung $U = -\dfrac{N\,d\,\Phi}{d\,t}$ mit $\Phi = N\,I\,F\,\mu_0/l$; $U = -\,N^2\,I'F\,\mu_0/l$ induziert. Die Batterie leistet die Arbeit

$$A_B = \int I\,U\,d\,t = \frac{N^2\,F\,\mu_0\,I^2}{2\,l}\ \text{und mit}\ H = \frac{N\,I}{l}:\quad A_B = \frac{F\,l\,\mu_0\,H^2}{2} = \frac{\mu_0\,H^2}{2}\,\text{Vol} = A_F\,.$$

Diese erscheint als Feldenergie in der Spule. Die Energiedichte ist

$$A_F/\text{Vol} = \mu_0\,H^2/2\,.$$

$\gamma)$ *Die 1. Maxwellsche Spannung.* 2 Halbtoroide mit dem Querschnitt F werden ein Stück a (Abb. 283) auseinandergezogen. Wenn sich hierbei der Kraftfluß nicht ändert, braucht die Batterie keine Arbeit zu leisten. Der Strom steigt beim Auseinanderziehen in einer widerstandslosen Leitung an[1]. Es entsteht die Feldenergie $aF\mu_0H^2/2$. Diese gleicht der hereingesteckten mechanischen Arbeit aK. Die 1. Maxwellsche Spannung ist dann $\sigma_1 = K/F = \mu_0 H^2/2$.

σ_1 ist eine Zugspannung parallel zu den Kraftlinien.

$\delta)$ *Der Tensor der magnetischen Maxwellschen Spannungen* hat dieselben Eigenschaften wie der Tensor der elektrischen Maxwellschen Spannungen.

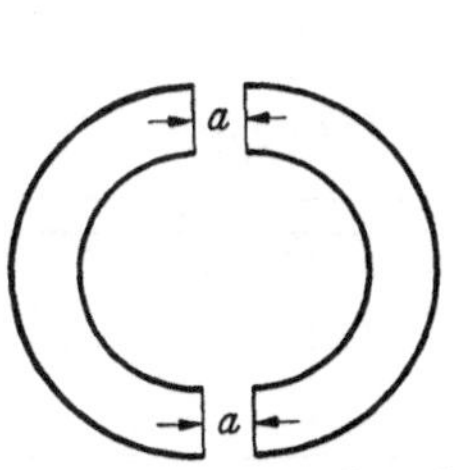

Abb 283. 1. magnetische Maxwellsche Spannung

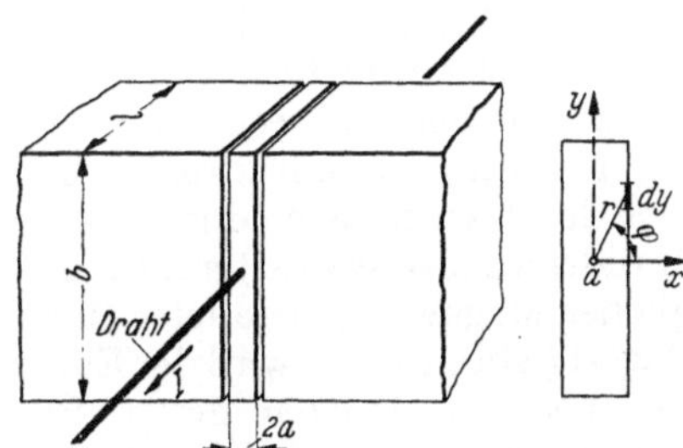

Abb. 284. Kraft auf den Motoranker.

$\varepsilon)$ *Ein Übungsbeispiel.* In Elektromotoren liegen die Ankerdrähte oft im Ankereisen eingebettet. Die Kraftlinien des Feldmagneten verlaufen im Eisen um die Ankerdrähte herum, so daß diese in einem feldfreien Raum liegen. Die Ankerdrähte erhalten keine Kraft. Der Motor dreht sich aber doch (?). Die Kraft wird als Maxwellsche Spannung auf das Ankereisen ausgeübt.

Um einfach rechnen zu können, denken wir uns (Abb. 284) in einem Magneten von der Dicke l und der sehr großen Breite b eine schmale Eisenscheibe von der Breite $2a$, in der der Draht eingebettet ist. Der Luftspalt sei sehr schmal, so daß

---

[1] Der Strom steigt beim Auseinanderziehen in einer widerstandslosen Leitung an.

sein magnetischer Widerstand vernachlässigt werden kann. Das Feld im Luftspalt setzt sich dann aus $\mathfrak{H}_0 = \mathfrak{B}/\mu_0$ und $\mathfrak{H}_D = I/2\,\pi\,r$ zusammen

$$\mathfrak{H}_x = \frac{I \sin\varphi}{2\,\pi\,r} + \frac{\mathfrak{B}}{\mu_0}\,; \qquad \mathfrak{H}_y = -\frac{I}{2\,\pi\,r}\cos\varphi\,.$$

Die Schubspannung ist $\tau = \dfrac{\mu_0}{2}\,2\,\mathfrak{H}_x\mathfrak{H}_y = \dfrac{-1}{4\,\pi}\left\{\dfrac{\mu_0\,I^2}{\pi\,r^2}\sin\varphi\cos\varphi + \dfrac{2\,\mathfrak{B}\,I}{r}\,d\varphi\right\}$ und die Kraft (Faktor 2, da die Eisenscheibe 2 Seiten hat)

$$K = 2\int\limits_{-\infty}^{+\infty}\tau\,l\,d\,y = -\frac{l\,\mu_0}{2\,\pi}\left[\int\limits_{-90°}^{+90°}\frac{I^2}{\pi\,a^2}\cos^2\varphi\,\sin\varphi\,\cos\varphi\,\frac{a}{\cos^2\varphi}\,d\varphi + \frac{2\,\mathfrak{B}\,I}{a\,\mu_0}\cos^2\varphi\,\frac{a}{\cos^2\varphi}\,d\varphi\right]$$

mit $r = \dfrac{a}{\cos\varphi}\,; \qquad y = a\,\mathrm{tg}\,\varphi; \qquad d\,y = a\,d\varphi/\cos^2\varphi:$

$$K = -\frac{l\,\mu_0}{2\,\pi}\int\limits_{-90°}^{+90°}\frac{I^2}{2\,\pi\,a^2}\sin 2\,\varphi\,d\varphi - \mathfrak{B}\,l\,I\,\frac{1}{\pi}\int\limits_{-90°}^{+90°}d\varphi = -\mathfrak{B}\,l\,I\,.$$

Die Formel gibt „zufälligerweise" dasselbe Resultat, das man für einen Draht im Magnetfeld erhalten würde. Die Kraft wird aber nicht auf den Draht, sondern durch Maxwellsche Schubspannungen auf die Eisenscheibe ausgeübt. Dieser Zufall findet seine prinzipielle Erklärung über Induktionsgesetz und Energiesatz.

e) Der Poyntingsche Vektor.

1. Die Formel für die Energiestromdichte sei zunächst durch allmähliche Vervollständigung auf möglichst einfache Weise abgeleitet.

Wir betrachten zunächst eine aus 2 breiten Platten (Breite b) im Abstande a bestehende Leitung, ein „Blechstreifen-Lechersystem". Die von der Batterie B zur Glühlampe übertragene Leistung ist $\mathfrak{N} = U \cdot I$. Drücken wir U durch $\mathfrak{E} \cdot a$ und I durch $\mathfrak{H} \cdot b$ aus, erhalten wir $\mathfrak{N} = ab\,\mathfrak{E}\mathfrak{H}$ und für den Energiestrom je cm² $\mathfrak{S} = \mathfrak{E} \cdot \mathfrak{H}$. Wir haben dabei die Vorstellung, daß die Energie nicht durch die Drähte oder Blechstreifen, sondern durch das zwischen ihnen liegende elektromagnetische Feld wandert. Wenn man durch seitlich angebrachte Platten noch ein zu $\mathfrak{E}$ senkrechtes Feld anbringt, oder ein zu $\mathfrak{H}$ senkrechtes Magnetfeld, wird der Energiestrom nicht geändert. Es kommt also nur auf das Produkt des Magnetfeldes und der senkrecht zu ihm liegenden Komponente des elektrischen Feldes an. Um dies auszudrücken, schreiben wir: $\mathfrak{S} = [\mathfrak{E} \cdot \mathfrak{H}]$.

Ist aber durch einen stromdurchflossenen praktisch widerstandslosen Leiter 2 ein 2. dem ursprünglichen Magnetfeld paralleles Magnetfeld überlagert (Abb. 285), so wird der Energiestrom zwischen den Platten des 1. Blechstreifen-Lechersystems zweifellos größer. Der Überschuß fließt aber, wie man leicht nachrechnet, in dem Felde zwischen den 1. Platten

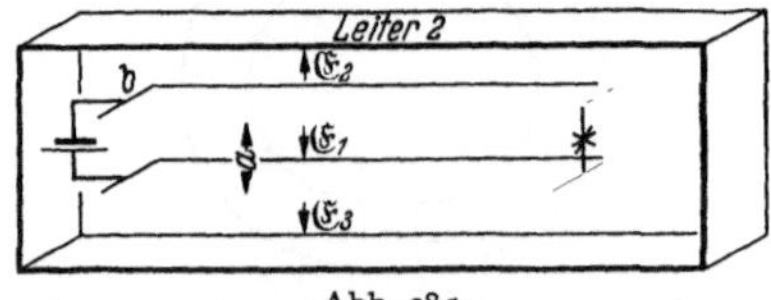

Abb. 285.
In sich geschlossener Poyntingscher Energiefluß.

und den 2. Platten zurück. (Bedenke das elektrische Feld zwischen den 1. und 2. Platten!)

2. Allgemeine Ableitung des Poyntingschen Vektors. Ein Raum sei mit elektrischer und magnetischer Energie gefüllt. Energie in Wärme verwandelnde Widerstände und Stromquellen seien nicht vorhanden. Wenn sich dann die Energie im Raume ändert, muß sie herausströmen:

$$\int\frac{d\,A}{d\,t}\,d\,V = \oint\mathfrak{S}\,d\,v\,.$$

Die Feldenergie ist

$$A = \frac{1}{2}\int (\varepsilon_0\,\mathfrak{E}^2 + \mu_0\,\mathfrak{H}^2)\,dV; \qquad \frac{dA}{dt} = \int \varepsilon_0\,\mathfrak{E}\,\frac{\partial\mathfrak{E}}{\partial t} + \mu_0\,\mathfrak{H}\,\frac{\partial\mathfrak{H}}{\partial t}.$$

Setzt man für $\varepsilon_0\,\dfrac{\partial\mathfrak{E}}{\partial t}$ und $\mu_0\,\dfrac{\partial\mathfrak{H}}{\partial t}$ die Werte aus den Maxwellschen Gleichungen ein

$$\frac{dA}{dt} = \int \{\mathfrak{E}\,[V\,\mathfrak{H}] - \mathfrak{H}\,[V\,\mathfrak{E}]\}\,dV.$$

Nach einer im Abschnitt Vektorrechnung abgeleiteten Formel erhält man

$$\frac{dA}{dt} = \int \mathrm{div}\,[\mathfrak{E}\,\mathfrak{H}]\,dV = \oint [\mathfrak{E}\,\mathfrak{H}]\,d\mathfrak{o} = \oint \mathfrak{S}\,d\mathfrak{o}$$

und durch Aufspalten des Integrales: $\mathfrak{S} = [\mathfrak{E}\cdot\mathfrak{H}]$.

f) Der Magnetismus im Eisen.

1. Die Magnetisierungskurve. Wenn man das Magnetfeld im Eisen einmal durch den magnetisierenden Strom als $\mathfrak{H}$ und einmal durch eine Kraftwirkung

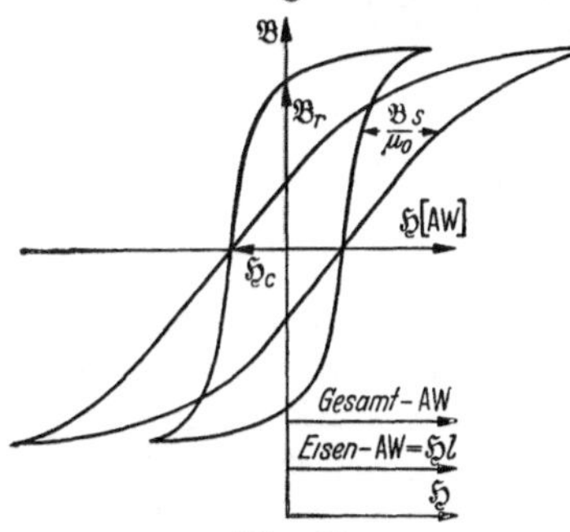

Abb. 286
Entscheerung der Magnetisierungskurve.

(Kraftformel oder Induktionsgesetz) als $\mathfrak{B}$ mißt und beide Resultate gegeneinander aufträgt, erhält man die Magnetisierungskurve Abb. 286. (Zur Aufnahme der Magnetisierungskurve benutzt man den Köpselapparat, die ballistische Spule, falls der Kern einen Schlitz hat, oder das ballistische Ein- und Ausschalten des magnetisierenden Stromes. Um im letzteren Falle bei jedem Meßpunkt wenigstens in guter Annäherung denselben Ausgangspunkt zu benutzen, schalte man immer auf Sattigung zurück.)

2. Einfluß des Luftspaltes. α) Man verändere den Luftspalt unter Konstanthaltung des Eisenweges und stelle immer dasselbe Luftspaltfeld ein. Man findet dann, daß die zur Magnetisierung nötigen Amperewindungen um $\delta AW = \mathfrak{B}s/\mu_0$ steigen.

β) Will man den Einfluß des Luftspaltes eliminieren, so ziehe man von der gemessenen M.M.K. $(= N\cdot I)$ den Betrag $\mathfrak{B}s/\mu_0$ ab und dividiere den Rest durch den Eisenweg. Man erhält dann das $\mathfrak{H}$ im Eisen. Methode der Entscheerung der aufgenommenen Magnetisierungskurve (Abb. 286).

3. Das magnetische Ohmsche Gesetz. Nach dem Durchflutungsgesetz sind die zur Magnetisierung nötigen Amperewindungen

$$\text{M.M.K.} = AW = s\cdot\mathfrak{H}_s + l\cdot\mathfrak{H}_E.$$

Wenn keine Streuung vorhanden ist, das heißt, wenn der Kraftfluß Φ im Eisen und im Luftspalt derselbe ist, kann man die $\mathfrak{H}$ berechnen:

$$\mathfrak{H}_s = \frac{\Phi}{\mu_0 F_s}; \qquad \mathfrak{H}_E = \frac{\Phi}{\mu F_E}.$$

Man erhält dann:

$$AW = \text{M.M.K.} = \Phi\left\{\frac{s}{\mu_0 F_s} + \frac{l}{\mu F_E}\right\}.$$

Die Glieder $l/F\mu$ nennt man in Analogie zum elektrischen Widerstand $R = \dfrac{l}{Fg}$, $g =$ elektrische Leitfähigkeit: den magnetischen Widerstand und erhält das magnetische Ohmsche Gesetz: $\Phi = \text{M.M.K.}/R$.

4. Beziehungen zwischen dem Felde $\mathfrak{H}_0$ im leeren Toroid, dem Felde $\mathfrak{H}$ im Eisen und dem Felde $\mathfrak{H}_s$ im Luftspalt. Für das leere Toroid gilt

$$AW = \mathfrak{H}_0\,(l + s).$$

Da das Feld im Luftspalt $\mathfrak{H}_s = \dfrac{\mathfrak{B}}{\mu_0} = \mathfrak{H}\,\mu/\mu_0$ ist, gilt für das mit Eisen gefüllte Toroid: $AW = \mathfrak{H}\left(\dfrac{s\,\mu}{\mu_0} + l\right)$.

Hieraus erhalten wir

$$\mathfrak{H} = \mathfrak{H}_0\,\frac{s + l}{s\,\dfrac{\mu}{\mu_0} + l} < \mathfrak{H}_0$$

und

$$\mathfrak{H}_s = \frac{\mathfrak{B}}{\mu_0} = \mathfrak{H}_0\,\frac{\mu}{\mu_0}\,\frac{s + l}{s\,\dfrac{\mu}{\mu_0} + l} = \mathfrak{H}_0\,\frac{s + l}{s + l\,\dfrac{\mu_0}{\mu}} > \mathfrak{H}_0\,.$$

5. Grenzbedingungen und Kraftlinienbrechungsgesetz. Wie bei den Dielektrizis geht die senkrechte Komponente von $\mathfrak{B}$ und die parallele Komponente von $\mathfrak{H}$ stetig durch die Grenzfläche zwischen Luft und Eisen oder zwischen 2 Eisensorten. Es gilt

$$\mathfrak{H}_\perp\,\mu_{0\,\text{Luft}} = \mathfrak{H}_\perp\,\mu_{\text{Eisen}}; \qquad \frac{\mathfrak{B}_{\shortparallel}}{\mu_0}\,\text{Luft} = \frac{\mathfrak{B}_{\shortparallel}}{\mu}\,\text{Eisen}.$$

Das Kraftlinienbrechungsgesetz lautet analog: $\operatorname{tg}\beta = \dfrac{\mu}{\mu_0}\operatorname{tg}\alpha = \mu_r\operatorname{tg}\alpha$.

6. Berechnung permanenter Magnete. Durch einen permanenten Magneten, dessen Magnetisierungskurve vorliegt und dessen Volumen gegeben ist, soll ein Luftspalt vom Querschnitt F und der Breite s möglichst stark magnetisiert werden. Wie ist der Magnet zu formen? (F_E, l?). Bezeichnungen: $\mathfrak{H}$ = Luftspaltfeld, $\mathfrak{H}_E$ = Feld im Eisen, $\mathfrak{B}$ = Induktion im Eisen. Es gelten die beiden Gleichungen

$$\oint \mathfrak{H}\,ds = 0 = \mathfrak{H}\,s - \mathfrak{H}_E\,l \tag{1}$$

$$\mu_0\,\mathfrak{H}\,F_s = \mathfrak{B}\,F_E \tag{2}$$

Bedingung für Streuungslosigkeit.

Durch Multiplikation ergibt sich:

$$\mu_0\,\mathfrak{H}^2\,s\,F_s = \mathfrak{H}_E\,\mathfrak{B}\,l\,F_E = \mathfrak{H}_E\,\mathfrak{B}\,\text{Vol.}$$

Maximales $\mathfrak{H}^2$ werden wir erhalten, wenn $-\mathfrak{H}_E\cdot\mathfrak{B}$ = Maximum. (Man bilde für verschiedene Punkte der Magnetisierungskurve $\mathfrak{H}_E\cdot\mathfrak{B}$, trage sich die Produkte z. B. über $\mathfrak{B}$ auf und suche das Maximum.) Mit diesen Maximalwerten berechnet sich dann die Länge l des permanenten Magneten zu $l = s\cdot\mathfrak{H}/\mathfrak{H}_E$ und sein Querschnitt F_E zu $F\dfrac{\mathfrak{H}\,\mu_0}{\mathfrak{B}}$.

7. Bewegung der Elektronen in einem Magnetfelde. Senkrecht zu den Magnetkraftlinien laufende Elektronen bewegen sich auf einem Kreisbogen. Für den Radius und die Winkelgeschwindigkeit gilt:

$$\frac{m\,v^2}{r} = e_1\,v\,B; \qquad m\,r\,\omega^2 = e_1\,r\,\omega\,B; \qquad \omega = \eta\,B \quad \text{mit} \quad \eta = e_1/m\,.$$

Die magnetische Linse. Aufbau und Magnetfeld zeigt Abb. 287. Für das Magnetfeld gilt $\Delta\psi = 0$. Wir erhalten dieselbe Lösung wie für das elektrische Feld in der elektrischen Linse:

$$\mathfrak{H}_z = \frac{\partial\psi}{\partial z}\,(r = 0) = \mathfrak{H}_{z0}; \qquad \mathfrak{H}_r = \frac{\partial\psi}{\partial r} = -\frac{r}{2}\,\frac{\partial^2\psi}{\partial z^2}\,(r = 0) = -\frac{r}{2}\,\frac{\partial\mathfrak{H}}{\partial z}\,(r = 0)\,.$$

Nur ist der Verlauf von ψ ein anderer (Abb. 287b). Die Bewegungsgleichungen erhalten wir unter Benutzung von $\mathfrak{r}^{\cdot\cdot} = \eta\,[\mathfrak{v}\cdot\mathfrak{B}]$

α) für die Tangentialbewegung

$$r\,\omega^{\cdot} + 2\,r^{\cdot}\,\omega = \eta\,(v_r\,\mathfrak{B}_z - v_z\,\mathfrak{B}_r) = \eta\left(\mathfrak{B}_z\,\frac{d\,r}{d\,t} + \frac{r}{2}\,\frac{d\,\mathfrak{B}_z}{d\,z}\,\frac{d\,z}{d\,t}\right).$$
$$\text{(Coriolis)}$$

Wir multiplizieren mit dem integrierenden Faktor r. Anfangsbedingungen: $r = 0$ zur Zeit $t = 0$. Das Integral von

$$r^2\,\omega^{\cdot} + 2\,r\,r^{\cdot}\,\omega = \frac{d}{d\,t}\,r^2\,\omega = \eta\,\frac{d}{d\,t}\left(\frac{r^2}{2}\,\mathfrak{B}_z\right) \qquad \text{gibt:} \qquad \omega = \frac{\eta\,\mathfrak{B}_z}{2}\,.$$

β) Setzt man in die Gleichung für die Radialbewegung

$$r^{\cdot\cdot} - r\,\omega^2 = -\,\eta\,r\,\omega\,\mathfrak{B}_z$$

den Wert für ω ein, erhält man

$$r^{\cdot\cdot} = v_z\,\frac{d}{d\,z}\left(v_z\,\frac{d\,r}{d\,z}\right) = v_z^2\,\frac{d^2\,r}{d\,z^2} = \frac{\eta\,\mathfrak{B}_z^2\cdot r}{4}\,, \qquad \text{da } v_z \text{ praktisch} = \text{const}.$$

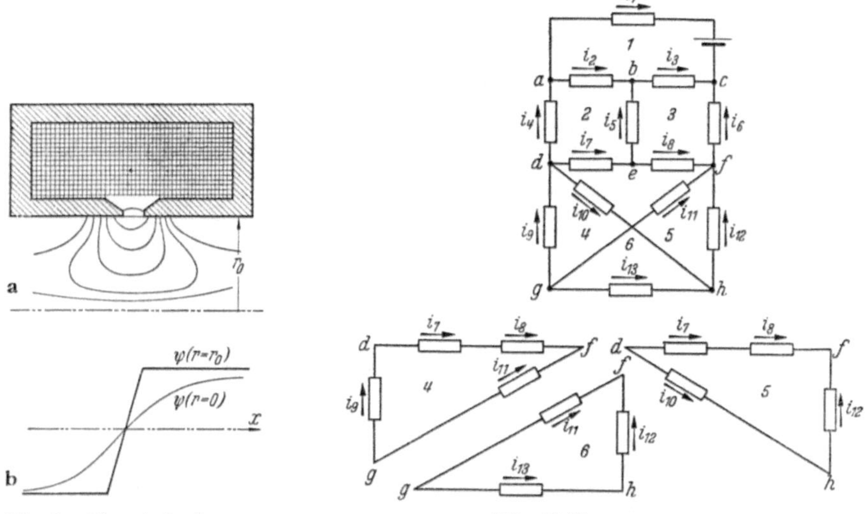

Abb. 287. Magnetische Linse.   Abb. 288. Stromverzweigungen.

Wir integrieren wieder unter Berücksichtigung der Näherung, daß sich r beim Durchlaufen der Linse nicht merklich ändert und v_z praktisch konstant ist:

$$\left|\frac{d\,r}{d\,z}\right|_1^2 = \frac{r}{0} + \frac{r}{b} = \frac{r\,\eta^2}{4\,v_z^2}\int_1^2 \mathfrak{B}_z^2\,d\,z = \frac{r\,\eta}{8}\,\frac{1}{v_z^2/2\,\eta}\int \mathfrak{B}_z^2\,d\,z = \frac{r\,\eta}{8\,U}\int \mathfrak{B}_z^2\,d\,z = \frac{r}{f}\,.$$

$$\text{Linsenformel:} \quad \frac{1}{0} + \frac{1}{b} = \frac{1}{f} \quad \text{mit} \quad f = \frac{8\,U}{\eta\int_1^2 \mathfrak{B}^2\,d\,z}\,.$$

Das Bild des Kreuzpunktes wird um den Winkel α gedreht:

$$\alpha = \int \omega\,d\,t = \int \frac{\eta\,\mathfrak{B}_z}{2}\cdot\frac{d\,z}{v_z}\,.$$

3. Das Ohmsche Gesetz und die Stromverzweigungen.

Das Ohmsche Gesetz: Der Spannungsabfall zwischen den Enden eines Widerstandes ist $U = R \cdot I$. Der Widerstand berechnet sich aus Länge l und Querschnitt F und dem spezifischen Widerstand σ zu $R = \sigma l/F$.

Zur Berechnung einer Stromverzweigung bezeichne man die Ströme in allen Zweigen mit $I_1, I_2\ldots$ und gebe durch Pfeile die Richtung an, in der man den Strom positiv zählen will. Man bezeichne sich dann *nebeneinander*liegende Stromkreise, das heißt solche, die keinen zweiten *voll* umschließen, und zeichne in die Stromkreise einen Pfeil, der Anfangspunkt und Umlaufsinn der Spannungszählung festlegt. Dann schreibe man die Kirchhoffschen Gesetze für jeden Verzweigungspunkt $\sum I = 0$ und für jeden Stromkreis $\sum U = 0$ auf, und streiche eine der Gleichungen $\sum I = 0$. Man erhält auf diese Weise voneinander unabhängige Gleichungen. Vgl. Abb. 288.

Namen- und Sachverzeichnis.

Die weiteren Bände des:

Lehrbuch der drahtlosen Nachrichtentechnik.

Herausgegeben von **Nicolai v. Korshenewsky,** Stockholm, und **Wilhelm T. Runge,** Berlin, behandeln:

Zweiter Band: **Ausstrahlung, Ausbreitung und Aufnahme elektromagnetischer Wellen.** Zweite Auflage. Von **K. Fränz** und **H. Lassen.**

In Vorbereitung.

Dritter Band: **Elektronenröhren.** Von **M. J. O. Strutt.** In Vorbereitung.

Vierter Band: **Verstärker und Empfänger.** Bearbeitet von Dr. techn. Dr.-Ing. e. h. **M. J. O. Strutt,** ord. Professor für Theoretische Elektrotechnik an der Eidgenössischen Technischen Hochschule, Zürich. Zweite, verbesserte Auflage. Mit 425 Abbildungen. XV, 422 Seiten. Gr.-8°. 1951. Ganzleinen DM 46.50

Fünfter Band: **Fernsehtechnik.** Unter Mitarbeit von W. Berndt, G. Brühl, J. Schunack, E. Schwartz, R. Theile, G. Wendt herausgegeben von **F. Schröter.** Erscheint in zwei Teilbanden. In Vorbereitung.